高等院校特色规划教材

高等数学习题详解

（第四版）

宋国华　王利萍　
何　强　李泽妤　主编

石 油 工 业 出 版 社

内 容 提 要

本书对北京高等教育精品教材《高等数学(第四版)》所编入的习题、总习题及自测题作了详细解答，有助于学生在学习中查阅、巩固所学知识，培养自学能力，开拓解题思路，掌握解题方法。

本书可与北京高等教育精品教材《高等数学(第四版)》配套使用，也可单独作为高等数学课程的辅助教材和考研辅导书。

图书在版编目(CIP)数据

高等数学习题详解 / 宋国华等主编. —— 4版. —— 北京：石油工业出版社，2021.8(2025.8重印)

高等院校特色规划教材

ISBN 978—7—5183—4808—4

Ⅰ.①高⋯ Ⅱ.①宋⋯ Ⅲ.①高等数学—高等学校—题解 Ⅳ.①O13—44

中国版本图书馆 CIP 数据核字(2021)第 160931 号

出版发行：石油工业出版社

(北京市朝阳区安华里二区 1 号楼　100011)

网　　址：www.petropub.com

编辑部：(010)64523579　图书营销中心：(010)64523633

经　销：全国新华书店

排　版：北京密东文创科技有限公司

印　刷：北京中石油彩色印刷有限责任公司

2021 年 8 月第 4 版　　2025 年 8 月第 5 次印刷

787 毫米×1092 毫米　开本：1/16　印张：23.5

字数：602 千字

定价：46.90 元

(如出现印装质量问题，我社图书营销中心负责调换)

版权所有，翻印必究

第四版前言

"高等数学"是高等学校工科专业和经济类、管理类专业本科生的主要基础课程之一。遵照"在基础课教学中,要以学生的思维训练和专业课服务为目的"的宗旨,《高等数学》第一版、第二版和第三版出版后得到了广大同行教师和同学的高度认可,并于 2011 年被评为北京高等教育精品教材。

《高等数学习题详解》是与《高等数学》教材配套的辅导教材,对全书习题及各章总习题、自测题的解题方法及过程进行较为详细的说明和分析,使其成为学生学习高等数学的"导学"。

2020 年,《高等数学(上册)》《高等数学(下册)》和《高等数学习题详解》这一套教材被中国石油和化学工业联合会评为"中国石油和化学工业优秀出版物·教材奖一等奖",由此被列入行业规划教材序列,统一冠名为"高等院校特色规划教材"。

习题配备是教材的重要组成部分,直接关系到教学目标的实现和教学效果的提高。为了培养学生应用数学的意识和能力,《高等数学习题详解(第四版)》借鉴了国内外通用的优秀教材配备习题的优点,并根据第三版出版以来广大同行和读者在教学实践中提出的意见和建议,在每章后面增加了自测题,引导学生深入学习,帮助学生了解每章学习情况。

《高等数学习题详解(第四版)》在第三版的基础上,由李泽好教授、牟唯嫣教授、王晓静博士、王利萍博士和何强博士负责修订。统稿和定稿由王利萍博士、何强博士负责。

本书再版之际,我们对在第一、二和三版使用过程中对本套教材提出宝贵意见和建议的专家、学者、同行和同学们表示衷心的感谢!同时,特别感谢北京建筑大学理学院领导,尤其是白羽博士的大力支持,也诚挚地期望能够继续得到使用本套教材的专家、同仁和读者朋友们的批评指导,不胜感激。

由于水平有限,书中的错误与缺陷在所难免,殷切地期望广大读者不吝指正。

编者
2021 年 6 月

第三版前言

"高等数学"是高等学校工科专业和经济管理类专业本科生的重要基础课程。遵照"在基础课教学中，要以学生的思维训练和专业课服务为目的"的宗旨，《高等数学》第一版、第二版出版后得到了广大同行教师和同学的喜爱和认可。第三版教材依旧延续了前两版的特色，注重思想方法及应用的介绍，以"必需""够用"为度，秉持"服务于技术基础课、专业课"的原则，着重对知识的重点、难点进行分析，以及对知识点的概括和归纳总结。

《高等数学习题详解（第三版）》是与《高等数学（第三版）》教材配套的辅导教材，对全书习题及各章总习题的解题方法及过程进行较为详细的说明和分析，使其成为学生学习高等数学的"导学"。

习题配备是教材的重要组成部分，直接关系到教学目标的实现和教学效果的提高。为了培养学生应用数学的意识和能力，《高等数学习题详解（第三版）》借鉴了国内外通用的优秀教材配备习题的优点，并根据第二版出版以来广大同行和读者在教学实践中提出的意见和建议对部分习题进行了调整，删减了抽象且运算复杂的例题与习题，增加了部分具有经济应用等实际背景的例题与习题，部分题目给出了多种解法，并对该类题目的解法进行系统的归纳、总结，引导学生深入学习。

《高等数学习题详解（第三版）》在第二版的基础上，由李泽好、王晓静、牟唯嫣负责修订，统稿和定稿由宋国华教授、李泽好教授负责。

在本书再版之际，我们对专家、学者及使用本套教材的教师、同学们提出的宝贵意见和建议表示衷心的感谢，真诚地期望能够继续受到关注并且得到使用本套教材的专家、同仁和读者朋友们的批评指导，不胜感激。

限于水平，书中的错误与缺陷在所难免，殷切地期望广大读者不吝指正。

编者
2019 年 1 月

第二版前言

《高等数学》第一版出版后，得到了许多同行教师及学生的使用与厚爱，并于2011年被评为北京高等教育精品教材。这次修订的第二版，是根据近年来工科院校学生实际和建筑类院校学科专业需求，使教材在系统性、科学性、应用性方面更加有利于学生理性精神的培养、科学素质的锻造、分析解决实际问题能力的提高。

《高等数学习题详解（第二版）》是与《高等数学（第二版）》教材配套的辅导教材，对全书习题及各章总习题的解题方法及过程进行较为详细的说明和分析，使其成为学生学习高等数学的"导学"。

习题配备是教材重要组成部分，直接关系到教学目标的实现和教学效果的提高。为了培养学生应用数学的意识和能力，《高等数学习题详解（第二版）》借鉴了国内外一些优秀教材配备习题的优点，并根据第一版出版以来广大同行和读者在教学实践中提出的意见和建议对部分习题进行了调整，删减了抽象且运算复杂的例题与习题，增加了部分具有土木、管理等实际背景的例题与习题，部分题目给出了多种解法，并对该类题目的解法进行系统的归纳、总结，引导学生深入学习。

《高等数学习题详解（第二版）》修订人分别是：第一章、第三章张蒙，第二章吕亚芹，第四章程士珍，第五章白羽，第六章代西武，第七章崔景安，第八章、第十一章侍爱玲，第九章、第十章王晓静，第十二章刘长河，习题集的统稿和定稿由主编宋国华教授负责。

本书得以再版，诚挚感谢北京市属高等学校人才强教深化计划（No：PHR201107123）的支持和石油工业出版社的协助。

在本书再版之际，我们对第一版期间收到的专家、学者及使用本套教材的教师、同学们提出的宝贵意见和建议表示衷心的感谢，真诚地期望能够继续受到关注并且得到使用本套教材的专家、同仁和读者朋友们的批评指导，不胜感激。

限于水平，本套教材的错误与缺陷在所难免，殷切地期望广大读者不吝指正，希望通过作者与读者的共同努力，经日后修订，使这套教材日趋成熟。

编者
2013年4月

第一版前言

《高等数学习题详解》是与《高等数学》教材配套的辅导教材。

《高等数学》(上、下册)是在 2002 年北京市教育委员会教改立项的基础上,于 2007 年确立的北京市高等学校精品教材立项课题,是课题组成员多年教学改革和实践工作的总结。

目前国内外《高等数学》教材版本较多,主要适用于一般工科院校。本书的特点是结合建筑类院校学科专业需求和地方工科院校学生实际,遵照"在基础课的教学中,要以应用为目的",着重思想方法及应用的介绍,以"必需""够用"为度,坚持"服务于技术基础课、专业课"的原则;在教材内容编排上,注重对知识的重点、难点分析,以及知识点的概括和归纳总结;注重相关知识在工程实践中的应用,选编了部分有工程实践背景的例题和习题;注重学生入学前基础知识差别,以及专业之间需求重点的差别。在习题选编方面,既考虑到对教材基本知识的消化理解,以巩固所学知识;又考虑到后续各专业基础课和专业课的学习,使之为工程教育服务;同时考虑到报考研究生学生的需求。由于目前"高等数学"课程学时普遍减少和相关专业对"高等数学"课程要求的差异,以及地方院校生源的水平、层次之间的差别和部分学生考研等需要,在教材内容及例题的配备方面,尽量融教材、解题方法、学习指导为一体的结构形式。

为了教学的需求,我们编写了《高等数学》(上、下册)和与之配套的《高等数学习题详解》。其中,《高等数学》上册包括:函数与极限、导数与微分、中值定理与导数应用、不定积分、定积分、定积分应用、微分方程共七章;《高等数学》下册包括:向量代数与空间解析几何、多元函数微分法及其应用、重积分、曲线积分与曲面积分、无穷级数共五章。每节后配有习题,每章后配有总习题。《高等数学习题详解》对全书习题及各章总习题的解题方法及过程进行较为详细的说明和分析。

《高等数学》各章参加编写的撰稿人分别是:第一章刘颖,第二章吕亚芹,第三章马龙友、李泽妤,第四章程士珍,第五章和第八章宋国华,第六章代西武,第七章窦家维,第九章李泽妤,第十章寿玉亭、李泽妤,第十一章马龙友、宋国华,第十二章刘长河、张艳。《高等数学习题详解》各章撰稿人分别是:第一章和第三章张蒙,第二章吕亚芹,第四章程士珍,第五章白羽,第六章代西武,第七章窦家维,第八章和第十一章侍爱玲,第九章和第十章王晓静,第十二章张艳、刘长河。整套教材的内容结构由主编宋国华教授和李泽妤教授主持设计制定,并负责统稿和定稿。

本教材出版前,邀请了沈阳航空工业学院、沈阳建筑大学和北京建筑工程学院部分教师对《高等数学》教材进行了认真的审查。同时在北京建筑工程学院部分专业进行试用,根据大家的意见和建议,编写组又做了进一步的修改。为了本套教材的出版,北京市教育委员会高教处、北京建筑工程学院教务处等单位的领导、专家和同行给予了热情的关心和极大的帮助,在此,我们一并表示诚挚的谢意。

由于作者水平有限,书中的错误和不当之处,敬请读者和同行批评指正。

编者
2009 年 6 月

目 录

第一章　函数与极限 …………………………………………………………… (1)
　　习题 1–1 ………………………………………………………………… (1)
　　习题 1–2 ………………………………………………………………… (8)
　　习题 1–3 ………………………………………………………………… (9)
　　习题 1–4 ………………………………………………………………… (13)
　　习题 1–5 ………………………………………………………………… (14)
　　习题 1–6 ………………………………………………………………… (17)
　　习题 1–7 ………………………………………………………………… (20)
　　习题 1–8 ………………………………………………………………… (23)
　　习题 1–9 ………………………………………………………………… (26)
　　习题 1–10 ……………………………………………………………… (29)
　　总习题一 ………………………………………………………………… (30)
　　自测题一 ………………………………………………………………… (36)

第二章　导数与微分 …………………………………………………………… (40)
　　习题 2–1 ………………………………………………………………… (40)
　　习题 2–2 ………………………………………………………………… (45)
　　习题 2–3 ………………………………………………………………… (50)
　　习题 2–4 ………………………………………………………………… (54)
　　习题 2–5 ………………………………………………………………… (60)
　　习题 2–6 ………………………………………………………………… (66)
　　总习题二 ………………………………………………………………… (68)
　　自测题二 ………………………………………………………………… (75)

第三章　中值定理与导数应用 ………………………………………………… (78)
　　习题 3–1 ………………………………………………………………… (78)
　　习题 3–2 ………………………………………………………………… (81)
　　习题 3–3 ………………………………………………………………… (85)
　　习题 3–4 ………………………………………………………………… (86)
　　习题 3–5 ………………………………………………………………… (88)
　　习题 3–6 ………………………………………………………………… (92)
　　习题 3–7 ………………………………………………………………… (94)
　　习题 3–8 ………………………………………………………………… (97)
　　习题 3–9 ………………………………………………………………… (98)
　　总习题三 ………………………………………………………………… (100)
　　自测题三 ………………………………………………………………… (105)

第四章　不定积分 (108)

- 习题 4－1 (108)
- 习题 4－2 (110)
- 习题 4－3 (115)
- 习题 4－4 (119)
- 总习题四 (124)
- 自测题四 (128)

第五章　定积分 (133)

- 习题 5－1 (133)
- 习题 5－2 (135)
- 习题 5－3 (138)
- 习题 5－4 (143)
- 习题 5－5 (151)
- 总习题五 (155)
- 自测题五 (161)

第六章　定积分应用 (164)

- 习题 6－1 (164)
- 习题 6－2 (164)
- 习题 6－3 (168)
- 习题 6－4 (171)
- 习题 6－5 (172)
- 习题 6－6 (175)
- 总习题六 (176)
- 自测题六 (180)

第七章　微分方程 (183)

- 习题 7－1 (183)
- 习题 7－2 (185)
- 习题 7－3 (187)
- 习题 7－4 (189)
- 习题 7－5 (193)
- 习题 7－6 (195)
- 习题 7－7 (196)
- 习题 7－8 (198)
- 习题 7－9 (201)
- *习题 7－10 (202)
- *习题 7－11 (203)
- 总习题七 (204)
- 自测题七 (209)

第八章　向量代数与空间解析几何 (213)

- 习题 8－1 (213)

习题 8—2 ··· (214)
习题 8—3 ··· (215)
习题 8—4 ··· (216)
习题 8—5 ··· (219)
习题 8—6 ··· (223)
习题 8—7 ··· (225)
习题 8—8 ··· (228)
总习题八 ··· (233)
自测题八 ··· (238)

第九章　多元函数微分法及其应用 ··· (241)
习题 9—1 ··· (241)
习题 9—2 ··· (243)
习题 9—3 ··· (245)
习题 9—4 ··· (247)
习题 9—5 ··· (253)
习题 9—6 ··· (255)
习题 9—7 ··· (263)
习题 9—8 ··· (264)
习题 9—9 ··· (266)
总习题九 ··· (267)
自测题九 ··· (273)

第十章　重积分 ··· (278)
习题 10—1 ··· (278)
习题 10—2 ··· (279)
习题 10—3 ··· (283)
习题 10—4 ··· (286)
习题 10—5 ··· (291)
总习题十 ··· (294)
自测题十 ··· (298)

第十一章　曲线积分与曲面积分 ·· (301)
习题 11—1 ··· (301)
习题 11—2 ··· (303)
习题 11—3 ··· (305)
习题 11—4 ··· (306)
习题 11—5 ··· (307)
习题 11—6 ··· (308)
习题 11—7 ··· (310)
习题 11—8 ··· (312)
总习题十一 ·· (313)
自测题十一 ·· (320)

第十二章　无穷级数 …………………………………………………………………（324）
　习题 12－1 ……………………………………………………………………………（324）
　习题 12－2 ……………………………………………………………………………（326）
　习题 12－3 ……………………………………………………………………………（331）
　习题 12－4 ……………………………………………………………………………（335）
　习题 12－5 ……………………………………………………………………………（338）
　习题 12－6 ……………………………………………………………………………（340）
　习题 12－7 ……………………………………………………………………………（341）
　习题 12－8 ……………………………………………………………………………（346）
　总习题十二 ……………………………………………………………………………（350）
　自测题十二 ……………………………………………………………………………（361）

第一章 函数与极限

习题 1-1

1. 求下列函数的定义域：

(1) $y=\dfrac{1}{x-1}+\sqrt{2x+1}$；　　(2) $y=\arccos\sqrt{2x}$；　　(3) $y=\sqrt{x}+\ln(3-x)$；

(4) $y=\sqrt{6-x}+\arctan\dfrac{1}{x}$；　　(5) $y=\dfrac{1}{\sqrt{4-x^2}}$；　　(6) $y=\arcsin(2x-1)$；

(7) $y=\mathrm{e}^{\frac{2}{x}}$；　　(8) $y=\arcsin\dfrac{x-1}{2}$；　　(9) $y=\begin{cases}\cos\dfrac{1}{x},&x\neq 0,\\ 0,&x=0;\end{cases}$

(10) $y=\sqrt{x-1}\ln|x-3|$.

解 (1) $y=\dfrac{1}{x-1}+\sqrt{2x+1}$；$\begin{cases}x-1\neq 0,\\ 2x+1\geqslant 0.\end{cases}$ 解不等式组可得函数的定义域为 $\left[-\dfrac{1}{2},1\right)\cup(1,+\infty)$.

(2) $y=\arccos\sqrt{2x}$；$\begin{cases}|\sqrt{2x}|\leqslant 1,\\ 2x\geqslant 0.\end{cases}$ 解不等式组可得函数的定义域为 $\left[0,\dfrac{1}{2}\right]$.

(3) $y=\sqrt{x}+\ln(3-x)$；$\begin{cases}x\geqslant 0,\\ 3-x>0.\end{cases}$ 解不等式组可得函数的定义域为 $[0,3)$.

(4) $y=\sqrt{6-x}+\arctan\dfrac{1}{x}$；$\begin{cases}6-x\geqslant 0,\\ x\neq 0.\end{cases}$ 解不等式组可得函数的定义域为 $(-\infty,0)\cup(0,6]$.

(5) $y=\dfrac{1}{\sqrt{4-x^2}}$；$4-x^2>0$，解不等式可得函数的定义域为 $(-2,2)$.

(6) $y=\arcsin(2x-1)$；$|2x-1|\leqslant 1$，解不等式可得函数定义域为 $[0,1]$.

(7) $y=\mathrm{e}^{\frac{2}{x}}$；$x\neq 0$，函数定义域为 $(-\infty,0)\cup(0,+\infty)$.

(8) $y=\arcsin\dfrac{x-1}{2}$；$\left|\dfrac{x-1}{2}\right|\leqslant 1$，解不等式可得函数定义域为 $[-1,3]$.

(9) $y=\begin{cases}\cos\dfrac{1}{x},&x\neq 0,\\ 0,&x=0.\end{cases}$ 函数定义域为 $(-\infty,+\infty)$.

(10) $y=\sqrt{x-1}\ln|x-3|$；$\begin{cases}x-1\geqslant 0,\\ x-3\neq 0.\end{cases}$ 解不等式组可得函数定义域为 $[1,3)\cup(3,+\infty)$.

2. 下列各题中，函数 $f(x)$ 和 $g(x)$ 是否相同？为什么？

(1) $f(x)=1$，$g(x)=\sin^2 x+\cos^2 x$；

(2) $f(x)=\sqrt{x+1}\cdot\sqrt{x-1}$，$g(x)=\sqrt{x^2-1}$；

(3) $f(x)=\lg x^2$，$g(x)=2\lg x$.

解 (1) $f(x)$和$g(x)$的定义域都为$(-\infty,+\infty)$，且$g(x)=\sin^2 x+\cos^2 x=1=f(x)$，所以$f(x)$和$g(x)$是相同的；

(2) $f(x)$的定义域为$[1,+\infty)$，$g(x)$的定义域为$(-\infty,-1]\cup[1,+\infty)$，$f(x)$和$g(x)$的定义域不同，所以$f(x)$和$g(x)$是不同的；

(3) $f(x)$的定义域为$(-\infty,0)\cup(0,+\infty)$，$g(x)$的定义域为$(0,+\infty)$，$f(x)$和$g(x)$的定义域不同，所以$f(x)$和$g(x)$不相同.

3. 下列函数中哪些是奇函数？哪些是偶函数？哪些是非奇又非偶函数？

(1) $f(x)=\dfrac{e^x+e^{-x}}{2}$；

(2) $f(x)=x(x-1)(x+1)$；

(3) $f(x)=\sin x-\cos x+1$；

(4) $f(x)=\dfrac{1-x^2}{1+x^2}$；

(5) $f(x)=\dfrac{10^x+10^{-x}}{2}$；

(6) $f(x)=\dfrac{2^x-1}{2^x+1}$；

(7) $f(x)=\ln(x+\sqrt{x^2+1})$；

(8) $f(x)=x^2+\cos x$；

(9) $f(x)=(e^x+e^{-x})\sin x$；

(10) $f(x)=5x^2-\cos x+1$；

(11) $f(x)=x^3+\sin x-\dfrac{1}{x}$；

(12) $f(x)=\sin x+\cos x$.

解 (1) $f(x)=\dfrac{e^x+e^{-x}}{2}$；因为$f(-x)=\dfrac{e^{-x}+e^x}{2}=f(x)$，所以$f(x)$是偶函数.

(2) $f(x)=x(x-1)(x+1)$；因为
$$f(-x)=-x(-x-1)(-x+1)=-x(x+1)(x-1)=-f(x),$$
所以$f(x)$是奇函数.

(3) $f(x)=\sin x-\cos x+1$；因为$f(-x)=\sin(-x)-\cos(-x)+1=-\sin x-\cos x+1$，所以$f(-x)\neq f(x)$，$f(-x)\neq -f(x)$，即$f(x)$是非奇非偶函数.

(4) $f(x)=\dfrac{1-x^2}{1+x^2}$；因为$f(-x)=\dfrac{1-(-x)^2}{1+(-x)^2}=\dfrac{1-x^2}{1+x^2}=f(x)$，所以$f(x)$是偶函数.

(5) $f(x)=\dfrac{10^x+10^{-x}}{2}$；因为$f(-x)=\dfrac{10^{-x}+10^x}{2}=f(x)$，所以$f(x)$是偶函数.

(6) $f(x)=\dfrac{2^x-1}{2^x+1}$；因为$f(-x)=\dfrac{2^{-x}-1}{2^{-x}+1}=-\dfrac{2^x-1}{2^x+1}=-f(x)$，所以$f(x)$是奇函数.

(7) $f(x)=\ln(x+\sqrt{x^2+1})$；因为
$$f(-x)=\ln(-x+\sqrt{x^2+1})=\ln\dfrac{1}{\sqrt{x^2+1}+x}=-\ln(x+\sqrt{x^2+1})=-f(x),$$
所以$f(x)$是奇函数.

(8) $f(x)=x^2+\cos x$；因为
$$f(-x)=(-x)^2+\cos(-x)=x^2+\cos x=f(x),$$
所以$f(x)$是偶函数.

(9) $f(x)=(e^x+e^{-x})\sin x$；因为
$$f(-x)=(e^{-x}+e^x)\cdot\sin(-x)=-(e^x+e^{-x})\cdot\sin x=-f(x),$$
所以$f(x)$是奇函数.

(10) $f(x)=5x^2-\cos x+1$;因为
$$f(-x)=5(-x)^2-\cos(-x)+1=5x^2-\cos x+1=f(x),$$
所以 $f(x)$ 是偶函数.

(11) $f(x)=x^3+\sin x-\dfrac{1}{x}$;因为
$$f(-x)=(-x)^3+\sin(-x)-\dfrac{1}{-x}=-x^3-\sin x+\dfrac{1}{x}=-f(x),$$
所以 $f(x)$ 是奇函数.

(12) $f(x)=\sin x+\cos x$;因为
$$f(-x)=\sin(-x)+\cos(-x)=-\sin x+\cos x, f(-x)\neq f(x), f(-x)\neq -f(x),$$
所以 $f(x)$ 是非奇非偶函数.

4. 证明 $f(x)=\log_a(x+\sqrt{1+x^2})$ $(a>0, a\neq 1)$ 是奇函数.

证明 $f(x)$ 的定义域为 $(-\infty,+\infty)$,是对称区间,且
$$f(-x)=\log_a[-x+\sqrt{1+(-x)^2}]=\log_a\dfrac{(\sqrt{1+x^2})^2-x^2}{\sqrt{1+x^2}+x}=\log_a\dfrac{1}{\sqrt{1+x^2}+x}$$
$$=-\log_a(x+\sqrt{1+x^2})=-f(x),$$
所以 $f(x)$ 是奇函数.

5. 下列函数中哪些是周期函数?对于周期函数指出其周期.

(1) $y=(\sin 3x)^2$;   (2) $y=x\cos x$;   (3) $y=\cos 8x$;   (4) $y=2+\sin\pi x$.

解 (1) 是周期函数,$T=\dfrac{\pi}{3}$;

(2) 不是周期函数;

(3) 是周期函数,$T=\dfrac{2\pi}{8}=\dfrac{\pi}{4}$;

(4) 是周期函数,$T=\dfrac{2\pi}{\pi}=2$.

6. 求函数 $f(x)=\sin 3x+\tan\dfrac{x}{2}$ 的周期.

解 因为 $\sin 3x$ 的最小正周期是 $\dfrac{2\pi}{3}$,$\tan x$ 的最小正周期是 $\dfrac{\pi}{\frac{1}{2}}=2\pi$,所以 $y=\sin 3x+\tan\dfrac{x}{2}$ 的最小正周期是 $\dfrac{2\pi}{3}$ 和 2π 的最小公倍数,即 2π.

7. 求函数 $f(x)=\sin x\cdot\sin 3x$ 的最小正周期.

解 $f(x)=\sin x\cdot\sin 3x=-\dfrac{1}{2}[\cos 4x-\cos 2x]$,$\cos 4x$ 的最小正周期为 $\dfrac{\pi}{2}$,$\cos 2x$ 的最小正周期为 π,所以 $f(x)$ 的最小正周期是 π.

8. 设 $f(x)$ 为奇函数,$g(x)$ 为偶函数,考察复合函数 $f[g(x)]$、$f[f(x)]$、$g[f(x)]$ 的奇偶性.

解 由已知 $f(-x)=-f(x), g(-x)=g(x)$,所以 $f[g(-x)]=f[g(x)]$,$f[g(x)]$ 是偶函数;$f[f(-x)]=f[-f(x)]=-f[f(x)]$,$f[f(x)]$ 是奇函数;$g[f(-x)]=g[-f(x)]=g[f(x)]$,$g[f(x)]$ 是偶函数.

9. 求下列函数的反函数.

(1) $y = \dfrac{1}{2}\left(x - \dfrac{1}{x}\right), x > 0$;

(2) $y = \begin{cases} 1+x, & x \leqslant 0, \\ e^x, & x > 0; \end{cases}$

(3) $y = \dfrac{2^x}{1+2^x}$;

(4) $y = \arccos \dfrac{1-x^2}{1+x^2}$.

解 (1) $y = \dfrac{1}{2}\left(x - \dfrac{1}{x}\right), x > 0$; 由原函数解出 $x = y \pm \sqrt{y^2+1}$, 且 $x > 0$, 故 $x = y + \sqrt{y^2+1}$, 所以反函数为 $y = x + \sqrt{x^2+1}, (-\infty < x < +\infty)$;

(2) $y = \begin{cases} 1+x, x \leqslant 0, \\ e^x, \quad x > 0. \end{cases}$ 当 $x \leqslant 0$ 时, $y = 1+x, x = y-1, y \in (-\infty, 1]$, 当 $x > 0$ 时, $y = e^x$, $x = \ln y, y \in (1, +\infty)$, 所以反函数为 $y = \begin{cases} x-1, x \in (-\infty, 1], \\ \ln x, \quad x \in (1, +\infty). \end{cases}$

(3) $y = \dfrac{2^x}{1+2^x}$; 由原函数解出 $x = \log_2 \dfrac{y}{1-y}$, 且 $0 < y < 1$, 所以反函数为

$$y = \log_2 \dfrac{x}{1-x}, (0 < x < 1).$$

(4) $y = \arccos \dfrac{1-x^2}{1+x^2}$. 当 $x > 0$ 时, $x = \tan \dfrac{y}{2}$, 当 $x < 0$ 时, $x = -\tan \dfrac{y}{2}$, 故反函数为

$$y = \pm \tan \dfrac{x}{2}, x \in [0, \pi).$$

10. 求函数 $y = \begin{cases} x, x < 1, \\ x^2, 1 \leqslant x \leqslant 4, \\ 2^x, x > 4 \end{cases}$ 的反函数.

解 当 $x < 1$ 时, $y = x \Rightarrow x = y, y < 1$;

当 $1 \leqslant x \leqslant 4$ 时, $y = x^2 \Rightarrow x = \sqrt{y}, 1 \leqslant y \leqslant 16$;

当 $x > 4$ 时, $y = 2^x \Rightarrow x = \log_2 y, y > 16$.

综上所述,反函数为 $y = \begin{cases} x, & x < 1, \\ \sqrt{x}, & 1 \leqslant x \leqslant 16, \\ \log_2 x, & x > 16. \end{cases}$

11. 设 $f(x) = \sqrt{4+x^2}$, 求 $f(0), f(1), f(-1), f\left(\dfrac{1}{a}\right)$ 的函数值.

解 $f(0) = \sqrt{4+0^2} = 2$; $\qquad f(1) = \sqrt{4+1^2} = \sqrt{5}$;

$f(-1) = \sqrt{4+(-1)^2} = \sqrt{5}$; $\qquad f\left(\dfrac{1}{a}\right) = \sqrt{4+\dfrac{1}{a^2}} = \dfrac{\sqrt{4a^2+1}}{|a|}$.

12. 设 $f(x) = \begin{cases} x^3, & -3 \leqslant x \leqslant 0, \\ -x^3, & 0 \leqslant x \leqslant 2, \end{cases}$ 求 $f(-2), f(1)$.

解 $f(-2) = (-2)^3 = -8$; $f(1) = -1^3 = -1$.

13. 设 $f(x) = \arcsin x$, 求下列函数值.

(1) $f(0)$; (2) $f(-1)$; (3) $f\left(\dfrac{\sqrt{3}}{2}\right)$; (4) $f\left(-\dfrac{\sqrt{2}}{2}\right)$.

解 (1) $f(0)=\arcsin 0=0$;   (2) $f(-1)=\arcsin(-1)=-\dfrac{\pi}{2}$;

(3) $f\left(\dfrac{\sqrt{3}}{2}\right)=\arcsin\dfrac{\sqrt{3}}{2}=\dfrac{\pi}{3}$;   (4) $f\left(-\dfrac{\sqrt{2}}{2}\right)=\arcsin\left(-\dfrac{\sqrt{2}}{2}\right)=-\dfrac{\pi}{4}$.

14. 设 $f(x)=3^x$，$\varphi(x)=2x^2$，求 $\varphi[f(x)]$.

解 $\varphi[f(x)]=\varphi[3^x]=2(3^x)^2=2\times 9^x$.

15. 设 $f(x)=\operatorname{sgn} x$，$g(x)=\dfrac{1}{x}$，求 $f[f(x)]$、$g[g(x)]$、$f[g(x)]$.

解 $f[f(x)]=f[\operatorname{sgn} x]=\operatorname{sgn}(\operatorname{sgn} x)=\operatorname{sgn} x,\ x\in(-\infty,+\infty)$;

$g[g(x)]=g\left[\dfrac{1}{x}\right]=\dfrac{1}{\dfrac{1}{x}}=x,(x\neq 0)$;

$f[g(x)]=f\left[\dfrac{1}{x}\right]=\operatorname{sgn}\left(\dfrac{1}{x}\right)=\operatorname{sgn} x,(x\neq 0)$.

16. 设 $f(x)=\dfrac{x}{1-x}$，求 $f[f(x)]$ 和 $f\{f[f(x)]\}$.

解 $f[f(x)]=f\left[\dfrac{x}{1-x}\right]=\dfrac{\dfrac{x}{1-x}}{1-\dfrac{x}{1-x}}=\dfrac{x}{1-2x}\quad\left(x\neq 1, x\neq\dfrac{1}{2}\right)$;

$f\{f[f(x)]\}=f\left\{\dfrac{x}{1-2x}\right\}=\dfrac{\dfrac{x}{1-2x}}{1-\dfrac{x}{1-2x}}=\dfrac{x}{1-3x}\quad\left(x\neq 1, x\neq\dfrac{1}{2}, x\neq\dfrac{1}{3}\right)$.

17. 在下列各题中，求由所给函数复合而成的函数，并求这个复合函数分别对应于给定自变量 x_1 和 x_2 的函数值.

(1) $y=u^2$, $u=\cos x$, $x_1=\dfrac{\pi}{3}$, $x_2=\dfrac{\pi}{6}$;

(2) $y=\sin u$, $u=3x$, $x_1=\dfrac{\pi}{9}$, $x_2=\dfrac{\pi}{6}$;

(3) $y=\sqrt{u}$, $u=1+x^3$, $x_1=2$, $x_2=0$;

(4) $y=e^u$, $u=\tan x$, $x_1=\dfrac{\pi}{4}$, $x_2=0$;

(5) $y=u^3$, $u=e^x$, $x_1=1$, $x_2=-1$.

解 (1) $y=\cos^2 x$, $y_1=\cos^2\dfrac{\pi}{3}=\dfrac{1}{4}$, $y_2=\cos^2\dfrac{\pi}{6}=\dfrac{3}{4}$;

(2) $y=\sin 3x$, $y_1=\sin\left(3\times\dfrac{\pi}{9}\right)=\dfrac{\sqrt{3}}{2}$, $y_2=\sin\left(3\times\dfrac{\pi}{6}\right)=1$;

(3) $y=\sqrt{1+x^3}$, $y_1=\sqrt{1+2^3}=3$, $y_2=\sqrt{1+0^3}=1$;

(4) $y=e^{\tan x}$, $y_1=e^{\tan\frac{\pi}{4}}=e$, $y_2=e^{\tan 0}=1$;

(5) $y=e^{3x}$, $y_1=e^3$, $y_2=e^{-3}$.

18. 分解下列各函数.

(1) $y=(2x+5)^4$;   (2) $y=\cos(4-3x)$;   (3) $y=\sin e^x$;

(4) $y=\arctan(x^2)$; (5) $y=\ln\cos x^3$; (6) $y=\arcsin\sqrt{x^3}$;

(7) $y=e^{3x+1}$; (8) $y=\cos^2(2x+1)$; (9) $y=\sqrt{\lg\sin x}$.

解 (1) $y=u^4, u=2x+5$; (2) $y=\cos u, u=4-3x$;

(3) $y=\sin u, u=e^x$; (4) $y=\arctan u, u=x^2$;

(5) $y=\ln u, u=\cos v, v=x^3$; (6) $y=\arcsin u, u=\sqrt{v}, v=x^3$;

(7) $y=e^u, u=3x+1$; (8) $y=u^2, u=\cos v, v=2x+1$;

(9) $y=\sqrt{u}, u=\lg v, v=\sin x$.

19. 设 $f(x)$ 的定义域是 $[0,3]$，求 $f(\ln x)$ 的定义域.

解 由 $0\leqslant\ln x\leqslant 3$ 解得 $1\leqslant x\leqslant e^3$，所以 $f(\ln x)$ 的定义域为 $[1,e^3]$.

20. 设 $f(x)$ 的定义域是 $[1,2]$，求 $f\left(\dfrac{1}{x+1}\right)$ 的定义域.

解 由 $1\leqslant\dfrac{1}{x+1}\leqslant 2$ 解得 $-\dfrac{1}{2}\leqslant x\leqslant 0$，所以 $f\left(\dfrac{1}{x+1}\right)$ 的定义域为 $\left[-\dfrac{1}{2},0\right]$.

21. 设 $f(x)=\dfrac{1-x}{1+x}$，求 $f\left(\dfrac{1}{x}\right)$、$f(-x)$.

解 $f\left(\dfrac{1}{x}\right)=\dfrac{1-\dfrac{1}{x}}{1+\dfrac{1}{x}}=\dfrac{x-1}{x+1}$; $f(-x)=\dfrac{1+x}{1-x}$.

22. 设 $f(x)=\begin{cases}|\sin x|, & |x|<\dfrac{\pi}{3},\\ 0, & |x|\geqslant\dfrac{\pi}{3},\end{cases}$ 求 $f\left(\dfrac{\pi}{4}\right)$、$f\left(-\dfrac{\pi}{4}\right)$、$f\left(\dfrac{\pi}{6}\right)$，并作出 $f(x)$ 的图形.

解 $f\left(\dfrac{\pi}{4}\right)=\left|\sin\dfrac{\pi}{4}\right|=\dfrac{\sqrt{2}}{2}$; $f\left(-\dfrac{\pi}{4}\right)=\left|\sin\left(-\dfrac{\pi}{4}\right)\right|=\dfrac{\sqrt{2}}{2}$;

$f\left(\dfrac{\pi}{6}\right)=\left|\sin\dfrac{\pi}{6}\right|=\dfrac{1}{2}$.

$f(x)$ 的图形如图 1-1 所示.

23. 三角形两边之长 a、b 一定，夹角 θ 不定，试将三角形面积 S 用 θ 的函数写出来，并指出这个函数的定义域.

解 $S=\dfrac{底\times高}{2}=\dfrac{a\cdot|AD|}{2}=\dfrac{1}{2}a\cdot b\cdot\sin\theta\quad(0<\theta<\pi)$.

其图形如图 1-2 所示.

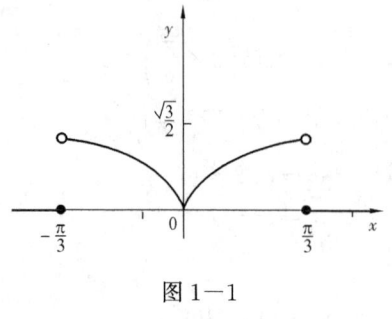

图 1-1

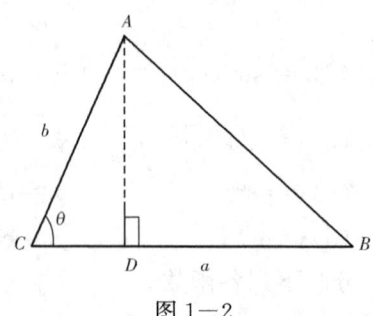

图 1-2

24. 某人从美国到加拿大度假,他把美元兑换成加拿大元时,币面值增加12%,回国后他发现把加拿大元兑换成美元时,币面值减少了12%,把这两件事中美元与加拿大元互相兑换的关系分别用函数表示出来,并证明这两个函数不互为反函数(表明一来一去的兑换后,他亏损了一些钱).

解 设 $f(x)$ 为将 x 美元兑换成的加拿大元数,$g(x)$ 为将 x 元加拿大元兑换成美元数,则
$$f(x)=x(1+12\%)=1.12x \ (x\geqslant 0), \quad g(x)=x(1-12\%)=0.88x \ (x\geqslant 0).$$
由 $g[f(x)]=g(1.12x)=0.88\times 1.12x=0.9856x$ 可知,$f(x)$ 与 $g(x)$ 不互为反函数,且他亏损了一些钱.

25. 京沪运输公司规定货物的吨公里运价为:在 a km 以内每千米 k 元,超过 a km,超过部分每千米为 $\dfrac{4}{5}k$ 元. 求运价 m 和里程 s 之间的函数关系.

解 当 $0<s\leqslant a$ 时,$m=ks$;当 $s>a$ 时,$m=ka+\dfrac{4}{5}k(s-a)$,即运价 m 与里程 s 间的函数关系为 $m=\begin{cases} ks, & 0<s\leqslant a, \\ ka+\dfrac{4}{5}k(s-a), & s>a. \end{cases}$

26. 某商品的需求函数与供给函数分别为 $Q_d(P)=\dfrac{3000}{P}$ 和 $Q_s(P)=P-10$.

(1)找出均衡价格,并求此时的供给量和需求量;

(2)在同一坐标系中画出供给曲线和需求曲线;

(3)何时供给曲线过 P 轴?这一点的经济意义是什么?

解 (1)求均衡价格即解方程 $Q_d(P)=Q_s(P)$,即
$$\dfrac{3000}{P}=P-10,$$
得到 $P_0=60$ 和 $P_0=-50$. 显然 $P_0=-50$ 无意义,故所求均衡价格为 60 个单位,此时的供给量和需求量为 $Q_d(60)=Q_s(60)=50$ 个单位.

(2)供给曲线和需求曲线如图 1-3 所示.

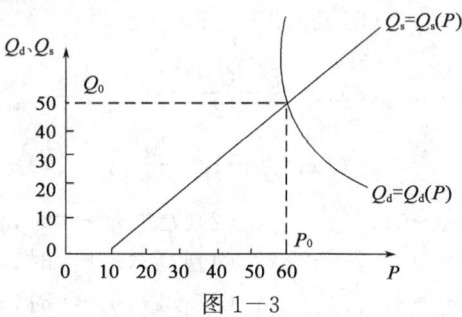

图 1-3

(3)当 $P_0=10$ 个单位时,供给曲线过 P 轴,其经济意义是当商品价格降低到 10 个单位时,供给量为零,否则将亏损.

27. 某产品的销售量以一定的速度增加,三个月前每月的销售量为 32000 件,现在每月为 108000 件.

(1)写出销售量依赖于时间的函数关系;

(2)两个月后每月的销售量是多少?

解 (1)设销售量为 Q_d,每月以一定速度 x 增加,三个月前的每月销售量为 32000 件,

则 n 个月后的销售量为
$$Q_d(n)=32000(1+x)^n,$$
由 $n=3$ 时，$Q_d=108000$，可解得 $(1+x)^3=\dfrac{27}{8}$，$x=\dfrac{1}{2}$，从而可得销售量与时间 n 的关系式
$$Q_d(n)=32000\left(1+\dfrac{1}{2}\right)^n=32000\left(\dfrac{3}{2}\right)^n.$$

(2)当 $n=2$ 时，$Q_d(2)=32000\left(\dfrac{3}{2}\right)^2=72000$(件).

28. 某厂生产的 U 盘每个可卖 110 元，固定成本 7500 元，可变成本每个 60 元.

(1)要卖多少 U 盘，厂家才可保本？

(2)卖掉 100 个，厂家盈利或亏损了多少？

(3)要获得 1250 元的利润，需要卖多少个？

解 当卖掉 Q 个 U 盘时的总收益函数为
$$R(Q)=110Q(\text{元}),$$
此时的总成本函数为 $C(Q)=60Q+7500$(元),

总利润函数 $L(Q)=R(Q)-C(Q)=110Q-60Q-7500=50Q-7500$(元).

(1)厂家要保本，则需 $L(Q)=0$，即 $Q_0=150$(个)；

(2)当 $Q=100$ 时，$L(100)=-2500$(元)，厂家亏损了 2500 元；

(3)由 $L(Q)=1250$ 可求得 $Q=1350$ 个.

习题 1-2

1. 观察下面各数列 $\{x_n\}$ 的变化趋势，判断哪些数列收敛，哪些数列发散. 对收敛数列，写出它们的极限.

(1) $x_n=\dfrac{1}{2^n}$；　　　　　(2) $x_n=\dfrac{1}{n}(-1)^n$；　　　　　(3) $x_n=n(-1)^n$；

(4) $x_n=\dfrac{n-1}{n+1}$；　　　　(5) $x_n=3+\dfrac{1}{n^2}$；　　　　(6) $x_n=\dfrac{2^n-1}{5^n}$；

(7) $x_n=\dfrac{3n+1}{n}$；　　　　(8) $x_n=\dfrac{5+(-1)^n}{2}$；　　　　(9) $x_n=n^2-\dfrac{1}{n}$；

(10) $x_n=1+(-1)^n\dfrac{1}{n}$；　　(11) $x_n=(-1)^n\dfrac{n}{n+1}$；　　(12) $x_n=\sin\dfrac{n\pi}{2}$.

解 (1)收敛，$n\to\infty$ 时，$x_n\to 0$；　　(2)收敛，$n\to\infty$ 时，$x_n\to 0$；

(3)发散；　　　　　　　　　　　　(4)收敛，$n\to\infty$ 时，$x_n\to 1$；

(5)收敛，$n\to\infty$ 时，$x_n\to 3$；　　(6)收敛，$n\to\infty$ 时，$x_n\to 0$；

(7)收敛，$n\to\infty$ 时，$x_n\to 3$；　　(8)发散；

(9)发散；　　　　　　　　　　　　(10)收敛，$n\to\infty$ 时，$x_n\to 1$；

(11)发散；　　　　　　　　　　　(12)发散.

*2. 根据数列极限的定义证明以下各式.

(1) $\lim\limits_{n\to\infty}\dfrac{1}{n}=0$；　　(2) $\lim\limits_{n\to\infty}\dfrac{2n-1}{3n+1}=\dfrac{2}{3}$；　　(3) $\lim\limits_{n\to\infty}\dfrac{\sqrt{n^2+1}}{n}=1$.

证明 (1) $\forall\varepsilon>0$，要使 $|a_n-0|=\left|\dfrac{1}{n}-0\right|=\left|\dfrac{1}{n}\right|<\varepsilon$，只需 $n>\dfrac{1}{\varepsilon}$. 于是 $\forall\varepsilon>0$，存在

$N=\left[\dfrac{1}{\varepsilon}\right]$,当 $n>N$ 时,均有 $|a_n-0|<\varepsilon$ 成立,即 $\lim\limits_{n\to\infty}\dfrac{1}{n}=0$.

(2) $\left|a_n-\dfrac{2}{3}\right|=\left|\dfrac{2n-1}{3n+1}-\dfrac{2}{3}\right|=\left|\dfrac{6n-3-6n-2}{3(3n+1)}\right|=\dfrac{5}{3(3n+1)}<\dfrac{9}{3(3n+1)}<\dfrac{1}{n+\dfrac{1}{3}}<\dfrac{1}{n}$.

$\forall\varepsilon>0$,要使 $\left|a_n-\dfrac{2}{3}\right|<\varepsilon$,只需 $\dfrac{1}{n}<\varepsilon$,即 $n>\dfrac{1}{\varepsilon}$ 即可. 于是 $\forall\varepsilon>0$,存在 $N=\left[\dfrac{1}{\varepsilon}\right]$,当 $n>N$ 时,均有 $\left|a_n-\dfrac{2}{3}\right|<\varepsilon$ 成立,即 $\lim\limits_{n\to\infty}\dfrac{2n-1}{3n+1}=\dfrac{2}{3}$;

(3) $|a_n-1|=\left|\dfrac{\sqrt{n^2+1}}{n}-1\right|=\dfrac{\sqrt{n^2+1}-n}{n}=\dfrac{1}{n(\sqrt{n^2+1}+n)}<\dfrac{1}{n}$.

$\forall\varepsilon>0$,要使 $|a_n-1|<\varepsilon$,只需 $\dfrac{1}{n}<\varepsilon$,即 $n>\dfrac{1}{\varepsilon}$ 即可. 于是 $\forall\varepsilon>0$,存在 $N=\left[\dfrac{1}{\varepsilon}\right]$,当 $n>N$ 时,均有 $|a_n-1|<\varepsilon$ 成立,即 $\lim\limits_{n\to\infty}\dfrac{\sqrt{n^2+1}}{n}=1$.

*3. 若 $\lim\limits_{n\to\infty}x_n=a$,证明 $\lim\limits_{n\to\infty}|x_n|=|a|$,并举例说明:数列 $\{|x_n|\}$ 有极限,但数列 $\{x_n\}$ 未必有极限.

证明 $\forall\varepsilon>0$,由 $\lim\limits_{n\to\infty}x_n=a$,故存在自然数 N,使得当 $n>N$ 时,均有 $|x_n-a|<\varepsilon$ 成立. 又因为 $||x_n|-|a||\leqslant|x_n-a|$,故当 $n>N$ 时均有 $||x_n|-|a||<\varepsilon$ 成立,即 $\lim\limits_{n\to\infty}|x_n|=|a|$.

例如 $x_n=(-1)^n$,$\lim\limits_{n\to\infty}|x_n|=\lim\limits_{n\to\infty}1=1$,但是 $\lim\limits_{n\to\infty}x_n$ 不存在.

*4. 设数列 $\{x_n\}$ 有界,又 $\lim\limits_{n\to\infty}y_n=0$,证明:$\lim\limits_{n\to\infty}x_n\cdot y_n=0$.

证明 因为数列 $\{x_n\}$ 有界,故存在 $M>0$,对一切 n,均有 $|x_n|\leqslant M$. $\forall\varepsilon>0$,由 $\lim\limits_{n\to\infty}y_n=0$,所以对 $\dfrac{\varepsilon}{M}>0$,存在自然数 N,使得当 $n>N$ 时,均有 $|y_n-0|<\dfrac{\varepsilon}{M}$,即 $|y_n|<\dfrac{\varepsilon}{M}$,于是当 $n>N$ 时,恒有 $|x_ny_n-0|=|x_n|\cdot|y_n|<M\cdot\dfrac{\varepsilon}{M}=\varepsilon$ 成立,由定义可知 $\lim\limits_{n\to\infty}x_ny_n=0$.

习题 1-3

1. 对图 1-4(教材图 1-46)所示函数,求下列极限,若极限不存在,说明理由.

(1) $\lim\limits_{x\to 1}f(x)$; (2) $\lim\limits_{x\to 1}g(x)$; (3) $\lim\limits_{x\to 1}h(x)$.

解 (1) 因为 $\lim\limits_{x\to 1^-}f(x)=\lim\limits_{x\to 1^+}f(x)=2$,所以极限存在,且 $\lim\limits_{x\to 1}f(x)=2$;

(2) 因为 $\lim\limits_{x\to 1^-}g(x)=1\neq\lim\limits_{x\to 1^+}g(x)=2$,所以极限不存在;

(3) 因为 $\lim\limits_{x\to 1^-}h(x)=\lim\limits_{x\to 1^+}h(x)=0$,所以极限存在,且 $\lim\limits_{x\to 1}h(x)=0$.

2. 对图 1-5(教材图 1-47)所示函数,下列极限,哪些是对的? 哪些是错的?

(1) $\lim\limits_{x\to 0^-}f(x)=1$; (2) $\lim\limits_{x\to 0^+}f(x)=0$; (3) $\lim\limits_{x\to -1^-}f(x)=0$;

(4) $\lim\limits_{x\to -1^+}f(x)=1$; (5) $\lim\limits_{x\to 1^-}f(x)=0$; (6) $\lim\limits_{x\to 1^+}f(x)=-1$;

(7) $\lim\limits_{x\to -2^+}f(x)=1$; (8) $\lim\limits_{x\to 1}f(x)$ 不存在; (9) $\lim\limits_{x\to -2^-}f(x)=1$;

(10) $\lim\limits_{x\to -2}f(x)$ 不存在.

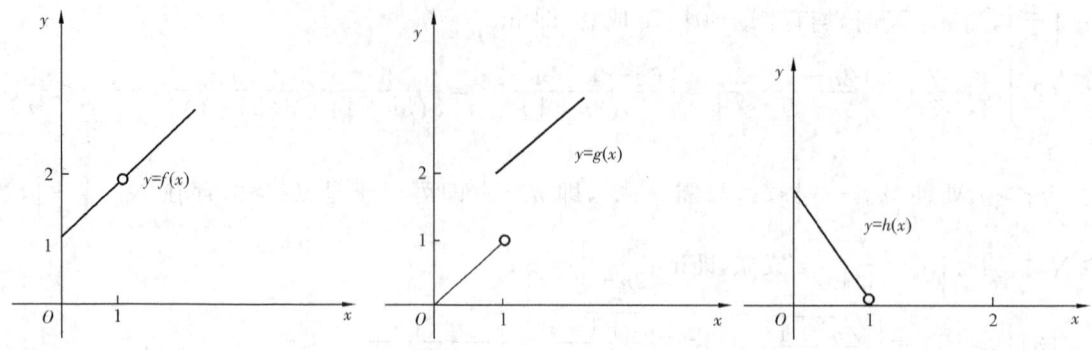

图 1-4

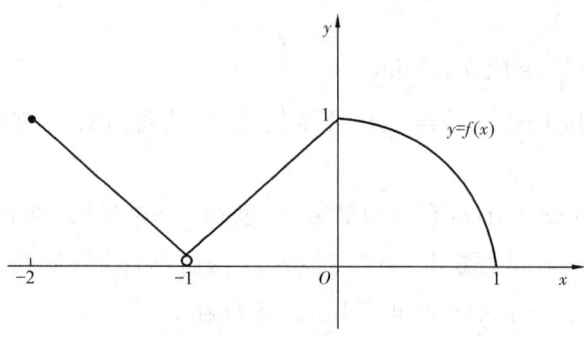

图 1-5

解 (1)对； (2)错，$\lim\limits_{x\to 0^+}f(x)=1$；

(3)对； (4)错，$\lim\limits_{x\to -1^-}f(x)=0$；

(5)对； (6)错，因为 $f(x)$ 在 $(1,+\infty)$ 上没有定义，所以 $\lim\limits_{x\to 1^+}f(x)$ 不存在；

(7)对； (8)对，因为 $\lim\limits_{x\to 1^+}f(x)$ 不存在，所以 $\lim\limits_{x\to 1}f(x)$ 不存在；

(9)错，因为 $f(x)$ 在 $(-\infty,-2)$ 上没有定义，所以 $\lim\limits_{x\to -2^-}f(x)$ 不存在；

(10)对，因为 $\lim\limits_{x\to -2^-}f(x)$ 不存在，所以 $\lim\limits_{x\to -2}f(x)$ 不存在．

3. 图 1-6(教材图 1-48)中所示函数，下列极限中，哪些是对的？哪些是错的？

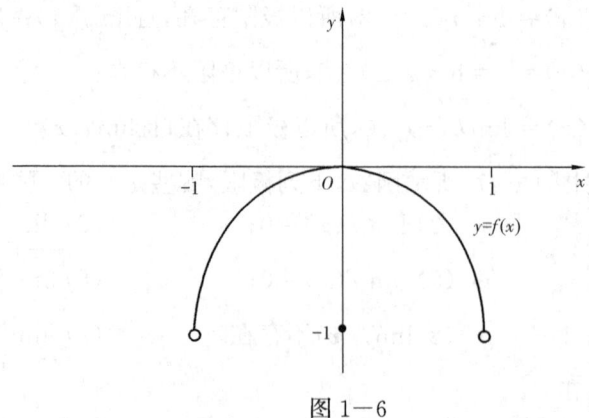

图 1-6

(1) $\lim\limits_{x\to 0^-}f(x)=0$;　　(2) $\lim\limits_{x\to 0^+}f(x)=1$;　　(3) $\lim\limits_{x\to 1^-}f(x)=-1$;

(4) $\lim\limits_{x\to -1^+}f(x)=-1$;　(5) $\lim\limits_{x\to -1^-}f(x)=0$;　(6) $\lim\limits_{x\to -1}f(x)=-1$;

(7) $\lim\limits_{x\to 1^+}f(x)$ 不存在;　(8) $\lim\limits_{x\to -2^+}f(x)=0$;　(9) $\lim\limits_{x\to -2^-}f(x)=0$;

(10) $\lim\limits_{x\to 0}f(x)=0$.

解　(1)对;　　(2)错,$\lim\limits_{x\to 0^+}f(x)=0$;

(3)对;　　(4)对;

(5)对;　　(6)错,因为 $\lim\limits_{x\to -1^-}f(x)=0\neq\lim\limits_{x\to -1^+}f(x)=-1$,故 $\lim\limits_{x\to -1}f(x)$ 不存在;

(7)对,$f(x)$ 在 $(1,+\infty)$ 上没定义;

(8)对;

(9)错,$f(x)$ 在 $(-\infty,-2)$ 上没定义,所以 $\lim\limits_{x\to -2^-}f(x)$ 不存在;

(10)对,因为 $\lim\limits_{x\to 0^-}f(x)=\lim\limits_{x\to 0^+}f(x)=0$,所以 $\lim\limits_{x\to 0}f(x)=0$.

4. 证明函数 $f(x)=|x|$,当 $x\to 0$ 时极限为零.

证明　因为 $|f(x)-0|=||x|-0|=|x|=|x-0|$,所以 $\forall\varepsilon>0$,要使 $|f(x)-0|<\varepsilon$,只需 $|x|<\varepsilon$ 即可,取 $\delta=\varepsilon$,则当 $0<|x-0|<\delta$ 时,恒有 $|f(x)-0|=||x|-0|<\varepsilon$ 成立,即 $\lim\limits_{x\to 0}|x|=0$.

5. 求 $\varphi(x)=\dfrac{|x|}{x}$,当 $x\to 0$ 时的左右极限,并说明 $x\to 0$ 时的极限是否存在.

解　$\lim\limits_{x\to 0^+}\varphi(x)=\lim\limits_{x\to 0^+}\dfrac{|x|}{x}=\lim\limits_{x\to 0^+}\dfrac{x}{x}=1$,$\lim\limits_{x\to 0^-}\varphi(x)=\lim\limits_{x\to 0^-}\dfrac{|x|}{x}=\lim\limits_{x\to 0^-}-\dfrac{x}{x}=-1$,

故 $\lim\limits_{x\to 0^+}\varphi(x)\neq\lim\limits_{x\to 0^-}\varphi(x)$,$\lim\limits_{x\to 0}\varphi(x)$ 不存在.

6. 讨论 $\lim\limits_{x\to 0}\dfrac{2^{\frac{1}{x}}-1}{2^{\frac{1}{x}}+1}$ 的极限.

解　$\lim\limits_{x\to 0^+}\dfrac{2^{\frac{1}{x}}-1}{2^{\frac{1}{x}}+1}=\lim\limits_{x\to 0^+}\dfrac{1-\frac{1}{2^{\frac{1}{x}}}}{1+\frac{1}{2^{\frac{1}{x}}}}=1$, $\lim\limits_{x\to 0^-}\dfrac{2^{\frac{1}{x}}-1}{2^{\frac{1}{x}}+1}=-1$, $\lim\limits_{x\to 0^+}\dfrac{2^{\frac{1}{x}}-1}{2^{\frac{1}{x}}+1}\neq\lim\limits_{x\to 0^-}\dfrac{2^{\frac{1}{x}}-1}{2^{\frac{1}{x}}+1}$,

所以 $\lim\limits_{x\to 0}\dfrac{2^{\frac{1}{x}}-1}{2^{\frac{1}{x}}+1}$ 不存在.

7. 设 $f(x)=\begin{cases}x^2-1,x\leqslant 0,\\ x^2+1,x>0,\end{cases}$ 画出这个函数的图形,并用左、右极限说明当 $x\to 0$ 时,$f(x)$ 无极限.

解　$\lim\limits_{x\to 0^+}f(x)=\lim\limits_{x\to 0^+}(x^2+1)=1$,

$\lim\limits_{x\to 0^-}f(x)=\lim\limits_{x\to 0^-}(x^2-1)=-1$,

$\lim\limits_{x\to 0^+}f(x)\neq\lim\limits_{x\to 0^-}f(x)$,所以 $\lim\limits_{x\to 0}f(x)$ 不存在.

函数图形如图 1-7 所示.

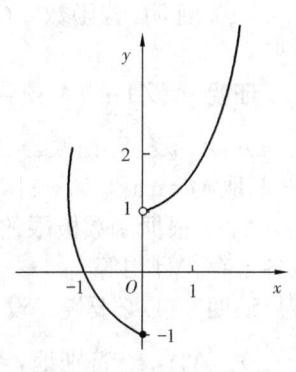

图 1-7

8. 说明下列极限不存在的原因.

(1) $\lim\limits_{x\to\frac{\pi}{2}}\tan x$； (2) $\lim\limits_{x\to\infty}\sin x$； (3) $\lim\limits_{x\to 1}\dfrac{|x-1|}{x-1}$.

解 (1) $\lim\limits_{x\to\frac{\pi}{2}}\tan x=\infty$，$\lim\limits_{x\to\frac{\pi}{2}}\tan x$ 不存在；

(2) $x\to\infty$ 时，$\sin x$ 在 $[-1,1]$ 之间周期振荡，所以 $\lim\limits_{x\to\infty}\sin x$ 不存在；

(3) $\lim\limits_{x\to 1^+}\dfrac{|x-1|}{x-1}=\lim\limits_{x\to 1^+}\dfrac{x-1}{x-1}=1$，$\lim\limits_{x\to 1^-}\dfrac{|x-1|}{x-1}=\lim\limits_{x\to 1^-}\dfrac{1-x}{x-1}=-1$，

$\lim\limits_{x\to 1^+}\dfrac{|x-1|}{x-1}\neq\lim\limits_{x\to 1^-}\dfrac{|x-1|}{x-1}$，故 $\lim\limits_{x\to 1}\dfrac{|x-1|}{x-1}$ 不存在.

*9. 根据函数极限的定义证明下列各式：

(1) $\lim\limits_{x\to 2}(5x+2)=12$； (2) $\lim\limits_{x\to 2}\dfrac{x^2-4}{x-2}=4$；

(3) $\lim\limits_{x\to\infty}\dfrac{x}{x+1}=1$； (4) $\lim\limits_{x\to+\infty}\arctan x=\dfrac{\pi}{2}$.

证明 (1) 因为 $|f(x)-12|=|5x+2-12|=5|x-2|$，故 $\forall\varepsilon>0$，要使 $|f(x)-12|<\varepsilon$，只需 $5|x-2|<\varepsilon$，即 $|x-2|<\dfrac{\varepsilon}{5}$，取 $\delta=\dfrac{\varepsilon}{5}$，则当 $0<|x-2|<\delta$ 时，恒有 $|f(x)-12|<\varepsilon$ 成立，即 $\lim\limits_{x\to 2}(5x+2)=12$；

(2) 因为 $|f(x)-4|=\left|\dfrac{x^2-4}{x-2}-4\right|=\left|\dfrac{x^2-4x+4}{x-2}\right|=|x-2|$，故 $\forall\varepsilon>0$，要使 $|f(x)-4|<\varepsilon$，只需 $|x-2|<\varepsilon$，取 $\delta=\varepsilon$，则当 $0<|x-2|<\delta$ 时，恒有 $|f(x)-4|<\varepsilon$ 成立，即 $\lim\limits_{x\to 2}\dfrac{x^2-4}{x-2}=4$；

(3) 因为 $|f(x)-1|=\left|\dfrac{x}{x+1}-1\right|=\left|\dfrac{-1}{x+1}\right|=\dfrac{1}{|x+1|}$，故 $\forall\varepsilon>0$，要使 $|f(x)-1|<\varepsilon$，只需 $\dfrac{1}{|x-1|}<\varepsilon$，即 $|x|>\dfrac{1}{\varepsilon}-1$，取 $X=\dfrac{1}{\varepsilon}-1$，则当 $|x|>X$ 时，恒有 $|f(x)-1|<\varepsilon$ 成立，即 $\lim\limits_{x\to\infty}\dfrac{x}{x+1}=1$；

(4) $\forall\varepsilon>0$，要使 $\left|\arctan x-\dfrac{\pi}{2}\right|<\varepsilon$ 即 $\tan\left(\dfrac{\pi}{2}-\arctan x\right)<\tan\varepsilon$，只要满足 $\cot(\arctan x)<\tan\varepsilon$ 即 $x>\dfrac{1}{\tan\varepsilon}$. 取 $X=\dfrac{1}{\tan\varepsilon}$，则当 $x>X$ 时，有 $\left|\arctan x-\dfrac{\pi}{2}\right|<\varepsilon$ 成立，即 $\lim\limits_{x\to+\infty}\arctan x=\dfrac{\pi}{2}$.

*10. 证明：若函数 $f(x)$ 当 $x\to x_0$ 时的极限存在，则函数 $f(x)$ 在 x_0 的某个去心邻域内有界.

证明 设 $\lim\limits_{x\to x_0}f(x)=A$，则由极限定义可知 $\forall\varepsilon>0$，$\exists\delta>0$，当 $0<|x-x_0|<\delta$ 时，$|f(x)-A|<\varepsilon$. 不妨取 $\varepsilon=1$，则 $\exists\delta'>0$，当 $0<|x-x_0|<\delta'$ 时，$|f(x)-A|<1$，即 $A-1<f(x)<A+1$，取 $M=\max\{|A-1|,|A+1|\}$，则 $|f(x)|\leqslant M$，即 $f(x)$ 在 x_0 的去心 δ' 邻域内有界.

*11. 根据函数极限的定义证明：函数 $f(x)$ 当 $x\to x_0$ 时的极限存在的充要条件是左、右极限各自存在且相等.

证明 (1) 必要性. 设 $\lim\limits_{x\to x_0}f(x)=A$，则 $\forall\varepsilon>0$，存在 $\delta>0$，使得当 $0<|x-x_0|<\delta$ 时，恒有 $|f(x)-A|<\varepsilon$. 特别地，当 $0<x-x_0<\delta$ 时，有 $|f(x)-A|<\varepsilon$，即 $\lim\limits_{x\to x_0^+}f(x)=A$；当 $0<x_0-x<$

δ 时, 有 $|f(x)-A|<\varepsilon$, 即 $\lim\limits_{x\to x_0^-}f(x)=A$.

(2) 充分性. 设 $\lim\limits_{x\to x_0^+}f(x)=A=\lim\limits_{x\to x_0^-}f(x)$, 则 $\forall\varepsilon>0$, 存在 $\delta_1>0$, 使得当 $0<x-x_0<\delta_1$ 时, 恒有 $|f(x)-A|<\varepsilon$. 对于上述 $\varepsilon>0$, 存在 $\delta_2>0$, 使得当 $0<x-x_0<\delta_2$ 时, 恒有 $|f(x)-A|<\varepsilon$. 取 $\delta=\min\{\delta_1,\delta_2\}$. 则当 $0<|x-x_0|<\delta$ 时, 恒有 $|f(x)-A|<\varepsilon$ 成立, 即 $\lim\limits_{x\to x_0}f(x)=A$.

*12. 当 $x\to 4$ 时, $y=\sqrt{x}\to 2$, 问 δ 取何值才能使当 $|x-4|<\delta$ 时, 有 $|y-2|<0.0001$?

解 因为 $x\to 4$, $|x-4|\to 0$, 不妨设 $|x-4|<4$, $0<x<8$, $0<\sqrt{x}<2\sqrt{2}$, 故 $|\sqrt{x}-2|=\dfrac{|x-4|}{\sqrt{x}+2}<\dfrac{|x-4|}{2}$. 因为要使 $|\sqrt{x}-2|<0.0001$, 只要 $|x-4|<0.0002$, 取 $\delta=0.0002$, 则当 $0<|x-4|<\delta$ 时, 就有 $|\sqrt{x}-2|<0.0001$.

注: 本题中 $|y-2|=|\sqrt{x}-2|=\dfrac{|x-4|}{\sqrt{x}+2}<0.0001$ 等价于 $|x-4|<0.0001(\sqrt{x}+2)\to 0.0004$, 故 $0<\delta<0.0004$.

习题 1-4

1. 用 $\varepsilon-\delta$ 语言给出当 $x\to x_0$ 时 $f(x)$ 是无穷小的定义.

解 $\forall\varepsilon>0$, 存在 $\delta>0$, 当 $0<|x-x_0|<\delta$ 时, 有 $|f(x)|<\varepsilon$ 恒成立.

2. 下面说法哪些是对的? 哪些是错的?

(1) 无穷小量就是数 0;   (2) 无穷小量就是很小的数;
(3) 无穷大量是很大的数;   (4) 无穷大量一定是无界变量;
(5) 无界变量必为无穷大;   (6) 无穷小是以零为极限的函数.

解 (1) 错; (2) 错; (3) 错; (4) 对;

(5) 错, 例如 $y=x\cdot\sin x$, 是无界变量, 但在 $y=x$ 与 $y=-x$ 之间振荡, 不是无穷大; (6) 对.

3. 下列各函数, 哪些是无穷小? 哪些是无穷大?

(1) 当 $x\to\infty$ 时, $\dfrac{1}{x+2}$;   (2) 当 $x\to +0$ 及 $x\to -0$ 时, $3^{\frac{1}{x}}$;

(3) 当 $x\to 2$ 时, $\dfrac{x+2}{x^2-4}$;   (4) 当 $x\to\infty$ 时, $\dfrac{1+x}{x^2}$;

(5) 当 $n\to\infty$ 时, $\dfrac{1}{n^2}$.

解 (1) $\lim\limits_{x\to\infty}\dfrac{1}{x+2}=0$, 是无穷小;

(2) $\lim\limits_{x\to +0}3^{\frac{1}{x}}=+\infty$, 是无穷大; $\lim\limits_{x\to -0}3^{\frac{1}{x}}=0$, 是无穷小;

(3) $\lim\limits_{x\to 2}\dfrac{x+2}{x^2-4}=\infty$, 是无穷大;

(4) $\lim\limits_{x\to\infty}\dfrac{1+x}{x^2}=0$, 是无穷小;

(5) $\lim\limits_{n\to\infty}\dfrac{1}{n^2}=0$, 是无穷小.

4. 下列函数当 x 在什么趋向下是无穷小？又在什么趋向下是无穷大？

(1) $f(x)=e^x$；　　(2) $f(x)=\dfrac{x-1}{x+1}$；　　(3) $f(x)=\dfrac{1}{(x-1)^2}$；　　(4) $f(x)=x^2$.

解　(1) $\lim\limits_{x\to-\infty}e^x=0$，$\lim\limits_{x\to+\infty}e^x=+\infty$，$x\to-\infty$ 时，$f(x)$ 是无穷小，$x\to+\infty$ 时，$f(x)$ 是无穷大；

(2) $\lim\limits_{x\to 1}\dfrac{x-1}{x+1}=0$，$\lim\limits_{x\to -1}\dfrac{x-1}{x+1}=\infty$，$x\to 1$ 时，$f(x)$ 是无穷小，$x\to -1$ 时，$f(x)$ 是无穷大；

(3) $\lim\limits_{x\to 1}\dfrac{1}{(x-1)^2}=\infty$，$\lim\limits_{x\to\infty}\dfrac{1}{(x-1)^2}=0$，$x\to\infty$ 时，$f(x)$ 是无穷小，$x\to 1$ 时，$f(x)$ 是无穷大；

(4) $\lim\limits_{x\to 0}x^2=0$，$\lim\limits_{x\to\infty}x^2=\infty$，$x\to 0$ 时，$f(x)$ 是无穷小，$x\to\infty$ 时，$f(x)$ 是无穷大.

5. 求下列极限，并说明理由.

(1) $\lim\limits_{x\to\infty}\dfrac{3x+1}{5x}$；　　(2) $\lim\limits_{x\to 0}\dfrac{1-x^2}{1-x}$；　　(3) $\lim\limits_{x\to 0}(x+2)$；　　(4) $\lim\limits_{x\to 1}\dfrac{x}{1-x}$.

解　(1) $\dfrac{3x+1}{5x}=\dfrac{3}{5}+\dfrac{1}{5x}$，当 $x\to\infty$ 时，$\dfrac{1}{x}$ 是无穷小量，故由定理可知 $\lim\limits_{x\to\infty}\dfrac{3x+1}{5x}=\dfrac{3}{5}$；

(2) $\dfrac{1-x^2}{1-x}=\dfrac{(1-x)(1+x)}{(1-x)}=1+x$，当 $x\to 0$ 时，x 为无穷小量，故由定理可知 $\lim\limits_{x\to 0}\dfrac{1-x^2}{1-x}=1$；

(3) 当 $x\to 0$ 时，x 是无穷小量，由定理可知 $\lim\limits_{x\to 0}(x+2)=2$；

(4) $\dfrac{x}{1-x}=\dfrac{1-(1-x)}{1-x}=\dfrac{1}{1-x}-1$，当 $x\to 1$ 时，$\dfrac{1}{1-x}$ 是无穷大量，由定理可知 $\lim\limits_{x\to 1}\dfrac{x}{1-x}=\infty$.

6. 求曲线 $y=\dfrac{x}{2x-1}$ 的渐近线方程.

解　因为 $\lim\limits_{x\to\frac{1}{2}}\dfrac{x}{2x-1}=\infty$，所以 $x=\dfrac{1}{2}$ 是曲线的铅直渐近线；又因为 $\lim\limits_{x\to\infty}\dfrac{x}{2x-1}=\dfrac{1}{2}$，所以 $y=\dfrac{1}{2}$ 是曲线的水平渐近线.

7. 求曲线 $y=\ln(x+3)$ 的渐近线方程.

解　因为 $\lim\limits_{x\to -3^+}\ln(x+3)=-\infty$，所以 $x=-3$ 是曲线的铅直渐近线.

*8. 函数 $y=x\cdot\cos x$ 在 $(-\infty,+\infty)$ 内是否有界？

解　对任意的 $M>0$，总存在 $x_M=2([M]+1)\pi$，使得
$$y=x_M\cdot\cos x_M=2\big([M]+1\big)\pi\cdot\cos\big[2\big([M]+1\big)\pi\big]=2\big([M]+1\big)\pi>M,$$
所以 $y=x\cdot\cos x$ 在 $(-\infty,+\infty)$ 内无界.

习题 1-5

1. 计算下列极限：

(1) $\lim\limits_{x\to 2}(3x^2+5x-2)$；

(2) $\lim\limits_{x\to 2}\dfrac{x^2+3x+4}{x^2+3}$；

(3) $\lim\limits_{x\to 2}\dfrac{x^2+5}{x-6}$；

(4) $\lim\limits_{x\to 1}\dfrac{x^2-2x+1}{x^2-1}$；

(5) $\lim\limits_{x\to\sqrt{2}}\dfrac{x^2-3}{x^2+1}$；

(6) $\lim\limits_{x\to 0}\dfrac{-2x^2+x}{3x^2+2x}$；

(7) $\lim\limits_{x\to 0^-} e^{\frac{1}{x}}$;

(8) $\lim\limits_{x\to 0^+} e^{\frac{1}{x}}$;

(9) $\lim\limits_{x\to\infty}\left(3-\dfrac{1}{x^2}+\dfrac{1}{x^3}\right)$;

(10) $\lim\limits_{h\to 0}\dfrac{(x+h)^2-x^2}{h}$;

(11) $\lim\limits_{x\to\infty}\dfrac{x^2-1}{2x^2-x-2}$;

(12) $\lim\limits_{x\to\infty}\dfrac{x^2+2x}{x^4-3x^2+2}$;

(13) $\lim\limits_{x\to\frac{1}{2}}\dfrac{8x^3-1}{6x^2-5x+1}$;

(14) $\lim\limits_{x\to 1}\dfrac{x^n-1}{x-1}$;

(15) $\lim\limits_{n\to\infty}\dfrac{(n-1)^2}{n+1}$;

(16) $\lim\limits_{n\to\infty}\left(1+\dfrac{1}{2}+\dfrac{1}{4}+\cdots+\dfrac{1}{2^n}\right)$;

(17) $\lim\limits_{n\to\infty}\dfrac{1+2+3+\cdots+(n-1)}{n^2}$;

(18) $\lim\limits_{n\to\infty}\left(\dfrac{1}{n^{\frac{3}{2}}}+\dfrac{2}{n^{\frac{3}{2}}}+\cdots+\dfrac{n-1}{n^{\frac{3}{2}}}\right)$;

(19) $\lim\limits_{x\to\infty}(\sqrt{x^2+1}-\sqrt{x^2-1})$;

(20) $\lim\limits_{x\to 1}\left(\dfrac{1}{1-x}-\dfrac{3}{1-x^3}\right)$;

(21) $\lim\limits_{x\to 4}\dfrac{\sqrt{2x+1}-3}{\sqrt{x-2}-\sqrt{2}}$;

(22) $\lim\limits_{x\to -2}\dfrac{x^3+3x^2+2x}{x^2-x-6}$;

(23) $\lim\limits_{x\to 0}\dfrac{\sqrt{a+2x}-\sqrt{a+x}}{x}$, $(a>0)$;

(24) $\lim\limits_{n\to\infty}\dfrac{(-2)^n+3^n}{(-2)^{n+1}+3^{n+1}}$.

解 (1) $\lim\limits_{x\to 2}(3x^2+5x-2)=3\lim\limits_{x\to 2}x^2+5\lim\limits_{x\to 2}x-2=12+10-2=20$;

(2) 这里分母的极限不为零,故 $\lim\limits_{x\to 2}\dfrac{x^2+3x+4}{x^2+3}=\dfrac{\lim\limits_{x\to 2}(x^2+3x+4)}{\lim\limits_{x\to 2}(x^2+3)}=\dfrac{\lim\limits_{x\to 2}x^2+3\lim\limits_{x\to 2}x+4}{\lim\limits_{x\to 2}x^2+3}=2$;

(3) 这里分母的极限不为零,故 $\lim\limits_{x\to 2}\dfrac{x^2+5}{x-6}=\dfrac{\lim\limits_{x\to 2}x^2+5}{\lim\limits_{x\to 2}x-6}=-\dfrac{9}{4}$;

(4) 当 $x\to 1$ 时,分子及分母的极限都是零,于是分子、分母不能分别取极限,而是约去 $(x-1)$ 这个公因子, $\lim\limits_{x\to 1}\dfrac{x^2-2x+1}{x^2-1}=\lim\limits_{x\to 1}\dfrac{x-1}{x+1}=0$;

(5) $\lim\limits_{x\to\sqrt{2}}\dfrac{x^2-3}{x^2+1}=\dfrac{\lim\limits_{x\to\sqrt{2}}x^2-3}{\lim\limits_{x\to\sqrt{2}}x^2+1}=-\dfrac{1}{3}$;

(6) $\lim\limits_{x\to 0}\dfrac{-2x^2+x}{3x^2+2x}=\lim\limits_{x\to 0}\dfrac{-2x+1}{3x+2}=\dfrac{-2\lim\limits_{x\to 0}x+1}{3\lim\limits_{x\to 0}x+2}=\dfrac{1}{2}$;

(7) $\lim\limits_{x\to 0^-}e^{\frac{1}{x}}=e^{\lim\limits_{x\to 0^-}\frac{1}{x}}=0$;

(8) $\lim\limits_{x\to 0^+}e^{\frac{1}{x}}=e^{\lim\limits_{x\to 0^+}\frac{1}{x}}=+\infty$;

(9) $\lim\limits_{x\to\infty}\left(3-\dfrac{1}{x^2}+\dfrac{1}{x^3}\right)=3-\lim\limits_{x\to\infty}\dfrac{1}{x^2}+\lim\limits_{x\to\infty}\dfrac{1}{x^3}=3$;

(10) $\lim\limits_{h\to 0}\dfrac{(x+h)^2-x^2}{h}=\lim\limits_{h\to 0}\dfrac{2xh+h^2}{h}=\lim\limits_{h\to 0}(2x+h)=2x$;

(11) $\lim\limits_{x\to\infty}\dfrac{x^2-1}{2x^2-x-2}=\lim\limits_{x\to\infty}\dfrac{1-\dfrac{1}{x^2}}{2-\dfrac{1}{x}-\dfrac{2}{x^2}}=\dfrac{1-\lim\limits_{x\to\infty}\dfrac{1}{x^2}}{2-\lim\limits_{x\to\infty}\dfrac{1}{x}-2\lim\limits_{x\to\infty}\dfrac{1}{x^2}}=\dfrac{1}{2}$;

(12) $\lim\limits_{x\to\infty}\dfrac{x^2+2x}{x^4-3x^2+2}=\lim\limits_{x\to\infty}\dfrac{\dfrac{1}{x^2}+\dfrac{2}{x^3}}{1-\dfrac{3}{x^2}+\dfrac{2}{x^4}}=\dfrac{\lim\limits_{x\to\infty}\dfrac{1}{x^2}+2\lim\limits_{x\to\infty}\dfrac{1}{x^3}}{1-3\lim\limits_{x\to\infty}\dfrac{1}{x^2}+2\lim\limits_{x\to\infty}\dfrac{1}{x^4}}=0$；

(13) $\lim\limits_{x\to\frac{1}{2}}\dfrac{8x^3-1}{6x^2-5x+1}=\lim\limits_{x\to\frac{1}{2}}\dfrac{(2x-1)(4x^2+2x+1)}{(2x-1)(3x-1)}=\lim\limits_{x\to\frac{1}{2}}\dfrac{4x^2+2x+1}{3x-1}=6$；

(14) $\lim\limits_{x\to 1}\dfrac{x^n-1}{x-1}=\lim\limits_{x\to 1}(x^{n-1}+x^{n-2}+\cdots+1)=n$；

(15) $\lim\limits_{n\to\infty}\dfrac{(n-1)^2}{n+1}=\lim\limits_{n\to\infty}n+\lim\limits_{n\to\infty}\dfrac{4}{n+1}-3=\infty$；

(16) $\lim\limits_{n\to\infty}\left(1+\dfrac{1}{2}+\dfrac{1}{4}+\cdots+\dfrac{1}{2^n}\right)=\lim\limits_{n\to\infty}\left(2-\dfrac{1}{2^n}\right)=2$；

(17) $\lim\limits_{n\to\infty}\dfrac{1+2+3+\cdots+(n-1)}{n^2}=\lim\limits_{n\to\infty}\dfrac{n^2-n}{2n^2}=\dfrac{1}{2}$；

(18) $\lim\limits_{n\to\infty}\left(\dfrac{1}{n^{\frac{3}{2}}}+\dfrac{2}{n^{\frac{3}{2}}}+\cdots+\dfrac{n-1}{n^{\frac{3}{2}}}\right)=\lim\limits_{n\to\infty}\dfrac{n^2-n}{2\cdot n^{\frac{3}{2}}}=+\infty$；

(19) $\lim\limits_{x\to\infty}\left(\sqrt{x^2+1}-\sqrt{x^2-1}\right)=\lim\limits_{x\to\infty}\dfrac{2}{\sqrt{x^2+1}+\sqrt{x^2-1}}=0$；

(20) $\lim\limits_{x\to 1}\left(\dfrac{1}{1-x}-\dfrac{3}{1-x^3}\right)=\lim\limits_{x\to 1}\dfrac{x^2+x-2}{1-x^3}=\lim\limits_{x\to 1}\dfrac{-(x+2)}{1+x+x^2}=-1$；

(21) $\lim\limits_{x\to 4}\dfrac{\sqrt{2x+1}-3}{\sqrt{x-2}-\sqrt{2}}=\lim\limits_{x\to 4}\dfrac{2(\sqrt{x-2}+\sqrt{2})}{\sqrt{2x+1}+3}=\dfrac{2}{3}\sqrt{2}$；

(22) $\lim\limits_{x\to -2}\dfrac{x^3+3x^2+2x}{x^2-x-6}=\lim\limits_{x\to -2}\dfrac{x(x+1)(x+2)}{(x-3)(x+2)}=\lim\limits_{x\to -2}\dfrac{x(x+1)}{x-3}=-\dfrac{2}{5}$；

(23) $\lim\limits_{x\to 0}\dfrac{\sqrt{a+2x}-\sqrt{a+x}}{x}=\lim\limits_{x\to 0}\dfrac{x}{x(\sqrt{a+2x}+\sqrt{a+x})}=\dfrac{1}{2\sqrt{a}}$；

(24) $\lim\limits_{n\to\infty}\dfrac{(-2)^n+3^n}{(-2)^{n+1}+3^{n+1}}=\lim\limits_{n\to\infty}\dfrac{\left(-\dfrac{2}{3}\right)^n+1}{-2\left(-\dfrac{2}{3}\right)^n+3}=\dfrac{1}{3}$．

2. 计算下列极限：

(1) $\lim\limits_{x\to 0}x^2\cos\dfrac{1}{x}$； (2) $\lim\limits_{x\to\infty}\dfrac{\arctan x}{x}$； (3) $\lim\limits_{x\to\infty}\dfrac{\sin(1-x^2)}{x^2-1}$；

(4) $\lim\limits_{x\to\infty}\dfrac{\sin x}{x}$； (5) $\lim\limits_{x\to 0}x\cdot\sin\dfrac{1}{x}$； (6) $\lim\limits_{x\to\infty}\dfrac{\sin 2x}{x^2}$．

解 (1) 因为 $x\to 0$ 时，x^2 是无穷小量，而 $\left|\cos\dfrac{1}{x}\right|\leqslant 1$，即 $\cos\dfrac{1}{x}$ 是有界量，故

$$\lim\limits_{x\to 0}x^2\cdot\cos\dfrac{1}{x}=0；$$

(2) 因为 $x\to\infty$ 时，$\dfrac{1}{x}$ 是无穷小量，而 $|\arctan x|\leqslant\dfrac{\pi}{2}$，即 $\arctan x$ 是有界量，故

$$\lim\limits_{x\to\infty}\dfrac{\arctan x}{x}=0；$$

(3) 因为 $x\to\infty$ 时，$\dfrac{1}{x^2-1}$ 是无穷小量，而 $|\sin(1-x^2)|\leqslant 1$，即 $\sin(1-x^2)$ 是有界量，故

$$\lim_{x\to\infty}\frac{\sin(1-x^2)}{x^2-1}=0;$$

(4) 因为 $x\to\infty$ 时,$\frac{1}{x}$ 是无穷小量,而 $|\sin x|\leqslant 1$,即 $\sin x$ 是有界量,故

$$\lim_{x\to\infty}\frac{\sin x}{x}=0;$$

(5) 因为 $x\to 0$ 时,x 是无穷小量,而 $\left|\sin\frac{1}{x}\right|\leqslant 1$,即 $\sin\frac{1}{x}$ 是有界量,故

$$\lim_{x\to 0}x\cdot\sin\frac{1}{x}=0;$$

(6) 因为 $x\to\infty$ 时,$\frac{1}{x^2}$ 是无穷小量,而 $|\sin 2x|\leqslant 1$,即 $\sin 2x$ 是有界量,故

$$\lim_{x\to\infty}\frac{\sin 2x}{x^2}=0.$$

3. 当 $x\to x_0$ 时,若 $f(x)$ 有极限,$g(x)$ 无极限,则下列陈述中,哪些是对的?哪些是错的?若是对的,提出依据;若是错的,举出反例.

(1) $\lim\limits_{x\to x_0}[f(x)+g(x)]$ 不存在;

(2) $\lim\limits_{x\to x_0}f(x)\cdot g(x)$ 不存在;

(3) $\lim\limits_{x\to x_0}f(x)\cdot g(x)$ 可能存在,也可能不存在.

解 (1) 对,反证.若 $\lim\limits_{x\to x_0}[f(x)+g(x)]$ 存在,则

$$g(x)=[f(x)+g(x)]-f(x),$$

$$\lim_{x\to x_0}g(x)=\lim_{x\to x_0}\{[f(x)+g(x)]-f(x)\}=\lim_{x\to x_0}[f(x)+g(x)]-\lim_{x\to x_0}f(x),$$

所以 $g(x)$ 存在极限,与题设矛盾,故 $\lim\limits_{x\to x_0}[f(x)+g(x)]$ 不存在;

(2) 错,例如 $f(x)=x-x_0$,$g(x)=\sin\frac{1}{x-x_0}$,则 $\lim\limits_{x\to x_0}f(x)=0$,$\lim\limits_{x\to x_0}g(x)$ 不存在,在极限 $\lim\limits_{x\to x_0}f(x)\cdot g(x)$ 中,当 $x\to x_0$ 时,$f(x)$ 是无穷小,$g(x)$ 是有界量,故 $\lim\limits_{x\to x_0}f(x)\cdot g(x)=0$,原命题错误;

(3) 对,(2) 中给出了极限存在的情况,但当 $f(x)=x$,$g(x)=\sin\frac{1}{x-x_0}$ 时,$\lim\limits_{x\to x_0}f(x)\cdot g(x)$ 不存在,故原命题正确.

习题 1-6

1. 计算下列极限:

(1) $\lim\limits_{x\to 0}\dfrac{\tan 2x}{\sin 5x}$;　　　(2) $\lim\limits_{x\to 0}\dfrac{\sin 2x}{\sin 3x}$;　　　(3) $\lim\limits_{x\to 0}\dfrac{\tan 6x}{x}$;

(4) $\lim\limits_{x\to 0}x\cot 2x$;　　　(5) $\lim\limits_{x\to 0}\dfrac{x^2}{1-\cos x}$;　　　(6) $\lim\limits_{x\to 0}\dfrac{x-\sin x}{x+\sin x}$;

(7) $\lim\limits_{x\to 0}\dfrac{x^2}{\sin^2\left(\dfrac{x}{3}\right)}$;　　　(8) $\lim\limits_{x\to 0}\dfrac{1-\cos 2x}{x\cdot\sin x}$;　　　(9) $\lim\limits_{n\to\infty}2^n\sin\dfrac{\pi}{2^n}$.

解 (1) $\lim\limits_{x\to 0}\dfrac{\tan 2x}{\sin 5x}=\lim\limits_{x\to 0}\dfrac{\sin 2x}{2x}\cdot\dfrac{5x}{\sin 5x}\cdot\dfrac{2}{5\cos 2x}=\lim\limits_{x\to 0}\dfrac{\sin 2x}{2x}\cdot\lim\limits_{x\to 0}\dfrac{5x}{\sin 5x}\cdot\lim\limits_{x\to 0}\dfrac{2}{5\cos 2x}=\dfrac{2}{5}$;

(2) $\lim\limits_{x\to 0}\dfrac{\sin 2x}{\sin 3x}=\lim\limits_{x\to 0}\dfrac{2}{3}\cdot\dfrac{\sin 2x}{2x}\cdot\dfrac{3x}{\sin 3x}=\dfrac{2}{3}$;

(3) $\lim\limits_{x\to 0}\dfrac{\tan 6x}{x}=\lim\limits_{x\to 0}\dfrac{\sin 6x}{6x}\cdot\dfrac{6}{\cos 6x}=6$;

(4) $\lim\limits_{x\to 0}x\cdot\cot 2x=\lim\limits_{x\to 0}\dfrac{2x}{\sin 2x}\dfrac{\cos 2x}{2}=\dfrac{1}{2}$;

(5) $\lim\limits_{x\to 0}\dfrac{x^2}{1-\cos x}=\lim\limits_{x\to 0}\dfrac{x^2}{2\sin^2\frac{x}{2}}=\lim\limits_{x\to 0}\dfrac{\left(\frac{x}{2}\right)^2}{\sin^2\frac{x}{2}}\cdot 2=2$;

(6) $\lim\limits_{x\to 0}\dfrac{x-\sin x}{x+\sin x}=\lim\limits_{x\to 0}\dfrac{x+\sin x-2\sin x}{x+\sin x}=1-2\lim\limits_{x\to 0}\dfrac{1}{\frac{x}{\sin x}+1}=0$;

(7) $\lim\limits_{x\to 0}\dfrac{x^2}{\sin^2\left(\frac{x}{3}\right)}=\lim\limits_{x\to 0}\dfrac{\left(\frac{x}{3}\right)^2}{\sin^2\left(\frac{x}{3}\right)}\cdot 9=9$;

(8) $\lim\limits_{x\to 0}\dfrac{1-\cos 2x}{x\cdot\sin x}=\lim\limits_{x\to 0}\dfrac{2\sin^2 x}{x\cdot\sin x}=2\lim\limits_{x\to 0}\dfrac{\sin x}{x}=2$;

(9) $\lim\limits_{n\to\infty}2^n\sin\dfrac{\pi}{2^n}=\lim\limits_{n\to\infty}\dfrac{\pi\cdot\sin\frac{\pi}{2^n}}{\frac{\pi}{2^n}}=\pi$.

2. 计算下列极限：

(1) $\lim\limits_{x\to 0}(1-x)^{\frac{1}{x}}$;
(2) $\lim\limits_{x\to 0}(1+3x)^{\frac{1}{x}}$;
(3) $\lim\limits_{x\to\infty}\left(\dfrac{1+x}{x}\right)^{2x}$;

(4) $\lim\limits_{x\to\infty}\left(\dfrac{2x+3}{2x+1}\right)^{x+1}$;
(5) $\lim\limits_{x\to 0}(1+\alpha x)^{\frac{1}{x}}$;
(6) $\lim\limits_{x\to 0}(1+x\mathrm{e})^{\frac{1}{x}}$;

(7) $\lim\limits_{x\to\infty}\left(\dfrac{3+x}{6+x}\right)^{\frac{x-1}{2}}$;
(8) $\lim\limits_{x\to 0}(1+3x)^{\frac{2}{\sin x}}$;
(9) $\lim\limits_{x\to\frac{\pi}{2}}(1+\cos x)^{3\sec x}$;

(10) $\lim\limits_{n\to\infty}\{n[\ln(n+1)-\ln n]\}$; (11) $\lim\limits_{x\to 0}(\cos x)^{\frac{1}{\sin^2 x}}$; (12) $\lim\limits_{x\to 0}\dfrac{x^4+x^3}{\sin^3\left(\frac{x}{2}\right)}$.

解 (1) $\lim\limits_{x\to 0}(1-x)^{\frac{1}{x}}=\lim\limits_{x\to 0}\{[1+(-x)]^{-\frac{1}{x}}\}^{-1}\xlongequal{t=-x}\lim\limits_{t\to 0}[(1+t)^{\frac{1}{t}}]^{-1}=\dfrac{1}{\mathrm{e}}$;

(2) $\lim\limits_{x\to 0}(1+3x)^{\frac{1}{x}}=\lim\limits_{x\to 0}[(1+3x)^{\frac{1}{3x}}]^3=\mathrm{e}^3$;

(3) $\lim\limits_{x\to\infty}\left(\dfrac{1+x}{x}\right)^{2x}=\lim\limits_{x\to\infty}\left[\left(1+\dfrac{1}{x}\right)^x\right]^2=\mathrm{e}^2$;

(4) $\lim\limits_{x\to\infty}\left(\dfrac{2x+3}{2x+1}\right)^{x+1}=\lim\limits_{x\to\infty}\left[\left(1+\dfrac{2}{2x+1}\right)^{\frac{2x+1}{2}}\right]^{\frac{2}{2x+1}\cdot(x+1)}=\mathrm{e}$;

(5) $\lim\limits_{x\to 0}(1+\alpha x)^{\frac{1}{x}}=\lim\limits_{x\to 0}[(1+\alpha x)^{\frac{1}{\alpha x}}]^{\alpha}=\mathrm{e}^{\alpha}$;

(6) $\lim\limits_{x\to 0}(1+x\mathrm{e})^{\frac{1}{x}}=\lim\limits_{x\to 0}[(1+x\mathrm{e})^{\frac{1}{x\mathrm{e}}}]^{x\mathrm{e}\cdot\frac{1}{x}}=\mathrm{e}^{\mathrm{e}}$;

(7) $\lim\limits_{x\to\infty}\left(\dfrac{3+x}{6+x}\right)^{\frac{x-1}{2}}=\lim\limits_{x\to\infty}\left[\left(1+\dfrac{-3}{6+x}\right)^{\frac{6+x}{-3}}\right]^{\frac{-3}{6+x}\cdot\frac{x-1}{2}}=\mathrm{e}^{-\frac{3}{2}}$;

(8) $\lim\limits_{x\to 0}(1+3x)^{\frac{2}{\sin x}}=\lim\limits_{x\to 0}[(1+3x)^{\frac{1}{3x}}]^{3x\cdot\frac{2}{\sin x}}=\mathrm{e}^{6}$;

(9) $\lim\limits_{x\to\frac{\pi}{2}}(1+\cos x)^{3\sec x}=\lim\limits_{x\to\frac{\pi}{2}}[(1+\cos x)^{\frac{1}{\cos x}}]^{3}=\mathrm{e}^{3}$;

(10) $\lim\limits_{n\to\infty}\{n[\ln(n+1)-\ln n]\}=\lim\limits_{n\to\infty}\ln\left(1+\dfrac{1}{n}\right)^{n}=\ln\mathrm{e}=1$;

(11) $\lim\limits_{x\to 0}(\cos x)^{\frac{1}{\sin^{2}x}}=\lim\limits_{x\to 0}\left[\left(1-2\sin^{2}\dfrac{x}{2}\right)^{\frac{1}{-2\sin^{2}\frac{x}{2}}}\right]^{\frac{-2\sin^{2}\frac{x}{2}}{\sin^{2}x}}=\mathrm{e}^{-\frac{1}{2}}$;

(12) $\lim\limits_{x\to 0}\dfrac{x^{4}+x^{3}}{\sin^{3}\left(\dfrac{x}{2}\right)}=\lim\limits_{x\to 0}\dfrac{\left(\dfrac{x}{2}\right)^{3}\times 8}{\sin^{3}\left(\dfrac{x}{2}\right)}\cdot(1+x)=8.$

3. 设 $\lim\limits_{x\to\infty}\left(\dfrac{x+2a}{x-a}\right)^{\frac{x}{3}}=8$, 求 a 值.

解 $\lim\limits_{x\to\infty}\left(\dfrac{x+2a}{x-a}\right)^{\frac{x}{3}}=\lim\limits_{x\to\infty}\left[\left(1+\dfrac{3a}{x-a}\right)^{\frac{x-a}{3a}}\right]^{\frac{3a}{x-a}\cdot\frac{x}{3}}=\mathrm{e}^{a}=8$, 所以 $a=\ln 8=3\ln 2$.

4. 利用极限存在准则证明下列极限：

(1) $\lim\limits_{n\to\infty}\sqrt[m]{1+\dfrac{1}{n}}=1, m\in\mathbf{N}^{+}$;

(2) $\lim\limits_{n\to\infty}\left(\dfrac{1}{\sqrt{n^{2}+1}}+\dfrac{1}{\sqrt{n^{2}+2}}+\cdots+\dfrac{1}{\sqrt{n^{2}+n}}\right)=1$;

(3) $\lim\limits_{n\to\infty}\left(\dfrac{1}{n^{2}+n+1}+\dfrac{2}{n^{2}+n+2}+\cdots+\dfrac{n}{n^{2}+n+n}\right)=\dfrac{1}{2}$;

(4) 数列 $\sqrt{2}, \sqrt{2+\sqrt{2}}, \sqrt{2+\sqrt{2+\sqrt{2}}}, \cdots$ 的极限存在.

证明 (1) 因为 $1<\sqrt[m]{1+\dfrac{1}{n}}\leqslant 1+\dfrac{1}{n}$, 而 $\lim\limits_{n\to\infty}\left(1+\dfrac{1}{n}\right)=1$, 由夹逼定理知 $\lim\limits_{n\to\infty}\sqrt[m]{1+\dfrac{1}{n}}$ 存在, 并且 $\lim\limits_{n\to\infty}\sqrt[m]{1+\dfrac{1}{n}}=1$;

(2) 因为

$$\dfrac{n}{\sqrt{n^{2}+n}}<\dfrac{1}{\sqrt{n^{2}+1}}+\dfrac{1}{\sqrt{n^{2}+2}}+\cdots+\dfrac{1}{\sqrt{n^{2}+n}}<\dfrac{n}{\sqrt{n^{2}+1}},$$

而

$$\lim\limits_{n\to\infty}\dfrac{n}{\sqrt{n^{2}+n}}=1, \lim\limits_{n\to\infty}\dfrac{n}{\sqrt{n^{2}+1}}=1,$$

由夹逼定理知

$$\lim\limits_{n\to\infty}\left(\dfrac{1}{\sqrt{n^{2}+1}}+\dfrac{1}{\sqrt{n^{2}+2}}+\cdots+\dfrac{1}{\sqrt{n^{2}+n}}\right)=1;$$

(3)因为

$$\frac{\frac{n(n+1)}{2}}{n^2+n+n} < \frac{1}{n^2+n+1} + \frac{2}{n^2+n+2} + \cdots + \frac{n}{n^2+n+n} < \frac{\frac{n(n+1)}{2}}{n^2+n+1},$$

而

$$\lim_{n\to\infty}\frac{\frac{n(n+1)}{2}}{n^2+n+n} = \frac{1}{2}, \lim_{n\to\infty}\frac{\frac{n(n+1)}{2}}{n^2+n+1} = \frac{1}{2},$$

由夹逼定理知

$$\lim_{n\to\infty}\left(\frac{1}{n^2+n+1} + \frac{2}{n^2+n+2} + \cdots + \frac{n}{n^2+n+n}\right) = \frac{1}{2};$$

(4)设数列 $x_{n+1} = \sqrt{2+x_n}, x_1 = \sqrt{2}$.

① 数列 x_n 有界. 显然有 $x_n > 0$ ($n=1,2,\cdots$) 成立. 下面证明 x_n 有上界 2. 当 $n=1$ 时,有 $x_1 = \sqrt{2} < 2$ 成立. 假定当 $n=k$ 时, $x_k < 2$, 当 $n=k+1$ 时, $x_{k+1} = \sqrt{2+x_k} < \sqrt{2+2} = 2$, 所以由数学归纳法可知 $x_n < 2$ ($n=1,2,\cdots$).

② 数列 x_n 单调递增. 因为

$$x_{n+1} - x_n = \sqrt{2+x_n} - x_n = \frac{2+x_n - x_n^2}{\sqrt{2+x_n}+x_n} = \frac{-(x_n-2)(x_n+1)}{\sqrt{2+x_n}+x_n},$$

由 $0 < x_n < 2$ 可知 $x_{n+1} - x_n > 0$, 所以 x_n 单调递增.

由①、②可知,数列 $\{x_n\}$ 极限存在,设 $\lim_{n\to\infty} x_n = a$ ($a>0$). 由于 $x_{n+1} = \sqrt{2+x_n}$,即 $x_{n+1}^2 = 2+x_n$, 两边取极限得 $\lim_{n\to\infty} x_{n+1}^2 = \lim_{n\to\infty}(2+x_n)$, 即 $a^2 = 2+a$. 解方程可得 $a_1 = 2, a_2 = -1$ (舍去), 故 $\lim_{n\to\infty} x_n = 2$.

*5. 求极限 $\lim_{x\to\infty} x \arcsin\frac{n}{x}$ ($n \in \mathbf{N}_+$).

解 $\lim_{x\to\infty} x\arcsin\frac{n}{x} \xlongequal{y=\arcsin\frac{n}{x}} \lim_{y\to 0}\frac{n}{\sin y} \cdot y = n$

习题 1—7

1. 当 $x \to 0$ 时,试比较下列无穷小.

(1) $3x^4 + x^3$ 与 $x^5 - x^2$;   (2) $\sqrt{1+x} - 1$ 与 x;

(3) $8x - x^{\frac{1}{3}}$ 与 $x + 2x^{\frac{2}{3}}$;   (4) $\frac{1}{\sin^2 x}$ 与 $\frac{1}{x^2}$.

解 (1) $\lim_{x\to 0}\frac{3x^4+x^3}{x^5-x^2} = \lim_{x\to 0}\frac{3x^2+x}{x^3-1} = 0$, 故 $3x^4+x^3$ 是比 x^5-x^2 高阶的无穷小;

(2) $\lim_{x\to 0}\frac{\sqrt{1+x}-1}{x} = \lim_{x\to 0}\frac{x}{x(\sqrt{1+x}+1)} = \frac{1}{2}$, 故 $\sqrt{1+x}-1$ 与 x 是同阶无穷小;

(3) $\lim\limits_{x\to 0}\dfrac{8x-x^{\frac{1}{3}}}{x+2x^{\frac{2}{3}}}=\lim\limits_{x\to 0}\dfrac{8x^{\frac{2}{3}}-1}{x^{\frac{1}{3}}+2x^{\frac{1}{3}}}=\infty$,故 $8x^{\frac{2}{3}}-1$ 是比 $x+2x^{\frac{2}{3}}$ 低阶的无穷小;

(4) $\lim\limits_{x\to 0}\dfrac{\dfrac{1}{\sin^2 x}}{\dfrac{1}{x^2}}=\lim\limits_{x\to 0}\dfrac{x^2}{\sin^2 x}=1$,故 $\dfrac{1}{\sin^2 x}$ 与 $\dfrac{1}{x^2}$ 是等价无穷小.

2. 当 $x\to x_0$ 时,$f(x)$ 是比 $g(x)$ 高阶的无穷小,则当 $x\to x_0$ 时,无穷小 $f(x)+g(x)$ 与无穷小 $g(x)$ 是什么关系?

解 由题可知 $\lim\limits_{x\to x_0}\dfrac{f(x)}{g(x)}=0$,则 $\lim\limits_{x\to x_0}\dfrac{f(x)+g(x)}{g(x)}=\lim\limits_{x\to x_0}\dfrac{f(x)}{g(x)}+1=1$. 故 $f(x)+g(x)$ 与 $g(x)$ 是等价无穷小.

3. 当 $x\to 0$ 时,无穷小 $x^2-\sin x$ 与 x 是同阶还是等价无穷小?

解 因为 $\lim\limits_{x\to 0}\dfrac{x^2-\sin x}{x}=\lim\limits_{x\to 0}\left(x-\dfrac{\sin x}{x}\right)=-1$,故 $x^2-\sin x$ 与 x 是同阶无穷小.

4. 当 $x\to 1$ 时,无穷小 $1-x$ 与 $1-x^3$ 是否是等价无穷小?

解 因为 $\lim\limits_{x\to 1}\dfrac{1-x}{1-x^3}=\lim\limits_{x\to 1}\dfrac{1}{1+x+x^2}=\dfrac{1}{3}$,所以 $1-x$ 与 $1-x^3$ 不是等价无穷小,而是同阶无穷小.

5. 当 $x\to 0$ 时,无穷小 $(1-\cos x)^2$ 是比 $\sin^2 x$ 高阶的无穷小,还是低阶的无穷小?

解 因为 $\lim\limits_{x\to 0}\dfrac{(1-\cos x)^2}{\sin^2 x}=\lim\limits_{x\to 0}\dfrac{4\sin^4\dfrac{x}{2}}{4\sin^2\dfrac{x}{2}\cos^2\dfrac{x}{2}}=\lim\limits_{x\to 0}\dfrac{\sin^2\dfrac{x}{2}}{\cos^2\dfrac{x}{2}}=0$,所以 $(1-\cos x)^2$ 是比 $\sin^2 x$ 高阶的无穷小.

6. 证明:当 $x\to 0$ 时,有

(1) $\sin x\sim x$; (2) $\arctan x\sim x$.

证明 (1)因为 $\lim\limits_{x\to 0}\dfrac{\sin x}{x}=1$,所以当 $x\to 0$ 时 $\sin x$ 与 x 是等价无穷小,即 $\sin x\sim x$;

(2)因为 $\lim\limits_{x\to 0}\dfrac{\arctan x}{x}\xlongequal{y=\arctan x}\lim\limits_{y\to 0}\dfrac{y}{\tan y}=\lim\limits_{y\to 0}\dfrac{y}{\sin y}\cdot\cos y=1$,所以当 $x\to 0$ 时,$\arctan x$ 与 x 是等价无穷小,即 $\arctan x\sim x$.

7. 利用等价代换,求下列极限:

(1) $\lim\limits_{x\to 0}\dfrac{1-\cos x}{x\sin x}$; (2) $\lim\limits_{x\to 0}\dfrac{\ln(1+x^2)}{e^{x^2}-1}$;

(3) $\lim\limits_{x\to 0}\dfrac{\sin x}{x^2+3x}$; (4) $\lim\limits_{x\to 0}\dfrac{-x^2(1-e^{-x^2})}{\sin^4 2x}$;

(5) $\lim\limits_{x\to 0}\dfrac{\sqrt{1+x\sin x}-1}{e^{x^2}-1}$; (6) $\lim\limits_{x\to 0}\dfrac{\tan x-\sin x}{\sin^3 x}$;

(7) $\lim\limits_{x\to 0}\dfrac{\sin x-x}{x}$;

(8) $\lim\limits_{x\to 0}\dfrac{e^x-e^{\tan x}}{x-\tan x}$;

(9) $\lim\limits_{x\to 0}\dfrac{e^x-e^{\sin x}}{x-\sin x}$;

(10) $\lim\limits_{x\to -2}\dfrac{\arcsin(x+2)}{x(x+2)}$;

(11) $\lim\limits_{x\to 0}\dfrac{x^4+4^3}{\sin^3\dfrac{x}{2}}$;

(12) $\lim\limits_{x\to 0}\dfrac{3\sin x+x^2\cos\dfrac{1}{x}}{(1+\cos x)\ln(1+x)}$;

(13) $\lim\limits_{x\to 0}\dfrac{5x^2-2(1-\cos^2 x)}{3x^3+4\tan^2 x}$;

(14) $\lim\limits_{x\to 0}\dfrac{\sqrt{1+\sin^2 x}-1}{x\tan x}$;

(15) $\lim\limits_{x\to 0}\dfrac{(\sqrt[3]{1+\tan x}-1)(\sqrt{1+x^2}-1)}{\tan x-\sin x}$.

解 (1) $\lim\limits_{x\to 0}\dfrac{1-\cos x}{x\sin x}=\lim\limits_{x\to 0}\dfrac{2\sin^2\dfrac{x}{2}}{x\sin x}=\lim\limits_{x\to 0}\dfrac{\dfrac{1}{2}x^2}{x^2}=\dfrac{1}{2}$;

(2) $\lim\limits_{x\to 0}\dfrac{\ln(1+x^2)}{e^{x^2}-1}=\lim\limits_{x\to 0}\dfrac{x^2}{x^2}=1$;

(3) $\lim\limits_{x\to 0}\dfrac{\sin x}{x^2+3x}=\lim\limits_{x\to 0}\dfrac{x}{x^2+3x}=\lim\limits_{x\to 0}\dfrac{1}{x+3}=\dfrac{1}{3}$;

(4) $\lim\limits_{x\to 0}\dfrac{-x^2(1-e^{-x^2})}{\sin^4 2x}=\lim\limits_{x\to 0}\dfrac{x^2(-x^2)}{16x^4}=-\dfrac{1}{16}$;

(5) $\lim\limits_{x\to 0}\dfrac{\sqrt{1+x\sin x}-1}{e^{x^2}-1}=\lim\limits_{x\to 0}\dfrac{\dfrac{1}{2}x\cdot\sin x}{x^2}=\lim\limits_{x\to 0}\dfrac{\dfrac{1}{2}x^2}{x^2}=\dfrac{1}{2}$;

(6) $\lim\limits_{x\to 0}\dfrac{\tan x-\sin x}{\sin^3 x}=\lim\limits_{x\to 0}\dfrac{\dfrac{1}{2}x^3}{x^3}=\dfrac{1}{2}$;

(7) $\lim\limits_{x\to 0}\dfrac{\sin x-x}{x}=\lim\limits_{x\to 0}\left(\dfrac{\sin x}{x}-1\right)=0$;

(8) $\lim\limits_{x\to 0}\dfrac{e^x-e^{\tan x}}{x-\tan x}=\lim\limits_{x\to 0}\dfrac{(e^{x-\tan x}-1)e^{\tan x}}{x-\tan x}=\lim\limits_{x\to 0}\dfrac{(x-\tan x)e^{\tan x}}{x-\tan x}=1$;

(9) $\lim\limits_{x\to 0}\dfrac{e^x-e^{\sin x}}{x-\sin x}=\lim\limits_{x\to 0}\dfrac{(e^{x-\sin x}-1)e^{\sin x}}{x-\sin x}=\lim\limits_{x\to 0}\dfrac{(x-\sin x)e^{\sin x}}{x-\sin x}=1$;

(10) $\lim\limits_{x\to -2}\dfrac{\arcsin(x+2)}{x(x+2)}=\lim\limits_{x\to -2}\dfrac{x+2}{x(x+2)}=-\dfrac{1}{2}$;

(11) $\lim\limits_{x\to 0}\dfrac{x^4+x^3}{\sin^3\dfrac{x}{2}}=\lim\limits_{x\to 0}\dfrac{x^3(x+1)}{\left(\dfrac{x}{2}\right)^3}=\lim\limits_{x\to 0}8(x+1)=8$;

(12) $\lim\limits_{x\to 0}\dfrac{3\sin x+x^2\cdot\cos\dfrac{1}{x}}{(1+\cos x)\ln(1+x)}=\lim\limits_{x\to 0}\dfrac{3\sin x+x^2\cdot\cos\dfrac{1}{x}}{(1+\cos x)x}=\lim\limits_{x\to 0}\dfrac{3\dfrac{\sin x}{x}+x\cos\dfrac{1}{x}}{1+\cos x}=\dfrac{3}{2}$;

(13) $\lim\limits_{x\to 0}\dfrac{5x^2-2(1-\cos^2 x)}{3x^3+4\tan^2 x}=\lim\limits_{x\to 0}\dfrac{5x^2-2\sin^2 x}{3x^3+4\tan^2 x}=\lim\limits_{x\to 0}\dfrac{5-2\dfrac{\sin^2 x}{x^2}}{3x+4\dfrac{\tan^2 x}{x^2}}=\dfrac{3}{4}$;

(14) $\lim\limits_{x\to 0}\dfrac{\sqrt{1+\sin^2 x}-1}{x\tan x}=\lim\limits_{x\to 0}\dfrac{\dfrac{1}{2}\sin^2 x}{x\tan x}=\lim\limits_{x\to 0}\dfrac{\dfrac{1}{2}x^2}{x^2}=\dfrac{1}{2}$;

(15) $\lim\limits_{x\to 0}\dfrac{(\sqrt[3]{1+\tan x}-1)(\sqrt{1+x^2}-1)}{\tan x-\sin x}=\lim\limits_{x\to 0}\dfrac{\dfrac{1}{3}\tan x\cdot\dfrac{1}{2}x^2}{\dfrac{1}{2}x^3}=\lim\limits_{x\to 0}\dfrac{\dfrac{1}{6}x^3}{\dfrac{1}{2}x^3}=\dfrac{1}{3}$.

8. 研究并确定 $\lim\limits_{x\to 0}\dfrac{x^2\cdot\sin\dfrac{1}{x}}{|\sin x|}$.

解 $\lim\limits_{x\to 0^-}\dfrac{x^2\cdot\sin\dfrac{1}{x}}{|\sin x|}=\lim\limits_{x\to 0^-}\dfrac{x^2\cdot\sin\dfrac{1}{x}}{-\sin x}=-\lim\limits_{x\to 0^-}x\cdot\sin\dfrac{1}{x}=0$,

$\lim\limits_{x\to 0^+}\dfrac{x^2\cdot\sin\dfrac{1}{x}}{|\sin x|}=\lim\limits_{x\to 0^+}\dfrac{x^2\cdot\sin\dfrac{1}{x}}{\sin x}=\lim\limits_{x\to 0^+}x\cdot\sin\dfrac{1}{x}=0$,

则 $\lim\limits_{x\to 0}\dfrac{x^2\cdot\sin\dfrac{1}{x}}{|\sin x|}=0$.

习题 1-8

1. 证明:函数 $f(x)$ 在 x_0 处连续 $\Leftrightarrow f(x)$ 在 x_0 既左连续又右连续.

证明 （1）充分性. $f(x)$ 在 x_0 连续 $\Rightarrow f(x)$ 在 x_0 既左连续又右连续.

由 $f(x)$ 在 x_0 点连续可知 $\lim\limits_{x\to x_0}f(x)=f(x_0)$,所以 $\lim\limits_{x\to x_0^-}f(x)=\lim\limits_{x\to x_0^+}f(x)=f(x_0)$,即 $f(x)$ 在 x_0 既左连续又右连续;

（2）必要性. $f(x)$ 在 x_0 既左连续又右连续 $\Rightarrow f(x)$ 在 x_0 连续.

由 $f(x)$ 在 x_0 点左连续可知 $\lim\limits_{x\to x_0^-}f(x)=f(x_0)$,由 $f(x)$ 在 x_0 右连续可知 $\lim\limits_{x\to x_0^+}f(x)=f(x_0)$,即 $\lim\limits_{x\to x_0^-}f(x)=\lim\limits_{x\to x_0^+}f(x)=f(x_0)$,所以 $\lim\limits_{x\to x_0}f(x)=f(x_0)$,$f(x)$ 在 x_0 点连续.

2. 研究下列函数的连续性,并作出函数的图形.

(1) $f(x)=\begin{cases}x^2, & 0\leqslant x\leqslant 1,\\ 2-x, & 1<x\leqslant 2;\end{cases}$ (2) $f(x)=\begin{cases}x, & -1\leqslant x\leqslant 1,\\ 1, & x<-1 \text{ 或 } x>1.\end{cases}$

解 （1）显然 $f(x)$ 在 $[0,1)$ 和 $(1,2]$ 上连续,而

$$\lim\limits_{x\to 1^-}f(x)=\lim\limits_{x\to 1^-}x^2=1, \lim\limits_{x\to 1^+}f(x)=\lim\limits_{x\to 1^+}(2-x)=1,$$

所以 $\lim\limits_{x\to 1^-}f(x)=\lim\limits_{x\to 1^+}f(x)=1=f(1)$,故 $f(x)$ 在 $x=1$ 处连续,因此 $f(x)$ 在 $[0,2]$ 上连续.函数图形如图 1-8 所示.

(2)显然 $f(x)$ 在 $(-\infty,-1)$,$(-1,1)$ 和 $(1,+\infty)$ 内连续.而 $\lim\limits_{x\to 1^-}f(x)=\lim\limits_{x\to 1^-}x=1$,$\lim\limits_{x\to 1^+}f(x)=\lim\limits_{x\to 1^+}1=1$,所以 $\lim\limits_{x\to 1^-}f(x)=\lim\limits_{x\to 1^+}f(x)=1=f(1)$,故 $f(x)$ 在 $x=1$ 处连续,函数 $f(x)$ 在 $(-\infty,-1)$ 和 $(-1,+\infty)$ 上连续.在 $x=-1$ 处,由于 $\lim\limits_{x\to -1^+}f(x)=\lim\limits_{x\to -1^+}1=1$,$\lim\limits_{x\to -1^-}f(x)=\lim\limits_{x\to -1^-}x=-1$,即 $\lim\limits_{x\to -1^-}f(x)\neq\lim\limits_{x\to -1^+}f(x)$,所以 $x=-1$ 是 $f(x)$ 的第一类间断点,但右连续.函数图形如图 1-9 所示.

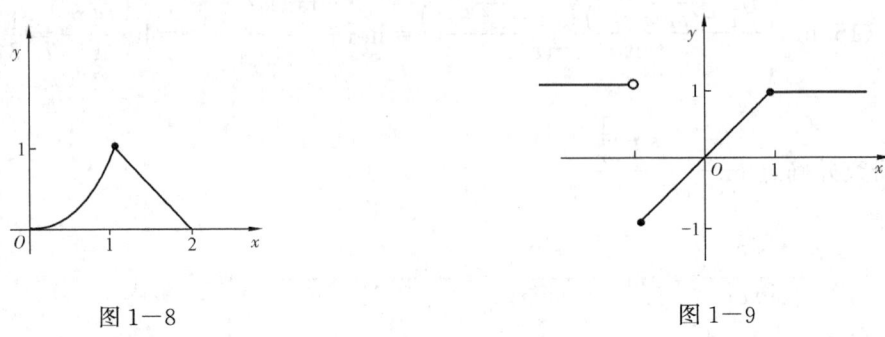

图 1-8　　　　　　　　　　　图 1-9

3. 讨论下列函数在指定点处的连续性,若是间断点,说明它的类型;若是可去间断点,则补充或改变函数的定义使它连续.

(1) $y=\dfrac{x^2-1}{x^2-3x+2}$,$x=1$,$x=2$;　　(2) $y=x^2$,$x=1$,$x=0$;

(3) $y=\sin^2\dfrac{1}{x}$,$x=0$;　　(4) $y=\dfrac{1-2e^{\frac{1}{x}}}{1+e^{\frac{1}{x}}}$,$x=0$;　　(5) $y=\dfrac{x-2}{x^2-4}$,$x=2$.

解　(1)因为 $\lim\limits_{x\to 1}\dfrac{x^2-1}{x^2-3x+2}=\lim\limits_{x\to 1}\dfrac{(x+1)(x-1)}{(x-2)(x-1)}=\lim\limits_{x\to 1}\dfrac{x+1}{x-2}=-2$,所以 $x=1$ 为可去间断点(第一类间断点),补充定义 $y(1)=-2$,则函数在 $x=1$ 处连续;而 $\lim\limits_{x\to 2}\dfrac{x^2-1}{x^2-3x+2}=\infty$,所以 $x=2$ 是原函数的第二类间断点;

(2)因为 $\lim\limits_{x\to 1}x^2=1=y(1)$,$\lim\limits_{x\to 0}x^2=0=y(0)$,所以 $x=1$,$x=0$ 都是原函数的连续点;

(3)因为 $\lim\limits_{x\to 0}\sin^2\dfrac{1}{x}$ 不存在,所以 $x=0$ 是第二类间断点(振荡间断点);

(4)因为 $\lim\limits_{x\to 0^-}\dfrac{1-2e^{\frac{1}{x}}}{1+e^{\frac{1}{x}}}=1$,$\lim\limits_{x\to 0^+}\dfrac{1-2e^{\frac{1}{x}}}{1+e^{\frac{1}{x}}}=\lim\limits_{x\to 0^+}\dfrac{\frac{1}{e^{\frac{1}{x}}}-2}{\frac{1}{e^{\frac{1}{x}}}+1}=-2$,所以 $x=0$ 是函数的第一类间断点(跳跃间断点);

(5)因为 $\lim\limits_{x\to 2}\dfrac{x-2}{x^2-4}=\lim\limits_{x\to 2}\dfrac{1}{x+2}=\dfrac{1}{4}$,所以 $x=2$ 是可去间断点(第一类间断点),如果补充定义 $y(2)=\dfrac{1}{4}$,则函数在 $x=2$ 处连续.

4. 找出下列函数的间断点,并判别其类型.

(1) $y=\begin{cases}\dfrac{\sin x}{x}, & x<0,\\ x^2-1, & x\geqslant 0;\end{cases}$ (2) $y=e^{x+\frac{1}{x}}$;

(3) $y=\begin{cases}\dfrac{1}{1-e^{\frac{x}{x-1}}}, & x\neq 1,\\ 1, & x=1;\end{cases}$ (4) $\operatorname{sgn}(x)=\begin{cases}1, & x>0,\\ 0, & x=0,\\ -1, & x<0.\end{cases}$

解 (1) 显然函数在 $(-\infty,0)$ 和 $(0,+\infty)$ 上连续,而 $\lim\limits_{x\to 0^-}\dfrac{\sin x}{x}=1$,$\lim\limits_{x\to 0^+}x^2-1=-1$,所以 $x=0$ 是函数的跳跃间断点(第一类间断点);

(2) 显然函数在 $(-\infty,0)$ 和 $(0,+\infty)$ 上连续,而 $\lim\limits_{x\to 0^-}e^{x+\frac{1}{x}}=0$,$\lim\limits_{x\to 0^+}e^{x+\frac{1}{x}}=\infty$,所以 $x=0$ 是函数的无穷间断点(第二类间断点);

(3) 显然函数在 $(-\infty,0)$,$(0,1)$ 和 $(1,+\infty)$ 上连续,而 $\lim\limits_{x\to 1^-}\dfrac{1}{1-e^{\frac{x}{x-1}}}=1$,$\lim\limits_{x\to 1^+}\dfrac{1}{1-e^{\frac{x}{x-1}}}=0$,所以 $x=1$ 是函数的跳跃间断点(第一类间断点);$\lim\limits_{x\to 0}\dfrac{1}{1-e^{\frac{x}{x-1}}}=\infty$,所以 $x=0$ 是函数的无穷间断点(第二类间断点);

(4) 显然函数在 $(-\infty,0)$ 和 $(0,+\infty)$ 上连续,$\lim\limits_{x\to 0^-}\operatorname{sgn}(x)=\lim\limits_{x\to 0^-}-1=-1$,$\lim\limits_{x\to 0^+}\operatorname{sgn}(x)=\lim\limits_{x\to 0^+}1=1$,所以 $x=0$ 是函数的跳跃间断点(第一类间断点).

5. 设 $f(x)=\begin{cases}2+(x-1)\cos\dfrac{1}{x-1}, & x>1,\\ 2x^2+\ln x, & x\leqslant 1,\end{cases}$ 研究 $x=1$ 处的连续性.

解 因为 $\lim\limits_{x\to 1^-}f(x)=\lim\limits_{x\to 1^-}(2x^2+\ln x)=2$,$\lim\limits_{x\to 1^+}f(x)=\lim\limits_{x\to 1^+}\left[2+(x-1)\cos\dfrac{1}{x-1}\right]=2$,且 $f(1)=2$,所以 $\lim\limits_{x\to 1^-}f(x)=\lim\limits_{x\to 1^+}f(x)=f(1)=2$,函数 $f(x)$ 在 $x=1$ 处连续.

6. 若 $f(x)=\begin{cases}\dfrac{\sin 3x}{\tan ax}, & x>0,\\ 7e^x-\cos x, & x\leqslant 0\end{cases}$ 在 $x=0$ 处连续,求 a 的值.

解 $\lim\limits_{x\to 0^-}f(x)=\lim\limits_{x\to 0^-}(7e^x-\cos x)=6=f(0)$,

$\lim\limits_{x\to 0^+}f(x)=\lim\limits_{x\to 0^+}\dfrac{\sin 3x}{\tan ax}=\lim\limits_{x\to 0^+}\dfrac{\sin 3x}{\sin ax}\cdot\cos ax=\dfrac{3}{a}$,

因为 $f(x)$ 在 $x=0$ 处连续,所以有 $\lim\limits_{x\to 0^-}f(x)=\lim\limits_{x\to 0^+}f(x)=f(0)$ 成立,即 $6=\dfrac{3}{a}$,由此可得 $a=\dfrac{1}{2}$.

7. 设 $f(x)=\begin{cases}a+bx^2, & x\leqslant 0,\\ \dfrac{\sin bx}{x}, & x>0\end{cases}$ 在 $x=0$ 处间断,则常数 a 与 b 应满足什么关系?

解 $\lim\limits_{x\to 0^-}f(x)=\lim\limits_{x\to 0^-}(a+bx^2)=a=f(0)$,

$$\lim_{x\to 0^+}f(x)=\lim_{x\to 0^+}\frac{\sin bx}{x}=\lim_{x\to 0^+}\frac{\sin bx}{bx}\cdot b=b,$$

因为 $f(x)$ 在 $x=0$ 处间断，所以有 $\lim_{x\to 0^-}f(x)\ne\lim_{x\to 0^+}f(x)$，即 $a\ne b$.

8. 设 $f(x)=\begin{cases}\dfrac{x^4+ax+b}{(x-1)(x+2)},&x\ne 1,x\ne -2,\\ 2,&x=1\end{cases}$，在点 $x=1$ 处连续，试求 a,b 的值.

解 因为 $f(x)$ 在点 $x=1$ 处连续，故有 $\lim_{x\to 1}f(x)=f(1)=2$. 即

$$\lim_{x\to 1}\frac{x^4+ax+b}{(x-1)(x+2)}=\lim_{x\to 1}\frac{(x-1)[x^3+x^2+x+(a+1)]}{(x-1)(x+2)},$$

其中 x^4+ax+b 可分解为 $(x-1)[x^3+x^2+x+(a+1)]$，必须满足 $a+1=-b$.

原式 $=\lim_{x\to 1}\dfrac{x^3+x^2+x+(a+1)}{x+2}=\dfrac{a+4}{3}=2$，即 $a=2$，进而 $b=-3$.

9. 设 $f(x)=\lim_{n\to\infty}\dfrac{1-\mathrm{e}^{nx}}{1+\mathrm{e}^{nx}}$，讨论 $f(x)$ 的连续性，若有间断点，判别其类型.

解 显然 $f(x)$ 在 $(-\infty,0)$ 和 $(0,+\infty)$ 内连续，而 $\lim_{x\to 0^-}f(x)=\lim_{x\to 0^-}\left(\lim_{n\to\infty}\dfrac{1-\mathrm{e}^{nx}}{1+\mathrm{e}^{nx}}\right)=\lim_{x\to 0^-}1=1$，

$\lim_{x\to 0^+}f(x)=\lim_{x\to 0^+}\left(\lim_{n\to\infty}\dfrac{1-\mathrm{e}^{nx}}{1+\mathrm{e}^{nx}}\right)=\lim_{x\to 0^+}(-1)=-1$，所以 $x=0$ 是函数的跳跃间断点(第一类间断点).

10. 设 $f(x)=\lim_{n\to\infty}\dfrac{1-x^{2n}}{1+x^{2n}}$，讨论 $f(x)$ 的连续性，若有间断点，判别其类型.

解 $f(x)=\lim_{n\to\infty}\dfrac{1-x^{2n}}{1+x^{2n}}=\begin{cases}-1,&|x|>1,\\ 0,&|x|=1,\\ 1,&|x|<1\end{cases}$，在 $(-\infty,-1)(-1,1)$ 和 $(1,+\infty)$ 内连续.

在分段点 $x=-1$ 处，由 $\lim_{x\to -1^-}f(x)=-1$, $\lim_{x\to -1^+}f(x)=1$ 可知 $x=-1$ 是 $f(x)$ 的跳跃间断点(第一类间断点)；在分段点 $x=1$ 处，由 $\lim_{x\to 1^-}f(x)=1$, $\lim_{x\to 1^+}f(x)=-1$ 可知 $x=1$ 是 $f(x)$ 的跳跃间断点(第一类间断点).

习题 1—9

1. 设函数 $f(x)=\begin{cases}\dfrac{\sin x}{x},&x<0,\\ 1,&x=0,\\ \dfrac{\mathrm{e}^x-1}{x},&x>0,\end{cases}$ 求函数 $f(x)$ 的连续区间.

解 显然 $f(x)$ 在 $(-\infty,0)$ 和 $(0,+\infty)$ 内连续. 在 $x=0$ 处，由于 $\lim_{x\to 0^-}f(x)=\lim_{x\to 0^-}\dfrac{\sin x}{x}=1$,

$\lim_{x\to 0^+}f(x)=\lim_{x\to 0^+}\dfrac{\mathrm{e}^x-1}{x}=\lim_{x\to 0^+}\dfrac{x}{x}=1$，所以 $\lim_{x\to 0^-}f(x)=\lim_{x\to 0^+}f(x)=1=f(0)$，即 $f(x)$ 在 $x=0$ 处连续，进而 $f(x)$ 在 $(-\infty,+\infty)$ 上连续.

2. 求下列极限：

(1) $\lim\limits_{x\to 0}\ln\dfrac{\sin x}{x}$；

(2) $\lim\limits_{x\to\infty}e^{\frac{1}{x}}$；

(3) $\lim\limits_{t\to -2}\dfrac{e^t+1}{t}$；

(4) $\lim\limits_{x\to 0}\sqrt{x^2-2x+5}$；

(5) $\lim\limits_{x\to\frac{\pi}{6}}\ln(2\cos 2x)$；

(6) $\lim\limits_{x\to 0}\dfrac{\sqrt{x+1}-1}{x}$；

(7) $\lim\limits_{x\to+\infty}(\sqrt{x^2+x}-\sqrt{x^2-x})$；

(8) $\lim\limits_{x\to 1}\dfrac{\arctan x}{\sqrt{x}+\ln x}$；

(9) $\lim\limits_{x\to 1}\dfrac{\sqrt{5x-4}-\sqrt{x}}{x-1}$；

(10) $\lim\limits_{x\to 0}(1+3\tan^2 x)^{\cot^2 x}$；

(11) $\lim\limits_{x\to 1}\dfrac{x^2-\cos\pi x}{e^{1-x}}$．

解 (1) $\lim\limits_{x\to 0}\ln\dfrac{\sin x}{x}=\ln\left(\lim\limits_{x\to 0}\dfrac{\sin x}{x}\right)=\ln 1=0$；

(2) $\lim\limits_{x\to\infty}e^{\frac{1}{x}}=e^{\lim\limits_{x\to\infty}\frac{1}{x}}=e^0=1$；

(3) $\lim\limits_{t\to -2}\dfrac{e^t+1}{t}=\dfrac{\lim\limits_{t\to -2}e^t+1}{\lim\limits_{t\to -2}t}=-\dfrac{1}{2}(1+e^{-2})$；

(4) $\lim\limits_{x\to 0}\sqrt{x^2-2x+5}=\sqrt{\lim\limits_{x\to 0}(x^2-2x+5)}=\sqrt{5}$；

(5) $\lim\limits_{x\to\frac{\pi}{6}}\ln(2\cos 2x)=\ln\left[2\cos\left(\lim\limits_{x\to\frac{\pi}{6}}2x\right)\right]=\ln\left[2\cos\dfrac{\pi}{3}\right]=\ln 1=0$；

(6) $\lim\limits_{x\to 0}\dfrac{\sqrt{x+1}-1}{x}=\lim\limits_{x\to 0}\dfrac{x}{x(\sqrt{x+1}+1)}=\lim\limits_{x\to 0}\dfrac{1}{\sqrt{x+1}+1}=\dfrac{1}{2}$；

(7) $\lim\limits_{x\to+\infty}(\sqrt{x^2+x}-\sqrt{x^2-x})=\lim\limits_{x\to+\infty}\dfrac{2x}{\sqrt{x^2+x}+\sqrt{x^2-x}}=\lim\limits_{x\to+\infty}\dfrac{2}{\sqrt{1+\frac{1}{x}}+\sqrt{1-\frac{1}{x}}}=1$；

(8) $\lim\limits_{x\to 1}\dfrac{\arctan x}{\sqrt{x}+\ln x}=\dfrac{\lim\limits_{x\to 1}\arctan x}{\lim\limits_{x\to 1}\sqrt{x}+\ln x}=\dfrac{\pi}{4}$；

(9) $\lim\limits_{x\to 1}\dfrac{\sqrt{5x-4}-\sqrt{x}}{x-1}=\lim\limits_{x\to 1}\dfrac{5x-4-x}{(x-1)(\sqrt{5x-4}+\sqrt{x})}=\lim\limits_{x\to 1}\dfrac{4}{\sqrt{5x-4}+\sqrt{x}}=2$；

(10) $\lim\limits_{x\to 0}(1+3\tan^2 x)^{\cot^2 x}=\lim\limits_{x\to 0}[(1+3\tan^2 x)^{\frac{1}{3\tan^2 x}}]^3=[\lim\limits_{x\to 0}(1+3\tan^2 x)^{\frac{1}{3\tan^2 x}}]^3=e^3$；

(11) $\lim\limits_{x\to 1}\dfrac{x^2-\cos\pi x}{e^{1-x}}=\dfrac{\lim\limits_{x\to 1}(x^2-\cos\pi x)}{\lim\limits_{x\to 1}e^{1-x}}=\dfrac{1-(-1)}{1}=2$．

3. 求下列极限．

(1) $\lim\limits_{x\to 0}\dfrac{\arctan 2x}{x}$；

(2) $\lim\limits_{x\to\infty}\dfrac{\arctan x}{x}$；

(3) $\lim\limits_{x\to 0}x\arctan\dfrac{1}{x}$；

(4) $\lim\limits_{x\to\infty}x\arctan\dfrac{1}{x}$．

解 (1) $\lim\limits_{x\to 0}\dfrac{\arctan 2x}{x}=\lim\limits_{x\to 0}\dfrac{2x}{x}=2$；

(2) 当 $x\to\infty$ 时，$\dfrac{1}{x}$ 是无穷小量，$\arctan x$ 是有界量，所以 $\lim\limits_{x\to\infty}\dfrac{\arctan x}{x}=0$；

(3) 当 $x\to 0$ 时，x 是无穷小量，$\arctan\dfrac{1}{x}$ 是有界量，所以 $\lim\limits_{x\to 0}x\cdot\arctan\dfrac{1}{x}=0$；

(4) $\lim\limits_{x\to\infty}x\cdot\arctan\dfrac{1}{x}=\lim\limits_{x\to\infty}\dfrac{\arctan\dfrac{1}{x}}{\dfrac{1}{x}}=\lim\limits_{x\to\infty}\dfrac{\dfrac{1}{x}}{\dfrac{1}{x}}=1$．

4. 求下列极限:

(1) $\lim\limits_{x\to\infty}\left(1-\dfrac{2}{x}\right)^{3x}$;   (2) $\lim\limits_{x\to 0}\dfrac{\ln(1+x)}{x}$;   (3) $\lim\limits_{x\to\infty}\left(\dfrac{x+4}{x+1}\right)^{2x+1}$;

(4) $\lim\limits_{x\to 0}\arccos\dfrac{\sqrt{1+x}-1}{\sin x}$;   (5) $\lim\limits_{x\to 0}(x+e^x)^{\frac{1}{x}}$;   (6) $\lim\limits_{x\to 0}\dfrac{e^{x^2}-\cos x}{\ln\cos x}$;

(7) $\lim\limits_{x\to\infty}[\ln(2x^2+1)-\ln(x^2+3)]$.

解 (1) $\lim\limits_{x\to\infty}\left(1-\dfrac{2}{x}\right)^{3x}=\lim\limits_{x\to\infty}\left\{\left[1+\left(-\dfrac{2}{x}\right)\right]^{-\frac{x}{2}}\right\}^{-\frac{2}{x}\cdot 3x}=e^{-6}$;

(2) $\lim\limits_{x\to 0}\dfrac{\ln(1+x)}{x}=\lim\limits_{x\to 0}\ln(1+x)^{\frac{1}{x}}=\ln\left[\lim\limits_{x\to 0}(1+x)^{\frac{1}{x}}\right]=\ln e=1$;

(3) $\lim\limits_{x\to\infty}\left(\dfrac{x+4}{x+1}\right)^{2x+1}=\lim\limits_{x\to\infty}\left[\left(1+\dfrac{3}{x+1}\right)^{\frac{x+1}{3}}\right]^{\frac{3}{x+1}\cdot(2x+1)}=e^6$;

(4) $\lim\limits_{x\to 0}\arccos\dfrac{\sqrt{1+x}-1}{\sin x}=\arccos\left(\lim\limits_{x\to 0}\dfrac{\sqrt{1+x}-1}{\sin x}\right)=\arccos\left[\lim\limits_{x\to 0}\dfrac{x}{\sin x(\sqrt{1+x}+1)}\right]$

$=\arccos\left[\lim\limits_{x\to 0}\dfrac{1}{\sqrt{1+x}+1}\right]=\dfrac{\pi}{3}$;

(5) $\lim\limits_{x\to 0}(x+e^x)^{\frac{1}{x}}=\lim\limits_{x\to 0}\left[e^x\left(1+\dfrac{x}{e^x}\right)\right]^{\frac{1}{x}}=\lim\limits_{x\to 0}e\cdot\left(1+\dfrac{x}{e^x}\right)^{\frac{1}{x}}=e\lim\limits_{x\to 0}\left[\left(1+\dfrac{x}{e^x}\right)^{\frac{e^x}{x}}\right]^{\frac{1}{e^x}}=e^2$;

(6) $\lim\limits_{x\to 0}\dfrac{e^{x^2}-\cos x}{\ln\cos x}=\lim\limits_{x\to 0}\dfrac{e^{x^2}-1+1-\cos x}{\ln\left[1+\left(-2\sin^2\dfrac{x}{2}\right)\right]}=\lim\limits_{x\to 0}\dfrac{(e^{x^2}-1)+(1-\cos x)}{-2\sin^2\dfrac{x}{2}}$

$=\lim\limits_{x\to 0}\dfrac{e^{x^2}-1}{-\dfrac{x^2}{2}}+\lim\limits_{x\to 0}\dfrac{1-\cos x}{-\dfrac{x^2}{2}}=\lim\limits_{x\to 0}\dfrac{x^2}{-\dfrac{x^2}{2}}+\lim\limits_{x\to 0}\dfrac{\dfrac{1}{2}x^2}{-\dfrac{x^2}{2}}=-2-1=-3$;

(7) $\lim\limits_{x\to\infty}[\ln(2x^2+1)-\ln(x^2+3)]=\lim\limits_{x\to\infty}\ln\dfrac{2x^2+1}{x^2+3}=\ln\left(\lim\limits_{x\to\infty}\dfrac{2x^2+1}{x^2+3}\right)=\ln 2$.

5. 设函数 $f(x)=\begin{cases}\dfrac{\ln(1+x)}{x}, & x>0, \\ a, & x=0, \\ \dfrac{\sqrt{1+x}-\sqrt{1-x}}{x}, & -1<x<0\end{cases}$ 在 $x=0$ 处连续, 求 a 的值.

解 $\lim\limits_{x\to 0^-}f(x)=\lim\limits_{x\to 0^-}\dfrac{\sqrt{1+x}-\sqrt{1-x}}{x}=\lim\limits_{x\to 0^-}\dfrac{2x}{x(\sqrt{1+x}+\sqrt{1-x})}=1$,

$\lim\limits_{x\to 0^+}f(x)=\lim\limits_{x\to 0^+}\dfrac{\ln(1+x)}{x}=\lim\limits_{x\to 0^+}\ln(1+x)^{\frac{1}{x}}=\ln\left[\lim\limits_{x\to 0^+}(1+x)^{\frac{1}{x}}\right]=1$,

即 $\lim\limits_{x\to 0}f(x)=1$.

因为 $f(x)$ 在 $x=0$ 处连续, 故 $\lim\limits_{x\to 0}f(x)=f(0)$, 即 $f(0)=1$, 进而 $a=1$.

6. 设函数 $f(x)=\begin{cases}e^x, & x<0, \\ a+x, & x\geq 0,\end{cases}$ 应怎样选择 a, 使得 $f(x)$ 在 $(-\infty,+\infty)$ 内为连续函数.

解 显然 $f(x)$ 在 $(-\infty,0)$ 和 $(0,+\infty)$ 内连续, 在 $x=0$ 点,

$\lim\limits_{x\to 0^-}f(x)=\lim\limits_{x\to 0^-}e^x=1, \lim\limits_{x\to 0^+}f(x)=\lim\limits_{x\to 0^+}(a+x)=a=f(0)$.

因为 $f(x)$ 在 $(-\infty,+\infty)$ 内连续,所以 $f(x)$ 在 $x=0$ 点连续,有
$$\lim_{x\to 0^-}f(x)=\lim_{x\to 0^+}f(x)=f(0),\text{即}\ a=1.$$

习题 1-10

1. 证明方程 $x^6-2x^5+5x^3+1=0$ 至少有一个实根.

证明 设函数 $f(x)=x^6-2x^5+5x^3+1$,则 $f(x)$ 在 $[-1,0]$ 内连续,又 $f(-1)=-1<0$, $f(0)=1>0$. 根据零点定理,在 $(-1,0)$ 内至少有一点 ξ,使得 $f(\xi)=0$,即
$$\xi^6-2\cdot\xi^5+5\cdot\xi^3+1=0,(-1<\xi<0).$$
这说明方程 $x^6-2x^5+5x^3+1=0$ 至少有一个实根.

2. 证明方程 $x=a\sin x+b$,其中 $a>0,b>0$ 至少有一个正根,并且它不超过 $a+b$.

证明 设 $f(x)=a\sin x+b-x$,则 $f(x)$ 在 $[0,a+b]$ 上连续,且
$$f(0)=b>0,f(a+b)=a\sin(a+b)+b-(a+b)=-a[1-\sin(a+b)]\leqslant 0.$$
如果 $f(a+b)=0$,即 $a+b$ 是方程 $x=a\sin x+b$ 的一个正根.

如果 $f(a+b)<0$,则由零点定理,至少存在一个 $\xi\in(0,a+b)$,使得 $f(\xi)=0$,即方程 $x=a\sin x+b$ 在 $(0,a+b)$ 上至少有一个实根.

总之,方程 $x=a\sin x+b$ 至少有一个正根,且它不超过 $a+b$.

3. 证明方程 $x2^x=1$ 至少有一个小于 1 的正根.

证明 设 $f(x)=x\cdot 2^x-1$,则 $f(x)$ 在 $[0,1]$ 上连续,且
$$f(0)=0\cdot 2^0-1=-1<0,$$
$$f(1)=1\cdot 2^1-1=1>0.$$
由零点定理,至少存在一个 $\xi\in(0,1)$,使得 $f(\xi)=0$,即方程 $x2^x=1$ 至少有一个小于 1 的正根.

4. 证明 $x^3-9x-1=0$ 恰有三个实根.

证明 设 $f(x)=x^3-9x-1$,则 $f(x)$ 在 $[-3,-1],[-1,0]$ 和 $[0,4]$ 上连续,且
$$f(-3)=-1<0, f(-1)=7>0,$$
$$f(0)=-1<0, f(4)=27>0.$$
由零点定理可知存在 $\xi_1\in(-3,-1),\xi_2\in(-1,0),\xi_3\in(0,4)$,使得
$$f(\xi_1)=f(\xi_2)=f(\xi_3)=0.$$
且此方程为三次方程,故 $x^3-9x-1=0$ 恰有三个实根.

5. 证明方程 $x^5-3x-1=0$ 至少有一个根介于 1 和 2 之间.

证明 设 $f(x)=x^5-3x-1$,则 $f(x)$ 在 $[1,2]$ 上连续,且
$$f(1)=-3<0, f(2)=25>0.$$
由零点定理可知至少存在一个 $\xi\in(1,2)$,使得 $f(\xi)=0$,即方程 $x^5-3x-1=0$ 至少有一个根介于 1 和 2 之间.

6. 设函数 $f(x)=\begin{cases}ax^2+bx,&x<1,\\3,&x=1,\\2a-bx,&x>1,\end{cases}$ 求 a、b 使 $f(x)$ 在 $x=1$ 处连续.

解 $\lim\limits_{x\to 1^-}f(x)=\lim\limits_{x\to 1^-}(ax^2+bx)=a+b,$

$$\lim_{x\to 1^+}f(x)=\lim_{x\to 1^+}(2a-bx)=2a-b.$$

因为 $f(x)$ 在 $x=1$ 处连续,故 $\lim\limits_{x\to 1^-}f(x)=\lim\limits_{x\to 1^+}f(x)=f(1)$,即 $a+b=2a-b=3$. 解此方程组可得 $a=2, b=1$.

总习题一

1. 填空题.

(1) 函数 $y=\sqrt{4-x^2}+\dfrac{1}{x-1}$ 的定义域是_____.

(2) 当 $x\to x_0$ 时,$f(x)$ 的左极限和右极限都存在且相等是 $\lim\limits_{x\to x_0}f(x)$ 存在的_____条件.

(3) 如果 $f(x)=A+\alpha(x)$,其中 A 为常数,且 $\lim\limits_{x\to x_0}\alpha(x)=0$,则 $\lim\limits_{x\to x_0}f(x)=$ _____.

(4) 函数 $y=\sqrt{x}+\ln(3-x)$ 的连续区间是_____.

(5) 若函数 $f(x)=\begin{cases}\dfrac{\sin 2x+e^{2ax}-1}{x}, & x\neq 0,\\ a, & x=0\end{cases}$ 在 $(-\infty,+\infty)$ 上连续,则 a 的值为_____.

(6) 若函数 $f(x)=\begin{cases}(x-1)^a\cos\dfrac{1}{x-1}, & x>1,\\ 0, & x\leqslant 1\end{cases}$ 在 $x=1$ 处连续,则 a 的值为_____.

(7) 设 $f(x)$ 处处连续,且 $f(1)=3$,则 $\lim\limits_{x\to 0}f\left[\dfrac{1}{x}\ln(1+x)\right]=$ _____.

(8) 设函数 $f(x)=\dfrac{e^{x-1}-1}{x(x-1)}$,则 $f(x)$ 的无穷间断点为_____,可去间断点为_____.

(9) $\lim\limits_{x\to 0}\dfrac{e^{7x}-e^{2x}}{x}=$ _____.

解 (1) $\begin{cases}4-x^2\geqslant 0,\\ x-1\neq 0,\end{cases}$ 解方程组可得 $x\in[-2,1)\cup(1,2]$,即函数定义域为 $[-2,1)\cup(1,2]$.

(2) 根据定理可知是充分必要条件.

(3) $\lim\limits_{x\to x_0}f(x)=\lim\limits_{x\to x_0}[A+\alpha(x)]=A+\lim\limits_{x\to x_0}\alpha(x)=A.$

(4) 原函数定义域为 $\begin{cases}x\geqslant 0,\\ 3-x>0\end{cases}\Rightarrow 0\leqslant x<3$,初等函数在其定义区间内连续,故 y 的连续区间是 $[0,3)$.

(5) $\lim\limits_{x\to 0}\dfrac{\sin 2x+e^{2ax}-1}{x}=\lim\limits_{x\to 0}\dfrac{\sin 2x}{x}+\lim\limits_{x\to 0}\dfrac{e^{2ax}-1}{x}=2+\lim\limits_{x\to 0}\dfrac{2ax}{x}=2+2a.$

因为 $f(x)$ 在 $(-\infty,+\infty)$ 上连续,在 $x=0$ 处连续有 $\lim\limits_{x\to 0}f(x)=f(0)$,即 $2+2a=a$,解得 $a=-2$.

(6) $\lim\limits_{x\to 1^-}f(x)=\lim\limits_{x\to 1^-}0=0=f(1)$,因为 $f(x)$ 在 $x=1$ 处连续,故有

$$\lim_{x\to 1^+}f(x)=\lim_{x\to 1^-}f(x)=f(1)=0,$$

即 $\lim\limits_{x\to 1^+}f(x)=\lim\limits_{x\to 1^+}(x-1)^a\cos\dfrac{1}{x-1}=0.$

当 $x \to 1+0$ 时, $\cos\dfrac{1}{x-1}$ 是有界量, 要使 $f(x) \to 0$ 成立, $(x-1)^a$ 应该是无穷小量, 所以 $a>0$.

(7) $\lim\limits_{x\to 0} f\left[\dfrac{1}{x}\ln(1+x)\right] = f\left[\lim\limits_{x\to 0}\ln(1+x)^{\frac{1}{x}}\right] = f\left[\ln\left(\lim\limits_{x\to 0}(1+x)^{\frac{1}{x}}\right)\right] = f[\ln e] = f(1) = 3.$

(8) $f(x)$ 在 $(-\infty, 0), (0, 1)$ 和 $(1, +\infty)$ 上连续.

$\lim\limits_{x\to 0} f(x) = \lim\limits_{x\to 0}\dfrac{e^{x-1}-1}{x(x-1)} = \infty, x=0$ 是无穷间断点；

$\lim\limits_{x\to 1} f(x) = \lim\limits_{x\to 1}\dfrac{e^{x-1}-1}{x(x-1)} = \lim\limits_{x\to 1}\dfrac{x-1}{x(x-1)} = 1$, 但 $f(x)$ 在 $x=1$ 处无定义, 故 $x=1$ 是 $f(x)$ 的可去间断点.

(9) $\lim\limits_{x\to 0}\dfrac{e^{7x}-e^{2x}}{x} = \lim\limits_{x\to 0}\dfrac{e^{7x}-1}{x} - \lim\limits_{x\to 0}\dfrac{e^{2x}-1}{x} = \lim\limits_{x\to 0}\dfrac{7x}{x} - \lim\limits_{x\to 0}\dfrac{2x}{x} = 5.$

2. 单项选择题.

(1) "数列极限 $\lim\limits_{n\to\infty} x_n$ 存在" 是 "数列 $\{x_n\}$ 有界" 的( ).

A. 充分必要条件　　　　　　B. 充分但非必要条件

C. 必要但非充分条件　　　　D. 既非充分条件,也非必要条件

(2) 当 $x\to x_0$ 时,下列变量( )与 x 为等价无穷小量.

A. $\dfrac{\sin x}{\sqrt{x}}$　　B. $\dfrac{\sin x}{x}$　　C. $\sqrt{1+x}-\sqrt{1-x}$　　D. $x\sin\dfrac{1}{x}$

(3) 当 $x\to 0$ 时, $(1-\cos x)^2$ 是 $\sin^2 x$ 的( ).

A. 高阶无穷小　　　　　　B. 同阶无穷小,但不是等价无穷小

C. 低阶无穷小　　　　　　D. 等价无穷小

(4) 极限 $\lim\limits_{x\to\infty}(\sqrt{x^2+x}-x) = ($　$)$.

A. 0　　　　B. $\dfrac{1}{2}$　　　　C. ∞　　　　D. 不存在

(5) 函数 $f(x) = |x\sin x|e^{\cos x}$　$(-\infty < x < +\infty)$ 是( ).

A. 有界函数　　B. 单调函数　　C. 周期函数　　D. 偶函数

(6) 已知 $\lim\limits_{x\to 1}\dfrac{x^2-ax+4}{x-1} = -3$, 则 a 的值是( ).

A. 5　　　　B. 3　　　　C. 1　　　　D. 4

(7) 当 $x>0$ 时, 曲线 $y = x\sin\dfrac{1}{x}$ ( ).

A. 有且仅有水平渐近线　　　　B. 有且仅有铅直渐近线

C. 既有水平渐近线又有铅直渐近线　　D. 既无水平渐近线也无铅直渐近线

(8) $\lim\limits_{x\to 2}(x^2-4)\sin\dfrac{1}{x-2} = ($　$)$.

A. 0　　　　B. 1　　　　C. ∞　　　　D. 不存在

解 (1) B. 数列极限 $\lim\limits_{n\to\infty} x_n$ 存在 $\Rightarrow$ 数列 $\{x_n\}$ 有界,但反之不成立. 因此 "数列极限 $\lim\limits_{n\to\infty} x_n$ 存在" 是 "数列 $\{x_n\}$ 有界" 的充分非必要条件.

(2) C. $\lim\limits_{x\to 0}\dfrac{\frac{\sin x}{\sqrt{x}}}{x} = \infty$, 故当 $x\to 0$ 时, $\dfrac{\sin x}{\sqrt{x}}$ 是比 x 低阶的无穷小量；

$\lim\limits_{x\to 0}\dfrac{\sin x}{x}=\infty$,故当 $x\to 0$ 时,$\dfrac{\sin x}{x}$ 是比 x 低阶的无穷小量;

$\lim\limits_{x\to 0}\dfrac{\sqrt{1+x}-\sqrt{1-x}}{x}=\lim\limits_{x\to 0}\dfrac{2x}{x(\sqrt{1+x}+\sqrt{1-x})}=1$,故当 $x\to 0$ 时,$\sqrt{1+x}-\sqrt{1-x}$ 与 x 是等价无穷小;$\lim\limits_{x\to 0}\dfrac{x\sin\dfrac{1}{x}}{x}$ 不存在.

(3) A. $\lim\limits_{x\to 0}\dfrac{(1-\cos x)^2}{\sin^2 x}=\lim\limits_{x\to 0}\dfrac{4\sin^4\dfrac{x}{2}}{\sin^2 x}=\lim\limits_{x\to 0}\dfrac{4\cdot\left(\dfrac{x}{2}\right)^4}{x^2}=0$,故当 $x\to 0$ 时,$(1-\cos x)^2$ 是 $\sin^2 x$ 的高阶无穷小.

(4) D. 因为 $\lim\limits_{x\to +\infty}(\sqrt{x^2+x}-x)=\lim\limits_{x\to +\infty}\dfrac{x}{\sqrt{x^2+x}+x}=\lim\limits_{x\to +\infty}\dfrac{1}{\sqrt{1+\dfrac{1}{x}}+1}=\dfrac{1}{2}$,

$\lim\limits_{x\to -\infty}(\sqrt{x^2+x}-x)=\lim\limits_{x\to -\infty}\dfrac{x}{\sqrt{x^2+x}+x}=\lim\limits_{x\to -\infty}\dfrac{1}{-\sqrt{1+\dfrac{1}{x}}+1}=\infty$,

所以原式极限不存在.

(5) D. $f(-x)=|-x\cdot\sin(-x)|e^{\cos(-x)}=|x\cdot\sin x|\cdot e^{\cos x}=f(x)$,故 $f(x)$ 是偶函数.

(6) A. 因为 $\lim\limits_{x\to 1}\dfrac{x^2-ax+4}{x-1}=-3$,故 x^2-ax+4 只能分解为 $(x-1)(x-4)$,即
$$x^2-ax+4=(x-1)(x-4)=x^2-5x+4,$$
由此可知 $a=5$.

(7) A. $\lim\limits_{x\to\infty}x\cdot\sin\dfrac{1}{x}=\lim\limits_{x\to\infty}\dfrac{\sin\dfrac{1}{x}}{\dfrac{1}{x}}=1$,故 $y=1$ 是函数的水平渐近线. 且 $\forall a>0$,
$$\lim\limits_{x\to a}x\cdot\sin\dfrac{1}{x}=a\cdot\sin\dfrac{1}{a},\lim\limits_{x\to 0}x\cdot\sin\dfrac{1}{x}=0,$$
故函数无铅直渐近线.

(8) A. $\lim\limits_{x\to 2}(x^2-4)\sin\dfrac{1}{x-2}$,当 $x\to 2$ 时,x^2-4 是无穷小量,$\sin\dfrac{1}{x-2}$ 是有界量,故
$$\lim\limits_{x\to 2}(x^2-4)\sin\dfrac{1}{x-2}=0.$$

3. 选出下列极限中正确的选项.

(1)( ).

A. $\lim\limits_{x\to 0}\dfrac{\sin^2 x}{x}=1$ B. $\lim\limits_{x\to 0}\dfrac{\sin 2x}{x}=1$ C. $\lim\limits_{x\to 0}\dfrac{\tan x}{x}=1$ D. $\lim\limits_{x\to\infty}\dfrac{\sin x}{x}=1$

(2)( ).

A. $\lim\limits_{x\to\infty}(1+x)^{\frac{1}{x}}=e$ B. $\lim\limits_{x\to 0}\left(1+\dfrac{1}{x}\right)^x=e$ C. $\lim\limits_{x\to 0}(1+x)^{\frac{1}{x}}=e$ D. $\lim\limits_{x\to\infty}\left(1+\dfrac{1}{x}\right)^{\frac{1}{x}}=e$

解 (1) C. $\lim\limits_{x\to 0}\dfrac{\sin^2 x}{x}=\lim\limits_{x\to 0}\dfrac{x^2}{x}=0$,故 A 不正确;

$\lim\limits_{x\to 0}\dfrac{\sin 2x}{x}=\lim\limits_{x\to 0}\dfrac{2x}{x}=2$,故 B 不正确；

$\lim\limits_{x\to 0}\dfrac{\tan x}{x}=\lim\limits_{x\to 0}\dfrac{x}{x}=1$,故 C 正确；

$\lim\limits_{x\to\infty}\dfrac{\sin x}{x}$,当 $x\to\infty$ 时，$\dfrac{1}{x}$ 是无穷小量，$\sin x$ 是有界量，所以 $\lim\limits_{x\to\infty}\dfrac{\sin x}{x}=0$,故 D 不正确．

(2)C. 由重要极限 $\lim\limits_{x\to 0}(1+x)^{\frac{1}{x}}=\mathrm{e}$ 知，显然 C 正确．

4. 设 $f(x)=\begin{cases}0, & x\leqslant 0 \\ -x^2, & x>0\end{cases}$,求 $f[f(x)]$．

解 $f(x)$ 的值域为 $(-\infty,0]$,故 $f[f(x)]=0$．

5. 设 $f(x+1)=x^2+3x+3$,求 $f(x)$．

解 令 $x+1=t$,则 $x=t-1$,于是 $f(t)=(t-1)^2+3(t-1)+3=t^2+t+1$,所以
$$f(x)=x^2+x+1.$$

6. 在半径为 r 的球内嵌一个内接圆柱体，试将圆柱的体积 V 表示为高 h 的函数．

解 如图 1-10 所示，在 $\triangle OAB$ 中 $OA^2=OB^2+AB^2$,有 $r^2=\left(\dfrac{h}{2}\right)^2+AB^2$,即 $AB^2=r^2-\dfrac{h^2}{4}$,从而
$$V=s\cdot h=\pi\cdot AB^2\cdot h=\pi\left(r^2-\dfrac{h^2}{4}\right)\cdot h.$$

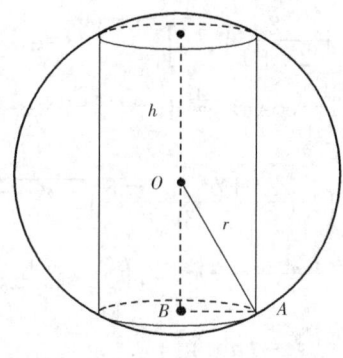

图 1-10

7. 某商品定价为 5 元/件，每月可售出 1000 件，若每件售价降低 0.01 元，则可多售出 10 件．试将总收益表示为多售出件数的函数．

解 设多售出件数为 Q,则此时总销售量为 $1000+Q$（件），每件商品的售价为 $P=\left(5-\dfrac{Q}{10}\times 0.01\right)$ 元，故总收益函数为
$$R(Q)=P(1000+Q)=\left(5-\dfrac{Q}{10}\times 0.01\right)(1000+Q)=5000+4Q-0.001Q^2(\text{元}).$$

8. 每印一本杂志的成本为 3.22 元，每售出一本杂志仅能得 3.20 元的收入，但销售量超过 15000 本时，还能获得超过部分收入的 10% 作为广告费收入，试问至少销售多少本杂志才能保本？销售量达到多少时才能获利 1000 元？

解 销售量为 Q 时总收益函数为
$$R(Q) = 3.20Q + (Q - 15000) \times 3.2 \times 10\%(\text{元}),$$
此时总成本函数为 $\quad C(Q) = 3.22Q(\text{元}),$
总利润函数为 $\quad L(Q) = R(Q) - C(Q) = 0.1Q - 1800(\text{元}).$

当 $L(Q) = 0$ 时，即 $Q_0 = 18000$(本)时，才能保本；由 $L(Q) = 1000 = 0.1Q - 1800$ 可得 $Q = 28000$(本)，即销售量达到 28000(本)时才能获利 1000 元.

9. 求下列极限：

(1) $\lim\limits_{x \to 4} \dfrac{\sqrt{2x+1} - 3}{\sqrt[3]{x-2} - \sqrt{2}}$;

(2) $\lim\limits_{x \to \infty} \left(\dfrac{2x+3}{2x+1}\right)^{x+1}$;

(3) $\lim\limits_{x \to \frac{\pi}{2}} (1 - \cos x)^{3 \sec x}$;

(4) $\lim\limits_{x \to 0} \left(\dfrac{a^x + b^x + c^x}{3}\right)^{\frac{1}{x}}$ $(a > 0, b > 0, c > 0, a \neq 1, b \neq 1, c \neq 1)$;

(5) $\lim\limits_{x \to \infty} \dfrac{x^2 + \sin x}{2x^2 - \cos x}$;

(6) $\lim\limits_{x \to \infty} \dfrac{(x-5)^5 (x+2)^{10}}{(x+3)^{15}}$;

(7) $\lim\limits_{x \to 1} \dfrac{\ln(1 + \sqrt[3]{x-1})}{\arcsin 2\sqrt[3]{x^2 - 1}}$;

(8) $\lim\limits_{x \to 0} \dfrac{\sqrt{1 + x \sin x} - 1}{e^{x^2} - 1}$;

(9) $\lim\limits_{n \to \infty} \left[\dfrac{1}{n^2} + \dfrac{1}{(n+1)^2} + \cdots + \dfrac{1}{(n+n)^2}\right]$.

解 (1) $\lim\limits_{x \to 4} \dfrac{\sqrt{2x+1} - 3}{\sqrt[3]{x-2} - \sqrt{2}} = \lim\limits_{x \to 4} \dfrac{(2x+1-9)(\sqrt{x-2} + \sqrt{2})}{(x-2-2)(\sqrt{2x+1}+3)} = \dfrac{2}{3}\sqrt{2}$;

(2) $\lim\limits_{x \to \infty} \left(\dfrac{2x+3}{2x+1}\right)^{x+1} = \lim\limits_{x \to \infty} \left[\left(1 + \dfrac{2}{2x+1}\right)^{\frac{2x+1}{2}}\right]^{\frac{2}{2x+1}(x+1)} = e$;

(3) $\lim\limits_{x \to \frac{\pi}{2}} (1 - \cos x)^{3\sec x} = \lim\limits_{x \to \frac{\pi}{2}} \left[(1 - \cos x)^{-\frac{1}{\cos x}}\right]^{-\cos x \cdot 3\sec x} = e^{-3}$;

(4) $\lim\limits_{x \to 0} \left(\dfrac{a^x + b^x + c^x}{3}\right)^{\frac{1}{x}} = \lim\limits_{x \to 0} \left[\left(1 + \dfrac{a^x + b^x + c^x - 3}{3}\right)^{\frac{3}{a^x + b^x + c^x - 3}}\right]^{\frac{a^x + b^x + c^x - 3}{3} \cdot \frac{1}{x}}$

$= e^{\lim\limits_{x \to 0} \frac{a^x - 1 + b^x - 1 + c^x - 1}{3} \cdot \frac{1}{x}} = e^{\left(\lim\limits_{x \to 0} \frac{x \cdot \ln a}{3x} + \lim\limits_{x \to 0} \frac{x \cdot \ln b}{3x} + \lim\limits_{x \to 0} \frac{x \cdot \ln c}{3x}\right)}$

$= e^{\frac{\ln a}{3} + \frac{\ln b}{3} + \frac{\ln c}{3}} = (abc)^{\frac{1}{3}}$;

(5) $\lim\limits_{x \to \infty} \dfrac{x^2 + \sin x}{2x^2 - \cos x} = \lim\limits_{x \to \infty} \dfrac{1 + \dfrac{\sin x}{x^2}}{2 - \dfrac{\cos x}{x^2}} = \dfrac{1}{2}$;

(6) 当 $x \to \infty$ 时，所给变量的分子、分母皆为无穷大量，因此不能用商的运算法则，将分子分母同除 x^{15}，则有

$$\lim\limits_{x \to \infty} \dfrac{(x-5)^5 (x+2)^{10}}{(x+3)^{15}} = \lim\limits_{x \to \infty} \dfrac{\left(1 - \dfrac{5}{x}\right)^5 \left(1 + \dfrac{2}{x}\right)^{10}}{\left(1 + \dfrac{3}{x}\right)^{15}} = 1;$$

(7) 当 $x \to 1$ 时，分子、分母的极限都为零，且

$$\ln(1 + \sqrt[3]{x-1}) \sim \sqrt[3]{x-1}, \quad \arcsin 2\sqrt[3]{x^2 - 1} \sim 2\sqrt[3]{x^2 - 1},$$

则 $$\lim_{x\to 1}\frac{\ln(1+\sqrt[3]{x-1})}{\arcsin 2\sqrt[3]{x^2-1}}=\lim_{x\to 1}\frac{\sqrt[3]{x-1}}{2\sqrt[3]{x^2-1}}=\lim_{x\to 1}\frac{1}{2\sqrt[3]{x+1}}=\frac{1}{2\sqrt[3]{2}};$$

(8) 当 $x\to 0$ 时,分子、分母的极限都为零,且
$$\sqrt{1+x\sin x}-1\sim\frac{1}{2}x\sin x\sim\frac{1}{2}x^2,\ \mathrm{e}^{x^2}-1\sim x^2.$$

$$\lim_{x\to 0}\frac{\sqrt{1+x\cdot\sin x}-1}{\mathrm{e}^{x^2}-1}=\lim_{x\to 0}\frac{\frac{1}{2}x^2}{x^2}=\frac{1}{2};$$

(9) $\frac{n+1}{(n+n)^2}\leqslant\frac{1}{n^2}+\frac{1}{(n+1)^2}+\cdots+\frac{1}{(n+n)^2}\leqslant\frac{n+1}{n^2}.$ 又 $\lim_{n\to\infty}\frac{n+1}{(n+n)^2}=0,\lim_{n\to\infty}\frac{n+1}{n^2}=0,$ 由夹逼原理知

$$\lim_{n\to\infty}\left[\frac{1}{n^2}+\frac{1}{(n+1)^2}+\cdots+\frac{1}{(n+n)^2}\right]=0.$$

10. 设 $\lim\limits_{x\to\infty}\left(\frac{x^2+1}{x+1}-ax-b\right)=0,$ 求 a 与 b 的值.

解 当 $x\to\infty$ 时,$\frac{x^2+1}{x+1}-(ax+b)$ 为"$\infty-\infty$"型,做同分变形.

$$\lim_{x\to\infty}\left[\frac{x^2+1}{x+1}-(ax+b)\right]=\lim_{x\to\infty}\frac{(1-a)x^2-(a+b)x+(1-b)}{x+1}=0.$$

由此可知 $\begin{cases}1-a=0\\a+b=0\end{cases}$,从而 $a=1,b=-1.$

11. 设 $f(x)=\dfrac{1}{1-\mathrm{e}^{\frac{x}{1-x}}},$ 求 $f(x)$ 的间断点,并判别其所属类型.

解 由于在 $x=0,x=1$ 处,$f(x)$ 无定义,所以它们是 $f(x)$ 的间断点.
$\lim\limits_{x\to 0}f(x)=\lim\limits_{x\to 0}\dfrac{1}{1-\mathrm{e}^{\frac{x}{1-x}}}=\infty,$ 故 $x=0$ 是 $f(x)$ 的第二类无穷间断点;
$\lim\limits_{x\to 1^-}f(x)=\lim\limits_{x\to 1^-}\dfrac{1}{1-\mathrm{e}^{\frac{x}{1-x}}}=0,\lim\limits_{x\to 1^+}f(x)=\lim\limits_{x\to 1^+}\dfrac{1}{1-\mathrm{e}^{\frac{x}{1-x}}}=1,$ 故 $x=1$ 是 $f(x)$ 的第一类跳跃间断点.

12. 求下列曲线的渐近线:

(1) $y=1+\dfrac{36x}{(x+3)^2};$ 　　　　(2) $y=x+\dfrac{1}{x};$ 　　　　(3) $y=\mathrm{e}^{\frac{1}{x}}+\dfrac{1}{x+1}.$

解 (1) $\lim\limits_{x\to\infty}\left[1+\dfrac{36x}{(x+3)^2}\right]=1,\lim\limits_{x\to -3}\left[1+\dfrac{36x}{(x+3)^2}\right]=\infty,$ 故 $y=1$ 是水平渐近线,$x=-3$ 是垂直渐近线;

(2) $\lim\limits_{x\to 0}\left(x+\dfrac{1}{x}\right)=\infty,$ 故 $x=0$ 是垂直渐近线;

(3) $\lim\limits_{x\to\infty}\left(\mathrm{e}^{\frac{1}{x}}+\dfrac{1}{x+1}\right)=1,\lim\limits_{x\to -1}\left(\mathrm{e}^{\frac{1}{x}}+\dfrac{1}{x+1}\right)=\infty,\lim\limits_{x\to 0^+}\left(\mathrm{e}^{\frac{1}{x}}+\dfrac{1}{x+1}\right)=\infty,$ 故 $y=1$ 是水平渐近线,$x=-1$ 和 $x=0$ 是垂直渐近线.

13. 设 $F_n(x)=a_0x^n+a_1x^{n-1}+\cdots+a_{n-1}x+a_n,a_0\neq 0,$ 证明:当 n 为奇数时,$F_n(x)$ 在 $(-\infty,+\infty)$ 内至少有一个根.

证明 不妨设 $a_0>0$，则

$$\lim_{x\to+\infty} F_n(x) = \lim_{x\to+\infty} x^n\left(a_0+a_1\cdot\frac{1}{x}+\cdots+a_n\cdot\frac{1}{x^n}\right) = +\infty,$$

由极限保号性可知，存在 $b>0$，使 $F_n(b)>0$。又

$$\lim_{x\to-\infty} F_n(x) = \lim_{x\to-\infty} x^n\left(a_0+a_1\cdot\frac{1}{x}+\cdots+a_n\cdot\frac{1}{x^n}\right) = -\infty,$$

由极限保号性可知，存在 $a<b$，使 $F_n(a)<0$，因为 $F_n(x)$ 在闭区间 $[a,b]$ 上连续，且 $F_n(a)\cdot F_n(b)<0$，所以由零点定理知，至少存在一点 $\xi\in(a,b)\subset(-\infty,+\infty)$，使 $F_n(\xi)=0$，即 $F_n(x)$ 在 $(-\infty,+\infty)$ 内至少有一个根。

同理可证 $a_0<0$ 时有相同的结论。

自 测 题 一

一、填空题.（每题 4 分，5 小题，共 20 分）

1. 函数 $f(x)=\sqrt{x-1}+\ln(4-x)$ 在区间_____上是连续的.

2. 曲线 $y=\dfrac{2x-1}{3x-2}$ 的水平渐近线为_____.

3. $\lim\limits_{n\to\infty}\dfrac{(n+1)(n+2)(n+3)}{5n^3}=$_____.

4. $\lim\limits_{x\to\infty}\left(1-\dfrac{1}{x}\right)^{3x}=$_____.

5. $\lim\limits_{x\to 0}\dfrac{\sin x-\tan x}{(\sqrt[3]{1+x^2}-1)(\sqrt{1+\sin x}-1)}=$_____.

解 1. 因为一切初等函数在其定义区间内都是连续的，所求区间为 $[1,4)$.

2. 由 $\lim\limits_{x\to\infty}\dfrac{2x-1}{3x-2}=\dfrac{2}{3}$，可知所求的曲线的水平渐近线为 $y=\dfrac{2}{3}$.

3. 当 $n\to\infty$ 是 $\dfrac{\infty}{\infty}$ 型，分子分母同除以 n^3，可得

$$\lim_{n\to\infty}\frac{(n+1)(n+2)(n+3)}{5n^3}=\lim_{n\to\infty}\frac{1}{5}\left(1+\frac{1}{n}\right)\left(1+\frac{2}{n}\right)\left(1+\frac{3}{n}\right)$$
$$=\frac{1}{5}\lim_{n\to\infty}\left(1+\frac{1}{n}\right)\lim_{n\to\infty}\left(1+\frac{2}{n}\right)\lim_{n\to\infty}\left(1+\frac{3}{n}\right)=\frac{1}{5}.$$

4. 当 $x\to\infty$ 时是"1^∞"型未定式，利用重要极限 2，得

$$\lim_{x\to\infty}\left(1-\frac{1}{x}\right)^{3x}=\lim_{x\to\infty}\left(1+\frac{1}{(-x)}\right)^{(-x)(-3)}=\mathrm{e}^{-3}.$$

5. 当 $x\to 0$ 时 $\sin x\sim x$；$\tan x\sim x$；$\sqrt[n]{1+x}-1\sim\dfrac{1}{n}x$；$1-\cos x\sim\dfrac{1}{2}x^2$，由等价无穷小代换可得

$$\lim_{x\to 0}\frac{\sin x-\tan x}{(\sqrt[3]{1+x^2}-1)(\sqrt{1+\sin x}-1)}=\lim_{x\to 0}\frac{\tan x(\cos x-1)}{\frac{1}{3}x^2\cdot\frac{1}{2}\sin x}=\lim_{x\to 0}\frac{-\frac{1}{2}x^3}{\frac{1}{6}x^3}=-3.$$

二、单项选择题.(每题 4 分,5 小题,共 20 分)

6. 设函数 $f(x) = x^2 \cos \dfrac{1}{x}$,则 $x = 0$ 是 $f(x)$ 的( ).

  A. 可去间断点　　　B. 跳跃间断点　　　C. 第二类间断点　　D. 连续点

7. 下列各数列 $\{x_n\}$ 中哪个是收敛数列( ).

  A. $x_n = n(-1)^n$ B. $x_n = \dfrac{2^n - 1}{3^n}$

  C. $x_n = n - \dfrac{1}{n}$ D. $x_n = [(-1)^n + 1] \dfrac{n+1}{n}$

8. 设函数为 $f(x) = \begin{cases} x, & x \in (-1,0), \\ 0, & x = 0, \\ -x, & x \in (0,1), \\ x-1, & x \in [1,2), \end{cases}$ 下列对函数陈述中正确的是( ).

  A. $\lim\limits_{x \to 0} f(x)$ 不存在   B. $\lim\limits_{x \to 0} f(x) = 1$

  C. $\lim\limits_{x \to 1} f(x)$ 不存在   D. $\lim\limits_{x \to 1} f(x) = 0$

9. 下列正确的选项是( ).

  A. $\lim\limits_{x \to 0} \dfrac{\tan 3x}{x} = 1$ B. $\lim\limits_{x \to 0} \dfrac{\sin 2x}{\sin 5x} = 1$ C. $\lim\limits_{x \to 0} x \cot x = 1$ D. $\lim\limits_{x \to 0} \dfrac{1 - \cos 2x}{x \sin x} = 1$

10. 当 $x \to 0$ 时,下面陈述中错误的是( ).

  A. $x \sin x$ 是无穷小   B. $x \sin \dfrac{1}{x}$ 是无穷小

  C. $\dfrac{1}{x} \sin \dfrac{1}{x}$ 是无穷小   D. $\dfrac{1}{x}$ 是无穷大

解 6. 因为 $\lim\limits_{x \to 0} f(x) = \lim\limits_{x \to 0} x^2 \cos \dfrac{1}{x} = 0$,所以则 $x = 0$ 是 $f(x)$ 的可去间断点,故选 A.

7. 显然当 $n \to \infty$ 时 A、C 和 D 中的 $\{x_n\}$ 均发散;由 $\lim\limits_{n \to \infty} x_n = \lim\limits_{n \to \infty} \dfrac{2^n - 1}{3^n} = 0$ 可知数列 B 收敛,故选 B.

8. A. $\lim\limits_{x \to 0} f(x)$ 存在与否与 $f(0)$ 值无关,事实上 $\lim\limits_{x \to 0^+} f(x) = \lim\limits_{x \to 0^+} (-x) = 0 = \lim\limits_{x \to 0^-} f(x) = \lim\limits_{x \to 0^-} x$,$\lim\limits_{x \to 0} f(x) = 0$ 存在,A 错误;

  B. 由 A 可知 $\lim\limits_{x \to 0} f(x) = 0$,B 错误;

  C. 因为 $\lim\limits_{x \to 1^-} f(x) = -1$,$\lim\limits_{x \to 1^+} f(x) = 0$,左右极限不相等,故极限 $\lim\limits_{x \to 1} f(x)$ 不存在,C 正确;

  D. 由 C 可知 $\lim\limits_{x \to 1} f(x)$ 不存在,D 错误,所以选 C.

9. $\lim\limits_{x \to 0} \dfrac{\tan 3x}{x} = \lim\limits_{x \to 0} \dfrac{3x}{x} = 3$,故 A 错;

  $\lim\limits_{x \to 0} \dfrac{\sin 2x}{\sin 5x} = \lim\limits_{x \to 0} \dfrac{2x}{5x} = \dfrac{2}{5}$,故 B 错;

  $\lim\limits_{x \to 0} x \cot x = \lim\limits_{x \to 0} \dfrac{x}{\tan x} = 1$,故 C 正确;

  $\lim\limits_{x \to 0} \dfrac{1 - \cos 2x}{x \sin x} = \lim\limits_{x \to 0} \dfrac{2 \sin^2 x}{x^2} = 2 \lim\limits_{x \to 0} \dfrac{x^2}{x^2} = 2$,故 D 错,所以选 C.

10. 由于无穷小与有界函数的乘积还是无穷小可知选项 A 和 B 均正确;由在自变量的同一变化过程中,非零无穷小的倒数是无穷大可知选项 D 正确,而当 $x \to 0$ 时,$\frac{1}{x}\sin\frac{1}{x}$ 是无界的,因此不是无穷小,故选 C.

三、解答题. (每题 10 分, 6 小题, 共 60 分)

11. 计算极限 $\lim\limits_{x \to \frac{\pi}{2}}(\sin x)^{\tan x}$.

解 当 $x \to \infty$ 时是 "1^∞" 型未定式,利用重要极限 2,得

$$\lim_{x \to \frac{\pi}{2}}(\sin x)^{\tan x} = \lim_{x \to \frac{\pi}{2}}[1+(\sin x - 1)]^{\frac{1}{\sin x - 1}\cdot(\sin x - 1)\tan x}$$

而 $\lim\limits_{x \to \frac{\pi}{2}}[1+(\sin x - 1)]^{\frac{1}{\sin x - 1}} = e$,

$$\lim_{x \to \frac{\pi}{2}}(\sin x - 1)\tan x = \lim_{x \to \frac{\pi}{2}}\frac{\sin x - \sin\frac{\pi}{2}}{\sin(x+\frac{\pi}{2})}\cdot \sin x = \lim_{x \to \frac{\pi}{2}}\frac{2\sin\frac{x-\frac{\pi}{2}}{2}\cos\frac{x+\frac{\pi}{2}}{2}}{2\sin\frac{x+\frac{\pi}{2}}{2}\cos\frac{x+\frac{\pi}{2}}{2}}\cdot 1$$

$$= \lim_{x \to \frac{\pi}{2}}\frac{\sin\left(\frac{x}{2}-\frac{\pi}{4}\right)}{\sin\left(\frac{x}{2}+\frac{\pi}{4}\right)} = 0,$$

所以 $\lim\limits_{x \to \frac{\pi}{2}}(\sin x)^{\tan x} = e^0 = 1$.

12. 计算极限 $\lim\limits_{x \to 2}\frac{\sqrt{x+2}-2}{\sqrt{x+7}-3}$.

解 当 $x \to 2$ 时,是 $\frac{0}{0}$ 型,不能直接用商的法则,分子分母同乘共轭消去零因子.

$$\lim_{x \to 2}\frac{\sqrt{x+2}-2}{\sqrt{x+7}-3} = \lim_{x \to 2}\frac{(\sqrt{x+2}-2)(\sqrt{x+2}+2)(\sqrt{x+7}+3)}{(\sqrt{x+7}-3)(\sqrt{x+7}+3)(\sqrt{x+2}+2)}$$

$$= \lim_{x \to 2}\frac{(x-2)(\sqrt{x+7}+3)}{(x-2)(\sqrt{x+2}+2)} = \lim_{x \to 2}\frac{(\sqrt{x+7}+3)}{(\sqrt{x+2}+2)} = \frac{3}{2}.$$

13. 计算极限 $\lim\limits_{n \to \infty}\frac{(-2)^n + 3^n}{(-2)^{n+1} - 3^{n+1}}$.

解 当 $n \to \infty$ 时,是 $\frac{\infty}{\infty}$ 型,分子分母同除以 3^n,可得

$$\lim_{n \to \infty}\frac{(-2)^n + 3^n}{(-2)^{n+1} - 3^{n+1}} = \lim_{n \to \infty}\frac{\left(-\frac{2}{3}\right)^n + 1}{(-2)\left(-\frac{2}{3}\right)^n - 3} = \frac{0+1}{0-3} = -\frac{1}{3}.$$

14. 设函数 $f(x)$ 在 $[0,1]$ 上非负连续,且 $f(0) = f(1) = 0$,则对于实数 $c(0 < c < 1)$ 必存在一点 $x_0 \in [0,1)$,使 $f(x_0) = f(x_0 + c)$.

证明 首先构造辅助函数,然后利用闭区间上连续函数的零点定理来证明. 令 $F(x) = f(x) - f(x+c)$,由题意可知 $F(x)$ 在 $[0,1-c]$ 上连续,且 $F(0) = f(0) - f(c) \leqslant 0$, $F(1-c) = f(1-c) - f(1) \geqslant 0$.

若 $f(c)=0$，则取 $x_0=0,f(0)=f(0+c)=0$；

若 $f(1-c)=0$，则取 $x_0=1-c,f(1-c)=f(1-c+c)=f(1)$；

若 $f(c)>0,f(1-c)>0$，则 $F(0)<0,F(1-c)>0$.

由零点定理可知，必存在点 $x_0\in(0,1-c)\subset(0,1)$，使 $F(x_0)=0$，即 $f(x_0)=f(x_0+c)$.

15. 设 $f(x)=\begin{cases}x\arctan\dfrac{1}{x},x>0,\\a+x^2,x\leqslant 0,\end{cases}$ 要使 $f(x)$ 在 $(-\infty,+\infty)$ 上连续，应当怎样选择数 a.

解 $f(x)$ 在 $(-\infty,0)$ 及 $(0,+\infty)$ 内均连续，要使 $f(x)$ 在 $(-\infty,+\infty)$ 上连续，只要选择数 a，使 $f(x)$ 在 $x=0$ 处连续即可. 而 $\lim\limits_{x\to 0^+}f(x)=\lim\limits_{x\to 0^+}x\arctan\dfrac{1}{x}=0$，$\lim\limits_{x\to 0^-}f(x)=\lim\limits_{x\to 0^-}(a+x^2)=a$，又 $f(0)=a$，故应选择 $a=0$，使 $f(x)$ 在 $x=0$ 处连续，从而 $f(x)$ 在 $(-\infty,+\infty)$ 上连续.

16. 计算极限 $\lim\limits_{x\to+\infty}\left(\sqrt{x+\sqrt{x+\sqrt{x}}}-\sqrt{x}\right)$

解 当 $x\to+\infty$ 时，是 $(\infty-\infty)$ 型，分子分母同乘共轭 $\sqrt{x+\sqrt{x+\sqrt{x}}}+\sqrt{x}$，

原式 $=\lim\limits_{x\to+\infty}\dfrac{\sqrt{x+\sqrt{x}}}{\sqrt{x+\sqrt{x+\sqrt{x}}}+\sqrt{x}}=\lim\limits_{x\to+\infty}\dfrac{\sqrt{x+\sqrt{x}}/\sqrt{x}}{\sqrt{x+\sqrt{x+\sqrt{x}}}+\sqrt{x}/\sqrt{x}}=\dfrac{1}{2}$.

第二章 导数与微分

习题 2—1

1. 当物体的温度高于周围介质的温度时,物体就不断冷却. 若物体的温度 T 与时间 t 的函数关系为 $T=T(t)$,应怎样确定该物体在时刻 t 的冷却速度?

解 在时间间隔 $[t, t+\Delta t]$ 内平均冷却速度为 $\bar{v} = \dfrac{\Delta T}{\Delta t} = \dfrac{T(t+\Delta t)-T(t)}{\Delta t}$. 在时刻 t 的冷却速度为 $v = \lim\limits_{\Delta t \to 0} \dfrac{\Delta T}{\Delta t} = \lim\limits_{\Delta t \to 0} \dfrac{T(t+\Delta t)-T(t)}{\Delta t} = T'(t)$.

2. 已知物体的运动规律为 $s = t^{\frac{3}{2}}$ (m),求这物体在 $t = 4$ (s) 时的速度.

解 $v = \dfrac{ds}{dt} = \dfrac{3}{2} t^{\frac{1}{2}}$,$v|_{t=4} = 3$ (m/s).

3. 用定义求下列函数的导数:

(1) $y = x^3$;(2) $y = ax + b$(a, b 皆为常数).

解 (1) 求增量 $\Delta y = (x+\Delta x)^3 - x^3 = 3x^2 \Delta x + 3x(\Delta x)^2 + (\Delta x)^3$;

算比值 $\dfrac{\Delta y}{\Delta x} = 3x^2 + 3x(\Delta x) + (\Delta x)^2$;

取极限 $y' = \lim\limits_{\Delta x \to 0} \dfrac{\Delta y}{\Delta x} = \lim\limits_{\Delta x \to 0} [3x^2 + 3x(\Delta x) + (\Delta x)^2] = 3x^2$.

所以 $(x^3)' = 3x^2$.

(2) 求增量 $\Delta y = [a(x+\Delta x)+b] - (ax+b) = a\Delta x$;

算比值 $\dfrac{\Delta y}{\Delta x} = a$;取极限 $y' = \lim\limits_{\Delta x \to 0} \dfrac{\Delta y}{\Delta x} = \lim a = a$. 所以 $(ax+b)' = a$.

4. 设 $f(x) = \sqrt{x+1}$,试按定义求 $f'(8)$.

解法一: $f'(8) = \lim\limits_{\Delta x \to 0} \dfrac{f(8+\Delta x)-f(8)}{\Delta x} = \lim\limits_{\Delta x \to 0} \dfrac{\sqrt{8+\Delta x+1}-\sqrt{8+1}}{\Delta x}$

$= \lim\limits_{\Delta x \to 0} \dfrac{\sqrt{9+\Delta x}-3}{\Delta x} = \lim\limits_{\Delta x \to 0} \dfrac{1}{\sqrt{9+\Delta x}+3} = \dfrac{1}{6}$.

解法二: $f'(8) = \lim\limits_{x \to 8} \dfrac{f(x)-f(8)}{x-8} = \lim\limits_{x \to 8} \dfrac{\sqrt{x+1}-\sqrt{8+1}}{x-8}$

$= \lim\limits_{x \to 8} \dfrac{\sqrt{x+1}-3}{x-8} = \lim\limits_{x \to 8} \dfrac{1}{\sqrt{x+1}+3} = \dfrac{1}{6}$.

5. 下列各题中均假定 $f'(x_0)$ 存在,根据导数定义求下列极限:

(1) $\lim\limits_{\Delta x \to 0} \dfrac{f(x_0 - \Delta x) - f(x_0)}{\Delta x}$;

(2) $\lim\limits_{x \to 0} \dfrac{f(x)}{x}$,其中 $f(0) = 0$,且 $f'(0)$ 存在;

(3) $\lim\limits_{h \to 0} \dfrac{f(x_0 + h) - f(x_0 - h)}{h}$;

(4) $\lim\limits_{\Delta x \to 0} \dfrac{f(x_0 + 3\Delta x) - f(x_0 - \Delta x)}{\Delta x}$.

解 (1) $\lim\limits_{\Delta x \to 0} \dfrac{f(x_0 - \Delta x) - f(x_0)}{\Delta x} = -\lim\limits_{-\Delta x \to 0} \dfrac{f(x_0 + (-\Delta x)) - f(x_0)}{-\Delta x} = -f'(x_0)$;

(2) 因为 $f(0) = 0$,所以 $\lim\limits_{x \to 0} \dfrac{f(x)}{x} = \lim\limits_{x \to 0} \dfrac{f(x) - f(0)}{x - 0} = f'(0)$;

(3) $\lim\limits_{h \to 0} \dfrac{f(x_0 + h) - f(x_0 - h)}{h}$

$= \lim\limits_{h \to 0} \left[\dfrac{f(x_0 + h) - f(x_0)}{h} - \dfrac{f(x_0 - h) - f(x_0)}{h} \right]$

$= \lim\limits_{h \to 0} \dfrac{f(x_0 + h) - f(x_0)}{h} + \lim\limits_{-h \to 0} \dfrac{f(x_0 + (-h)) - f(x_0)}{-h} = 2f'(x_0)$;

(4) $\lim\limits_{\Delta x \to 0} \dfrac{f(x_0 + 3\Delta x) - f(x_0 - \Delta x)}{\Delta x}$

$= \lim\limits_{\Delta x \to 0} \left[\dfrac{f(x_0 + 3\Delta x) - f(x_0)}{\Delta x} - \dfrac{f(x_0 - \Delta x) - f(x_0)}{\Delta x} \right]$

$= 3\lim\limits_{3\Delta x \to 0} \dfrac{f(x_0 + 3\Delta x) - f(x_0)}{3\Delta x} + \lim\limits_{-\Delta x \to 0} \dfrac{f(x_0 + (-\Delta x)) - f(x_0)}{-\Delta x} = 4f'(x_0)$.

6. 求下列函数在给定点的导数:

(1) $y = \sin x$, $x = \dfrac{\pi}{2}$;

(2) $y = \ln x$, $x = 5$;

(3) $y = \log_5 x$, $x = \dfrac{1}{5}$;

(4) $y = \sqrt[4]{x}$, $x = 16$.

解 (1) $y' = \cos x$, $y'|_{x=\frac{\pi}{2}} = \cos \dfrac{\pi}{2} = 0$; (2) $y' = \dfrac{1}{x}$, $y'|_{x=5} = \dfrac{1}{5}$;

(3) $y' = \dfrac{1}{x \ln 5}$, $y'|_{x=\frac{1}{5}} = \dfrac{5}{\ln 5}$; (4) $y' = \left(x^{\frac{1}{4}}\right)' = \dfrac{1}{4} x^{-\frac{3}{4}}$, $y'|_{x=16} = \dfrac{1}{32}$.

7. 求下列函数的导数:

(1) $y = x^5$; (2) $y = \sqrt[3]{x^2}$; (3) $y = x^{1.2}$;

(4) $y = \log_3 x$; (5) $y = \dfrac{\sqrt{x \sqrt{x}}}{x}$; (6) $y = \cos x$.

解 (1) $y' = 5x^4$; (2) $y' = \left(x^{\frac{2}{3}}\right)' = \dfrac{2}{3} x^{-\frac{1}{3}}$; (3) $y' = 1.2 x^{0.2}$;

(4) $y' = \dfrac{1}{x \ln 3}$; (5) $y = x^{\frac{1}{2} + \frac{1}{4} - 1} = x^{-\frac{1}{4}}$, $y' = -\dfrac{1}{4} x^{-\frac{5}{4}}$; (6) $y' = -\sin x$.

8. 求曲线 $y=\sin x$ 在点 $\left(\dfrac{\pi}{4},\dfrac{\sqrt{2}}{2}\right)$ 处的切线方程和法线方程.

解 $y'|_{x=\frac{\pi}{4}}=(\cos x)|_{x=\frac{\pi}{4}}=\dfrac{\sqrt{2}}{2}$

故曲线在点 $\left(\dfrac{\pi}{4},\dfrac{\sqrt{2}}{2}\right)$ 处的切线方程为 $y-\dfrac{\sqrt{2}}{2}=\dfrac{\sqrt{2}}{2}\left(x-\dfrac{\pi}{4}\right)$，即 $\sqrt{2}x-2y+\sqrt{2}-\dfrac{\sqrt{2}}{4}\pi=0$.

曲线在点 $\left(\dfrac{\pi}{4},\dfrac{\sqrt{2}}{2}\right)$ 处的法线方程为 $y-\dfrac{\sqrt{2}}{2}=-\sqrt{2}\left(x-\dfrac{\pi}{4}\right)$，即 $2\sqrt{2}x+2y-\sqrt{2}-\dfrac{\sqrt{2}}{2}\pi=0$.

9. 求曲线 $y=x^2$ 在点 $(1,1)$ 处的切线方程时，由于 $y'=2x$，我们把切线方程写成 $y-1=2x(x-1)$，这样写对不对？错在哪里？应该怎样写才正确？

解 把曲线在点 $(1,1)$ 处的切线方程写成 $y-1=2x(x-1)$ 是不对的，因为点 $(1,1)$ 处曲线 $y=x^2$ 的切线斜率为 $y'|_{x=1}=(2x)|_{x=1}=2$，而 $y'=2x$ 是曲线在任意点 (x,y) 处的切线斜率. 故曲线在点 $(1,1)$ 处的切线方程为 $y-1=2(x-1)$.

10. 设函数 $f(x)$ 在点 x_0 处连续，且 $\lim\limits_{x\to x_0}\dfrac{f(x)-f(x_0)}{x-x_0}=\infty$，问曲线在点 $(x_0,f(x_0))$ 有切线吗？如果有，切线方程是什么？

解 由已知得 $f'(x_0)=\infty$，故曲线在点 $(x_0,f(x_0))$ 处的切线方程为 $x=x_0$.

11. 下列命题是否正确？

(1) 若 $f(x)$ 在 x_0 处可导，则 $f(x)$ 在 x_0 处必连续；

(2) 若 $f(x)$ 在 x_0 处连续，则 $f(x)$ 在 x_0 处必可导；

(3) 若 $f(x)$ 在 x_0 处不连续，则 $f(x)$ 在 x_0 处必不可导；

(4) 若 $f(x)$ 在 x_0 处不可导，则 $f(x)$ 在 x_0 处必不连续；

(5) 若 $f(x)$ 在 x_0 处不可导，则曲线 $y=f(x)$ 在 $(x_0,f(x_0))$ 点处必无切线；

(6) 若曲线 $y=f(x)$ 处处可导，则曲线 $y=f(x)$ 处处有法线.

解 (1) 正确；

(2) 不正确，例如 $y=|x|$ 在 $x=0$ 处连续，但在 $x=0$ 处不可导；

(3) 正确；

(4) 不正确，例如 $y=|x|$ 在 $x=0$ 处不可导，但在 $x=0$ 处连续；

(5) 不正确，例如，当 $f'(x_0)=\infty$ 时，曲线 $y=f(x)$ 在点 $(x_0,f(x_0))$ 处却有切线 $x=x_0$；

(6) 正确.

12. 在曲线 $y=\ln x$ 上求一点，使该点的切线平行于直线 $y=x+1$.

解 已知直线 $y=x+1$ 的斜率为 $k=1$，由二直线平行的条件，所求切线的斜率也应等于 1. 根据导数的几何意义，曲线上任一点 $M(x,y)$ 处切线的斜率为 $k=y'=(\ln x)'=\dfrac{1}{x}$.

要使曲线的切线平行于已知直线，必须有 $\dfrac{1}{x}=1$，即 $x=1$. 将 $x=1$ 代入曲线方程 $y=\ln x$，得到曲线上一点 $M_0(1,0)$，则曲线 $y=\ln x$ 在点 $M_0(1,0)$ 处的切线方程与直线 $y=x+1$ 平行.

13. 求下列函数的 $f'_+(1)$，$f'_-(1)$，并说明 $f'(1)$ 是否存在. 问 $f(x)$ 在 $x=1$ 处连续吗？

(1) $f(x)=\begin{cases}\sqrt{x}, & 0\leq x<1,\\ 2x-1, & 1\leq x\leq 2;\end{cases}$ (2) $f(x)=\begin{cases}\dfrac{2}{3}x^3, & x\leq 1,\\ x^2, & x>1.\end{cases}$

解 (1) $f'_-(1)=\lim\limits_{x\to 1^-}\dfrac{f(x)-f(1)}{x-1}=\lim\limits_{x\to 1^-}\dfrac{\sqrt{x}-1}{x-1}=\lim\limits_{x\to 1}\dfrac{1}{\sqrt{x}+1}=\dfrac{1}{2}$,

$$f'_+(1)=\lim_{x\to 1^+}\frac{f(x)-f(1)}{x-1}=\lim_{x\to 1^+}\frac{(2x-1)-1}{x-1}=2,$$

因为 $f'_-(1)\neq f'_+(1)$, 故 $f'(1)$ 不存在. 但

$$\lim_{x\to 1^-}f(x)=\lim_{x\to 1^-}\sqrt{x}=1=f(1),\quad \lim_{x\to 1^+}f(x)=\lim_{x\to 1^+}(2x-1)=1=f(1),$$

故 $f(x)$ 在 $x=1$ 处连续.

(2) $f'_-(1)=\lim\limits_{x\to 1^-}\dfrac{f(x)-f(1)}{x-1}=\lim\limits_{x\to 1^-}\dfrac{\frac{2}{3}x^3-\frac{2}{3}}{x-1}=\lim\limits_{x\to 1^-}\dfrac{2}{3}\cdot\dfrac{x^3-1}{x-1}=\lim\limits_{x\to 1^-}\dfrac{2}{3}(x^2+x+1)=2$,

$$f'_+(1)=\lim_{x\to 1^+}\frac{f(x)-f(1)}{x-1}=\lim_{x\to 1^+}\frac{x^2-\frac{2}{3}}{x-1}=+\infty,$$

故 $f'(1)$ 不存在.

$$\lim_{x\to 1^-}f(x)=\lim_{x\to 1^-}\frac{2}{3}x^3=\frac{2}{3}=f(1),\quad \lim_{x\to 1^+}f(x)=\lim_{x\to 1^+}x^2=1\neq f(1),$$

故 $f(x)$ 在 $x=1$ 处不连续.

14. 讨论下列函数在 $x=0$ 处是否可导.

(1) $y=\begin{cases}\dfrac{x}{1+e^{\frac{1}{x}}}, & x\neq 0,\\ 0, & x=0;\end{cases}$ (2) $y=x|x|$.

解 (1) 当 $x\to 0^+$ 时, $e^{\frac{1}{x}}\to +\infty$; 当 $x\to 0^-$ 时, $e^{\frac{1}{x}}\to 0$.

$$f'_-(0)=\lim_{x\to 0^-}\frac{f(x)-f(0)}{x-0}=\lim_{x\to 0^-}\frac{\frac{x}{1+e^{\frac{1}{x}}}-0}{x-0}=\lim_{x\to 0^-}\frac{1}{1+e^{\frac{1}{x}}}=1,$$

$$f'_+(0)=\lim_{x\to 0^+}\frac{f(x)-f(0)}{x-0}=\lim_{x\to 0^+}\frac{\frac{x}{1+e^{\frac{1}{x}}}-0}{x-0}=\lim_{x\to 0^+}\frac{1}{1+e^{\frac{1}{x}}}=0,$$

因为 $f'_-(0)\neq f'_+(0)$, 故 $f(x)$ 在 $x=0$ 处不可导.

(2) $y=x|x|=\begin{cases}-x^2, & x<0,\\ x^2, & x\geq 0.\end{cases}$

因为 $f'_-(0)=\lim\limits_{x\to 0^-}\dfrac{f(x)-f(0)}{x-0}=\lim\limits_{x\to 0^-}\dfrac{-x^2-0}{x-0}=\lim\limits_{x\to 0^-}(-x)=0$,

$$f'_+(0)=\lim_{x\to 0^+}\frac{f(x)-f(0)}{x-0}=\lim_{x\to 0^+}\frac{x^2-0}{x-0}=\lim_{x\to 0^+}x=0,$$

显然 $f'_-(0)=f'_+(0)=0$, 故 $f'(0)=0$, $f(x)$ 在 $x=0$ 处可导.

15. 讨论函数 $y=\begin{cases}x^2\sin\dfrac{1}{x}, & x\neq 0,\\ 0, & x=0\end{cases}$ 在 $x=0$ 处的连续性与可导性.

解 $\lim\limits_{x\to 0}f(x)=\lim\limits_{x\to 0}x^2\sin\dfrac{1}{x}=0=f(0)$,故函数在 $x=0$ 处连续.

$f'(0)=\lim\limits_{x\to 0}\dfrac{f(x)-f(0)}{x-0}=\lim\limits_{x\to 0}\dfrac{x^2\sin\dfrac{1}{x}}{x}=\lim\limits_{x\to 0}x\sin\dfrac{1}{x}=0$,故函数在 $x=0$ 处可导.

16. 证明曲线 $y=\dfrac{1}{x}(x>0)$ 上任一点处的切线与两坐标轴围成的直角三角形的面积为 2.

证明 曲线 $y=\dfrac{1}{x}$ 在点 $\left(x_0,\dfrac{1}{x_0}\right)$ 处的切线斜率为 $k=y'\big|_{x=x_0}=-\dfrac{1}{x^2}\big|_{x=x_0}=-\dfrac{1}{x_0^2}$.

曲线在点 $\left(x_0,\dfrac{1}{x_0}\right)$ 处切线方程为 $Y-\dfrac{1}{x_0}=-\dfrac{1}{x_0^2}(X-x_0)$. 由此可知切线在 x 轴和 y 轴上的截距分别为 $a=2x_0$ 和 $b=\dfrac{2}{x_0}$,故切线与两坐标轴所围成的直角三角形的面积为

$$A=\dfrac{1}{2}ab=\dfrac{1}{2}2x_0\dfrac{2}{x_0}=2.$$

17. 问 a、b、c 为何值时,函数

$$f(x)=\begin{cases}x^2+a, & x>0,\\ 0, & x=0,\\ bx+c, & x<0\end{cases}$$

(1)在 $(-\infty,+\infty)$ 上连续;(2)在 $(-\infty,+\infty)$ 内可导,并求 $f'(x)$.

解 (1)要使函数 $f(x)$ 在 $(-\infty,+\infty)$ 上连续,$f(x)$ 应在 $x=0$ 处连续,即

$$\lim_{x\to 0^-}f(x)=\lim_{x\to 0^+}f(x)=f(0).$$

而 $\lim\limits_{x\to 0^-}f(x)=\lim\limits_{x\to 0^-}(bx+c)=c$,$\lim\limits_{x\to 0^+}f(x)=\lim\limits_{x\to 0^+}(x^2+a)=a$,$f(0)=0$,故 $a=c=0$.

(2)要使 $f(x)$ 在 $(-\infty,+\infty)$ 内可导,$f(x)$ 应在 $x=0$ 处可导,即应有 $f'_-(0)=f'_+(0)$,这时 $f(x)$ 在 $x=0$ 处更应连续.而

$$f'_-(0)=\lim_{x\to 0^-}\dfrac{f(x)-f(0)}{x-0}=\lim_{x\to 0^-}\dfrac{bx+c-0}{x-0}=\lim_{x\to 0^-}\dfrac{bx+c}{x}=\lim_{x\to 0^-}\dfrac{bx+0}{x}=b,$$

$$f'_+(0)=\lim_{x\to 0^+}\dfrac{f(x)-f(0)}{x-0}=\lim_{x\to 0^+}\dfrac{x^2+a-0}{x-0}=\lim_{x\to 0^+}\dfrac{x^2+a}{x}=\lim_{x\to 0^+}\dfrac{x^2+0}{x}=0.$$

所以要使 $f(x)$ 在 $(-\infty,+\infty)$ 上可导,应有 $a=b=c=0$. 这时,$f'(x)=\begin{cases}2x, & x>0,\\ 0, & x\leq 0.\end{cases}$

18. 如果 $f(x)$ 为偶函数,且 $f'(0)$ 存在,证明 $f'(0)=0$.

证明 $f'(0)=\lim\limits_{x\to 0}\dfrac{f(x)-f(0)}{x-0}=\lim\limits_{x\to 0}\dfrac{f(x)-f(0)}{x}$.

因为 $f(x)$ 为偶函数,则 $f(-x)=f(x)$. 所以

$$f'(0)=\lim_{x\to 0}\dfrac{f(-x)-f(0)}{x-0}=-\lim_{x\to 0}\dfrac{f(-x)-f(0)}{-x}=-\lim_{-x\to 0}\dfrac{f(-x)-f(0)}{-x-0}=-f'(0),$$

故 $f'(0)=0$.

19. 设 $f(x)$、$g(x)$ 均可导，且 $f(0)=g(0)=0$，$f'(0)$、$g'(0)$ 存在，$g'(0)\neq 0$，试证
$$\lim_{x\to 0}\frac{f(x)}{g(x)}=\frac{f'(0)}{g'(0)}.$$

证明 因为 $f(0)=g(0)=0$，所以
$$\lim_{x\to 0}\frac{f(x)}{g(x)}=\lim_{x\to 0}\frac{f(x)-f(0)}{g(x)-g(0)}=\lim_{x\to 0}\frac{\dfrac{f(x)-f(0)}{x-0}}{\dfrac{g(x)-g(0)}{x-0}}.$$

又因为 $f'(0)$、$g'(0)$ 存在，故有
$$\lim_{x\to 0}\frac{f(x)}{g(x)}=\frac{\lim\limits_{x\to 0}\dfrac{f(x)-f(0)}{x-0}}{\lim\limits_{x\to 0}\dfrac{g(x)-g(0)}{x-0}}=\frac{f'(0)}{g'(0)}.$$

习题 2-2

1. 求下列函数的导数：

(1) $y=x^2+2^x+\ln 2$； (2) $y=x^2\ln x$；

(3) $y=\dfrac{\ln x}{x}$； (4) $y=\dfrac{2\sec x}{1+x^2}$；

(5) $y=(2x+1)(x+1)(x-3)$； (6) $y=\dfrac{1}{\sqrt{x}+1}$；

(7) $y=3\mathrm{e}^x\cos x$； (8) $y=3x\tan x+\sec x-4$；

(9) $y=\dfrac{\arctan x}{x}+\arccos x$； (10) $s=\dfrac{1+\sin t}{1+\cos t}$.

解 (1) $y'=2x+2^x\ln 2$；

(2) $y'=2x\ln x+x^2\cdot\dfrac{1}{x}=x(2\ln x+1)$；

(3) $y'=\dfrac{\dfrac{1}{x}\cdot x-\ln x}{x^2}=\dfrac{1-\ln x}{x^2}$；

(4) $y'=\dfrac{2\sec x\tan x\cdot(1+x^2)-2\sec x\cdot 2x}{(1+x^2)^2}=\dfrac{2[(1+x^2)\tan x-2x]\sec x}{(1+x^2)^2}$；

(5) $y'=(2x+1)'(x+1)(x-3)+(2x+1)(x+1)'(x-3)+(2x+1)(x+1)(x-3)'$
$=2(x+1)(x-3)+(2x+1)(x-3)+(2x+1)(x+1)$；

(6) $y'=-\dfrac{(\sqrt{x}+1)'}{(\sqrt{x}+1)^2}=-\dfrac{1}{2\sqrt{x}(x+1+2\sqrt{x})}$；

(7) $y'=3\mathrm{e}^x\cos x+3\mathrm{e}^x(-\sin x)=3\mathrm{e}^x(\cos x-\sin x)$；

(8) $y'=(3x\tan x)'+(\sec x)'-(4)'=3\tan x+3x\sec^2 x+\sec x\tan x$；

(9) $y'=\dfrac{\dfrac{1}{1+x^2}\cdot x-\arctan x}{x^2}-\dfrac{1}{\sqrt{1-x^2}}=\dfrac{x-(1+x^2)\arctan x}{x^2(1+x^2)}-\dfrac{1}{\sqrt{1-x^2}}$；

(10) $s'=\dfrac{\cos t\cdot(1+\cos t)-(1+\sin t)(-\sin t)}{(1+\cos t)^2}=\dfrac{1+\cos t+\sin t}{(1+\cos t)^2}$.

2. 求下列函数在指定点的导数:

(1) $y=\ln(x^3+3^x)$, 求 $y'|_{x=0}$;

(2) $f(x)=\dfrac{3}{5-x}+\dfrac{x^2}{5}$, 求 $f'(0)$ 和 $f'(2)$;

(3) $y=\sqrt{x}\,\mathrm{e}^{-\sin x}$, 求 $y'|_{x=\frac{\pi}{2}}$;

(4) $s=t\sin t+\dfrac{1}{2}\cos t$, 求 $\dfrac{\mathrm{d}s}{\mathrm{d}t}\bigg|_{t=\frac{\pi}{4}}$;

(5) $y=x(x+1)(x+2)\cdots(x+n)$, 求 $y'(0)$;

(6) $y=\arctan \mathrm{e}^x-\ln\sqrt{\dfrac{\mathrm{e}^{2x}}{\mathrm{e}^{2x}+1}}$, 求 $\dfrac{\mathrm{d}y}{\mathrm{d}x}\bigg|_{x=1}$.

解 (1) $y'=\dfrac{1}{x^3+3^x}(3x^2+3^x\ln 3)$, $y'|_{x=0}=\ln 3$;

(2) $f'(x)=\dfrac{3}{(5-x)^2}+\dfrac{2x}{5}$, $f'(0)=\dfrac{3}{25}$, $f'(2)=\dfrac{1}{3}+\dfrac{4}{5}=\dfrac{17}{15}$;

(3) $y'=\dfrac{1}{2\sqrt{x}}\mathrm{e}^{-\sin x}+\sqrt{x}\,\mathrm{e}^{-\sin x}(-\cos x)$, $y'|_{x=\frac{\pi}{2}}=\dfrac{1}{\mathrm{e}\sqrt{2\pi}}$;

(4) $s'=\sin t+t\cos t-\dfrac{1}{2}\sin t=\dfrac{1}{2}\sin t+t\cos t$, $\dfrac{\mathrm{d}s}{\mathrm{d}t}\bigg|_{t=\frac{\pi}{4}}=\dfrac{\sqrt{2}}{4}\left(1+\dfrac{\pi}{2}\right)$;

(5) $y'=x'(x+1)(x+2)\cdots(x+n)+x[(x+1)(x+2)\cdots(x+n)]'$
$=(x+1)(x+2)\cdots(x+n)+x[(x+1)(x+2)\cdots(x+n)]'$, $y'(0)=n!$;

(6) $y=\arctan \mathrm{e}^x-\dfrac{1}{2}[\ln \mathrm{e}^{2x}-\ln(\mathrm{e}^{2x}+1)]=\arctan \mathrm{e}^x-\dfrac{1}{2}[2x-\ln(\mathrm{e}^{2x}+1)]$,

$\dfrac{\mathrm{d}y}{\mathrm{d}x}=\dfrac{\mathrm{e}^x}{1+(\mathrm{e}^x)^2}-\dfrac{1}{2}\left(2-\dfrac{\mathrm{e}^{2x}\cdot 2}{\mathrm{e}^{2x}+1}\right)=\dfrac{\mathrm{e}^x-1}{\mathrm{e}^{2x}+1}$, $\dfrac{\mathrm{d}y}{\mathrm{d}x}\bigg|_{x=1}=\dfrac{\mathrm{e}-1}{\mathrm{e}^2+1}$.

3. 以初速度 v_0 竖直上抛的物体,其上升高度 s 与时间 t 的关系是 $s=v_0 t-\dfrac{1}{2}gt^2$. 求:(1)该物体的速度 $v(t)$;(2)该物体达到最高点的时刻.

解 (1) $v(t)=\dfrac{\mathrm{d}s}{\mathrm{d}t}=v_0-gt$;

(2) 令 $v(t)=0$,即 $v_0-gt=0$,得 $t=\dfrac{v_0}{g}$.

4. 写出曲线 $y=x-\dfrac{1}{x}$ 与 x 轴交点处的切线方程.

解 令 $y=x-\dfrac{1}{x}=0$,得 $x_1=1,x_2=-1$. 故曲线与 x 轴有两个交点 $(1,0)$ 和 $(-1,0)$.

$$y'=1+\dfrac{1}{x^2}.$$

由导数的几何意义知,在两个交点处切线斜率分别为

$$k_1=y'|_{x=1}=2,\quad k_2=y'|_{x=-1}=2.$$

于是所求切线方程分别为 $y=2(x-1)$ 及 $y=2(x+1)$,即 $y=2x-2$ 和 $y=2x+2$.

5. 求曲线 $y=\mathrm{e}^{3x}+x^3$ 上横坐标 $x=0$ 处的法线方程.

解 $y'=3\mathrm{e}^{3x}+3x^2$, $y'|_{x=0}=3$. 当 $x=0$ 时,$y=1$. 所求法线的斜率为

$$k = -\frac{1}{y'|_{x=0}} = -\frac{1}{3},$$

于是所求法线方程为 $y-1 = -\frac{1}{3}x$. 即 $x+3y-3=0$.

6. 求下列函数的导数：

(1) $y = (x^3-x)^5$; (2) $y = \cos^4 2x$;

(3) $y = (\ln\sqrt{x})^3$; (4) $y = e^{\tan\frac{1}{x}}$;

(5) $y = e^{-\frac{x}{2}}\sin 3x$; (6) $y = \left(\arcsin\frac{x}{3}\right)^2$;

(7) $y = \sqrt{x+\sqrt{x+\sqrt{x}}}$; (8) $y = \frac{1-\ln x}{1+\ln x}$;

(9) $y = \ln(\sec x + \tan x)$; (10) $y = \ln(x+\sqrt{1+x^2})$.

解 (1) $y' = 5(x^3-x)^4(3x^2-1)$;

(2) $y' = 4\cos^3 2x \cdot (-\sin 2x) \cdot 2 = -4\cos^3 2x \cdot \sin 4x$;

(3) $y' = 3(\ln\sqrt{x})^2 \cdot \frac{1}{\sqrt{x}} \cdot \frac{1}{2\sqrt{x}} = \frac{3}{8x}\ln^2 x$;

(4) $y' = e^{\tan\frac{1}{x}} \cdot \sec^2\frac{1}{x} \cdot \left(-\frac{1}{x^2}\right) = -\frac{1}{x^2}e^{\tan\frac{1}{x}}\sec^2\frac{1}{x}$;

(5) $y' = e^{-\frac{x}{2}} \cdot \left(-\frac{1}{2}\right) \cdot \sin 3x + e^{-\frac{x}{2}} \cdot \cos 3x \cdot 3 = e^{-\frac{x}{2}}\left(3\cos 3x - \frac{1}{2}\sin 3x\right)$;

(6) $y' = 2\left(\arcsin\frac{x}{3}\right) \cdot \frac{1}{\sqrt{1-\left(\frac{x}{3}\right)^2}} \cdot \frac{1}{3} = \frac{2}{\sqrt{9-x^2}}\arcsin\frac{x}{3}$;

(7) $y' = \frac{1}{2\sqrt{x+\sqrt{x+\sqrt{x}}}}\left(x+\sqrt{x+\sqrt{x}}\right)' = \frac{1}{2\sqrt{x+\sqrt{x+\sqrt{x}}}}\left[1+\frac{1}{2\sqrt{x+\sqrt{x}}}\left(1+\frac{1}{2\sqrt{x}}\right)\right]$;

(8) $y' = \frac{-\frac{1}{x}(1+\ln x) - (1-\ln x) \cdot \frac{1}{x}}{(1+\ln x)^2} = -\frac{2}{x(1+\ln x)^2}$;

(9) $y' = \frac{1}{\sec x + \tan x}(\sec x + \tan x)' = \frac{1}{\sec x + \tan x}(\sec x\tan x + \sec^2 x) = \sec x$;

(10) $y' = \frac{1}{x+\sqrt{1+x^2}}(x+\sqrt{1+x^2})' = \frac{1}{x+\sqrt{1+x^2}}\left(x+\frac{1}{2\sqrt{1+x^2}} \cdot 2x\right) = \frac{1}{\sqrt{1+x^2}}$.

7. 设 $y = \frac{1}{\sqrt{2\pi}\sigma}e^{-\frac{(x-\mu)^2}{2\sigma^2}}$，其中 μ、σ 是常数，求出使曲线有水平切线的 x 值.

解 $y' = \frac{1}{\sqrt{2\pi}\sigma}e^{-\frac{(x-\mu)^2}{2\sigma^2}} \cdot \left[-\frac{2(x-\mu)}{2\sigma^2}\right] = -\frac{1}{\sqrt{2\pi}\sigma^3}(x-\mu)e^{-\frac{(x-\mu)^2}{2\sigma^2}}$.

由导数的几何意义知，要使曲线有水平切线，必有 $y'=0$. 令 $y'=0$，得 $x=\mu$.

8. 求下列函数的导数：

(1) $y = 2^{x^2+\sin x} + \ln\tan x$; (2) $y = \arccos\sqrt{1-3t}$; (3) $y = \sec^3(\ln x)$;

(4) $y=e^{-\sin^2\frac{1}{x}}$;   (5) $y=\dfrac{e^t-e^{-t}}{e^t+e^{-t}}$;   (6) $y=\arctan\dfrac{x+1}{x-1}$;

(7) $y=\ln\sec\dfrac{1}{4+x^2}$;   (8) $y=\sin nx\cdot\sin^n x$ (n 为常数).

解 (1) $y'=2^{x^2+\sin x}\ln 2\cdot(2x+\cos x)+\dfrac{1}{\tan x}\cdot\sec^2 x=2^{x^2+\sin x}\ln 2\cdot(2x+\cos x)+\dfrac{2}{\sin 2x}$;

(2) $y'=-\dfrac{1}{\sqrt{1-(1-3t)}}\cdot\dfrac{1}{2\sqrt{1-3t}}\cdot(-3)=\dfrac{3}{2\sqrt{3t(1-3t)}}$;

(3) $y'=3\sec^2(\ln x)\cdot\sec(\ln x)\tan(\ln x)\cdot\dfrac{1}{x}=\dfrac{3}{x}\tan(\ln x)\cdot\sec^3(\ln x)$;

(4) $y'=e^{-\sin^2\frac{1}{x}}\cdot\left(-2\sin\dfrac{1}{x}\right)\cdot\cos\dfrac{1}{x}\cdot\left(-\dfrac{1}{x^2}\right)=\dfrac{1}{x^2}e^{-\sin^2\frac{1}{x}}\sin\dfrac{2}{x}$;

(5) $y'=\dfrac{[e^t-e^{-t}(-1)](e^t+e^{-t})-(e^t-e^{-t})[e^t+e^{-t}(-1)]}{(e^t+e^{-t})^2}=\dfrac{4}{e^{2t}+e^{-2t}+2}$ 或 $y'=\dfrac{1}{\operatorname{ch}^2 t}$;

(6) $y'=\dfrac{1}{1+\left(\dfrac{x+1}{x-1}\right)^2}\cdot\dfrac{(x-1)-(x+1)}{(x-1)^2}=-\dfrac{1}{1+x^2}$;

(7) $y'=\dfrac{1}{\sec\dfrac{1}{4+x^2}}\sec\dfrac{1}{4+x^2}\tan\dfrac{1}{4+x^2}\cdot\dfrac{-2x}{(4+x^2)^2}=-\dfrac{2x}{(4+x^2)^2}\tan\dfrac{1}{4+x^2}$;

(8) $y'=(\sin nx)'\cdot\sin^n x+\sin nx\cdot(\sin^n x)'$
$=n\cos nx\cdot\sin^n x+\sin nx\cdot n\sin^{n-1}x\cos x$
$=n\sin^{n-1}x\cdot(\cos nx\cdot\sin x+\sin nx\cdot\cos x)$
$=n\sin^{n-1}x\cdot\sin(n+1)x$.

9. 设 $f(x)=\begin{cases}xe^{-x^2}-1, & x\leqslant 0,\\ \sin x-\cos x, & x>0,\end{cases}$ 求 $f'(x)$.

解 当 $x<0$ 时，$f'(x)=(xe^{-x^2}-1)'=(1-2x^2)e^{-x^2}$,

当 $x>0$ 时，$f'(x)=(\sin x-\cos x)'=\cos x+\sin x$,

当 $x=0$ 时，$f'_-(0)=\lim\limits_{x\to 0^-}\dfrac{f(x)-f(0)}{x-0}=\lim\limits_{x\to 0^-}\dfrac{(xe^{-x^2}-1)-(-1)}{x}=\lim\limits_{x\to 0^-}e^{-x^2}=1$,

$f'_+(0)=\lim\limits_{x\to 0^+}\dfrac{f(x)-f(0)}{x-0}=\lim\limits_{x\to 0^+}\dfrac{\sin x-\cos x+1}{x}=\lim\limits_{x\to 0^+}\dfrac{\sin x}{x}+\lim\limits_{x\to 0^+}\dfrac{1-\cos x}{x}=1+\lim\limits_{x\to 0^+}\dfrac{\frac{1}{2}x^2}{x}=1$,

所以 $f'(0)=1$.

综上可得 $f(x)=\begin{cases}(1-2x^2)e^{-x^2}, & x\leqslant 0,\\ \cos x+\sin x, & x>0.\end{cases}$

10. 设 $f(x)$ 可导，求下列函数的导数：

(1) $y=f(x^3)$;   (2) $y=f(\sin^2 x)+f(\cos^2 x)$;

(3) $y=f(e^x)e^{f(x)}$;   (4) $y=f[f(x)]$.

解 (1) $y'=f'(x^3)3x^2=3x^2 f'(x^3)$;

(2) $y'=f'(\sin^2 x)2\sin x\cos x+f'(\cos^2 x)2\cos x(-\sin x)$
$=[f'(\sin^2 x)-f'(\cos^2 x)]\sin 2x$;

(3) $y' = f'(e^x)e^x \cdot e^{f(x)} + f(e^x)e^{f(x)} \cdot f'(x) = f'(e^x)e^{x+f(x)} + f'(x)f(e^x)e^{f(x)}$;

(4) $y' = f'[f(x)] \cdot f'(x)$.

11. 设 $\varphi(x)$ 和 $\psi(x)$ 均是可导函数,试求 $y = \sqrt{\varphi^2(x) + \psi^2(x)}$ 的导数,其中 $\varphi(x)$ 与 $\psi(x)$ 不同时为零.

解 $y' = \dfrac{1}{2\sqrt{\varphi^2(x)+\psi^2(x)}}[2\varphi(x)\varphi'(x)+2\psi(x)\psi'(x)] = \dfrac{\varphi(x)\varphi'(x)+\psi(x)\psi'(x)}{\sqrt{\varphi^2(x)+\psi^2(x)}}$.

12. 设 $f(x)$ 在 $(-\infty, +\infty)$ 内可导,证明:

(1) 若 $f(x)$ 是奇函数,则 $f'(x)$ 是偶函数;

(2) 若 $f(x)$ 是偶函数,则 $f'(x)$ 是奇函数;

(3) 若 $f(x)$ 是周期为 T 的函数,则 $f'(x)$ 也是周期为 T 的函数.

证明 (1) 若 $f(x)$ 是奇函数,则有 $f(-x) = -f(x)$. 两边分别求导得 $f'(-x)(-1) = -f'(x)$,即 $f'(-x) = f'(x)$,所以 $f'(x)$ 是偶函数.

(2) 若 $f(x)$ 是偶函数,则有 $f(-x) = f(x)$. 两边分别求导得 $f'(-x)(-1) = f'(x)$,即 $f'(-x) = -f'(x)$,所以 $f'(x)$ 是奇函数.

(3) 若 $f(x)$ 是周期为 T 的函数,则有 $f(x+T) = f(x)$. 两边分别求导得 $f'(x+T) = f'(x)$,故 $f'(x)$ 也是周期为 T 的函数.

13. 设 $f(t) = \lim\limits_{x \to \infty} t\left(1+\dfrac{1}{x}\right)^{2tx}$,求 $f'(t)$.

解 $f(t) = \lim\limits_{x \to \infty} t\left(1+\dfrac{1}{x}\right)^{2tx} = t\lim\limits_{x \to \infty}\left[\left(1+\dfrac{1}{x}\right)^x\right]^{2t} = t\,e^{2t}$,所以
$$f'(t) = 1 \cdot e^{2t} + t\,e^{2t} \cdot 2 = (2t+1)e^{2t}.$$

14. 设函数 $f(x)$ 和 $g(x)$ 均在 x_0 的某邻域内有定义,$f(x)$ 在 x_0 处可导,$f(x_0) = 0$,$g(x)$ 在 x_0 处连续,试讨论 $f(x)g(x)$ 在 x_0 处的可导性.

解 由 $f(x)$ 在 x_0 处可导,且 $f(x_0) = 0$,则有 $f'(x_0) = \lim\limits_{x \to x_0}\dfrac{f(x)-f(x_0)}{x-x_0} = \lim\limits_{x \to x_0}\dfrac{f(x)}{x-x_0}$.

由于 $g(x)$ 在 x_0 处连续,则有 $\lim\limits_{x \to x_0}g(x) = g(x_0)$,故

$$\lim_{x \to x_0}\frac{f(x)g(x)-f(x_0)g(x_0)}{x-x_0} = \lim_{x \to x_0}\frac{f(x)}{x-x_0}g(x) = f'(x_0)g(x_0),$$

即 $f(x)g(x)$ 在 x_0 处可导,其导数为 $f'(x_0)g(x_0)$.

15. 设函数 $f(x)$、$g(x)$ 均在 $(-\infty, +\infty)$ 内有定义,且
$f(x_1+x_2) = f(x_1)g(x_2) + f(x_2)g(x_1)$,$f(0) = 0$,$g(0) = 1$,$f'(0) = 1$,$g'(0) = 0$. 试证 $f(x)$ 在 $(-\infty, +\infty)$ 内可导,且 $f'(x) = g(x)$.

解 因为 $f(x_1+x_2) = f(x_1)g(x_2) + f(x_2)g(x_1)$,有
$$f(x+\Delta x) = f(x)g(\Delta x) + f(\Delta x)g(x),\quad x \in (-\infty, +\infty).$$

又由于 $f(0) = 0$,$g(0) = 1$ 有

$$\lim_{\Delta x \to 0}\frac{f(x+\Delta x)-f(x)}{\Delta x} = \lim_{\Delta x \to 0}\frac{f(x)g(\Delta x)+f(\Delta x)g(x)-f(x)}{\Delta x}$$

$$= \lim_{\Delta x \to 0}\frac{f(x)[g(\Delta x)-1]+[f(\Delta x)g(x)-f(0)g(x)]}{\Delta x}$$

$$= \lim_{\Delta x \to 0} \left[f(x) \frac{g(\Delta x) - g(0)}{\Delta x} + g(x) \frac{f(\Delta x) - f(0)}{\Delta x} \right]$$

$$= f(x) \lim_{\Delta x \to 0} \frac{g(\Delta x) - g(0)}{\Delta x} + g(x) \lim_{\Delta x \to 0} \frac{f(\Delta x) - f(0)}{\Delta x}.$$

由已知 $g'(0) = 0, f'(0) = 1$ 得

$$\lim_{\Delta x \to 0} \frac{g(\Delta x) - g(0)}{\Delta x} = g'(0) = 0, \lim_{\Delta x \to 0} \frac{f(\Delta x) - f(0)}{\Delta x} = f'(0) = 1,$$

故

$$\lim_{\Delta x \to 0} \frac{f(x + \Delta x) - f(x)}{\Delta x} = g(x),$$

即 $f(x)$ 在 $(-\infty, \infty)$ 内可导, 且 $f'(x) = g(x)$.

习题 2-3

1. 求下列函数的二阶导数:

(1) $y = e^{2x-1}$;

(2) $y = x^2 \ln x$;

(3) $y = x \cos x^2$;

(4) $y = \dfrac{x}{1+x^2}$;

(5) $y = \sqrt{a^2 - x^2}$;

(6) $y = (1+x^2) \arctan x$;

(7) $y = \tan x$;

(8) $y = (\arcsin x)^2$;

(9) $y = \dfrac{e^x}{x}$;

(10) $y = \ln(x + \sqrt{a^2 + x^2})$.

解 (1) $y' = e^{2x-1} \cdot 2 = 2e^{2x-1}$, $y'' = 2e^{2x-1} \cdot 2 = 4e^{2x-1}$;

(2) $y' = 2x \ln x + x^2 \cdot \dfrac{1}{x} = 2x \ln x + x$, $y'' = 2\ln x + 2x \cdot \dfrac{1}{x} + 1 = 2\ln x + 3$;

(3) $y' = 1 \cdot \cos x^2 + x(-\sin x^2) \cdot 2x = \cos x^2 - 2x^2 \sin x^2$,

$y'' = (-\sin x^2) \cdot 2x - (4x \sin x^2 + 2x^2 \cos x^2 \cdot 2x) = -6x \sin x^2 - 4x^3 \cos x^2$;

(4) $y' = \dfrac{(1+x^2) - x \cdot 2x}{(1+x^2)^2} = \dfrac{1-x^2}{(1+x^2)^2}$,

$y'' = \dfrac{-2x(1+x^2)^2 - (1-x^2) \cdot 2(1+x^2) \cdot 2x}{(1+x^2)^4} = \dfrac{2x(x^2-3)}{(1+x^2)^3}$;

(5) $y' = \dfrac{1}{2\sqrt{a^2-x^2}} \cdot (-2x) = -\dfrac{x}{\sqrt{a^2-x^2}}$,

$y'' = -\dfrac{\sqrt{a^2-x^2} - x \cdot \dfrac{1}{2\sqrt{a^2-x^2}} \cdot (-2x)}{(\sqrt{a^2-x^2})^2} = -\dfrac{a^2}{(a^2-x^2)^{3/2}}$;

(6) $y' = 2x \arctan x + (1+x^2) \dfrac{1}{1+x^2} = 2x \arctan x + 1$,

$y'' = 2\arctan x + 2x \cdot \dfrac{1}{1+x^2} = 2\arctan x + \dfrac{2x}{1+x^2}$;

(7) $y' = \sec^2 x$, $y'' = 2\sec x \cdot \sec x \tan x = 2\sec^2 x \tan x$;

(8) $y' = 2\arcsin x \cdot \dfrac{1}{\sqrt{1-x^2}} = \dfrac{2\arcsin x}{\sqrt{1-x^2}}$,

$$y''=\frac{\dfrac{2}{\sqrt{1-x^2}}\cdot\sqrt{1-x^2}-2\arcsin x\cdot\dfrac{1}{2\sqrt{1-x^2}}(-2x)}{(\sqrt{1-x^2})^2}=\frac{2(\sqrt{1-x^2}+x\arcsin x)}{(1-x^2)^{3/2}};$$

(9) $y'=\dfrac{e^x x-e^x}{x^2}=\dfrac{(x-1)e^x}{x^2}$,

$$y''=\frac{[e^x+(x-1)e^x]x^2-(x-1)e^x\cdot 2x}{x^4}=\frac{e^x(x^2-2x+2)}{x^3};$$

(10) $y'=\dfrac{1}{x+\sqrt{a^2+x^2}}\left(1+\dfrac{2x}{2\sqrt{a^2+x^2}}\right)=\dfrac{1}{\sqrt{a^2+x^2}}$,

$$y''=\frac{-\dfrac{2x}{2\sqrt{a^2+x^2}}}{(\sqrt{a^2+x^2})^2}=-\frac{x}{(a^2+x^2)^{3/2}}.$$

2. 已知物体运动规律为 $s=A\sin\omega t$（A、ω 是常数），求物体运动的加速度，并验证 $\dfrac{d^2s}{dt^2}+\omega^2 s=0$.

解 $\dfrac{ds}{dt}=A\cos\omega t\cdot\omega=A\omega\cos\omega t$, $\dfrac{d^2 s}{dt^2}=-A\omega^2\sin\omega t$, 故

$$\frac{d^2s}{dt^2}+\omega^2 s=-A\omega^2\sin\omega t+\omega^2 A\sin\omega t=0.$$

3. 验证函数 $y=\dfrac{x-3}{x-4}$ 满足关系式 $2(y')^2=(y-1)y''$.

解 $y'=\dfrac{1\cdot(x-4)-(x-3)\cdot 1}{(x-4)^2}=-\dfrac{1}{(x-4)^2}$, $y''=-\dfrac{-2(x-4)}{(x-4)^4}=\dfrac{2}{(x-4)^3}$,

所以 $2(y')^2=2\left[-\dfrac{1}{(x-4)^2}\right]^2=\dfrac{2}{(x-4)^4}$, $(y-1)y''=\left(\dfrac{x-3}{x-4}-1\right)\cdot\dfrac{2}{(x-4)^3}=\dfrac{2}{(x-4)^4}$,

故 $2(y')^2=(y-1)y''$.

4. 设 $f''(x)$ 存在，求下列函数的二阶导数：

(1) $y=f(x^2)$；　　(2) $y=f\left(\dfrac{1}{x}\right)$；　　(3) $y=\ln[f(x)]$；　　(4) $y=f(xe^{-x})$.

解 (1) $y'=f'(x^2)\cdot 2x=2xf'(x^2)$,

$y''=2f'(x^2)+2xf''(x^2)\cdot 2x=2f'(x^2)+4x^2 f''(x^2)$;

(2) $y'=f'\left(\dfrac{1}{x}\right)\left(-\dfrac{1}{x^2}\right)=-\dfrac{1}{x^2}f'\left(\dfrac{1}{x}\right)$,

$y''=\dfrac{2}{x^3}f'\left(\dfrac{1}{x}\right)+\left(-\dfrac{1}{x^2}\right)f''\left(\dfrac{1}{x}\right)\left(-\dfrac{1}{x^2}\right)=\dfrac{2}{x^3}f'\left(\dfrac{1}{x}\right)+\dfrac{1}{x^4}f''\left(\dfrac{1}{x}\right)$;

(3) $y'=\dfrac{f'(x)}{f(x)}$, $y''=\dfrac{f''(x)f(x)-[f'(x)]^2}{f^2(x)}$;

(4) $y'=f'(xe^{-x})\cdot[e^{-x}+xe^{-x}(-1)]=e^{-x}(1-x)f'(xe^{-x})$,

$y''=[e^{-x}(-1)(1-x)+e^{-x}(-1)]f'(xe^{-x})+e^{-x}(1-x)f''(xe^{-x})[e^{-x}+xe^{-x}(-1)]$

$=(1-x)^2 e^{-2x}f''(xe^{-x})+(x-2)e^{-x}f'(xe^{-x})$.

5. 求下列函数指定阶的导数：

(1) $f(x)=\cos^2\ln x$, 求 $f'(e)$、$f''(e)$；

(2) $f(x)=(x+10)^6$, 求 $f'''(2)$；

(3) $y = e^x \cos x$,求 $y^{(4)}$；

(4) $y = \dfrac{1}{x^2+5x+6}$,求 $y^{(100)}$；

(5) $y = x^2 e^{2x}$,求 $y^{(20)}$；

(6) $y = x\sin x$,求 $y^{(10)}$.

解 (1) $f'(x) = 2\cos\ln x \cdot (-\sin\ln x) \cdot \dfrac{1}{x} = -\dfrac{\sin 2\ln x}{x}$,

$$f''(x) = -\dfrac{(\cos 2\ln x)\cdot 2\cdot \dfrac{1}{x}\cdot x - \sin 2\ln x}{x^2} = \dfrac{\sin 2\ln x - 2\cos 2\ln x}{x^2}.$$

故 $f'(e) = -\dfrac{\sin 2\ln e}{e} = -\dfrac{\sin 2}{e}$, $f''(e) = \dfrac{\sin 2\ln e - 2\cos 2\ln e}{e^2} = \dfrac{\sin 2 - 2\cos 2}{e^2}$;

(2) $f'(x) = 6(x+10)^5$, $f''(x) = 6\cdot 5(x+10)^4 = 30(x+10)^4$,

$f'''(x) = 30\cdot 4(x+10)^3 = 120(x+10)^3$,

故 $f'''(2) = 120 \times 12^3 = 207360$;

(3) $y' = e^x \cos x + e^x(-\sin x) = e^x(\cos x - \sin x)$,

$y'' = e^x(\cos x - \sin x) + e^x(-\sin x - \cos x) = -2e^x \sin x$,

$y''' = -2(e^x \sin x + e^x \cos x) = -2e^x(\sin x + \cos x)$,

$y^{(4)} = -2[e^x(\sin x + \cos x) + e^x(\cos x - \sin x)] = -4e^x \cos x$;

(4) $y = \dfrac{1}{x^2+5x+6} = \dfrac{1}{(x+2)(x+3)} = \dfrac{1}{x+2} - \dfrac{1}{x+3}$,

$$y^{(100)} = \left(\dfrac{1}{x+2}\right)^{(100)} - \left(\dfrac{1}{x+3}\right)^{(100)},$$

由公式 $\left(\dfrac{1}{x+a}\right)^{(n)} = \dfrac{(-1)^n n!}{(x+a)^{n+1}}$,得

$$y^{(100)} = \dfrac{(-1)^{100} 100!}{(x+2)^{101}} - \dfrac{(-1)^{100} 100!}{(x+3)^{101}} = \dfrac{100!}{(x+2)^{101}} - \dfrac{100!}{(x+3)^{101}};$$

(5) 利用莱布尼兹公式 $(uv)^{(n)} = \sum\limits_{k=0}^{n} C_n^k u^{(n-k)} v^{(k)}$,其中 $C_n^k = \dfrac{n(n-1)(n-2)\cdots(n-k+1)}{k!}$,得

$y^{(20)} = (e^{2x})^{(20)} x^2 + 20(e^{2x})^{(19)}(x^2)' + \dfrac{20\times 19}{2!}(e^{2x})^{(18)} \cdot (x^2)''$

$= 2^{20} e^{2x} x^2 + 20\cdot 2^{19} e^{2x} \cdot 2x + 190\cdot 2^{18} e^{2x}\cdot 2$

$= 2^{20} e^{2x}(x^2 + 20x + 95)$;

(6) 利用莱布尼兹公式得

$y^{(10)} = (\sin x)^{(10)} x + 10(\sin x)^{(9)} x' = x\sin\left(x + \dfrac{10}{2}\pi\right) + 10\sin\left(x + \dfrac{9}{2}\pi\right) = -x\sin x + 10\cos x.$

6. 设 $f(x) = \begin{cases} x^4 \sin \dfrac{1}{x}, & x \neq 0, \\ 0, & x = 0, \end{cases}$ 求 $f'(0)$、$f''(0)$.

解 当 $x \neq 0$ 时,

$f'(x) = \left(x^4 \sin\dfrac{1}{x}\right)' = 4x^3 \sin\dfrac{1}{x} + x^4 \cos\dfrac{1}{x}\cdot\left(-\dfrac{1}{x^2}\right) = 4x^3 \sin\dfrac{1}{x} - x^2 \cos\dfrac{1}{x}.$

当 $x=0$ 时,

$$f'(0)=\lim_{x\to 0}\frac{f(x)-f(0)}{x-0}=\lim_{x\to 0}\frac{x^4\sin\frac{1}{x}-0}{x-0}=\lim_{x\to 0}x^3\sin\frac{1}{x}=0.$$

故

$$f'(x)=\begin{cases}4x^3\sin\frac{1}{x}-x^2\cos\frac{1}{x}, & x\neq 0,\\ 0, & x=0.\end{cases}$$

于是

$$f''(0)=\lim_{x\to 0}\frac{f'(x)-f'(0)}{x-0}=\lim_{x\to 0}\frac{4x^3\sin\frac{1}{x}-x^2\cos\frac{1}{x}-0}{x-0}=\lim_{x\to 0}\left(4x^2\sin\frac{1}{x}-x\cos\frac{1}{x}\right)=0.$$

7. 设 $f(x)=(1+x)(2+3x)^2(4+5x)^3$,求 $f^{(5)}(0)$.

解 $f(x)=(1+x)(2+3x)^2(4+5x)^3$

$=(2+3x)^2(4+5x)^3+x(2+3x)^2(4+5x)^3$

$=(2+3x)^2(4+5x)^3+x[(4+12x+9x^2)(4^3+3\times 4^2\times 5x+3\times 4\times 5^2x^2+5^3x^3)].$

$f(x)$ 是一个 6 次多项式,求 $f^{(5)}(x)$ 时需要对 $x,x^2,\cdots,x^6$ 求导. 而

$(x)^{(5)}=(x^2)^{(5)}=(x^3)^{(5)}=(x^4)^{(5)}=0,(x^5)^{(5)}=5!,(x^6)^{(5)}=6\times 5\times 4\times 3\times 2x,$

故 $(x^6)^{(5)}|_{x=0}=0.$ 因此,为求 $f^{(5)}(0)$ 只需找出 $f(x)$ 中 x^5 的系数. $f(x)$ 中 x^5 的系数为

$$3^2\times 5^3+12\times 5^3+9\times 3\times 4\times 5^2=5325,$$

故

$$f^{(5)}(0)=5325\times 5!=639000.$$

*8. 求下列函数的 n 阶导数:

(1) $y=3^{2x}$;　　　(2) $y=\sin^2 x$;　　　(3) $y=xe^x$;　　　(4) $y=x\ln x$.

解 (1) $y'=3^{2x}\ln 3\cdot 2=(2\ln 3)3^{2x},$

$y''=(2\ln 3)3^{2x}\ln 3\cdot 2=(2\ln 3)^2 3^{2x},$

……

$y^{(n)}=(2\ln 3)^n 3^{2x}=2^n 3^{2x}\ln^n 3;$

(2) $y'=2\sin x\cdot\cos x=\sin 2x,$

$y''=2\cos 2x=2\sin\left(2x+\frac{\pi}{2}\right),$

$y'''=2\cos\left(2x+\frac{\pi}{2}\right)\cdot 2=2^2\sin\left(2x+2\cdot\frac{\pi}{2}\right),$

……

$y^{(n)}=2^{n-1}\sin\left[2x+(n-1)\frac{\pi}{2}\right];$

(3) $y'=e^x+xe^x=e^x(x+1),$

$y''=e^x(x+1)+e^x=e^x(x+2),$

……

$y^{(n)}=e^x(x+n);$

(4) $y'=\ln x+x\cdot\frac{1}{x}=\ln x+1,$

$y''=\frac{1}{x}, y'''=-\frac{1}{x^2},$

$$y^{(4)} = (-1)(-2)x^{-3} = (-1)^2 2!\ x^{-3},$$
$$y^{(5)} = (-1)(-2)(-3)x^{-4} = (-1)^3 3!\ x^{-4},$$
$$\cdots\cdots$$
$$y^{(n)} = (-1)^{n-2}(n-2)!\ x^{-n+1} = (-1)^n \frac{(n-2)!}{x^{n-1}} \quad (n \geq 2).$$

9. 试从 $\dfrac{\mathrm{d}x}{\mathrm{d}y} = \dfrac{1}{y'}$ 导出以下结论:

(1) $\dfrac{\mathrm{d}^2 x}{\mathrm{d}y^2} = -\dfrac{y''}{(y')^3}$; (2) $\dfrac{\mathrm{d}^3 x}{\mathrm{d}y^3} = \dfrac{3(y'')^2 - y' y'''}{(y')^5}$.

解 (1) $\dfrac{\mathrm{d}^2 x}{\mathrm{d}y^2} = \dfrac{\mathrm{d}}{\mathrm{d}y}\left(\dfrac{\mathrm{d}x}{\mathrm{d}y}\right) = \dfrac{\mathrm{d}}{\mathrm{d}x}\left(\dfrac{1}{y'}\right)\dfrac{\mathrm{d}x}{\mathrm{d}y} = -\dfrac{y''}{(y')^2} \cdot \dfrac{1}{y'} = -\dfrac{y''}{(y')^3}$;

(2) $\dfrac{\mathrm{d}^3 x}{\mathrm{d}y^3} = \dfrac{\mathrm{d}}{\mathrm{d}y}\left(\dfrac{\mathrm{d}^2 x}{\mathrm{d}y^2}\right) = \dfrac{\mathrm{d}}{\mathrm{d}x}\left(-\dfrac{y''}{(y')^3}\right)\dfrac{\mathrm{d}x}{\mathrm{d}y} = -\dfrac{y'''(y')^3 - y'' \cdot 3(y')^2 y''}{(y')^6} \cdot \dfrac{1}{y'} = \dfrac{3(y'')^2 - y' y'''}{(y')^5}$.

10. 设 $f(x)$ 具有 n 阶导数,且 $f'(x) = [f(x)]^2$,求 $f^{(n)}(x)$.

解 因为 $f'(x) = [f(x)]^2$,所以
$$f''(x) = 2f(x) \cdot f'(x) = 2f(x) \cdot [f(x)]^2 = 2[f(x)]^3,$$
$$f'''(x) = 2 \cdot 3[f(x)]^2 \cdot f'(x) = 2 \cdot 3[f(x)]^2 \cdot [f(x)]^2 = 3!\ [f(x)]^4,$$
$$f^{(4)}(x) = 3!\ \cdot 4[f(x)]^3 f'(x) = 4!\ [f(x)]^3 \cdot [f(x)]^2 = 4!\ [f(x)]^5,$$

故
$$f^{(n)}(x) = n!\ [f(x)]^{n+1}.$$

习题 2—4

1. 求由下列方程所确定的隐函数的导数 $\dfrac{\mathrm{d}y}{\mathrm{d}x}$:

(1) $x^2 - y^2 = xy$; (2) $xy = \mathrm{e}^{x+y}$;

(3) $x\sin y + y\sin x = 1$; (4) $\arctan\dfrac{y}{x} = \ln\sqrt{x^2 + y^2}$.

解 (1) 方程两端分别对 x 求导,得 $2x - 2yy' = y + xy'$,故 $y' = \dfrac{2x - y}{x + 2y}$,其中 $y = y(x)$ 是由方程 $x^2 - y^2 = xy$ 所确定的隐函数;

(2) 方程两端分别对 x 求导,得 $y + xy' = \mathrm{e}^{x+y}(1 + y')$,从而 $y' = \dfrac{\mathrm{e}^{x+y} - y}{x - \mathrm{e}^{x+y}}$,其中 $y = y(x)$ 是由方程 $xy = \mathrm{e}^{x+y}$ 所确定的隐函数;

(3) 方程两端分别对 x 求导,得 $\sin y + x\cos y \cdot y' + y' \sin x + y\cos x = 0$,从而 $y' = -\dfrac{\sin y + y\cos x}{\sin x + x\cos y}$,其中 $y = y(x)$ 是由方程 $x\sin y + y\sin x = 1$ 所确定的隐函数;

(4) 方程两端分别对 x 求导,得 $\dfrac{1}{1 + \left(\dfrac{y}{x}\right)^2} \cdot \dfrac{y'x - y}{x^2} = \dfrac{1}{\sqrt{x^2 + y^2}} \cdot \dfrac{2x + 2yy'}{2\sqrt{x^2 + y^2}}$,整理得 $y' = \dfrac{x + y}{x - y}$,其中 $y = y(x)$ 是由方程 $\arctan\dfrac{y}{x} = \ln\sqrt{x^2 + y^2}$ 所确定的隐函数.

2. 求曲线 $x^{\frac{2}{3}}+y^{\frac{2}{3}}=a^{\frac{2}{3}}$ 在点 $\left(\frac{\sqrt{2}}{4}a,\frac{\sqrt{2}}{4}a\right)$ 处的切线方程和法线方程.

解 由导数的几何意义知,所求切线的斜率为 $k=y'|_{\left(\frac{\sqrt{2}}{4}a,\frac{\sqrt{2}}{4}a\right)}$.

曲线方程两端分别对 x 求导,得 $\frac{2}{3}x^{-\frac{1}{3}}+\frac{2}{3}y^{-\frac{1}{3}}y'=0$,从而 $y'=-\frac{x^{-\frac{1}{3}}}{y^{-\frac{1}{3}}}$, $y'|_{\left(\frac{\sqrt{2}}{4}a,\frac{\sqrt{2}}{4}a\right)}=-1$.

于是所求切线方程为 $y-\frac{\sqrt{2}}{4}a=-1\cdot\left(x-\frac{\sqrt{2}}{4}a\right)$,即 $x+y-\frac{\sqrt{2}}{2}a=0$.

法线方程为 $y-\frac{\sqrt{2}}{4}a=1\cdot\left(x-\frac{\sqrt{2}}{4}a\right)$,即 $x-y=0$.

3. 求由下列方程所确定的隐函数的二阶导数 $\frac{d^2y}{dx^2}$:

(1) $x^2-y^2=1$; (2) $y=1+xe^y$;

(3) $x-y+\frac{1}{2}\sin y=0$; (4) $y=\tan(x+y)$.

解 (1) 方程两端分别对 x 求导,得 $2x-2yy'=0$,于是 $y'=\frac{x}{y}$. 上式两端再对 x 求导,得

$$y''=\frac{y-xy'}{y^2}=\frac{y-x\cdot\frac{x}{y}}{y^2}=\frac{y^2-x^2}{y^3}=-\frac{1}{y^3};$$

(2) 方程两端分别对 x 求导,得 $y'=e^y+xe^y y'$,于是

$y'=\frac{e^y}{1-xe^y}$,

$y''=\frac{e^y\cdot y'(1-xe^y)-e^y\cdot(-e^y-xe^y y')}{(1-xe^y)^2}=\frac{e^y y'+e^{2y}}{(1-xe^y)^2}=\frac{e^{2y}(2-xe^y)}{(1-xe^y)^3}=\frac{e^{2y}(3-y)}{(2-y)^3}$;

(3) 应用隐函数的求导方法,得 $1-\frac{dy}{dx}+\frac{1}{2}\cos y\cdot\frac{dy}{dx}=0$,于是 $\frac{dy}{dx}=\frac{2}{2-\cos y}$,上式两边再对 x 求导,得

$$\frac{d^2y}{dx^2}=\frac{-2\sin y\cdot\frac{dy}{dx}}{(2-\cos y)^2}=-\frac{4\sin y}{(2-\cos y)^3};$$

(4) 应用隐函数的求导方法,得

$y'=\sec^2(x+y)\cdot(1+y')=[1+\tan^2(x+y)](1+y')=(1+y^2)(1+y')$,

于是 $y'=\frac{1+y^2}{1-(1+y^2)}=-\frac{1}{y^2}-1$, $y''=\frac{2y'}{y^3}=-\frac{2(1+y^2)}{y^5}=-2\csc^2(x+y)\cot^3(x+y)$.

4. 求下列参数方程所确定的函数的导数 $\frac{dy}{dx}$:

(1) $\begin{cases}x=2t,\\y=t^2+2t+1;\end{cases}$ (2) $\begin{cases}x=\theta(1-\sin\theta),\\y=\theta\cos\theta;\end{cases}$ (3) $\begin{cases}x=2e^t,\\y=e^{-t};\end{cases}$ (4) $\begin{cases}x=\ln t,\\y=\frac{1}{1-t}.\end{cases}$

解 (1) $\frac{dy}{dx}=\frac{\frac{dy}{dt}}{\frac{dx}{dt}}=\frac{2t+2}{2}=t+1$;

(2) $\dfrac{dy}{dx}=\dfrac{\dfrac{dy}{d\theta}}{\dfrac{dx}{d\theta}}=\dfrac{\cos\theta+\theta(-\sin\theta)}{1-\sin\theta+\theta(-\cos\theta)}=\dfrac{\cos\theta-\theta\sin\theta}{1-\sin\theta-\theta\cos\theta}$;

(3) $\dfrac{dy}{dx}=\dfrac{\dfrac{dy}{dt}}{\dfrac{dx}{dt}}=\dfrac{e^{-t}(-1)}{2e^{t}}=-\dfrac{1}{2e^{2t}}$;

(4) $\dfrac{dy}{dx}=\dfrac{\dfrac{dy}{dt}}{\dfrac{dx}{dt}}=\dfrac{\dfrac{1}{(1-t)^2}}{\dfrac{1}{t}}=\dfrac{t}{(1-t)^2}$.

5. 一个半径为 a 的圆在一条直线上滚动（无滑动）时，圆周上的一个固定点 M 所画出的曲线叫作摆线，如图 2-1（教材图 2-7）. 摆线的参数方程为 $\begin{cases} x=a(t-\sin t), \\ y=a(1-\cos t). \end{cases}$

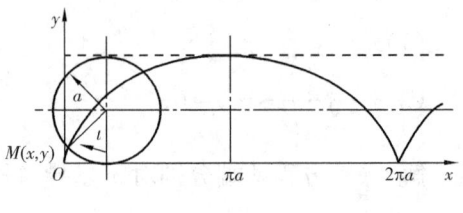

图 2-1

(1) 求摆线在 $t=\dfrac{\pi}{2}$ 相应点处的切线方程和法线方程；

(2) 求摆线所确定的函数 $y=y(x)$ 的二阶导数 $\dfrac{d^2y}{dx^2}$.

解 (1) $\dfrac{dy}{dx}=\dfrac{\dfrac{dy}{dt}}{\dfrac{dx}{dt}}=\dfrac{a\sin t}{a(1-\cos t)}=\dfrac{\sin t}{1-\cos t}=\cot\dfrac{t}{2}$ $(t\neq 2k\pi, k\in\mathbf{Z})$.

当 $t=\dfrac{\pi}{2}$ 时，$x=a\left(\dfrac{\pi}{2}-\sin\dfrac{\pi}{2}\right)=\left(\dfrac{\pi}{2}-1\right)a$，$y=a\left(1-\cos\dfrac{\pi}{2}\right)=a$.

由导数的几何意义知，$t=\dfrac{\pi}{2}$ 所相应的点 $\left(\left(\dfrac{\pi}{2}-1\right)a, a\right)$ 处的切线斜率为

$k=\dfrac{dy}{dx}\bigg|_{t=\frac{\pi}{2}}=\cot\dfrac{\pi}{4}=1$. 故所求切线方程为 $y-a=x-\left(\dfrac{\pi}{2}-1\right)a$，即 $x-y+\left(2-\dfrac{\pi}{2}\right)a=0$.

所求法线方程为 $y-a=-\left[x-\left(\dfrac{\pi}{2}-1\right)a\right]$，即 $x+y-\dfrac{\pi}{2}a=0$.

(2) $\dfrac{d^2y}{dx^2}=\dfrac{\dfrac{d}{dt}\left(\cot\dfrac{t}{2}\right)}{\dfrac{dx}{dt}}=\dfrac{-\csc^2\dfrac{t}{2}\cdot\dfrac{1}{2}}{a(1-\cos t)}=-\dfrac{1}{a(1-\cos t)^2}$.

6. 已知椭圆的参数方程为 $\begin{cases} x=a\cos t, \\ y=b\sin t, \end{cases}$ 求椭圆在 $t=\dfrac{\pi}{4}$ 相应的点处的切线方程.

解 $\dfrac{dy}{dx}=\dfrac{(b\sin t)'}{(a\cos t)'}=\dfrac{b\cos t}{-a\sin t}=-\dfrac{b}{a}\cot t$.

当 $t=\dfrac{\pi}{4}$ 时，椭圆上相应点 M_0 的坐标为 $x_0=a\cos\dfrac{\pi}{4}=\dfrac{\sqrt{2}}{2}a$，$y_0=b\sin\dfrac{\pi}{4}=\dfrac{\sqrt{2}}{2}b$. 曲线在点

M_0 处的切线斜率为 $k = \dfrac{\mathrm{d}y}{\mathrm{d}x}\bigg|_{t=\frac{\pi}{4}} = -\dfrac{b}{a}\cot\dfrac{\pi}{4} = -\dfrac{b}{a}$. 于是椭圆在点 M_0 处的切线方程为

$y - \dfrac{\sqrt{2}}{2}b = -\dfrac{b}{a}\left(x - \dfrac{\sqrt{2}}{2}a\right)$, 即 $bx + ay - \sqrt{2}ab = 0$.

7. 求下列参数方程所确定的函数的二阶导数 $\dfrac{\mathrm{d}^2 y}{\mathrm{d}x^2}$:

(1) $\begin{cases} x = \dfrac{t^2}{2}, \\ y = 1 - t; \end{cases}$ (2) $\begin{cases} x = \sqrt{1+t}, \\ y = \sqrt{1-t}; \end{cases}$

(3) $\begin{cases} x = 1 - \ln(1+t), \\ y = 3^t; \end{cases}$ (4) $\begin{cases} x = f'(t), \\ y = tf'(t) - f(t), \end{cases}$ 设 $f''(t)$ 存在且不为零.

解 (1) $\dfrac{\mathrm{d}y}{\mathrm{d}x} = \dfrac{\frac{\mathrm{d}y}{\mathrm{d}t}}{\frac{\mathrm{d}x}{\mathrm{d}t}} = \dfrac{-1}{t} = -\dfrac{1}{t}$, $\dfrac{\mathrm{d}^2 y}{\mathrm{d}x^2} = \dfrac{\frac{\mathrm{d}}{\mathrm{d}t}\left(\frac{\mathrm{d}y}{\mathrm{d}x}\right)}{\frac{\mathrm{d}x}{\mathrm{d}t}} = \dfrac{\frac{1}{t^2}}{t} = \dfrac{1}{t^3}$;

(2) $\dfrac{\mathrm{d}y}{\mathrm{d}x} = \dfrac{\frac{\mathrm{d}y}{\mathrm{d}t}}{\frac{\mathrm{d}x}{\mathrm{d}t}} = \dfrac{\frac{-1}{2\sqrt{1-t}}}{\frac{1}{2\sqrt{1+t}}} = -\dfrac{\sqrt{1+t}}{\sqrt{1-t}},$

$\dfrac{\mathrm{d}^2 y}{\mathrm{d}x^2} = \dfrac{\frac{\mathrm{d}}{\mathrm{d}t}\left(\frac{\mathrm{d}y}{\mathrm{d}x}\right)}{\frac{\mathrm{d}x}{\mathrm{d}t}} = \dfrac{-\dfrac{\frac{1}{2\sqrt{1+t}}\sqrt{1-t} - \sqrt{1+t}\frac{-1}{2\sqrt{1-t}}}{(\sqrt{1-t})^2}}{\frac{1}{2\sqrt{1+t}}} = -\dfrac{2}{(1-t)^{3/2}};$

(3) $\dfrac{\mathrm{d}y}{\mathrm{d}x} = \dfrac{\frac{\mathrm{d}y}{\mathrm{d}t}}{\frac{\mathrm{d}x}{\mathrm{d}t}} = \dfrac{3^t \ln 3}{-\frac{1}{1+t}} = -3^t(1+t)\ln 3,$

$\dfrac{\mathrm{d}^2 y}{\mathrm{d}x^2} = \dfrac{-\ln 3 \cdot [3^t \ln 3 \cdot (1+t) + 3^t]}{-\frac{1}{1+t}} = (1+t)3^t \ln 3 \cdot [(1+t)\ln 3 + 1];$

(4) $\dfrac{\mathrm{d}y}{\mathrm{d}x} = \dfrac{\frac{\mathrm{d}y}{\mathrm{d}t}}{\frac{\mathrm{d}x}{\mathrm{d}t}} = \dfrac{f'(t) + tf''(t) - f'(t)}{f''(t)} = t$, $\dfrac{\mathrm{d}^2 y}{\mathrm{d}x^2} = \dfrac{\frac{\mathrm{d}}{\mathrm{d}t}\left(\frac{\mathrm{d}y}{\mathrm{d}x}\right)}{\frac{\mathrm{d}x}{\mathrm{d}t}} = \dfrac{1}{f''(t)}.$

8. 用对数求导法求下列函数的导数:

(1) $y = x^{1+x}$; (2) $y = \dfrac{\sqrt{x+2}(3-x)^4}{(x+1)^5}$; (3) $x^y = y^x$;

(4) $y = x^{\sin x}$; (5) $y = (\tan 2x)^{\cot \frac{x}{2}}$; (6) $y = \sqrt{\dfrac{x(x-1)}{(x-2)(x+3)}}.$

解 (1) 在 $y = x^{1+x}$ 两端取对数, 得 $\ln y = (1+x)\ln x$, 上式两端分别对 x 求导, 并注意到 $y = y(x)$, 得

$$\frac{y'}{y} = \ln x + (1+x) \cdot \frac{1}{x} = \ln x + \frac{1+x}{x}, \text{于是 } y' = y\left(\ln x + \frac{1+x}{x}\right) = x^{1+x}\left(\ln x + \frac{1+x}{x}\right).$$

(2) 在 $y = \frac{\sqrt{x+2}(3-x)^4}{(x+1)^5}$ 两端取对数,得 $\ln y = \frac{1}{2}\ln(x+2) + 4\ln(3-x) - 5\ln(x+1)$. 上式两端分别对 x 求导,并注意到 $y = y(x)$,得 $\frac{y'}{y} = \frac{1}{2}\frac{1}{x+2} + 4 \cdot \frac{(-1)}{3-x} - 5\frac{1}{x+1}$,于是

$$y' = y\left[\frac{1}{2(x+2)} - \frac{4}{3-x} - \frac{5}{x+1}\right] = \frac{\sqrt{x+2}(3-x)^4}{(x+1)^5}\left(\frac{1}{2x+4} - \frac{4}{3-x} - \frac{5}{x+1}\right).$$

(3) 方程 $x^y = y^x$ 两端取对数,得 $y\ln x = x\ln y$. 上式两端分别对 x 求导,并注意到 $y = y(x)$,得 $y'\ln x + y \cdot \frac{1}{x} = \ln y + x \cdot \frac{y'}{y}$,于是

$$y' = \frac{\ln y - \frac{y}{x}}{\ln x - \frac{x}{y}} = \frac{y(x\ln y - y)}{x(y\ln x - x)}.$$

(4) 在 $y = x^{\sin x}$ 两端取对数,得 $\ln y = \sin x \cdot \ln x$. 上式两端分别对 x 求导,并注意到 $y = y(x)$,得 $\frac{y'}{y} = \cos x \cdot \ln x + \sin x \cdot \frac{1}{x}$,于是

$$y' = y\left(\cos x \cdot \ln x + \frac{\sin x}{x}\right) = x^{\sin x}\left(\cos x \cdot \ln x + \frac{\sin x}{x}\right).$$

(5) 在 $y = (\tan 2x)^{\cot \frac{x}{2}}$ 两端取对数,得 $\ln y = \cot\frac{x}{2} \cdot \ln\tan 2x$. 上式两端分别对 x 求导,并注意到 $y = y(x)$,得

$$\frac{y'}{y} = -\csc^2\frac{x}{2} \cdot \frac{1}{2} \cdot \ln\tan 2x + \cot\frac{x}{2} \cdot \frac{1}{\tan 2x} \cdot \sec^2 2x \cdot 2,$$

于是
$$y' = y\left(-\frac{1}{2}\csc^2\frac{x}{2}\ln\tan 2x + 4\cot\frac{x}{2}\csc 4x\right)$$
$$= -\frac{1}{2}(\tan 2x)^{\cot\frac{x}{2}}\left(\csc^2\frac{x}{2}\ln\tan 2x - 8\cot\frac{x}{2}\csc 4x\right).$$

(6) 在 $y = \sqrt{\frac{x(x-1)}{(x-2)(x+3)}}$ 两端取对数,得 $\ln y = \frac{1}{2}[\ln x + \ln(x-1) - \ln(x-2) - \ln(x+3)]$. 上式两端分别对 x 求导,并注意到 $y = y(x)$,得

$$\frac{y'}{y} = \frac{1}{2}\left(\frac{1}{x} + \frac{1}{x-1} - \frac{1}{x-2} - \frac{1}{x+3}\right),$$

于是
$$y' = y \cdot \frac{1}{2}\left(\frac{1}{x} + \frac{1}{x-1} - \frac{1}{x-2} - \frac{1}{x+3}\right)$$
$$= \frac{1}{2}\sqrt{\frac{x(x-1)}{(x-2)(x+3)}}\left(\frac{1}{x} + \frac{1}{x-1} - \frac{1}{x-2} - \frac{1}{x+3}\right).$$

9. 用对数求导法证明幂指函数 $y = u^v (u > 0)$ 的导数公式为 $y' = u^v\left[v'\ln u + \frac{vu'}{u}\right]$,其中 u、v 均是 x 的可导函数.

证明 在 $y = u^v$ 两边取对数,得 $\ln y = v\ln u$. 上式两端分别对 x 求导,并注意到 $y = y(x)$,

得 $\dfrac{y'}{y}=v'\ln u+v\cdot\dfrac{u'}{u}$,于是

$$y'=y\left(v'\ln u+\dfrac{vu'}{u}\right)=u^v\left(v'\ln u+\dfrac{vu'}{u}\right).$$

10. 验证由方程 $\begin{cases}x=\mathrm{e}^t\sin t,\\ y=\mathrm{e}^t\cos t\end{cases}$ 所确定的函数满足方程 $y''(x+y)^2=2(xy'-y)$.

解 $y'=\dfrac{\mathrm{d}y}{\mathrm{d}x}=\dfrac{(\mathrm{e}^t\cos t)'}{(\mathrm{e}^t\sin t)'}=\dfrac{\mathrm{e}^t\cos t+\mathrm{e}^t(-\sin t)}{\mathrm{e}^t\sin t+\mathrm{e}^t\cos t}=\dfrac{\cos t-\sin t}{\cos t+\sin t}$,

$$y''=\dfrac{\mathrm{d}^2 y}{\mathrm{d}x^2}=\dfrac{\dfrac{(-\sin t-\cos t)(\cos t+\sin t)-(\cos t-\sin t)(-\sin t+\cos t)}{(\cos t+\sin t)^2}}{\mathrm{e}^t\sin t+\mathrm{e}^t\cos t}=-\dfrac{2}{\mathrm{e}^t(\cos t+\sin t)^3}.$$

于是 $y''(x+y)^2=-\dfrac{2}{\mathrm{e}^t(\cos t+\sin t)^3}(\mathrm{e}^t\sin t+\mathrm{e}^t\cos t)^2=-\dfrac{2\mathrm{e}^t}{\cos t+\sin t}$,

而

$$2(xy'-y)=2\left(\mathrm{e}^t\sin t\cdot\dfrac{\cos t-\sin t}{\cos t+\sin t}-\mathrm{e}^t\cos t\right)=2\mathrm{e}^t\dfrac{\sin t\cos t-\sin^2 t-\cos^2 t-\sin t\cos t}{\cos t+\sin t}$$

$$=-\dfrac{2\mathrm{e}^t}{\cos t+\sin t},$$

故 $$y''(x+y)^2=2(xy'-y).$$

*11. 求参数方程 $\begin{cases}x=1-t^2,\\ y=t-t^3\end{cases}$ 所确定的函数的三阶导数 $\dfrac{\mathrm{d}^3 y}{\mathrm{d}x^3}$.

解 $\dfrac{\mathrm{d}y}{\mathrm{d}x}=\dfrac{(t-t^3)'}{(1-t^2)'}=\dfrac{1-3t^2}{-2t}=-\dfrac{1}{2t}+\dfrac{3}{2}t$,

$$\dfrac{\mathrm{d}^2 y}{\mathrm{d}x^2}=\dfrac{\left(-\dfrac{1}{2t}+\dfrac{3}{2}t\right)'}{(1-t^2)'}=\dfrac{\dfrac{1}{2t^2}+\dfrac{3}{2}}{-2t}=-\dfrac{1}{4t^3}-\dfrac{3}{4t},$$

从而 $$\dfrac{\mathrm{d}^3 y}{\mathrm{d}x^3}=\dfrac{\left(-\dfrac{1}{4t^3}-\dfrac{3}{4t}\right)'}{(1-t^2)'}=\dfrac{\dfrac{3}{4t^4}+\dfrac{3}{4t^2}}{-2t}=-\dfrac{3(1+t^2)}{8t^5}.$$

12. 气球充气时,半径 r 以 1cm/s 的速度增大,设在充气过程中气球保持球形. 求当半径 $r=10$cm 时,气球体积 V 增加的速度.

解 设气球的半径为 $r=r(t)$,球的体积 $V=V(t)$,则 $V=\dfrac{4}{3}\pi r^3$. 上式两端分别对 t 求导,得

$$\dfrac{\mathrm{d}V}{\mathrm{d}t}=\dfrac{4}{3}\pi\cdot 3r^2\dfrac{\mathrm{d}r}{\mathrm{d}t}=4\pi r^2\dfrac{\mathrm{d}r}{\mathrm{d}t}.$$

将 $r=10,\dfrac{\mathrm{d}r}{\mathrm{d}t}=1$ 代入上式,得

$$\dfrac{\mathrm{d}V}{\mathrm{d}t}=4\pi\times 10^2\times 1=400\pi(\mathrm{cm}^3/\mathrm{s}).$$

13. 注水入深 8m 上顶直径 8m 的正圆锥形容器中,其速率为 4m³/min. 当水深为 5m 时,其表面上升的速率为多少?

解 设在 t 时刻容器中的水深为 $h(t)$，水的体积为 $V(t)$，水面半径为 $r(t)$，则 $\dfrac{r}{4}=\dfrac{h}{8}$，即 $r=\dfrac{h}{2}$. 这时 $V=\dfrac{1}{3}\pi r^2 h=\dfrac{1}{3}\pi\left(\dfrac{h}{2}\right)^2 h=\dfrac{\pi}{12}h^3$. 在 $V=\dfrac{\pi}{12}h^3$ 两端分别对 t 求导，得

$$\frac{dV}{dt}=\frac{\pi}{12}\cdot 3h^2\frac{dh}{dt}=\frac{\pi}{4}h^2\frac{dh}{dt},\text{ 即 }\frac{dh}{dt}=\frac{4}{\pi h^2}\frac{dV}{dt}.$$

将 $h=5,\dfrac{dV}{dt}=4$ 代入上式，得

$$\left.\frac{dh}{dt}\right|_{h=5}=\frac{4}{25\pi}\times 4=\frac{16}{25\pi}\approx 0.204(\text{m/min}).$$

14. 设一路灯高 4m，一人高 $\dfrac{5}{3}$m，若一人以 56m/min 的等速度从路灯接地点沿直线离开灯柱，求人影长度增长的速度.

解 设在时刻 t 时人到灯柱的距离为 $x(t)$，人影长度为 $s(t)$，由相似三角形知识可知 $\dfrac{s}{s+x}=\dfrac{\frac{5}{3}}{4}=\dfrac{5}{12}$，即 $s=\dfrac{5}{7}x$. 上式两端分别对 t 求导，得 $\dfrac{ds}{dt}=\dfrac{5}{7}\dfrac{dx}{dt}$. 将 $\dfrac{dx}{dt}=56$ 代入上式，得

$$\frac{ds}{dt}=\frac{5}{7}\times 56=40(\text{m/min}).$$

15. 一个梯子长 10m，上端靠墙，下端着地，梯子顺墙下滑. 当梯子下端离墙 6m 时，沿着地面以 2m/s 的速率离墙，问这时梯子上端下降的速度是多少？

解 设在时刻 t 梯子上端到墙根的距离为 $y(t)$，梯子下端到墙根的距离为 $x(t)$.

由题意知 $x^2+y^2=10^2$. 上式两端分别对 t 求导，得 $2x\dfrac{dx}{dt}+2y\dfrac{dy}{dt}=0$. 当 $x=6$ 时，$y=8$. 将 $x=6,y=8,\dfrac{dx}{dt}=2$ 代入上式，得 $24+16\dfrac{dy}{dt}=0$，即 $\dfrac{dy}{dt}=-\dfrac{3}{2}=-1.5(\text{m/s})$，所以梯子上端下降的速度为 1.5m/s.

习题 2－5

1. 设函数 $y=f(x)$ 的图形如图 2－2(教材图 2－10)，试在图 2－2 的 4 个分图中分别标出点 x_0 的 dy、Δy 及 $\Delta y-dy$，并说明其正负.

解 (a) $dy>0,\Delta y>0,\Delta y-dy>0$.

(b) $dy>0,\Delta y>0,\Delta y-dy<0$.

(c) $dy<0,\Delta y<0,\Delta y-dy<0$.

(d) $dy<0,\Delta y<0,\Delta y-dy>0$.

图 2－2 中的 AB、CD、EF、GH 分别表示 $\Delta y-dy$.

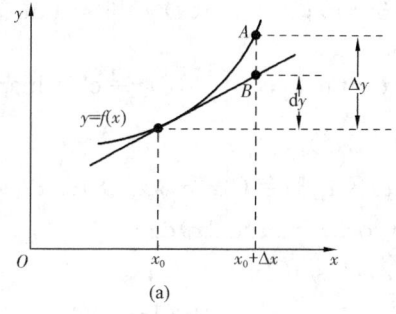
(a)
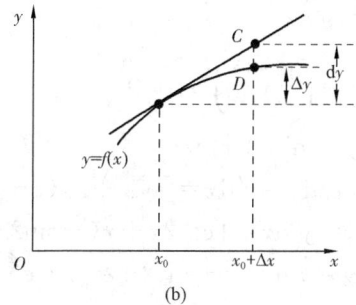
(b)
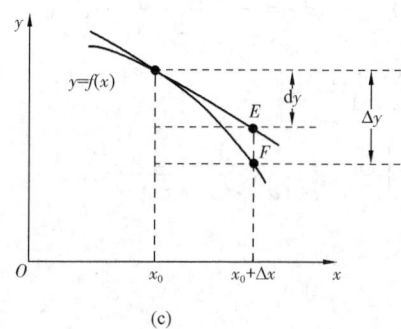
(c)
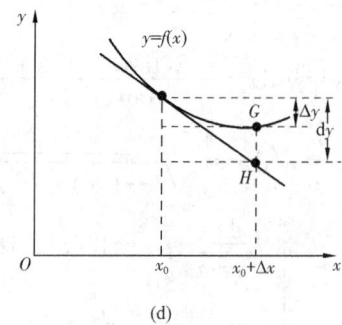
(d)

图 2-2

2. 求函数 $y=5x+x^2$ 当 $x=2$、$\Delta x=0.001$ 时的增量 Δy 和微分 dy.

解 $\Delta y=5(x+\Delta x)+(x+\Delta x)^2-5x-x^2=5\Delta x+2x\Delta x+(\Delta x)^2$,$dy=(5+2x)\Delta x$,

$\Delta y \big|_{\substack{x=2 \\ \Delta x=0.001}} = 5\times 0.001+2\times 2\times 0.001+(0.001)^2=0.009001$,

$dy \big|_{\substack{x=2 \\ \Delta x=0.001}} = (5+2\times 2)\times 0.001=0.009$.

3. 求函数 $y=\dfrac{2}{\sqrt{x}}$ 在 $x=9$ 及 $x=4$ 处的微分.

解 $dy=\left(\dfrac{2}{\sqrt{x}}\right)'dx=-\dfrac{1}{x\sqrt{x}}dx$,

$dy\big|_{x=9}=-\dfrac{1}{9\sqrt{9}}dx=-\dfrac{1}{27}dx$,

$dy\big|_{x=4}=-\dfrac{1}{4\sqrt{4}}dx=-\dfrac{1}{8}dx$.

4. 已知曲线 $y=f(x)$ 在 $x=1$ 处的切线方程为 $2x-y+1=0$,求 $y=f(x)$ 在 $x=1$ 处的微分 dy.

解 切线方程变形为 $y=2x+1$. 由导数的几何意义知,$f'(1)=2$. 故

$$dy\big|_{x=1}=f'(1)dx=2dx.$$

5. 求下列函数的微分:

(1) $y=(x^2+2x)(x-4)$;　　(2) $y=x\cos 2x$;　　(3) $y=\cos(2+e^{x^2})$;

(4) $y=[\ln(1-x)^2]^2$;　　(5) $y=\dfrac{1}{(\tan x+1)^2}$;　　(6) $y=\arcsin\sqrt{1-x^2}$;

(7) $y = x^{\frac{x}{2}}$；　　　　　　(8) $y = e^{-x}\cos(3-x)$；　　　　　(9) $y = 3^x + \tan\frac{x}{2}$；

(10) $y = \left(\dfrac{1-x^2}{1+x^2}\right)^8$；　　　　(11) $y = \ln(\sec x + \tan x)$；　　(12) $y = e^{1-2x}\ln\arctan x$；

(13) $y = \ln\ln(1+x)$；　　　　(14) $y = \tan^2(1+2x^2)$.

解 (1) $dy = y'dx = [(2x+2)(x-4) + (x^2+2x)\cdot 1]dx = (3x^2 - 4x - 8)dx$；

(2) $dy = y'dx = [\cos 2x + x(-\sin 2x)\cdot 2]dx = (\cos 2x - 2x\sin 2x)dx$；

(3) $dy = y'dx = -\sin(2+e^{x^2})\cdot e^{x^2}\cdot 2x\,dx = -2xe^{x^2}\sin(2+e^{x^2})dx$；

(4) $dy = y'dx = 2\ln(1-x)^2 \cdot \dfrac{1}{(1-x)^2}\cdot 2(1-x)(-1)dx = -\dfrac{4\ln(1-x)^2}{1-x}dx$；

(5) $dy = y'dx = \dfrac{-2(\tan x+1)\sec^2 x}{(\tan x+1)^4}dx = -\dfrac{2\sec^2 x}{(\tan x+1)^3}dx$；

(6) $dy = y'dx = \left[\dfrac{1}{\sqrt{1-(\sqrt{1-x^2})^2}}\cdot \dfrac{(-2x)}{2\sqrt{1-x^2}}\right]dx = -\dfrac{x}{|x|\sqrt{1-x^2}}dx$

$= \begin{cases} \dfrac{dx}{\sqrt{1-x^2}}, & -1 < x < 0, \\ -\dfrac{dx}{\sqrt{1-x^2}}, & 0 < x < 1; \end{cases}$

(7) $dy = y'dx = \left(e^{\frac{x}{2}\ln x}\right)'dx = e^{\frac{x}{2}\ln x}\left(\dfrac{1}{2}\ln x + \dfrac{x}{2}\cdot\dfrac{1}{x}\right)dx = \dfrac{1}{2}x^{\frac{x}{2}}(1+\ln x)dx$；

(8) $dy = y'dx = [-e^{-x}\cos(3-x) + e^{-x}\sin(3-x)]dx = e^{-x}[\sin(3-x) - \cos(3-x)]dx$；

(9) $dy = y'dx = \left(3^x\ln 3 + \dfrac{1}{2}\sec^2\dfrac{x}{2}\right)dx$；

(10) $dy = y'dx = 8\left(\dfrac{1-x^2}{1+x^2}\right)^7\cdot\dfrac{-2x(1+x^2)-(1-x^2)\cdot 2x}{(1+x^2)^2}dx = -\dfrac{32x(1-x^2)^7}{(1+x^2)^9}dx$；

(11) $dy = y'dx = \dfrac{1}{\sec x + \tan x}(\sec x\tan x + \sec^2 x)dx = \sec x\,dx$；

(12) $dy = y'dx = \left[e^{1-2x}(-2)\ln\arctan x + e^{1-2x}\cdot\dfrac{1}{\arctan x}\cdot\dfrac{1}{1+x^2}\right]dx$

　　　　$= e^{1-2x}\left[-2\ln\arctan x + \dfrac{1}{(1+x^2)\arctan x}\right]dx$；

(13) $dy = y'dx = \dfrac{1}{\ln(1+x)}\cdot\dfrac{1}{1+x}dx = \dfrac{1}{(1+x)\ln(1+x)}dx$；

(14) $dy = y'dx = 2\tan(1+2x^2)\cdot\sec^2(1+2x^2)\cdot 4x\,dx = 8x\tan(1+2x^2)\sec^2(1+2x^2)dx$.

6. 求下列方程所确定的隐函数 $y = y(x)$ 的微分 dy：

(1) $y = \cos(xy) - x$；　　　　　　　(2) $xy - e^x + e^y = 2$；

(3) $xe^y - \ln y = 5$；　　　　　　　(4) $x^2 y + xy^2 = 1$.

解 (1) 方程两边分别对 x 求导，得 $y' = -\sin(xy)\cdot(y + xy') - 1$，于是 $y' = -\dfrac{1 + y\sin(xy)}{1 + x\sin(xy)}$，

所以　　　　　　　　　　$dy = y'dx = -\dfrac{1 + y\sin(xy)}{1 + x\sin(xy)}dx$.

(2)方程两边分别对 x 求导,得 $y-xy'-e^x+e^y y'=0$,于是 $y'=-\dfrac{e^x-y}{e^y+x}$,所以

$$dy=y'dx=\dfrac{e^x-y}{e^y+x}dx.$$

(3)方程两边分别对 x 求导,得 $e^y+xe^y y'-\dfrac{1}{y}y'=0$,于是 $y'=\dfrac{ye^y}{1-xye^y}$,所以

$$dy=y'dx=\dfrac{ye^y}{1-xye^y}dx.$$

(4)方程两边分别对 x 求导,得 $2xy+x^2 y'+y^2+x\cdot 2yy'=0$,于是 $y'=-\dfrac{2xy+y^2}{x^2+2xy}$,所以

$$dy=y'dx=-\dfrac{2xy+y^2}{x^2+2xy}dx.$$

7. 在下列括号内填入适当的函数,使等式成立.

(1) $d(\ \ )=xdx$; (2) $d(\ \ )=\dfrac{1}{\sqrt{x}}dx$;

(3) $d(\ \ )=\dfrac{1}{x}dx$; (4) $d(\ \ )=e^{-x}dx$;

(5) $d(\ \ )=\sin xdx$; (6) $d(\ \ )=\dfrac{1}{\sqrt{1-x^2}}dx$;

(7) $d(\ \ )=e^{x^2}dx^2$; (8) $d(\ \ )=\dfrac{x}{\sqrt{1-x^2}}dx$;

(9) $d(\ \ )=\sec^2 5xdx$; (10) $d(\ \ )=\dfrac{1}{x+2}dx$;

(11) $d(\ \ )=\dfrac{1}{1+x^2}dx$; (12) $d(\ \ )=\dfrac{\ln x}{x}e^{\ln^2 x}dx$;

(13) $d(\ \ )=\cos\omega xdx$; (14) $d(\ \ )=\dfrac{1}{\sqrt{1-x^2}}\arcsin xdx.$

解 (1) $d\left(\dfrac{1}{2}x^2+C\right)=xdx$; (2) $d(2\sqrt{x}+C)=\dfrac{1}{\sqrt{x}}dx$;

(3) $d(\ln x+C)=\dfrac{1}{x}dx$; (4) $d(-e^{-x}+C)=e^{-x}dx$;

(5) $d(-\cos x+C)=\sin xdx$; (6) $d(\arcsin x+C)=\dfrac{1}{\sqrt{1-x^2}}dx$;

(7) $d(e^{x^2}+C)=e^{x^2}dx^2$; (8) $d(-\sqrt{1-x^2}+C)=\dfrac{x}{\sqrt{1-x^2}}dx$;

(9) $d\left(\dfrac{1}{5}\tan 5x+C\right)=\sec^2 5xdx$; (10) $d(\ln(x+2)+C)=\dfrac{1}{x+2}dx$;

(11) $d(\arctan x+C)=\dfrac{1}{1+x^2}dx$; (12) $d\left(\dfrac{1}{2}e^{\ln^2 x}+C\right)=\dfrac{\ln x}{x}e^{\ln^2 x}dx$;

(13) $d\left(\dfrac{1}{\omega}\sin\omega x+C\right)=\cos\omega xdx$; (14) $d\left(\dfrac{1}{2}(\arcsin x)^2+C\right)=\dfrac{1}{\sqrt{1-x^2}}\arcsin xdx.$

8. 单项选择题.

(1) 若函数 $f(x)$ 有 $f'(x_0)=\dfrac{1}{2}$,则当 $\Delta x\to 0$ 时, $f(x)$ 在点 x_0 处的微分 $\mathrm{d}y$ 是( ).

A. 与 Δx 等价的无穷小

B. 与 Δx 同阶的无穷小,但不是等价的无穷小

C. 比 Δx 高阶的无穷小

D. 比 Δx 低阶的无穷小

(2) 设 $f(x)=\arcsin x^2$,则 $\mathrm{d}\left[f\left(\dfrac{1}{2}\right)\right]=$( ).

A. $\dfrac{4}{\sqrt{15}}\mathrm{d}x$ B. $\dfrac{2}{\sqrt{15}}\mathrm{d}x$ C. $\mathrm{d}x$ D. 0

(3) 函数 $f(x)$ 在点 x_0 处可导是 $f(x)$ 在点 x_0 处可微的( ).

A. 充分且必要条件   B. 必要非充分条件

C. 充分非必要条件   D. 既非充分又非必要条件

(4) 设 $y=f(t),t=\varphi(x)$ 都可微,则 $\mathrm{d}y=$( ).

A. $f'(t)\mathrm{d}t$ B. $\varphi'(x)\mathrm{d}x$ C. $f'(t)\varphi'(x)\mathrm{d}t$ D. $f'(t)\mathrm{d}x$

解 (1) $\mathrm{d}y|_{x=x_0}=f'(x_0)\Delta x=\dfrac{1}{2}\Delta x$,显然 $\lim\limits_{\Delta x\to 0}\dfrac{\frac{1}{2}\Delta x}{\Delta x}=\dfrac{1}{2}$,故 $f(x)$ 在点 x_0 处的微分 $\mathrm{d}y$ 与 Δx 是同阶无穷小,但不是等价无穷小,选择 B.

(2) 因为 $\mathrm{d}\left[f\left(\dfrac{1}{2}\right)\right]=\left[f\left(\dfrac{1}{2}\right)\right]'\mathrm{d}x=0\cdot\mathrm{d}x=0$,故选择 D.

(3) 函数 $f(x)$ 在点 x_0 处可导必然在点 x_0 处可微,反之亦然,选择 A.

(4) $\mathrm{d}y=f'(t)\mathrm{d}t=f'(t)\mathrm{d}\varphi(x)=f'(t)\varphi'(x)\mathrm{d}x$,选择 A.

9. 当 $|x|$ 较小时,证明下列近似公式:

(1) $\sin x\approx x$ (x 是角的弧度值);   (2) $\dfrac{1}{1+x}\approx 1-x$;

(3) $\mathrm{e}^x\approx 1+x$;   (4) $\ln(1+x)\approx x$.

解 (1) $\sin x\approx \sin 0+(\sin x)'|_{x=0}\cdot x=0+\cos 0\cdot x=x$;

(2) $\dfrac{1}{1+x}\approx\dfrac{1}{1+0}+\left(\dfrac{1}{1+x}\right)'|_{x=0}\cdot x=1-\dfrac{1}{(1+0)^2}\cdot x=1-x$;

(3) $\mathrm{e}^x\approx \mathrm{e}^0+(\mathrm{e}^x)'|_{x=0}\cdot x=1+\mathrm{e}^0\cdot x=1+x$;

(4) $\ln(1+x)\approx\ln(1+0)+[\ln(1+x)]'|_{x=0}\cdot x=0+\dfrac{1}{1+0}\cdot x=x$.

10. 计算下列函数值的近似值.

(1) $\sqrt[3]{25}$;   (2) $\cos 43°$;   (3) $\arcsin 0.5002$;

(4) $\ln 0.9$;   (5) $\tan 45'$;   (6) $\arctan 1.05$.

解 (1) $\sqrt[3]{25}=\sqrt[3]{27-2}=3\sqrt[3]{1+\left(-\dfrac{2}{27}\right)}$,由 $\sqrt[n]{1+x}\approx 1+\dfrac{1}{n}x$ 知,

$$\sqrt[3]{25}=3\sqrt[3]{1+\left(-\dfrac{2}{27}\right)}\approx 3\left[1+\dfrac{1}{3}\times\left(-\dfrac{2}{27}\right)\right]\approx 2.926.$$

(2) $\cos 43° = \cos(45° - 2°) = \cos\left(\dfrac{\pi}{4} - \dfrac{\pi}{90}\right)$. 由公式 $f(x_0 + \Delta x) \approx f(x_0) + f'(x_0)\Delta x$ 知,

$$\cos\left(\dfrac{\pi}{4} - \dfrac{\pi}{90}\right) \approx \cos\dfrac{\pi}{4} + (\cos x)'\bigg|_{x=\frac{\pi}{4}}\left(-\dfrac{\pi}{90}\right) = \dfrac{\sqrt{2}}{2} - \dfrac{\sqrt{2}}{2} \times \left(-\dfrac{\pi}{90}\right) \approx 0.7318.$$

(3) 在公式 $f(x) \approx f(x_0) + f'(x_0)(x - x_0)$ 中, 取 $x_0 = \dfrac{1}{2}, f(x) = \arcsin x$, 得

$$\arcsin 0.5002 \approx \arcsin\dfrac{1}{2} + \dfrac{1}{\sqrt{1 - \left(\dfrac{1}{2}\right)^2}}\left(0.5002 - \dfrac{1}{2}\right) = \dfrac{\pi}{6} + \dfrac{2}{\sqrt{3}} \times 0.002 \approx 0.5258 \approx 30°47''.$$

(4) 由公式 $\ln(1+x) \approx x$ 知,

$$\ln 0.9 = \ln[1 + (-0.1)] \approx -0.1.$$

(5) 由公式 $\tan x \approx x$ 知,

$$\tan 45' = \tan 0.01309 \approx 0.01309.$$

(6) 在公式 $f(x) \approx f(x_0) + f'(x_0)(x - x_0)$ 中, 取 $f(x) \approx \arctan x, x_0 = 1$, 得

$$\arctan 1.05 \approx \arctan 1 + \dfrac{1}{1 + 1^2}(1.05 - 1) = \dfrac{\pi}{4} + \dfrac{1}{2} \times 0.05 \approx 0.8104.$$

11. 扩音器插头为圆柱体,截面半径 r 为 0.15cm,长度 l 为 4cm,为了提高它的导电性能,要在这圆柱体的外表面镀上一层厚度为 0.001cm 的纯铜,问约需多少克纯铜(铜的密度是 8.9g/cm³)?

解 先求出镀层的体积,再乘上密度就是所需镀铜量.

圆柱体的体积为 $V = \pi r^2 l$, 当 $l = 4$ 不变, r 在 $r_0 = 0.15$ 处有增量 $\Delta r = 0.001$ 时, 相应的体积的增量用 ΔV 表示.

$$\Delta V \approx dV\bigg|_{\substack{r=0.15\\ \Delta r=0.001}} = (2\pi r l \Delta r)\bigg|_{\substack{r=0.15\\ \Delta r=0.001}} \approx 2 \times 3.1416 \times 0.15 \times 4 \times 0.001 = 0.00377,$$

所需的铜量约为

$$0.00377 \times 8.9 \approx 0.03355(\text{g}).$$

12. 设扇形的圆心角 α 为 60°, 半径 R 为 100cm. 如果 R 不变, α 减少 30′, 问扇形面积大约改变了多少? 如果 α 不变, R 增加 1cm, 问扇形面积大约改变了多少?

解 扇形的面积公式为 $S = \dfrac{1}{2}R^2\alpha$. 当 R 不变, 只有 α 变化时,

$$\Delta S \approx dS = \dfrac{1}{2}R^2\Delta\alpha.$$

将 $R = 100, \Delta\alpha = -30' = -\dfrac{\pi}{360}, \alpha = 60° = \dfrac{\pi}{3}$ 代入上式, 得

$$\Delta S \approx \dfrac{1}{2} \times 100^2 \times \left(-\dfrac{\pi}{360}\right) \approx -43.63(\text{cm}^2),$$

即扇形面积减少了大约 43.63cm².

当 α 不变, 只有 R 变化时,

$$\Delta S \approx \alpha R \Delta R.$$

将 $\alpha = \dfrac{\pi}{3}, R = 100, \Delta R = 1$ 代入上式, 得

$$\Delta S \approx \dfrac{\pi}{3} \times 100 \times 1 \approx 104.72(\text{cm}^2),$$

即扇形面积增加了大约 104.72cm^2.

13. 底面半径为 14cm 的圆锥的高从 7cm 变为 7.1cm 时,求此圆锥体积改变量的近似值.

解 圆锥的体积为 $V=\frac{1}{3}\pi R^2 h$. 当 R 不变,h 变化时,$\Delta V\approx \mathrm{d}V=\frac{1}{3}\pi R^2 \Delta h$. 将 $R=14$, $\Delta h=7.1-7=0.1$ 代入上式,得

$$\Delta V\approx \frac{1}{3}\times 3.1416\times 14^2\times 0.1\approx 20.53(\text{cm}^3).$$

习题 2-6

1. 设某产品的成本函数和收益函数(单位:元)分别为 $C(Q)=200+5Q+2Q^2$,$R(Q)=200Q+Q^2$,其中,Q 表示产品的产量,求:

(1)边际成本函数、边际收益函数、边际利润函数;

(2)已生产并销售 30 个单位产品,第 31 个单位产品的利润.

解 (1)边际成本函数为 $C'(Q)=5+4Q$;

边际收益函数为 $R'(Q)=200+2Q$;

边际利润函数为 $L'(Q)=R'(Q)-C'(Q)=195-2Q.$

(2)生产第 31 个单位产品的利润为 $L'(30)=195-2\times 30=135(元).$

2. 设生产某种产品 x 单位的成本函数(单位:元)为

$$C(x)=0.001x^3-0.4x^2+60x+540,$$

试求:

(1)边际成本函数;

(2)生产 40 单位产品时平均成本和边际成本,并解释后者的经济意义.

解 (1)边际成本函数为 $C'(x)=0.003x^2-0.8x+60$;

(2)生产 40 单位产品时平均成本为

$$\bar{C}(40)=\frac{C(40)}{40}=\frac{0.001\times 40^3-0.4\times 40^2+60\times 40+540}{40}=59.1(元),$$

此时边际成本为

$$C'(40)=0.003\times 40^2-0.8\times 40+60=32.8(元).$$

边际成本表示生产第 40 个或第 41 个单位产品时需要增加 32.8 元的成本.

3. 设生产某产品 Q 个单位的总收益 R 为 Q 的函数(单位:元),即

$$R=R(Q)=200Q-0.01Q^2+25,$$

试求:(1)生产 50 单位产品时的总收益及平均单位产品的收益;

(2)生产 50 单位产品时的边际收益,并解释其经济学意义.

解 生产 50 单位产品时,

(1)总收益为 $R(50)=200\times 50-0.01\times 2500+25=10000(元)$;

平均单位产品的收益 $=\frac{R(50)}{50}=\frac{10000}{50}=200(元)$;

(2)边际收益为 $R'(Q)\big|_{Q=50}=(200-0.02Q)\big|_{Q=50}=199(元)$,表示生产第 50 个或 51 个单位产品时能增加收益 199 元.

4. 某商品的需求 Q 为价格 P 的函数,即
$$Q_d(P)=200-2P^2,$$
试求:

(1) $P=6$ 时的边际需求,并说明其经济意义;

(2) $P=6$ 时的需求价格弹性,并说明其经济意义;

(3) $P=6$ 时,若价格下降 3%,总收益将变化百分之几?是增加还是减少?

解 当商品价格 $P=6$ 时,

(1) 边际需求 $Q'_d(P)=-4P$,$Q'_d(6)=-24$,说明价格为 6 时,再提高(下降)一个单位价格,需求将减少(增加)24 个单位商品量;

(2) 需求价格弹性 $E_d(P)=P\cdot\dfrac{Q'_d(P)}{Q_d(P)}=\dfrac{-4P^2}{200-2P^2}$,$E_d(6)\approx-1.04$,说明价格上升(下降)1%,则需求减少(增加)1.04%;

(3) 总收益的增加为 $\dfrac{\Delta R}{R}\approx[1+E_d(P)]\dfrac{\Delta P}{P}$,$\dfrac{\Delta R}{R}\Big|_{P=6}=0.12\%$,说明当 $P=6$ 时,若价格下降 3%,总收益增加 0.12%.

5. 设某商品的需求函数为
$$Q_d(P)=120-4P,$$
求 $P=5,15,20$ 时需求价格弹性,解释经济意义,并说明这时提高价格对总收益的影响.

解 $E_d(P)=P\cdot\dfrac{Q'_d(P)}{Q_d(P)}=\dfrac{-4P}{120-4P}=\dfrac{-P}{30-P}$,

有 $E_d(5)=\dfrac{-5}{25}=-0.2$,$E_d(15)=-1$,$E_d(20)=-2$.

$E_d(5)=-0.2$,是低弹性,说明 $P=5$ 时,若提价或降价 1%,需求将由 100 起($P=5$ 时,$Q_d(P)=100$)减少或增加 0.2%,这时若提价,总收益随之增加.

$E_d(15)=-1$ 是单位弹性,说明 $P=15$ 时,若提价或降价对需求无影响,这时总收益最大.

$E_d(20)=-2$ 是高弹性的,说明 $P=20$ 时,若提价或降价 1%,需求将由 40 起($P=20$ 时,$Q_d(20)=40$)减少或增加 2%,这时若提价,总收益随之减少.

6. (1) 设需求函数 $Q_d(P)=\varphi(P)$,试写出收益价格弹性 E_R 的表示式;

(2) 导出收益价格弹性 E_R 与需求价格弹性 E_d 之间的关系式;

(3) 设需求函数 $Q=100-5P$,求 $P=5$ 时的收益价格弹性.

解 (1) $E_R=\dfrac{P}{R}\cdot\dfrac{dR}{dP}=P\dfrac{R'(P)}{R}$;

(2) $E_R=P\dfrac{R'(P)}{R}=P\dfrac{[P\cdot Q_d(P)]'}{R}=1+P\dfrac{Q'_d(P)}{Q_d(P)}=1+E_d$;

(3) 当 $Q=100-5P$,$P=5$ 时,$Q'_d(5)=-5$,

$Q_d(5)=100-5\times5=75$,$E_R(5)=1+5\times\dfrac{-5}{75}\approx0.67$.

7. 若世界上可耕种的土地由于气候条件以每年 1.5% 的速度被侵蚀,问现有数量的可耕种土地多少年后将剩下 1/3?

解 设现有的可耕种土地的数量为 A_0,则经过 t 年后的数量为
$$A_t=A_0 e^{-1.5\%t}=A_0 e^{-0.015t}.$$

当 $A_t=\dfrac{1}{3}A_0$ 时,可得 $\dfrac{1}{3}=e^{-0.015t}$,$t\approx 73.24$ 年,即约经过 73.24 年可耕种土地的数量将剩下 1/3.

8. 通货膨胀使货币每年贬值 5%,连续 10 年贬值,现有 1000 万元,10 年后,这笔款额用现在的价值衡量,应是多少元?

解 由题意可知 t 年后的款额
$$A_t = A_0 e^{-0.05t},$$
其中 $A_0=1000$ 万元.

当 $t=10$ 时,$A_{10}=1000\cdot e^{-0.5}\approx 1000\times 0.6065=606.5$ 万元,即 10 年后这笔 1000 万元的款额用现在的价值衡量,应是 606.5 万元.

总习题二

1. 设物体绕定轴旋转,在时间间隔 $[0,t]$ 内转过角度 θ,从而转角 θ 是 t 的函数:$\theta=\theta(t)$. 如果旋转是匀速的,则称 $\omega=\dfrac{\theta}{t}$ 为该物体旋转的角速度. 如果旋转是非匀速的,应怎样确定该物体在时刻 t_0 的角速度?

解 时间间隔 $[t_0, t_0+\Delta t]$ 内的平均角速度为 $\overline{\omega}=\dfrac{\Delta\theta}{\Delta t}=\dfrac{\theta(t_0+\Delta t)-\theta(t_0)}{\Delta t}$. 时刻 t_0 的角速度为 $\omega=\lim\limits_{\Delta t\to 0}\overline{\omega}=\lim\limits_{\Delta t\to 0}\dfrac{\Delta\theta}{\Delta t}=\theta'(t_0)$.

2. 设 $f(x)=(x-a)\varphi(x)$,其中 $\varphi(x)$ 在 $x=a$ 处连续,试求 $f'(a)$.

解 因为 $\varphi(x)$ 在 $x=a$ 处连续,则 $\lim\limits_{x\to a}\varphi(x)=\varphi(a)$. 于是由导数定义可知
$$f'(a)=\lim_{x\to a}\dfrac{f(x)-f(a)}{x-a}=\lim_{x\to a}\dfrac{(x-a)\varphi(x)-0}{x-a}=\lim_{x\to a}\varphi(x)=\varphi(a).$$

3. 求下列函数 $f(x)$ 的 $f'_-(0)$ 及 $f'_+(0)$,并说明 $f'(0)$ 是否存在.

(1) $f(x)=|\sin x|$; (2) $f(x)=\begin{cases}\sin x, & x<0,\\ \ln(1+x), & x\geqslant 0;\end{cases}$ (3) $f(x)=\begin{cases}x, & x\leqslant 0,\\ x\sin\dfrac{1}{x}, & x>0.\end{cases}$

解 (1) $f'_-(0)=\lim\limits_{x\to 0^-}\dfrac{f(x)-f(0)}{x-0}=\lim\limits_{x\to 0^-}\dfrac{-\sin x}{x}=-1$,

$f'_+(0)=\lim\limits_{x\to 0^+}\dfrac{f(x)-f(0)}{x-0}=\lim\limits_{x\to 0^+}\dfrac{\sin x}{x}=1$,

显然 $f'_-(0)\neq f'_+(0)$,故 $f'(0)$ 不存在.

(2) $f'_-(0)=\lim\limits_{x\to 0^-}\dfrac{f(x)-f(0)}{x-0}=\lim\limits_{x\to 0^-}\dfrac{\sin x}{x}=1$,

$f'_+(0)=\lim\limits_{x\to 0^+}\dfrac{f(x)-f(0)}{x-0}=\lim\limits_{x\to 0^+}\dfrac{\ln(1+x)}{x}=\lim\limits_{x\to 0^+}\ln(1+x)^{\frac{1}{x}}=\ln e=1$,

由于 $f'_-(0)=f'_+(0)$,故 $f'(0)=f'_-(0)=f'_+(0)=1$.

(3) $f'_-(0)=\lim\limits_{x\to 0^-}\dfrac{f(x)-f(0)}{x-0}=\lim\limits_{x\to 0^-}\dfrac{x-0}{x-0}=1$,

$$f'_+(0) = \lim_{x \to 0^+} \frac{f(x)-f(0)}{x-0} = \lim_{x \to 0^+} \frac{x\sin\frac{1}{x}-0}{x-0} = \lim_{x \to 0^+} \sin\frac{1}{x},$$

而 $\lim\limits_{x \to 0^+}\sin\frac{1}{x}$ 不存在,故 $f'_+(0)$ 不存在,所以 $f'(0)$ 不存在.

4. 求下列函数的导数:

(1) $y = 2^{\frac{x}{\ln x}}$; (2) $y = x(\ln x)(\sin x)$;

(3) $y = \frac{1}{1+\sqrt{x}} - \frac{1}{1-\sqrt{x}}$; (4) $y = x\sec^2 x - \tan x$;

(5) $y = \arcsin(\sin x)$; (6) $y = \left(1+\frac{1}{x}\right)^x$.

解 (1) $y' = 2^{\frac{x}{\ln x}} \ln 2 \cdot \frac{\ln x - x \cdot \frac{1}{x}}{\ln^2 x} = 2^{\frac{x}{\ln x}} \ln 2 \frac{\ln x - 1}{\ln^2 x}$;

(2) $y' = 1 \cdot (\ln x)(\sin x) + x \cdot \frac{1}{x}\sin x + x(\ln x) \cdot \cos x = (\ln x + 1)\sin x + x(\ln x)(\cos x)$;

(3) $y' = \frac{-\frac{1}{2\sqrt{x}}}{(1+\sqrt{x})^2} - \frac{\frac{1}{2\sqrt{x}}}{(1-\sqrt{x})^2} = -\frac{x+1}{\sqrt{x}(1-x)^2}$;

(4) $y' = \sec^2 x + x \cdot 2\sec x \cdot \sec x \tan x - \sec^2 x = 2x\sec^2 x \tan x$;

(5) $y' = \frac{1}{\sqrt{1-\sin^2 x}} \cdot \cos x = \frac{\cos x}{|\cos x|}$;

(6) 先在 $y = \left(1+\frac{1}{x}\right)^x$ 两端取对数,得 $\ln y = x\ln\left(1+\frac{1}{x}\right)$,上式两端分别对 x 求导,得

$$\frac{y'}{y} = \ln\left(1+\frac{1}{x}\right) + x \cdot \frac{1}{1+\frac{1}{x}}\left(-\frac{1}{x^2}\right) = \ln\left(1+\frac{1}{x}\right) - \frac{1}{x+1},$$

于是 $$y' = y\left[\ln\left(1+\frac{1}{x}\right) - \frac{1}{x+1}\right] = \left(1+\frac{1}{x}\right)^x\left[\ln\left(1+\frac{1}{x}\right) - \frac{1}{x+1}\right].$$

5. 设 $F(x) = f^3[\varphi^2(x)+\varphi(x)]$,其中 $f(x)$、$\varphi(x)$ 均为可导函数,求 $F'(x)$.

解 $F'(x) = 3f^2[\varphi^2(x)+\varphi(x)] \cdot f'[\varphi^2(x)+\varphi(x)] \cdot [2\varphi(x)\varphi'(x)+\varphi'(x)]$
$= 3f^2[\varphi^2(x)+\varphi(x)]f'[\varphi^2(x)+\varphi(x)]\varphi'(x)[2\varphi(x)+1]$.

6. 求下列函数的指定阶导数:

(1) $y = \cos^2 x \cdot \ln x$, 求 y'';

(2) $y = f(\sin x^2)$, f 具有二阶导数,求 y'';

(3) $y = \frac{1-x}{1+x}$, 求 $y^{(n)}$;

(4) $y = (x^2-1)e^x$, 求 $y^{(24)}$.

解 (1) $y' = 2\cos x(-\sin x) \cdot \ln x + \cos^2 x \cdot \frac{1}{x} = -\sin 2x \cdot \ln x + \frac{\cos^2 x}{x}$,

$$y'' = -2\cos 2x \cdot \ln x - \sin 2x \cdot \frac{1}{x} + \frac{2\cos x(-\sin x) \cdot x - \cos^2 x}{x^2}$$

$$= -2\cos 2x \cdot \ln x - \frac{2\sin 2x}{x} - \frac{\cos^2 x}{x^2};$$

(2) $y' = f'(\sin x^2) \cdot \cos x^2 \cdot 2x$,

$y'' = f''(\sin x^2) \cdot \cos x^2 \cdot 2x \cdot \cos x^2 \cdot 2x + f'(\sin x^2)(-\sin x^2) \cdot 2x \cdot 2x + f'(\sin x^2)\cos x^2 \cdot 2$

$= 2[f'(\sin x^2)(\cos x^2 - 2x^2 \sin x^2) + 2x^2 f''(\sin x^2)(\cos x^2)^2]$;

(3) $y = \dfrac{1-x}{1+x} = \dfrac{2-(x+1)}{1+x} = \dfrac{2}{1+x} - 1$,

$y^{(n)} = 2\left(\dfrac{1}{1+x}\right)^{(n)} = 2\dfrac{(-1)^n n!}{(1+x)^{n+1}} = (-1)^n \dfrac{2 \cdot n!}{(1+x)^{n+1}}$;

(4) 令 $u = e^x, v = x^2 - 1$,由莱布尼兹公式得

$y^{(24)} = e^x(x^2-1) + 24e^x \cdot 2x + \dfrac{24 \times 23}{2} e^x \cdot 2 = (x^2 + 48x + 551)e^x$.

7. 设 $f(x)$ 可导,$F(x) = f(x)(1+|\sin x|)$,证明 $F(x)$ 在 $x=0$ 处可导的充要条件是 $f(0)=0$.

证明 $F'_+(0) = \lim\limits_{x \to 0^+} \dfrac{F(x)-F(0)}{x-0} = \lim\limits_{x \to 0^+} \dfrac{f(x)(1+\sin x) - f(0)}{x}$

$= \lim\limits_{x \to 0^+} \left[\dfrac{f(x)-f(0)}{x-0} + f(x)\dfrac{\sin x}{x}\right] = f'(0) + f(0)$.

$F'_-(0) = \lim\limits_{x \to 0^-} \dfrac{F(x)-F(0)}{x-0} = \lim\limits_{x \to 0^-} \dfrac{f(x)(1-\sin x) - f(0)}{x}$

$= \lim\limits_{x \to 0^-} \left[\dfrac{f(x)-f(0)}{x-0} - f(x)\dfrac{\sin x}{x}\right] = f'(0) - f(0)$.

当 $f(0)=0$ 时,$F'_+(0) = F'_-(0)$,即 $F(x)$ 在 $x=0$ 处可导;反之,当 $F(x)$ 在 $x=0$ 处可导时,$F'_+(0) = F'_-(0)$,显然有 $f(0)=0$.

8. 讨论函数 $f(x) = 2^{|a-x|}$ 的可导性,并求 $f'(x)$.

解 $f(x) = \begin{cases} 2^{x-a}, & x > a, \\ 1, & x = a, \\ 2^{a-x}, & x < a. \end{cases}$

当 $x > a$ 时,$f'(x) = (2^{x-a})' = 2^{x-a} \ln 2$.

当 $x < a$ 时,$f'(x) = (2^{a-x})' = 2^{a-x} \ln 2 \cdot (-1) = -2^{a-x} \ln 2$.

当 $x = a$ 时,$f'_+(a) = \lim\limits_{x \to a^+} \dfrac{2^{x-a}-1}{x-a} \xlongequal{\text{令} x-a=t} \lim\limits_{t \to 0^+} \dfrac{2^t-1}{t} = \lim\limits_{t \to 0^+} \dfrac{t \ln 2}{t} = \ln 2$.

而 $f'_-(a) = \lim\limits_{x \to a^-} \dfrac{2^{a-x}-1}{x-a} \xlongequal{\text{令} a-x=t} -\lim\limits_{t \to 0^+} \dfrac{2^t-1}{t} = -\ln 2$,

故 $f'(a)$ 不存在.

综上所述,$f(x)$ 在 $x=a$ 处不可导,$f'(x) = \begin{cases} 2^{x-a} \ln 2, & x > a, \\ -2^{a-x} \ln 2, & x < a. \end{cases}$

9. 设函数 $f(x) = \begin{cases} x^2, & x \leqslant x_0, \\ ax+b, & x > x_0, \end{cases}$ 为使函数 $f(x)$ 在 $x=x_0$ 处连续且可导,a、b 应取什么值?

解 要使函数 $f(x)$ 在 $x=x_0$ 处连续,应有

$$\lim\limits_{x \to x_0^-} f(x) = \lim\limits_{x \to x_0^+} f(x) = f(x_0),$$

即 $ax_0+b=x_0^2$,于是 $b=x_0^2-ax_0$.

要使函数 $f(x)$ 在 $x=x_0$ 处可导,应有 $f'_-(x_0)=f'_+(x_0)$. 而

$$f'_-(x_0)=\lim_{x\to x_0^-}\frac{f(x)-f(x_0)}{x-x_0}=\lim_{x\to x_0^-}\frac{x^2-x_0^2}{x-x_0}=\lim_{x\to x_0^-}(x+x_0)=2x_0,$$

$$f'_+(x_0)=\lim_{x\to x_0^+}\frac{f(x)-f(x_0)}{x-x_0}=\lim_{x\to x_0^+}\frac{ax+b-x_0^2}{x-x_0}$$

$$=\lim_{x\to x_0^+}\frac{ax+(x_0^2-ax_0)-x_0^2}{x-x_0}=\lim_{x\to x_0^+}\frac{a(x-x_0)}{x-x_0}=a,$$

故 $a=2x_0, b=x_0^2-2x_0\cdot x_0=-x_0^2$.

10. 设 $f(x)=\lim\limits_{t\to+\infty}\dfrac{x}{2+x^2-e^{tx}}$,讨论 $f(x)$ 的可导性,并求 $f'(x)$.

解 当 $x>0$ 时,$\lim\limits_{t\to+\infty}e^{tx}=+\infty$,当 $x<0$ 时,$\lim\limits_{t\to+\infty}e^{tx}=0$,当 $x=0$ 时,$\lim\limits_{x\to+\infty}e^{tx}=0$. 所以

$$f(x)=\begin{cases}\dfrac{x}{2+x^2}, & x<0. \\ 0, & x\geq 0.\end{cases}$$

当 $x<0$ 时,$f'(x)=\left(\dfrac{x}{2+x^2}\right)'=\dfrac{2+x^2-x\cdot 2x}{(2+x^2)^2}=\dfrac{2-x^2}{(2+x^2)^2}$;

当 $x>0$ 时,$f'(x)=0$;

当 $x=0$ 时,$f'_-(0)=\lim\limits_{x\to 0^-}\dfrac{\frac{x}{2+x^2}-0}{x-0}=\lim\limits_{x\to 0^-}\dfrac{1}{2+x^2}=\dfrac{1}{2}$,$f'_+(0)=\lim\limits_{x\to 0^+}\dfrac{0-0}{x-0}=0$.

故 $f'(0)$ 不存在.

综上所述,$f(x)$ 在 $x=0$ 处不可导,$f'(x)=\begin{cases}0, & x>0, \\ \dfrac{2-x^2}{(2+x^2)^2}, & x<0.\end{cases}$

11. 设 $f(x)=\begin{cases}x^3\sin\dfrac{1}{x}, & x\neq 0, \\ 0, & x=0.\end{cases}$ 证明 $f(x)$ 在 $x=0$ 处连续、可微,且导函数在 $x=0$ 处连续,但 $f'(x)$ 在 $x=0$ 处不可导.

解 (1) 因为 $\lim\limits_{x\to 0}f(x)=\lim\limits_{x\to 0}x^3\sin\dfrac{1}{x}=0=f(0)$,故 $f(x)$ 在 $x=0$ 处连续.

(2) $\lim\limits_{x\to 0}\dfrac{f(x)-f(0)}{x-0}=\lim\limits_{x\to 0}\dfrac{x^3\sin\frac{1}{x}-0}{x-0}=\lim\limits_{x\to 0}x^2\sin\dfrac{1}{x}=0$,即 $f'(0)=0$. 因为 $f(x)$ 在 $x=0$ 处可导,且 $f'(0)=0$,则 $f(x)$ 在 $x=0$ 处必然可微.

(3) $f'(x)=\begin{cases}3x^2\sin\dfrac{1}{x}-x\cos\dfrac{1}{x}, & x\neq 0, \\ 0, & x=0.\end{cases}$

显然 $\lim\limits_{x\to 0}f'(x)=\lim\limits_{x\to 0}\left(3x^2\sin\dfrac{1}{x}-x\cos\dfrac{1}{x}\right)=0=f'(0)$,

故导函数 $f'(x)$ 在 $x=0$ 处连续.

(4)因为
$$\lim_{x\to 0}\frac{f'(x)-f'(0)}{x-0}=\lim_{x\to 0}\frac{3x^2\sin\frac{1}{x}-x\cos\frac{1}{x}}{x-0}=\lim_{x\to 0}\left(3x\sin\frac{1}{x}-\cos\frac{1}{x}\right),$$

而 $\lim\limits_{x\to 0}\left(3x\sin\dfrac{1}{x}-\cos\dfrac{1}{x}\right)$ 不存在,故导函数 $f'(x)$ 在 $x=0$ 处不可导,即 $f''(0)$ 不存在.

12. 设函数 $y=y(x)$ 由方程 $\sin(xy)-\ln\dfrac{x+1}{y}=1$ 确定,求 $\left.\dfrac{\mathrm{d}y}{\mathrm{d}x}\right|_{x=0}$ 与 $\left.\dfrac{\mathrm{d}^2 y}{\mathrm{d}x^2}\right|_{x=0}$.

解 方程两端分别对 x 求导,得 $\cos(xy)\cdot(y+xy')-\dfrac{y}{x+1}\cdot\dfrac{y-(x+1)y'}{y^2}=0$,即

$$\cos(xy)\cdot(y+xy')-\frac{y-(x+1)y'}{(x+1)y}=0 \tag{1}$$

将 $x=0$ 代入方程 $\sin(xy)-\ln\dfrac{x+1}{y}=1$,得 $y=\mathrm{e}$.

将 $x=0,y=\mathrm{e}$ 代入式(1),得 $y'|_{x=0}=\mathrm{e}(1-\mathrm{e})$.

在式(1)两边分别关于 x 再求导,得

$$-\sin(xy)\cdot(y+xy')^2+\cos(xy)\cdot(y'+y'+xy'')$$
$$-\frac{[y'-y'-(x+1)y''](x+1)y-[y-(x+1)y']\cdot[y+(x+1)y']}{(x+1)^2 y^2}=0,$$

即 $\cos(xy)\cdot(2y'+xy'')-\sin(xy)\cdot(y+xy')^2+\dfrac{(x+1)^2 yy''+y^2-(x+1)^2(y')^2}{(x+1)^2 y^2}=0.$

将 $x=0,y=\mathrm{e},y'|_{x=0}=\mathrm{e}(1-\mathrm{e})$ 代入上式并整理,得

$$y''|_{x=0}=\mathrm{e}^2(3\mathrm{e}-4).$$

13. 求曲线 $x^2+2xy^2+3y^4=6$ 在点 $M(1,-1)$ 处的切线方程和法线方程.

解 曲线方程两端分别对 x 求导,得

$$2x+2y^2+2x\cdot 2yy'+12y^3\cdot y'=0,$$

于是

$$y'=-\frac{x+y^2}{2xy+6y^3}.$$

曲线在 $M(1,-1)$ 处的切线斜率为 $k=y'\left|_{\substack{x=1\\y=-1}}\right.=\dfrac{1}{4}$. 所求切线方程为 $y+1=\dfrac{1}{4}(x-1)$,所求法线方程为 $y+1=-4(x-1)$.

14. 求下列参数方程所确定的函数的一阶导数 $\dfrac{\mathrm{d}y}{\mathrm{d}x}$ 及二阶导数 $\dfrac{\mathrm{d}^2 y}{\mathrm{d}x^2}$.

(1) $\begin{cases}x=a\cos^3\theta,\\ y=a\sin^3\theta;\end{cases}$ 　　(2) $\begin{cases}x=\ln\sqrt{1+t^2},\\ y=\arctan t.\end{cases}$

解 (1) $\dfrac{\mathrm{d}y}{\mathrm{d}x}=\dfrac{\frac{\mathrm{d}y}{\mathrm{d}\theta}}{\frac{\mathrm{d}x}{\mathrm{d}\theta}}=\dfrac{3a\sin^2\theta\cos\theta}{3a\cos^2\theta(-\sin\theta)}=-\tan\theta,$

$$\frac{\mathrm{d}^2 y}{\mathrm{d}x^2}=\frac{\frac{\mathrm{d}}{\mathrm{d}\theta}\left(\frac{\mathrm{d}y}{\mathrm{d}x}\right)}{\frac{\mathrm{d}x}{\mathrm{d}\theta}}=\frac{-\sec^2\theta}{-3a\cos^2\theta\sin\theta}=\frac{1}{3a}\sec^4\theta\csc\theta;$$

(2) $\dfrac{dy}{dx}=\dfrac{\dfrac{dy}{dt}}{\dfrac{dx}{dt}}=\dfrac{\dfrac{1}{1+t^2}}{\dfrac{t}{1+t^2}}=\dfrac{1}{t}$, $\dfrac{d^2y}{dx^2}=\dfrac{\dfrac{d}{dt}\left(\dfrac{dy}{dx}\right)}{\dfrac{dx}{dt}}=\dfrac{-\dfrac{1}{t^2}}{\dfrac{t}{1+t^2}}=-\dfrac{1+t^2}{t^3}$.

15. 求曲线 $\begin{cases}x=e^t\sin t,\\ y=e^t\cos t\end{cases}$ 在 $t=\dfrac{\pi}{4}$ 相应的点处的切线方程及法线方程.

解 $\dfrac{dy}{dx}=\dfrac{\dfrac{dy}{dt}}{\dfrac{dx}{dt}}=\dfrac{e^t\cos t+e^t(-\sin t)}{e^t\sin t+e^t\cos t}=\dfrac{\cos t-\sin t}{\cos t+\sin t}$,所以 $\dfrac{dy}{dx}\bigg|_{t=\frac{\pi}{4}}=0$.

$t=\dfrac{\pi}{4}$ 对应的曲线上的点为 $\left(\dfrac{\sqrt{2}}{2}e^{\frac{\pi}{4}},\dfrac{\sqrt{2}}{2}e^{\frac{\pi}{4}}\right)$,故曲线在点 $\left(\dfrac{\sqrt{2}}{2}e^{\frac{\pi}{4}},\dfrac{\sqrt{2}}{2}e^{\frac{\pi}{4}}\right)$ 处的切线方程为

$y-\dfrac{\sqrt{2}}{2}e^{\frac{\pi}{4}}=0\cdot\left(x-\dfrac{\sqrt{2}}{2}e^{\frac{\pi}{4}}\right)$,即 $y-\dfrac{\sqrt{2}}{2}e^{\frac{\pi}{4}}=0$. 法线方程为 $x-\dfrac{\sqrt{2}}{2}e^{\frac{\pi}{4}}=0$.

16. 设 $\begin{cases}x=te^t,\\ e^t+e^y=2,\end{cases}$ 求 $\dfrac{dy}{dx}$ 及 $\dfrac{d^2y}{dx^2}\bigg|_{t=0}$.

解 方程 $e^t+e^y=2$ 两端求微分,得 $e^t dt+e^y dy=0$,所以 $\dfrac{dy}{dt}=-e^{t-y}$.

于是 $\dfrac{dy}{dx}=\dfrac{\dfrac{dy}{dt}}{\dfrac{dx}{dt}}=\dfrac{-e^{t-y}}{e^t+te^t}=\dfrac{-1}{(1+t)e^y}=-\dfrac{1}{(2-e^t)(1+t)}$.

$\dfrac{d^2y}{dx^2}=\dfrac{\left[-\dfrac{1}{(2-e^t)(1+t)}\right]'_t}{(te^t)'_t}=\dfrac{\dfrac{-[-e^t(1+t)+2-e^t]}{(2-e^t)^2(1+t)^2}}{e^t(1+t)}=\dfrac{2-2e^t-te^t}{e^t(1+t)^3(2-e^t)^2}$,

故 $\dfrac{d^2y}{dx^2}\bigg|_{t=0}=0$.

17. 甲船以 6km/h 的速率向东行驶,乙船以 8km/h 的速率向南行驶,在中午 12 时整,乙船位于甲船正北 16km 处,问下午 1 时整两船相离的速率为多少?

解 设从中午 12 时起,经过 t 小时,甲船与乙船的距离为

$$s=\sqrt{(16-8t)^2+(6t)^2}.$$

于是速率为

$$v=\dfrac{ds}{dt}=\dfrac{2(16-8t)\cdot(-8)+72t}{2\sqrt{(16-8t)^2+(6t)^2}}=\dfrac{100t-128}{\sqrt{(16-8t)^2+(6t)^2}}.$$

下午 1 时整时,$t=1$,$v|_{t=1}=\dfrac{100\times 1-128}{\sqrt{8^2+6^2}}=-2.8(km/h)$,

即两船相离的速率为 2.8km/h.

18. 求下列各函数值的近似值.

(1) $e^{1.01}$;   (2) $\arctan 0.97$;   (3) $\sqrt[3]{997}$.

解 (1) $e^{1.01}=e\cdot e^{0.01}$. 当 $|x|$ 很小时,利用公式 $e^x\approx 1+x$,得

$$e^{1.01} \approx e(1+0.01) \approx 2.745;$$

(2) 令 $f(x) = \arctan x$, $x_0 = 1$, 则

$$\arctan 0.97 \approx \arctan 1 + \frac{1}{1+x^2}\Big|_{x=1}(0.97-1) = \frac{\pi}{4} + \frac{1}{2} \times (-0.03) \approx 0.7704;$$

(3) 由 $\sqrt[n]{1+x} \approx 1 + \frac{1}{n}x$ 知

$$\sqrt[3]{997} = \sqrt[3]{1000-3} = 10\sqrt[3]{1-0.003} \approx 10\left[1 + \frac{1}{3} \times (-0.003)\right] = 9.99.$$

19. 已知单摆的振动周期 $T = 2\pi\sqrt{\dfrac{l}{g}}$, 其中 $g = 980\,\text{cm/s}^2$, l 为摆长 (单位为 cm), 设原摆长为 20 cm, 为使周期 T 增大 0.05 s, 摆长约需加长多少?

解 由 $\Delta T \approx dT = \dfrac{\pi}{\sqrt{gl}}\Delta l$ 知, $\Delta l \approx \dfrac{\sqrt{gl}}{\pi}\Delta T$, 故

$$\Delta l\big|_{l=20} \approx \frac{\sqrt{980 \times 20}}{3.14} \times 0.05 \approx 2.23\,(\text{cm}),$$

即摆长约需加长 2.23 cm.

20. 当火箭从地面发射后, 它的质量以 40 kg/s 的速度减少 (由燃料的消耗引起的). 当火箭离地球中心 6378 km 时, 火箭的速度是 100 km/s, 火箭的质量为 m_1, 问这时地球对火箭的引力 F 减小的速率是多少?

解 由万有引力定律, 地球对火箭的引力为 $F = \dfrac{GMm}{r^2}$, 其中 G 为万有引力系数, M 为地球的质量, m 为火箭的质量, 它是 t 的函数, 记为 $m(t)$, r 是火箭到地球中心的距离, 它也是 t 的函数, 记为 $r(t)$.

这时 $F(t) = \dfrac{GMm(t)}{r^2(t)}$, 则

$$\frac{dF}{dt} = GM\frac{m'(t)r^2(t) - 2m(t)r(t)\dfrac{dr}{dt}}{r^4(t)} = GM\left[\frac{1}{r^2(t)}m'(t) - \frac{2m(t)}{r^3(t)}\frac{dr}{dt}\right],$$

$$\frac{dF}{dt}\bigg|_{r=6378} = GM\left[\frac{1}{6378^2}\cdot(-40) - \frac{2m_1}{6378^3}100\right] = -\frac{GM}{6378^2}\left(40 + \frac{2m_1}{6378}\right).$$

即地球对火箭的引力 F 减少的速率是 $\dfrac{GM}{6378^2}\left(40 + \dfrac{2m_1}{6378}\right)$ km/s.

21. 生产某产品, 固定成本为 $a(a>0)$ 万元, 每生产 1 t 产品, 总成本增加 $b(b>0)$ 万元, 试写出总成本函数, 并求边际成本函数.

解 总成本函数为 $C(Q) = bQ - a$ (万元);
边际成本函数为 $MC = C'(Q) = b$ (万元).

22. 设某种商品的需求函数为 $Q_d(P) = 12 - \dfrac{P}{3}$,

其中, P 为商品的价格. (1) 求需求价格弹性函数; (2) 求价格为 6 与 26 时的需求价格弹性, 并说明其经济学意义.

解 (1) 需求价格弹性函数为

$$E_d(P) = P \cdot \frac{Q_d'(P)}{Q_d(P)} = P \cdot \frac{-\frac{1}{3}}{12 - \frac{P}{3}} = \frac{P}{P-36}.$$

(2) $E_d(6) = \frac{6}{6-30} = -0.2$, $E_d(26) = \frac{26}{26-36} = -2.6$.

其经济意义是当价格为 6 时,需求是低弹性的,若再提价 1%,需求量将大约减少 0.2%,总收益随之增加;当价格为 26 时,需求是高弹性的,若再提价 1%,则需求量大约减少 2.6%,总收益随之减少.

23. 某国现有劳动力 8000 万,预计在今后 30 年内劳动力每年增长 2%,问按预计,30 年后将有多少劳动力?

解 设 t 年后某国将有劳动力 A_t,则 $A_0 = 8000$,$A_t = 8000 e^{0.02t}$.

当 $t = 30$ 时,$A_{30} = 8000 \cdot e^{-0.6} \approx 14576.8$(万),即 30 年后将有劳动力 14576.8 万.

自 测 题 二

一、填空题.(每题 5 分,5 小题,共 25 分)

1. 设 $f(x)$ 在 $x = 0$ 处可导,且 $f(0) = 0$,则 $\lim\limits_{x \to 0} \frac{f(x)}{x} =$ _____.

2. 函数 $y = x\cos x + 3^x$ 的导数为_____,微分为_____.

3. 设 $f(x)$ 为可导函数,$y = \cos\{f[\cos f(x)]\}$,则 $y' =$ _____.

4. 设 $f(x)$ 在 $x = 2$ 处连续,且 $\lim\limits_{x \to 2} \frac{f(x)}{x-2} = 3$,则 $f'(2) =$ _____.

5. 设方程 $x - y + \arctan y = 0$ 确定了 $y = y(x)$,求 $\frac{dy}{dx} =$ _____.

解 1. 因为 $f(x)$ 在 $x = 0$ 处可导,所以
$$\lim_{x \to 0} \frac{f(x)}{x} = \lim_{x \to 0} \frac{f(x) - f(0)}{x - 0} = f'(0).$$

2. $y' = \cos x - x\sin x + 3^x \ln 3$,微分 $dy = (\cos x - x\sin x + 3^x \ln 3) dx$.

3. $y' = \sin\{f[\cos f(x)]\} \cdot f'[\cos f(x)] \cdot [\sin f(x)] \cdot f'(x)$.

4. 因为 $f(2) = \lim\limits_{x \to 2} f(x) = \lim\limits_{x \to 2}(x-2) \frac{f(x)}{x-2} = \lim\limits_{x \to 2}(x-2) \lim\limits_{x \to 2} \frac{f(x)}{x-2} = 0$,即 $f(2) = 0$,

所以 $f'(2) = \lim\limits_{x \to 2} \frac{f(x) - f(2)}{x-2} = \lim\limits_{x \to 2} \frac{f(x)}{x-2} = 3$.

5. 用隐函数求导方法,方程两边同时对 x 求导,得 $1 - y' + \frac{y'}{1+y^2} = 0$,解出 $y' = \frac{1+y^2}{y^2}$.

二、单项选择题.(每题 5 分,5 小题,共 25 分)

6. $f(x)$ 在点 x_0 可导是 $f(x)$ 在点 x_0 连续的_____条件,$f(x)$ 在点 x_0 连续是 $f(x)$ 在点 x_0 可导的_____条件,$f(x)$ 在点 x_0 可导是 $f(x)$ 在点 x_0 可微的_____条件;上述空格中在充分、必要、充分必要三者中选择正确的是( ).

A. 充分、必要、充分
B. 必要、必要、必要
C. 必要、充分、充分必要
D. 充分、必要、充分必要

7. 设 $f(x)$ 在点 $x=a$ 处可导,那么 $\lim\limits_{h\to 0}\dfrac{f(a+h)-f(a-2h)}{h}=$( ).

  A. $3f'(a)$ B. $2f'(a)$ C. $f'(a)$ D. $\dfrac{1}{3}f'(a)$

8. 设 $\dfrac{\mathrm{d}}{\mathrm{d}x}\left[f\left(\dfrac{1}{x^2}\right)\right]=\dfrac{1}{x}$,则 $f'\left(\dfrac{1}{3}\right)=$( ).

  A. $-\dfrac{3}{2}$ B. 2   C. 1   D. -2

9. 函数 $f(x)=x^2\ln x$ 的二阶导数为( ).

  A. $x\ln x$ B. $2\ln x+x+2$ C. $2\ln x+3$ D. $2x\ln x$

10. 设 $f(x)=\begin{cases}\dfrac{2}{3}x^3,&x\leqslant 1,\\ x^2,&x>1,\end{cases}$ 则 $f(x)$ 在 $x=1$ 处的( ).

  A. 左、右导数都存在   B. 左导数存在,右导数不存在

  C. 左导数不存在,右导数存在   D. 左、右导数都不存在

解 6. $f(x)$ 在点 x_0 可导是 $f(x)$ 在点 x_0 连续的充分条件, $f(x)$ 在点 x_0 连续是 $f(x)$ 在点 x_0 可导的必要条件, $f(x)$ 在点 x_0 可导是 $f(x)$ 在点 x_0 可微的充分必要条件,故选 D.

7. 用导数定义得

$$\lim_{h\to 0}\frac{f(a+h)-f(a-2h)}{h}=\lim_{h\to 0}\left[\frac{f(a+h)-f(a)}{h}+2\cdot\frac{f(a-2h)-f(a)}{-2h}\right]$$

$$=\lim_{h\to 0}\frac{f(a+h)-f(a)}{h}+2\lim_{h\to 0}\frac{f(a-2h)-f(a)}{-2h}=f'(a)+2f'(a)=3f'(a),\text{故选 A.}$$

8. 由复合函数求导法则,得 $\dfrac{\mathrm{d}}{\mathrm{d}x}\left[f\left(\dfrac{1}{x^2}\right)\right]=f'\left(\dfrac{1}{x^2}\right)\cdot\left(\dfrac{1}{x^2}\right)'=f'\left(\dfrac{1}{x^2}\right)\cdot\dfrac{-2}{x^3}=\dfrac{1}{x}$,则

$f'\left(\dfrac{1}{x^2}\right)=-\dfrac{x^2}{2}$,令 $t=\dfrac{1}{x^2}$, $f'(t)=-\dfrac{1}{2t}$,当 $t=\dfrac{1}{3}$ 时,得 $f'\left(\dfrac{1}{3}\right)=-\dfrac{3}{2}$,故选 A.

9. 由复合函数的二阶导数的求法,

$$f'(x)=(x^2\ln x)'=2x\ln x+x^2\cdot\dfrac{1}{x}=2x\ln x+x,$$

$$f''(x)=(2x\ln x+x)'=2\left(\ln x+x\cdot\dfrac{1}{x}\right)+1=2\ln x+3,\text{故选 C.}$$

10. 分段函数在分段点处,导数存在的充要条件是左导数=右导数,

$$f'_-(1)=\lim_{x\to 1^-}\frac{f(x)-f(1)}{x-1}=\lim_{x\to 1^-}\frac{\dfrac{2}{3}x^3-\dfrac{2}{3}}{x-1}=\dfrac{2}{3}\lim_{x\to 1^-}\dfrac{x^3-1}{x-1}=\dfrac{2}{3}\lim_{x\to 1^-}(x^2+x+1)=2;$$

$$f'_+(1)=\lim_{x\to 1^+}\frac{f(x)-f(1)}{x-1}=\lim_{x\to 1^+}\dfrac{x^2-\dfrac{2}{3}}{x-1}=\infty.$$

利用单侧导数的定义可知,该函数左导数存在,右导数不存在,故选 B.

三、解答题. (每题 10 分,5 小题,共 50 分)

11. 设函数 $f(x)=\begin{cases}\sin x, & -\dfrac{\pi}{2}\leqslant x<0,\\ \mathrm{e}^x-1, & 0\leqslant x<\ln 3,\\ 2x^2, & \ln 3\leqslant x<3.\end{cases}$ 讨论 $f(x)$ 的连续性和可导性.

解 易知 $f(x)$ 的定义域为 $[-\pi/2,3)$,且 $f(x)$ 在 $[-\pi/2,0)$,$(0,\ln3)$,$(\ln3,3)$ 上均为初等函数,所以 $f(x)$ 在这些区间上是连续的,且是可导的. 因此,只要考虑 $f(x)$ 在分段点 0 和 $\ln3$ 处的情况.

在 $x=0$ 处,因为 $\lim\limits_{x\to 0^-}f(x)=\lim\limits_{x\to 0^-}\sin x=0$,$\lim\limits_{x\to 0^+}f(x)=\lim\limits_{x\to 0^+}(e^x-1)=0$,而 $f(0)=0$,所以 $f(x)$ 在 $x=0$ 处连续. 又 $\lim\limits_{x\to 0^-}\dfrac{f(x)-f(0)}{x-0}=\lim\limits_{x\to 0^-}\dfrac{\sin x}{x}=1$,$\lim\limits_{x\to 0^+}\dfrac{f(x)-f(0)}{x-0}=\lim\limits_{x\to 0^+}\dfrac{e^x-1}{x}=1$,故 $f(x)$ 在 $x=0$ 处可导.

在 $x=\ln3$ 处,因为 $\lim\limits_{x\to\ln3^-}f(x)=\lim\limits_{x\to\ln3^-}(e^x-1)=2$,$\lim\limits_{x\to\ln3^+}f(x)=\lim\limits_{x\to\ln3^+}2x^2=2\ln^23$,所以 $f(x)$ 在 $x=\ln3$ 处不连续,当然不可导.

12. 设函数 $y=y(x)$ 由方程 $e^y+xy=e$ 所确定,求 $y''(0)$.

解 方程两边分别对 x 求导,得

$$e^y y'+y+xy'=0. \tag{1}$$

将 $x=0$ 代入 $e^y+xy=e$,得 $y=1$,再将 $x=0$,$y=1$ 代入(1)式,得 $y'|_{x=0}=-\dfrac{1}{e}$,在(1)式两边分别关于 x 再求导,可得

$$e^y y'^2+e^y y''+2y'+xy''=0. \tag{2}$$

将 $x=0$,$y=1$,$y'|_{x=0}=-\dfrac{1}{e}$ 代入(2)式,得 $y''(0)=\dfrac{1}{e^2}$.

13. 设曲线方程为 $\begin{cases} x=t+2+\sin t \\ y=t+\cos t, \end{cases}$ 求此曲线在 $t=0$ 处的切线方程.

解 参数曲线方程在 $t=0$ 处的导数就等于曲线在这点处的切线斜率.

切点:当 $t=0$ 时,$x=2$,$y=1$,$y'=\dfrac{1-\sin t}{1+\cos t}$,$y'|_{t=0}=\dfrac{1}{2}$,

切线方程:$y-1=\dfrac{1}{2}(x-2)$.

14. 设 $f(x)$ 对任意 x 有 $f(x+1)=2f(x)$,且 $f'(0)=-\dfrac{1}{2}$,求 $f'(1)$.

解 由 $f(x+1)=2f(x)$ 知,$f(1)=2f(0)$,

$f'(1)=\lim\limits_{x\to 1}\dfrac{f(x)-f(1)}{x-1}\xlongequal{x=t+1}\lim\limits_{t\to 0}\dfrac{f(t+1)-f(1)}{t}=\lim\limits_{t\to 0}\dfrac{2f(t)-2f(0)}{t}=2f'(0)=-1$.

15. 已知 $f(x)=\lim\limits_{t\to+\infty}\left(\dfrac{t-\sin^2 x}{t}\right)^t$,求 $f'(x)$.

解 此题需先求出 $f(x)$ 才能求出其导数,在求 $f(x)$ 时用到第二个重要极限的变形,

$f(x)=\lim\limits_{t\to+\infty}\left(\dfrac{t-\sin^2 x}{t}\right)^t=\lim\limits_{t\to+\infty}\left(1-\dfrac{\sin^2 x}{t}\right)^{(-\frac{t}{\sin^2 x})\cdot(-\sin^2 x)}=e^{-\sin^2 x}$,

$f'(x)=-2\sin x\cos x e^{-\sin^2 x}=-e^{-\sin^2 x}\sin 2x$.

第三章 中值定理与导数应用

习题 3-1

1. 下列函数，在指定的区间上是否满足罗尔定理的条件？

(1) $f(x)=\dfrac{1}{x^2}$，$[-2,2]$；　　　　(2) $f(x)=(x-4)^2$，$[0,8]$；

(3) $f(x)=x^3$，$[-1,3]$；　　　　　(4) $f(x)=\ln\sin x$，$\left[\dfrac{\pi}{6},\dfrac{5}{6}\pi\right]$.

解 (1) 因为函数 $f(x)$ 在 $x=0$ 点处无意义，所以不满足罗尔定理的条件；

(2) 因为 $f(0)=(0-4)^2=16$，$f(8)=(8-4)^2=16$，有 $f(0)=f(8)$，且 $f(x)$ 在 $[0,8]$ 上连续，在 $(0,8)$ 上可导，所以满足罗尔定理的条件；

(3) 因为 $f(-1)=(-1)^3=-1$，$f(3)=3^3=27$，有 $f(-1)\neq f(3)$，所以不满足罗尔定理的条件；

(4) 因为 $f\left(\dfrac{\pi}{6}\right)=\ln\left(\sin\dfrac{\pi}{6}\right)=\ln\dfrac{1}{2}=-\ln 2$，$f\left(\dfrac{5}{6}\pi\right)=\ln\left(\sin\dfrac{5}{6}\pi\right)=\ln\dfrac{1}{2}=-\ln 2$，有 $f\left(\dfrac{\pi}{6}\right)=f\left(\dfrac{5}{6}\pi\right)$，且 $f(x)$ 在 $\left[\dfrac{\pi}{6},\dfrac{5}{6}\pi\right]$ 上连续，在 $\left(\dfrac{\pi}{6},\dfrac{5}{6}\pi\right)$ 上可导，所以满足罗尔定理的条件.

2. 验证拉格朗日中值定理对函数 $f(x)=\ln x$ 在 $[1,e]$ 上的正确性.

证明 $f(x)$ 在 $[1,e]$ 上连续，在 $(1,e)$ 内可导，且存在一点 $e-1\in(1,e)$，使等式
$$f(e)-f(1)=f'(e-1)\cdot(e-1)$$
成立. 所以函数 $f(x)=\ln x$ 在 $[1,e]$ 上满足拉格朗日中值定理条件，且定理内容亦成立.

3. 试证明函数 $y=px^2+qx+r$ 应用拉格朗日中值定理所求得的点 ξ 总是位于区间的正中间.

证明 设区间为 $[a,b]$，则由方程 $y(b)-y(a)=y'(\xi)(b-a)$ 可得
$$y'(\xi)=\dfrac{p\cdot b^2+q\cdot b+r-p\cdot a^2-q\cdot a-r}{b-a}=p(b+a)+q.$$

又因为 $y'(\xi)=2p\xi+q$，所以 $2p\cdot\xi+q=p(b+a)+q$. 由此可得 $\xi=\dfrac{a+b}{2}$，即满足拉格朗日定理的 ξ 位于区间的正中间.

4. 设函数 $f(x)=\begin{cases}3-x^2,&0\leqslant|x|\leqslant 1,\\\dfrac{2}{x},&1<|x|\leqslant 2,\end{cases}$ 则在区间 $(0,2)$ 内适合 $f(2)-f(0)=f'(\xi)(2-0)$ 的 ξ 值有几个？

解 由条件 $f(2)-f(0)=f'(\xi)(2-0)$ 可得
$$f'(\xi)=\dfrac{f(2)-f(0)}{2-0}=-1.$$

只需寻找满足 $f'(\xi)=-1$ 的 ξ.

$$\lim_{x\to 1^+}f(x)=\lim_{x\to 1^+}\frac{2}{x}=2,\qquad \lim_{x\to 1^-}f(x)=\lim_{x\to 1^-}(3-x^2)=2,$$

所以
$$\lim_{x\to 1^+}f(x)=\lim_{x\to 1^-}f(x)=f(1),$$

$f(x)$在$x=1$点连续.

$$f'_-(1)=\lim_{x\to 1^-}\frac{f(x)-f(1)}{x-1}=\lim_{x\to 1^-}\frac{3-x^2-2}{x-1}=-2,$$

$$f'_+(1)=\lim_{x\to 1^+}\frac{f(x)-f(1)}{x-1}=\lim_{x\to 1^+}\frac{\frac{2}{x}-2}{x-1}=-2,$$

所以 $\qquad f'_-(1)=f'_+(1)=-2,$

即 $f(x)$在$x=1$点可导,且 $f'(1)=-2$.

由此可知

$$f'(x)=\begin{cases}-2x, & 0<x\leqslant 1,\\ -\dfrac{2}{x^2}, & 1<x<2,\end{cases}$$

所以当$\xi=\dfrac{1}{2}$,$\xi=\sqrt{2}$时满足条件,即$(0,2)$内适合$f(2)-f(0)=f'(\xi)(2-0)$的ξ的值有2个.

5. 证明恒等式:$\arcsin x+\arccos x=\dfrac{\pi}{2}$,$(-1\leqslant x\leqslant 1)$.

证明 设函数$f(x)=\arcsin x+\arccos x$,则$f(x)$在$(-1,1)$内可导,且

$$f'(x)=\frac{1}{\sqrt{1-x^2}}-\frac{1}{\sqrt{1-x^2}}=0,$$

由拉格朗日中值定理的推论可知,当$x\in(-1,1)$时,$f(x)$为常数.

又因为$f(0)=\arcsin 0+\arccos 0=\dfrac{\pi}{2}$,所以当$x\in(-1,1)$时,$f(x)\equiv\dfrac{\pi}{2}$,即

$$\arcsin x+\arccos x=\frac{\pi}{2}.$$

6. 证明不等式:$|\sin b-\sin a|\leqslant|b-a|$.

证明 不妨设$a<b$,$a>b$,同理可证.

设函数$f(x)=\sin x$,则$f(x)$在$[a,b]$上连续,在(a,b)内可导,由拉格朗日中值定理可知,存在$\xi\in(a,b)$,有$f(b)-f(a)=f'(\xi)(b-a)$,即 $\sin b-\sin a=\cos\xi\cdot(b-a)$.

因为$|\cos\xi|\leqslant 1$,所以$\left|\dfrac{\sin b-\sin a}{b-a}\right|\leqslant 1$,即 $|\sin b-\sin a|\leqslant|b-a|$.

7. 证明不等式:$\dfrac{1}{n+1}<\ln\left(1+\dfrac{1}{n}\right)<\dfrac{1}{n}$(这里$n$为自然数).

证明 设函数$f(x)=\ln x$,则$f(x)$在$[n,n+1]$上连续,在$(n,n+1)$内可导,由拉格朗日中值定理可知,存在$\xi\in(n,n+1)$,有$f(n+1)-f(n)=f'(\xi)\cdot[(n+1)-n]$,即 $\ln(n+1)-\ln n=\dfrac{1}{\xi}$,

从而$\ln\left(1+\dfrac{1}{n}\right)=\dfrac{1}{\xi}$.

因为$\xi\in(n,n+1)$,所以$\dfrac{1}{\xi}\in\left(\dfrac{1}{n+1},\dfrac{1}{n}\right)$,即$\dfrac{1}{n+1}<\ln\left(1+\dfrac{1}{n}\right)<\dfrac{1}{n}$.

8. 证明不等式：$|\arctan a - \arctan b| \leqslant |a-b|$.

证明 不妨设 $a<b$，$a>b$ 同理可证．

设函数 $F(x)=\arctan x$，则 $f(x)$ 在 $[a,b]$ 上连续，在 (a,b) 内可导，由拉格朗日中值定理可知，存在 $\xi\in(a,b)$，有 $f(b)-f(a)=f'(\xi)\cdot(b-a)$，即 $\arctan b - \arctan a = \dfrac{1}{1+\xi^2}\cdot(b-a)$．

又因为 $\left|\dfrac{1}{1+\xi^2}\right|\leqslant 1$，所以 $|\arctan a-\arctan b|\leqslant |a-b|$．

9. 证明：若函数 $f(x)$ 在 $(-\infty,+\infty)$ 满足关系式 $f'(x)=f(x)$，且 $f(0)=1$，则 $f(x)=\mathrm{e}^x$．

证明 设辅助函数 $F(x)=\dfrac{f(x)}{\mathrm{e}^x}$，则要证 $f(x)=\mathrm{e}^x$，只需证明 $F(x)\equiv 1$．

$F(x)$ 在 $(-\infty,+\infty)$ 内可导，且 $F'(x)=\dfrac{f'(x)-f(x)}{\mathrm{e}^x}\equiv 0$．

由拉格朗日中值定理可知，$F(x)$ 在 $(-\infty,+\infty)$ 内为常数．由 $F(0)=\dfrac{f(0)}{\mathrm{e}^0}=1$ 可知，在 $(-\infty,+\infty)$ 内有 $F(x)\equiv 1$，即 $f(x)=\mathrm{e}^x$．

10. 设 $0<a<b$ 且 $f(x)$ 在 $[a,b]$ 上可导，试证明：存在 $\xi(a<\xi<b)$，使

$$f(b)-f(a)=\xi f'(\xi)\ln\dfrac{b}{a}.$$

证明 设 $g(x)=\ln x$，则由题可知 $f(x)$，$g(x)$ 在 $[a,b]$ 上连续，在 (a,b) 上可导，且 $g'(x)=\dfrac{1}{x}$ 在 (a,b) 内不为零，则由柯西中值定理可知，存在 $\xi\in(a,b)$，有 $\dfrac{f(b)-f(a)}{g(b)-g(a)}=\dfrac{f'(\xi)}{g'(\xi)}$，即 $\dfrac{f(b)-f(a)}{\ln b-\ln a}=\dfrac{f'(\xi)}{\dfrac{1}{\xi}}$，整理可得

$$f(b)-f(a)=\xi\cdot f'(\xi)\cdot\ln\dfrac{b}{a}.$$

11. 证明方程 $x^5+x-1=0$ 只有一个正根．

证明 设函数 $f(x)=x^5+x-1$，则 $f(x)$ 是 $(-\infty,+\infty)$ 上的连续函数，进而在 $[0,1]$ 连续，且 $f(0)=-1$，$f(1)=1$，则由介值定理可知存在一点 $\xi\in(0,1)$，使得 $f(\xi)=0$．即 ξ 是 $x^5+x-1=0$ 的一个正根．

下面用反证法证明根的唯一性．假设 ξ_1，ξ_2 都是 $f(x)$ 的根，不妨设 $\xi_1<\xi_2$，则 $f(x)$ 在 $[\xi_1,\xi_2]$ 上连续，在 (ξ_1,ξ_2) 内可导，且 $f(\xi_1)=f(\xi_2)$，由罗尔定理可知存在 $\eta\in(\xi_1,\xi_2)$，有 $f'(\eta)=0$．而 $f'(x)=5x^4+1>0$，产生矛盾，故原假设不成立．

综上所述，方程 $x^5+x-1=0$ 有唯一的一个正根．

12. 设 $f(x)$ 在 $[0,1]$ 上连续，在 $(0,1)$ 内可导，且 $f(1)=0$．试证：存在一点 $\xi\in(0,1)$，使得 $2\xi f(\xi)+\xi^2 f'(\xi)=0$．

证明 设辅助函数 $F(x)=x^2\cdot f(x)$，由题可知 $F(x)$ 在 $[0,1]$ 连续，在 $(0,1)$ 可导，且 $F(0)=F(1)=0$，由罗尔定理可知，存在 $\xi\in(0,1)$，使得 $F'(\xi)=0$，即

$$2\xi\cdot f(\xi)+\xi^2 f'(\xi)=0.$$

习题 3-2

1. 用洛必达法则求下列极限：

(1) $\lim\limits_{x \to a} \dfrac{\sin x - \sin a}{x-a}$；

(2) $\lim\limits_{x \to 1} \left(\dfrac{2}{x^2-1} - \dfrac{1}{x-1} \right)$；

(3) $\lim\limits_{x \to 0} \dfrac{(1+2x)^5 - (1+5x)^2}{x^2}$；

(4) $\lim\limits_{x \to 0^+} \dfrac{\ln(\tan ax)}{\ln(\tan bx)}$, $(a, b > 0)$；

(5) $\lim\limits_{x \to 0} \dfrac{1}{x} \left(\dfrac{1}{\sin x} - \dfrac{1}{\tan x} \right)$；

(6) $\lim\limits_{x \to 0^+} x^{\sin x}$；

(7) $\lim\limits_{x \to 0^+} \left(\ln \dfrac{1}{x} \right)^x$；

(8) $\lim\limits_{x \to 0} \left(e^{-\frac{1}{x^2}} \cdot x^{-100} \right)$；

(9) $\lim\limits_{x \to 0^+} \left(\dfrac{1}{x} \right)^{\tan x}$；

(10) $\lim\limits_{x \to +\infty} \left(\dfrac{2}{\pi} \arctan x \right)^x$.

解 (1) 在 $x \to a$ 时，它是 "$\dfrac{0}{0}$" 型未定式，求极限过程如下：

$$\lim\limits_{x \to a} \dfrac{\sin x - \sin a}{x-a} = \lim\limits_{x \to a} \dfrac{\cos x - 0}{1-0} = \cos a;$$

(2) $\lim\limits_{x \to 1} \left(\dfrac{2}{x^2-1} - \dfrac{1}{x-1} \right) = \lim\limits_{x \to 1} \dfrac{-1}{x+1} = -\dfrac{1}{2}$；

(3) 在 $x \to 0$ 时，它是 "$\dfrac{0}{0}$" 型未定式，求极限过程如下：

$$\lim\limits_{x \to 0} \dfrac{(1+2x)^5 - (1+5x)^2}{x^2} = \lim\limits_{x \to 0} \dfrac{10(1+2x)^4 - 10(1+5x)}{2x} \stackrel{"\frac{0}{0}"}{=} \lim\limits_{x \to 0} \dfrac{80(1+2x)^3 - 50}{2} = 15;$$

(4) 在 $x \to 0^+$ 时，它是 "$\dfrac{\infty}{\infty}$" 型未定式，求极限过程如下：

$$\lim\limits_{x \to 0^+} \dfrac{\ln(\tan ax)}{\ln(\tan bx)} = \lim\limits_{x \to 0^+} \dfrac{\dfrac{1}{\tan ax} \cdot \sec^2(ax) \cdot a}{\dfrac{1}{\tan bx} \cdot \sec^2(bx) \cdot b} = \lim\limits_{x \to 0^+} \dfrac{bx \cdot a}{ax \cdot b} = 1;$$

(5) $\lim\limits_{x \to 0} \dfrac{1}{x} \left(\dfrac{1}{\sin x} - \dfrac{1}{\tan x} \right) = \lim\limits_{x \to 0} \dfrac{1 - \cos x}{x \cdot \sin x} = \lim\limits_{x \to 0} \dfrac{\frac{1}{2} x^2}{x^2} = \dfrac{1}{2}$；

(6) 此极限为 "0^0" 型，应用洛必达法则有

$$\lim\limits_{x \to 0^+} x^{\sin x} = \lim\limits_{x \to 0^+} e^{\sin x \cdot \ln x} = e^{\lim\limits_{x \to 0^+} \sin x \cdot \ln x} = e^{\lim\limits_{x \to 0^+} \frac{\ln x}{\frac{1}{x}}} = e^{\lim\limits_{x \to 0^+} \frac{\frac{1}{x}}{-\frac{1}{x^2}}} = e^{\lim\limits_{x \to 0^+} -x} = 1;$$

(7) 此极限为 "∞^0" 型，求极限过程如下：

$$\lim\limits_{x \to 0^+} \left(\ln \dfrac{1}{x} \right)^x = \lim\limits_{x \to 0^+} e^{x \cdot \ln\left(\ln \frac{1}{x}\right)} = e^{\lim\limits_{x \to 0^+} x \cdot \ln\left(\ln \frac{1}{x}\right)} = e^{\lim\limits_{x \to 0^+} \frac{\ln\left(\ln \frac{1}{x}\right)}{\frac{1}{x}}} = e^{\lim\limits_{x \to 0^+} \frac{\frac{1}{\ln \frac{1}{x}} \cdot \frac{1}{x} \cdot \left(-\frac{1}{x^2}\right)}{-\frac{1}{x^2}}}$$

$$= e^{\lim\limits_{x \to 0^+} \frac{x}{\ln \frac{1}{x}}} = e^0 = 1;$$

(8)此极限为"$0\cdot\infty$"型,求极限过程如下:

$$\lim_{x\to 0}(e^{-\frac{1}{x^2}}\cdot x^{-100})=\lim_{x\to 0}\frac{x^{-100}}{e^{\frac{1}{x^2}}}=\lim_{x\to 0}\frac{-100\cdot x^{-101}}{e^{\frac{1}{x^2}}(-2\cdot x^{-3})}=\lim_{x\to 0}\frac{100\cdot x^{-98}}{2\cdot e^{\frac{1}{x^2}}}$$

$$=\lim_{x\to 0}\frac{100\times 98\times 96\times\cdots\times 2}{2^{50}\cdot e^{\frac{1}{x^2}}}=0;$$

(9)此极限为"∞^0"型,求极限的过程如下:

$$\lim_{x\to 0^+}\left(\frac{1}{x}\right)^{\tan x}=\lim_{x\to 0^+}e^{-\tan x\ln x}=e^{\lim\limits_{x\to 0^+}-\tan x\ln x}=e^{\lim\limits_{x\to 0^+}-x\cdot\ln x}=e^{\lim\limits_{x\to 0^+}-\frac{\ln x}{\frac{1}{x}}}=e^{\lim\limits_{x\to 0^+}-\frac{\frac{1}{x}}{-\frac{1}{x^2}}}=e^{\lim\limits_{x\to 0^+}x}=1;$$

(10)此极限为"1^∞"型.求极限过程如下:

$$\lim_{x\to+\infty}\left(\frac{2}{\pi}\arctan x\right)^x=\lim_{x\to+\infty}e^{x\ln\left(\frac{2}{\pi}\arctan x\right)}=e^{\lim\limits_{x\to+\infty}x\ln\left(\frac{2}{\pi}\arctan x\right)}=e^{\lim\limits_{x\to+\infty}\frac{\ln\left(\frac{2}{\pi}\arctan x\right)}{\frac{1}{x}}}=e^{\lim\limits_{x\to+\infty}\frac{\frac{1}{(1+x^2)\arctan x}}{-x^{-2}}}$$

$$=e^{\lim\limits_{x\to+\infty}-\frac{1}{\left(1+\frac{1}{x^2}\right)\arctan x}}=e^{-\frac{2}{\pi}}.$$

2. 验证极限 $\lim\limits_{x\to\infty}\dfrac{x+\sin x}{x}$ 存在,但不能用洛必达法则得出.

解 $\lim\limits_{x\to\infty}\dfrac{x+\sin x}{x}=\lim\limits_{x\to\infty}\left(1+\dfrac{\sin x}{x}\right)=1+\lim\limits_{x\to\infty}\dfrac{\sin x}{x}=1.$

但此极限不能用洛必达法则直接求解,若应用洛必达法则为

$$\lim_{x\to\infty}\frac{x+\sin x}{x}\stackrel{\text{"}\frac{\infty}{\infty}\text{"}}{=\!=\!=}\lim_{x\to\infty}\frac{1+\cos x}{1}=1+\lim_{x\to\infty}\cos x,$$

极限不存在,故不能用洛必达法则求解.

3. 验证极限 $\lim\limits_{x\to+\infty}\dfrac{e^x+\cos x}{e^x+\sin x}$ 存在,但不能用洛必达法则得出.

解 $\lim\limits_{x\to+\infty}\dfrac{e^x+\cos x}{e^x+\sin x}=\lim\limits_{x\to+\infty}\dfrac{1+\frac{\cos x}{e^x}}{1+\frac{\sin x}{e^x}}=\dfrac{\lim\limits_{x\to+\infty}\left(1+\frac{\cos x}{e^x}\right)}{\lim\limits_{x\to+\infty}\left(1+\frac{\sin x}{e^x}\right)}=\dfrac{1+\lim\limits_{x\to+\infty}\frac{\cos x}{e^x}}{1+\lim\limits_{x\to+\infty}\frac{\sin x}{e^x}}=1.$

若应用洛必达法则求解,则为

$$\lim_{x\to+\infty}\frac{e^x+\cos x}{e^x+\sin x}\stackrel{\text{"}\frac{\infty}{\infty}\text{"}}{=\!=\!=}\lim_{x\to+\infty}\frac{e^x-\sin x}{e^x+\cos x}\stackrel{\text{"}\frac{\infty}{\infty}\text{"}}{=\!=\!=}\lim_{x\to+\infty}\frac{e^x-\cos x}{e^x-\sin x}$$

$$\stackrel{\text{"}\frac{\infty}{\infty}\text{"}}{=\!=\!=}\lim_{x\to+\infty}\frac{e^x+\sin x}{e^x-\cos x}\stackrel{\text{"}\frac{\infty}{\infty}\text{"}}{=\!=\!=}\lim_{x\to+\infty}\frac{e^x+\cos x}{e^x+\sin x},$$

又回到原来的形式,故用洛必达法则无法求出原式极限.

4. 求下列极限:

(1) $\lim\limits_{x\to+\infty}x\cdot(a^{\frac{1}{x}}-b^{\frac{1}{x}}),(a>0,b>0);$

(2) $\lim\limits_{x\to 1^-}\ln x\cdot\ln(1-x);$

(3) $\lim\limits_{x\to\frac{\pi}{4}}(\tan x)^{\tan 2x};$

(4) $\lim\limits_{x\to 0}\cot x\cdot\left(\dfrac{1}{\sin x}-\dfrac{1}{x}\right);$

(5) $\lim\limits_{x\to-\infty}(\sqrt{x^2+x}+x);$

(6) $\lim\limits_{x\to\infty}\left[x-x^2\ln\left(1+\dfrac{1}{x}\right)\right];$

(7) $\lim\limits_{x\to 0}\left(\dfrac{1}{\sin x}-\dfrac{1}{x}\right);$

(8) $\lim\limits_{x\to 0}\left(\dfrac{1}{x}-\dfrac{1}{e^x-1}\right);$

(9) $\lim\limits_{x \to 0}(2\sin x + \cos x)^{\frac{1}{x}}$;

(10) $\lim\limits_{x \to \frac{\pi}{2}}(\sin x)^{\tan x}$;

(11) $\lim\limits_{x \to 1}\dfrac{\ln\cos(x-1)}{1-\sin\frac{\pi}{2}x}$;

(12) $\lim\limits_{x \to +\infty}\dfrac{\ln\left(1+\frac{1}{x}\right)}{\operatorname{arccot} x}$;

(13) $\lim\limits_{x \to 0}\left(\dfrac{1}{x^2}-\dfrac{1}{x\tan x}\right)$;

(14) $\lim\limits_{n \to \infty}\tan^n\left(\dfrac{\pi}{4}+\dfrac{2}{n}\right)$;

(15) $\lim\limits_{x \to 0}\dfrac{\tan x - x}{x - \sin x}$.

解 (1) $\lim\limits_{x \to +\infty} x\cdot(a^{\frac{1}{x}}-b^{\frac{1}{x}}) \xlongequal{\text{``}0\cdot\infty\text{''}} \lim\limits_{x \to +\infty}\dfrac{a^{\frac{1}{x}}-b^{\frac{1}{x}}}{\frac{1}{x}} \xlongequal{\text{设}\frac{1}{x}=t} \lim\limits_{t \to +0}\dfrac{a^t-b^t}{t}$

$= \lim\limits_{t \to +0}(a^t\ln a - b^t\ln b) = \ln a - \ln b$;

(2) $\lim\limits_{x \to 1^-}\ln x \cdot \ln(1-x) \xlongequal{\text{``}0\cdot\infty\text{''}} \lim\limits_{x \to 1^-}\dfrac{\ln(1-x)}{\frac{1}{\ln x}} = \lim\limits_{x \to 1^-}\dfrac{\frac{-1}{1-x}}{-\frac{1}{(\ln x)^2}\cdot\frac{1}{x}} = \lim\limits_{x \to 1^-}\dfrac{x\cdot(\ln x)^2}{1-x}$

$= \lim\limits_{x \to 1^-}\dfrac{(\ln x)^2}{1-x} = \lim\limits_{x \to 1^-}\dfrac{2\cdot\ln x\cdot\frac{1}{x}}{-1} = 0$;

(3) $\lim\limits_{x \to \frac{\pi}{4}}(\tan x)^{\tan 2x} \xlongequal{\text{``}1^\infty\text{''}} \lim\limits_{x \to \frac{\pi}{4}} e^{\tan 2x \cdot \ln(\tan x)} = e^{\lim\limits_{x \to \frac{\pi}{4}}\frac{\ln(\tan x)}{\cot 2x}} = e^{\lim\limits_{x \to \frac{\pi}{4}}\frac{\frac{1}{\tan x}\cdot\sec^2 x}{-2\csc^2 2x}} = e^{\lim\limits_{x \to \frac{\pi}{4}} -\sin 2x} = e^{-1}$;

(4) $\lim\limits_{x \to 0}\cot x\cdot\left(\dfrac{1}{\sin x}-\dfrac{1}{x}\right) \xlongequal{\text{``}\infty\cdot 0\text{''}} \lim\limits_{x \to 0}\dfrac{\frac{1}{\sin x}-\frac{1}{x}}{\tan x}$ (由等价无穷小代换 $x \to 0, \tan x \sim x$),

原式 $= \lim\limits_{x \to 0}\dfrac{\frac{x-\sin x}{x\cdot\sin x}}{x} = \lim\limits_{x \to 0}\dfrac{x-\sin x}{x^2\cdot\sin x} = \lim\limits_{x \to 0}\dfrac{x-\sin x}{x^3} = \lim\limits_{x \to 0}\dfrac{1-\cos x}{3x^2} = \dfrac{1}{6}$;

(5) $\lim\limits_{x \to -\infty}(\sqrt{x^2+x}+x) = \lim\limits_{x \to -\infty}\dfrac{x}{\sqrt{x^2+x}-x} = \lim\limits_{x \to -\infty}\dfrac{1}{-\sqrt{1+\frac{1}{x}}-1} = -\dfrac{1}{2}$;

(6) $\lim\limits_{x \to \infty}\left[x-x^2\ln\left(1+\dfrac{1}{x}\right)\right] = \lim\limits_{x \to \infty} x\left[1-x\ln\left(1+\dfrac{1}{x}\right)\right] \xlongequal{\text{``}\infty\cdot 0\text{''}} \lim\limits_{x \to \infty}\dfrac{1-x\ln\left(1+\frac{1}{x}\right)}{\frac{1}{x}}$

$= \lim\limits_{x \to \infty}\dfrac{-\ln\left(1+\frac{1}{x}\right)+x\cdot\frac{1}{1+\frac{1}{x}}\cdot\frac{1}{x^2}}{-\frac{1}{x^2}} = \lim\limits_{x \to \infty}\dfrac{-\ln\left(1+\frac{1}{x}\right)+\frac{1}{x+1}}{-\frac{1}{x^2}}$

$= \lim\limits_{x \to \infty}\dfrac{\frac{1}{1+\frac{1}{x}}\cdot\frac{1}{x^2}-\frac{1}{(x+1)^2}}{2\frac{1}{x^3}} = \lim\limits_{x \to \infty}\dfrac{\frac{x^2}{x+1}-\frac{x^3}{(x+1)^2}}{2} = \lim\limits_{x \to \infty}\dfrac{\frac{x^2}{(x+1)^2}}{2} = \dfrac{1}{2}$;

(7) $\lim\limits_{x\to 0}\left(\dfrac{1}{\sin x}-\dfrac{1}{x}\right)=\lim\limits_{x\to 0}\dfrac{x-\sin x}{x\cdot\sin x}$（做等价无穷小代换，$x\to 0$，$\sin x\sim x$）

$$=\lim_{x\to 0}\dfrac{x-\sin x}{x^2}\overset{\text{“}\frac{0}{0}\text{”}}{=\!=\!=}\lim_{x\to 0}\dfrac{1-\cos x}{2x}=\lim_{x\to 0}\dfrac{\sin x}{2}=0;$$

(8) $\lim\limits_{x\to 0}\left(\dfrac{1}{x}-\dfrac{1}{e^x-1}\right)=\lim\limits_{x\to 0}\dfrac{e^x-1-x}{x(e^x-1)}=\lim\limits_{x\to 0}\dfrac{e^x-1-x}{x^2}=\lim\limits_{x\to 0}\dfrac{e^x-1}{2x}=\lim\limits_{x\to 0}\dfrac{x}{2x}=\dfrac{1}{2}$

(9) $\lim\limits_{x\to 0}(2\sin x+\cos x)^{\frac{1}{x}}\overset{\text{“}1^\infty\text{”}}{=\!=\!=}\lim\limits_{x\to 0}e^{\frac{1}{x}\cdot\ln(2\sin x+\cos x)}=e^{\lim\limits_{x\to 0}\frac{\ln(2\sin x+\cos x)}{x}}=e^{\lim\limits_{x\to 0}\frac{\frac{2\cos x-\sin x}{2\sin x+\cos x}}{1}}=e^2;$

(10) $\lim\limits_{x\to\frac{\pi}{2}}(\sin x)^{\tan x}\overset{\text{“}1^\infty\text{”}}{=\!=\!=}\lim\limits_{x\to\frac{\pi}{2}}e^{\tan x\cdot\ln(\sin x)}=e^{\lim\limits_{x\to\frac{\pi}{2}}\frac{\ln(\sin x)}{\cot x}}=e^{\lim\limits_{x\to\frac{\pi}{2}}\frac{\frac{\cos x}{\sin x}}{-\csc^2 x}}=e^{\lim\limits_{x\to\frac{\pi}{2}}-\sin x\cdot\cos x}=1;$

(11) $\lim\limits_{x\to 1}\dfrac{\ln\cos(x-1)}{1-\sin\frac{\pi}{2}x}\overset{\text{“}\frac{0}{0}\text{”}}{=\!=\!=}\lim\limits_{x\to 1}\dfrac{\frac{-\sin(x-1)}{\cos(x-1)}}{-\cos\frac{\pi}{2}x\cdot\frac{\pi}{2}}=\dfrac{2}{\pi}\lim\limits_{x\to 1}\dfrac{x-1}{\cos\frac{\pi}{2}x}\overset{\text{“}\frac{0}{0}\text{”}}{=\!=\!=}\dfrac{2}{\pi}\lim\limits_{x\to 1}\dfrac{1}{-\frac{\pi}{2}\sin\frac{\pi}{2}x}=-\dfrac{4}{\pi^2};$

注：此题也可以应用等价无穷小代换．

(12) $\lim\limits_{x\to+\infty}\dfrac{\ln\left(1+\frac{1}{x}\right)}{\operatorname{arccot} x}\overset{\text{“}\frac{0}{0}\text{”}}{=\!=\!=}\lim\limits_{x\to+\infty}\dfrac{\frac{1}{x}}{\operatorname{arccot} x}=\lim\limits_{x\to+\infty}\dfrac{-\frac{1}{x^2}}{-\frac{1}{1+x^2}}=\lim\limits_{x\to+\infty}\dfrac{x^2+1}{x^2}=1;$

(13) $\lim\limits_{x\to 0}\left(\dfrac{1}{x^2}-\dfrac{1}{x\tan x}\right)=\lim\limits_{x\to 0}\dfrac{\tan x-x}{x^2\cdot\tan x}$（做等价无穷小代换，$x\to 0$，$\tan x\sim x$）

$$=\lim_{x\to 0}\dfrac{\tan x-x}{x^3}=\lim_{x\to 0}\dfrac{\sec^2 x-1}{3x^2}=\lim_{x\to 0}\dfrac{2\sec^2 x\tan x}{6x}\text{（做等价无穷小代换，}x\to 0\text{，}\tan x\sim x\text{）}$$

$$=\lim_{x\to 0}\dfrac{\sec^2 x\cdot x}{3x}=\lim_{x\to 0}\dfrac{\sec^2 x}{3}=\dfrac{1}{3};$$

(14) $\lim\limits_{n\to\infty}\tan^n\left(\dfrac{\pi}{4}+\dfrac{2}{n}\right)$，与之对应的函数极限为

$$\lim_{x\to+\infty}\tan^x\left(\dfrac{\pi}{4}+\dfrac{2}{x}\right)=\lim_{x\to+\infty}e^{x\cdot\ln\left[\tan\left(\frac{\pi}{4}+\frac{2}{x}\right)\right]}=e^{\lim\limits_{x\to+\infty}\frac{\ln\left[\tan\left(\frac{\pi}{4}+\frac{2}{x}\right)\right]}{\frac{1}{x}}}=e^{\lim\limits_{x\to+\infty}\frac{\frac{\sec^2\left(\frac{\pi}{4}+\frac{2}{x}\right)\cdot\left(-\frac{2}{x^2}\right)}{\tan\left(\frac{\pi}{4}+\frac{2}{x}\right)}}{-\frac{1}{x^2}}}$$

$$=e^{\lim\limits_{x\to+\infty}\frac{2}{\cos\left(\frac{\pi}{4}+\frac{2}{x}\right)\cdot\sin\left(\frac{\pi}{4}+\frac{2}{x}\right)}}=e^4,$$

故 $\lim\limits_{n\to\infty}\tan^n\left(\dfrac{\pi}{4}+\dfrac{2}{n}\right)=e^4;$

(15) $\lim\limits_{x\to 0}\dfrac{\tan x-x}{x-\sin x}=\lim\limits_{x\to 0}\dfrac{\sec^2 x-1}{1-\cos x}$

$$=\lim_{x\to 0}\dfrac{2\sec^2 x\cdot\tan x}{\sin x}\text{（做等价无穷小代换，}x\to 0\text{，}\tan x\sim x\text{，}\sin x\sim x\text{）}$$

$$=\lim_{x\to 0}\dfrac{2\sec^2 x\cdot x}{x}=\lim_{x\to 0}2\cdot\sec^2 x=2.$$

5. 设 $f(x)=\begin{cases}\dfrac{\cos 2x-\cos 3x}{x^2}, & x\neq 0,\\ a, & x=0,\end{cases}$ 问当 a 为何值时，$f(x)$ 在点 $x=0$ 处连续．

解 因为 $f(x)$ 在 $x=0$ 处连续可知 $\lim\limits_{x\to 0}f(x)=f(0)=a.$

而
$$\lim_{x\to 0}f(x)=\lim_{x\to 0}\frac{\cos 2x-\cos 3x}{x^2}\overset{"\frac{0}{0}"}{=}\lim_{x\to 0}\frac{-2\sin 2x+3\sin 3x}{2x}$$
$$=\lim_{x\to 0}\frac{-4\cos 2x+9\cos 3x}{2}=\frac{5}{2},$$

所以 $a=\dfrac{5}{2}$.

习题 3-3

1. 将函数 $f(x)=x^3+3x^2-2x+4$ 在 $x=-1$ 处展开成一、二、三阶泰勒公式(拉格朗日型余项).

解 $f'(x)=3x^2+6x-2$, $f''(x)=6x+6$, $f'''(x)=6$, $f^{(4)}(x)=0,\cdots f^{(n)}(x)=0$, 故 $f(-1)=8$, $f'(-1)=-5$, $f''(-1)=0$, $f'''(-1)=6$.

一阶泰勒公式为 $f(x)=8-5(x+1)+R_1(x)$, 其中 $R_1(x)=\dfrac{f''(\xi)}{2!}(x+1)^2=3(\xi+1)(x+1)^2$, ξ 在 x 与 -1 之间;

二阶泰勒公式为 $f(x)=8-5(x+1)+0+R_2(x)$, 其中 $R_2(x)=\dfrac{f'''(\xi)}{3!}(x+1)^3=(x+1)^3$, ξ 在 x 与 -1 之间;

三阶泰勒公式为 $f(x)=8-5(x+1)+0+(x+1)^3+R_3(x)$, 其中 $R_3(x)=\dfrac{f^{(4)}(\xi)}{4!}(x+1)^4=0$, ξ 在 x 与 -1 之间.

2. 设函数 $f(x)=x^5-3x^4+2x^2-x$, 令 $t=x-4$ 后, 得一新多项式 $g(t)$, 写出 t^3 的系数.

解 $f(x)$ 在 $x=4$ 处的泰勒公式为
$$f(x)=f(4)+f'(4)(x-4)+\frac{f''(4)}{2!}(x-4)^2+\frac{f'''(4)}{3!}(x-4)^3+\cdots.$$

令 $t=x-4$, 可得
$$g(t)=f(4)+f'(4)\cdot t+\frac{f''(4)}{2!}\cdot t^2+\frac{f'''(4)}{3!}\cdot t^3+\cdots.$$

因为 $f'''(x)=60x^2-72x$, $f'''(4)=672$, 所以 t^3 的系数为 $\dfrac{672}{6}$, 即 112.

3. 求函数 $f(x)=\tan x$ 的二阶麦克劳林公式.

解 因为 $f'(x)=\sec^2 x$, $f''(x)=2\sec^2 x\cdot\tan x$, $f'''(x)=\dfrac{4\sin^2 x+2}{\cos^4 x}$, 所以 $f(0)=0$, $f'(0)=1$, $f''(0)=0$. 代入公式可得 $f(x)$ 的二阶麦克劳林公式为
$$\tan x=0+x+0+\frac{f'''(\xi)}{3!}x^3=x+\frac{2\sin^2\xi+1}{3\cos^4\xi}x^3,$$

ξ 在 0 与 x 之间, 可表示成 $\theta x(0<\theta<1)$.

4. 求函数 $f(x)=xe^x$ 的 n 阶麦克劳林公式.

解 因为
$f'(x)=e^x(x+1)$, $f''(x)=e^x(x+2),\cdots,f^{(k)}(x)=e^x(x+k),\cdots,$
$f^{(n)}(x)=e^x(x+n)$, $f^{(n+1)}(x)=e^x(x+n+1)$,

所以 $f(0)=0, f'(0)=1, f''(0)=2, \cdots, f^{(k)}(0)=k, \cdots, f^{(n)}(0)=n.$
代入公式可得 $f(x)$ 的 n 阶麦克劳林公式为

$$xe^x = 0 + x + \frac{2}{2!}x^2 + \frac{3}{3!}x^3 + \cdots + \frac{n}{n!}x^n + \frac{e^\xi(\xi+n+1)}{(n+1)!}x^{n+1}$$

$$= x + x^2 + \frac{1}{2!}x^3 + \cdots + \frac{1}{(n-1)!}x^n + \frac{e^\xi(\xi+n+1)}{(n+1)!}x^{n+1},$$

其中 ξ 在 0 成 x 之间, ξ 可表示为 $\theta x(0<\theta<1)$.

5. 验证: 当 $0 < x \leq \frac{1}{2}$ 时, 按公式 $e^x \approx 1 + x + \frac{x^2}{2} + \frac{x^3}{6}$ 计算 e^x 的近似值时, 所产生的误差小于 0.01, 求 $\sqrt{e}$ 的近似值, 使误差小于 0.01.

解 公式 $e^x \approx 1 + x + \frac{x^2}{2} + \frac{x^3}{6}$ 的右边是 e^x 的麦克劳林公式的前四项, 所以

$$\text{误差} = \frac{(e^x)^{(4)}}{4!}\bigg|_{x=\xi} \cdot x^4 = \frac{e^\xi}{4!}x^4, \quad \xi \in (0, x).$$

由于 $0 < x \leq \frac{1}{2}$, 故 $0 < \xi < \frac{1}{2}$, 从而

$$\text{误差} \leq \frac{3^{\frac{1}{2}}}{4!} \cdot \left(\frac{1}{2}\right)^4 \approx 0.0045 < 0.01.$$

$$\sqrt{e} = e^{\frac{1}{2}} \approx 1 + \frac{1}{2} + \frac{1}{2} \times \left(\frac{1}{2}\right)^2 + \frac{1}{6} \times \left(\frac{1}{2}\right)^3 \approx 1.645.$$

6. 利用带皮亚诺余项的泰勒公式计算下列极限.

(1) $\lim\limits_{x \to 0} \dfrac{\sin x - x}{x^3}$; (2) $\lim\limits_{x \to 0} \dfrac{x - \sin x}{e^x - 1 - x - \dfrac{x^2}{2}}$.

解 (1) 将分子中的 $\sin x$ 用带有皮亚诺余项的三阶麦克劳林公式表示, 即

$$\sin x = x - \frac{x^3}{3!} + o(x^3).$$

$$\lim_{x \to 0} \frac{\sin x - x}{x^3} = \lim_{x \to 0} \frac{x - \frac{x^3}{3!} + o(x^3) - x}{x^3} = \lim_{x \to 0} \frac{-\frac{x^3}{6} + o(x^3)}{x^3} = -\frac{1}{6};$$

(2) 将 $\sin x$ 和 e^x 用带有皮亚诺余项的三阶麦克劳林公式表示, 即

$$\sin x = x - \frac{x^3}{3!} + o(x^3), \quad e^x = 1 + x + \frac{x^2}{2!} + \frac{x^3}{3!} + o(x^3).$$

$$\lim_{x \to 0} \frac{x - \sin x}{e^x - 1 - x - \frac{x^2}{2}} = \lim_{x \to 0} \frac{\frac{x^3}{3!} - o(x^3)}{\frac{x^3}{3!} + o(x^3)} = 1.$$

习题 3-4

1. 判定函数 $y = x^3 + x$ 单调增加.

解 $y' = 3x^2 + 1 > 0$, 所以函数 $y = x^3 + x$ 单调增加.

2. 判定函数 $y = \arctan x - x$ 单调减少.

解 $y' = \dfrac{1}{1+x^2} - 1 = \dfrac{-x^2}{1+x^2} \leq 0$, 所以函数 $y = \arctan x - x$ 单调减少.

3. 确定下列函数的单调区间：

(1) $y = x^2 - 3x - \dfrac{x^3}{3}$；

(2) $y = 2x^3 - 6x^2 - 18x - 7$；

(3) $y = \ln x - x$；

(4) $y = \cos 2x - 2x$；

(5) $y = e^{-x} + \sin x - x$；

(6) $y = 2x + \dfrac{1}{x} - \dfrac{x^3}{3}$；

(7) $e^x - 2x + y^3 + 3y = 4$；

(8) $y = x^n e^{-x} (n > 0, x \geq 0)$.

解 (1) 函数的定义域为 $(-\infty, +\infty)$，求这函数的导数，
$$y' = 2x - 3 - x^2 = -(x-1)^2 - 2 < 0,$$
故函数在 $(-\infty, +\infty)$ 内单调减少.

(2) 函数的定义域为 $(-\infty, +\infty)$，求这函数的导数，
$$y' = 6x^2 - 12x - 18 = 6(x-3)(x+1).$$

解方程 $y' = 0$，得出在定义域 $(-\infty, +\infty)$ 内的两个根 $x_1 = -1, x_2 = 3$. 这两个根把 $(-\infty, +\infty)$ 分成三个区间 $(-\infty, -1]$、$[-1, 3]$ 及 $[3, +\infty)$.

在区间 $(-\infty, -1)$ 内，$y' > 0$，原函数在 $(-\infty, -1)$ 内单调增加；

在区间 $(-1, 3)$ 内，$y' < 0$，原函数在 $(-1, 3)$ 内单调减少；

在区间 $(3, +\infty)$ 内，$y' > 0$，原函数在 $(3, +\infty)$ 内单调增加.

(3) 函数的定义域为 $(0, +\infty)$，求这函数的导数，$y' = \dfrac{1}{x} - 1$.

在 $(0, 1)$ 内，$y' > 0$，原函数在 $(0, 1]$ 内单调增加；

在 $(1, +\infty)$ 内，$y' < 0$，原函数在 $(1, +\infty)$ 内单调减少.

(4) 函数的定义域为 $(-\infty, +\infty)$，求这函数的导数，
$$y' = -2\sin 2x - 2 \leq 0,$$
所以原函数在 $(-\infty, +\infty)$ 内单调不增.

(5) 函数的定义域为 $(-\infty, +\infty)$，求这函数的导数，
$$y' = -e^{-x} + \cos x - 1 < 0,$$
所以原函数在 $(-\infty, +\infty)$ 内单调减少.

(6) 函数的定义域为 $(-\infty, 0) \cup (0, +\infty)$，求这函数的导数
$$y' = 2 - \dfrac{1}{x^2} - x^2 = 2 - \left(x^2 + \dfrac{1}{x^2}\right) \leq 2 - 2x \cdot \dfrac{1}{x} = 0,$$
所以原函数在 $(-\infty, 0)$ 和 $(0, +\infty)$ 内单调不增.

(7) 这是一个隐函数，其定义域为 $(-\infty, +\infty)$，对上式左、右同时求导，得
$$e^x - 2 + 3y^2 \cdot y' + 3y' = 0,$$
整理可得 $y' = \dfrac{2 - e^x}{3 + 3y^2}$，由于 $3 + 3y^2 > 0$，故 y' 与 $2 - e^x$ 同号.

在 $(-\infty, \ln 2)$ 内，$2 - e^x > 0$，$y' > 0$，原函数单调增加；

在 $(\ln 2, +\infty)$ 内，$2 - e^x < 0$，$y' < 0$，原函数单调减少；

(8) 求这个函数的导数，
$$y' = nx^{n-1} \cdot e^{-x} - x^n \cdot e^{-x} = x^{n-1} \cdot e^{-x}(n-x),$$
其中 $x^{n-1} \cdot e^{-x} > 0$.

在 $(0, n)$ 内，$y' > 0$，原函数单调增加；在 $(n, +\infty)$ 内，$y' < 0$，原函数单调减少.

4. 证明下列不等式:

(1) 当 $x>0$ 时, $1+\dfrac{1}{2}x > \sqrt{1+x}$;

(2) 当 $x>0$ 时, $e^x-x>1$;

(3) 当 $0<x<\dfrac{\pi}{2}$ 时, $\tan x>x+\dfrac{1}{3}x^3$.

证明 (1) 设函数 $f(x)=1+\dfrac{x}{2}-\sqrt{1+x}$, 求 $f(x)$ 的导数, $f'(x)=\dfrac{1}{2}-\dfrac{1}{2\sqrt{1+x}}$.

当 $x>0$ 时, $f'(x)>0$, 即 $f(x)$ 在 $(0,+\infty)$ 内单调增加, 由于 $f(0)=0$, 故当 $x>0$ 时, 有 $f(x)>f(0)=0$, 即 $1+\dfrac{x}{2}>\sqrt{1+x}$.

(2) 设函数 $f(x)=e^x-x-1$, 求 $f(x)$ 的导数, $f'(x)=e^x-1$.

当 $x>0$ 时, $f'(x)>0$, 即 $f(x)$ 在 $(0,+\infty)$ 内单调增加, 且 $f(0)=0$, 故当 $x>0$ 时, 有 $f(x)>f(0)=0$, 即 $e^x-x>1$.

(3) 设函数 $f(x)=\tan x-x-\dfrac{1}{3}x^3$, 求 $f(x)$ 的导数, $f'(x)=\sec^2 x-1-x^2=\tan^2 x-x^2$.

当 $0<x<\dfrac{\pi}{2}$ 时, $f'(x)>0$, 即 $f(x)$ 在 $\left(0,\dfrac{\pi}{2}\right)$ 内单调增加, 且 $f(0)=0$, 故当 $0<x<\dfrac{\pi}{2}$ 时, 有 $f(x)>f(0)=0$, 即 $\tan x>x+\dfrac{1}{3}x^3$.

5. 试证: 当 $|a|<4$ 时, 方程 $x^3+3x+a=0$ 只有一个实根.

证明 设函数 $f(x)=x^3+3x+a$, 求这个函数的导数, $f'(x)=3x^2+3>0$.

函数 $f(x)$ 在 $(-\infty,+\infty)$ 上单调增加. 当 $|a|<4$ 时, 有
$$f(-1)=a-4<0, f(1)=a+4>0$$
成立.

所以存在且只存在一点 $\xi\in(-1,1)$, 使 $f(\xi)=0$. 即当 $|a|<4$ 时, 方程 $x^3+3x+a=0$ 只有一个实根.

习题 3-5

1. 若 $f'(x_0)=0$, $f''(x_0)$ 存在且 $f''(x_0)\neq 0$, 则 $f''(x_0)$ 的值为_____时, $f(x)$ 在 $x=x_0$ 处有极大值 $f(x_0)$ (横线上填"正"或"负").

解 由第二判定定理可知, $f''(x_0)$ 的值为负.

2. 求下列函数的极值:

(1) $y=2x^3-6x^2-18x+7$;　　　(2) $y=x^3-6x^2+9x-4$;

(3) $y=(x-1)x^{\frac{2}{3}}$;　　　(4) $y=x^{\frac{1}{x}}$;

(5) $y=x+\tan x$;　　　(6) $y=x^2\ln x$;　　　(7) $y=\dfrac{\ln x}{\sqrt{x}}$.

解 (1) $y'=6x^2-12x-18=6(x-3)(x+1)$, 令 $y'=0$, 求得驻点, $x_1=-1, x_2=3$. $y''=12x-12$, $y''(-1)=-24<0$, 故函数在 $x=-1$ 取得极大值, $y(-1)=17$, 因为 $y''(3)=24>0$, 故函数在 $x=3$ 取得极小值, $y(3)=-47$.

(2) $y'=3x^2-12x+9=3(x-1)(x-3)$,令 $y'=0$,求得驻点 $x_1=1,x_2=3$. $y''=6x-12$, $y''(1)=-6<0$,故函数在 $x=1$ 取得极大值,$y(1)=0$;因为 $y''(3)=6>0$,故函数在 $x=3$ 取得极小值,$y(3)=-4$.

(3) $y'=x^{\frac{2}{3}}+\frac{2}{3}(x-1) \cdot x^{-\frac{1}{3}}=\frac{5}{3}x^{\frac{2}{3}}-\frac{2}{3} \cdot x^{-\frac{1}{3}}=\frac{5}{3}x^{-\frac{1}{3}}\left(x-\frac{2}{5}\right)$,显然 $x=0$ 是导数不存在的点,令 $y'=0$,可得驻点 $x=\frac{2}{5}$. $y''=\frac{10}{9} \cdot x^{-\frac{1}{3}}+\frac{2}{9} \cdot x^{-\frac{4}{3}}$,因为 $y''(0)=0$,需考查 $y'(x)$ 在 $x=0$ 左右邻近的符号. 当 x 取 0 点左侧附近的值时,$y'(x)>0$,当 x 取 0 点右侧附近的值时,$y'(x)<0$,故 $x=0$ 是原函数的极大值点,$y(0)=0$;因为 $y''\left(\frac{2}{5}\right)>0$,故 $x=\frac{2}{5}$ 是原函数的极小值点,$y\left(\frac{2}{5}\right)=-\frac{3}{5} \cdot \left(\frac{2}{5}\right)^{\frac{2}{3}}$.

(4) 等式左、右两侧同时取对数得 $\ln y=\frac{1}{x}\ln x$,两侧同时对 x 求导,可得 $\frac{y'}{y}=-\frac{1}{x^2}\ln x+\frac{1}{x^2}$,即 $y'=x^{\frac{1}{x}} \cdot \frac{1}{x^2}(1-\ln x)$. 令 $y'=0$,可得原函数的驻点为 $x=\mathrm{e}$. 当 x 取 e 点左侧附近的值时,$y'(x)>0$,当 x 取 e 点右侧附近的值时,$y'(x)<0$,故 $x=\mathrm{e}$ 是原函数的极大值点,$y(\mathrm{e})=\mathrm{e}^{\frac{1}{\mathrm{e}}}$.

(5) $y'=1+\sec^2 x>0$,故函数在定义域 $\left(k\pi-\frac{\pi}{2},k\pi+\frac{\pi}{2}\right)k\in Z$,内单调增加,无极值点;

(6) $y'=2x \cdot \ln x+x$,令 $y'=0$,求得驻点 $x=\mathrm{e}^{-\frac{1}{2}}$. $y''=2\ln x+3$,$y''(\mathrm{e}^{-\frac{1}{2}})=2>0$,故 $x=\mathrm{e}^{-\frac{1}{2}}$ 是原函数的极小值点,$y(\mathrm{e}^{-\frac{1}{2}})=-\frac{1}{2\mathrm{e}}$.

(7) $y'=\dfrac{\frac{1}{x} \cdot \sqrt{x}-\ln x \cdot \frac{1}{2} \cdot x^{-\frac{1}{2}}}{x}=x^{-\frac{3}{2}}\left(1-\frac{1}{2}\ln x\right)$,令 $y'=0$,求得驻点 $x=\mathrm{e}^2$. $y''=\frac{1}{2} \cdot x^{-\frac{5}{2}}\left(\frac{3}{2}\ln x-4\right)$,因为 $y''(\mathrm{e}^2)=-\frac{1}{2}\mathrm{e}^{-5}<0$,故 $x=\mathrm{e}^2$ 是原函数的极大值点,$y(\mathrm{e}^2)=\frac{2}{\mathrm{e}}$.

3. 试问 a 为何值时,函数 $f(x)=a\sin x+\frac{1}{3}\sin 3x$ 在 $x=\frac{\pi}{3}$ 处取得极值?它是极大值还是极小值?并求出此极值.

解 $f'(x)=a\cos x+\cos 3x$. 若函数 $f(x)$ 在 $x=\frac{\pi}{3}$ 处取得极值,则 $f'\left(\frac{\pi}{3}\right)=0$,即 $a \cdot \cos\frac{\pi}{3}+\cos\pi=0$,解得 $a=2$,$f(x)=2\sin x+\frac{1}{3}\sin 3x$. $f''(x)=-2\sin x-3 \cdot \sin 3x$,当 $x=\frac{\pi}{3}$ 时,$f''\left(\frac{\pi}{3}\right)=-\sqrt{3}<0$,故 $x=\frac{\pi}{3}$ 是 $f(x)$ 的极大值点,且极大值为 $f\left(\frac{\pi}{3}\right)=\sqrt{3}$.

4. 求下列函数的最大值、最小值:

(1) $y=2x^3-3x^2$,$-1\leqslant x\leqslant 4$;

(2) $y=\frac{x^2}{2}+2x+\ln|x|$,$-4\leqslant x\leqslant -1$;

(3) $y=nx(1-x)^n$ (n 为自然数),$0<x<1$;

(4) $y=x^2+x$,$-1\leqslant x\leqslant 1$.

解 (1) $y'=6x^2-6x=6x(x-1)$,令 $y'=0$,求得 $[-1,4]$ 内的两个驻点 $x_1=0,x_2=1$. 由于 $y(-1)=-5,y(0)=0,y(1)=-1,y(4)=80$,比较可得原函数在 $x=4$ 处取得极大值 80,在 $x=-1$ 处取得极小值 -5.

(2) 当 $x \in [-4,-1]$ 时, $y = \frac{x^2}{2} + 2x + \ln(-x)$, $y' = x + 2 + \frac{1}{x}$, 令 $y' = 0$, 求得 $[-4,-1]$ 内的驻点 $x = -1$. 由于 $y(-4) = \ln 4$, $y(-1) = -\frac{3}{2}$, 比较可得原函数在 $x = -4$ 取得最大值 $\ln 4$, 在 $x = -1$ 处取得最小值 $-\frac{3}{2}$.

(3) $y' = n(1-x)^n + nx \cdot n(1-x)^{n-1} \cdot (-1) = n(1-x)^{n-1}[1-(n+1)x]$, 令 $y' = 0$, 可求得 $(0,1)$ 区间内的驻点 $x = \frac{1}{n+1}$. 在 $x = \frac{1}{n+1}$ 左侧附近有 $y'(x) > 0$, 在右侧附近有 $y'(x) < 0$, 所以 $x = \frac{1}{n+1}$ 是原函数的最大值点, $y\left(\frac{1}{n+1}\right) = \left(\frac{n}{n+1}\right)^{n+1}$, 无最小值.

(4) $y' = 2x + 1$, 令 $y' = 0$, 可求得 $[-1,1]$ 内的驻点 $x = -\frac{1}{2}$. 由 $y(-1) = 0$, $y\left(-\frac{1}{2}\right) = -\frac{1}{4}$, $y(1) = 2$ 比较可得, $x = -\frac{1}{2}$ 是原函数的最小值点, $y\left(-\frac{1}{2}\right) = -\frac{1}{4}$; $x = 1$ 为原函数的最大值点, $y(1) = 2$.

5. 问函数 $y = 2x^3 - 6x^2 - 18x - 7$ $(-1 \leqslant x \leqslant 4)$ 在何处取得最大值? 并求出它的最大值.

解 $y' = 6x^2 - 12x - 18 = 6(x+1)(x-3)$, 令 $y' = 0$, 可求得 $[-1,4]$ 内的驻点 $x_1 = -1$, $x_2 = 3$. 由 $y(-1) = 3$, $y(3) = -61$, $y(4) = -47$ 比较可得, 原函数在 $x = -1$ 处取得最大值 $y(-1) = 3$.

6. 问函数 $y = x^2 - \frac{54}{x}$ $(x < 0)$ 在何处取得最小值.

解 $y' = 2x + \frac{54}{x^2}$, $y'' = 2 - \frac{108}{x^3}$, 令 $y' = 0$, 可得 $x < 0$ 内的驻点 $x = -3$. 由 $y''(-3) = 6 > 0$, 故 $x = -3$ 是原函数的最小值, $y(-3) = 27$.

7. 证明下列不等式:

(1) 当 $x > -1$ 时, $e^x - 1 > \ln(1+x)$;

(2) 当 $x > 0$ 时, $e^x \geqslant xe$.

证明 (1) 设函数 $f(x) = \ln(1+x) - e^x$, $f'(x) = \frac{1}{1+x} - e^x$, 令 $f'(x) = 0$, 可求得 $x = 0$ 是 $f(x)$ 的唯一驻点.

$f''(x) = -\frac{1}{(1+x)^2} - e^x < 0$, 所以 $x = 0$ 是 $f(x)$ 的最大值点.

当 $x > -1$ 时, 有 $f(x) < f(0)$, 即 $\ln(1+x) - e^x < -1$, 进而有 $e^x - 1 > \ln(1+x)$;

(2) 设函数 $f(x) = \frac{e^x}{x}$, $f'(x) = \frac{e^x(x-1)}{x^2}$, 求得 $x = 1$ 是 $f(x)$ 的驻点.

$f''(x) = \frac{e^x(x^2 - 2x + 2)}{x^3}$, 由于 $f''(1) = e > 0$, 所以 $x = 1$ 是 $f(x)$ 的最小值点, 即当 $x > 0$ 时, 有 $f(x) > f(1)$, 即 $\frac{e^x}{x} > e$, 进而 $e^x > xe$.

8. 把数 8 分为两个正数之和, 使其立方之和为最小, 求此两个正数.

解 设这两个正数为 $x, 8-x$, $(0 < x < 8)$, 令 $f(x) = x^3 + (8-x)^3$. $f'(x) = 3x^2 - 3(8-x)^2 = 48x - 192$, 令 $f'(x) = 0$, 求得 $f(x)$ 的驻点 $x = 4$.

由于 $f''(x) = 48 > 0$, 所以 $x = 4$ 是 $f(x)$ 的最小值点, 所以这两个正数都是 4.

9. 有甲乙两人,甲位于乙的正东 50km 处,甲骑自行车以 10km/h 的速度向西行走,而乙步行以 5km/h 的速度向正北走去,问经过多少时间,甲乙两人相距最近?最近距离是多少?

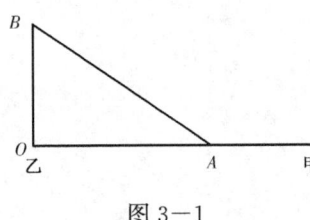

图 3-1

解 设经过 x 小时,两人相距最近,此时两人分别位于图 3-1 中 A、B 的位置. 由题可知 $|BO|=5x$,$|AO|=50-10x$,$0 \leqslant x \leqslant 5$. 在 $Rt\triangle AOB$ 中,
$$|AB|^2=|OB|^2+|OA|^2=(5x)^2+(50-10x)^2.$$
$|AB|$ 最小等价于 $|AB|^2$ 最小. 设
$$f(x)=(5x)^2+(50-10x)^2,$$
即在 $[0,5]$ 内求 $f(x)$ 的最小值点和最小值.
$$f'(x)=50x-20(50-10x)=250x-1000,$$
令 $f'(x)=0$,求得 $x=4$ 是 $f(x)$ 的唯一驻点.

由于 $f(0)=2500$,$f(4)=500$,$f(5)=625$,比较可得,$x=4$ 是 $f(x)$ 的最小值点,$f(4)=500$,即经过 4h,两人距离最近,为 $10\sqrt{5}$ km.

10. 求半径为 R 的球的内接圆柱体的最大体积.

解 设圆柱的底面半径为 $r(0<r<R)$,圆柱的高为 $2\sqrt{R^2-r^2}$,则
$$V=\pi r^2 \cdot h=\pi \cdot r^2 \cdot 2\sqrt{R^2-r^2}.$$
$$V'=2\pi\left(2r\cdot\sqrt{R^2-r^2}-\frac{r^3}{\sqrt{R^2-r^2}}\right)=2\pi\frac{2r\cdot R^2-3r^3}{\sqrt{R^2-r^2}},$$
令 $V'=0$,可得 $r=\sqrt{\frac{2}{3}}R$ 是 $0<r<R$ 内的唯一驻点,由于最大体积的圆柱一定存在,故 V 在 $r=\sqrt{\frac{2}{3}}R$ 时取得最大值 $\frac{4\pi R^3}{3\sqrt{3}}$.

11. 已知正圆锥体的底半径为 r,高为 h,试求它的最大体积的内接圆柱体的高.

解 设圆柱的高为 $x(0<x<h)$,圆柱的底面半径为 $\frac{r(h-x)}{h}$,则
$$V=\pi\left[\frac{r(h-x)}{h}\right]^2 \cdot x=\frac{\pi r^2}{h^2}(h-x)^2 \cdot x.$$
$$V'=\frac{\pi r^2}{h^2}(3x^2-4hx+h^2),$$
令 $V'=0$,可得 $x=\frac{h}{3}$ 是 $0<x<h$ 内唯一驻点,由于最大体积的圆柱一定存在,故 V 在 $x=\frac{h}{3}$ 时取得最大值.

12. 用铁皮做一个容积为 V 的圆锥形无盖的桶,问应如何设计,才能使用料最省?

解 设圆锥的底面半径为 r,高 $h=\frac{3V}{\pi r^2}$,则
$$S=\frac{l\cdot R}{2}=\frac{2\pi r\cdot\sqrt{r^2+\left(\frac{3V}{\pi r^2}\right)^2}}{2}=\pi\sqrt{r^4+\frac{9V^2}{\pi^2 r^2}}.$$
$$S'=\frac{\pi\left(4r^3-2\cdot\frac{9V^2}{\pi^2 r^3}\right)}{2\sqrt{r^4+\frac{9V^2}{\pi^2 r^2}}},$$

令 $S'=0$，可得 $r^3=\dfrac{3V}{\sqrt{2}\pi}$，$r=\sqrt[3]{\dfrac{3V}{\sqrt{2}\pi}}$，此时 $h=\sqrt[3]{\dfrac{6V}{\pi}}$. 即当底面半径为 $\sqrt[3]{\dfrac{3V}{\sqrt{2}\pi}}$，高为 $\sqrt[3]{\dfrac{6V}{\pi}}$ 时，用料最省.

习题 3-6

1. 求下列曲线的凹凸区间：
   (1) $y=x^2+\cos x$；　　　　　　(2) $y=3x^4-4x^3$.

   解 (1) 因为 $y'=2x-\sin x$，$y''=2-\cos x>0$，所以函数在定义域 $(-\infty,+\infty)$ 内是凹的.

   (2) 因为 $y'=12x^3-12x^2$，$y''=36x^2-24x$，当 $x\in(-\infty,0)$ 时，$y''>0$，曲线是凹的；当 $x\in\left(0,\dfrac{2}{3}\right)$ 时，$y''<0$，曲线是凸的；当 $x\in\left(\dfrac{2}{3},+\infty\right)$，$y''>0$，曲线是凹的.

2. 求下列函数图形的凹凸区间及拐点：
   (1) $y=\arctan x-x$；　　　(2) $y=x^2\ln x$；　　　(3) $y=(x+1)^4+\mathrm{e}^x$；
   (4) $y=\ln(x^2+1)$；　　　(5) $y=x^3+3x^2-x-1$.

   解 (1) $y'=\dfrac{1}{1+x^2}-1$，$y''=-\dfrac{2x}{(1+x^2)^2}$，解方程 $y''=0$，得 $x=0$. 当 $x\in(-\infty,0)$ 时，$y''>0$，曲线是凹的；当 $x\in(0,+\infty)$ 时 $y''<0$，曲线是凸的；点 $(0,0)$ 是曲线的拐点.

   (2) 函数的定义域为 $(0,+\infty)$，$y'=2x\ln x+x$，$y''=2\ln x+3$，解方程 $y''=0$，得 $x=\mathrm{e}^{-\frac{3}{2}}$. 当 $x\in(0,\mathrm{e}^{-\frac{3}{2}})$ 时，$y''<0$，曲线是凸的；当 $x\in(\mathrm{e}^{-\frac{3}{2}},+\infty)$ 时，$y''>0$，曲线是凹的；点 $\left(\mathrm{e}^{-\frac{3}{2}},-\dfrac{3}{2}\mathrm{e}^{-3}\right)$ 是曲线的拐点；

   (3) $y'=4(x+1)^3+\mathrm{e}^x$，$y''=12(x+1)^2+\mathrm{e}^x>0$，在定义域 $(-\infty,+\infty)$ 内，$y''>0$，曲线是凹的，没有拐点.

   (4) $y'=\dfrac{2x}{x^2+1}$，$y''=\dfrac{2-2x^2}{(x^2+1)^2}$，解方程 $y''=0$，得 $x_1=-1$，$x_2=1$. 当 $x\in(-\infty,-1)$ 时，$y''<0$，曲线是凸的；当 $x\in(-1,1)$ 时，$y''>0$，曲线是凹的；当 $x\in(1,+\infty)$ 时，$y''<0$，曲线是凸的；$(-1,\ln 2)$ 和 $(1,\ln 2)$ 是曲线的拐点.

   (5) $y'=3x^2+6x-1$，$y''=6x+6$，解方程 $y''=0$，得 $x=-1$. 当 $x\in(-\infty,-1)$ 时，$y''<0$，曲线是凸的；当 $x\in(-1,+\infty)$ 时，$y''>0$，曲线是凹的；$(-1,2)$ 是曲线的拐点.

3. 利用函数曲线的凹凸性证明下列不等式：
   (1) $\dfrac{\mathrm{e}^x+\mathrm{e}^y}{2}>\mathrm{e}^{\frac{x+y}{2}}$　　$(x\neq y)$；

   (2) $\dfrac{x^n+y^n}{2}>\left(\dfrac{x+y}{2}\right)^n$　　$(x>0,y>0,x\neq y,n>1)$.

   证明 (1) 设函数 $f(x)=\mathrm{e}^x$，则 $f'(x)=f''(x)=\mathrm{e}^x>0$，所以 $f(x)$ 在定义域 $(-\infty,+\infty)$ 上是凹的. 对于 $x,y\in R$，$x\neq y$，有 $\dfrac{f(x)+f(y)}{2}>f\left(\dfrac{x+y}{2}\right)$ 成立. 即 $\dfrac{\mathrm{e}^x+\mathrm{e}^y}{2}>\mathrm{e}^{\frac{x+y}{2}}$.

   (2) 设函数 $f(x)=x^n$，则 $f'(x)=nx^{n-1}$，$f''(x)=n(n-1)x^{n-2}$，所以当 $x>0$ 时，$f''(x)>0$，所以 $f(x)$ 在 $(0,+\infty)$ 上是凹的. 对于 $x,y\in R^+$，$x\neq y$，有 $\dfrac{f(x)+f(y)}{2}>f\left(\dfrac{x+y}{2}\right)$ 成立. 即 $\dfrac{x^n+y^n}{2}>\left(\dfrac{x+y}{2}\right)^n$.

4. 试确定曲线 $y=ax^3+bx^2+cx+d$ 的 a、b、c、d，使得点 $x=-2$ 为驻点，且 $y(-2)=44$，$(1,-10)$ 为拐点．

解 $y'=3ax^2+2bx+c$，$y''=6ax+2b$．

因为 $(-2,44)$ 是驻点，$(1,-10)$ 是拐点，所以 $y'(-2)=0$，$y''(1)=0$，即

$$12a-4b+c=0, \tag{1}$$

$$6a+2b=0. \tag{2}$$

另外，$(-2,44)$ 和 $(1,-10)$ 是曲线上的点，有

$$-8a+4b-2c+d=44, \tag{3}$$

$$a+b+c+d=-10. \tag{4}$$

式(1)、式(2)、式(3)、式(4)构成四元一次方程组 $\begin{cases} 12a-4b+c=0, \\ 6a+2b=0, \\ -8a+4b-2c+d=44, \\ a+b+c+d=-10, \end{cases}$ 解此方程组可得 $a=1, b=-3, c=-24, d=16$．

5. 求 a、b 的值，使点 $(1,6)$ 为曲线 $y=ax^3+bx^2$ 的拐点．

解 $y'=3ax^2+2bx$，$y''=6ax+2b$．

因为 $(1,6)$ 是曲线的拐点，所以 $y''(1)=0$，即

$$6a+2b=0. \tag{1}$$

另外，$(1,6)$ 是曲线的点，有

$$a+b=6. \tag{2}$$

式(1)、式(2)构成一个二元一次方程组 $\begin{cases} 6a+2b=0, \\ a+b=6. \end{cases}$ 解得 $a=-3, b=9$．

6. 试确定 a、b、c 的值，使曲线 $y=ax^3+bx^2+cx$ 有拐点 $(1,2)$ 且在该点处的切线斜率为 -1．

解 $y'=3ax^2+2bx+c$，$y''=6ax+2b$．

因为 $(1,2)$ 是曲线的拐点，所以有 $y''(1)=0$，即

$$6a+2b=0. \tag{1}$$

曲线在 $(1,2)$ 点处切线的斜率为 -1，有 $y'(1)=-1$，即

$$3a+2b+c=-1, \tag{2}$$

点 $(1,2)$ 是曲线上的点，即

$$a+b+c=2. \tag{3}$$

由式(1)、式(2)、式(3)构成一个三元一次方程组 $\begin{cases} 6a+2b=0, \\ 3a+2b+c=-1, \\ a+b+c=2. \end{cases}$ 解此方程组可得 $a=3, b=-9, c=8$．

习题 3-7

1. 求曲线 $y=\dfrac{x}{(x+1)(x-1)}$ 的渐近线.

   解 (1) 由分母 $(x+1)(x-1)$ 立即看出
   $$\lim_{x\to -1}\dfrac{x}{(x+1)(x-1)}=\infty,\ \lim_{x\to 1}\dfrac{x}{(x+1)(x-1)}=\infty,$$
   所以直线 $x=-1$ 及 $x=1$ 是曲线的垂直渐近线；

   (2) 由 $\lim\limits_{x\to\infty}\dfrac{x}{(x+1)(x-1)}=0$, 可知 $y=0$ 是曲线的水平渐近线；

   (3) 因为 $\lim\limits_{x\to\infty}\dfrac{x}{x(x+1)(x-1)}=0$, 所以原曲线无斜渐近线.

2. 求曲线 $y=\dfrac{x^3}{2(x+1)^2}$ 的渐近线.

   解 (1) 由分母 $2(x+1)^2$ 可以看出
   $$\lim_{x\to -1}\dfrac{x^3}{2(x+1)^2}=\infty,$$
   所以直线 $x=-1$ 是曲线的垂直渐近线；

   (2) 由 $\lim\limits_{x\to\infty}\dfrac{x^3}{2(x+1)^2}=\infty$, 可知原曲线无水平渐近线；

   (3) 因为 $\lim\limits_{x\to\infty}\dfrac{x^3}{x\cdot 2(x+1)^2}=\dfrac{1}{2}$, 即 $k=\dfrac{1}{2}$,

   由 $\lim\limits_{x\to\infty}\left[\dfrac{x^3}{2(x+1)^2}-\dfrac{x}{2}\right]=\lim\limits_{x\to\infty}\dfrac{-2x^2-x}{2(x+1)^2}=-1$, 即 $b=-1$, 所以直线 $y=\dfrac{1}{2}x-1$ 是原曲线的斜渐近线.

3. 求曲线 $y=\dfrac{x^2-1}{x}$ 的渐近线.

   解 (1) 由分母 x 可以看出 $\lim\limits_{x\to 0}\dfrac{x^2-1}{x}=\infty$, 所以直线 $x=0$ 是曲线的垂直渐近线；

   (2) 由 $\lim\limits_{x\to\infty}\dfrac{x^2-1}{x}=\infty$, 可知原曲线无水平渐近线；

   (3) 因为 $\lim\limits_{x\to\infty}\dfrac{x^2-1}{x\cdot x}=1$, 即 $k=1$, 由 $\lim\limits_{x\to\infty}\left(\dfrac{x^2-1}{x}-x\right)=\lim\limits_{x\to\infty}-\dfrac{1}{x}=0$, 即 $b=0$. 所以直线 $y=x$ 是原曲线的斜渐近线.

4. 讨论函数 $y=\dfrac{x}{1+x^2}$ 的单调性及其极值、凹凸性及其拐点、渐近线, 并描绘出该函数的图形.

   解 (1) 函数 $y=\dfrac{x}{1+x^2}$ 的定义域为 $(-\infty,+\infty)$；且函数为奇函数, 图形关于原点对称.

(2) $y'=\dfrac{1-x^2}{(1+x^2)^2}$，$y''=\dfrac{2x(x^2-3)}{(1+x^2)^3}$，令 $y'=0$ 得驻点，$x=\pm 1$；令 $y''=0$，得 $x=0,x=\pm\sqrt{3}$.

下面列表说明曲线的性质：

x	$(-\infty,-\sqrt{3})$	$-\sqrt{3}$	$(-\sqrt{3},-1)$	-1	$(-1,0)$	0	$(0,1)$	1	$(1,\sqrt{3})$	$\sqrt{3}$	$(\sqrt{3},+\infty)$
y'	$-$	$-$	$-$	0	$+$	$+$	$+$	0	$-$	$-$	$-$
y''	$-$	0	$+$	$+$	$+$	0	$-$	$-$	$-$	0	$+$
y	单调减小，凸	$\left(-\sqrt{3},-\dfrac{\sqrt{3}}{4}\right)$ 拐点	单调减小，凹	$\left(-1,-\dfrac{1}{2}\right)$ 极小值	单调增加，凹	$(0,0)$ 拐点	单调增加，凸	$\left(1,\dfrac{1}{2}\right)$ 极大值	单调减小，凸	$\left(\sqrt{3},\dfrac{\sqrt{3}}{4}\right)$ 拐点	单调减小，凹

(3) 渐近线：由分母 $1+x^2$ 可知，曲线无垂直渐近线，由 $\lim\limits_{x\to\infty}\dfrac{x}{1+x^2}=0$ 可知，$y=0$ 是水平渐近线；由 $\lim\limits_{x\to\infty}\dfrac{x}{(1+x^2)x}=0$ 可知，曲线无斜渐近线.

综上所述，函数 $y=\dfrac{x}{1+x^2}$ 在 $(-\infty,-1)$ 和 $(1,+\infty)$ 内单调减小，在 $(-1,1)$ 内单调增加；$x=-1$ 是它的极小值点，$x=1$ 是它的极大值点；在 $(-\infty,-\sqrt{3})$ 和 $(0,\sqrt{3})$ 内是凸的，在 $(-\sqrt{3},0)$ 和 $(\sqrt{3},+\infty)$ 是凹的，$\left(-\sqrt{3},-\dfrac{\sqrt{3}}{4}\right)$，$(0,0)$，$\left(\sqrt{3},\dfrac{\sqrt{3}}{4}\right)$ 是拐点；$y=0$ 是水平渐近线.
函数图形如图 3-2 所示.

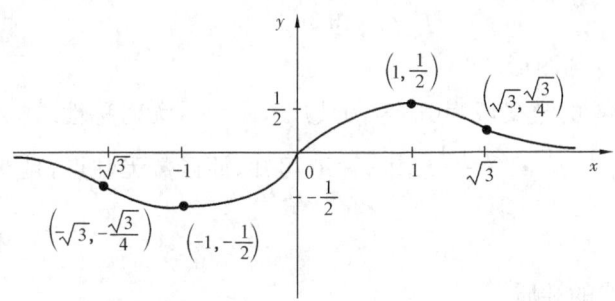

图 3-2

5. 描绘函数 $y=\dfrac{1}{1+x^2}$ 的图形.

解 (1) 函数 $y=\dfrac{1}{1+x^2}$ 的定义域为 $(-\infty,+\infty)$，且函数为偶函数，图形关于 y 轴对称.

(2) $y'=-\dfrac{2x}{(1+x^2)^2}$，$y''=\dfrac{6x^2-2}{(1+x^2)^3}$，

令 $y'=0$ 得驻点 $x=0$；令 $y''=0$，得 $x=\pm\dfrac{1}{\sqrt{3}}=\pm\dfrac{\sqrt{3}}{3}$.

下面列表说明曲线的性质：

x	$\left(-\infty,-\dfrac{\sqrt{3}}{3}\right)$	$-\dfrac{\sqrt{3}}{3}$	$\left(-\dfrac{\sqrt{3}}{3},0\right)$	0	$\left(0,\dfrac{\sqrt{3}}{3}\right)$	$\dfrac{\sqrt{3}}{3}$	$\left(\dfrac{\sqrt{3}}{3},+\infty\right)$
y'	$+$	$+$	$+$	0	$-$	$-$	$-$
y''	$+$	0	$-$	$-$	$-$	0	$+$
y	单调增加,凹	$\left(-\dfrac{\sqrt{3}}{3},\dfrac{3}{4}\right)$ 拐点	单调增加,凸	$(0,1)$ 极大值	单调减小,凸	$\left(\dfrac{\sqrt{3}}{3},\dfrac{3}{4}\right)$ 拐点	单调减小,凹

(3)渐近线：由分母 $1+x^2$ 可知,曲线无垂直渐近线；由 $\lim\limits_{x\to\infty}\dfrac{1}{1+x^2}=0$ 可知, $y=0$ 是水平渐近线；由 $\lim\limits_{x\to\infty}\dfrac{1}{(1+x^2)x}=0$ 可知,曲线无斜渐近线.

函数图形如图 3-3 所示.

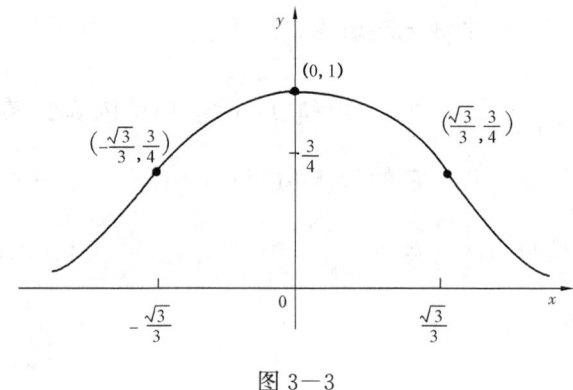

图 3-3

6. 描绘函数 $y=\mathrm{e}^{\frac{1}{x}}$ 的图形.

解 (1)函数 $y=\mathrm{e}^{\frac{1}{x}}$ 的定义域为 $(-\infty,0)\cup(0,+\infty)$,无对称性.

(2) $y'=-\dfrac{1}{x^2}\mathrm{e}^{\frac{1}{x}}$, $y''=\mathrm{e}^{\frac{1}{x}}\cdot\dfrac{2x+1}{x^4}$. 由 $y'<0$ 可知,原函数无驻点,且在定义域内单调减小；令 $y''=0$ 得 $x=-\dfrac{1}{2}$.

下面列表说明曲线的性质：

x	$\left(-\infty,-\dfrac{1}{2}\right)$	$-\dfrac{1}{2}$	$\left(-\dfrac{1}{2},0\right)$	0	$(0,+\infty)$
y'	$-$	$-$	$-$	无意义	$-$
y''	$-$	0	$+$	无意义	$+$
y	单调减小,凸	$\left(-\dfrac{1}{2},\mathrm{e}^{-2}\right)$ 拐点	单调减小,凹	间断点	单调减小,凹

(3)渐近线：由 $\lim\limits_{x\to 0^+}\mathrm{e}^{\frac{1}{x}}=+\infty$ 可知 $x=0$ 是曲线的垂直渐近线；由 $\lim\limits_{x\to\infty}\mathrm{e}^{\frac{1}{x}}=1$ 可知 $y=1$ 是曲线的水平渐近线；曲线无斜渐近线.

函数图形如图 3-4 所示.

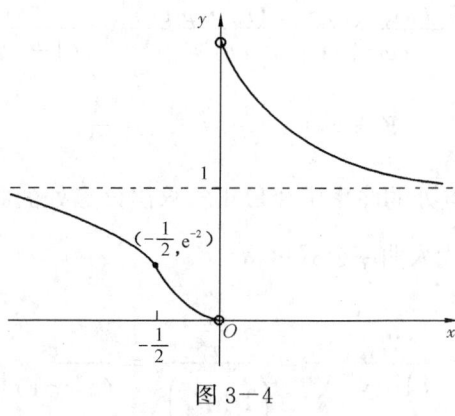

图 3-4

习题 3-8

1. 计算曲线 $y=x^2$ 上点 $(\sqrt{2},2)$ 处的曲率.

解 $y'=2x, y''=2$，代入曲率公式可得
$$K=\frac{|y''|}{(1+y'^2)^{\frac{3}{2}}}=\frac{|2|}{(1+4x^2)^{\frac{3}{2}}},$$

所以
$$K\big|_{(\sqrt{2},2)}=\frac{2}{(1+8)^{\frac{3}{2}}}=\frac{2}{27}.$$

2. 计算正弦曲线 $y=\sin x$ 上点 $\left(\dfrac{\pi}{2},1\right)$ 处的曲率.

解 $y'=\cos x, y''=-\sin x$，代入曲率公式可得
$$K=\frac{|y''|}{(1+y'^2)^{\frac{3}{2}}}=\frac{|-\sin x|}{(1+\cos^2 x)^{\frac{3}{2}}},$$

所以
$$K\big|_{\left(\frac{\pi}{2},1\right)}=\frac{\left|\sin\dfrac{\pi}{2}\right|}{\left(1+\cos^2\dfrac{\pi}{2}\right)^{\frac{3}{2}}}=1.$$

3. 求曲线 $y=\ln(\sec x)$ 在点 (x,y) 处的曲率及曲率半径.

解 $y'=\tan x, y''=\sec^2 x$，代入曲率公式可得
$$K=\frac{|y''|}{(1+y'^2)^{\frac{3}{2}}}=\frac{|\sec^2 x|}{(1+\tan^2 x)^{\frac{3}{2}}}=\frac{\sec^2 x}{|\sec x|^3}=|\cos x|,$$

进而
$$\rho=\frac{1}{K}=\frac{1}{|\cos x|}=|\sec x|.$$

4. 求曲线 $x=t+2, y=t^2-1$ 在 $t=0$ 处的曲率及曲率半径.

解 设 $\varphi(t)=t+2, \psi(t)=t^2-1$，则曲线的参数方程可记为
$$\begin{cases} x=\varphi(t), \\ y=\psi(t). \end{cases}$$

$\varphi'(t)=1, \varphi''(t)=0, \psi'(t)=2t, \psi''(t)=2$,代入参数方程曲率公式可得

$$K=\frac{|\varphi'(t)\psi''(t)-\varphi''(t)\cdot\psi'(t)|}{[\varphi'^2(t)+\psi'^2(t)]^{\frac{3}{2}}}=\frac{2}{(1+4t^2)^{\frac{3}{2}}},$$

进而 $K|_{t=0}=2, \rho=\frac{1}{k}=\frac{1}{2}$.

5. 曲线 $y=\ln x$ 上哪一点处的曲率半径最小?求出该点处的曲率半径.

解 $y'=\frac{1}{x}, y''=-\frac{1}{x^2}$,代入曲率公式可得

$$K=\frac{|y''|}{(1+y'^2)^{\frac{3}{2}}}=\frac{\frac{1}{x^2}}{\left(1+\frac{1}{x^2}\right)^{\frac{3}{2}}}=\frac{x}{(x^2+1)^{\frac{3}{2}}},$$

进而 $\rho=\frac{1}{K}=\frac{(x^2+1)^{\frac{3}{2}}}{x}, \rho'=\frac{3}{2}(x^{\frac{4}{3}}+x^{-\frac{2}{3}})^{\frac{1}{2}}\cdot\left(\frac{4}{3}x^{\frac{1}{3}}-\frac{2}{3}x^{-\frac{5}{3}}\right)$.

令 $\rho'=0$,解得 $x=\frac{\sqrt{2}}{2}$,所以曲线在点 $\left(\frac{\sqrt{2}}{2}, -\frac{\ln 2}{2}\right)$ 处曲率半径最小,此时 $\rho=\frac{3\sqrt{3}}{2}$.

习题 3—9

1. 设生产某产品 Q 单位的总成本(单位:元)为

$$C(Q)=\frac{1}{12}Q^3-5Q^2+180Q+400.$$

若每单位产品的价格为 144 元,求使利润最大的产量.

解 总收益为 $R(Q)=QP=144Q$;

总利润为 $L(Q)=R(Q)-C(Q)=-36Q+5Q^2-\frac{1}{12}Q^3-400, Q\geqslant 0$.

$L'(Q)=10Q-\frac{1}{4}Q^2-36, L''(Q)=10-\frac{1}{2}Q$.

令 $L'(Q)=0$ 得驻点 $Q_0=36$ 和 $Q_0=4$. 又 $L''(36)=-8<0, L''(4)=8>0$,所以 $L(Q)$ 在 $Q=36$ 处取得最大值.

2. 设某厂每日生产某种产品 Q 单位时的成本为

$$C(Q)=500+60Q-0.3Q^2+0.001Q^3,$$

假设厂家有权自定价格,其价格由自身产出水平所决定,$P=120-0.15Q$,问每日生产多少产品可获得最大利润?并求此时的价格.

解 总收益为 $R(Q)=QP=Q(120-0.15Q)=120Q-0.15Q^2$;

总利润为 $L(Q)=R(Q)-C(Q)=60Q+0.15Q^2-0.001Q^3-500, Q\geqslant 0$.

$L'(Q)=60+0.3Q-0.003Q^2, L''(Q)=0.3-0.006Q$.

令 $L'(Q)=0$ 得驻点 $Q_0=200$ 和 $Q_0=-100$(舍去),又 $L''(200)=-0.9<0$,所以 $L(Q)$ 在 $Q=200$ 处取得最大值,此时的价格 $P(200)=90$ 元/单位.

3. 设某商品的需求函数为

$$Q_d(P) = 100 - P^2,$$

其中，P 为价格，求：

(1) 需求价格弹性函数；
(2) 当 $P=5$ 时的需求价格弹性，并说明其经济意义；
(3) 当 $P=5$ 时，价格上涨 1%，总收益增加还是减少？变化幅度是多少？
(4) 当价格 P 为多少时，总收益最大？

解 (1) 需求价格弹性函数为 $E_d(P) = P\dfrac{Q_d'(P)}{Q_d(P)} = \dfrac{-2P^2}{100-P^2}$.

(2) 当 $P=5$ 时，$E_d(5) = \dfrac{-2\times 25}{100-25} \approx -0.67$，其经济意义是当价格为 5 时，若再提价 1%，需求量将大约减少 0.67%.

(3) 由 $\dfrac{\Delta R}{R} \approx [1+E_d(P)]\dfrac{\Delta P}{P}$，当 $E_d(5) = -0.67$ 时，$\dfrac{\Delta R}{R} \approx (1-0.67)\times(0.01) = 0.33\%$，故总收益预期将增加 0.33%.

(4) 当 $E_d(P) = P\dfrac{Q_d'(P)}{Q_d(P)} = -1$ 时，即 $3P^2 = 100$，$P = \dfrac{10}{\sqrt{3}} \approx 5.68$ 时，总收益最大.

4. 若剧场票价为 P 元，入场人数为 x，已知 P、x 之间有关系式 $x = \dfrac{a}{P} - b$，其中，a、b 为常数，剧场共有 3000 个座位，当票价为 10 元时，发现有一半座位为空位，将票价降为 9 元，只有 $\dfrac{1}{6}$ 的座位为空位，试求 a、b 和能使剧场满座时的票价，并证明此时剧场的总收益最大.

解 由题意可知 $\begin{cases} 1500 = \dfrac{a}{10} - b, \\ 2500 = \dfrac{a}{9} - b, \end{cases}$ 解得 $a = 90000$，$b = 75000$.

当 $x = 3000$ 时，由 $3000 = \dfrac{90000}{P} - 75000$ 可得 $P = \dfrac{60}{7}$，此时 $E_d\left(\dfrac{60}{7}\right) = P\cdot \dfrac{x'(P)}{x(P)}\bigg|_{P=\frac{60}{7}} = -1$，故总收益最大.

5. 某产品的成本函数为
$$C(Q) = 15Q + 6Q^2 - Q^3,$$
(1) 生产数量为多少时，可使平均成本最小？
(2) 求边际成本，并验证此时边际成本等于平均成本.

解 (1) 平均成本函数为 $\overline{C}(Q) = \dfrac{C(Q)}{Q} = 15 + 6Q - Q^2$. 当 $\dfrac{d\overline{C}(Q)}{dQ} = 0$ 时，即 $6 - 2Q = 0$，$Q = 3$ 时平均成本最小.

(2) 边际成本函数 $C'(Q) = 15 + 12Q - 3Q^2$.

当 $Q=3$ 时，$\overline{C}(Q)\big|_{Q=3} = 15 + 6\times 3 - 9 = 24$，$C'(Q)\big|_{Q=3} = 15 + 12\times 3 - 27 = 24$，因而此时边际成本等于平均成本.

6. 已知某厂生产 Q 件产品的成本为
$$C(Q) = 25000 + 2000Q + \dfrac{1}{40}Q^2 \text{(元)},$$

— 99 —

(1) 要使平均成本最小,应生产多少件产品?

(2) 若产品以每件 5000 元出售,要使利润最大,应生产多少件产品?

解 (1) 平均成本函数为 $\overline{C}(Q) = \dfrac{C(Q)}{Q} = \dfrac{25000}{Q} + 2000 + \dfrac{1}{40}Q$.

当 $\dfrac{d\overline{C}(Q)}{dQ} = 0$ 时,即 $\dfrac{25000}{Q^2} = \dfrac{1}{40}$, $Q = 1000$ 件时平均成本最小.

(2) 当 $P = 5000$ 元/件时,利润函数为 $L(Q) = 5000Q - C(Q) = 3000Q - 25000 - \dfrac{1}{40}Q^2$.

由 $L'(Q) = 3000 - \dfrac{1}{20}Q = 0$ 得 $Q_0 = 60000$,又 $L''(Q) = -\dfrac{1}{20} < 0$,所以当产量为 $Q_0 = 60000$ 时,利润最大.

7. 某商店每月可销售某种产品 12000 件,每件商品每月的库存费为 2.4 元. 商店分批进货,每次订购费为 900 元;市场对该产品一致需求,不许缺货. 试决策最优订购批量,并计算每月最优订购费与库存费之和.

解 由已知条件可得每件商品的月保管费为 $C_2 = 2.4$ 元,又知月需求量为 12000 件,每次订购费 $C_1 = 900$ 元,所以最优订购批量为 $Q^* = \sqrt{\dfrac{2C_1 R}{C_2}} = 3000$(件),最优订购费与库存费之和为

$$E^* = \sqrt{2C_1 C_2 R} = \sqrt{2 \times 900 \times 2.4 \times 12000} = 7200(元).$$

总 习 题 三

1. 填空题.

(1) $\lim\limits_{x \to 2\pi} \dfrac{\ln\cos x}{3^{\sin 2x} - 1} = $ _____ .

(2) 设 $f(x) = x^3$ 及 $g(x) = x^2$,在 $[1,2]$ 上适合柯西中值定理的 $\xi = $ _____ .

(3) 函数 $y = x + 2\cos x$ 在 $\left[0, \dfrac{\pi}{2}\right]$ 上的最大值为 _____ .

(4) 函数 $f(x) = x^3 - \dfrac{3}{x} - \sin 6x$ 的单调增加区间是 _____ .

解 (1) $\lim\limits_{x \to 2\pi} \dfrac{\ln\cos x}{3^{\sin 2x} - 1} \stackrel{"\frac{0}{0}"}{=\!=\!=} \lim\limits_{x \to 2\pi} \dfrac{-\tan x}{2\ln 3 \cdot 3^{\sin 2x} \cdot \cos 2x} = 0$.

(2) $f(x)$ 和 $g(x)$ 在 $[1,2]$ 上连续,在 $(1,2)$ 内连续,对任意 $x \in (1,2)$. $g'(x) \neq 0$,则存在 $\xi \in (1,2)$,有 $\dfrac{f(2) - f(1)}{g(2) - g(1)} = \dfrac{f'(\xi)}{g'(\xi)}$ 成立,即 $\dfrac{8-1}{4-1} = \dfrac{3\xi^2}{2\xi} = \dfrac{3}{2}\xi$,由此可知 $\xi = \dfrac{14}{9}$.

(3) 因为 $y' = 1 - 2\sin x$,令 $y' = 0$ 可知 $1 - 2\sin x = 0$,即 $\sin x = \dfrac{1}{2}$,所以 $x = \dfrac{\pi}{6}$ 是 $\left[0, \dfrac{\pi}{2}\right]$ 内的唯一驻点. 比较 $y(0) = 2$, $y\left(\dfrac{\pi}{6}\right) = \dfrac{\pi}{6} + \sqrt{3}$, $y\left(\dfrac{\pi}{2}\right) = \dfrac{\pi}{2}$ 可知,当 $x = \dfrac{\pi}{6}$ 时函数取得最大值 $\dfrac{\pi}{6} + \sqrt{3}$.

(4) $f'(x) = 3x^2 + \dfrac{3}{x^2} - 6\cos 6x \geq 2\sqrt{3x^2 \cdot \dfrac{3}{x^2}} - 6 = 0$,所以函数 $f(x)$ 在定义域 $(-\infty, 0) \cup (0, +\infty)$ 内单调增加.

2. 单项选择题.

(1) 使函数 $f(x) = \sqrt[3]{x^2(1-x^2)}$ 适合罗尔定理条件的区间是( ).

A. $[0, 1]$ B. $[-1, 1]$ C. $[-2, 2]$ D. $\left[-\dfrac{3}{5}, \dfrac{4}{5}\right]$

(2) 下列极限中能用洛必达法则计算的是( ).

A. $\lim\limits_{x \to \frac{\pi}{2}} \dfrac{\cos x}{x + \sin x}$ B. $\lim\limits_{x \to 0} \dfrac{x^2 \sin \frac{1}{x}}{\sin x}$

C. $\lim\limits_{x \to \infty} \dfrac{x + \cos x}{x + \sin x}$ D. $\lim\limits_{x \to 0} (1+x)^{\frac{1}{x}}$

(3) 设 $f(x)$ 在 $x = x_0$ 附近四阶连续可导,且 $f'(x_0) = f''(x_0) = f'''(x_0) = 0$,$f^{(4)}(x_0) < 0$,则有以下结论( ).

A. $y = f(x)$ 在 $x = x_0$ 有极大值   B. $y = f(x)$ 在 $x = x_0$ 有极小值

C. $y = f(x)$ 在 $x = x_0$ 有拐点   D. $y = f(x)$ 在 $x = x_0$ 无极值,也无拐点

(4) 设 $\lim\limits_{x \to x_0} \dfrac{f(x) - f(x_0)}{(x - x_0)^2} = -1$ 且 $f(x)$ 在 $(-\infty, +\infty)$ 连续,则必有( ).

A. $y = f(x)$ 在 $x = x_0$ 有极大值   B. $y = f(x)$ 在 $x = x_0$ 有极小值

C. $y = f(x)$ 在 $x = x_0$ 有拐点   D. $y = f(x)$ 在 $x = x_0$ 无极值也无拐点

(5) 设 $f(x) = x^3 + ax^2 + bx$ 在 $x = 1$ 处有极小值 -2,则必有( ).

A. $a = -4, b = 1$ B. $a = 4, b = -7$

C. $a = 0, b = -3$ D. $a = b = 1$

(6) 设 $f(x), g(x)$ 在 $[a, b]$ 连续可导,$f(x) \cdot g(x) \neq 0$,且 $f'(x) \cdot g(x) < f(x) \cdot g'(x)$,则当 $a < x < b$ 时有( ).

A. $f(x) \cdot g(x) < f(a) \cdot g(a)$ B. $f(x) \cdot g(x) < f(b) \cdot g(b)$

C. $\dfrac{f(x)}{g(x)} < \dfrac{f(a)}{g(a)}$ D. $\dfrac{g(x)}{f(x)} > \dfrac{g(b)}{f(b)}$

解 (1) A. A. $f(x)$ 在 $[0, 1]$ 上连续,在 $(0, 1)$ 内可导且 $f(0) = f(1) = 0$,满足罗尔定理;

B. $f(x)$ 在 $x = 0$ 点不可导,不满足罗尔定理;

C. $f(x)$ 在 $[-2, 2]$ 上连续,但 $f(x)$ 在 $x = 0$ 和 $x = \pm 1$ 点,不可导,不满足罗尔定理;

D. $f(x)$ 在 $\left[-\dfrac{3}{5}, \dfrac{4}{5}\right]$ 上连续,但 $f(x)$ 在 $x = 0$ 点不可导,不满足罗尔定理.

(2) D. A. 不是 "$\dfrac{0}{0}$" 型,不能使用洛必达法则,可直接计算,$\lim\limits_{x \to \frac{\pi}{2}} \dfrac{\cos x}{x + \sin x} = 0$;

B. 若使用洛必达法则,$\lim\limits_{x \to 0} \dfrac{x^2 \sin \frac{1}{x}}{\sin x} \xlongequal{\text{"}\frac{0}{0}\text{"}} \lim\limits_{x \to 0} \dfrac{2x \sin \frac{1}{x} - \cos \frac{1}{x}}{\cos x}$,极限不存在;而事实上

$\lim\limits_{x \to 0} \dfrac{x^2 \sin \frac{1}{x}}{\sin x} = \lim\limits_{x \to 0} \dfrac{x^2 \sin \frac{1}{x}}{x} = \lim\limits_{x \to 0} x \cdot \sin \dfrac{1}{x} = 0$;

C. 若使用洛必达法则，$\lim\limits_{x\to\infty}\dfrac{x+\cos x}{x+\sin x}\xlongequal{"\frac{\infty}{\infty}"}\lim\limits_{x\to\infty}\dfrac{1-\sin x}{1+\cos x}$ 极限不存在；而事实上

$$\lim_{x\to\infty}\frac{x+\cos x}{x+\sin x}=\lim_{x\to\infty}\frac{1+\dfrac{\cos x}{x}}{1+\dfrac{\sin x}{x}}=1;$$

D. $\lim\limits_{x\to 0}(1+x)^{\frac{1}{x}}=\lim\limits_{x\to 0}e^{\frac{1}{x}\ln(1+x)}=e^{\lim\limits_{x\to 0}\frac{\ln(1+x)}{x}}\xlongequal{"\frac{0}{0}"}e^{\lim\limits_{x\to 0}\frac{\frac{1}{1+x}}{1}}=e.$

(3) A. 因为 $f^{(4)}(x_0)<0$，所以 $f'''(x)$ 在 x_0 点附近单调减小．且 $f'''(x_0)=0$，由此可知存在 $\delta_1>0$，当 $x\in(x_0-\delta_1,x_0)$ 时，$f'''(x)>0$，当 $x\in(x_0,x_0+\delta_1)$ 时，$f'''(x)<0$，即 $f''(x)$ 在 $(x_0-\delta_1,x_0)$ 内单调增加，在 $(x_0,x_0+\delta_1)$ 内单调减小．且 $f''(x_0)=0$，由此可知存在 $\delta_2\in(0,\delta_1)$，当 $x\in(x_0-\delta_2,x_0)$ 时，$f''(x)<0$，当 $x\in(x_0,x_0+\delta_2)$ 时，$f''(x)<0$，即 $f(x)$ 在 x_0 点左右都是凸的，$x=x_0$ 不是拐点．$f'(x)$ 在 $(x_0-\delta_2,x_0)$ 和 $(x_0,x_0+\delta_2)$ 内单调减小．且 $f'(x_0)=0$，由此可知存在 $\delta_3\in(0,\delta_2)$，当 $x\in(x_0-\delta_3,x_0)$ 时，$f'(x)>0$，当 $x\in(x_0,x_0+\delta_3)$ 时，$f'(x)<0$，即 $f(x)$ 在 $(x_0-\delta_3,x_0)$ 内单调增加，在 $(x_0,x_0+\delta_3)$ 内单调减小，$x=x_0$ 是 $f(x)$ 的极大值点．

(4) A. 由极限保号性可知，存在 $\delta>0$，使得当 x 在 x_0 的 δ 邻域内有 $\dfrac{f(x)-f(x_0)}{(x-x_0)^2}<0$ 成立，即

$$f(x)-f(x_0)<0, f(x)<f(x_0).$$

由此可知，$f(x)$ 在 $x=x_0$ 处取极大值．

(5) C. $f'(x)=3x^2+2ax+b$，由 $f(x)$ 在 $x=1$ 处取极值可知 $f'(1)=0$，即

$$3+2a+b=0 \tag{1}$$

另外，$(1,-2)$ 是曲线的点，有

$$1+a+b=-2 \tag{2}$$

式(1)、式(2)构成一个二元一次方程组 $\begin{cases}3+2a+b=0,\\1+a+b=-2,\end{cases}$ 解得 $a=0, b=-3$.

(6) C. 因为 $f(x)\cdot g(x)\neq 0$．构造函数 $F(x)=\dfrac{f(x)}{g(x)}$，则

$$F'(x)=\frac{f'(x)g(x)-f(x)g'(x)}{g^2(x)}.$$

又因为 $f'(x)\cdot g(x)<f(x)\cdot g'(x)$，所以 $F'(x)<0$，即 $F(x)$ 在 $[a,b]$ 上单调减小，即 $F(a)>F(x)>F(b)$ 成立．由此可知

$$\frac{f(a)}{g(a)}>\frac{f(x)}{g(x)}>\frac{f(b)}{g(b)}, x\in(a,b).$$

3. 计算下列极限：

(1) $\lim\limits_{x\to 2^+}\dfrac{\cos x\ln(x-2)}{\ln(e^x-e^2)}$；　　(2) $\lim\limits_{x\to 0^+}x^{\sin^2 x}$；　　(3) $\lim\limits_{x\to 0}\left[\dfrac{1}{\ln(1+x)}-\dfrac{1}{x}\right]$.

解 (1) 注意到 $\lim\limits_{x\to 2^+}\cos x=\cos 2$，故不要参与洛必达法则的运算．

$$\lim_{x\to 2^+}\frac{\cos x\ln(x-2)}{\ln(e^x-e^2)}\xlongequal{"\frac{\infty}{\infty}"}\lim_{x\to 2^+}\cos x\cdot\lim_{x\to 2^+}\frac{\ln(x-2)}{\ln(e^x-e^2)}=\cos 2\cdot\lim_{x\to 2^+}\frac{\dfrac{1}{x-2}}{\dfrac{e^x}{e^x-e^2}}$$

$$= \cos 2 \cdot \lim_{x \to 2^+} \frac{1}{e^x} \cdot \lim_{x \to 2^+} \frac{e^x - e^2}{x-2} = \cos 2 \cdot \frac{1}{e^2} \cdot \lim_{x \to 2^+} \frac{e^x}{1} = \cos 2.$$

（2）$\lim\limits_{x \to 0^+} x^{\sin^2 x} = \lim\limits_{x \to 0^+} e^{\sin^2 x \cdot \ln x} = \lim\limits_{x \to 0^+} e^{\frac{\ln x}{\frac{1}{\sin^2 x}}} = e^{\lim\limits_{x \to 0^+} \frac{\frac{1}{x}}{-\frac{2}{x^3} \cdot \frac{1}{x}}} = 1.$

（3）$\lim\limits_{x \to 0}\left[\dfrac{1}{\ln(1+x)} - \dfrac{1}{x}\right] = \lim\limits_{x \to 0} \dfrac{x - \ln(1+x)}{x\ln(1+x)} = \lim\limits_{x \to 0} \dfrac{1 - \dfrac{1}{1+x}}{\ln(1+x) + x \cdot \dfrac{1}{1+x}}$

$$= \lim_{x \to 0} \dfrac{\dfrac{x}{x+1}}{\ln(1+x) + \dfrac{x}{x+1}} = \lim_{x \to 0} \dfrac{\dfrac{1}{x+1}}{\ln(1+x)^{\frac{1}{x}} + \dfrac{1}{x+1}} = \dfrac{1}{2}.$$

4. 设函数 $f(x)$ 具有二阶连续导数，且 $\lim\limits_{x \to 0}\dfrac{f(x)}{x} = 0$，$f''(0) = 4$，求 $\lim\limits_{x \to 0}\left(1 + \dfrac{f(x)}{x}\right)^{\frac{1}{x}}$.

分析 所求问题为"1^∞"型．可将 $\left(1 + \dfrac{f(x)}{x}\right)^{\frac{1}{x}}$ 变形为 $\left[\left(1 + \dfrac{f(x)}{x}\right)^{\frac{x}{f(x)}}\right]^{\frac{f(x)}{x} \cdot \frac{1}{x}}$，而后应用第二个重要极限求解．

解 因为 $f(x)$ 具有二阶连续导数，所以 $f(x)$ 在 $x = 0$ 处连续，即 $\lim\limits_{x \to 0} f(x) = f(0)$.

由 $\lim\limits_{x \to 0}\dfrac{f(x)}{x} = 0$，可知当 $x \to 0$ 时，$f(x)$ 为 x 的高阶无穷小，$\lim\limits_{x \to 0} f(x) = f(0) = 0$. 进而可知

$$\lim_{x \to 0}\dfrac{f(x)}{x} = \lim_{x \to 0}\dfrac{f(x) - f(0)}{x - 0} = f'(0) = 0.$$

从而 $$\lim_{x \to 0}\dfrac{f(x)}{x^2} = \lim_{x \to 0}\dfrac{f'(x)}{2x} = \lim_{x \to 0}\dfrac{f''(x)}{2} = \dfrac{f''(0)}{2} = 2,$$

所以 $$\lim_{x \to 0}\left(1 + \dfrac{f(x)}{x}\right)^{\frac{1}{x}} = \lim_{x \to 0}\left[\left(1 + \dfrac{f(x)}{x}\right)^{\frac{x}{f(x)}}\right]^{\frac{f(x)}{x} \cdot \frac{1}{x}} = e^2.$$

5. 证明方程 $x^3 - 5x - 2 = 0$ 只有一个正根．

证明 令 $f(x) = x^3 - 5x - 2$，则 $f'(x) = 3x^2 - 5$，故当 $x \in \left(0, \sqrt{\dfrac{5}{3}}\right)$ 时，$f'(x) < 0$，$f(x)$ 在 $\left[0, \sqrt{\dfrac{5}{3}}\right]$ 上单调减少，从而当 $x \in \left[0, \sqrt{\dfrac{5}{3}}\right]$ 时，有 $f(x) \leqslant f(0) = -2 < 0$，$f(x)$ 在 $\left[0, \sqrt{\dfrac{5}{3}}\right]$ 上无零点．当 $x \in \left(\sqrt{\dfrac{5}{3}}, +\infty\right)$ 时，$f'(x) > 0$，$f(x)$ 在 $\left[\sqrt{\dfrac{5}{3}}, +\infty\right)$ 上单调增加，而 $f\left(\sqrt{\dfrac{5}{3}}\right) = -\left(2 + \dfrac{10}{3}\sqrt{\dfrac{5}{3}}\right) < 0$，$\lim\limits_{x \to +\infty} f(x) = +\infty$，故 $f(x)$ 在 $\left[\sqrt{\dfrac{5}{3}}, +\infty\right)$ 上有且只有一个零点．

综上所述方程 $x^3 - 5x - 2 = 0$ 只有一个正根．

6. 证明不等式：当 $0 < x < \pi$ 时，$\dfrac{\sin x}{x} > \cos x$.

证明 由于 $\dfrac{\sin x}{x} = \dfrac{\sin x - \sin 0}{x - 0}$，在区间 $[0, x]$（$0 < x < \pi$）上对函数 $\sin x$ 应用拉格朗日中值定理，则推得至少有一个 $\xi \in (0, x)$，使得

$$\dfrac{\sin x}{x} = \dfrac{\sin x - \sin 0}{x - 0} = (\sin x)'\big|_{x = \xi} = \cos \xi > \cos x.$$

7. 求曲线 $y^2 = x^3$ 在点 $(4,8)$ 处的曲率及曲率半径.

解 由 $y^2 = x^3$，得 $y' = \dfrac{3x^2}{2y}$，$y'' = \dfrac{12xy - 9\dfrac{x^4}{y}}{4y^2}$，因此 $y'|_{(4,8)} = 3$，$y''|_{(4,8)} = \dfrac{3}{8}$. 代入曲率公式可得曲线 $y^2 = x^3$ 在点 $(4,8)$ 的曲率为 $K = \dfrac{|y''|}{(1+y'^2)^{\frac{3}{2}}} = \dfrac{3\sqrt{10}}{800}$. 进而 $\rho = \dfrac{1}{K}$，可得 $\rho = \dfrac{80}{3}\sqrt{10}$.

8. 一个银行的统计资料表明，存放在银行中的存款量正比于银行付给存户利率的平方. 试考虑，当银行以 5% 的年利率将总存款量的 90% 贷出去时，银行支付给存户的年利率定为多少，可使银行获得利润最大？

解 假设银行支付给存户的年利率是 $x(0 < x < 1)$，这样银行总存款量 $Q = kx^2 (k > 0$，为比例常数$)$.

根据给定的条件，银行获得利润 y 可表示如下

$$y = 90\% \times Q \times 5\% - Qx = (0.045 - x)Q = (0.045 - x)kx^2.$$

从而可将银行获得最大利润问题，变成求函数 y 的最大值和最小值问题.

令 $y' = 0.09kx - 3kx^2 = 0$，得驻点 $x = 0.03 (x = 0$ 不符合题意，舍去$)$.

该问题在区间内一定存在最大值. 故当银行支付给存户的年利率定为 3% 时，银行获得最大利润，最大利润为 $0.015Q$.

9. 某企业的总成本函数和总收益函数分别为

$$C = 0.3Q^2 + 9Q + 30, \quad R = 30Q - 0.75Q^2,$$

试求相应的 Q 值，使

(1) 总收益最大；(2) 平均成本最低；(3) 利润最大；

(4) 当政府所征收一次总税款为 10 时，利润最大；

(5) 当政府对产品征收税率为 8.4 时，利润最大；

(6) 当政府对每单位产品补贴为 4.2 时，利润最大.

解 (1) 总收益为 $R(Q) = 30Q - 0.75Q^2$，由 $R'(Q) = 30 - 1.5Q$，$R''(Q) = -1.5 < 0$，$R'(Q) = 0$ 得 $Q = 20$，即产量为 20 时总收益最大.

(2) 平均成本为 $\overline{C} = \dfrac{C(Q)}{Q} = 0.3Q + 9 + \dfrac{30}{Q}$，由 $\overline{C}'(Q) = 0.3 - \dfrac{30}{Q^2} = 0$ 可得 $Q = 10$，即当产量为 10 时平均成本最低.

(3) 总利润为 $L(Q) = R(Q) - C(Q) = 21Q - 1.05Q^2 - 30$，则由 $L'(Q) = 21 - 2.1Q = 0$ 可得 $Q = 10$，又 $L''(10) = -2.1 < 0$，故当产量水平为 10 时利润最大.

(4) 企业纳税后的总成本函数为 $C_t(Q) = 0.3Q^2 + 9Q + 30 + 10$，总利润函数为 $L_t(Q) = R(Q) - C_t(Q) = 21Q - 1.05Q^2 - 40$. 则由 $L_t'(Q) = 21 - 2.1Q = 0$ 可得 $Q = 10$，又 $L''(10) = -2.1 < 0$，故产量水平为 10 时利润最大.

(5) 当征收税率为 8.4 时，总利润函数为

$$L_t(Q) = R(Q) - C_t(Q) = 21Q - 1.05Q^2 - 30 - tQ,$$

由 $L_t'(Q) = 21 - 2.1Q - t$ 得 $Q_t = \dfrac{21 - t}{2.1} = \dfrac{21 - 8.4}{2.1} = 6$，又 $L_t''(Q) = -2.1 < 0$，所以纳税后企业获得最大利润的产量水平为 6.

(6) 当政府对每单位产品补贴为 4.2 时，总利润函数为

$$L_t(Q) = R(Q) - C_t(Q) = 21Q - 1.05Q^2 - 30 + 4.2Q,$$

由 $L'_t(Q)=25.2-2.1Q=0$ 得 $Q=12$，又 $L''_t(Q)<0$，所以当产量水平为 12 时利润最大。

10. 某厂全年消耗(需求)某种钢材 5170t，每次订购费用为 5700 元，每吨钢材单价为 2400 元，每吨钢材一年的库存维护费用为钢材单价的 13.2%，求：(1)最优订购批量；(2)最优批次；(3)最优进货周期；(4)最小总费用。

解 由已知条件可得每吨钢材的年库存维护费为 $C_2=2400\times 13.2\%=316.8$(元)，又知年消耗量 $R=5170$t，每次订购费 $C_1=5700$ 元，所以

(1) 最优订购批量为 $Q^*=\sqrt{\dfrac{2C_1 R}{C_2}}=\sqrt{\dfrac{2\times 5700\times 5170}{316.8}}\approx 431.325$(t)；

(2) 最优批次 $n^*=\dfrac{R}{Q^*}=\dfrac{5170}{431.325}\approx 11.986$(次)；

(3) 最优进货周期 $t^*=\dfrac{365}{n^*}=\dfrac{365}{11.986}\approx 30.452$(天)；

(4) 最小总费用 $E^*=\sqrt{2C_1 C_2 R}=\sqrt{2\times 5700\times 316.8\times 5170}\approx 136643.9$(元).

自 测 题 三

一、填空题.（每题 4 分，5 小题，共 20 分）

1. 求极限 $\lim\limits_{x\to 0}\dfrac{e^x-\cos x}{\sin x}=$ _____.

2. 函数 $y=x^3-3x$ 的极小值为 _____.

3. 曲线 $y=xe^{-x}$ 的拐点是 _____.

4. 曲线 $y=x^2+x(x<0)$ 上曲率为 $\dfrac{\sqrt{2}}{2}$ 的点的坐标是 _____.

5. $\lim\limits_{x\to 0}\dfrac{1+a\cos 2x+b\cos 4x}{x^4}=A$（$A$ 为实数），则 $a=$ _____，$b=$ _____，$A=$ _____.

解 1. 当 $x\to 0$ 时，是 $\dfrac{0}{0}$ 型，用洛必达法则

$$\lim_{x\to 0}\dfrac{e^x-\cos x}{\sin x}=\lim_{x\to 0}\dfrac{e^x+\sin x}{\cos x}=\lim_{x\to 0}(e^x+\sin x)=1.$$

2. $y=x^3-3x$ 是多项式函数，没有不可导点，只需求出全部驻点并检验。令 $f'(x)=3x^2-3=3(x-1)(x+1)=0$，解得驻点 $x_1=-1$，$x_2=1$。又 $f''(x)=6x$。且 $f''(-1)=-6<0$，$f''(1)=6>0$。从而 $x_2=1$ 处有极小值 $f(1)=-2$.

3. 拐点在二阶导数等于 0 的点和使二阶导数不存在的点中取得，先求出所有使二阶导数为 0 或不存在的点，然后逐一检验。

因为 $y'=e^{-x}-xe^{-x}=(1-x)e^{-x}$，$y''=-e^{-x}+(x-1)e^{-x}=(x-2)e^{-x}$，由 $y''=0$，解得 $x=2$。且 $x>2$ 时 $y''>0$，$x<2$ 时 $y''<0$。所以 $x=2$ 处有拐点，拐点坐标为 $(2,2e^{-2})$.

4. 该点曲率已知，由曲率公式可求得该点横坐标，进而得到该点坐标。将 $y'=2x+1$，$y''=2$ 代入曲率计算公式，有

$$K=\dfrac{|y''|}{(1+y'^2)^{3/2}}=\dfrac{2}{[1+(2x+1)^2]^{\frac{3}{2}}}=\dfrac{\sqrt{2}}{2},$$

整理有 $(2x+1)^2=1$，解得 $x=0$ 或 -1，又 $x<0$，所以 $x=-1$，这时 $y=0$，故该点

坐标为 $(-1,0)$.

5.由 A 为实数可知原式极限存在,且分子与分母应是极限过程中的同阶无穷小或高阶无穷小,于是有 $1+a+b=0$,用两次洛必达法则,分子仍为无穷小,有 $a+4b=0$ 解出:$a=-\frac{4}{3},b=\frac{1}{3}$,代入求得极限 $A=\frac{8}{3}$.

二、单项选择题.(每题 4 分,5 小题,共 20 分)

6. $f(x)=x\ln x$,则( ).

  A. 在 $\left(0,\frac{1}{e}\right)$ 内单调减少   B. 在 $\left(\frac{1}{e},+\infty\right)$ 内单调减少

  C. 在 $(0,+\infty)$ 内单调减少   D. 在 $(0,+\infty)$ 内单调增加

7. 函数 $f(x)$ 在 $x=x_0$ 处取得极大值,则( ).

  A. $f'(x_0)=0$ B. $f''(x_0)<0$

  C. $f'(x_0)=0$,$f''(x_0)<0$ D. $f'(x_0)=0$ 或不存在

8. 下列函数中在区间 $[0,3]$ 上不满足拉格朗日定理条件的是( ).

  A. $f(x)=2x^2+x+1$ B. $f(x)=\frac{x^2}{1-x^2}$

  C. $f(x)=\cos(1+x)$ D. $f(x)=\ln(1+x)$

9. 函数 $f(x)=\ln x+\frac{1}{x}$,则 $f(x)$ 的最小值为( ).

  A. 1   B. 2   C. -1 D. -2

10. 若在区间 (a,b) 内函数 $f'(x)>0$,$f''(x)<0$,则 $f(x)$ 在 (a,b) 内( )

  A. 单调减少、凹曲线   B. 单调减少、凸曲线

  C. 单调增加、凹曲线   D. 单调增加、凸曲线

解 6.求单调区间问题.用驻点与不可导点分割定义域.函数 $f(x)$ 的定义域为 $(0,+\infty)$.令 $f'(x)=1+\ln x=0$,得 $x=\frac{1}{e}$,无不可导点,故定义域被分割为 $\left(0,\frac{1}{e}\right]$ 与 $\left[\frac{1}{e},+\infty\right)$.由 $x\in\left(0,\frac{1}{e}\right)$ 时,$f'(x)<0$;$x\in\left(\frac{1}{e},+\infty\right)$ 时,$f'(x)>0$.即 $f(x)$ 在 $\left(0,\frac{1}{e}\right]$ 内单调减少,在 $\left[\frac{1}{e},+\infty\right)$ 内单调增加. 故选 A.

7. 根据极值取得的必要条件:如果函数 $f(x)$ 在点 x_0 处取得极值,则 $f'(x_0)=0$ 或不存在,故选 D.

8. 拉格朗日中值定理要求 $[0,3]$ 连续,$(0,3)$ 可导,B 选项 $x=1$ 时分母为 0,函数不连续,故选 B.

9. $f'(x)=\frac{1}{x}-\frac{1}{x^2}=\frac{x-1}{x^2}$,令 $f'(x)=0$ 得到唯一驻点 $x=1$,当 $x\in(0,1)$ 时,$f'(x)<0$,函数单调减少;当 $x\in(1,\infty)$ 时,$f'(x)>0$,函数单调增加,所以函数在 $x=1$ 处取得最小值 $f(1)=1$,故选 A.

10. 用区间内一阶与二阶导数符号判别函数单调性与凹凸性.

  在区间 (a,b) 内,函数 $f'(x)>0$,则 $f(x)$ 在 (a,b) 内单调增加;

  在区间 (a,b) 内,函数 $f''(x)<0$,则 $f(x)$ 在 (a,b) 内为凸曲线.故选 D.

三、解答题.(每题 10 分,6 小题,共 60 分)

11. 证明方程 $x^5-3x-2=0$ 在 $(1,2)$ 内有且只有一个实根.

证明：由介值定理证明实根存在，由单调性证明唯一性.

令 $F(x)=x^5-3x-2$，则 $F(1)=-4<0, F(2)=24>0$，由介值定理可得在 $(1,2)$ 内至少有一个 ξ，满足 $F(\xi)=0$，即方程 $x^5-3x-2=0$ 在 $(1,2)$ 内至少有一个实根.

又 $F'(x)=5x^4-3$，显然在 $(1,2)$ 内 $F'(x)>0$，即 $F(x)$ 单调. 从而 $F(x)$ 在 $(1,2)$ 内有且只有一个零点. 综上，$x^5-3x-2=0$ 在 $(1,2)$ 内有且只有一个实根.

12. 求极限 $\lim\limits_{x\to+\infty}\left(\dfrac{\pi}{2}-\arctan 2x^2\right)x^2$.

解：当 $x\to\infty$ 时，是 $0\cdot\infty$ 型，化为 $\dfrac{0}{0}$ 型，再用洛必达法则.

$$\lim_{x\to+\infty}\frac{\dfrac{\pi}{2}-\arctan 2x^2}{\dfrac{1}{x^2}}=-\lim_{x\to+\infty}\frac{\dfrac{4x}{1+(2x^2)^2}}{-2x^{-3}}=\lim_{x\to+\infty}\frac{2x^4}{1+4x^4}=\frac{1}{2}.$$

13. 求极限 $\lim\limits_{x\to 0}\left(\dfrac{1}{x^2}-\cot^2 x\right)$.

解：当 $x\to 0$ 时，是 $(\infty-\infty)$ 型，通分变形，

$$\begin{aligned}
原式&=\lim_{x\to 0}\left(\frac{1}{x^2}-\frac{\cos^2 x}{\sin^2 x}\right)=\lim_{x\to 0}\frac{\sin^2 x-x^2\cos^2 x}{x^2\sin^2 x}\\
&=\lim_{x\to 0}\frac{\sin^2 x-x^2\cos^2 x}{x^4}=\lim_{x\to 0}\frac{\sin x+x\cos x}{x}\cdot\frac{\sin x-x\cos x}{x^3}\\
&=2\lim_{x\to 0}\frac{\sin x-x\cos x}{x^3}=2\lim_{x\to 0}\frac{\cos x-\cos x+x\sin x}{3x^2}=\frac{2}{3}
\end{aligned}$$

14. 在抛物线 $y=x^2$ 上找出到直线 $3x-4y=2$ 的距离为最短的点.

解：该题先构造出点到直线距离，并求该距离函数的最小值. 设抛物线上任意一点 (x,x^2) 到直线的距离为 $d=\dfrac{|3x-4x^2-2|}{\sqrt{9+16}}=\dfrac{1}{5}(4x^2-3x+2)$，则 $d'=\dfrac{1}{5}(8x-3)$，令其等于零，可得唯一驻点 $x=\dfrac{3}{8}$，而 $d''=\dfrac{8}{5}>0$，故当 $x=\dfrac{3}{8}$ 时，d 最小，即点 $\left(\dfrac{3}{8},\dfrac{9}{64}\right)$ 到直线 $3x-4y=2$ 的距离最短.

15. 已知 $f(x)=a\cos x+\dfrac{1}{3}\cos 3x$ 在 $x=\dfrac{\pi}{6}$ 处有极值，求常数 a 与极值，并分析是极大值还是极小值.

解：由 $f(x)$ 在 $x=\dfrac{\pi}{6}$ 处有极值，可知 $f'\left(\dfrac{\pi}{6}\right)=-a\sin\dfrac{\pi}{6}-\sin\dfrac{\pi}{2}=0$，即 $a=-2$.

又 $f''(x)=2\cos x-3\cos 3x$，由 $f''\left(\dfrac{\pi}{6}\right)=\sqrt{3}>0$，有 $f\left(\dfrac{\pi}{6}\right)=-\sqrt{3}$ 为极小值.

16. 设 $F(x)=(x-1)^2 f(x)$，其中 $f(x)$ 在区间 $[1,2]$ 上二阶可导且有 $f(2)=0$，试证明存在 $\xi(1<\xi<2)$ 使得 $f''(\xi)=0$.

证明：显然 $F(x)$ 在区间 $[1,2]$ 上满足罗尔定理条件，在 $[1,2]$ 上应用罗尔定理，至少有一点 $x_0(1<x_0<2)$ 使 $F'(x_0)=0$. 又 $F'(x)=2(x-1)f(x)+(x-1)^2 f'(x)$，得 $F'(1)=0$，可知 $F'(x)$ 在区间 $[1,x_0]$ 上满足罗尔定理条件，在 $[1,x_0]$ 上对 $F'(x)$ 应用罗尔定理，至少有一点 $\xi(1<\xi<x_0<2)$ 使得 $F''(\xi)=0$.

第四章 不定积分

习题 4-1

1. 填空题.

(1) 设 $f''(x)$ 连续,则 $\int f''(x)dx =$ _____ .

(2) 设 $f''(x)$ 连续,则 $\left\{\int d[f(x)]\right\}'' =$ _____ .

(3) 若 $\dfrac{\sin x}{x}$ 是 $f(x)$ 的一个原函数,则 $\int f(x)dx =$ _____ ; $f'(x) =$ _____ .

解 (1) $\int f''(x)dx = f'(x) + C$.

(2) $\left\{\int d[f(x)]\right\}'' = f''(x)$.

(3) $\int f(x)dx = \dfrac{\sin x}{x} + C$; $f'(x) = \dfrac{2-x^2}{x^3}\sin x - \dfrac{2}{x^2}\cos x$.

2. 思考下列问题:

(1) 若 $\int f(x)dx = 2^x + \sin x + C$,求 $f(x)$.

(2) 若 $f(x)$ 的一个原函数为 $\cos x$,求 $\int f'(x)dx$.

(3) 若 $f(x)$ 的一个原函数为 x^3,求 $f(x)$.

解 (1) $f(x) = \left[\int f(x)dx\right]' = (2^x + \sin x + C)' = 2^x \ln 2 + \cos x$.

(2) 由于 $(\cos x)' = f(x)$,所以 $\int f'(x)dx = -\sin x + C$.

(3) 由于 $(x^3)' = f(x)$,则 $f(x) = 3x^2$.

3. 证明:$\sin^2 x + C$、$-\cos^2 x + C$ 以及 $-\dfrac{1}{2}\cos 2x + C$ 都是 $2\sin x \cos x$ 的不定积分.

证明 由于 $(\sin^2 x + C)' = 2\sin x \cos x$;$(-\cos^2 x + C)' = 2\sin x \cos x$;

$$\left(-\dfrac{1}{2}\cos 2x + C\right)' = -\dfrac{1}{2} \cdot (-\sin 2x) \cdot 2 = \sin 2x = 2\sin x \cos x;$$

故 $\int 2\sin x \cos x\, dx = \sin^2 x + C = -\cos^2 x + C = -\dfrac{1}{2}\cos 2x + C$.

4. 已知曲线 $y = f(x)$ 通过原点且在点 (x, y) 处的切线斜率为 $k = 3x^2 + 1$,求该曲线方程.

解 根据函数导数的几何意义,可知 $f'(x) = k = 3x^2 + 1$,故

$$y = \int(3x^2 + 1)dx = x^3 + x + C,$$

将原点坐标代入上式,得到 $C = 0$,因此该曲线方程为 $y = x^3 + x$.

5. 设一质点做直线运动,已知其加速度 $a=12t^2-3\sin t$,如果质点开始运动时初速度 $v(0)=5$, 路程 $s(0)=-3$,求:

(1)速度 v 与时间 t 的函数关系式;

(2)路程 s 与时间 t 的函数关系式.

解 (1) $v=\int(12t^2-3\sin t)dt=4t^3+3\cos t+C$,将 $v(0)=5$ 代入上式,可得 $C=2$,故速度 v 与时间 t 的函数关系式为 $v=4t^3+3\cos t+2$.

(2) $s=\int(4t^3+3\cos t+2)dt=t^4+3\sin t+2t+C$,将 $s(0)=-3$ 代入上式,可得 $C=-3$. 故路程 s 与时间 t 的函数关系式为 $s=t^4+3\sin t+2t-3$.

6. 求下列不定积分:

(1) $\int x^5\,dx$;

(2) $\int 3^x\,dx$;

(3) $\int e^{x+1}\,dx$;

(4) $\int(\cos x-\sin x)\,dx$;

(5) $\int \dfrac{\sqrt[3]{x}}{x^2\sqrt{x}}dx$;

(6) $\int \dfrac{2+x}{\sqrt{x}}dx$;

(7) $\int(\sqrt{x}+1)(\sqrt[3]{x}-1)dx$;

(8) $\int \sqrt{x\sqrt{x\sqrt{x}}}\,dx$;

(9) $\int(1-\dfrac{1}{x^2})\sqrt{x\sqrt{x}}\,dx$;

(10) $\int 3^x e^x\,dx$;

(11) $\int 10^t \cdot 3^{2t}dt$;

(12) $\int \dfrac{\cos 2x}{\sin x-\cos x}dx$;

(13) $\int \dfrac{3}{\sqrt{4-4x^2}}dx$;

(14) $\int \cot^2 x\,dx$;

(15) $\int \dfrac{2^x-3^x}{5^x}dx$;

(16) $\int(e^x-e^{-x})^3\,dx$;

(17) $\int(e^x+\sqrt[3]{x})\,dx$;

(18) $\int\left(\dfrac{1}{\sin^2 x}+\dfrac{1}{\cos^2 x}\right)dx$.

解 (1) $\int x^5\,dx=\dfrac{1}{6}x^6+C$;

(2) $\int 3^x\,dx=\dfrac{3^x}{\ln 3}+C$;

(3) $\int e^{x+1}\,dx=e^{x+1}+C$;

(4) $\int(\cos x-\sin x)\,dx=\cos x+\sin x+C$;

(5) $\int \dfrac{\sqrt[3]{x}}{x^2\sqrt{x}}dx=-\dfrac{6}{7}x^{-\frac{7}{6}}+C$;

(6) $\int \dfrac{2+x}{\sqrt{x}}dx=\int(2x^{-\frac{1}{2}}+\sqrt{x})dx=4\sqrt{x}+\dfrac{2}{3}x^{\frac{3}{2}}+C$;

(7) $\int(\sqrt{x}+1)(\sqrt[3]{x}-1)dx=\int(x^{\frac{5}{6}}+\sqrt[3]{x}-\sqrt{x}-1)dx=\dfrac{6}{11}x^{\frac{11}{6}}+\dfrac{3}{4}x^{\frac{4}{3}}-\dfrac{2}{3}x^{\frac{3}{2}}-x+C$;

(8) $\int \sqrt{x\sqrt{x\sqrt{x}}}\,dx=\int x^{\frac{7}{8}}dx=\dfrac{8}{15}x^{\frac{15}{8}}+C$;

(9) $\int \left(1-\dfrac{1}{x^2}\right)\sqrt{x\sqrt{x}}\,dx = \dfrac{4}{7}x^{\frac{7}{4}} + 4x^{-\frac{1}{4}} + C$;

(10) $\int 3^x e^x\,dx = \dfrac{3^x e^x}{1+\ln 3} + C$;

(11) $\int 10^t \cdot 3^{2t}\,dt = \int 10^t \cdot 9^t\,dt = \dfrac{90^t}{\ln 90} + C$;

(12) $\int \dfrac{\cos 2x}{\sin x - \cos x}\,dx = \int \dfrac{(\cos x - \sin x)(\cos x + \sin x)}{\sin x - \cos x}\,dx = \cos x - \sin x + C$;

(13) $\int \dfrac{3}{\sqrt{4-4x^2}}\,dx = \dfrac{3}{2}\arcsin x + C$;

(14) $\int \cot^2 x\,dx = \int (\csc^2 x - 1)\,dx = -\cot x - x + C$;

(15) $\int \dfrac{2^x - 3^x}{5^x}\,dx = \dfrac{\left(\dfrac{2}{5}\right)^x}{\ln\dfrac{2}{5}} - \dfrac{\left(\dfrac{3}{5}\right)^x}{\ln\dfrac{3}{5}} + C$;

(16) $\int (e^x - e^{-x})^3\,dx = \dfrac{1}{3}e^{3x} - 3e^x - 3e^{-x} + \dfrac{1}{3}e^{-3x} + C$;

(17) $\int (e^x + \sqrt[3]{x})\,dx = e^x + \dfrac{3}{4}x^{\frac{4}{3}} + C$;

(18) $\int \left(\dfrac{1}{\sin^2 x} + \dfrac{1}{\cos^2 x}\right)dx = -\cot x + \tan x + C$.

习题 4-2

1. 在下列等式的括号内填入适当的函数,使等式成立.

(1) $d(\quad) = \sin x\,dx$;　　(2) $d(\quad) = \dfrac{1}{x}\,dx$;

(3) $d(\quad) = \sec^2 x\,dx$;　　(4) $d(\quad) = 2e^{2x}\,dx$;

(5) $d(\quad) = (1+x)\,dx$;　　(6) $d(\quad) = \dfrac{1}{\sqrt{x}}\,dx$;

(7) $d(\quad) = x^3\,dx$;　　(8) $d(\quad) = \dfrac{1}{(x-1)^2}\,dx$;

(9) $d(\quad) = \dfrac{1}{\sqrt{1-x^2}}\,dx$;　　(10) $d(\quad) = \dfrac{1}{1+x^2}\,dx$.

解　(1) $d(-\cos x + C) = \sin x\,dx$;　　(2) $d(\ln|x| + C) = \dfrac{1}{x}\,dx$;

(3) $d(\tan x + C) = \sec^2 x\,dx$;　　(4) $d(e^{2x} + C) = 2e^{2x}\,dx$;

(5) $d\left(\dfrac{1}{2}x^2 + x + C\right) = (1+x)\,dx$;　　(6) $d(2\sqrt{x} + C) = \dfrac{1}{\sqrt{x}}\,dx$;

(7) $d\left(\dfrac{1}{4}x^4 + C\right) = x^3\,dx$;　　(8) $d\left(-\dfrac{1}{x-1} + C\right) = \dfrac{1}{(x-1)^2}\,dx$;

(9) $d(\arcsin x + C) = \dfrac{1}{\sqrt{1-x^2}}\,dx$;　　(10) $d(\arctan x + C) = \dfrac{1}{1+x^2}\,dx$.

2. 求下列不定积分：

(1) $\int (3x-2)^{10} dx$;

(2) $\int \dfrac{dx}{\sqrt[5]{2-3x}}$;

(3) $\int e^{1-2x} dx$;

(4) $\int \dfrac{e^x}{4+e^x} dx$;

(5) $\int \dfrac{\sin\sqrt{x}}{\sqrt{x}} dx$;

(6) $\int (\tan 2x - \cot \dfrac{x}{2}) dx$;

(7) $\int \dfrac{\arctan^3 x}{1+x^2} dx$;

(8) $\int \dfrac{dx}{x^2-4x+6}$;

(9) $\int \dfrac{dx}{\sqrt{7+2x-x^2}}$;

(10) $\int \dfrac{dx}{\sqrt{13+6x+x^2}}$;

(11) $\int \sqrt{t} \cos\sqrt{t^3}\, dt$;

(12) $\int x^2 e^{2x^3-1} dx$;

(13) $\int \dfrac{y}{\sqrt[3]{2-5y^2}} dy$;

(14) $\int \dfrac{1}{x \cdot \ln x \cdot \ln(\ln x)} dx$;

(15) $\int \dfrac{1}{e^x + e^{-x}} dx$;

(16) $\int \cos^3 x\, dx$;

(17) $\int \sin^4 x\, dx$;

(18) $\int \dfrac{1}{\cos^4 x} dx$;

(19) $\int \cot^3 x \cdot \csc x\, dx$;

(20) $\int \dfrac{\sin x \cos x}{\sqrt{4\sin^2 x + 3\cos^2 x}} dx$;

(21) $\int \dfrac{\sin x + \cos x}{\sin 2x} dx$;

(22) $\int \dfrac{x\sin\sqrt{1+x^2}}{\sqrt{1+x^2}} dx$;

(23) $\int e^{3e^x + x} dx$;

(24) $\int \dfrac{1-x}{\sqrt{9-4x^2}} dx$;

(25) $\int \dfrac{1+\cos x}{x+\sin x} dx$;

(26) $\int \dfrac{\sin x + \cos x}{\sqrt{\sin x - \cos x}} dx$;

(27) $\int x(1-x)^{\frac{5}{3}} dx$;

(28) $\int \dfrac{x^3}{\sqrt{1+x^2}} dx$;

(29) $\int \dfrac{x^2}{\sqrt{4-x^2}} dx$;

(30) $\int x\sqrt{x^2+9}\, dx$;

(31) $\int \dfrac{1}{x^2\sqrt{x^2-1}} dx$;

(32) $\int \dfrac{2-\sqrt{2x+3}}{1-2x} dx$;

(33) $\int \dfrac{\sqrt{x+1}-1}{\sqrt{x+1}+1} dx$;

(34) $\int \dfrac{dx}{x^8(1-x^2)}$.

解 (1) $\int (3x-2)^{10} dx = \dfrac{1}{3}\int (3x-2)^{10} d(3x-2) = \dfrac{1}{33}(3x-2)^{11} + C$;

(2) $\int \dfrac{dx}{\sqrt[5]{2-3x}} = -\dfrac{1}{3}\int \dfrac{d(2-3x)}{\sqrt[5]{2-3x}} = -\dfrac{5}{12}(2-3x)^{\frac{4}{5}} + C$;

(3) $\int e^{1-2x}\,dx = -\dfrac{1}{2}\int e^{1-2x}\,d(1-2x) = -\dfrac{1}{2}e^{1-2x}+C;$

(4) $\int \dfrac{e^x}{4+e^x}\,dx = \int \dfrac{d(4+e^x)}{4+e^x} = \ln(4+e^x)+C;$

(5) $\int \dfrac{\sin\sqrt{x}}{\sqrt{x}}\,dx = 2\int \sin\sqrt{x}\,d\sqrt{x} = -2\cos\sqrt{x}+C;$

(6) $\int \left(\tan 2x - \cot\dfrac{x}{2}\right)dx = \dfrac{1}{2}\int \tan 2x\,d(2x) - 2\int \cot\dfrac{x}{2}\,d\left(\dfrac{x}{2}\right)$

$\qquad = -\dfrac{1}{2}\ln|\cos 2x| - 2\ln\left|\sin\dfrac{x}{2}\right| + C;$

(7) $\int \dfrac{\arctan^3 x}{1+x^2}\,dx = \int \arctan^3 x\,d(\arctan x) = \dfrac{1}{4}\arctan^4 x + C;$

(8) $\int \dfrac{dx}{x^2-4x+6} = \int \dfrac{dx}{(x-2)^2+2} = \dfrac{1}{\sqrt{2}}\arctan\dfrac{x-2}{\sqrt{2}}+C;$

(9) $\int \dfrac{dx}{\sqrt{7+2x-x^2}} = \int \dfrac{dx}{\sqrt{8-(x-1)^2}} = \arcsin\dfrac{x-1}{2\sqrt{2}}+C;$

(10) $\int \dfrac{dx}{\sqrt{13+6x+x^2}} = \int \dfrac{dx}{\sqrt{4+(x+3)^2}} = \ln\left|x+3+\sqrt{x^2+6x+13}\right|+C;$

(11) $\int \sqrt{t}\cos\sqrt{t^3}\,dt = \dfrac{2}{3}\sin\sqrt{t^3}+C;$

(12) $\int x^2 e^{2x^3-1}\,dx = \dfrac{1}{6}\int e^{2x^3-1}\,d(2x^3-1) = \dfrac{1}{6}e^{2x^3-1}+C;$

(13) $\int \dfrac{y}{\sqrt[3]{2-5y^2}}\,dy = -\dfrac{1}{10}\int \dfrac{d(2-5y^2)}{\sqrt[3]{2-5y^2}} = -\dfrac{3}{20}(2-5y^2)^{\frac{2}{3}}+C;$

(14) $\int \dfrac{1}{x\cdot \ln x \cdot \ln(\ln x)}\,dx = \int \dfrac{d(\ln(\ln x))}{\ln(\ln x)} = \ln|\ln(\ln x)|+C;$

(15) $\int \dfrac{1}{e^x+e^{-x}}\,dx = \int \dfrac{1}{e^{2x}+1}\,de^x = \arctan e^x + C;$

(16) $\int \cos^3 x\,dx = \int \cos^2 x\,d(\sin x) = \int (1-\sin^2 x)\,d(\sin x) = \sin x - \dfrac{1}{3}\sin^3 x + C;$

(17) $\int \sin^4 x\,dx = \int \left(\dfrac{1-\cos 2x}{2}\right)^2 dx = \int \dfrac{1-2\cos 2x+\cos^2 2x}{4}\,dx$

$\qquad = \int \dfrac{1-2\cos 2x+\dfrac{1+\cos 4x}{2}}{4}\,dx = \dfrac{3x}{8}+\dfrac{1}{32}\sin 4x - \dfrac{1}{4}\sin 2x + C;$

(18) $\int \dfrac{1}{\cos^4 x}\,dx = \int \sec^4 x\,dx = \int (1+\tan^2 x)\,d(\tan x) = \tan x + \dfrac{1}{3}\tan^3 x + C;$

(19) $\int \cot^3 x \cdot \csc x \, dx = -\int \cot^2 x \, d(\csc x) = -\int (\csc^2 x - 1) d(\csc x)$

$$= -\frac{1}{3} \csc^3 x + \csc x + C;$$

(20) $\int \frac{\sin x \cos x}{\sqrt{4\sin^2 x + 3\cos^2 x}} dx = \frac{1}{2} \int \frac{d(\sin^2 x)}{\sqrt{\sin^2 x + 3}} = \sqrt{3 + \sin^2 x} + C;$

(21) $\int \frac{\sin x + \cos x}{\sin 2x} dx = \frac{1}{2} \left(\int \frac{1}{\cos x} dx + \int \frac{1}{\sin x} dx \right)$

$$= \frac{1}{2} (\ln|\sec x + \tan x| + \ln|\csc x - \cot x|) + C;$$

(22) $\int \frac{x \sin \sqrt{1+x^2}}{\sqrt{1+x^2}} dx = \int \sin \sqrt{1+x^2} \, d\sqrt{1+x^2} = -\cos \sqrt{1+x^2} + C;$

(23) $\int e^{3e^x + x} dx = \int e^{3e^x} \cdot e^x dx = \frac{1}{3} e^{3e^x} + C;$

(24) $\int \frac{1-x}{\sqrt{9-4x^2}} dx = \int \frac{1}{\sqrt{9-4x^2}} dx - \int \frac{x}{\sqrt{9-4x^2}} dx$

$$= \frac{1}{3} \int \frac{1}{\sqrt{1-\frac{4x^2}{9}}} dx + \frac{1}{8} \int \frac{d(9-4x^2)}{\sqrt{9-4x^2}} = \frac{1}{2} \arcsin \frac{2}{3} x + \frac{1}{4} \sqrt{9-4x^2} + C;$$

(25) $\int \frac{1+\cos x}{x+\sin x} dx = \int \frac{d(x+\sin x)}{x+\sin x} = \ln|x+\sin x| + C;$

(26) $\int \frac{\sin x + \cos x}{\sqrt{\sin x - \cos x}} dx = \int \frac{d(\sin x - \cos x)}{\sqrt{\sin x - \cos x}} = 2\sqrt{\sin x - \cos x} + C;$

(27) $\int x(1-x)^{\frac{5}{3}} dx = \int [1-(1-x)](1-x)^{\frac{5}{3}} dx = \int (1-x)^{\frac{5}{3}} dx - \int (1-x)^{\frac{8}{3}} dx$

$$= \frac{3}{11}(1-x)^{\frac{11}{3}} - \frac{3}{8}(1-x)^{\frac{8}{3}} + C;$$

(28) $\int \frac{x^3}{\sqrt{1+x^2}} dx = \frac{1}{2} \int \frac{(x^2+1-1) dx^2}{\sqrt{1+x^2}}$

$$= \frac{1}{2} \left(\int \sqrt{1+x^2} \, dx^2 - \int \frac{1}{\sqrt{1+x^2}} dx^2 \right) = \frac{1}{3}(1+x^2)^{\frac{3}{2}} - \sqrt{1+x^2} + C;$$

(29) $\int \frac{x^2}{\sqrt{4-x^2}} dx = \int \frac{4-(4-x^2)}{\sqrt{4-x^2}} dx = \int \frac{4}{\sqrt{4-x^2}} dx - \int \sqrt{4-x^2} \, dx.$

令 $x = 2\sin t \left(-\frac{\pi}{2} < t < \frac{\pi}{2} \right)$，则

$\int \sqrt{4-x^2} \, dx = 4 \int \cos^2 t \, dt = 2 \int (1+\cos 2t) dt = 2t + \sin 2t + C = 2t + \sin 2t + C$

$$= 2\arcsin \frac{x}{2} + \frac{x\sqrt{4-x^2}}{2} + C,$$

故 $\int \frac{x^2}{\sqrt{4-x^2}} dx = \int \frac{4}{\sqrt{4-x^2}} dx - \int \sqrt{4-x^2} \, dx = 2\arcsin \frac{x}{2} - \frac{x}{2}\sqrt{4-x^2} + C;$

(30) $\int x\sqrt{x^2+9}\,dx = \frac{1}{2}\int \sqrt{x^2+9}\,d(x^2+9) = \frac{1}{3}(x^2+9)^{\frac{3}{2}} + C$;

(31) $\int \frac{1}{x^2\sqrt{x^2-1}}\,dx$;令 $x = \sec t\left(0 < t < \frac{\pi}{2}\right)$,

$$\int \frac{1}{x^2\sqrt{x^2-1}}\,dx = \int \frac{\sec t \cdot \tan t\,dt}{\sec^2 t \cdot \tan t} = \int \cos t\,dt = \frac{\sqrt{x^2-1}}{x} + C;$$

同理可以讨论 $-\frac{\pi}{2} < t < 0$ 的情况.

(32) $\int \frac{2-\sqrt{2x+3}}{1-2x}\,dx$,令 $\sqrt{2x+3} = t$,

$$\int \frac{2-\sqrt{2x+3}}{1-2x}\,dx = \int \frac{2-t}{4-t^2} \cdot t\,dt = \int \frac{t}{2+t}\,dt = \int \left(1 - \frac{2}{2+t}\right)dt = t - 2\ln|2+t| + C$$
$$= \sqrt{2x+3} - 2\ln|2+\sqrt{2x+3}| + C;$$

(33) $\int \frac{\sqrt{x+1}-1}{\sqrt{x+1}+1}\,dx$,令 $\sqrt{x+1} = t$,

$$\int \frac{\sqrt{x+1}-1}{\sqrt{x+1}+1}\,dx = \int \frac{t-1}{t+1} \cdot 2t\,dt = 2\int\left(t - 2 + \frac{2}{t+1}\right)dt = t^2 - 4t + 4\ln|t+1| + C$$
$$= x + 1 - 4\sqrt{x+1} + 4\ln|\sqrt{x+1}+1| + C;$$

(34) $\int \frac{dx}{x^8(1-x^2)}$,令 $\frac{1}{x} = t$,

$$\int \frac{dx}{x^8(1-x^2)} = \int \frac{t^8}{1-t^2}\,dt = -\int \frac{(t^8-1)+1}{t^2-1}\,dt$$
$$= -\int\left(1 + t^2 + t^4 + t^6 + \frac{1}{t^2-1}\right)dt;$$
$$= -\left(\frac{1}{7}t^7 + \frac{1}{5}t^5 + \frac{1}{3}t^3 + t + \frac{1}{2}\ln\left|\frac{t-1}{t+1}\right|\right) + C$$
$$= -\left(\frac{1}{7x^7} + \frac{1}{5x^5} + \frac{1}{3x^3} + \frac{1}{x} + \frac{1}{2}\ln\left|\frac{1-x}{1+x}\right|\right) + C.$$

3. 已知 $f(x)$ 的一个原函数为 $\frac{\sin x}{1+x\sin x}$,求 $\int f'(x)f(x)\,dx$.

解 由于 $f(x) = \left(\frac{\sin x}{1+x\sin x}\right)'$,故

$$\int f'(x)f(x)\,dx = \int f(x)\,df(x) = \frac{1}{2}f^2(x) + C = \frac{1}{2}\left[\left(\frac{\sin x}{1+x\sin x}\right)'\right]^2 + C$$
$$= \frac{1}{2}\left[\frac{\cos x - \sin^2 x}{(1+x\sin x)^2}\right]^2 + C.$$

4. 求下列不定积分:

(1) $\int [f(x)]^\alpha f'(x)\,dx\,(\alpha \neq -1)$;   (2) $\int \frac{f'(x)}{1+[f(x)]^2}\,dx$;

(3) $\int \frac{f'(x)}{f(x)}\,dx$;   (4) $\int e^{f(x)} f'(x)\,dx$.

解 (1) $\int [f(x)]^{\alpha} f'(x) dx = \dfrac{1}{\alpha+1}[f(x)]^{\alpha+1} + C;$

(2) $\int \dfrac{f'(x)}{1+[f(x)]^2} dx = \arctan f(x) + C;$

(3) $\int \dfrac{f'(x)}{f(x)} dx = \ln|f(x)| + C;$

(4) $\int e^{f(x)} f'(x) dx = e^{f(x)} + C.$

习题 4—3

1. 求下列不定积分：

(1) $\int x\sin 2x\, dx$.

解 $\int x\sin 2x\, dx = -\dfrac{1}{2}\int x\, d(\cos 2x) = -\dfrac{1}{2}\left(x\cos 2x - \int \cos 2x\, dx\right)$

$= -\dfrac{1}{2}x\cos 2x + \dfrac{1}{4}\sin 2x + C.$

(2) $\int x e^{-x} dx.$

解 $\int x e^{-x} dx = -\int x\, d(e^{-x}) = -\left(xe^{-x} - \int e^{-x} dx\right) = -xe^{-x} - e^{-x} + C.$

(3) $\int x\ln(1+x^2) dx$.

解 $\int x\ln(1+x^2) dx = \dfrac{1}{2}\int \ln(1+x^2) dx^2 = \dfrac{1}{2}\left[x^2\ln(1+x^2) - \int x^2\, d\ln(1+x^2)\right]$

$= \dfrac{1}{2}\left[x^2\ln(1+x^2) - \int \dfrac{x^2}{1+x^2} dx^2\right]$

$= \dfrac{1}{2}\left[x^2\ln(1+x^2) - \int \left(1 - \dfrac{1}{1+x^2}\right) dx^2\right]$

$= \dfrac{1}{2}x^2\ln(1+x^2) - \dfrac{1}{2}x^2 + \dfrac{1}{2}\ln(1+x^2) + C.$

(4) $\int \log_2 x\, dx$.

解 $\int \log_2 x\, dx = x\log_2 x - \int x\, d\log_2 x = x\log_2 x - \int \dfrac{1}{\ln 2} dx = x\log_2 x - \dfrac{x}{\ln 2} + C.$

(5) $\int \arccos x\, dx$.

解 $\int \arccos x\, dx = x\arccos x - \int x\, d(\arccos x) = x\arccos x + \int \dfrac{x\, dx}{\sqrt{1-x^2}}$

$= x\arccos x - \dfrac{1}{2}\int \dfrac{d(1-x^2)}{\sqrt{1-x^2}} = x\arccos x - \sqrt{1-x^2} + C.$

(6) $\int x^2 \arctan x \, dx$.

解 $\int x^2 \arctan x \, dx = \frac{1}{3} \int \arctan x \, dx^3 = \frac{1}{3} \left[x^3 \arctan x - \int x^3 \, d(\arctan x) \right]$
$= \frac{1}{3} \left[x^3 \arctan x - \int \frac{x^3 \, dx}{1+x^2} \right] = \frac{1}{3} x^3 \arctan x - \frac{x^2}{6} + \frac{1}{6} \ln(1+x^2) + C.$

(7) $\int \arctan 2x \, dx$.

解 $\int \arctan 2x \, dx = x \arctan 2x - \int x \, d(\arctan 2x) = x \arctan 2x - \int \frac{2x}{1+4x^2} \, dx$
$= x \arctan 2x - \frac{1}{4} \ln(1+4x^2) + C.$

(8) $\int x^3 \ln x \, dx$.

解 $\int x^3 \ln x \, dx = \frac{1}{4} \int \ln x \, dx^4 = \frac{1}{4} \left[x^4 \ln x - \int x^4 \, d(\ln x) \right] = \frac{1}{4} \left(x^4 \ln x - \int x^3 \, dx \right)$
$= \frac{1}{4} x^4 \ln x - \frac{1}{16} x^4 + C.$

(9) $\int x^3 e^{-x^2} \, dx$.

解 $\int x^3 e^{-x^2} \, dx = -\frac{1}{2} \int x^2 \, de^{-x^2} = -\frac{1}{2} \left(x^2 e^{-x^2} - \int e^{-x^2} \, dx^2 \right)$
$= -\frac{1}{2} \left[x^2 e^{-x^2} + \int e^{-x^2} \, d(-x^2) \right] = -\frac{1}{2} (x^2+1) e^{-x^2} + C.$

(10) $\int \frac{\ln^2 x}{x^3} \, dx$.

解 $\int \frac{\ln^2 x}{x^3} \, dx = -\frac{1}{2} \int \ln^2 x \, dx^{-2} = -\frac{1}{2} \left[x^{-2} \ln^2 x - \int x^{-2} \, d(\ln^2 x) \right]$
$= -\frac{1}{2} \left[x^{-2} \ln^2 x - 2 \int x^{-3} \ln x \, dx \right] = -\frac{1}{2} \left[x^{-2} \ln^2 x + \int \ln x \, dx^{-2} \right]$
$= -\frac{1}{2} \left[x^{-2} \ln^2 x + x^{-2} \ln x - \int x^{-3} \, dx \right] = -\frac{1}{2x^2} \left(\ln^2 x + \ln x + \frac{1}{2} \right) + C.$

(11) $\int x^2 \cos x \, dx$.

解 $\int x^2 \cos x \, dx = \int x^2 \, d\sin x = x^2 \sin x - \int 2x \sin x \, dx = x^2 \sin x + 2 \int x \, d(\cos x)$
$= x^2 \sin x + 2 \left(x \cos x - \int \cos x \, dx \right) = x^2 \sin x + 2x \cos x - 2 \sin x + C.$

(12) $\int (\arccos x)^2 \, dx$.

解 $\int (\arccos x)^2 \, dx = x (\arccos x)^2 - \int x \, d(\arccos x)^2$
$= x (\arccos x)^2 + 2 \int \frac{x \arccos x}{\sqrt{1-x^2}} \, dx = x (\arccos x)^2 - \int \arccos x \, d(\sqrt{1-x^2})$
$= x (\arccos x)^2 - \int \arccos x \, d(\sqrt{1-x^2})$
$= x (\arccos x)^2 - 2\sqrt{1-x^2} \cdot \arccos x - 2x + C.$

(13) $\int e^{-x}\cos x\,dx$.

解 $\int e^{-x}\cos x\,dx = \int e^{-x}d(\sin x) = e^{-x}\sin x + \int \sin x\,e^{-x}dx$
$= e^{-x}\sin x - \int e^{-x}d(\cos x) = e^{-x}\sin x - \left(e^{-x}\cos x + \int e^{-x}\cos x\,dx\right),$

故 $\int e^{-x}\cos x\,dx = \dfrac{1}{2}e^{-x}(\sin x - \cos x) + C$.

(14) $\int \sin\ln x\,dx$.

解 $\int \sin\ln x\,dx = x\sin(\ln x) - \int x\,d[\sin(\ln x)] = x\sin(\ln x) - \int \cos(\ln x)dx$
$= x\sin(\ln x) - x\cos(\ln x) - \int \sin(\ln x)dx,$

故 $\int \sin\ln x\,dx = \dfrac{1}{2}x\cdot[\sin(\ln x) - \cos(\ln x)] + C$.

(15) $\int \csc^3 x\,dx$.

解 $\int \csc^3 x\,dx = \int \csc x \cdot \csc^2 x\,dx = -\int \csc x\,d(\cot x)$
$= -\left(\csc x\cdot\cot x + \int \cot^2 x\cdot\csc x\,dx\right) = -\left[\csc x\cdot\cot x + \int(\csc^2 x - 1)\csc x\,dx\right]$
$= -\left[\csc x\cdot\cot x - \int \csc x\,dx + \int \csc^3 x\,dx\right]$
$= -[\csc x\cot x - \ln|\csc x - \cot x|] - \int \csc^3 x\,dx,$

故 $\int \csc^3 x\,dx = \dfrac{1}{2}[-\csc x\cot x + \ln|\csc x - \cot x|] + C$.

(16) $\int x\tan^2 x\,dx$.

解 $\int x\tan^2 x\,dx = \int x(\sec^2 x - 1)dx = \int x\sec^2 x\,dx - \int x\,dx = \int x\,d(\tan x) - \dfrac{1}{2}x^2$
$= x\tan x - \int \tan x\,dx - \dfrac{1}{2}x^2 = x\tan x + \ln|\cos x| - \dfrac{x^2}{2} + C.$

(17) $\int (x^2 - 1)\sin 2x\,dx$

解 $\int (x^2 - 1)\sin 2x\,dx = \int x^2\sin 2x\,dx - \int \sin 2x\,dx$
$= -\dfrac{1}{2}\int x^2\,d\cos 2x - \dfrac{1}{2}\int \sin 2x\,d2x$
$= -\dfrac{1}{2}\left(x^2\cos 2x - \int 2x\cos 2x\,dx\right) + \dfrac{1}{2}\cos 2x$
$= -\dfrac{1}{2}\left[x^2\cos 2x - \int x\,d(\sin 2x)\right] + \dfrac{1}{2}\cos 2x$
$= -\dfrac{1}{2}\left[x^2\cos 2x - \left(x\sin 2x - \int \sin 2x\,dx\right)\right] + \dfrac{1}{2}\cos 2x$
$= -\dfrac{1}{2}x^2\cos 2x + \dfrac{1}{2}x\sin 2x + \dfrac{3}{4}\cos 2x + C.$

(18) $\int \sqrt{x^2+a^2}\, dx\ (a>0)$.

解 令 $x=a\tan t$，则
$$\int \sqrt{x^2+a^2}\, dx\ (a>0) = \int a^2 \sec^3 t\, dt = a^2 \int \sec t\, d\tan t = a^2\left(\sec t\tan t - \int \tan^2 t \sec t\, dt\right)$$
$$= a^2\left[\sec t\tan t - \int (\sec^2 t - 1)\sec t\, dt\right]$$
$$= a^2\left[\sec t\tan t - \int \sec^3 t\, dt + \int \sec t\, dt\right]$$
$$= a^2(\sec t\tan t + \ln|\sec t + \tan t|) - a^2\int \sec^3 t\, dt.$$

故 $\int \sqrt{x^2+a^2}\, dx = \int a^2 \sec^3 t\, dt$
$$= \frac{1}{2}a^2(\sec t\tan t + \ln|\sec t + \tan t|) + C$$
$$= \frac{1}{2}x\sqrt{x^2+a^2} + \frac{a^2}{2}\ln|x+\sqrt{x^2+a^2}| + C.$$

(19) $\int \left[\ln(\ln x) + \frac{1}{\ln x}\right] dx$.

解 $\int \left[\ln(\ln x) + \frac{1}{\ln x}\right] dx = \int \ln(\ln x)\, dx + \int \frac{1}{\ln x}\, dx$
$$= x\ln(\ln x) - \int x\, d[\ln(\ln x)] + \int \frac{1}{\ln x}\, dx$$
$$= x\ln(\ln x) + C.$$

(20) $\int \ln x\, dx$.

解 $\int \ln x\, dx = x\ln x - x + C$.

2. 已知 $f(x)$ 的一个原函数是 $\ln^2 x$，求 $\int xf'(x)\, dx$.

解 根据题意可知 $f(x) = (\ln^2 x)' = \frac{2\ln x}{x}$，因此有
$$\int xf'(x)\, dx = xf(x) - \int f(x)\, dx = 2\ln x - \int (\ln^2 x)'\, dx$$
$$= 2\ln x - \ln^2 x + C.$$

3. 已知 $f(\ln x) = \frac{\ln(1+x)}{x}$，求 $\int f(x)\, dx$.

解 令 $\ln x = t$，则 $f(t) = \frac{\ln(1+e^t)}{e^t}$. 因此有 $f(x) = \frac{\ln(1+e^x)}{e^x}$
$$\int f(x)\, dx = \int \frac{\ln(1+e^x)}{e^x}\, dx = \int \ln(1+e^x)\, d\left(-\frac{1}{e^x}\right)$$
$$= -\frac{\ln(1+e^x)}{e^x} + \int \frac{1}{e^x}\cdot\frac{e^x}{1+e^x}\, dx$$
$$= -\frac{\ln(1+e^x)}{e^x} + \int \left(\frac{1}{e^x} + \frac{1}{1+e^x}\right) de^x$$
$$= -\frac{\ln(1+e^x)}{e^x} + x - \ln(1+e^x) + C.$$

习题 4－4

求下列不定积分(a,b 为大于零的常数)：

(1) $\int \dfrac{3}{x^3+1} dx$.

解 $$\dfrac{3}{x^3+1} = \dfrac{3}{(x+1)(x^2-x+1)} = \dfrac{A}{x+1} + \dfrac{Bx+C}{x^2-x+1},$$

则 $$3 = A(x^2-x+1) + (Bx+C)(x+1),$$

根据两个多项式相等，等式两端 x 的同幂项系数和常数项分别相等，于是得到线性方程组

$$\begin{cases} A+B=0, \\ -A+B+C=0, \\ A+C=3, \end{cases} \quad \text{解得} \quad \begin{cases} A=1, \\ B=-1, \\ C=2. \end{cases}$$

所以 $$\dfrac{3}{x^3+1} = \dfrac{1}{x+1} + \dfrac{-x+2}{x^2-x+1}.$$

$$\int \dfrac{3}{x^3+1} dx = \int \left(\dfrac{1}{x+1} + \dfrac{-x+2}{x^2-x+1} \right) dx = \int \dfrac{1}{x+1} dx + \int \dfrac{-x+2}{x^2-x+1} dx$$

$$= \ln|x+1| + \int \dfrac{-\tfrac{1}{2}(2x-1) + \tfrac{3}{2}}{x^2-x+1} dx$$

$$= \ln|x+1| - \dfrac{1}{2} \int \dfrac{d(x^2-x+1)}{x^2-x+1} + \dfrac{3}{2} \int \dfrac{1}{\left(x-\tfrac{1}{2}\right)^2 + \tfrac{3}{4}} dx$$

$$= \ln|x+1| - \dfrac{1}{2} \ln|x^2-x+1| + \sqrt{3} \arctan \dfrac{2x-1}{\sqrt{3}} + C.$$

(2) $\int \dfrac{x^5+x^4-8}{x^3-x} dx$.

解 $\dfrac{x^5+x^4-8}{x^3-x} = x^2 + x + 1 + \dfrac{8}{x} - \dfrac{4}{x+1} - \dfrac{3}{x-1}.$

$$\int \dfrac{x^5+x^4-8}{x^3-x} dx = \int \left(x^2 + x + 1 + \dfrac{8}{x} - \dfrac{4}{x+1} - \dfrac{3}{x-1} \right) dx$$

$$= \dfrac{1}{3} x^3 + \dfrac{1}{2} x^2 + x + 8\ln|x| - 4\ln|x+1| - 3\ln|x-1| + C.$$

(3) $\int \dfrac{dx}{(x^2+1)(x^2+x)}$.

解 令 $\dfrac{1}{(x^2+1)(x^2+x)} = \dfrac{Ax+B}{x^2+1} + \dfrac{C}{x} + \dfrac{D}{x+1},$

则 $$1 = (Ax+B)x(x+1) + C(x^2+1)(x+1) + Dx(x^2+1),$$

根据两个多项式相等，等式两端 x 的同幂项系数和常数项分别相等，于是得到线性方程组

$$\begin{cases} A+C+D=0, \\ A+B+C=0, \\ B+C+D=0, \\ C=1. \end{cases} \quad \text{解得} \quad \begin{cases} A=-\dfrac{1}{2}, \\ B=-\dfrac{1}{2}, \\ C=1, \\ D=-\dfrac{1}{2}. \end{cases}$$

所以 $\dfrac{1}{(x^2+1)(x^2+x)} = \dfrac{-\dfrac{1}{2}(x+1)}{x^2+1} + \dfrac{1}{x} + \dfrac{-\dfrac{1}{2}}{x+1}.$

$$\int \dfrac{\mathrm{d}x}{(x^2+1)(x^2+x)} = \int \left[\dfrac{-\dfrac{1}{2}(x+1)}{x^2+1} + \dfrac{1}{x} + \dfrac{-\dfrac{1}{2}}{x+1}\right]\mathrm{d}x$$

$$= -\dfrac{1}{4}\ln(x^2+1) - \dfrac{1}{2}\arctan x + \ln|x| - \dfrac{1}{2}\ln|x+1| + C.$$

(4) $\int \dfrac{x}{(1-x)^3}\mathrm{d}x.$

解 $\int \dfrac{x}{(1-x)^3}\mathrm{d}x = \int \dfrac{1-(1-x)}{(1-x)^3}\mathrm{d}x = \int \dfrac{\mathrm{d}x}{(1-x)^3} - \int \dfrac{\mathrm{d}x}{(1-x)^2}$

$= \dfrac{1}{2(1-x)^2} + \dfrac{1}{x-1} + C.$

(5) $\int \dfrac{1}{2+\sin x}\mathrm{d}x.$

解 令 $\tan \dfrac{x}{2} = t.$

$\int \dfrac{1}{2+\sin x}\mathrm{d}x = \int \dfrac{1}{2+\dfrac{2t}{1+t^2}} \cdot \dfrac{2}{1+t^2}\mathrm{d}t = \int \dfrac{1}{t^2+t+1}\mathrm{d}t = \int \dfrac{1}{\left(t+\dfrac{1}{2}\right)^2 + \dfrac{3}{4}}\mathrm{d}t$

$= \dfrac{2}{\sqrt{3}}\arctan \dfrac{t+\dfrac{1}{2}}{\dfrac{\sqrt{3}}{2}} + C = \dfrac{2}{\sqrt{3}}\arctan \dfrac{2t+1}{\sqrt{3}} + C = \dfrac{2}{\sqrt{3}}\arctan \dfrac{2\tan\dfrac{x}{2}+1}{\sqrt{3}} + C.$

(6) $\int \dfrac{\cot x}{1+\sin x}\mathrm{d}x.$

解 $\int \dfrac{\cot x}{1+\sin x}\mathrm{d}x = \int \dfrac{\cos x}{\sin x(1+\sin x)}\mathrm{d}x = \int \left(\dfrac{1}{\sin x} - \dfrac{1}{1+\sin x}\right)\mathrm{d}\sin x$

$= \ln|\sin x| - \ln|1+\sin x| + C.$

(7) $\int \dfrac{\sin x \cos x}{1+\sin^4 x}\mathrm{d}x.$

解 $\int \dfrac{\sin x \cos x}{1+\sin^4 x}\mathrm{d}x = \dfrac{1}{2}\int \dfrac{\mathrm{d}(\sin^2 x)}{1+\sin^4 x} = \dfrac{1}{2}\arctan(\sin^2 x) + C.$

(8) $\int \dfrac{\sin x}{\sin x + \cos x}\mathrm{d}x.$

解 $\int \dfrac{\sin x}{\sin x + \cos x}\mathrm{d}x = \dfrac{1}{2}\int \dfrac{(\sin x + \cos x) + (\sin x - \cos x)}{\sin x + \cos x}\mathrm{d}x$

$= \dfrac{1}{2}\left[\int \mathrm{d}x - \int \dfrac{\mathrm{d}(\sin x + \cos x)}{\sin x + \cos x}\right] = \dfrac{1}{2}(x - \ln|\sin x + \cos x|) + C.$

(9) $\int \sqrt{1-x^2}\arcsin x\,\mathrm{d}x.$

解 令 $x = \sin t, \left(-\dfrac{\pi}{2} < t < \dfrac{\pi}{2}\right).$

$$\int \sqrt{1-x^2}\arcsin x\,dx = \int t\cos^2 t\,dt = \int \frac{t(\cos 2t+1)}{2}\,dt = \frac{t^2}{4}+\frac{1}{2}\int t\cos 2t\,dt$$

$$= \frac{t^2}{4}+\frac{1}{4}\left(t\sin 2t-\int \sin 2t\,dt\right) = \frac{t^2}{4}+\frac{1}{4}\left(t\sin 2t+\frac{1}{2}\cos 2t\right)+C$$

$$= \frac{1}{4}(\arcsin x)^2+\frac{1}{2}x\cdot \arcsin x\cdot \sqrt{1-x^2}+\frac{1}{8}(1-2x^2)+C.$$

(10) $\int \dfrac{\sqrt{x+1}+2}{(x+1)^2-\sqrt{x+1}}\,dx$.

解 令 $\sqrt{x+1}=t$.

$$\int \frac{\sqrt{x+1}+2}{(x+1)^2-\sqrt{x+1}}\,dx = \int \frac{t+2}{t^4-t}\cdot 2t\,dt = 2\int \left(\frac{1}{t-1}-\frac{t+1}{t^2+t+1}\right)dt$$

$$= 2\int \left[\frac{1}{t-1}-\frac{\frac{1}{2}(2t+1)+\frac{1}{2}}{t^2+t+1}\right]dt$$

$$= 2\ln|t-1|-\ln|t^2+t+1|-\frac{2}{\sqrt{3}}\arctan \frac{2t+1}{\sqrt{3}}+C$$

$$= 2\ln|\sqrt{x+1}-1|-\ln|x+2+\sqrt{x+1}|-\frac{2}{\sqrt{3}}\arctan \frac{2\sqrt{x+1}+1}{\sqrt{3}}+C.$$

(11) $\int \dfrac{dx}{\sqrt{x}+\sqrt[3]{x}}$.

解 令 $\sqrt[6]{x}=t$.

$$\int \frac{dx}{\sqrt{x}+\sqrt[3]{x}} = \int \frac{6t^5\,dt}{t^3+t^2} = 6\int \left(t^2-t+1-\frac{1}{t+1}\right)dt$$

$$= 6\left(\frac{1}{3}t^3-\frac{1}{2}t^2+t-\ln|t+1|\right)+C$$

$$= 2\sqrt{x}-3\sqrt[3]{x}+6\sqrt[6]{x}-6\ln(\sqrt[6]{x}+1)+C.$$

(12) $\int \dfrac{1}{x^2\sqrt{x^2-1}}\,dx$.

解 令 $x=\sec t,\left(0<t<\dfrac{\pi}{2}\right)$.

$$\int \frac{1}{x^2\sqrt{x^2-1}}\,dx = \int \frac{1}{\sec^2 t\tan t}\cdot \sec t\tan t\,dt = \int \cos t\,dt = \sin t+C = \frac{\sqrt{x^2-1}}{x}+C.$$

同理可以讨论 $-\dfrac{\pi}{2}<t<0$ 的情况.

(13) $\int x^3\sqrt{x^2-2}\,dx$.

解 令 $x=\sqrt{2}\sec t,\left(0<t<\dfrac{\pi}{2}\right)$.

$$\int x^3 \sqrt{x^2-2}\,\mathrm{d}x = \int (\sqrt{2}\sec t)^3 \sqrt{2}\ \tan t\ \sqrt{2}\sec t\tan t\,\mathrm{d}t$$

$$= 4\sqrt{2}\int \sec^4 t\tan^2 t\,\mathrm{d}t = 4\sqrt{2}\int (\tan^2 t+1)\tan^2 t\,\mathrm{d}\tan t$$

$$= 4\sqrt{2}\int (\tan^4 t + \tan^2 t)\,\mathrm{d}\tan t$$

$$= 4\sqrt{2}\left(\frac{1}{5}\tan^5 t + \frac{1}{3}\tan^3 t\right) + C$$

$$= \frac{1}{5}\sqrt{(x^2-2)^5} + \frac{2}{3}\sqrt{(x^2-2)^3} + C.$$

(14) $\int (\ln\sqrt{x})^2\,\mathrm{d}x$.

解 $\int (\ln\sqrt{x})^2\,\mathrm{d}x = \frac{1}{4}\int \ln^2 x\,\mathrm{d}x = \frac{1}{4}\left(x\ln^2 x - 2\int \ln x\,\mathrm{d}x\right)$

$$= \frac{1}{4}\left[x\ln^2 x - 2\left(x\ln x - \int \mathrm{d}x\right)\right]$$

$$= \frac{1}{4}x\ln^2 x - \frac{1}{2}x\ln x + \frac{x}{2} + C.$$

(15) $\int \sqrt{\dfrac{1-x}{1+x}}\cdot\dfrac{1}{x}\,\mathrm{d}x$.

解 令 $\sqrt{\dfrac{1-x}{1+x}} = t$,

$$\int \sqrt{\frac{1-x}{1+x}}\cdot\frac{1}{x}\,\mathrm{d}x = \int t\cdot\frac{1+t^2}{1-t^2}\cdot\frac{-4t}{(1+t^2)^2}\,\mathrm{d}t$$

$$= -2\int \left(\frac{1}{1-t^2} - \frac{1}{1+t^2}\right)\mathrm{d}t$$

$$= -2\int \left[\frac{1}{2}\left(\frac{1}{1-t} + \frac{1}{1+t}\right) - \frac{1}{1+t^2}\right]\mathrm{d}t$$

$$= \ln|t-1| - \ln|t+1| + 2\arctan t + C$$

$$= \ln\left|\sqrt{\frac{1-x}{1+x}} - 1\right| - \ln\left|\sqrt{\frac{1-x}{1+x}} + 1\right| + 2\arctan\sqrt{\frac{1-x}{1+x}} + C.$$

(16) $\int \dfrac{x\ln(1+\sqrt{1+x^2})}{\sqrt{1+x^2}}\,\mathrm{d}x$.

解 $\int \dfrac{x\ln(1+\sqrt{1+x^2})}{\sqrt{1+x^2}}\,\mathrm{d}x = \int \ln(1+\sqrt{1+x^2})\,\mathrm{d}(1+\sqrt{1+x^2})$

$$= (1+\sqrt{1+x^2})\cdot\ln(1+\sqrt{1+x^2})$$

$$- \int (1+\sqrt{1+x^2})\cdot\frac{1}{1+\sqrt{1+x^2}}\,\mathrm{d}(1+\sqrt{1+x^2})$$

$$= (1+\sqrt{1+x^2})\ln|1+\sqrt{1+x^2}| - \sqrt{1+x^2} + C.$$

(17) $\int \dfrac{1}{\sqrt{x(1+x)}} \mathrm{d}x$.

解 $\int \dfrac{1}{\sqrt{x(1+x)}} \mathrm{d}x = \int \dfrac{1}{\sqrt{(x+\dfrac{1}{2})^2 - \dfrac{1}{4}}} \mathrm{d}x = \ln\left|x + \dfrac{1}{2} + \sqrt{x^2+x}\right| + C.$

(18) $\int \dfrac{x^2}{\sqrt{2-x}} \mathrm{d}x$.

解 令 $\sqrt{2-x} = t$,
$$\int \dfrac{x^2}{\sqrt{2-x}} \mathrm{d}x = \int \dfrac{(2-t^2)^2}{t} \cdot (-2t\,\mathrm{d}t) = -2\int (4 - 4t^2 + t^4)\mathrm{d}t$$
$$= -2\left(4t - \dfrac{4}{3}t^3 + \dfrac{1}{5}t^5\right) + C$$
$$= \dfrac{8}{3}(2-x)^{\frac{3}{2}} - \dfrac{2}{5}(2-x)^{\frac{5}{2}} - 8\sqrt{2-x} + C.$$

(19) $\int \dfrac{x}{1+\sqrt{1+x^2}} \mathrm{d}x$.

解 令 $x = \tan t$, $-\dfrac{\pi}{2} < t < \dfrac{\pi}{2}$.
$$\int \dfrac{x}{1+\sqrt{1+x^2}} \mathrm{d}x = \int \dfrac{\tan t}{1 + \sec t} \cdot \sec^2 t \, \mathrm{d}t$$
$$= \int \dfrac{\tan t \cdot \sec^2 t \cdot (\sec t - 1)}{(1+\sec t)(\sec t - 1)} \mathrm{d}t = \int \dfrac{\sec^2 t \cdot (\sec t - 1)}{\tan t} \mathrm{d}t$$
$$= \int \dfrac{\sec^3 t}{\tan t} \mathrm{d}t - \int \dfrac{\sec^2 t}{\tan t} \mathrm{d}t = \int \dfrac{\sec^3 t \cdot \tan t}{\tan^2 t} \mathrm{d}t - \int \dfrac{\mathrm{d}(\tan t)}{\tan t}$$
$$= \int \dfrac{\sec^2 t}{\sec^2 t - 1} \mathrm{d}(\sec t) - \ln|\tan t|$$
$$= \int \left(1 + \dfrac{1}{\sec^2 t - 1}\right) \mathrm{d}(\sec t) - \ln|\tan t|$$
$$= \sec t + \dfrac{1}{2} \ln\left|\dfrac{\sec t - 1}{\sec t + 1}\right| - \ln|\tan t| + C$$
$$= \sqrt{x^2+1} + \dfrac{1}{2} \ln\left|\dfrac{\sqrt{x^2+1}-1}{\sqrt{x^2+1}+1}\right| - \ln|x| + C$$
$$= \sqrt{x^2+1} - \ln|1 + \sqrt{x^2+1}| + C.$$

(20) $\int \dfrac{1}{\sqrt{x} + \sqrt[4]{x}} \mathrm{d}x$.

解 令 $\sqrt[4]{x} = t$,
$$\int \dfrac{1}{\sqrt{x} + \sqrt[4]{x}} \mathrm{d}x = \int \dfrac{4t^3 \mathrm{d}t}{t^2 + t} = 4\int \left(t - 1 + \dfrac{1}{t+1}\right) \mathrm{d}t = 4\left(\dfrac{1}{2}t^2 - t + \ln|t+1|\right) + C$$
$$= 2\sqrt{x} - 4\sqrt[4]{x} + 4\ln(\sqrt[4]{x} + 1) + 1.$$

(21) $\int \dfrac{1}{(1+\sqrt[3]{x})\sqrt{x}} \mathrm{d}x$

解 令 $\sqrt[6]{x} = t$.

$$\int \frac{1}{(1+\sqrt[3]{x})\sqrt{x}}dx = \int \frac{6t^5 dt}{(1+t^2)t^3} = 6\int \left(1-\frac{1}{1+t^2}\right)dt = 6t - 6\arctan t + C$$
$$= 6\sqrt[6]{x} - 6\arctan \sqrt[6]{x} + C.$$

(22) $\int \frac{x^2}{\sqrt{a^2-x^2}} dx$.

解 令 $x = a\sin t, -\frac{\pi}{2} < t < \frac{\pi}{2}$.

$$\int \frac{x^2}{\sqrt{a^2-x^2}}dx = \int a^2 \sin^2 t \, dt = a^2 \int \frac{1-\cos 2t}{2}dt = \frac{a^2}{2}\left(t - \frac{1}{2}\sin 2t\right) + C$$
$$= \frac{a^2}{2}\arcsin \frac{x}{a} - \frac{x}{2}\sqrt{a^2-x^2} + C.$$

总习题四

1. 设 $f(x) = e^{-x}$,则 $\int \frac{f(\ln x)}{x}dx = $ (C).

A. $\frac{1}{x} + C$ B. $\ln x + C$ C. $-\frac{1}{x} + C$ D. $-\ln x + C$

2. 设 $\int xf(x)dx = x\sin x - \int \sin x\,dx$,则 $f(x) = (\cos x)$.

3. 设 $f(x)$ 是连续函数,$F(x)$ 是 $f(x)$ 的原函数,则(A).

A. 当 $f(x)$ 是奇函数时,$F(x)$ 必是偶函数

B. 当 $f(x)$ 是偶函数时,$F(x)$ 必是奇函数

C. 当 $f(x)$ 是周期函数时,$F(x)$ 必是周期函数

D. 当 $f(x)$ 是单调函数时,$F(x)$ 必是单调函数

4. 设 $F(x)$ 是 $f(x)$ 的原函数,当 $x \geqslant 0$ 时,$f(x)F(x) = \sin^2 2x$,且 $F(0)=1, F(x) \geqslant 0$,求 $f(x)$.

解 根据题意可知 $F'(x) = f(x), F'(x)F(x) = f(x)F(x) = \sin^2 2x$,

从而 $\int F'(x)F(x)dx = \int \sin^2 2x\,dx = \int \frac{1-\cos 4x}{2}dx = \frac{1}{2}x - \frac{1}{8}\sin 4x + C$,

又因为 $\int F'(x)F(x)dx = \frac{1}{2}F^2(x)$,

所以 $\frac{1}{2}F^2(x) = \frac{1}{2}x - \frac{1}{8}\sin 4x + C$,

根据条件 $F(0) = 1, F(x) \geqslant 0$,可知

$$F(x) = \sqrt{x - \frac{1}{4}\sin 4x + 1},$$

故 $f(x) = F'(x) = \left(x - \frac{1}{4}\sin 4x + 1\right)^{-\frac{1}{2}}(1-\cos 4x).$

5. 求下列不定积分:

(1) $\int \frac{x}{\sqrt{1+x^2}}dx$;   (2) $\int 3x^2 e^{x^3}dx$;

(3) $\int \left(\dfrac{2}{x}+\dfrac{x}{3}\right)^2 dx$;   (4) $\int \cos^2 \dfrac{x}{2} dx$;

(5) $\int \cot^2 x\, dx$;   (6) $\int x\sqrt{1-x^2}\, dx$;

(7) $\int \dfrac{1}{\cos^2 x \sqrt{\tan x}} dx$;   (8) $\int \dfrac{1}{x^2}\cos^2 \dfrac{1}{x}\, dx$;

(9) $\int \cos^3 x\, dx$;   (10) $\int \sin 3x \sin 5x\, dx$;

解 (1) $\int \dfrac{x}{\sqrt{1+x^2}}\, dx = \dfrac{1}{2}\int \dfrac{d(1+x^2)}{\sqrt{1+x^2}} = \sqrt{1+x^2} + C$;

(2) $\int 3x^2 e^{x^3}\, dx = \int e^{x^3}\, dx^3 = e^{x^3} + C$;

(3) $\int \left(\dfrac{2}{x}+\dfrac{x}{3}\right)^2 dx = \int \left(\dfrac{4}{x^2}+\dfrac{4}{3}+\dfrac{x^2}{9}\right) dx = -\dfrac{4}{x}+\dfrac{4}{3}x+\dfrac{x^3}{27}+C$;

(4) $\int \cos^2 \dfrac{x}{2}\, dx = \int \dfrac{1+\cos x}{2}\, dx = \dfrac{1}{2}x+\dfrac{1}{2}\sin x+C$;

(5) $\int \cot^2 x\, dx = \int (\csc^2 x - 1)\, dx = -\cot x - x + C$;

(6) $\int x\sqrt{1-x^2}\, dx = -\dfrac{1}{2}\int \sqrt{1-x^2}\, d(1-x^2) = -\dfrac{1}{3}(1-x^2)^{\frac{3}{2}}+C$;

(7) $\int \dfrac{1}{\cos^2 x \sqrt{\tan x}}\, dx = \int \dfrac{\sec^2 x}{\sqrt{\tan x}}\, dx = \int \dfrac{d(\tan x)}{\sqrt{\tan x}} = 2\sqrt{\tan x} + C$;

(8) $\int \dfrac{1}{x^2}\cos^2 \dfrac{1}{x}\, dx = -\int \dfrac{1+\cos \dfrac{2}{x}}{2}\, d\left(\dfrac{1}{x}\right) = -\dfrac{1}{2x} + \dfrac{1}{4}\sin \dfrac{2}{x} + C$;

(9) $\int \cos^3 x\, dx = \int \cos^2 x\, d(\sin x) = \int (1-\sin^2 x)\, d(\sin x) = \sin x - \dfrac{1}{3}\sin^3 x + C$;

(10) $\int \sin 3x \sin 5x\, dx = \int \dfrac{1}{2}(\cos 2x - \cos 8x)\, dx = \dfrac{1}{4}\sin 2x - \dfrac{1}{16}\sin 8x + C$.

6. 求下列不定积分：

(1) $\int \dfrac{e^{3x}+1}{e^x+1}\, dx$;   (2) $\int \dfrac{x^2}{1+x}\, dx$;

(3) $\int \sin^3 x \cos^2 x\, dx$;   (4) $\int x\cos\sqrt{x}\, dx$;

(5) $\int \dfrac{2^x}{1-4^x}\, dx$;   (6) $\int \dfrac{dx}{(1+e^x)^2}$;

(7) $\int \dfrac{2x+1}{\sqrt{9-x^2}}\, dx$;   (8) $\int \dfrac{(1+x)^2}{1+x^2}\, dx$;

(9) $\int \ln(1+x^2)\, dx$;   (10) $\int e^x \cos x\, dx$;

(11) $\int \dfrac{x^2}{(1-x)^{100}}\, dx$;   (12) $\int \dfrac{x^5}{\sqrt{1-x^2}}\, dx$;

(13) $\int \dfrac{x^2-5x+9}{x^2-5x+6}\, dx$;   (14) $\int \dfrac{dx}{(x-2)^2(x-3)}$;

(15) $\int x\mathrm{e}^{10x}\,\mathrm{d}x$;   (16) $\int \dfrac{\cos x}{\sin x \cdot (1+\sin x)}\,\mathrm{d}x$.

解 (1) $\int \dfrac{\mathrm{e}^{3x}+1}{\mathrm{e}^x+1}\mathrm{d}x = \int \dfrac{(\mathrm{e}^x+1)(\mathrm{e}^{2x}-\mathrm{e}^x+1)}{\mathrm{e}^x+1}\mathrm{d}x = \dfrac{1}{2}\mathrm{e}^{2x}-\mathrm{e}^x+x+C.$

(2) $\int \dfrac{x^2}{1+x}\mathrm{d}x = \int \dfrac{x^2-1+1}{1+x}\mathrm{d}x = \int (x-1+\dfrac{1}{1+x})\mathrm{d}x = \dfrac{x^2}{2}-x+\ln|x+1|+C.$

(3) $\int \sin^3 x\cos^2 x\,\mathrm{d}x = -\int \sin^2 x\cos^2 x\,\mathrm{d}(\cos x) = -\int (1-\cos^2 x)\cos^2 x\,\mathrm{d}(\cos x)$

$$= -\dfrac{1}{3}\cos^3 x + \dfrac{1}{5}\cos^5 x + C.$$

(4) $\int x\cos\sqrt{x}\,\mathrm{d}x$,令 $\sqrt{x}=t$,则

$$\int x\cos\sqrt{x}\,\mathrm{d}x = 2\int t^3\cos t\,\mathrm{d}t = 2\int t^3\,\mathrm{d}(\sin t)$$

$$= 2\left(t^3\sin t - 3\int t^2\sin t\,\mathrm{d}t\right) = 2t^3\sin t + 6\int t^2\,\mathrm{d}(\cos t)$$

$$= 2t^3\sin t + 6\left(t^2\cos t - 2\int t\cos t\,\mathrm{d}t\right) = 2t^3\sin t + 6t^2\cos t - 12\int t\,\mathrm{d}(\sin t)$$

$$= 2t^3\sin t + 6t^2\cos t - 12(t\sin t + \cos t) + C$$

$$= 2\sqrt{x^3}\sin\sqrt{x} + 6x\cos\sqrt{x} - 12(\sqrt{x}\sin\sqrt{x} + \cos\sqrt{x}) + C.$$

(5) $\int \dfrac{2^x}{1-4^x}\mathrm{d}x = \dfrac{1}{\ln 2}\int \dfrac{\mathrm{d}(2^x)}{1-(2^x)^2} = \dfrac{1}{2\ln 2}\ln\left|\dfrac{1+2^x}{1-2^x}\right|+C.$

(6) $\int \dfrac{\mathrm{d}x}{(1+\mathrm{e}^x)^2}$,令 $\mathrm{e}^x=t$.

$$\int \dfrac{\mathrm{d}x}{(1+\mathrm{e}^x)^2} = \int \dfrac{\mathrm{d}t}{t(1+t)^2} = \int \left[\dfrac{1}{t} - \dfrac{1}{1+t} - \dfrac{1}{(1+t)^2}\right]\mathrm{d}t$$

$$= \ln|t| - \ln|1+t| + \dfrac{1}{1+t} + C$$

$$= x - \ln|1+\mathrm{e}^x| + \dfrac{1}{1+\mathrm{e}^x} + C.$$

(7) $\int \dfrac{2x+1}{\sqrt{9-x^2}}\mathrm{d}x = -\int \dfrac{-2x}{\sqrt{9-x^2}}\mathrm{d}x + \int \dfrac{1}{\sqrt{9-x^2}}\,\mathrm{d}x$

$$= -2\sqrt{9-x^2} + \arcsin\dfrac{x}{3} + C.$$

(8) $\int \dfrac{(1+x)^2}{1+x^2}\mathrm{d}x = \int \left(1+\dfrac{2x}{1+x^2}\right)\mathrm{d}x = x + \ln(1+x^2) + C.$

(9) $\int \ln(1+x^2)\mathrm{d}x = x\ln(1+x^2) - \int x\,\mathrm{d}\ln(1+x^2) = x\ln(1+x^2) - \int \dfrac{2x^2}{1+x^2}\mathrm{d}x$

$$= x\ln(1+x^2) - 2(x - \arctan x) + C.$$

(10) $\int e^x \cos x dx = \int \cos x d\, e^x = e^x \cos x - \int e^x d\cos x$
$= e^x \cos x + \int e^x \sin x\, dx = e^x \cos x + \int \sin x\, d e^x$
$= e^x \cos x + e^x \sin x - \int e^x \cos x dx,$

故 $\int e^x \cos x dx = \dfrac{1}{2}(e^x \cos x + e^x \sin x) + C.$

(11) $\int \dfrac{x^2}{(1-x)^{100}}\, dx = \int \dfrac{(x-1)^2 + 2(x-1) + 1}{(1-x)^{100}}\, dx$
$= \int \left[\dfrac{1}{(x-1)^{98}} + \dfrac{2}{(x-1)^{99}} + \dfrac{1}{(x-1)^{100}}\right] dx$
$= -\dfrac{1}{97(x-1)^{97}} - \dfrac{2}{98(x-1)^{98}} - \dfrac{1}{99(x-1)^{99}} + C.$

(12) $\int \dfrac{x^5}{\sqrt{1-x^2}}\, dx$，令 $x = \sin t\left(-\dfrac{\pi}{2} < t < \dfrac{\pi}{2}\right)$，

$\int \dfrac{x^5}{\sqrt{1-x^2}}\, dx = \int \dfrac{\sin^5 t}{\cos t} \cdot \cos t dt = -\int \sin^4 t\, d(\cos t)$
$= -\int (1-\cos^2 t)^2 d(\cos t)$
$= -\int (1 - 2\cos^2 t + \cos^4 t) d(\cos t)$
$= -\cos t + \dfrac{2}{3}\cos^3 t - \dfrac{1}{5}\cos^5 t + C$
$= -\sqrt{1-x^2} + \dfrac{2}{3}\sqrt{(1-x^2)^3} - \dfrac{1}{5}\sqrt{(1-x^2)^5} + C.$

(13) $\int \dfrac{x^2 - 5x + 9}{x^2 - 5x + 6}\, dx = \int \left(1 + \dfrac{3}{x^2 - 5x + 6}\right) dx$
$= x + \int \dfrac{3}{(x-2)(x-3)}\, dx = x + 3\ln\left|\dfrac{x-3}{x-2}\right| + C.$

(14) $\int \dfrac{dx}{(x-2)^2(x-3)} = \int \left[\dfrac{1}{x-3} - \dfrac{1}{x-2} - \dfrac{1}{(x-2)^2}\right] dx$
$= \ln|x-3| - \ln|x-3| - \dfrac{1}{x-2} + C.$

(15) $\int x e^{10x}\, dx = \dfrac{1}{10}\int x d e^{10x} = \dfrac{1}{10}\left(x e^{10x} - \int e^{10x} dx\right) = \dfrac{1}{10} x e^{10x} - \dfrac{1}{100} e^{10x} + C.$

(16) $\int \dfrac{\cos x}{\sin x \cdot (1+\sin x)}\, dx = \int \dfrac{d(\sin x)}{\sin x \cdot (1+\sin x)} = \int \left(\dfrac{1}{\sin x} - \dfrac{1}{1+\sin x}\right) d(\sin x)$
$= \ln|\sin x| - \ln|1 + \sin x| + C.$

7. 设 $f'(e^x) = x e^x$ 且 $f(1) = 0$，求 $f(x)$.

解 $f(e^x) = \int f'(e^x) e^x\, dx = \int x e^{2x}\, dx = \dfrac{1}{2}\int x d e^{2x} = \dfrac{1}{2}\left(x e^{2x} - \dfrac{1}{2} e^{2x}\right) + C,$

令 $e^x = t$，代入上式，可得 $f(t) = \dfrac{1}{2}\left(t^2 \ln t - \dfrac{1}{2} t^2\right) + C$，再将 $f(1) = 0$ 代入，可得 $C = \dfrac{1}{4}$，故

$$f(x) = \dfrac{1}{2} x^2 \ln x - \dfrac{1}{4} x^2 + \dfrac{1}{4}.$$

8. 设 $f'(\sin^2 x) = \tan^2 x$，求 $f(x)$.

解 令 $\sin^2 x = t$, $\tan^2 x = \dfrac{t}{1-t}$. $f'(t) = \dfrac{t}{1-t}$.

$$f(t) = \int f'(t)\mathrm{d}t = \int \dfrac{t}{1-t}\mathrm{d}t = \int \left(\dfrac{1}{1-t} - 1\right)\mathrm{d}t = -\ln|1-t| - t + C,$$

故 $f(x) = -\ln|1-x| - x + C$.

9. 在平面上有一运动着的质点，如果它在求 x 轴方向和 y 轴方向的分速度分别为 $v_x = 5\sin t$ 和 $v_y = 2\cos t$，且 $x|_{t=0} = 5$，$y|_{t=0} = 0$，求

(1) 时间为 t 时，质点所在的位置；
(2) 运动的轨迹方程.

解 (1) $x = \int 5\sin t\,\mathrm{d}t = -5\cos t + C$，将 $x|_{t=0} = 5$ 代入上式，得 $C = 10$，故

$$x = -5\cos t + 10. \quad y = \int 2\cos t\,\mathrm{d}t = 2\sin t + C,$$

将 $y|_{t=0} = 0$ 代入上式，得 $C = 0$. 故 $y = 2\sin t$，因此，质点所在的位置为 $(-5\cos t + 10, 2\sin t)$.

(2) $\dfrac{10-x}{5} = \cos t$，$\dfrac{y}{2} = \sin t$，因此运动的轨迹方程为 $\dfrac{(10-x)^2}{25} + \dfrac{y^2}{4} = 1$.

10. 若曲线 $y = f(x)$ 在点 (x, y) 处的切线斜率与 x^3 成正比例，并且该曲线经过点 $A(1, 6)$ 和 $B(2, -9)$，求该曲线的方程.

解 $f'(x) = kx^3$，$f(x) = \int kx^3\,\mathrm{d}x = \dfrac{k}{4}x^4 + C$，分别将 $A(1, 6)$ 和 $B(2, -9)$ 代入上式，可得 $k = -4$，$C = 7$. 故 $f(x) = -x^4 + 7$.

11. 设某函数当 $x = 1$ 时有极小值，当 $x = -1$ 时有极大值为 4，又知道这个函数的导数具有形式 $y' = 3x^2 + bx + c$，求此函数.

解 $y = \int (3x^2 + bx + c)\mathrm{d}x = x^3 + \dfrac{b}{2}x^2 + cx + C_1$，根据题意可得

$$\begin{cases} 3 + b + C = 0, \\ 3 - b + C = 0, \\ -1 + \dfrac{b}{2} - c + C_1 = 4. \end{cases} \quad \text{解得} \quad \begin{cases} b = 0, \\ C = -3, \\ C_1 = 2. \end{cases}$$

故 $y = x^3 - 3x + 2$.

12. 设 $\int xf(x)\mathrm{d}x = -\arccos x + C$，求不定积分 $\int \dfrac{\mathrm{d}x}{f(x)}$.

解 $xf(x) = (-\arccos x + C)' = \dfrac{1}{\sqrt{1-x^2}}$，$f(x) = \dfrac{1}{x\sqrt{1-x^2}}$，

$$\int \dfrac{\mathrm{d}x}{f(x)} = \int x\sqrt{1-x^2}\,\mathrm{d}x = -\dfrac{1}{3}\sqrt{(1-x^2)^3} + C.$$

自 测 题 四

一、填空题.（每题 4 分，5 小题，共 20 分）

1. $\int xf''(x)\mathrm{d}x = $ _____.

2. $\int \dfrac{e^x}{1+e^x} dx = $ _____ .

3. $x dx = $ _____ $d(1-x^2)$.

4. 在积分曲线族 $\int \dfrac{1}{x\sqrt{x}} dx$ 中,过 $(1,1)$ 点的积分曲线是 $y = $ _____ .

5. $\int |x| dx = $ _____ .

解 1. 被积函数中出现 $f(x)$ 的导数的积分一般都是用分部积分法.

$$\int x f''(x) dx = \int x d f'(x) = x f'(x) - \int f'(x) dx = x f'(x) - f(x) + C.$$

2. 利用凑微分法,得 $\int \dfrac{e^x}{1+e^x} dx = \int \dfrac{1}{1+e^x} d(1+e^x) = \ln(1+e^x) + C.$

3. 因 $d(1-x^2) = -2x dx$,所以有 $x dx = -\dfrac{1}{2} d(1-x)^2$.

4. 先求出不定积分,再由过已知点来确定常数 C.

$$\int \dfrac{1}{x\sqrt{x}} dx = \int x^{-\frac{3}{2}} dx = \dfrac{x^{-\frac{3}{2}+1}}{-\dfrac{3}{2}+1} + C = -2 \dfrac{1}{\sqrt{x}} + C.$$

由于该积分曲线过点 $(1,1)$,则有 $1 = -2 \dfrac{1}{\sqrt{1}} + C$,得 $C = 3$,从而该积分曲线为

$$y = -2 \dfrac{1}{\sqrt{x}} + 3.$$

5. 由于 $|x| = \begin{cases} x, & x \geq 0, \\ -x, & x < 0, \end{cases}$ 这种分段函数的不定积分要特别注意,分段分别积分后,一定要调整常数 C_1, C_2,使积分得到的分段函数在分段点连续,所以 $\int |x| dx = \begin{cases} \dfrac{x^2}{2} + C_1, & x \geq 0, \\ -\dfrac{x^2}{2} + C_2, & x < 0. \end{cases}$ 由于 $|x|$ 是连续函数,其原函数必定存在,则原函数在 $x = 0$ 处应连续,从而知 $C_1 = C_2$,不妨令 $C_1 = C_2 = C$,即

$$\int |x| dx = \begin{cases} \dfrac{x^2}{2} + C, & x \geq 0, \\ -\dfrac{x^2}{2} + C, & x < 0 \end{cases} = \dfrac{1}{2} x |x| + C.$$

二、单项选择题.(每题 4 分,5 小题,共 20 分)

6. 对于不定积分 $\int f(x) dx$,下列等式中( )是正确的.

A. $d \int f(x) dx = f(x)$ 　　　　　　　B. $\int f'(x) dx = f(x)$

C. $\int d f(x) = f(x)$ 　　　　　　　　D. $\dfrac{d}{dx} \int f(x) dx = f(x)$

7. 设 $f'(\sin^2 x) = \cos 2x + \tan^2 x, 0 < x < 1$,则 $f(x) = ($ 　 $)$

A. $\sin x - \dfrac{1}{2} \sin^2 x + C$ 　　　　　　B. $-\ln(1-x) - x^2 + C$

C. $\sin^2 x - \frac{1}{2}\sin^4 x + C$
D. $x^2 - \frac{1}{2}x^4 + C$

8. 已知 $\int f(x)dx = x^2 + C$, 则 $\int xf(1-x^2)dx = ($ $)$.

   A. $\frac{1}{2}(1-x^2)^2 + C$
   B. $2(1-x^2) + C$
   C. $-\frac{1}{2}(1-x^2)^2 + C$
   D. $-2(1-x^2) + C$

9. 设 $f(x) = xe^{-x^2}$, 则 $\int f'(x)dx = ($ $)$.

   A. $-\frac{1}{2}e^{-x^2} + C$ B. $xe^{-x^2} + C$ C. $\frac{1}{2}e^{-x^2} + C$ D. $-2e^{-x^2} + C$

10. 设 $f(x)$ 的一个原函数为 $x\ln x$ 则 $\int xf(x)dx = ($ $)$.

    A. $x^2\left(\frac{1}{2} + \frac{1}{4}\ln x\right) + C$
    B. $x^2\left(\frac{1}{4} + \frac{1}{2}\ln x\right) + C$
    C. $x^2\left(\frac{1}{4} - \frac{1}{2}\ln x\right) + C$
    D. $x^2\left(\frac{1}{2} - \frac{1}{4}\ln x\right) + C$

解. 6. $d\int f(x)dx = f(x)dx$, A 错误; $\int f'(x)dx = f(x) + C$, B 错误; $\int df(x) = f(x) + C$, C 错误. $\frac{d}{dx}\int f(x)dx = f(x)$, D 正确, 故选 D.

7. 由不定积分的性质可知 $\int f'(x)dx = f(x) + C$, 因此对照题设可知, 只需由 $f'(\sin^2 x)$ 的表达式求出 $f(x)$ 即可. 先将 $f'(\sin^2 x)$ 的表达式进行恒等变形, 则 $f'(\sin^2 x) = \cos 2x + \tan^2 x = 1 - 2\sin^2 x + \frac{\sin^2 x}{\cos^2 x} = \frac{1}{1-\sin^2 x} - 2\sin^2 x$, 因此 $f'(x) = \frac{1}{1-x} - 2x$, 从而 $f(x) = \int\left(\frac{1}{1-x} - 2x\right)dx = -\ln(1-x) - x^2 + C$, 故选 B

8. $\int xf(1-x^2)dx = -\frac{1}{2}\int f(1-x^2)d(1-x^2) = -\frac{1}{2}(1-x^2)^2 + C$, 故选 C.

9. 由不定积分与原函数的概念知, $\int f'(x)dx = f(x) + C = xe^{-x^2} + C$, 故选 B.

10. 设 $F'(x) = f(x)$, 则

$$\int xf(x)dx = \int xdF(x) = \int xd(x\ln x) = x^2\ln x - \int x\ln xdx$$
$$= x^2\ln x - \frac{1}{2}\int \ln xdx^2 = x^2\ln x - \frac{x^2}{2}\ln x + \int \frac{x}{2}dx = x^2\left(\frac{1}{4} + \frac{1}{2}\ln x\right) + C,$$

故选 B.

三、解答题. (每题 10 分, 6 小题, 共 60 分)

11. 计算不定积分 $\int \frac{\sqrt{1+\ln x}}{x}dx$.

解 由 $\frac{1}{x}dx = d\ln x$ 可知, 用凑微分方法计算.

$$\int \frac{\sqrt{1+\ln x}}{x}dx = \int (1+\ln x)^{\frac{1}{2}}d(1+\ln x) = \frac{2}{3}(1+\ln x)^{\frac{3}{2}} + C.$$

12. 计算不定积分 $\int x^3 e^x dx$.

解 对被积函数是指数函数与幂函数相乘的不定积分,一般都令幂函数为 u,余下部分为 dv,用分部积分法。当然,这种问题也可以用待定系数法。

方法一:分部积分法.
$$\int x^3 e^x dx = \int x^3 de^x = x^3 e^x - 3\int x^2 de^x = x^3 e^x - 3x^2 e^x + 6\int x de^x$$
$$= x^3 e^x - 3x^2 e^x + 6xe^x - 6e^x + C$$

方法二:待定系数法. 不难看出可设 $\int x^3 e^x dx = (x^3 + a_2 x^2 + a_1 x + a_0)e^x + C$,两边求导得,$x^3 e^x = [x^3 + (a_2+3)x^2 + (a_1+2a_2)x + (a_0+a_1)]e^x$,从而 $a_2 = -3, a_1 = 6, a_0 = -6$.
原积分 $= e^x(x^3 - 3x^2 + 6x - 6) + C$.

13. 计算不定积分 $\int \dfrac{2x-5}{x^2-5x+6} dx$.

解 有理函数积分,分子是一次,分解被积函数为 2 个简单分式.

令 $\dfrac{2x-5}{x^2-5x+6} = \dfrac{2x-5}{(x-2)(x-3)} = \dfrac{A}{x-2} + \dfrac{B}{x-3} = \dfrac{(A+B)x+(-3A-2B)}{(x-2)(x-3)}$,

从而有 $\begin{cases} A+B=2, \\ -3A-2B=-5, \end{cases}$ 解得 $A=1, B=1$. 故有

$$\int \dfrac{2x-5}{x^2-5x+6} dx = \int \dfrac{1}{x-2} dx + \int \dfrac{1}{x-3} dx = \int \dfrac{1}{x-2} d(x-2) + \int \dfrac{1}{x-3} d(x-3)$$
$$= \ln|x-2| + \ln|x-3| + C = \ln|x^2-5x+6| + C.$$

14. 一物体由静止开始运动,经 t 秒后的速度是 $3t^2$(米/秒),问:(1)在 3 秒后物体离开发出点的距离是多少?(2)物体走完 343 米需要多少时间?

解 由不定积分的物理意义,位移函数是速度函数的一个原函数,从而对速度函数进行不定积分即为位移函数.

(1)设此物体自原点沿横轴正向由静止开始运动,位移函数 $s(t)$,则 $s(t) = \int v(t) dt = \int 3t^2 dt = t^3 + C$,由 $s(0) = 0$,解得 $s(t) = t^3$,可得 $s(3) = 27$(米).

(2)由 $t^3 = 343$,解得 $t = 7$(秒). 即物体走完 343 米需要 7 秒.

15. 设 $f'(e^x) = a\sin x + b\cos x$($a,b$ 为不同时为零的常数),求 $f(x)$.

解 利用换元法和分部积分法,令 $t = e^x, x = \ln t$,$f'(t) = a\sin(\ln t) + b\cos(\ln t)$,所以
$$f(x) = \int [a\sin(\ln x) + b\cos(\ln x)] dx = \int a\sin(\ln x) dx + \int b\cos(\ln x) dx,$$
$$\int a\sin(\ln x) dx = ax\sin(\ln x) - a\int x d\sin(\ln x) = ax\sin(\ln x) - a\int \cos(\ln x) dx$$
$$= ax\sin(\ln x) - ax\cos(\ln x) + a\int x d\cos(\ln x)$$
$$= ax\sin(\ln x) - ax\cos(\ln x) - \int a\sin(\ln x) dx$$

可得 $\int a\sin(\ln x) dx = \dfrac{ax}{2}[\sin(\ln x) - \cos(\ln x)] + C_1,$

同理可得 $$\int b\cos(\ln x)\,dx = \frac{bx}{2}[\sin(\ln x) + \cos(\ln x)] + C_2,$$

从而
$$f(x) = \int [a\sin(\ln x) + b\cos(\ln x)]\,dx$$
$$= \frac{x}{2}[(a+b)\sin(\ln x) + (b-a)\cos(\ln x)] + C.$$

16. 计算不定积分 $\int \dfrac{x^5}{\sqrt{1+x^2}}\,dx$.

解 方法一:常用方法是令 $x = \tan t, dx = \sec^2 t\,dt$,有

原式 $= \int \tan^5 t \sec t\,dt = \int \tan^4 t\,d\sec t = \int (\sec^2 t - 1)^2\,d\sec t$

$= \dfrac{1}{5}\sec^5 t - \dfrac{2}{3}\sec^3 t + \sec t + C$

$= \dfrac{1}{15}(8 - 4x^2 + 3x^4)\sqrt{1+x^2} + C.$

方法二:直接令 $\sqrt{1+x^2} = t$,则 $x^2 = t^2 - 1, x\,dx = t\,dt$,有

原式 $= \int (t^2-1)^2\,dt = \dfrac{1}{5}t^5 - \dfrac{2}{3}t^3 + t + C = \dfrac{1}{15}(8 - 4x^2 + 3x^4)\sqrt{1+x^2} + C.$

第五章 定积分

习题 5-1

*1. 利用定积分定义计算下列积分：

(1) $\int_0^{10}(1+x)dx$； (2) $\int_0^1 e^{-x}dx$； (3) $\int_0^1 x^2 dx$.

解 (1) 将 $[0,10]$ 进行 n 等分，则 $\Delta x_i = \dfrac{10}{n}$，取小区间 $[x_{i-1}, x_i]$ 右端点为 $\xi_i = \dfrac{10}{n}i$，则

$$\int_0^{10}(1+x)dx = \lim_{\lambda \to 0}\sum_{i=1}^{n}(1+\xi_i)\Delta x_i = \lim_{n \to \infty}\sum_{i=1}^{n}\left(1+\frac{10}{n}i\right)\cdot\frac{10}{n}$$

$$= \lim_{n \to \infty}\frac{10}{n}\left[n+\frac{10}{n}(1+2+\cdots+n)\right] = \lim_{n \to \infty}\left(60+\frac{50}{n}\right) = 60.$$

(2) 将 $[0,1]$ 进行 n 等分，则 $\Delta x_i = \dfrac{1}{n}$，取小区间 $[x_{i-1}, x_i]$ 右端点 $\xi_i = \dfrac{1}{n}i$，则

$$\int_0^1 e^{-x}dx = \lim_{\lambda \to 0}\sum_{i=1}^{n}\frac{1}{n}\cdot e^{-\xi_i} = \lim_{n \to \infty}\sum_{i=1}^{n}\frac{1}{n}\cdot e^{-\frac{i}{n}}$$

$$= \lim_{n \to \infty}\frac{1}{n}(e^{-\frac{1}{n}}+e^{-\frac{2}{n}}+\cdots+e^{-\frac{n}{n}}) = \lim_{n \to \infty}\frac{1}{n}\cdot\frac{e^{-\frac{1}{n}}(1-e^{-1})}{1-e^{-\frac{1}{n}}}$$

$$= \lim_{n \to \infty}\frac{(1-e^{-1})\cdot\dfrac{1}{n}}{e^{\frac{1}{n}}-1} \xrightarrow{\text{洛必达法则}} (1-e^{-1})\lim_{n \to \infty}\frac{-\dfrac{1}{n^2}}{e^{\frac{1}{n}}\cdot\left(-\dfrac{1}{n^2}\right)}$$

$$= (1-e^{-1})\lim_{n \to \infty}e^{-\frac{1}{n}} = 1-e^{-1}.$$

(3) 将 $[0,1]$ 进行 n 等分，则 $\Delta x_i = \dfrac{1}{n}$，取小区间 $[x_{i-1}, x_i]$ 右端点为 $\xi_i = \dfrac{1}{n}i$，则

$$\int_0^1 x^2 dx = \lim_{\lambda \to 0}\sum_{i=1}^{n}\xi_i^2 \cdot \Delta x_i = \lim_{n \to \infty}\sum_{i=1}^{n}\left(\frac{i}{n}\right)^2\cdot\frac{1}{n} = \lim_{n \to \infty}\frac{1}{n^3}(1+2^2+3^2+\cdots+n^2)$$

$$= \lim_{n \to \infty}\frac{1}{n^3}\cdot\frac{1}{6}n(n+1)(2n+1) = \frac{1}{3}.$$

*2. 把定积分 $\int_0^1 e^x dx$ 写成积分和的极限.

解 将 $[0,1]$ 进行 n 等分，则 $\Delta x_i = \dfrac{1}{n}$，取小区间 $[x_{i-1}, x_i]$ 的右端点为 $\xi_i = \dfrac{i}{n}$，所以

$$\int_0^1 e^x dx = \lim_{\lambda \to 0}\sum_{i=1}^{n}f(\xi_i)\Delta x_i = \lim_{n \to \infty}\sum_{i=1}^{n}e^{\frac{i}{n}}\cdot\frac{1}{n}.$$

*3. 把区间 $[-1,1]$ 上的积分和的极限 $\lim\limits_{\lambda \to 0}\sum\limits_{i=1}^{n}\dfrac{1}{1+\xi_i^2}\Delta x_i$ 用定积分的记号表示.

解 $\lim\limits_{n\to\infty}\sum\limits_{i=1}^{n}\dfrac{1}{1+\xi_i^2}\Delta x_i = \int_{-1}^{1}\dfrac{1}{1+x^2}\mathrm{d}x.$

4. 利用定积分的几何意义,说明下列等式:

(1) $\int_{0}^{1}2x\mathrm{d}x = 1$;　　　　　　(2) $\int_{0}^{1}\sqrt{1-x^2}\,\mathrm{d}x = \dfrac{\pi}{4}$;

(3) $\int_{-\pi}^{\pi}\sin x\mathrm{d}x = 0$;　　　　　(4) $\int_{-\frac{\pi}{2}}^{\frac{\pi}{2}}\cos x\mathrm{d}x = 2\int_{0}^{\frac{\pi}{2}}\cos x\mathrm{d}x.$

说明(1) $\int_{0}^{1}2x\mathrm{d}x = 1$ 表示直线 $y=2x$, x 轴及直线 $x=1$ 所围成区域的面积,此区域为三角形 $S_{三角形}=\dfrac{1}{2}\times 1\times 2 = 1$, 如图 5-1 所示.

(2) $\int_{0}^{1}\sqrt{1-x^2}\,\mathrm{d}x = \dfrac{\pi}{4}$ 表示 $y=\sqrt{1-x^2}$, x 轴及 y 轴所围成区域的面积,此区域为 $\dfrac{1}{4}$ 圆, $S=\dfrac{1}{4}\pi\times 1^2 = \dfrac{\pi}{4}$, 如图 5-2 所示.

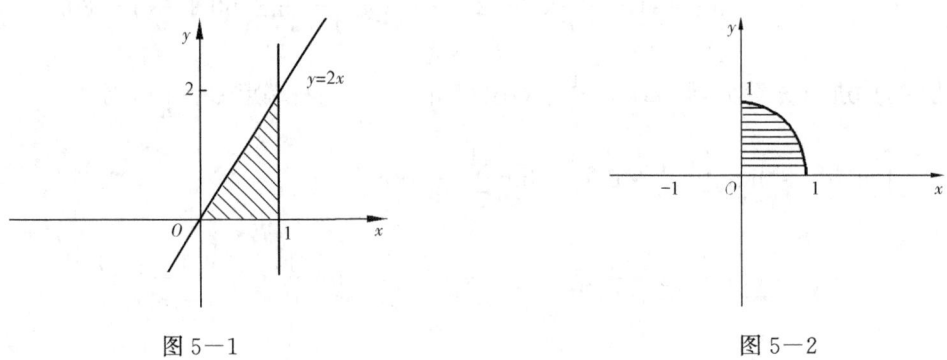

图 5-1　　　　　　　　　　　图 5-2

(3) $\int_{-\pi}^{\pi}\sin x\mathrm{d}x = 0$ 中被积函数 $\sin x$ 为奇函数,关于原点对称. 在 $[0,\pi]$ 上 $y=\sin x$ 与 x 轴、y 轴所围区域的面积与 $[-\pi,0]$ 上所围区域面积相等,但符号相反,因而积分值为 0, 如图 5-3 所示.

(4) $\int_{-\frac{\pi}{2}}^{\frac{\pi}{2}}\cos x\mathrm{d}x = 2\int_{0}^{\frac{\pi}{2}}\cos x\mathrm{d}x$ 中被积函数 $\cos x$ 为偶函数,关于 y 轴对称. 在 $\left[0,\dfrac{\pi}{2}\right]$ 上 $y=\cos x$ 与 x 轴、y 轴所围区域面积与 $\left[-\dfrac{\pi}{2},0\right]$ 上所围区域面积相等,而且符号都为正,因而积分值为 $2\int_{0}^{\frac{\pi}{2}}\cos x\mathrm{d}x$, 如图 5-4 所示.

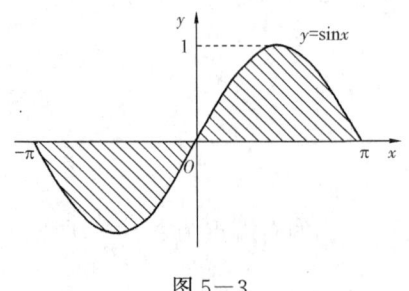
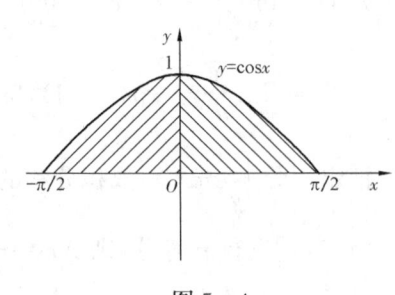

图 5-3　　　　　　　　　　　图 5-4

5. 利用定积分的几何意义写出下列定积分的结果：

(1) $\int_{-1}^{1} x^3 \mathrm{d}x$;　　　　　　　　(2) $\int_{0}^{1} x \mathrm{d}x$.

解 (1) $\int_{-1}^{1} x^3 \mathrm{d}x$ 表示 $y=x^3$ 与 $x=-1, x=1$ 所围区域的面积，但被积函数 x^3 为奇函数，关于原点对称，因而 $\int_{-1}^{1} x^3 \mathrm{d}x = S_{左} + S_{右} \xrightarrow{S_{左}=-S_{右}} S_{右} - S_{右} = 0$, 如图 5-5 所示.

(2) $\int_{0}^{1} x \mathrm{d}x$ 表示 $y=x$ 与 $x=1, x$ 轴所围区域的面积，此区域为三角形，因而 $S_{三角形} = \int_{0}^{1} x \mathrm{d}x = \frac{1}{2} \times 1 \times 1 = \frac{1}{2}$, 如图 5-6 所示.

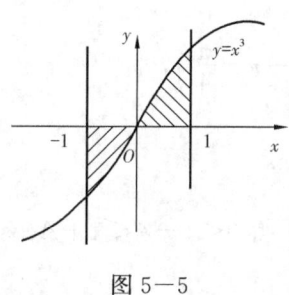
图 5-5

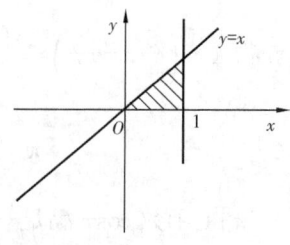
图 5-6

6. 把质量为 m 的物体从地球表面升高到高度为 h 的位置，需做功多少？用定积分表示（假设地球吸引物体的力 $f = mg\dfrac{R^2}{r^2}$, 其中 m 表示物体的质量，g 表示重力加速度，R 表示地球的半径，r 表示地球中心至物体的距离）.

解 将区间 $[R, R+h]$ 进行划分 $T: R=r_0 < r_1 < \cdots < R+h=r_n$, 每个区间 $[r_{i-1}, r_i]$ 长度记为 Δr_i , 在其上任取一点 $\xi_i \in [r_{i-1}, r_i]$, 令 $\lambda = \max\limits_{1 \leqslant i \leqslant n} \Delta r_i$. 由于 λ 很小，可以认为从 r_{i-1} 升高到 r_i 的过程中力不变，则物体从 r_{i-1} 升高到 r_i 需做功 $F_i = f(\xi_i) \cdot \Delta r_i$.

从 R 升高到 $R+h$ 需做功 $F_\sigma = \sum\limits_{i=1}^{n} F_i = \sum\limits_{i=1}^{n} f(\xi_i) \cdot \Delta r_i$. 当 $\lambda \to 0$ 时 F_σ 的极限即为功 F , F 与分法 T 、点 ξ_i 的取法无关，则物体从地球表面升高到高度为 h 的位置需做功

$$F = \lim_{\lambda \to 0} F_\sigma = \lim_{\lambda \to 0} \sum_{i=1}^{n} f(\xi_i) \Delta r_i = \int_{R}^{R+h} f(r) \mathrm{d}r = \int_{R}^{R+h} mg \frac{R^2}{r^2} \mathrm{d}r.$$

习题 5-2

1. 估计下列各积分的值：

(1) $\int_{1}^{4} (x^2+1) \mathrm{d}x$;　　　　　　　　(2) $\int_{\frac{\pi}{4}}^{\frac{5\pi}{4}} (1+\sin^2 x) \mathrm{d}x$;

(3) $\int_{0}^{2\pi} \dfrac{\mathrm{d}x}{1+A\cos x}$ $(0 < A < 1)$;　　(4) $\int_{0}^{2} \mathrm{e}^{x^2-x} \mathrm{d}x$.

解 (1) 在 $[1,4]$ 上被积函数 x^2+1 为增函数，因而 $m=2 \leqslant x^2+1 \leqslant 17=M$, 由性质 5（估值不等式）得 $2 \times (4-1) \leqslant \int_{1}^{4} (x^2+1) \mathrm{d}x \leqslant 17 \times (4-1)$, 即

$$6 \leqslant \int_1^4 (x^2+1)\mathrm{d}x \leqslant 51.$$

(2)考察 $\left[\dfrac{\pi}{4}, \dfrac{5}{4}\pi\right]$ 上被积函数 $f(x)=1+\sin^2 x$ 的最大值 M,最小值 m. $f'(x)=2\sin x\cos x$,由 $f'(x)=0$ 得驻点 $x_1=\dfrac{\pi}{2}, x_2=\pi$. 而 $f\left(\dfrac{\pi}{2}\right)=2, f(\pi)=1, f\left(\dfrac{\pi}{4}\right)=\dfrac{3}{2}, f\left(\dfrac{5}{4}\pi\right)=\dfrac{3}{2}$,因此

$$M=f\left(\dfrac{\pi}{2}\right)=2, m=f(\pi)=1.$$

由性质 5 得 $1\times\left(\dfrac{5}{4}\pi-\dfrac{\pi}{4}\right)\leqslant\int_{\frac{\pi}{4}}^{\frac{5}{4}\pi}(1+\sin^2 x)\mathrm{d}x\leqslant 2\times\left(\dfrac{5}{4}\pi-\dfrac{\pi}{4}\right)$,即

$$\pi\leqslant\int_{\frac{\pi}{4}}^{\frac{5}{4}\pi}(1+\sin^2 x)\mathrm{d}x\leqslant 2\pi.$$

(3)在 $[0,2\pi]$ 上函数 $\cos x$ 满足 $-1\leqslant\cos x\leqslant 1$,由 $0<A<1$ 得 $0<1-A\leqslant 1+A\cos x\leqslant 1+A$,所以 $\dfrac{1}{1+A}\leqslant\dfrac{1}{1+A\cos x}\leqslant\dfrac{1}{1-A}$,即

$$\dfrac{2\pi}{1+A}\leqslant\int_0^{2\pi}\dfrac{\mathrm{d}x}{1+A\cos x}\leqslant\dfrac{2\pi}{1-A}.$$

(4)考察 $[0,2]$ 上被积函数 $f(x)=\mathrm{e}^{x^2-x}$ 的最大值 M 和最小值 m,$f'(x)=(2x-1)\mathrm{e}^{x^2-x}$,其驻点为 $x=\dfrac{1}{2}$. 而 $f\left(\dfrac{1}{2}\right)=\mathrm{e}^{-\frac{1}{4}}, f(0)=1, f(2)=\mathrm{e}^2$,所以 $M=\mathrm{e}^2, m=\mathrm{e}^{-\frac{1}{4}}$. 由性质 5 得

$$2\mathrm{e}^{-\frac{1}{4}}\leqslant\int_0^2 \mathrm{e}^{x^2-x}\mathrm{d}x\leqslant 2\mathrm{e}^2.$$

2. 设 $f(x)$ 及 $g(x)$ 在 $[a,b]$ 上连续,证明:

(1)若在 $[a,b]$ 上 $f(x)\geqslant 0$,且 $f(x)$ 不恒等于 0,则 $\int_a^b f(x)\mathrm{d}x>0$;

(2)若在 $[a,b]$ 上 $f(x)\leqslant g(x)$,且 $\int_a^b f(x)\mathrm{d}x=\int_a^b g(x)\mathrm{d}x$,则在 $[a,b]$ 上 $f(x)\equiv g(x)$.

证明 (1)由 $f(x)\geqslant 0$ 和性质 4,得 $\int_a^b f(x)\mathrm{d}x\geqslant 0$. 而 $\int_a^b f(x)\mathrm{d}x$ 为一个数,要么 $\int_a^b f(x)\mathrm{d}x>0$,要么 $\int_a^b f(x)\mathrm{d}x=0$. 若 $\int_a^b f(x)\mathrm{d}x=0$,由教材例 5-3 知则 $f(x)$ 在 $[a,b]$ 上恒为 0,与已知矛盾!所以 $\int_a^b f(x)\mathrm{d}x>0$.

(2)令 $F(x)=g(x)-f(x)$,则 $F(x)\geqslant 0$,且 $F(x)$ 在 $[a,b]$ 上连续,因为 $\int_a^b f(x)\mathrm{d}x=\int_a^b g(x)\mathrm{d}x$,由性质 1 知 $\int_a^b F(x)\mathrm{d}x=0$. 由教材例 5-3 知 $F(x)$ 在 $[a,b]$ 上必有 $F(x)\equiv 0$,即

$$f(x)\equiv g(x)\ (x\in[a,b]).$$

3. 不计算积分,根据定积分的性质,比较下列各组积分值的大小:

(1) $\int_0^1 x\mathrm{d}x$ 与 $\int_0^1 x^2 \mathrm{d}x$;

(2) $\int_1^2 x\mathrm{d}x$ 与 $\int_1^2 x^2 \mathrm{d}x$;

(3) $\int_0^{\frac{\pi}{2}} x\mathrm{d}x$ 与 $\int_0^{\frac{\pi}{2}} \sin x \mathrm{d}x$;

(4) $\int_0^1 x\mathrm{d}x$ 与 $\int_0^1 \ln(1+x)\mathrm{d}x$;

(5) $\int_0^1 \mathrm{e}^x \mathrm{d}x$ 与 $\int_0^1 (1+x)\mathrm{d}x$;

(6) $\int_{-\frac{\pi}{2}}^0 \sin x \mathrm{d}x$ 与 $\int_0^{\frac{\pi}{2}} \sin x \mathrm{d}x$.

解 (1)在$[0,1]$上 $x \geq 0, x^2 \geq 0$,且 $x^2 \leq x, x^2-x \not\equiv 0$,因而由性质 4 的推论 1 和第 2 题结论有 $\int_0^1 x\mathrm{d}x > \int_0^1 x^2 \mathrm{d}x$.

(2)在$[1,2]$上 $x>0, x^2>0$,且 $x^2 \geq x, x^2-x \not\equiv 0$,因而由性质 4 的推论 1 和第 2 题结论有 $\int_1^2 x^2 \mathrm{d}x > \int_1^2 x\mathrm{d}x$.

(3)在 $\left[0,\frac{\pi}{2}\right]$ 上 $x \geq 0, \sin x \geq 0$,且 $\sin x \leq x, \sin x - x \not\equiv 0$,因而由性质 4 的推论 1 和第 2 题结论有 $\int_0^{\frac{\pi}{2}} x\mathrm{d}x > \int_0^{\frac{\pi}{2}} \sin x \mathrm{d}x$.

(4)在$[0,1]$上 $x \geq 0, \ln(1+x) \geq 0$,令 $f(x) = x - \ln(1+x), f'(x) = 1 - \frac{1}{1+x} = \frac{x}{1+x}$,当 $x \in [0,1]$时 $f'(x) \geq 0, f(x)$在$[0,1]$上为增函数,所以 $f(x) \geq f(0) = 0$,且 $f(x) \not\equiv 0$,由性质 4 的推论 1 和第 2 题结论有 $\int_0^1 x\mathrm{d}x > \int_0^1 \ln(1+x)\mathrm{d}x$.

(5)在$[0,1]$上 $1+x>0, \mathrm{e}^x>0$,令 $f(x) = \mathrm{e}^x - (1+x), f'(x) = \mathrm{e}^x - 1$,当 $x \in [0,1]$时 $f'(x) \geq 0$,因而 $f(x)$在$[0,1]$上为增函数,所以 $f(x) \geq f(0) = 0$,且 $f(x) \not\equiv 0$,由性质 4 的推论 1 和第 2 题结论有 $\int_0^1 \mathrm{e}^x \mathrm{d}x > \int_0^1 (1+x)\mathrm{d}x$.

(6)在 $\left[0,\frac{\pi}{2}\right]$ 上,$\sin x \geq 0$ 且 $\sin x \not\equiv 0$,因而 $\int_0^{\frac{\pi}{2}} \sin x \mathrm{d}x > 0$. 在 $\left[-\frac{\pi}{2},0\right]$ 上,$\sin x \leq 0$ 且 $\sin x \not\equiv 0$,因而 $\int_{-\frac{\pi}{2}}^0 \sin x \mathrm{d}x < 0$. 故 $\int_{-\frac{\pi}{2}}^0 \sin x \mathrm{d}x < \int_0^{\frac{\pi}{2}} \sin x \mathrm{d}x$.

4. 试将和式的极限 $\lim\limits_{n\to\infty} \frac{1^p + 2^p + \cdots + n^p}{n^{p+1}}$ $(p > 0)$ 表示成定积分.

解 $\lim\limits_{n\to\infty} \frac{1^p + 2^p + \cdots + n^p}{n^{p+1}} = \lim\limits_{n\to\infty} \left[\left(\frac{1}{n}\right)^p + \left(\frac{2}{n}\right)^p + \cdots + \left(\frac{n}{n}\right)^p\right] \cdot \frac{1}{n} = \lim\limits_{n\to\infty} \sum\limits_{i=1}^n \left(\frac{i}{n}\right)^p \cdot \frac{1}{n}$.

令 $f(x) = x^p$,在$[0,1]$上 n 等分,$\Delta x_i = \frac{1}{n}, \xi_i = \frac{i}{n}$ 为区间 $[x_{i-1},x_i]$ 的右端点,所以

$$\lim\limits_{n\to\infty} \frac{1^p + 2^p + \cdots + n^p}{n^{p+1}} = \lim\limits_{\lambda\to 0} \sum\limits_{i=1}^\infty f(\xi_i) \cdot \Delta x_i = \int_0^1 x^p \mathrm{d}x.$$

5. 已知 $f(x) = \frac{1}{2} x^2$ 在区间$[3,6]$上的定积分是 31.5,求积分中值定理中的 ξ 及 $f(\xi)$.

解 $\int_a^b f(x)\mathrm{d}x = \int_3^6 \frac{1}{2} x^2 \mathrm{d}x = 31.5 \xrightarrow{\text{性质 6}} f(\xi) \cdot (b-a) \xrightarrow[3 \leq \xi \leq 6]{\text{积分中值定理}} \frac{1}{2} \xi^2 \cdot 3$,

所以 $f(\xi) = 10.5, \xi = \sqrt{21}$.

习题 5-3

1. 试求函数 $y = \int_0^x \sin t \, dt$ 当 $x=0$ 及 $x=\frac{\pi}{4}$ 时的导数.

   解 $y = \int_0^x \sin t \, dt$,所以 $y' = \sin x$,

   $$y'|_{x=0} = \sin x|_{x=0} = 0, \quad y'|_{x=\frac{\pi}{4}} = \sin x|_{x=\frac{\pi}{4}} = \frac{\sqrt{2}}{2}.$$

2. 求由参数表示式 $x = \int_0^t \sin u \, du$, $y = \int_0^t \cos u \, du$ 所给定函数 y 对 x 的导数.

   解 设 $x = \int_0^t \sin u \, du = \varphi(t)$, $y = \int_0^t \cos u \, du = \psi(t)$. 则

   $$\frac{dy}{dx} = \frac{\psi'(t)}{\varphi'(t)} = \frac{\cos t}{\sin t} = \cot t.$$

3. 求由 $\int_0^y e^t \, dt + \int_0^x \cos t \, dt = 0$ 所决定的隐函数 y 对 x 的导数 $\frac{dy}{dx}$.

   解 等式 $\int_0^y e^t \, dt + \int_0^x \cos t \, dt = 0$ 的两边对 x 求导得 $e^y \cdot \frac{dy}{dx} + \cos x = 0$,所以 $\frac{dy}{dx} = -\frac{\cos x}{e^y}$.

4. 当 x 为何值时,函数 $I(x) = \int_0^x t e^{-t^2} \, dt$ 有极值?

   解 因 $I(x) = \int_0^x t e^{-t^2} \, dt$,故 $I'(x) = x e^{-x^2}$,驻点为 $x=0$,且当 $x<0$ 时 $I'(x)<0$, I 单减, 当 $x>0$ 时 $I'(x)>0$, I 单增,所以当 $x=0$ 时 $I(x)$ 有极小值.

5. 计算下列各导数:

   (1) $\frac{d}{dx} \int_0^{x^2} \sqrt{1+t^2} \, dt$; (2) $\frac{d}{dx} \int_{x^2}^{x^3} \frac{dt}{\sqrt{1+t^4}}$;

   (3) $\frac{d}{dx} \int_{\sin x}^{\cos x} \cos(\pi t^2) \, dt$; (4) $\frac{d}{dx} \int_a^x x f(t) \, dt$,其中 $f(x)$ 在 **R** 上连续.

   解 (1) $\frac{d}{dx} \int_0^{x^2} \sqrt{1+t^2} \, dt = \sqrt{1+x^4} \cdot 2x = 2x\sqrt{1+x^4}$.

   (2) $\frac{d}{dx} \int_{x^2}^{x^3} \frac{dt}{\sqrt{1+t^4}} = \frac{1}{\sqrt{1+(x^3)^4}} \cdot 3x^2 - \frac{1}{\sqrt{1+(x^2)^4}} \cdot 2x = \frac{3x^2}{\sqrt{1+x^{12}}} - \frac{2x}{\sqrt{1+x^8}}$.

   (3) $\frac{d}{dx} \int_{\sin x}^{\cos x} \cos(\pi t^2) \, dt$
   $= \cos[\pi(\cos x)^2] \cdot (-\sin x) - \cos[\pi(\sin x)^2] \cdot \cos x$
   $= -\sin x \cos(\pi \cos^2 x) - \cos x \cdot \cos(\pi \sin^2 x)$
   $= -\sin x \cdot \cos(\pi \cos^2 x) - \cos x \cdot \cos[\pi(1-\cos^2 x)]$
   $= -\sin x \cos(\pi \cos^2 x) + \cos x \cdot \cos(\pi \cos^2 x)$
   $= \cos(\pi \cos^2 x) \cdot (\cos x - \sin x) = \cos(\pi \sin^2 x) \cdot (\sin x - \cos x)$.

   (4) $\frac{d}{dx} \int_a^x x f(t) \, dt = \int_a^x f(t) \, dt + x f(x)$.

6. 计算下列各定积分：

(1) $\int_0^a (3x^2-x+1)dx$； (2) $\int_4^9 \sqrt{x}(1+\sqrt{x})dx$； (3) $\int_{\frac{1}{\sqrt{3}}}^{\sqrt{3}} \frac{dx}{1+x^2}$；

(4) $\int_{-\frac{1}{2}}^{\frac{1}{2}} \frac{dx}{\sqrt{1-x^2}}$； (5) $\int_0^{\sqrt{3}a} \frac{dx}{a^2+x^2}$； (6) $\int_{-1}^0 \frac{3x^4+3x^2+1}{x^2+1}dx$；

(7) $\int_{-e-1}^{-2} \frac{dx}{1+x}$； (8) $\int_0^{\frac{\pi}{4}} \tan^2\theta d\theta$； (9) $\int_0^{2\pi} |\sin x|dx$；

(10) $\int_0^4 f(x)dx$，其中 $f(x) = \begin{cases} \sin x, & [0, \frac{\pi}{2}), \\ \frac{1}{x}, & [\frac{\pi}{2}, e), \\ 2^x, & [e, 4]. \end{cases}$

解 (1) $\int_0^a (3x^2-x+1)dx = \left[x^3 - \frac{1}{2}x^2 + x\right]_0^a = a^3 - \frac{1}{2}a^2 + a$；

(2) $\int_4^9 \sqrt{x}(1+\sqrt{x})dx = \int_4^9 (x^{\frac{1}{2}}+x)dx = \left[\frac{2}{3}x^{\frac{3}{2}} + \frac{1}{2}x^2\right]_4^9$

$= \frac{2}{3} \cdot (9^{\frac{3}{2}} - 4^{\frac{3}{2}}) + \frac{1}{2}(9^2 - 4^2) = 45\frac{1}{6}$；

(3) $\int_{\frac{1}{\sqrt{3}}}^{\sqrt{3}} \frac{dx}{1+x^2} = \arctan x \Big|_{\frac{1}{\sqrt{3}}}^{\sqrt{3}} = \arctan\sqrt{3} - \arctan\frac{1}{\sqrt{3}} = \frac{\pi}{6}$；

(4) $\int_{-\frac{1}{2}}^{\frac{1}{2}} \frac{dx}{\sqrt{1-x^2}} = \arcsin x \Big|_{-\frac{1}{2}}^{\frac{1}{2}} = \frac{\pi}{6} - \left(-\frac{\pi}{6}\right) = \frac{\pi}{3}$；

(5) $\int_0^{\sqrt{3}a} \frac{dx}{a^2+x^2} = \frac{1}{a^2}\int_0^{\sqrt{3}a} \frac{dx}{1+\left(\frac{x}{a}\right)^2} = \frac{1}{a} \cdot \arctan\frac{x}{a}\Big|_0^{\sqrt{3}a} = \frac{1}{a} \cdot (\arctan\sqrt{3} - \arctan 0) = \frac{\pi}{3a}$；

(6) $\int_{-1}^0 \frac{3x^4+3x^2+1}{x^2+1}dx = \int_{-1}^0 \frac{3x^2(x^2+1)+1}{x^2+1}dx = \int_{-1}^0 \left(3x^2 + \frac{1}{1+x^2}\right)dx$

$= [x^3 + \arctan x]_{-1}^0 = -[(-1)^3 + \arctan(-1)] = 1 + \frac{\pi}{4}$；

(7) $\int_{-e-1}^{-2} \frac{dx}{1+x} = [\ln|1+x|]_{-e-1}^{-2} = \ln 1 - \ln e = -1$；

(8) $\int_0^{\frac{\pi}{4}} \tan^2\theta d\theta = \int_0^{\frac{\pi}{4}} (\sec^2\theta - 1)d\theta = [\tan\theta - \theta]_0^{\frac{\pi}{4}} = 1 - \frac{\pi}{4}$；

(9) $\int_0^{2\pi} |\sin x|dx = \int_0^{\pi} \sin x dx - \int_{\pi}^{2\pi} \sin x dx = -\cos x\Big|_0^{\pi} + \cos x\Big|_{\pi}^{2\pi} = 4$；

(10) $\int_0^4 f(x)dx = \int_0^{\frac{\pi}{2}} \sin x dx + \int_{\frac{\pi}{2}}^e \frac{1}{x}dx + \int_e^4 2^x dx = -\cos x\Big|_0^{\frac{\pi}{2}} + [\ln|x|]_{\frac{\pi}{2}}^e + \frac{1}{\ln 2} \cdot 2^x\Big|_e^4$

$= 1 + 1 - \ln\frac{\pi}{2} + \frac{2^4 - 2^e}{\ln 2} = 2 - \ln\frac{\pi}{2} + \frac{16 - 2^e}{\ln 2}$.

7. 设 $f(x) = \begin{cases} 2x+1, & |x| \leq 2, \\ 1+x^2, & 2 < x \leq 4, \end{cases}$ 求 k 的值，使 $\int_k^3 f(x)dx = \frac{40}{3}$.

解 当 $-2 \leq k \leq 2$ 时，

$\frac{40}{3} = \int_k^3 f(x)dx = \int_k^2 (2x+1)dx + \int_2^3 (1+x^2)dx = [x^2+x]_k^2 + \left[x+\frac{1}{3}x^3\right]_2^3 = \frac{40}{3} - k^2 - k$，

即 $k^2+k=0$,解得 $k=0$ 或 $k=-1$.

当 $4 \geqslant k > 2$ 时,
$$\frac{40}{3} = \int_k^3 f(x)dx = \int_k^3 (1+x^2)dx = \left(x+\frac{1}{3}x^3\right)\Big|_k^3 = 12-k-\frac{k^3}{3},$$
即 $k^3+3k+4=0$,整理得 $(k+1) \cdot (k^2-k+4)=0$,但是此方程没有大于等于 2 的实根.

总之,$k=0$ 或 $k=-1$ 时有 $\int_k^3 f(x)dx = \frac{40}{3}$ 成立.

8. 设 k 为正整数,试证明下列各题:

(1) $\int_{-\pi}^{\pi} \cos kx\, dx = 0$; (2) $\int_{-\pi}^{\pi} \sin kx\, dx = 0$;

(3) $\int_{-\pi}^{\pi} \cos^2 kx\, dx = \pi$; (4) $\int_{-\pi}^{\pi} \sin^2 kx\, dx = \pi$.

证明 (1) $\int_{-\pi}^{\pi} \cos kx\, dx \xrightarrow{\cos kx \text{ 为偶函数}} 2\int_0^{\pi} \cos kx\, dx = 2 \cdot \frac{1}{k} \sin kx \Big|_0^{\pi} = \frac{2}{k}(0-0) = 0$;

(2) $\int_{-\pi}^{\pi} \sin kx\, dx = \int_{-\pi}^0 \sin kx\, dx + \int_0^{\pi} \sin kx\, dx \xrightarrow{\sin kx \text{ 为奇函数}} -\int_0^{\pi} \sin kx\, dx + \int_0^{\pi} \sin kx\, dx = 0$;

(3) $\int_{-\pi}^{\pi} \cos^2 kx\, dx \xrightarrow{\cos^2 kx \text{ 为偶函数}} 2\int_0^{\pi} \cos^2 kx\, dx = \int_0^{\pi} (1+\cos 2kx)dx$
$$= \left[x+\frac{1}{2k}\sin 2kx\right]_0^{\pi} = \pi;$$

(4) $\int_{-\pi}^{\pi} \sin^2 kx\, dx \xrightarrow{\sin^2 kx \text{ 为偶函数}} 2\int_0^{\pi} \sin^2 kx\, dx = \int_0^{\pi} (1-\cos 2kx)dx = \left[x-\frac{1}{2k}\sin 2kx\right]_0^{\pi} = \pi$.

9. 设 k 及 l 为正整数,且 $k \neq l$,证明下列各式:

(1) $\int_{-\pi}^{\pi} \cos kx \sin lx\, dx = 0$; (2) $\int_{-\pi}^{\pi} \cos kx \cos lx\, dx = 0$; (3) $\int_{-\pi}^{\pi} \sin kx \sin lx\, dx = 0$.

证明 (1) $\int_{-\pi}^{\pi} \cos kx \sin lx\, dx \xrightarrow{\cos kx \sin lx \text{ 为奇函数}} 0$;

(2) $\int_{-\pi}^{\pi} \cos kx \cos lx\, dx \xrightarrow{\cos kx \cos lx \text{ 为偶函数}} 2\int_0^{\pi} \cos kx \cos lx\, dx$
$$= 2\int_0^{\pi} \frac{1}{2}[\cos(k+l)x + \cos(k-l)x]dx$$
$$= \left[\frac{\sin(k+l)x}{k+l} + \frac{\sin(k-l)x}{k-l}\right]_0^{\pi} = 0;$$

(3) $\int_{-\pi}^{\pi} \sin kx \sin lx\, dx \xrightarrow{\sin kx \sin lx \text{ 为偶函数}} 2\int_0^{\pi} \sin kx \sin lx\, dx$
$$= 2\int_0^{\pi} \frac{1}{2}[\cos(k-l)x - \cos(k+l)x]dx$$
$$= \left[\frac{\sin(k-l)x}{k-l} - \frac{\sin(k+l)x}{k+l}\right]_0^{\pi} = 0.$$

10. 求下列极限:

(1) $\lim\limits_{x \to a} \frac{x}{x-a} \int_a^x f(t)dt$,这里 $f(x)$ 为连续函数; (2) $\lim\limits_{x \to 0} \frac{\int_0^x \cos t^2\, dt}{x}$;

(3) $\lim\limits_{x \to +\infty} \frac{\ln x \int_2^x \frac{dt}{\ln t}}{x}$; (4) $\lim\limits_{x \to 0} \frac{\int_0^x \ln(1+t)dt}{x^2}$.

解 (1) $\lim\limits_{x\to a}\dfrac{x\int_a^x f(t)\mathrm{d}t}{x-a}\xlongequal[\frac{0}{0}\text{型}]{\text{洛必达法则}}\lim\limits_{x\to a}\dfrac{\int_a^x f(t)\mathrm{d}t+xf(x)}{1}=af(a);$

(2) $\lim\limits_{x\to 0}\dfrac{\int_0^x \cos t^2\mathrm{d}t}{x}\xlongequal[\frac{0}{0}\text{型}]{\text{洛必达法则}}\lim\limits_{x\to 0}\dfrac{\cos x^2}{1}=1;$

(3) $\lim\limits_{x\to\infty}\dfrac{\ln x\int_2^x \frac{\mathrm{d}t}{\ln t}}{x}\xlongequal[\frac{\infty}{\infty}\text{型}]{\text{洛必达法则}}\lim\limits_{x\to\infty}\dfrac{\frac{1}{x}\int_2^x \frac{\mathrm{d}t}{\ln t}+\ln x\cdot\frac{1}{\ln x}}{1}=\lim\limits_{x\to\infty}\left(1+\dfrac{\int_2^x \frac{\mathrm{d}t}{\ln t}}{x}\right)$

$\xlongequal[\frac{\infty}{\infty}\text{型}]{\text{洛必达法则}}1+\lim\limits_{x\to\infty}\dfrac{\frac{1}{\ln x}}{1}=1;$

(4) $\lim\limits_{x\to 0}\dfrac{\int_0^x \ln(1+t)\mathrm{d}t}{x^2}\xlongequal[\frac{0}{0}\text{型}]{\text{洛必达法则}}\lim\limits_{x\to 0}\dfrac{\ln(1+x)}{2x}\xlongequal[\frac{0}{0}\text{型}]{\text{洛必达法则}}\lim\limits_{x\to 0}\dfrac{\frac{1}{1+x}}{2}=\dfrac{1}{2}.$

11. 设 $f(x)=\begin{cases}x^2, & x\in[0,1),\\ x, & x\in[1,2],\end{cases}$ 求 $\Phi(x)=\int_0^x f(t)\mathrm{d}t$ 在 $[0,2]$ 上的表达式,并讨论 $\Phi(x)$ 在 $(0,2)$ 内的连续性.

解 当 $0\leqslant x<1$ 时,$\Phi(x)=\int_0^x t^2\mathrm{d}t=\dfrac{1}{3}t^3\Big|_0^x=\dfrac{1}{3}x^3.$

当 $1\leqslant x\leqslant 2$ 时,$\Phi(x)=\int_0^1 t^2\mathrm{d}t+\int_1^x t\mathrm{d}t=\dfrac{1}{3}t^3\Big|_0^1+\dfrac{1}{2}t^2\Big|_1^x=\dfrac{1}{2}x^2-\dfrac{1}{6}.$

则 $\Phi(x)=\begin{cases}\dfrac{1}{3}x^3, & x\in[0,1),\\ \dfrac{1}{2}x^2-\dfrac{1}{6}, & x\in[1,2].\end{cases}$

显然 $\Phi(x)$ 在 $(0,1)\cup(1,2)$ 内连续,下面讨论 $\Phi(x)$ 在 $x=1$ 处的连续性.

$\lim\limits_{x\to 1^-}\Phi(x)=\lim\limits_{x\to 1}\dfrac{1}{3}x^3=\dfrac{1}{3}=\Phi(1-0),\lim\limits_{x\to 1^+}\Phi(x)=\lim\limits_{x\to 1}\left(\dfrac{1}{2}x^2-\dfrac{1}{6}\right)=\dfrac{1}{3}=\Phi(1+0),$

故 $\Phi(1-0)=\Phi(1+0)=\Phi(1)$,所以 $\Phi(x)$ 在 $x=1$ 连续,因此 $\Phi(x)$ 在 $(0,2)$ 上是连续的.

12. 设 $f(x)=\begin{cases}\dfrac{1}{2}\sin x, & 0\leqslant x\leqslant\pi,\\ 0, & x<0\text{ 或 }x>\pi,\end{cases}$ 求 $\Phi(x)=\int_0^x f(t)\mathrm{d}t$ 在 $(-\infty,+\infty)$ 内的表达式.

解 当 $x<0$ 时,$\Phi(x)=\int_0^x f(t)\mathrm{d}t=0.$

当 $0\leqslant x\leqslant\pi$ 时,$\Phi(x)=\int_0^x f(t)\mathrm{d}t=\int_0^x \dfrac{1}{2}\sin t\mathrm{d}t=-\dfrac{1}{2}\cos t\Big|_0^x=\dfrac{1-\cos x}{2}.$

当 $x>\pi$ 时,$\Phi(x)=\int_0^x f(t)\mathrm{d}t=\int_0^\pi f(t)\mathrm{d}t+\int_\pi^x f(t)\mathrm{d}t=\dfrac{1-\cos\pi}{2}+0=1.$

综上所述,

$$\Phi(x)=\begin{cases}0, & x<0,\\ \dfrac{1-\cos x}{2}, & 0\leqslant x\leqslant \pi,\\ 1, & x>\pi.\end{cases}$$

13. 设 $f(x)$ 在 $[a,b]$ 上连续，在 (a,b) 内可导，且 $f'(x)\leqslant 0$，$F(x)=\dfrac{1}{x-a}\int_a^x f(t)\mathrm{d}t$. 证明在 (a,b) 内有 $F'(x)\leqslant 0$.

证明 因为 $F(x)=\dfrac{1}{x-a}\int_a^x f(t)\mathrm{d}t$，所以对于 $x\in(a,b)$，

$$F'(x)=\dfrac{f(x)\cdot(x-a)-\int_a^x f(t)\mathrm{d}t}{(x-a)^2}\xrightarrow[\xi\in[a,x]]{\text{积分中值定理}}\dfrac{f(x)(x-a)-f(\xi)(x-a)}{(x-a)^2}$$

$$=\dfrac{f(x)-f(\xi)}{x-a}\xrightarrow[\xi<\eta<x]{\text{微分中值定理}}\dfrac{f'(\eta)(x-\xi)}{x-a}.$$

由 $f'(\eta)\leqslant 0$，$x-\xi>0$，$x-a>0$，故

$$F'(x)\leqslant 0\quad(x\in(a,b)).$$

14. 设 $f(x)$ 为连续函数，$\varphi(x)=\int_0^1 f(xt)\mathrm{d}t$，且 $\lim\limits_{x\to 0}\dfrac{f(x)}{x}=A$（$A$ 为常数），求 $\varphi'(x)$，并讨论 $\varphi'(x)$ 在 $x=0$ 处的连续性.

解 因为 $\varphi(x)=\int_0^1 f(xt)\mathrm{d}t$，将 xt 看作一个整体，令 $xt=u$，$\mathrm{d}t=\dfrac{1}{x}\mathrm{d}u$，积分上下限由 $0,1$ 变为 $0,x$.

当 $x\neq 0$ 时，$\varphi(x)=\int_0^1 f(xt)\mathrm{d}t=\dfrac{1}{x}\int_0^x f(u)\mathrm{d}u$；

当 $x=0$ 时，$\varphi(0)=\int_0^1 f(0)\mathrm{d}t=f(0)$.

当 $x\neq 0$ 时，$\varphi'(x)=\dfrac{f(x)x-\int_0^x f(u)\mathrm{d}u}{x^2}$.

当 $x=0$ 时，$\varphi'(0)=\lim\limits_{\Delta x\to 0}\dfrac{\varphi(\Delta x)-\varphi(0)}{\Delta x}=\lim\limits_{\Delta x\to 0}\dfrac{\dfrac{1}{\Delta x}\int_0^{\Delta x}f(u)\mathrm{d}u-f(0)}{\Delta x}$

$$=\lim\limits_{\Delta x\to 0}\dfrac{\int_0^{\Delta x}f(u)\mathrm{d}u-f(0)\int_0^{\Delta x}\mathrm{d}u}{(\Delta x)^2}$$

$$=\lim\limits_{\Delta x\to 0}\dfrac{\int_0^{\Delta x}(f(u)-f(0))\mathrm{d}u}{(\Delta x)^2}\xrightarrow{\text{洛必达法则}}\lim\limits_{\Delta x\to 0}\dfrac{f(\Delta x)-f(0)}{2\Delta x}.$$

而已知 $\lim\limits_{x\to 0}\dfrac{f(x)}{x}=A$（$A$ 为常数），且 $f(x)$ 为连续函数，所以 $f(0)=0$，因此当 $x=0$ 时，$\varphi'(0)=\lim\limits_{\Delta x\to 0}\dfrac{f(\Delta x)-f(0)}{2\Delta x}=\dfrac{A}{2}$，所以

$$\varphi'(x) = \begin{cases} \dfrac{xf(x) - \int_0^x f(u)\,du}{x^2}, & x \neq 0, \\ \dfrac{A}{2}, & x = 0. \end{cases}$$

而 $\displaystyle\lim_{x\to 0}\varphi'(x) = \lim_{x\to 0}\dfrac{xf(x) - \int_0^x f(u)\,du}{x^2} = \lim_{x\to 0}\dfrac{f(x)}{x} - \lim_{x\to 0}\dfrac{\int_0^x f(u)\,du}{x^2}$

$\xrightarrow{\text{洛必达法则}} A - \lim_{x\to 0}\dfrac{f(x)}{2x} = A - \dfrac{A}{2} = \dfrac{A}{2} = \varphi'(0).$

故 $\varphi'(x)$ 在 $x=0$ 连续.

15. 设 $x \geqslant 0, f(x)$ 连续，若 $\displaystyle\int_0^{x^2} f(t)\,dt = x^2(1+x)$，求 $f(2)$.

解 因为 $\displaystyle\int_0^{x^2} f(t)\,dt = x^2(1+x)$，所以两边求导得

$$f(x^2) \cdot 2x = 2x(1+x) + x^2 = 3x^2 + 2x,$$

令 $x=\sqrt{2}$，得 $f(2) \cdot 2\sqrt{2} = 3\cdot 2 + 2\sqrt{2}$，即 $f(2) = \dfrac{3}{2}\sqrt{2} + 1$.

习题 5−4

1. 计算下列定积分：

(1) $\displaystyle\int_{-2}^{1} \dfrac{dx}{(11+5x)^3}$;

(2) $\displaystyle\int_0^1 xe^{x^2}\,dx$;

(3) $\displaystyle\int_0^1 x(2-x^2)^3\,dx$;

(4) $\displaystyle\int_2^8 \dfrac{\sin\sqrt{x+1}}{\sqrt{x+1}}\,dx$;

(5) $\displaystyle\int_1^e \dfrac{\sqrt{1+\ln x}}{x}\,dx$;

(6) $\displaystyle\int_0^{\frac{\pi}{4}} \cos^3(2x)\,dx$;

(7) $\displaystyle\int_0^5 \dfrac{x^3}{x^2+1}\,dx$;

(8) $\displaystyle\int_e^{e^2} \dfrac{dx}{x\ln^2 x}$;

(9) $\displaystyle\int_{\frac{\pi}{6}}^{\frac{\pi}{2}} \cos^2 u\,du$;

(10) $\displaystyle\int_1^{e^2} \dfrac{dx}{x\sqrt{1+\ln x}}$;

(11) $\displaystyle\int_0^1 te^{-\frac{t^2}{2}}\,dt$;

(12) $\displaystyle\int_{-\frac{\pi}{2}}^{\frac{\pi}{2}} \sqrt{\cos x - \cos^3 x}\,dx$;

(13) $\displaystyle\int_0^5 |2x-4|\,dx$;

(14) $\displaystyle\int_0^{\frac{\pi}{2}} \sin\varphi\cos^3\varphi\,d\varphi$;

(15) $\displaystyle\int_1^4 \dfrac{dx}{1+\sqrt{x}}$;

(16) $\displaystyle\int_{-1}^1 \dfrac{x\,dx}{\sqrt{5-4x}}$;

(17) $\displaystyle\int_{\frac{3}{4}}^1 \dfrac{dx}{\sqrt{1-x}-1}$;

(18) $\displaystyle\int_0^{\sqrt{2}} \sqrt{2-x^2}\,dx$;

(19) $\displaystyle\int_1^{\sqrt{3}} \dfrac{dx}{x^2\sqrt{1+x^2}}$;

(20) $\displaystyle\int_{-\sqrt{2}}^{\sqrt{2}} \sqrt{8-2y^2}\,dy$;

(21) $\displaystyle\int_0^a x^2\sqrt{a^2-x^2}\,dx$;

(22) $\displaystyle\int_{\ln 2}^{\ln 3} \dfrac{dx}{e^x - e^{-x}}$;

(23) $\displaystyle\int_0^{\sqrt{2}a} \dfrac{x\,dx}{\sqrt{3a^2 - x^2}}$;

(24) $\displaystyle\int_{\frac{1}{\sqrt{2}}}^1 \dfrac{\sqrt{1-x^2}}{x^2}\,dx$;

(25) $\displaystyle\int_{\sqrt{2}}^2 \dfrac{dx}{x\sqrt{x^2-1}}$;

(26) $\displaystyle\int_0^{\pi} (1-\sin^3\theta)\,d\theta$;

(27) $\displaystyle\int_{-\frac{\pi}{2}}^{\frac{\pi}{2}} \cos x\cos 2x\,dx$.

解 (1) $\int_{-2}^{1} \dfrac{dx}{(11+5x)^3} = \dfrac{1}{5}\int_{-2}^{1} \dfrac{d(11+5x)}{(11+5x)^3} = \dfrac{1}{5} \cdot \dfrac{1}{-2}(11+5x)^{-2}\Big|_{-2}^{1} = \dfrac{51}{512}$;

(2) $\int_{0}^{1} xe^{x^2}dx = \dfrac{1}{2}\int_{0}^{1} e^{x^2}d(x^2) = \dfrac{1}{2}e^{x^2}\Big|_{0}^{1} = \dfrac{e-1}{2}$;

(3) $\int_{0}^{1} x(2-x^2)^3 dx = -\dfrac{1}{2}\int_{0}^{1} (2-x^2)^3 d(-x^2) = -\dfrac{1}{2}\int_{0}^{1} (2-x^2)^3 d(2-x^2)$

$\qquad = -\dfrac{1}{2} \cdot \dfrac{1}{4}\left[(2-x^2)^4\right]_{0}^{1} = \dfrac{15}{8}$;

(4) $\int_{2}^{8} \dfrac{\sin\sqrt{x+1}}{\sqrt{x+1}}dx = 2\int_{2}^{8} \sin\sqrt{x+1} \cdot d(\sqrt{x+1}) = -2\cos\sqrt{x+1}\Big|_{2}^{8}$

$\qquad = 2(\cos\sqrt{3}-\cos 3)$;

(5) $\int_{1}^{e} \dfrac{\sqrt{1+\ln x}}{x}dx = \int_{1}^{e} \sqrt{1+\ln x}\,d(\ln x) = \dfrac{2}{3}(1+\ln x)^{\frac{3}{2}}\Big|_{1}^{e} = \dfrac{4\sqrt{2}-2}{3}$;

(6) $\int_{0}^{\frac{\pi}{4}} \cos^3(2x)dx = \int_{0}^{\frac{\pi}{4}} \cos^2(2x) \cdot \cos(2x)dx = \int_{0}^{\frac{\pi}{4}} (1-\sin^2 2x) \cdot \cos 2x\,dx$

$\qquad = \int_{0}^{\frac{\pi}{4}} \cos 2x\,dx - \int_{0}^{\frac{\pi}{4}} \sin^2 2x\cos 2x\,dx$

$\qquad = \dfrac{1}{2}\sin 2x\Big|_{0}^{\frac{\pi}{4}} - \dfrac{1}{2}\int_{0}^{\frac{\pi}{4}} \sin^2 2x\,d(\sin 2x) = \dfrac{1}{2} - \dfrac{1}{2} \cdot \dfrac{1}{3}\sin^3 2x\Big|_{0}^{\frac{\pi}{4}} = \dfrac{1}{3}$;

(7) $\int_{0}^{5} \dfrac{x^3}{x^2+1}dx = \int_{0}^{5} \dfrac{x^3+x-x}{x^2+1}dx = \int_{0}^{5}\left(x - \dfrac{x}{x^2+1}\right)dx$

$\qquad = \int_{0}^{5} x\,dx - \int_{0}^{5} \dfrac{x}{x^2+1}dx = \dfrac{1}{2}x^2\Big|_{0}^{5} - \dfrac{1}{2}\ln(x^2+1)\Big|_{0}^{5} = \dfrac{25}{2} - \dfrac{\ln 26}{2}$;

(8) $\int_{e}^{e^2} \dfrac{dx}{x\ln^2 x} = \int_{e}^{e^2} \dfrac{d(\ln x)}{\ln^2 x} = -\dfrac{1}{\ln x}\Big|_{e}^{e^2} = \dfrac{1}{2}$;

(9) $\int_{\frac{\pi}{6}}^{\frac{\pi}{2}} \cos^2 u\,du = \int_{\frac{\pi}{6}}^{\frac{\pi}{2}} \dfrac{1+\cos 2u}{2}du = \dfrac{1}{2}[u]_{\frac{\pi}{6}}^{\frac{\pi}{2}} + \dfrac{1}{4}[\sin 2u]_{\frac{\pi}{6}}^{\frac{\pi}{2}} = \dfrac{\pi}{6} - \dfrac{\sqrt{3}}{8}$;

(10) $\int_{1}^{e^2} \dfrac{dx}{x\sqrt{1+\ln x}} = \int_{1}^{e^2} \dfrac{d(\ln x)}{\sqrt{1+\ln x}} = 2\sqrt{1+\ln x}\Big|_{1}^{e^2} = 2\sqrt{3} - 2$;

(11) $\int_{0}^{1} te^{-\frac{t^2}{2}}dt = -\int_{0}^{1} e^{-\frac{t^2}{2}}d\left(-\dfrac{t^2}{2}\right) = -e^{-\frac{t^2}{2}}\Big|_{0}^{1} = -e^{-\frac{1}{2}} + 1$;

(12) $\int_{-\frac{\pi}{2}}^{\frac{\pi}{2}} \sqrt{\cos x - \cos^3 x}\,dx = \int_{-\frac{\pi}{2}}^{\frac{\pi}{2}} \sqrt{\cos x \cdot \sin^2 x}\,dx$

$\qquad = \int_{-\frac{\pi}{2}}^{0} -\sin x \cdot \sqrt{\cos x}\,dx + \int_{0}^{\frac{\pi}{2}} \sin x \cdot \sqrt{\cos x}\,dx$

$\qquad = \int_{-\frac{\pi}{2}}^{0} \sqrt{\cos x}\,d(\cos x) - \int_{0}^{\frac{\pi}{2}} \sqrt{\cos x}\,d(\cos x)$

$\qquad = \dfrac{2}{3}(\cos x)^{\frac{3}{2}}\Big|_{-\frac{\pi}{2}}^{0} - \dfrac{2}{3}(\cos x)^{\frac{3}{2}}\Big|_{0}^{\frac{\pi}{2}} = \dfrac{4}{3}$;

(13) $\int_{0}^{5} |2x-4|dx = \int_{0}^{2} -(2x-4)dx + \int_{2}^{5}(2x-4)dx = -[x^2-4x]_{0}^{2} + [x^2-4x]_{2}^{5} = 13$;

(14) $\int_{0}^{\frac{\pi}{2}} \sin\varphi\cos^3\varphi\,d\varphi = -\int_{0}^{\frac{\pi}{2}} \cos^3\varphi\,d(\cos\varphi) = -\dfrac{1}{4}\cos^4\varphi\Big|_{0}^{\frac{\pi}{2}} = \dfrac{1}{4}$;

(15) $\int_1^4 \dfrac{\mathrm{d}x}{1+\sqrt{x}} \xrightarrow{\text{令}\sqrt{x}=t} \int_1^2 \dfrac{2t\,\mathrm{d}t}{1+t} = \int_1^2 \dfrac{t+1-1}{1+t}\,\mathrm{d}t$

$$= 2\int_1^2 \left(1-\dfrac{1}{1+t}\right)\mathrm{d}t = 2[t-\ln(1+t)]_1^2 = 2\left(1+\ln\dfrac{2}{3}\right);$$

(16) $\int_{-1}^1 \dfrac{x\,\mathrm{d}x}{\sqrt{5-4x}} = -\dfrac{1}{2}\int_{-1}^1 \dfrac{-x}{\sqrt{\dfrac{5}{4}-x}}\,\mathrm{d}x = -\dfrac{1}{2}\int_{-1}^1 \dfrac{\dfrac{5}{4}-x-\dfrac{5}{4}}{\sqrt{\dfrac{5}{4}-x}}\,\mathrm{d}x$

$$= -\dfrac{1}{2}\int_{-1}^1 \left(\sqrt{\dfrac{5}{4}-x} - \dfrac{5}{4}\cdot\dfrac{1}{\sqrt{\dfrac{5}{4}-x}}\right)\mathrm{d}x$$

$$= -\dfrac{1}{2}\left[-\dfrac{2}{3}\cdot\left(\dfrac{5}{4}-x\right)^{\frac{3}{2}} + \dfrac{5}{4}\cdot 2\cdot\sqrt{\dfrac{5}{4}-x}\right]_{-1}^1$$

$$= -\dfrac{1}{2}\left(\dfrac{13}{6}-\dfrac{5}{2}\right) = \dfrac{1}{6};$$

或 $\int_{-1}^1 \dfrac{x\,\mathrm{d}x}{\sqrt{5-4x}} \xrightarrow{\text{令}\sqrt{5-4x}=t} \int_3^1 \dfrac{\dfrac{1}{4}(5-t^2)\cdot\left(-\dfrac{1}{2}t\right)}{t}\,\mathrm{d}t = \int_1^3 \dfrac{1}{8}(5-t^2)\,\mathrm{d}t$

$$= \dfrac{1}{8}\cdot\left[5t-\dfrac{1}{3}t^3\right]_1^3 = \dfrac{1}{6};$$

(17) $\int_{\frac{3}{4}}^1 \dfrac{\mathrm{d}x}{\sqrt{1-x}-1} \xrightarrow{\text{令}\sqrt{1-x}=t} \int_{\frac{1}{2}}^0 \dfrac{-2t\,\mathrm{d}t}{t-1} = 2\int_0^{\frac{1}{2}} \dfrac{t}{t-1}\,\mathrm{d}t$

$$= 2\int_0^{\frac{1}{2}} \dfrac{t-1+1}{t-1}\,\mathrm{d}t = 2\int_0^{\frac{1}{2}} \left(1+\dfrac{1}{t-1}\right)\mathrm{d}t$$

$$= 2\left[t+\ln|t-1|\right]_0^{\frac{1}{2}} = 1-2\ln 2;$$

(18) $\int_0^{\sqrt{2}} \sqrt{2-x^2}\,\mathrm{d}x \xrightarrow{\text{令}x=\sqrt{2}\cos t} \int_{-\frac{\pi}{2}}^0 \sqrt{2-2\cos^2 t}\cdot\sqrt{2}(-\sin t)\,\mathrm{d}t$

$$= 2\int_{-\frac{\pi}{2}}^0 \sin^2 t\,\mathrm{d}t = \int_{-\frac{\pi}{2}}^0 (1-\cos 2t)\,\mathrm{d}t$$

$$= \left[t-\dfrac{1}{2}\sin 2t\right]_{-\frac{\pi}{2}}^0 = \dfrac{\pi}{2};$$

(19) $\int_1^{\sqrt{3}} \dfrac{\mathrm{d}x}{x^2\sqrt{1+x^2}} \xrightarrow{\text{令}x=\tan\theta} \int_{\frac{\pi}{4}}^{\frac{\pi}{3}} \dfrac{\sec^2\theta\,\mathrm{d}\theta}{\tan^2\theta\cdot\sqrt{1+\tan^2\theta}} = \int_{\frac{\pi}{4}}^{\frac{\pi}{3}} \dfrac{\sec\theta}{\tan^2\theta}\,\mathrm{d}\theta$

$$= \int_{\frac{\pi}{4}}^{\frac{\pi}{3}} \dfrac{\cos\theta}{\sin^2\theta}\,\mathrm{d}\theta = \int_{\frac{\pi}{4}}^{\frac{\pi}{3}} \dfrac{\mathrm{d}(\sin\theta)}{\sin^2\theta} = -\dfrac{1}{\sin\theta}\bigg|_{\frac{\pi}{4}}^{\frac{\pi}{3}} = \sqrt{2}-\dfrac{2}{3}\sqrt{3};$$

(20) $\int_{-\sqrt{2}}^{\sqrt{2}} \sqrt{8-2y^2}\,\mathrm{d}y \xrightarrow{\text{偶函数}} 2\int_0^{\sqrt{2}} \sqrt{8-2y^2}\,\mathrm{d}y \xrightarrow{\text{令}y=2\sin t} 2\int_0^{\frac{\pi}{4}} \sqrt{8-8\sin^2 t}\cdot 2\cos t\,\mathrm{d}t$

$$= 4\int_0^{\frac{\pi}{4}} 2\sqrt{2}\cdot\cos^2 t\,\mathrm{d}t = 4\sqrt{2}\int_0^{\frac{\pi}{4}} (1+\cos 2t)\,\mathrm{d}t$$

$$=4\sqrt{2}\left[t+\frac{1}{2}\sin 2t\right]_0^{\frac{\pi}{4}}=\sqrt{2}(\pi+2);$$

(21) $\int_0^a x^2\sqrt{a^2-x^2}\,dx \xrightarrow{\text{令}x=a\sin t} \int_0^{\frac{\pi}{2}} a^2\sin^2 t \cdot a\cos t \cdot a\cos t\,dt$

$$=\frac{a^4}{4}\int_0^{\frac{\pi}{2}}\sin^2(2t)\,dt=\frac{a^4}{8}\int_0^{\frac{\pi}{2}}[-\cos(4t)+1]\,dt$$

$$=\frac{a^4}{8}\left[-\frac{1}{4}\sin(4t)+t\right]_0^{\frac{\pi}{2}}=\frac{\pi a^4}{16};$$

(22) $\int_{\ln 2}^{\ln 3}\frac{dx}{e^x-e^{-x}}=\int_{\ln 2}^{\ln 3}\frac{e^x}{e^{2x}-1}\,dx=\int_{\ln 2}^{\ln 3}\frac{de^x}{(e^x)^2-1}$

$$\xrightarrow{\text{令}e^x=t}\int_2^3\frac{dt}{t^2-1}=\frac{1}{2}\int_2^3\left(\frac{1}{t-1}-\frac{1}{t+1}\right)dt$$

$$=\frac{1}{2}(\ln|t-1|-\ln|t+1|)\big|_2^3=\frac{1}{2}\ln\frac{3}{2};$$

(23) $\int_0^{\sqrt{2}a}\frac{x\,dx}{\sqrt{3a^2-x^2}}=-\frac{1}{2}\int_0^{\sqrt{2}a}\frac{d(-x^2)}{\sqrt{3a^2-x^2}}=-\frac{1}{2}\cdot 2(3a^2-x^2)^{\frac{1}{2}}\big|_0^{\sqrt{2}a}=(\sqrt{3}-1)a;$

(24) $\int_{\frac{1}{\sqrt{2}}}^{1}\frac{\sqrt{1-x^2}}{x^2}\,dx\xrightarrow{\text{令}x=\sin\theta}\int_{\frac{\pi}{4}}^{\frac{\pi}{2}}\frac{\cos\theta}{\sin^2\theta}\cdot\cos\theta\,d\theta=\int_{\frac{\pi}{4}}^{\frac{\pi}{2}}\cot^2\theta\,d\theta$

$$=\int_{\frac{\pi}{4}}^{\frac{\pi}{2}}(\csc^2\theta-1)\,d\theta=[-\cot\theta-\theta]_{\frac{\pi}{4}}^{\frac{\pi}{2}}=1-\frac{\pi}{4};$$

(25) $\int_{\sqrt{2}}^{2}\frac{dx}{x\sqrt{x^2-1}}\xrightarrow{\text{令}x=\sec\theta}\int_{\frac{\pi}{4}}^{\frac{\pi}{3}}\frac{1}{\sec\theta\cdot\tan\theta}\cdot\frac{\sin\theta}{\cos^2\theta}\,d\theta=\int_{\frac{\pi}{4}}^{\frac{\pi}{3}}d\theta=\frac{\pi}{12};$

(26) $\int_0^{\pi}(1-\sin^3\theta)\,d\theta=\int_0^{\pi}d\theta-\int_0^{\pi}\sin^2\theta\cdot\sin\theta\,d\theta$

$$=\pi+\int_0^{\pi}(1-\cos^2\theta)\cdot d(\cos\theta)$$

$$=\pi+\left[\cos\theta-\frac{1}{3}\cos^3\theta\right]_0^{\pi}=\pi-\frac{4}{3};$$

(27) $\int_{-\frac{\pi}{2}}^{\frac{\pi}{2}}\cos x\cos(2x)\,dx=\int_{-\frac{\pi}{2}}^{\frac{\pi}{2}}\cos x(1-2\sin^2 x)\,dx$

$$=\int_{-\frac{\pi}{2}}^{\frac{\pi}{2}}(1-2\sin^2 x)\cdot d(\sin x)$$

$$=\left[\sin x-\frac{2}{3}\sin^3 x\right]_{-\frac{\pi}{2}}^{\frac{\pi}{2}}=\frac{2}{3}.$$

2. 利用函数的奇偶性计算下列积分：

(1) $\int_{-\frac{\pi}{2}}^{\frac{\pi}{2}}4\cos^4\theta\,d\theta$; (2) $\int_{-\frac{1}{2}}^{\frac{1}{2}}\frac{(\arcsin x)^2}{\sqrt{1-x^2}}\,dx$.

解 (1) $\int_{-\frac{\pi}{2}}^{\frac{\pi}{2}}4\cos^4\theta\,d\theta\xrightarrow{\text{偶函数}}8\int_0^{\frac{\pi}{2}}\cos^4\theta\,d\theta=8\int_0^{\frac{\pi}{2}}\left(\frac{1+\cos 2\theta}{2}\right)^2 d\theta$

$$=2\int_0^{\frac{\pi}{2}}(1+2\cos 2\theta+\cos^2 2\theta)\,d\theta$$

$$= 2(\theta + \sin 2\theta)\Big|_0^{\frac{\pi}{2}} + \int_0^{\frac{\pi}{2}} (1+\cos 4\theta)\,d\theta$$

$$= \pi + \left[\theta + \frac{1}{4}\sin 4\theta\right]_0^{\frac{\pi}{2}} = \pi + \frac{\pi}{2} = \frac{3}{2}\pi.$$

(2) $\int_{-\frac{1}{2}}^{\frac{1}{2}} \dfrac{(\arcsin x)^2}{\sqrt{1-x^2}}\,dx \xrightarrow{\text{偶函数}} 2\int_0^{\frac{1}{2}} \dfrac{(\arcsin x)^2}{\sqrt{1-x^2}}\,dx$

$$= 2\int_0^{\frac{1}{2}} (\arcsin x)^2\,d(\arcsin x)$$

$$= \frac{2}{3}(\arcsin x)^3\Big|_0^{\frac{1}{2}} = \frac{\pi^3}{324}.$$

3. 设 $f(x)$ 连续,试证明 $\int_0^x f(x-u)u\,du = \int_0^x \left[\int_0^u f(t)\,dt\right]du$.

证明 左端 $= \int_0^x f(x-u)u\,du \xrightarrow{\text{令} x-u=t} -\int_x^0 f(t)(x-t)\,dt$

$$= \int_0^x f(t)(x-t)\,dt = \int_0^x xf(t)\,dt - \int_0^x tf(t)\,dt$$

$$= x\int_0^x f(t)\,dt - \int_0^x tf(t)\,dt.$$

而右端 $= \int_0^x \left[\int_0^u f(t)\,dt\right]du \xrightarrow{\text{分部积分}} \left(u\cdot\int_0^u f(t)\,dt\right)\Big|_0^x - \int_0^x \left(\int_0^u f(t)\,dt\right)'\cdot u\,du$

$$= x\int_0^x f(t)\,dt - 0 - \int_0^x f(u)u\,du$$

$$= x\int_0^x f(t)\,dt - \int_0^x f(t)t\,dt.$$

左端=右端,得证.

4. 设 $f(x)$ 在 $[-b,b]$ 连续,试证 $\int_{-b}^{b} f(x)\,dx = \int_{-b}^{b} f(-x)\,dx$.

证明 $\int_{-b}^{b} f(x)\,dx \xrightarrow{\text{令} x=-t} \int_{b}^{-b} f(-t)(-dt) = \int_{-b}^{b} f(-t)\,dt \xrightarrow{\text{令} x=t} \int_{-b}^{b} f(-x)\,dx.$

5. 设 $f(x) = \begin{cases} 0, & |x| \leq 1, \\ \dfrac{1}{x^2}, & |x| > 1, \end{cases}$ 试求 $\int_0^3 xf(x-1)\,dx$.

解 $\int_0^3 xf(x-1)\,dx \xrightarrow{\text{令} x-1=t} \int_{-1}^{2} (t+1)f(t)\,dt = \int_{-1}^{1}(t+1)f(t)\,dt + \int_{1}^{2}(t+1)f(t)\,dt$

$$= \int_{-1}^{1}(t+1)\cdot 0\,dt + \int_1^2 (t+1)\cdot\frac{1}{t^2}\,dt$$

$$= \int_1^2 \left(\frac{1}{t} + \frac{1}{t^2}\right)dt = \left[\ln t - \frac{1}{t}\right]_1^2 = \ln 2 + \frac{1}{2}.$$

6. 试证 $\int_x^1 \dfrac{dt}{1+t^2} = \int_1^{\frac{1}{x}} \dfrac{dt}{1+t^2}\ (x>0)$.

证明 $\int_x^1 \dfrac{dt}{1+t^2} \xrightarrow{\text{令} u=\frac{1}{t}} \int_{\frac{1}{x}}^{1} \dfrac{-\frac{1}{u^2}\,du}{1+\frac{1}{u^2}} = \int_1^{\frac{1}{x}} \dfrac{du}{1+u^2} \xrightarrow{\text{令} u=t} \int_1^{\frac{1}{x}} \dfrac{dt}{1+t^2}.$

7. 试证 $\int_0^1 x^m(1-x)^n\,dx = \int_0^1 x^n(1-x)^m\,dx.$

证明 $\int_0^1 x^m(1-x)^n dx \xrightarrow{\text{令} 1-x=t} \int_1^0 (1-t)^m t^n(-dt) = \int_0^1 (1-t)^m t^n dt \xrightarrow{\text{令} x=t} \int_0^1 (1-x)^m x^n dx.$

8. 证明 $\int_0^\pi \sin^n x\, dx = 2\int_0^{\frac{\pi}{2}} \sin^n x\, dx.$

证明 $\int_0^\pi \sin^n x\, dx = \int_0^{\frac{\pi}{2}} \sin^n x\, dx + \int_{\frac{\pi}{2}}^\pi \sin^n x\, dx$

后一积分 $\int_{\frac{\pi}{2}}^\pi \sin^n x\, dx \xrightarrow{\text{令} x-\frac{\pi}{2}=t} \int_0^{\frac{\pi}{2}} \sin^n\left(t+\frac{\pi}{2}\right)dt = \int_0^{\frac{\pi}{2}} \cos^n x\, dx \xrightarrow{\text{教材例 }5-29} \int_0^{\frac{\pi}{2}} \sin^n x\, dx.$

所以 $\int_0^\pi \sin^n x\, dx = \int_0^{\frac{\pi}{2}} \sin^n x\, dx + \int_0^{\frac{\pi}{2}} \sin^n x\, dx = 2\int_0^{\frac{\pi}{2}} \sin^n x\, dx.$

9. 设 $f(x)$ 是以 T 为周期的连续函数，试证明 $\int_a^{a+T} f(x)dx = \int_0^T f(x)dx$ (a 是任意常数).

证明

方法一 因为 $\int_a^{a+T} f(x)dx = \int_a^0 f(x)dx + \int_0^T f(x)dx + \int_T^{a+T} f(x)dx,$ 而

$$\int_T^{a+T} f(x)dx \xrightarrow{\text{令} x-T=t} \int_0^a f(t+T)dt \xrightarrow{\text{因为} f(t+T)=f(t)} \int_0^a f(t)dt,$$

而 $\int_a^0 f(x)dx + \int_0^a f(t)dt = 0,$

所以 $\int_a^{a+T} f(x)dx = \int_0^T f(x)dx.$

方法二 设 $F(a) = \int_a^{a+T} f(x)dx, F'(a) = f(a+T) - f(a) = 0.$ $F(a) \equiv$ 常数，即 $F(a)$ 与 a 无关. 而 $F(0) = \int_0^T f(x)dx,$ 所以 $F(a) = F(0) \equiv$ 常数，即 $\int_a^{a+T} f(x)dx = \int_0^T f(x)dx.$

10. 若 $f(t)$ 是连续函数，且为奇函数，试证明 $\int_0^x f(t)dt$ 是偶函数；若 $f(t)$ 是连续函数，且为偶函数，试证明 $\int_0^x f(t)dt$ 是奇函数.

证明 令 $F(x) = \int_0^x f(t)dt,$ 则 $F(-x) = \int_0^{-x} f(t)dt \xrightarrow{\text{令} t=-u} -\int_0^x f(-u)du.$

若 f 为奇函数则 $f(-u) = -f(-u)$，所以 $F(-x) = \int_0^x f(u)du = F(x)$，即 $F(x)$ 为偶函数.

若 f 为偶函数则 $f(u) = f(-u)$，所以 $F(-x) = -\int_0^x f(u)du = -F(x)$，即 $F(x)$ 为奇函数.

11. 计算下列定积分.

(1) $\int_0^{\frac{\pi}{2}} \sin^4 x\, dx;$ (2) $\int_0^{\frac{\pi}{2}} \cos^5 x\, dx;$ (3) $\int_0^{\frac{\pi}{4}} \cos^5 2x\, dx;$ (4) $\int_{-\pi}^\pi \sin^4 \frac{x}{2} dx.$

解 (1) $\int_0^{\frac{\pi}{2}} \sin^4 x\, dx = \int_0^{\frac{\pi}{2}} \left(\frac{1-\cos 2x}{2}\right)^2 dx = \frac{1}{4}\int_0^{\frac{\pi}{2}} (1-2\cos 2x + \cos^2 2x)dx$

$= \frac{1}{4}\int_0^{\frac{\pi}{2}} \left(1 - 2\cos 2x + \frac{1+\cos 4x}{2}\right)dx$

$$= \frac{1}{4} \cdot \left(\frac{3}{2}x \Big|_0^{\frac{\pi}{2}} - \sin 2x \Big|_0^{\frac{\pi}{2}} + \frac{1}{8}\sin 4x \Big|_0^{\frac{\pi}{2}}\right) = \frac{3}{16}\pi;$$

(2) $\int_0^{\frac{\pi}{2}} \cos^5 x \, dx = \int_0^{\frac{\pi}{2}} \cos^4 x \cdot \cos x \, dx = \int_0^{\frac{\pi}{2}} (1-\sin^2 x)^2 \cos x \, dx$

$$= \int_0^{\frac{\pi}{2}} (1 - 2\sin^2 x + \sin^4 x) \, d(\sin x)$$

$$= \sin x \Big|_0^{\frac{\pi}{2}} - \frac{2}{3}\sin^3 x \Big|_0^{\frac{\pi}{2}} + \frac{1}{5}\sin^5 x \Big|_0^{\frac{\pi}{2}} = \frac{8}{15};$$

(3) $\int_0^{\frac{\pi}{4}} \cos^5 2x \, dx \xrightarrow{\diamondsuit 2x=t} \int_0^{\frac{\pi}{2}} \cos^5 t \cdot \frac{1}{2} \, dt = \frac{1}{2}\int_0^{\frac{\pi}{2}} \cos^5 t \, dt \xrightarrow{\text{利用(2)的结果}} \frac{4}{15};$

(4) $\int_{-\pi}^{\pi} \sin^4 \frac{x}{2} \, dx \xrightarrow{\text{偶函数}} 2\int_0^{\pi} \sin^4 \frac{x}{2} \, dx \xrightarrow{\diamondsuit \frac{x}{2}=t} 2\int_0^{\frac{\pi}{2}} 2\sin^4 t \, dt$

$$= 4\int_0^{\frac{\pi}{2}} \sin^4 t \, dt \xrightarrow{\text{利用(1)的结果}} \frac{3}{4}\pi.$$

12. 计算下列定积分：

(1) $\int_0^1 x e^{-x} \, dx$； (2) $\int_1^e x \ln x \, dx$； (3) $\int_{\frac{\pi}{4}}^{\frac{\pi}{3}} \frac{x}{\sin^2 x} \, dx$；

(4) $\int_1^2 x \log_2 x \, dx$； (5) $\int_0^{\pi} (x \sin x)^2 \, dx$； (6) $\int_1^e \sin(\ln x) \, dx$；

(7) $\int_{\frac{1}{e}}^e |\ln x| \, dx$； (8) $\int_0^1 \frac{x e^x}{(1+x)^2} \, dx$.

解 (1) $\int_0^1 x e^{-x} \, dx = -\int_0^1 x \, de^{-x} = -\left(x e^{-x} \Big|_0^1 - \int_0^1 e^{-x} \, dx\right) = -e^{-1} - e^{-x} \Big|_0^1 = 1 - 2e^{-1};$

(2) $\int_1^e x \ln x \, dx = \frac{1}{2}\int_1^e \ln x \, dx^2 = \frac{1}{2}\left(x^2 \ln x \Big|_1^e - \int_1^e x^2 \cdot \frac{1}{x} \, dx\right)$

$$= \frac{1}{2} \cdot \left(e^2 - \frac{1}{2}x^2 \Big|_1^e\right) = \frac{1}{4}(e^2 + 1);$$

(3) $\int_{\frac{\pi}{4}}^{\frac{\pi}{3}} \frac{x}{\sin^2 x} \, dx = -\int_{\frac{\pi}{4}}^{\frac{\pi}{3}} x \, d(\cot x) = -\left[x \cot x \Big|_{\frac{\pi}{4}}^{\frac{\pi}{3}} - \int_{\frac{\pi}{4}}^{\frac{\pi}{3}} \cot x \, dx\right]$

$$= \frac{-\sqrt{3}\pi}{9} + \frac{\pi}{4} + \int_{\frac{\pi}{4}}^{\frac{\pi}{3}} \frac{\cos x}{\sin x} \, dx = -\frac{\sqrt{3}\pi}{9} + \frac{\pi}{4} + \int_{\frac{\pi}{4}}^{\frac{\pi}{3}} \frac{d(\sin x)}{\sin x}$$

$$= -\frac{\pi\sqrt{3}}{9} + \frac{1}{4}\pi + \left[\ln \sin x\right]_{\frac{\pi}{4}}^{\frac{\pi}{3}} = \left(\frac{1}{4} - \frac{\sqrt{3}}{9}\right)\pi + \frac{1}{2}\ln \frac{3}{2};$$

(4) $\int_1^2 x \log_2 x \, dx = \frac{1}{2}\int_1^2 \log_2 x \, dx^2 = \frac{1}{2}\left(x^2 \cdot \log_2 x \Big|_1^2 - \int_1^2 \frac{x^2}{x \ln 2} \, dx\right)$

$$= \frac{1}{2} \cdot \left(4 - \frac{1}{2\ln 2}x^2 \Big|_1^2\right) = 2 - \frac{3}{4\ln 2};$$

(5) $\int_0^{\pi} (x \sin x)^2 \, dx = \int_0^{\pi} x^2 \cdot \frac{1-\cos 2x}{2} \, dx = \frac{1}{6}x^3 \Big|_0^{\pi} - \frac{1}{2}\int_0^{\pi} x^2 \cos 2x \, dx$

$$= \frac{\pi^3}{6} - \frac{1}{4}\int_0^{\pi} x^2 \, d(\sin 2x) = \frac{\pi^3}{6} - \frac{1}{4}\left(x^2 \sin 2x \Big|_0^{\pi} - \int_0^{\pi} 2x \sin 2x \, dx\right)$$

$$= \frac{\pi^3}{6} + \frac{1}{4}\int_0^{\pi} (-x) \, d(\cos 2x) = \frac{\pi^3}{6} - \frac{1}{4}\left(x \cos 2x \Big|_0^{\pi} - \int_0^{\pi} \cos 2x \, dx\right)$$

$$= \frac{\pi^3}{6} - \frac{\pi}{4} + \frac{1}{4}\int_0^\pi \cos 2x \, dx = \frac{\pi^3}{6} - \frac{\pi}{4} + \frac{1}{8}\sin 2x \Big|_0^\pi = \frac{\pi^3}{6} - \frac{\pi}{4};$$

(6) $\int_1^e \sin(\ln x) \, dx = \sin(\ln x) \cdot x \Big|_1^e - \int_1^e x \cdot \cos(\ln x) \cdot \frac{1}{x} \, dx$

$$= e\sin 1 - \int_1^e \cos(\ln x) \, dx$$

$$= e\sin 1 - \left\{ \cos(\ln x) \cdot x \Big|_1^e - \int_1^e x \cdot [-\sin(\ln x)] \cdot \frac{1}{x} \, dx \right\}$$

$$= e\sin 1 - e\cos 1 + 1 - \int_1^e \sin(\ln x) \, dx,$$

$$\int_1^e \sin(\ln x) \, dx = \frac{1 + e\sin 1 - e\cos 1}{2};$$

(7) $\int_{\frac{1}{e}}^e |\ln x| \, dx = \int_{\frac{1}{e}}^1 (-\ln x) \, dx + \int_1^e (\ln x) \, dx$

$$= -\left(\ln x \cdot x \Big|_{\frac{1}{e}}^1 - \int_{\frac{1}{e}}^1 \frac{1}{x} \cdot x \, dx \right) + [\ln x \cdot x]_1^e - \int_1^e \frac{1}{x} \cdot x \, dx$$

$$= -\frac{1}{e} + \int_{\frac{1}{e}}^1 dx + e - \int_1^e dx = -\frac{1}{e} + 1 - \frac{1}{e} + e - e + 1 = 2 - \frac{2}{e};$$

(8) $\int_0^1 \frac{x e^x}{(1+x)^2} \, dx = -\int_0^1 x e^x \, d\left(\frac{1}{1+x} \right) = -\left[\frac{x e^x}{1+x} \Big|_0^1 - \int_0^1 \frac{1}{1+x} e^x (1+x) \, dx \right]$

$$= -\frac{e}{2} + \int_0^1 e^x \, dx = -\frac{e}{2} + e - 1 = \frac{e}{2} - 1.$$

13. 设 $f(x) = \begin{cases} 1+x^2, & x \leq 0, \\ e^{-x}, & x > 0, \end{cases}$ 计算 $\int_1^3 f(x-2) \, dx$.

解 $\int_1^3 f(x-2) \, dx \xrightarrow{\text{令} x-2=t} \int_{-1}^1 f(t) \, dt = \int_{-1}^0 f(t) \, dt + \int_0^1 f(t) \, dt$

$$= \int_{-1}^0 (1+t^2) \, dt + \int_0^1 e^{-t} \, dt = \left[t + \frac{1}{3}t^3 \right]_{-1}^0 - e^{-t} \Big|_0^1 = \frac{7}{3} - e^{-1}.$$

14. 设 $f(x)$ 是连续函数，且 $f(x) = x + 2\int_0^1 f(t) \, dt$，求 $f(x)$.

解 $f(x) = x + 2\int_0^1 f(t) \, dt$

$$\xrightarrow{\text{将} f(t) \text{代入}} x + 2\int_0^1 \left(t + 2\int_0^1 f(u) \, du \right) dt = x + 2\int_0^1 t \, dt + 4\int_0^1 \left(\int_0^1 f(u) \, du \right) dt$$

$$= x + t^2 \Big|_0^1 + 4\left(\int_0^1 f(u) \, du \right) \cdot t \Big|_0^1 = x + 1 + 4\int_0^1 f(u) \, du,$$

所以 $\quad 2\int_0^1 f(u) \, du = -1, f(x) = x - 1.$

15. 求 $I_m = \int_0^1 (1-x^2)^{\frac{m}{2}} \, dx$ (m 为自然数).

解 $I_m = \int_0^1 (1-x^2)^{\frac{m}{2}} \, dx \xrightarrow{\text{令} x = \sin t} \int_0^{\frac{\pi}{2}} (\cos^2 t)^{\frac{m}{2}} \cdot \cos t \, dt$

$$= \int_0^{\frac{\pi}{2}} \cos^{(m+1)} t \, dt \xrightarrow{\text{教材例 5-29 和例 5-30}} \begin{cases} \dfrac{m}{m+1} \cdot \dfrac{m-2}{m-1} \cdot \cdots \cdot \dfrac{3}{4} \cdot \dfrac{1}{2} \cdot \dfrac{\pi}{2}, & (m \text{ 为奇数}), \\ \dfrac{m}{m+1} \cdot \dfrac{m-2}{m-1} \cdot \cdots \cdot \dfrac{4}{5} \cdot \dfrac{2}{3}, & (m \text{ 为偶数}). \end{cases}$$

$$= \begin{cases} \dfrac{1 \cdot 3 \cdot 5 \cdot \cdots \cdot (m-2) \cdot m}{2 \cdot 4 \cdot 6 \cdot \cdots \cdot (m-1)(m+1)} \cdot \dfrac{\pi}{2}, & (m \text{ 为奇数}), \\ \dfrac{2 \cdot 4 \cdot 6 \cdot \cdots \cdot (m-2) \cdot m}{3 \cdot 5 \cdot 7 \cdot \cdots \cdot (m-1) \cdot (m+1)}, & (m \text{ 为偶数}). \end{cases}$$

16. 求 $J_m = \int_0^\pi x \sin^m x \, dx$ (m 为自然数).

解 $J_m = \int_0^\pi x \sin^m x \, dx \xrightarrow{\text{令} x = \pi - t} -\int_\pi^0 (\pi - t) \sin^m(\pi - t) \, dt = \int_0^\pi (\pi - t) \sin^m(\pi - t) \, dt$

$= \pi \int_0^\pi \sin^m(\pi - t) \, dt - \int_0^\pi t \sin^m(\pi - t) \, dt = \pi \int_0^\pi \sin^m t \, dt - \int_0^\pi t \sin^m t \, dt = \pi \int_0^\pi \sin^m t \, dt - J_m,$

所以 $J_m = \dfrac{\pi}{2} \int_0^\pi \sin^m t \, dt = \dfrac{\pi}{2} \cdot 2 \cdot \int_0^{\frac{\pi}{2}} \sin^m t \, dt = \pi \int_0^{\frac{\pi}{2}} \sin^m t \, dt$

$\xrightarrow{\text{例 } 5-30} \begin{cases} \dfrac{\pi^2}{2} \times \dfrac{1 \cdot 3 \cdot 5 \cdot \cdots \cdot (m-1)}{2 \cdot 4 \cdot 6 \cdot \cdots \cdot m}, & (m \text{ 为偶数}), \\ \pi \times \dfrac{2 \cdot 4 \cdot 6 \cdot \cdots \cdot (m-1)}{1 \cdot 3 \cdot 5 \cdot \cdots \cdot m}, & (m \text{ 为大于 1 的奇数}). \end{cases}$

若 $m = 1$,则 $J_1 = \int_0^\pi t \sin t \, dt = \dfrac{\pi}{2} \int_0^\pi \sin t \, dt = -\dfrac{\pi}{2} \cos t \Big|_0^\pi = \pi.$

习题 5-5

1. 判别下列各广义积分的收敛性,如果收敛,计算广义积分的值.

(1) $\int_1^{+\infty} \dfrac{dx}{x^4}$;　　(2) $\int_1^{+\infty} \dfrac{dx}{\sqrt{x}}$;　　(3) $\int_0^{+\infty} e^x \, dx$;

(4) $\int_{-\infty}^{+\infty} \dfrac{dx}{x^2 + 2x + 2}$;　　(5) $\int_{-\infty}^{+\infty} \dfrac{dx}{(1+x^2)^n}$ ($n > 1$);　　(6) $\int_0^1 \dfrac{x^n \, dx}{\sqrt{(1-x)(1+x)}}$;

(7) $\int_0^1 \dfrac{x \, dx}{\sqrt{1-x^2}}$;　　(8) $\int_0^2 \dfrac{dx}{(1-x)^2}$;　　(9) $\int_1^2 \dfrac{x \, dx}{\sqrt{x-1}}$;

(10) $\int_1^e \dfrac{dx}{x \sqrt{1 - (\ln x)^2}}$.

解 (1)由教材例 5-38 可知,广义积分 $\int_a^{+\infty} \dfrac{dx}{x^p}$ ($a > 0$) 当 $p > 1$ 时收敛,值为 $\dfrac{a^{1-p}}{p-1}$,所以此处 $p = 4 > 1$ 收敛,且 $\int_1^{+\infty} \dfrac{dx}{x^4} = \dfrac{1^{1-4}}{4-1} = \dfrac{1}{3}$;

(2)由教材例 5-38 可知,广义积分 $\int_a^{+\infty} \dfrac{dx}{x^p}$ ($a > 0$) 当 $p \leq 1$ 时发散,所以此处 $p = \dfrac{1}{2} < 1$ 发散;

(3) $\int_0^{+\infty} e^x \, dx = \lim_{a \to +\infty} \int_0^a e^x \, dx = \lim_{a \to +\infty} (e^a - 1) = +\infty$,故此积分发散;

(4) $\int_{-\infty}^{+\infty} \dfrac{dx}{x^2 + 2x + 2} = \int_{-\infty}^{+\infty} \dfrac{dx}{(x+1)^2 + 1} = \int_{-\infty}^0 \dfrac{dx}{(x+1)^2 + 1} + \int_0^{+\infty} \dfrac{dx}{(x+1)^2 + 1}.$

因为 $\int_{-\infty}^0 \dfrac{dx}{(x+1)^2 + 1} = \lim_{b \to -\infty} \int_b^0 \dfrac{dx}{1 + (1+x)^2} = \lim_{b \to -\infty} \arctan(x+1) \Big|_b^0$

$$= \lim_{b \to -\infty}\left[\frac{\pi}{4} - \arctan(b+1)\right]$$

$$= \frac{\pi}{4} - \lim_{b \to -\infty}\arctan(b+1) = \frac{\pi}{4} + \frac{\pi}{2},$$

而 $\displaystyle\int_0^{+\infty}\frac{\mathrm{d}x}{(x+1)^2+1} = \lim_{a \to +\infty}\int_0^a\frac{\mathrm{d}x}{(x+1)^2+1} = \lim_{a \to +\infty}\arctan(x+1)\Big|_0^a$

$$= \lim_{a \to +\infty}\left[\arctan(a+1) - \frac{\pi}{4}\right]$$

$$= \lim_{a \to +\infty}\arctan(a+1) - \frac{\pi}{4} = \frac{\pi}{2} - \frac{\pi}{4},$$

所以,原积分收敛且值为 π.

(5) $\displaystyle\int_{-\infty}^{+\infty}\frac{\mathrm{d}x}{(1+x^2)^n}(n>1) \xrightarrow{\text{令 } x = \tan\theta} \int_{-\frac{\pi}{2}}^{\frac{\pi}{2}}\frac{\sec^2\theta\mathrm{d}\theta}{(\sec^2\theta)^n} = \int_{-\frac{\pi}{2}}^{\frac{\pi}{2}}\cos^{2(n-1)}\theta\mathrm{d}\theta$

$$\xrightarrow{\text{偶函数}} 2\int_0^{\frac{\pi}{2}}\cos^{2(n-1)}\theta\mathrm{d}\theta$$

$$\xrightarrow{\text{教材例 } 5-29 \text{ 和例 } 5-30} 2 \times \frac{1 \cdot 3 \cdot 5 \cdot \cdots \cdot (2n-3)}{2 \cdot 4 \cdot 6 \cdot \cdots \cdot (2n-2)} \cdot \frac{\pi}{2}$$

$$= \pi \cdot \frac{1 \cdot 3 \cdot 5 \cdot \cdots \cdot (2n-3)}{2 \cdot 4 \cdot 6 \cdot \cdots \cdot (2n-2)},$$

故此积分收敛,值为 $\dfrac{1 \cdot 3 \cdot 5 \cdot \cdots \cdot (2n-3)}{2 \cdot 4 \cdot 6 \cdot \cdots \cdot (2n-2)} \cdot \pi$(注:通过变量替换将广义积分化为定积分);

(6) $\displaystyle\int_0^1\frac{x^n\mathrm{d}x}{\sqrt{(1-x)(1+x)}} \xrightarrow{\text{令 } x = \sin t} \int_0^{\frac{\pi}{2}}\frac{\sin^n t}{\sqrt{1-\sin^2 t}} \cdot \cos t\,\mathrm{d}t$

$$= \int_0^{\frac{\pi}{2}}\sin^n t\,\mathrm{d}t \xrightarrow{\text{教材例 } 5-30} \begin{cases} \dfrac{(n-1)(n-3) \cdot \cdots \cdot 3 \cdot 1}{n \cdot (n-2) \cdot \cdots \cdot 4 \cdot 2} \cdot \dfrac{\pi}{2}, & (n \text{ 为偶数}), \\ \dfrac{(n-1)(n-3) \cdot \cdots \cdot 4 \cdot 2}{n \cdot (n-2) \cdot \cdots \cdot 5 \cdot 3}, & (n \text{ 为奇数}), \end{cases}$$

故此积分收敛,值如上所述.

(7) $\displaystyle\int_0^1\frac{x\mathrm{d}x}{\sqrt{1-x^2}} \xrightarrow{x = 1 \text{ 为瑕点}} \lim_{\varepsilon \to 0^+}\int_0^{1-\varepsilon}\frac{x\mathrm{d}x}{\sqrt{1-x^2}} = -\frac{1}{2}\lim_{\varepsilon \to 0^+}\int_0^{1-\varepsilon}\frac{\mathrm{d}(1-x^2)}{\sqrt{1-x^2}}$

$$= -\frac{1}{2}\lim_{\varepsilon \to 0^+}2\sqrt{1-x^2}\Big|_0^{1-\varepsilon} = -\lim_{\varepsilon \to 0^+}\left(\sqrt{-\varepsilon^2 + 2\varepsilon} - 1\right) = 1$$

故此积分收敛,值为 1;

(8) 由教材例 5-41 可知, $\displaystyle\int_a^b\frac{\mathrm{d}x}{(x-a)^q}$ 当 $q<1$ 时收敛,当 $q \geqslant 1$ 时发散.

$$\int_0^2\frac{\mathrm{d}x}{(1-x)^2} = \int_0^1\frac{\mathrm{d}x}{(1-x)^2} + \int_1^2\frac{\mathrm{d}x}{(1-x)^2},$$

对于 $\displaystyle\int_1^2\frac{\mathrm{d}x}{(1-x)^2}$ 来讲,此时 $q = 2$ 所以发散,从而 $\displaystyle\int_0^2\frac{\mathrm{d}x}{(1-x)^2}$ 也发散;

(9) $\displaystyle\int_1^2\frac{x\mathrm{d}x}{\sqrt{x-1}} \xrightarrow{x = 1 \text{ 为瑕点}} \lim_{\varepsilon \to 0^+}\int_{1+\varepsilon}^2\frac{x\mathrm{d}x}{\sqrt{x-1}} = \lim_{\varepsilon \to 0^+}\int_{1+\varepsilon}^2\frac{x-1+1}{\sqrt{x-1}}\mathrm{d}x$

$$= \lim_{\varepsilon \to 0^+} \int_{1+\varepsilon}^{2} \left(\sqrt{x-1} + \frac{1}{\sqrt{x-1}} \right) dx$$

$$= \lim_{\varepsilon \to 0^+} \left[\frac{2}{3}(x-1)^{\frac{3}{2}} + 2(x-1)^{\frac{1}{2}} \right]_{1+\varepsilon}^{2}$$

$$= \lim_{\varepsilon \to 0^+} \left(\frac{8}{3} - \frac{2}{3}\varepsilon^{\frac{3}{2}} - 2\varepsilon^{\frac{1}{2}} \right) = \frac{8}{3},$$

故此积分收敛且值为 $\frac{8}{3}$;

(10) $\int_{1}^{e} \frac{dx}{x\sqrt{1-(\ln x)^2}} = \lim_{\varepsilon \to 0^+} \int_{1}^{e-\varepsilon} \frac{dx}{x\sqrt{1-(\ln x)^2}} = \lim_{\varepsilon \to 0^+} \int_{1}^{e-\varepsilon} \frac{d(\ln x)}{\sqrt{1-(\ln x)^2}}$

$$= \lim_{\varepsilon \to 0^+} \arcsin(\ln x) \Big|_{1}^{e-\varepsilon} = \lim_{\varepsilon \to 0^+} \arcsin[\ln(e-\varepsilon)] = \frac{\pi}{2},$$

故此积分收敛且值为 $\frac{\pi}{2}$.

2. 当 k 为何值时,广义积分 $\int_{2}^{+\infty} \frac{dx}{x(\ln x)^k}$ 收敛?当 k 为何值时,这广义积分发散?又当 k 为何值时,这广义积分取得最小值?

解 首先,判断 $\int_{2}^{+\infty} \frac{dx}{x(\ln x)^k}$ 的收敛性.

当 $k=1$ 时,

$$\int_{2}^{+\infty} \frac{1}{x\ln x} dx = \lim_{b \to +\infty} \int_{2}^{b} \frac{1}{x\ln x} dx = \lim_{b \to +\infty} \int_{2}^{b} \frac{d(\ln x)}{\ln x} = \lim_{b \to +\infty} \ln(\ln x) \Big|_{2}^{b}$$

$$= \lim_{b \to +\infty} [\ln(\ln b) - \ln(\ln 2)] = +\infty,$$

积分发散.

当 $k \neq 1$ 时,

$$\int_{2}^{+\infty} \frac{1}{x(\ln x)^k} dx = \lim_{b \to +\infty} \int_{2}^{b} \frac{1}{x(\ln x)^k} dx = \lim_{b \to +\infty} \int_{2}^{b} \frac{d(\ln x)}{(\ln x)^k}$$

$$= \lim_{b \to +\infty} \frac{1}{1-k} \cdot \frac{1}{(\ln x)^{k-1}} \Big|_{2}^{b}$$

$$= \lim_{b \to +\infty} \frac{1}{1-k} \left[\frac{1}{(\ln b)^{k-1}} - \frac{1}{(\ln 2)^{k-1}} \right].$$

当 $k<1$ 时,$k-1<0$,从而 $\int_{2}^{+\infty} \frac{1}{x(\ln x)^k} dx = +\infty$ 发散.

当 $k>1$ 时,$k-1>0$,从而 $\int_{2}^{+\infty} \frac{1}{x(\ln x)^k} dx = -\frac{1}{1-k} \cdot \frac{1}{(\ln 2)^{k-1}}$ 收敛.

总之,当 $k \leqslant 1$ 时 $\int_{2}^{+\infty} \frac{dx}{x(\ln x)^k}$ 发散;当 $k>1$ 时 $\int_{2}^{+\infty} \frac{dx}{x(\ln x)^k}$ 收敛于 $-\frac{1}{1-k} \cdot \frac{1}{(\ln 2)^{k-1}}$.

下面讨论 $\int_{2}^{+\infty} \frac{dx}{x(\ln x)^k}$ 收敛时的最小值.

当 $k>1$ 时令 $f(k) = -\frac{1}{1-k} \cdot \frac{1}{(\ln 2)^{k-1}} = \frac{(\ln 2)^{1-k}}{k-1}$,则

$$f'(k) = \frac{-(\ln 2)^{1-k} \cdot \ln(\ln 2) \cdot (k-1)(\ln 2)^{1-k} \cdot 1}{(k-1)^2}$$

$$= -\frac{(\ln 2)^{1-k}}{k-1}\ln(\ln 2) - \frac{(\ln 2)^{1-k}}{(k-1)^2} = -\frac{(\ln 2)^{1-k}}{k-1}\left[\frac{1}{k-1} + \ln(\ln 2)\right].$$

令 $f'(k) = 0$,因为 $k > 1$,所以 $\frac{(\ln 2)^{1-k}}{k-1} \neq 0$. 只有 $\frac{1}{k-1} + \ln(\ln 2) = 0$,从而 $k = 1 - \frac{1}{\ln(\ln 2)}$ 为驻点. 而且当 $k > 1 - \frac{1}{\ln(\ln 2)}$ 时 $f'(k) > 0$, $f(k)$ 单增;当 $1 < k < 1 - \frac{1}{\ln(\ln 2)}$ 时 $f'(k) < 0$, $f(k)$ 单减,从而当 $k = 1 - \frac{1}{\ln(\ln 2)}$ 时 $f(k)$ 有最小值,即广义积分 $\int_2^{+\infty} \frac{\mathrm{d}x}{x(\ln x)^k}$ 有最小值.

3. 试证 $\int_0^{+\infty} \frac{\mathrm{d}x}{1+x^4} = \int_0^{+\infty} \frac{x^2 \mathrm{d}x}{1+x^4}$,并求 $\int_0^{+\infty} \frac{\mathrm{d}x}{1+x^4}$.

证明 $\int_0^{+\infty} \frac{x^2 \mathrm{d}x}{1+x^4} = \int_0^{+\infty} \frac{x^2}{x^4\left(1+\frac{1}{x^4}\right)}\mathrm{d}x = \int_0^{+\infty} \frac{1}{x^2\left(1+\frac{1}{x^4}\right)}\mathrm{d}x$

$$\xlongequal{\diamondsuit x = \frac{1}{t}} \int_{+\infty}^{0} \frac{1}{\frac{1}{t^2}(1+t^4)} \cdot \left(-\frac{1}{t^2}\right)\mathrm{d}t = \int_0^{+\infty} \frac{1}{1+t^4}\mathrm{d}t$$

$$= \int_0^{+\infty} \frac{1}{1+x^4}\mathrm{d}x,$$

得证.

从而 $\int_0^{+\infty} \frac{\mathrm{d}x}{1+x^4} = \frac{1}{2}\left(\int_0^{+\infty} \frac{\mathrm{d}x}{1+x^4} + \int_0^{+\infty} \frac{x^2}{1+x^4}\mathrm{d}x\right)$

$$= \frac{1}{2}\int_0^{+\infty} \frac{1+x^2}{1+x^4}\mathrm{d}x = \frac{1}{2}\int_0^{+\infty} \frac{\frac{1}{x^2}+1}{\frac{1}{x^2}+x^2}\mathrm{d}x$$

$$= \frac{1}{2}\int_0^{+\infty} \frac{1}{\left(x-\frac{1}{x}\right)^2 + 2}\mathrm{d}\left(x - \frac{1}{x}\right)$$

$$= \frac{1}{2} \cdot \frac{1}{\sqrt{2}}\arctan\frac{x-\frac{1}{x}}{\sqrt{2}}\bigg|_0^{+\infty} = \frac{1}{2\sqrt{2}}\left[\frac{\pi}{2} - \left(-\frac{\pi}{2}\right)\right]$$

$$= \frac{\pi}{2\sqrt{2}} = \frac{\sqrt{2}}{4}\pi.$$

4. 设广义积分 $\int_1^{+\infty} x^\alpha \mathrm{d}x$ 收敛,求 α 的值.

解 当 $\alpha \neq -1$ 时,$\int_1^{+\infty} x^\alpha \mathrm{d}x = \frac{1}{\alpha+1}x^{\alpha+1}\bigg|_1^{+\infty} = \begin{cases} -\frac{1}{\alpha+1}, & \alpha < -1, \\ +\infty, & \alpha > -1. \end{cases}$

当 $\alpha = -1$ 时,$\int_1^{+\infty} x^\alpha \mathrm{d}x = \int_1^{+\infty} \frac{\mathrm{d}x}{x} = \ln x\bigg|_1^{+\infty} = +\infty.$

所以,当 $\alpha \geq -1$ 时发散,当 $\alpha < -1$ 时收敛,收敛于 $-\frac{1}{\alpha+1}$. 由 $\int_1^{+\infty} x^\alpha \mathrm{d}x$ 收敛,有 $\alpha < -1$.

总习题五

1. 填空题.

(1) 设 $f(x)$ 在 $[a,b]$ 上连续,且 $f(x)<0, a<b$,则 $\int_b^a f(x)dx$ 值的符号是_____.

答案:正.

分析:$\int_b^a f(x)dx = -\int_a^b f(x)dx$, $b>a$, $f(x)<0$,所以 $\int_a^b f(x)dx<0$,从而 $\int_b^a f(x)dx>0$.

(2) 在 $\int_0^{\frac{\pi}{2}} \sqrt[3]{1+x^2}dx$ 与 $\int_0^{\frac{\pi}{2}} \sqrt[3]{1+\sin x^2}dx$ 中比较小的值是_____.

答案:$\int_0^{\frac{\pi}{2}} \sqrt[3]{1+\sin x^2}dx$.

分析:在 $\left[0,\frac{\pi}{2}\right]$ 上,$x^2 \geqslant \sin x^2$, $\sqrt[3]{1+x^2} \geqslant \sqrt[3]{1+\sin x^2}$,且 $\sqrt[3]{1+x^2} \not\equiv \sqrt[3]{1+\sin x^2}$,所以 $\int_0^{\frac{\pi}{2}} \sqrt[3]{1+\sin x^2}dx < \int_0^{\frac{\pi}{2}} \sqrt[3]{1+x^2}dx$.

(3) 在 $\int_0^1 \sqrt{1+x^3}dx$ 与 $\int_0^1 \sqrt{1+x^4}dx$ 中比较大的值是_____.

答案:$\int_0^1 \sqrt{1+x^3}dx$.

分析:在 $[0,1]$ 上, $x^3 \geqslant x^4$, $\sqrt{1+x^3} \geqslant \sqrt{1+x^4}$,且 $\sqrt{1+x^3} \not\equiv \sqrt{1+x^4}$,所以 $\int_0^1 \sqrt{1+x^3}dx > \int_0^1 \sqrt{1+x^4}dx$.

(4) 若 $f(x)$ 在 $[a,b]$ 上连续,定积分 $\left|\int_a^b f(x)dx\right|$ 与 $\int_a^b |f(x)|dx$ 的大小关系是_____.

答案:$\left|\int_a^b f(x)dx\right| \leqslant \int_a^b |f(x)|dx$.

分析:参见教材性质4的推论2.

(5) 若 $f(x)$ 为 $[a,b]$ 上的连续函数,则 $\int_a^x f(t)dt$ 称作是 $f(x)$ 在 $[a,b]$ 上的一个_____.

答案:原函数.

分析:$\left(\int_a^x f(x)dx\right)' = f(x)$.

(6) 设 $f'(x)$ 在 $[1,3]$ 连续,则 $\int_1^3 \dfrac{f'(x)}{1+[f(x)]^2}dx = $_____.

答案:$\arctan f(3) - \arctan f(1)$.

分析:$\int_1^3 \dfrac{f'(x)dx}{1+[f(x)]^2} = \int_1^3 \dfrac{df(x)}{1+[f(x)]^2} = \arctan f(x)\Big|_1^3 = \arctan f(3) - \arctan f(1)$.

(7) 设 $f(x)$ 在 $(-\infty,+\infty)$ 上有一阶导数,$F(x) = x\int_0^{\frac{1}{x}} f(t)dt$, $(x\neq 0)$, $f''(x) = $_____.

答案:$\dfrac{1}{x^3}f'\left(\dfrac{1}{x}\right)$.

分析:$F'(x) = \int_0^{\frac{1}{x}} f(t)dt + xf\left(\dfrac{1}{x}\right)\cdot\left(-\dfrac{1}{x^2}\right) = \int_0^{\frac{1}{x}} f(t)dt - \dfrac{1}{x}f\left(\dfrac{1}{x}\right)$

$$f''(x) = f\left(\frac{1}{x}\right)\cdot\left(-\frac{1}{x^2}\right) - f\left(\frac{1}{x}\right)\cdot\left(-\frac{1}{x^2}\right) - \frac{1}{x}f'\left(\frac{1}{x}\right)\cdot\left(-\frac{1}{x^2}\right) = \frac{1}{x^3}f'\left(\frac{1}{x}\right).$$

(8) 物体以变速 $v = v(t)$ ($v(t) \geqslant 0$) 做直线运动，用定积分表示物体从时刻 T_1 到时刻 T_2 所经过的路程_____．

答案：$s = \int_{T_1}^{T_2} v(t)\mathrm{d}t$．

分析：参见教材第一节的定积分问题举例 2．

(9) $\int_{-1}^{1} \frac{x + |x|}{1 + x^2}\mathrm{d}x = $ _____．

答案：$\ln 2$．

分析：$\int_{-1}^{1} \frac{x + |x|}{1 + x^2}\mathrm{d}x = \int_{-1}^{0} \frac{x - x}{1 + x^2}\mathrm{d}x + \int_{0}^{1} \frac{x + x}{1 + x^2}\mathrm{d}x = 2\int_{0}^{1} \frac{x}{1 + x^2}\mathrm{d}x$
$= \int_{0}^{1} \frac{\mathrm{d}x^2}{1 + x^2} = \ln(1 + x^2)\Big|_{0}^{1} = \ln 2$．

(10) $\int_{1}^{+\infty} \frac{\mathrm{d}x}{\sqrt{x}(1 + x)} = $ _____．

答案：$\frac{\pi}{2}$．

分析：$\int_{1}^{+\infty} \frac{\mathrm{d}x}{\sqrt{x}(1 + x)} = \lim_{b \to +\infty} \int_{1}^{b} \frac{\mathrm{d}x}{\sqrt{x}(1 + x)} \xlongequal{\diamondsuit\, x = \tan^2\theta} \lim_{b \to +\infty} \int_{\frac{\pi}{4}}^{\arctan\sqrt{b}} \frac{2\tan\theta \cdot \sec^2\theta}{\tan\theta \cdot \sec^2\theta}\mathrm{d}\theta$
$= \lim_{b \to +\infty} \int_{\frac{\pi}{4}}^{\arctan\sqrt{b}} 2\mathrm{d}\theta = \lim_{b \to +\infty} 2\left(\arctan\sqrt{b} - \frac{\pi}{4}\right) = \frac{\pi}{2}$．

(11) 设 $f(x)$ 有一个原函数为 $\frac{\ln x}{x}$，则 $\int_{1}^{2} xf'(x)\mathrm{d}x = $ _____．

答案：$-\frac{(1 + 2\ln 2)}{2}$．

分析：$f(x) = \left(\frac{\ln x}{x}\right)' = \frac{1 - \ln x}{x^2}$．

$\int_{1}^{2} xf'(x)\mathrm{d}x = \int_{1}^{2} x\mathrm{d}f(x) = xf(x)\Big|_{1}^{2} - \int_{1}^{2} f(x)\mathrm{d}x = 2f(2) - f(1) - \left(\frac{\ln x}{x}\right)\Big|_{1}^{2}$
$= 2 \cdot \frac{1 - \ln 2}{2^2} - \frac{1 - \ln 1}{1^2} - \left(\frac{\ln 2}{2} - \frac{\ln 1}{1}\right) = -\frac{2\ln 2 + 1}{2}$．

(12) 设 $f(x)$ 连续，且 $\int_{0}^{x^2 - 1} f(t)\mathrm{d}t = 1 + x^3$ ($x \leqslant 0$)，则 $f(8) = $ _____．

答案：$-\frac{9}{2}$．

分析：两边求导得 $f(x^2 - 1) \cdot 2x = 3x^2$，令 $x^2 - 1 = 8$，得 $x = -3$，$f(8) = -\frac{9}{2}$．

2．单项选择题．

(1) 若 $f(x)$ 为可导函数，且已知 $f(0) = 0$，$f'(0) = 2$，则 $\lim\limits_{x \to 0} \dfrac{\int_{0}^{x} f(t)\mathrm{d}t}{x^2}$ 的值为（ ）．

A．0   B．1   C．2   D．不存在

答案：B．

分析：原式 $\xlongequal[\frac{0}{0}型]{洛必达法则} \lim\limits_{x\to 0}\dfrac{f(x)}{2x}=\lim\limits_{x\to 0}\dfrac{f'(x)}{2}=1$.

(2)函数 $f(x)$ 在闭区间 $[a,b]$ 上连续是定积分 $\int_a^b f(x)\mathrm{d}x$ 存在的( ).

A. 必要条件 B. 充分条件
C. 充分且必要条件 D. 既非充分也非必要

答案：B.

分析：连续⇒可积,可积⇏连续. 如 $f(x)=\begin{cases}x, x\in[0,1),\\ 4, x=1\end{cases}$ $f(x)$ 在 $[0,1]$ 上可积但不连续.

(3)计算 $\dfrac{\mathrm{d}}{\mathrm{d}x}\int_0^{x^2}xf(x)\mathrm{d}x$ 的值为( ).

A. $\dfrac{\mathrm{d}}{\mathrm{d}x}\int_0^{x^2}xf(x)\mathrm{d}x=xf(x^2)$ B. $\dfrac{\mathrm{d}}{\mathrm{d}x}\int_0^{x^2}xf(x)\mathrm{d}x=x^2f(x^2)$

C. $\dfrac{\mathrm{d}}{\mathrm{d}x}\int_0^{x^2}xf(x)\mathrm{d}x=\dfrac{\mathrm{d}}{\mathrm{d}x}\left[x\int_0^{x^2}f(x)\mathrm{d}x\right]=\int_0^{x^2}f(x)\mathrm{d}x+2x^2f(x^2)$

D. $\dfrac{\mathrm{d}}{\mathrm{d}x}\int_0^{x^2}xf(x)\mathrm{d}x=\dfrac{\mathrm{d}}{\mathrm{d}x}\left[\int_0^{x^2}tf(t)\mathrm{d}t\right]=x^2\cdot 2xf(x^2)=2x^3f(x^2)$

答案：D.

分析：本题求解的关键是正确理解所给式中 5 个 x 的角色,其中 $xf(x)\mathrm{d}x$ 中的 3 个 x 都表示积分变元. 而积分上限 x^2 中的 x 是另一个变量,所求的是对积分上限中的 x 求导数,而且

$$\int_0^x xf(x)\mathrm{d}x=\int_0^x tf(t)\mathrm{d}t.$$

(4)广义积分中发散的是( ).

A. $\int_{-1}^1\dfrac{\mathrm{d}x}{\sin x}$ B. $\int_{-1}^1\dfrac{\mathrm{d}x}{\sqrt{1-x^2}}$ C. $\int_0^{+\infty}xe^{-x^2}\mathrm{d}x$ D. $\int_3^{+\infty}\dfrac{\mathrm{d}x}{x\ln^2 x}$

答案：A.

分析：$\int_0^1\dfrac{\mathrm{d}x}{\sin x}$ 与 $\int_0^1\dfrac{1}{x}\mathrm{d}x$ 同敛散,而

$$\int_0^1\dfrac{1}{x}\mathrm{d}x=\lim_{\varepsilon\to 0^+}\int_\varepsilon^1\dfrac{1}{x}\mathrm{d}x=\lim_{\varepsilon\to 0^+}(\ln 1-\ln\varepsilon)=+\infty,$$

所以 $\int_0^1\dfrac{1}{x}\mathrm{d}x$ 发散,从而 $\int_0^1\dfrac{\mathrm{d}x}{\sin x}$ 发散,从而 $\int_{-1}^1\dfrac{\mathrm{d}x}{\sin x}=\int_{-1}^0\dfrac{\mathrm{d}x}{\sin x}+\int_0^1\dfrac{\mathrm{d}x}{\sin x}$ 发散.

$\int_{-1}^1\dfrac{\mathrm{d}x}{\sqrt{1-x^2}}=\pi,\int_0^{+\infty}xe^{-x^2}\mathrm{d}x=\dfrac{1}{2},\int_3^{+\infty}\dfrac{\mathrm{d}x}{x\ln^2 x}=\dfrac{1}{\ln 3}.$

(5)广义积分中收敛的是( ).

A. $\int_0^{+\infty}\dfrac{\ln x}{x}\mathrm{d}x$ B. $\int_e^{+\infty}\dfrac{1}{x(\ln x)^2}\mathrm{d}x$ C. $\int_e^{+\infty}\dfrac{\mathrm{d}x}{x\ln x}$ D. $\int_e^{+\infty}\dfrac{\mathrm{d}x}{x(\ln x)^{\frac{1}{2}}}$

答案：B.

分析：$\int_e^{+\infty}\dfrac{\mathrm{d}x}{x(\ln x)^2}=1$,参考习题 5-5 第 2 题的解答.

3. 求下列极限.

(1) $\lim\limits_{x\to 0}\dfrac{\int_0^{x^2}\dfrac{\sin t}{\sqrt{1+t^2}}dt}{x^4}$； (2) $\lim\limits_{x\to 0}\dfrac{\int_0^{\sin^2 x}\ln(1+t)dt}{\sqrt{1+x^4}-1}$.

解 (1) $\lim\limits_{x\to 0}\dfrac{\int_0^{x^2}\dfrac{\sin t}{\sqrt{1+t^2}}dt}{x^4}\xrightarrow[\frac{0}{0}\text{型}]{\text{洛必达法则}}\lim\limits_{x\to 0}\dfrac{\dfrac{\sin x^2}{\sqrt{1+(x^2)^2}}\cdot 2x}{4x^3}$

$=\lim\limits_{x\to 0}\dfrac{\sin x^2}{2x^2\sqrt{1+x^4}}=\lim\limits_{x\to 0}\dfrac{1}{2}\cdot\dfrac{\sin x^2}{x^2}\cdot\dfrac{1}{\sqrt{1+x^4}}=\dfrac{1}{2}$；

(2) $\lim\limits_{x\to 0}\dfrac{\int_0^{\sin^2 x}\ln(1+t)dt}{\sqrt{1+x^4}-1}\xrightarrow[\frac{0}{0}\text{型}]{\text{洛必达法则}}\lim\limits_{x\to 0}\dfrac{\ln(1+\sin^2 x)2\sin x\cos x}{\dfrac{4x^3}{2\sqrt{1+x^4}}}$

$=\lim\limits_{x\to 0}\dfrac{\sin x\cos x\ln(1+\sin^2 x)\sqrt{1+x^4}}{x^3}=\lim\limits_{x\to 0}\cos x\cdot\sqrt{1+x^4}\cdot\dfrac{\sin x}{x}\cdot\dfrac{\ln(1+\sin^2 x)}{x^2}$,

因为 $\lim\limits_{x\to 0}\dfrac{\sin x}{x}=1$, $\lim\limits_{x\to 0}\dfrac{\ln(1+\sin^2 x)}{x^2}=\lim\limits_{x\to 0}\dfrac{\sin^2 x}{x^2}=1$, 故原式$=1$.

4. 求下列积分.

(1) $\int_{-1}^{1}\dfrac{2x^2+x\cos x}{1+\sqrt{1-x^2}}dx$； (2) $\int_{-\frac{\pi}{2}}^{\frac{\pi}{2}}\sqrt{\cos^3 x-\cos^5 x}\,dx$；

(3) $\int_0^{\pi}\sqrt{1+\cos(2x)}\,dx$； *(4) $\int_{\frac{1}{2}}^{2}\left(1+x-\dfrac{1}{x}\right)e^{x+\frac{1}{x}}dx$.

解 (1) $\int_{-1}^{1}\dfrac{2x^2+x\cos x}{1+\sqrt{1-x^2}}dx=\int_{-1}^{1}\dfrac{2x^2}{1+\sqrt{1-x^2}}dx+\int_{-1}^{1}\dfrac{x\cos x}{1+\sqrt{1-x^2}}dx$

$\xrightarrow[\frac{x\cos x}{1+\sqrt{1-x^2}}\text{为奇函数}]{\frac{2x^2}{1+\sqrt{1-x^2}}\text{为偶函数}}4\int_0^1\dfrac{x^2}{1+\sqrt{1-x^2}}dx+0=4\int_0^1\dfrac{x^2\cdot(1-\sqrt{1-x^2})}{(1+\sqrt{1-x^2})(1-\sqrt{1-x^2})}dx$

$=4\int_0^1(1-\sqrt{1-x^2})dx=4-4\int_0^1\sqrt{1-x^2}dx\xrightarrow{\text{令}x=\sin t}4-4\int_0^{\frac{\pi}{2}}\cos t\cdot\cos t\,dt$

$=4-2\int_0^{\frac{\pi}{2}}[1+\cos(2t)]dt=4-2\cdot\dfrac{\pi}{2}-\sin(2t)\Big|_0^{\frac{\pi}{2}}=4-\pi$；

(2) $\int_{-\frac{\pi}{2}}^{\frac{\pi}{2}}\sqrt{\cos^3 x-\cos^5 x}\,dx=\int_{-\frac{\pi}{2}}^{\frac{\pi}{2}}\sqrt{\cos^3 x(1-\cos^2 x)}\,dx=\int_{-\frac{\pi}{2}}^{\frac{\pi}{2}}\cos^{\frac{3}{2}}x\cdot|\sin x|\,dx$

$=\int_{-\frac{\pi}{2}}^{0}\cos^{\frac{3}{2}}x\cdot(-\sin x)dx+\int_0^{\frac{\pi}{2}}\cos^{\frac{3}{2}}x\cdot\sin x\,dx=\dfrac{2}{5}\cos^{\frac{5}{2}}x\Big|_{-\frac{\pi}{2}}^{0}-\dfrac{2}{5}\cos^{\frac{5}{2}}x\Big|_0^{\frac{\pi}{2}}=\dfrac{4}{5}$；

(3) $\int_0^{\pi}\sqrt{1+\cos(2x)}\,dx=\int_0^{\pi}\sqrt{2\cos^2 x}\,dx=\sqrt{2}\int_0^{\pi}|\cos x|dx=\sqrt{2}\left(\int_0^{\frac{\pi}{2}}\cos x\,dx-\int_{\frac{\pi}{2}}^{\pi}\cos x\,dx\right)$

$=\sqrt{2}\left(\sin x\Big|_0^{\frac{\pi}{2}}-\sin x\Big|_{\frac{\pi}{2}}^{\pi}\right)=2\sqrt{2}$；

*(4) $\int_{\frac{1}{2}}^{2}\left(1+x-\dfrac{1}{x}\right)e^{x+\frac{1}{x}}dx=\int_{\frac{1}{2}}^{2}e^{x+\frac{1}{x}}dx+\int_{\frac{1}{2}}^{2}\left(x-\dfrac{1}{x}\right)e^{x+\frac{1}{x}}dx$

$=\int_{\frac{1}{2}}^{2}e^{x+\frac{1}{x}}dx+\int_{\frac{1}{2}}^{2}x\left(1-\dfrac{1}{x^2}\right)e^{x+\frac{1}{x}}dx=\int_{\frac{1}{2}}^{2}e^{x+\frac{1}{x}}dx+\int_{\frac{1}{2}}^{2}x\,de^{x+\frac{1}{x}}$

$$= \int_{\frac{1}{2}}^{2} e^{x+\frac{1}{x}} dx + x e^{x+\frac{1}{x}} \Big|_{\frac{1}{2}}^{2} - \int_{\frac{1}{2}}^{2} e^{x+\frac{1}{x}} dx = 2e^{2+\frac{1}{2}} - \frac{1}{2} e^{\frac{1}{2}+2} = \frac{3}{2} e^{\frac{5}{2}}.$$

5. 设 $f(x) = \begin{cases} \cos x, & 0 \leqslant x \leqslant \frac{\pi}{2}, \\ a, & \frac{\pi}{2} < x \leqslant \pi, \end{cases}$ 求 $g(x) = \int_{0}^{x} f(t) dt$,并讨论 $g(x)$ 在 $[0,\pi]$ 上的连续性.

解 因为 $g(x) = \int_{0}^{x} f(t) dt$,而 $f(x)$ 为分段函数,因而 $g(x)$ 也要分段讨论. 而且 $f(x)$ 定义域为 $[0,\pi]$,从而 $g(x)$ 的定义域也为 $[0,\pi]$.

当 $0 \leqslant x \leqslant \frac{\pi}{2}$ 时,$g(x) = \int_{0}^{x} f(t) dt = \int_{0}^{x} \cos x dx = \sin x \Big|_{0}^{x} = \sin x$.

当 $\frac{\pi}{2} < x \leqslant \pi$ 时,$g(x) = \int_{0}^{x} f(t) dt = \int_{0}^{\frac{\pi}{2}} \cos x dx + \int_{\frac{\pi}{2}}^{x} a dx = 1 + a\left(x - \frac{\pi}{2}\right)$.

综上所述 $g(x) = \begin{cases} \sin x, & x \in \left[0, \frac{\pi}{2}\right], \\ 1 + a\left(x - \frac{\pi}{2}\right), & x \in \left(\frac{\pi}{2}, \pi\right]. \end{cases}$ 在 $\left[0, \frac{\pi}{2}\right]$ 上与 $\left(\frac{\pi}{2}, \pi\right]$ 上 $g(x)$ 连续性显然. 所以 $\lim_{x \to \frac{\pi}{2}^-} g(x) = \lim_{x \to \frac{\pi}{2}^-} \sin x = 1$, $\lim_{x \to \frac{\pi}{2}^+} g(x) = \lim_{x \to \frac{\pi}{2}^+} \left[1 + a\left(x - \frac{\pi}{2}\right)\right] = 1$,

且 $g\left(\frac{\pi}{2}\right) = 1$,所以 $g(x)$ 在 $x = \frac{\pi}{2}$ 也是连续的,从而 $g(x)$ 在 $[0,\pi]$ 上是连续的.

6. 设 $f(x) = \int_{\pi}^{x} \frac{\sin t}{t} dx$,求 $\int_{0}^{\pi} f(x) dx$.

解 $\int_{0}^{\pi} f(x) dx \xrightarrow{\text{分部积分}} x f(x) \Big|_{0}^{\pi} - \int_{0}^{\pi} x f'(x) dx$,

因为 $f(\pi) = \int_{\pi}^{\pi} \frac{\sin t}{t} dt = 0, f'(x) = \frac{\sin x}{x}$,

所以 $\int_{0}^{\pi} f(x) dx = \pi f(\pi) - \int_{0}^{\pi} \sin x dx = \cos x \Big|_{0}^{\pi} = -2.$

7. 当 $f(x)$ 连续时,证明 $\int_{0}^{x} f(t)(x-t) dt = \int_{0}^{x} \left[\int_{0}^{t} f(u) du\right] dt$.

证明 **方法一** 右 $= \int_{0}^{x} \left[\int_{0}^{t} f(u) du\right] dt \xrightarrow{\text{分部积分法}} t \cdot \int_{0}^{t} f(u) du \Big|_{0}^{x} - \int_{0}^{x} f(t) t dt$

$= x \int_{0}^{x} f(u) du - \int_{0}^{x} f(t) t dt = x \int_{0}^{x} f(t) dt - \int_{0}^{x} f(t) t dt$

$= \int_{0}^{x} (x-t) f(t) dt = $ 左.

方法二 令 $g(x) = \int_{0}^{x} f(t)(x-t) dt$,则 $g(x) = x \int_{0}^{x} f(t) dt - \int_{0}^{x} t f(t) dt$,并且

$$g'(x) = \int_{0}^{x} f(t) dt + x f(x) - x f(x) = \int_{0}^{x} f(t) dt.$$

再令 $F(x) = \int_{0}^{x} \left(\int_{0}^{t} f(u) du\right) dt$,则 $F'(x) = \int_{0}^{x} f(u) du = \int_{0}^{x} f(t) dt$. 从而 $g'(x) = F'(x)$,则有 $g(x) = F(x) + c$,又因为 $g(0) = F(0) = 0$,故 $c = 0$,从而 $g(x) = F(x)$,即

$$\int_0^x f(t)(x-t)\mathrm{d}t = \int_0^x \left[\int_0^t f(u)\mathrm{d}u\right]\mathrm{d}t.$$

8. 设 $f(x)$ 为连续函数, 且当 $0 \leqslant x \leqslant \dfrac{a}{2}$ 时, $f(x)+f(a-x) > 0$, 试证 $\int_0^a f(x)\mathrm{d}x > 0$.

证明 $\int_0^a f(x)\mathrm{d}x = \int_0^{\frac{a}{2}} f(x)\mathrm{d}x + \int_{\frac{a}{2}}^a f(x)\mathrm{d}x.$

对于 $\int_{\frac{a}{2}}^a f(x)\mathrm{d}x \xrightarrow{\diamondsuit x=a-t} -\int_{\frac{a}{2}}^0 f(a-t)\mathrm{d}t = \int_0^{\frac{a}{2}} f(a-t)\mathrm{d}t = \int_0^{\frac{a}{2}} f(a-x)\mathrm{d}x$, 从而 $\int_0^a f(x)\mathrm{d}x = \int_0^{\frac{a}{2}} (f(x)+f(a-x))\mathrm{d}x$, 而 $f(x)+f(a-x) > 0$, 由定积分性质知 $\int_0^a f(x)\mathrm{d}x > 0$.

9. 证明 $\dfrac{2}{\sqrt[4]{\mathrm{e}}} \leqslant \int_0^2 \mathrm{e}^{x^2-x} \mathrm{d}x \leqslant 2\mathrm{e}^2$.

证明 令 $f(x) = \mathrm{e}^{x^2-x}$, 考虑 $f(x)$ 在 $[0,2]$ 上的最大值 M 与最小值 m.

$f'(x) = \mathrm{e}^{x^2-x} \cdot (2x-1)$, 令 $f'(x) = 0$ 得 $x = \dfrac{1}{2}$.

所以 $f\left(\dfrac{1}{2}\right) = \mathrm{e}^{-\frac{1}{4}}, f(0) = 1, f(2) = \mathrm{e}^2$, 由此可知 $m = \mathrm{e}^{-\frac{1}{4}} = \dfrac{1}{\sqrt[4]{\mathrm{e}}}, M = \mathrm{e}^2$, 从而由估值不等式得 $2m \leqslant \int_0^2 \mathrm{e}^{x^2-x} \mathrm{d}x \leqslant 2M$, 即 $\dfrac{2}{\sqrt[4]{\mathrm{e}}} \leqslant \int_0^2 \mathrm{e}^{x^2-x} \mathrm{d}x \leqslant 2\mathrm{e}^2$.

10. 设 $f(x)$ 在 $[0,1]$ 上连续且单调减小, 试证: 对任意 $a \in (0,1)$, 有 $\int_0^a f(x)\mathrm{d}x \geqslant a \int_0^1 f(x)\mathrm{d}x$.

证明 $\int_0^a f(x)\mathrm{d}x - a\int_0^1 f(x)\mathrm{d}x = \int_0^a f(x)\mathrm{d}x - a\int_0^a f(x)\mathrm{d}x - a\int_a^1 f(x)\mathrm{d}x$

$= (1-a)\int_0^a f(x)\mathrm{d}x - a\int_a^1 f(x)\mathrm{d}x \xrightarrow[\xi_1 \in [0,a], \xi_2 \in [a,1]]{\text{积分中值定理}} (1-a)f(\xi_1)(a-0) - af(\xi_2)(1-a)$

$= a(1-a)[f(\xi_1) - f(\xi_2)],$

因为 $0 < a < 1, f(x)$ 在 $[0,1]$ 单减, 从而 $a(1-a) > 0, f(\xi_1) - f(\xi_2) \geqslant 0$, 所以

$$\int_0^a f(x)\mathrm{d}x - a\int_0^1 f(x)\mathrm{d}x \geqslant 0,$$

即 $$\int_0^a f(x)\mathrm{d}x \geqslant a\int_0^1 f(x)\mathrm{d}x.$$

11. 设 $f(x) = \begin{cases} \dfrac{1}{1+x}, & x \geqslant 0, \\ \dfrac{1}{1+\mathrm{e}^x}, & x < 0, \end{cases}$ 求 $\int_0^2 f(x-1)\mathrm{d}x$.

解 $\int_0^2 f(x-1)\mathrm{d}x = \int_0^1 \dfrac{1}{1+\mathrm{e}^{x-1}}\mathrm{d}x + \int_1^2 \dfrac{1}{1+(x-1)}\mathrm{d}x = \int_0^1 \dfrac{\mathrm{e}^{1-x}}{\mathrm{e}^{1-x}+1}\mathrm{d}x + \int_1^2 \dfrac{1}{x}\mathrm{d}x$

$= -\int_0^1 \dfrac{\mathrm{d}(\mathrm{e}^{1-x}+1)}{\mathrm{e}^{1-x}+1} + \ln x \Big|_1^2 = -\ln(\mathrm{e}^{1-x}+1)\Big|_0^1 + \ln 2 = \ln(1+\mathrm{e}).$

自 测 题 五

一、填空题.（每题 5 分，5 小题，共 25 分）

1. 设 $\int_0^a x\mathrm{e}^{2x}\mathrm{d}x = \frac{1}{4}$，则 $a = $ _____.

2. 设函数 $f(x)$ 连续，则 $\int_{-2}^{2}(3x^3 + x\cos x + 1)\mathrm{d}x = $ _____.

3. 已知 $\int_{-\infty}^{+\infty}\mathrm{e}^{k|x|}\mathrm{d}x = 1$，则 $k = $ _____.

4. $\lim\limits_{n\to\infty}\int_0^1 \mathrm{e}^{-x}\sin nx\,\mathrm{d}x = $ _____.

5. $f(x) = \int_0^x (t+1)(t-2)\mathrm{d}t$，则在区间 $[-2,3]$ 上 $f(x)$ 在 $x = $ _____ 处取得极大值.

解 1. 由分部积分法，可得

$$\int_0^a x\mathrm{e}^{2x}\mathrm{d}x = \frac{1}{2}\int_0^a x\mathrm{d}\mathrm{e}^{2x} = \frac{1}{2}\left(x\mathrm{e}^{2x}\Big|_0^a - \int_0^a \mathrm{e}^{2x}\mathrm{d}x\right)$$

$$= \frac{1}{2}\left(a\mathrm{e}^{2a} - \frac{1}{2}\mathrm{e}^{2x}\Big|_0^a\right) = \left(\frac{a}{2} - \frac{1}{4}\right)\mathrm{e}^{2a} + \frac{1}{4} = \frac{1}{4},$$

所以 $a = \frac{1}{2}$.

2. 由定积分的线性性质和对称性，可得

$$\int_{-2}^{2}(3x^3 + x\cos x + 1)\mathrm{d}x = 3\int_{-2}^{2}x^3\mathrm{d}x + \int_{-2}^{2}x\cos x\,\mathrm{d}x + \int_{-2}^{2}1\mathrm{d}x = 4.$$

3. $1 = \int_{-\infty}^{+\infty}\mathrm{e}^{k|x|}\mathrm{d}x = 2\int_0^{+\infty}\mathrm{e}^{kx}\mathrm{d}x = 2\lim\limits_{b\to+\infty}\frac{1}{k}\mathrm{e}^{kx}\Big|_0^b = \frac{2}{k}(\lim\limits_{b\to+\infty}\mathrm{e}^{kb} - 1)$，因为极限存在所以 $k<0$，即有 $1 = 0 - \frac{2}{k}$，$k = -2$.

4. 令 $I_n = \int \mathrm{e}^{-x}\sin nx\,\mathrm{d}x$，由分部积分法可得

$$I_n = \int \mathrm{e}^{-x}\sin nx\,\mathrm{d}x = -\mathrm{e}^{-x}\sin nx + n\int \mathrm{e}^{-x}\cos nx\,\mathrm{d}x = -\mathrm{e}^{-x}\sin nx - n\mathrm{e}^{-x}\cos nx - n^2 I_n,$$

所以 $I_n = \frac{n\cos nx + \sin nx}{n^2 + 1}\mathrm{e}^{-x} + C$，即

$$\lim\limits_{n\to\infty}\int_0^1 \mathrm{e}^{-x}\sin nx\,\mathrm{d}x = \lim\limits_{n\to\infty}\left(\frac{n\cos nx + \sin nx}{n^2 + 1}\mathrm{e}^{-x}\Big|_0^1\right) = \lim\limits_{n\to\infty}\left(-\frac{n\cos nx + \sin nx}{n^2 + 1}\mathrm{e}^{-1} - \frac{n}{n^2 + 1}\right) = 0.$$

5. 由积分上限函数的求导公式，可得 $f'(x) = (x-2)(x+1)$. 考虑 $x \in [-2,3]$，在 $(-2,-1)\cup(2,3)$ 内 $f'(x) > 0$，$f(x)$ 单调增加，在 $(-1,2)$ 内 $f'(x) < 0$，$f(x)$ 单调减少，因此，当 $x = -1$ 时，$f(x)$ 取得极大值 $\frac{7}{6}$.

二、单项选择题.（每题 5 分，5 小题，共 25 分）

6. 已知 $f(0) = 1$，$f(2) = 3$，$f'(2) = 5$，则 $\int_0^2 xf''(x)\mathrm{d}x = ($ ___ $)$.

  A. 12   B. 8   C. 7   D. 6

7. $\lim\limits_{x \to 0} \dfrac{\int_0^x \sin t^2 \, dt}{x^3} = (\quad)$.

  A. 1   B. 0   C. $\dfrac{1}{2}$ D. $\dfrac{1}{3}$

8. 设 $f(x) = \begin{cases} x^3, & x \in [-1, 0) \\ x^2, & x \in [0, 1] \end{cases}$,则 $\int_{-1}^{1} f(x) \, dx = (\quad)$.

  A. $2\int_{-1}^{0} x^3 \, dx$ B. $2\int_{0}^{1} x^2 \, dx$

  C. $\int_{-1}^{0} x^3 \, dx + \int_{0}^{1} x^2 \, dx$ D. $\int_{-1}^{0} x^2 \, dx + \int_{0}^{1} x^3 \, dx$

9. 广义积分 $\int_{-2}^{2} \dfrac{dx}{(x-1)^2} = (\quad)$.

  A. $\dfrac{4}{3}$ B. $-\dfrac{4}{3}$ C. -2 D. 发散

10. 设 $F(x) = \int_{x}^{x+2\pi} e^{\sin t} \sin t \, dt$,则 $F'(x)(\quad)$.

  A. 为正常数;   B. 为负常数;   C. 恒为零;   D. 不为常数.

解 6. 由分部积分法可得
$$\int_0^2 x f''(x) \, dx = \int_0^2 x \, df'(x) = x f'(x) \big|_0^2 - \int_0^2 f'(x) \, dx$$
$$= 2 f'(2) - f(x) \big|_0^2 = 10 - (3 - 1) = 8,$$
故选 B.

7. 当 $x \to 0$ 时,为"$\dfrac{0}{0}$"型,由洛必达法则,可得 $\lim\limits_{x \to 0} \dfrac{\int_0^x \sin t^2 \, dt}{x^3} = \lim\limits_{x \to 0} \dfrac{\sin x^2}{3x^2} = \dfrac{1}{3}$. 故选 D.

8. 根据定积分的区间可加性质,有
$$\int_{-1}^{1} f(x) \, dx = \int_{-1}^{0} f(x) \, dx + \int_{0}^{1} f(x) \, dx = \int_{-1}^{0} x^2 \, dx + \int_{0}^{1} x^3 \, dx.$$ 故选 C.

9. 被积函数 $\dfrac{1}{(x-1)^2}$ 在积分区间 $[-2, 2]$ 上除 $x = 1$ 外连续,$x = 1$ 是 $\dfrac{1}{(x-1)^2}$ 的无穷间断点. 因为
$$\int_{-2}^{1} \dfrac{1}{(1-x)^2} \, dx = \lim_{\varepsilon \to 0+0} \int_{-2}^{1-\varepsilon} \dfrac{1}{(1-x)^2} \, dx = \lim_{\varepsilon \to 0+0} \left[\dfrac{1}{1-x}\right]_{-2}^{1-\varepsilon} = \lim_{\varepsilon \to 0+0} \left(\dfrac{1}{\varepsilon} - \dfrac{1}{3}\right) = +\infty,$$
所以广义积分 $\int_{-2}^{2} \dfrac{dx}{(x-1)^2}$ 发散,故选 D.

10. 令 $f(t) = e^{\sin t} \sin t$,则有 $f(t + 2\pi) = f(t)$,$f(t)$ 是以 2π 为周期的连续函数,因此 $\int_{x}^{x+2\pi} f(t) \, dt = \int_{0}^{2\pi} f(t) \, dt$($x$ 是任意常数),即 $F(x) = F(0)$ 是一个常数,故 $F'(x)$ 恒为零,故选 C.

三、解答题.(每题 10 分,5 小题,共 50 分)

11. 计算 $\int_{-\frac{\pi}{2}}^{+\frac{\pi}{2}} (x^7 + \cos^2 x) \sin^2 x \, dx$.

解 由定积分的对称性,可得

$$\int_{-\frac{\pi}{2}}^{\frac{\pi}{2}} (x^7 + \cos^2 x) \sin^2 x \, dx = 2\int_{0}^{\frac{\pi}{2}} (1 - \sin^2 x) \sin^2 x \, dx$$

$$= 2\left(\int_{0}^{\frac{\pi}{2}} \sin^2 x \, dx - \int_{0}^{\frac{\pi}{2}} \sin^4 x \, dx\right) = 2\left(\frac{\pi}{4} - \frac{3\pi}{16}\right) = \frac{\pi}{8}.$$

12. 计算 $\int_{1}^{6} \frac{\sqrt{x+3}}{\sqrt{x+3}-1} dx$.

解 被积函数属于简单的无理函数,利用代换 $\sqrt{x+3} = t$ 可将其化为有理函数,然后再求积分. 令 $t^2 = x+3, dx = 2t dt$,当 x 从 1 连续增加到 6 时,相应地 t 从 2 连续增加到 3,即当 $x=1$ 时 $t=2$;当 $x=6$ 时 $t=3$. 因此

$$\int_{1}^{6} \frac{\sqrt{x+3}}{\sqrt{x+3}-1} dx = \int_{2}^{3} \frac{t}{t-1} 2t \, dt = 2\int_{2}^{3} \frac{(t^2-1)+1}{t-1} dt$$

$$= 2\int_{2}^{3} \left[(t+1) + \frac{1}{t-1}\right] dt = \left[(t+1)^2 + 2\ln(t-1)\right]_{2}^{3} = 7 + 2\ln 2.$$

13. 计算广义积分 $\int_{0}^{+\infty} \frac{1}{(x^2+1)(x^2+4)} dx$.

解 $\int_{0}^{+\infty} \frac{1}{(x^2+1)(x^2+4)} dx = \lim_{b \to +\infty} \frac{1}{3} \int_{0}^{b} \left[\frac{1}{x^2+1} - \frac{1}{x^2+4}\right] dx$

$$= \frac{1}{3} \lim_{b \to +\infty} \left[\arctan x - \frac{1}{2}\arctan \frac{x}{2}\right]_{0}^{b} = \frac{1}{3}\left(\frac{\pi}{2} - \frac{\pi}{4}\right) = \frac{\pi}{12}.$$

14. 设 $f(x)$ 在 $[0,1]$ 上连续,且单调减少,$f(x) > 0$,证明:对于满足 $\alpha \leqslant \beta$ 的任何 α,β,有

$$\beta \int_{0}^{\alpha} f(x) dx > \alpha \int_{\alpha}^{\beta} f(x) dx.$$

证明 令 $F(x) = x\int_{0}^{\alpha} f(t) dt - \alpha \int_{\alpha}^{x} f(t) dt \ (x \geqslant \alpha)$,$F(\alpha) = \alpha \int_{0}^{\alpha} f(t) dt > 0$.

因为 $t \leqslant \alpha$,$x \geqslant \alpha$,且 $f(x)$ 单调减少,所以 $F'(x) = \int_{0}^{\alpha} f(t) dt - \alpha f(x) = \int_{0}^{\alpha} [f(t) - f(x)] dt > 0$,$F(\beta) > F(\alpha) > 0$,立即得到 $\beta \int_{0}^{\alpha} f(x) dx > \alpha \int_{\alpha}^{\beta} f(x) dx.$

15. $f(x)$ 在 $[a,b]$ 上二阶可导,且 $f''(x) < 0$,证明:

$$\int_{a}^{b} f(x) dx \leqslant (b-a) f\left(\frac{a+b}{2}\right).$$

证明 对任意的 $x, t \in [a,b]$,$f(x)$ 按 $x-t$ 的幂展开到 1 阶的泰勒公式为 $f(x) = f(t) + f'(t)(x-t) + \frac{f''(\xi)}{2!}(x-t)^2$. 由题意知 $f''(\xi) < 0$,因此 $f(x) = f(t) + f'(t)(x-t) + \frac{f''(\xi)}{2!}(x-t)^2 \leqslant f(t) + f'(t)(x-t)$. 令 $t = \frac{a+b}{2}$,故 $f(x) \leqslant f\left(\frac{a+b}{2}\right) + f'\left(\frac{a+b}{2}\right)\left(x - \frac{a+b}{2}\right)$,两边同时对 x 在区间 $[a,b]$ 上进行积分,则有

$$\int_{a}^{b} f(x) dx \leqslant \int_{a}^{b} f\left(\frac{a+b}{2}\right) dx + \int_{a}^{b} f'\left(\frac{a+b}{2}\right)\left(x - \frac{a+b}{2}\right) dx = (b-a) f\left(\frac{a+b}{2}\right).$$

第六章 定积分应用

习题 6-1

1. 如果要采用微元法将待求量 Q 表达成定积分,那么待求量 Q 应满足怎样的条件?

解 如果要采用微元法将待求量 Q 表达成定积分,那么待求量 Q 应满足两个条件:

(1) 待求量 Q 可以看成是分布在区间 $[a,b]$ 上的总量,并且具有可加性;

(2) 区间 $[a,b]$ 的子区间 $[x, x+dx]$ 上对应的量的近似值可表示成 $dQ = f(x)dx$,并且误差是 dx 的高阶无穷小。

2. 设某物体做直线运动,已知速度 $v(t)$ 是时间 t 在时间段 $[T_1, T_2]$ 上的连续函数,且 $v(t) \geqslant 0$,试利用微元素法,将该物体在这段时间内所经过的路程 s 表达成定积分。

解 选时间 $t \in [T_1, T_2]$ 为积分变量,在区间 $[T_1, T_2]$ 的子区间 $[t, t+dt]$ 上,物体所经过路程的近似值为路程微元 $ds = v(t)dt$,于是,物体在时间段 $[T_1, T_2]$ 内所经过的路程为 $s = \int_{T_1}^{T_2} v(t)dt$.

习题 6-2

1. 用定积分表示图 6-1 中各图形的面积.

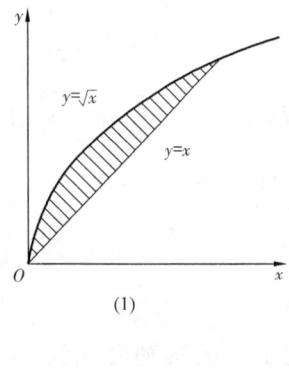
(1)

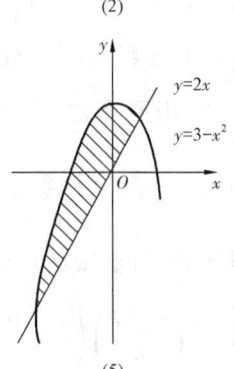
(2)

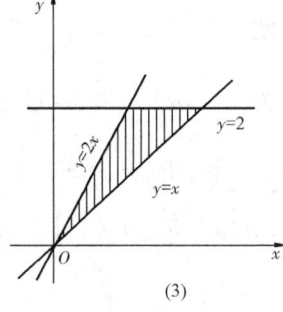
(3)

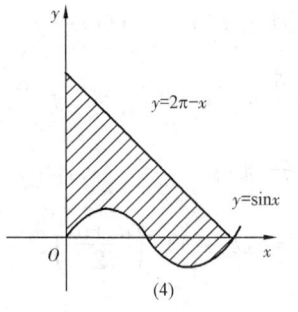
(4)

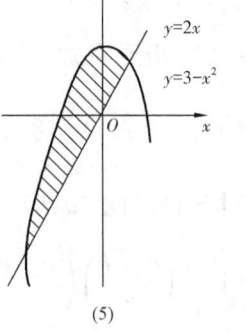
(5)

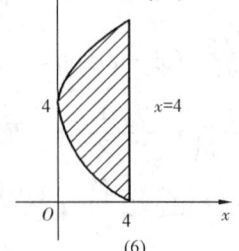
(6)

图 6-1

解 (1)解方程组 $\begin{cases} y=\sqrt{x}, \\ y=x \end{cases}$ 得交点$(0,0)$,$(1,1)$,选积分变量为$x\in[0,1]$,面积微元为 $dA=(\sqrt{x}-x)dx$,于是,阴影部分的面积为 $A=\int_0^1(\sqrt{x}-x)dx$.

(2) 解方程组 $\begin{cases} y=e, \\ y=e^x \end{cases}$ 得交点$(1,e)$,选积分变量为 $x\in[0,1]$,面积微元为 $dA=(e-e^x)dx$,于是,阴影部分的面积为 $A=\int_0^1(e-e^x)dx$.

(3)解方程组 $\begin{cases} y=2, \\ y=2x \end{cases}$ 得交点$(1,2)$,解方程组 $\begin{cases} y=2, \\ y=x \end{cases}$ 得交点$(2,2)$,选积分变量为 $y\in[0,2]$,面积微元为 $dA=\left(y-\dfrac{y}{2}\right)dy$,于是,阴影部分的面积为 $A=\int_0^2\left(y-\dfrac{y}{2}\right)dy$.

(4)选积分变量为 $x\in[0,2\pi]$,面积微元为 $dA=(2\pi-x-\sin x)dx$,于是,阴影部分的面积为 $A=\int_0^{2\pi}(2\pi-x-\sin x)dx$.

(5)解方程组 $\begin{cases} y=2x, \\ y=3-x^2 \end{cases}$ 得交点$(1,2)$,$(-3,-6)$,选积分变量为 $x\in[-3,1]$,面积微元为 $dA=(3-x^2-2x)dx$,于是,阴影部分的面积为 $A=\int_{-3}^1(3-x^2-2x)dx$.

(6)解方程组 $\begin{cases} x=4, \\ 4x=(y-4)^2 \end{cases}$ 得交点$(4,0)$,$(4,8)$,选积分变量为 $y\in[0,8]$,面积微元为 $dA=\left(4-\dfrac{1}{4}(y-4)^2\right)dy$,于是,阴影部分的面积为 $A=\int_0^8\left(4-\dfrac{1}{4}(y-4)^2\right)dy$.

2. 计算由下列曲线围成的图形的面积:

(1) $y=x^2$ 与 $x=y^2$;   (2) $y=x+4$ 与 $y=\dfrac{1}{2}x^2$;

(3) $x=\dfrac{1}{2}y^2$ 与 $x^2+y^2=8$(任选其中一部分).

解 (1)解方程组 $\begin{cases} y=x^2, \\ x=y^2 \end{cases}$ 得交点$(0,0)$,$(1,1)$,如图 6-2 所示,选积分变量为 $x\in[0,1]$,面积微元为 $dA=(\sqrt{x}-x^2)dx$,于是,要求的面积为

$$A=\int_0^1(\sqrt{x}-x^2)dx=\left[\dfrac{2}{3}x^{3/2}-\dfrac{1}{3}x^3\right]_0^1=\dfrac{1}{3}.$$

(2) 解方程组 $\begin{cases} y=x+4, \\ y=\dfrac{1}{2}x^2 \end{cases}$ 得交点$(-2,2)$,$(4,8)$,如图 6-3 所示,选积分变量为 $x\in[-2,4]$,面积微元为 $dA=\left(x+4-\dfrac{1}{2}x^2\right)dx$,于是,要求的面积为

$$A=\int_{-2}^4\left(x+4-\dfrac{1}{2}x^2\right)dx=\left[\dfrac{1}{2}x^2+4x-\dfrac{1}{6}x^3\right]_{-2}^4=18.$$

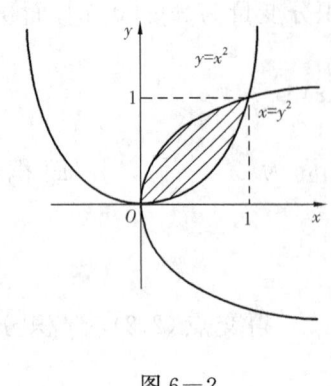
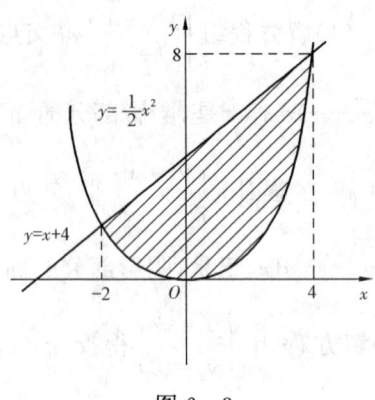

图 6-2　　　　　　　　　　　图 6-3

(3) 解方程组 $\begin{cases} x = \dfrac{1}{2}y^2, \\ x^2 + y^2 = 8 \end{cases}$ 得交点 $(2,2),(2,-2)$,如图 6-4 所示.

选积分变量为 $y \in [-2,2]$,面积微元为 $dA = \left(\sqrt{8-y^2} - \dfrac{1}{2}y^2\right)dy$,于是,要求的面积为

$$A = \int_{-2}^{2}\left(\sqrt{8-y^2} - \dfrac{1}{2}y^2\right)dy = 2\int_{0}^{2}\left(\sqrt{8-y^2} - \dfrac{1}{2}y^2\right)dy$$

$$= 2\int_{0}^{2}\sqrt{8-y^2}\,dy - \int_{0}^{2}y^2\,dy = 2\int_{0}^{2}\sqrt{8-y^2}\,dy - \dfrac{8}{3}.$$

为了求出积分 $\int_{0}^{2}\sqrt{8-y^2}\,dy$,用换元积分法,令 $y = \sqrt{8}\cos t$,则当 $y:0 \to 2$ 时,$t:\dfrac{\pi}{2} \to \dfrac{\pi}{4}$,且 $dy = -\sqrt{8}\sin t\,dt$,所以

$$\int_{0}^{2}\sqrt{8-y^2}\,dy = \int_{\pi/2}^{\pi/4}\sqrt{8}\sin t(-\sqrt{8}\sin t)\,dt = 8\int_{\pi/4}^{\pi/2}\sin^2 t\,dt = 8\int_{\pi/4}^{\pi/2}\dfrac{1-\cos 2t}{2}\,dt = \pi + 2$$

于是　　　　　　$A = 2\int_{0}^{2}\sqrt{8-y^2}\,dy - \dfrac{8}{3} = 2\pi + 4 - \dfrac{8}{3} = 2\pi + \dfrac{4}{3}.$

3. 求椭圆曲线 $\dfrac{x^2}{a^2} + \dfrac{y^2}{b^2} = 1$ 所围成的椭圆面积.

解　根据对称性,要求的椭圆面积是其在第一象限部分面积的 4 倍.如图 6-5 所示.

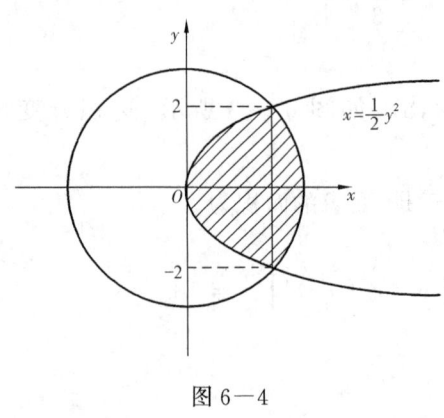
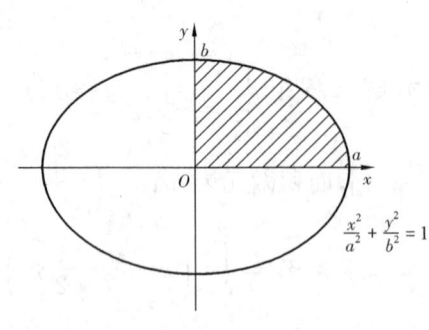

图 6-4　　　　　　　　　　　图 6-5

为了求第一象限部分的面积,用微元法.

选积分变量为 $x \in [0,a]$,面积微元为 $\mathrm{d}A = y \cdot \mathrm{d}x$,于是,整个椭圆的面积 $A = 4\int_0^a y \cdot \mathrm{d}x$,由椭圆的参数方程 $\begin{cases} x = a\cos t, \\ y = b\sin t \end{cases}$ 来进行换元,可得到 $\mathrm{d}x = -a\sin t \mathrm{d}t$,并且当 $x:0 \to a$ 时,对应的 $t:\dfrac{\pi}{2} \to 0$,由定积分的换元积分法可得,椭圆的面积

$$A = 4\int_0^a y \cdot \mathrm{d}x = 4\int_{\pi/2}^0 b\sin t \cdot (-a\sin t)\mathrm{d}t = 4ab\int_0^{\pi/2} \sin^2 t \,\mathrm{d}t = \pi ab.$$

4. 求下列曲线围成的图形的面积:
(1) $r = 2a\cos\theta, a > 0$; (2) $r = 1 + \cos\theta$.

解 (1)如图 6-6 所示. 曲线方程是极坐标系下的,选积分变量为极角 $\theta \in \left[-\dfrac{\pi}{2}, \dfrac{\pi}{2}\right]$,面积微元为

$$\mathrm{d}A = \dfrac{1}{2}r^2(\theta) \cdot \mathrm{d}\theta = \dfrac{1}{2} \cdot 4a^2\cos^2\theta \cdot \mathrm{d}\theta,$$

于是,要求的面积为

$$A = \int_{-\frac{\pi}{2}}^{\frac{\pi}{2}} 2a^2\cos^2\theta \,\mathrm{d}\theta = 4a^2\int_0^{\frac{\pi}{2}} \cos^2\theta \,\mathrm{d}\theta = \pi a^2.$$

(2)如图 6-7 所示.

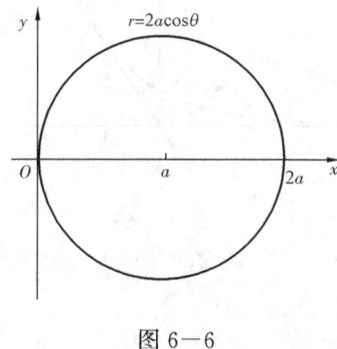

图 6-6

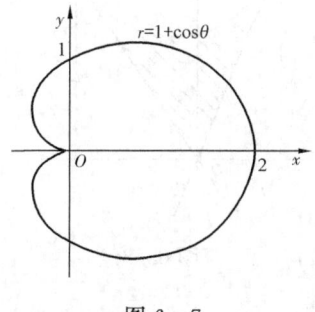

图 6-7

曲线方程是极坐标系下的,选积分变量为极角 $\theta \in [0, 2\pi]$,面积微元为

$$\mathrm{d}A = \dfrac{1}{2}r^2(\theta) \cdot \mathrm{d}\theta = \dfrac{1}{2} \cdot (1 + \cos\theta)^2 \cdot \mathrm{d}\theta,$$

于是,要求的面积为

$$A = \int_0^{2\pi} \dfrac{1}{2}(1 + \cos\theta)^2 \,\mathrm{d}\theta = \int_0^{2\pi} \dfrac{1}{2}(1 + 2\cos\theta + \cos^2\theta)\,\mathrm{d}\theta = \dfrac{3\pi}{2}.$$

5. 求由 $y = x^2 - x + 2$ 与它的通过坐标原点的两条切线所围成的图形的面积.

解 $y = x^2 - x + 2 = \left(x - \dfrac{1}{2}\right)^2 + \dfrac{7}{4}$ 是一抛物线,如图 6-8 所示.

求两个切点的坐标. 设切点的坐标为 (a,b), 因为 $y'=2x-1$, 所以切线斜率为 $2a-1$, 切线方程为 $y-b=(2a-1)\cdot(x-a)$, 由切线过原点 $(0,0)$ 及切点在曲线 $y=x^2-x+2$ 上, 可求得两个切点为 $\begin{cases}a=\sqrt{2},\\b=4+\sqrt{2};\end{cases}\begin{cases}a=\sqrt{2},\\b=4-\sqrt{2}.\end{cases}$ 则要求的面积等于函数 $y=x^2-x+2$, 在区间 $x\in[-\sqrt{2},\sqrt{2}]$ 上的曲边梯形面积减去两个三角形的面积. 于是, 要求的面积为

$$A=\int_{-\sqrt{2}}^{\sqrt{2}}(x^2-x+2)\cdot dx-\frac{1}{2}\cdot\sqrt{2}\cdot(4+\sqrt{2})-\frac{1}{2}\cdot\sqrt{2}\cdot(4-\sqrt{2})=\frac{16\sqrt{2}}{3}-4\sqrt{2}=\frac{4\sqrt{2}}{3}.$$

6. 求位于曲线 $y=e^x$ 下方, 该曲线过原点的切线的左方以及 x 轴上方之间的图形的面积.

解 如图 6—9 所示, x 轴是 $y=e^x$ 的水平渐近线.

设曲线 $y=e^x$ 的过原点的切线为 $y=kx$, 切点为 $A(a,b)$. 因为 $y'=e^x$, 所以 $k=y'\big|_{x=a}=e^a$, 由切点 $A(a,b)$ 在切线 $y=e^a x$ 上, 得 $b=ae^a$, 将切点 $A(a,b)$ 代入曲线 $y=e^x$ 方程有 $b=e^a$, 所以可得到 $ae^a=e^a$, 可以求出 $a=1$, 切点为 $A(1,e)$, 切线为 $y=ex$. 于是, 要求的面积是两部分的和, 即

$$A=\int_{-\infty}^{0}e^x dx+\int_{0}^{1}(e^x-ex)dx=\frac{e}{2}.$$

注: 本题用到了广义积分.

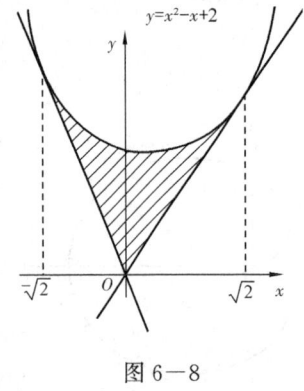

图 6—8

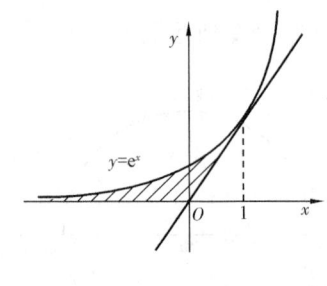

图 6—9

习题 6—3

1. 计算下列各立体的体积:

(1) 由 $y^2=4x$ 与 $x=1$ 围成的图形绕 x 轴旋转所成的立体;

(2) 由 $y=\sin x(0\leqslant x\leqslant\pi)$ 与 x 轴围成的图形绕 x 轴旋转而成的立体;

(3) 由 $y=x^2$ 与 $y=x$ 围成图形绕 y 轴旋转而成的立体;

(4) 由 $x^2+(y-3)^2=4$ 围成图形绕 x 轴旋转而成的立体.

解 (1) 如图 6—10 所示, 考虑的立体即是图中阴影部分绕 x 轴旋转而成的立体, 选积分变量为 $x\in[0,1]$, 体积微元为 $dV=\pi y^2\cdot dx=4\pi x\cdot dx$, 于是, 要求的立体体积为

$$V=\int_{0}^{1}4\pi x dx=2\pi x^2\big|_{0}^{1}=2\pi.$$

(2)如图 6-11 所示,考虑的立体即是图中阴影部分绕 x 轴旋转而成的立体,选积分变量为 $x\in[0,\pi]$,体积微元为 $\mathrm{d}V=\pi y^2\cdot \mathrm{d}x=\pi\sin^2 x\cdot \mathrm{d}x$. 于是,要求的立体体积为
$$V=\int_0^\pi \pi\sin^2 x\mathrm{d}x=2\pi\int_0^{\pi/2}\sin^2 x\mathrm{d}x=\frac{\pi^2}{2}.$$

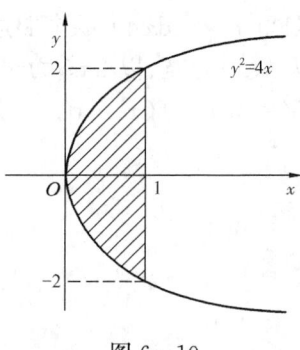

图 6-10

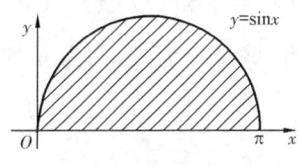

图 6-11

(3)如图 6-12 所示,考虑的立体即是图中阴影部分绕 y 轴旋转而成的立体,其体积等于曲线 $y=x^2$ 在区间 $y\in[0,1]$ 上的曲边梯形绕 y 轴旋转而成的立体体积减去一个圆锥的体积,选积分变量为 $y\in[0,1]$,体积微元为 $\mathrm{d}V=\pi x^2\cdot \mathrm{d}y=\pi y\cdot \mathrm{d}y$,于是,要求的立体体积为
$$V=\int_0^1 \pi y\mathrm{d}y-\frac{1}{3}\pi\cdot 1^2\cdot 1=\frac{\pi}{6}.$$

(4)如图 6-13 所示,考虑的立体即是图中阴影部分绕 x 轴旋转而成的立体,其形状似轮胎,其体积等于两部分体积的差,其中较大的部分立体是上半圆周在区间 $x\in[-2,2]$ 上构成的曲边梯形绕 x 轴旋转而成的立体,较小的部分立体是下半圆周在区间 $x\in[-2,2]$ 上构成的曲边梯形绕 x 轴旋转而成的立体,选积分变量为 $x\in[-2,2]$,体积微元分别为
$$\mathrm{d}V=\pi(3+\sqrt{4-x^2})^2\cdot \mathrm{d}x \text{ 和 } \mathrm{d}V=\pi(3-\sqrt{4-x^2})^2\cdot \mathrm{d}x,$$

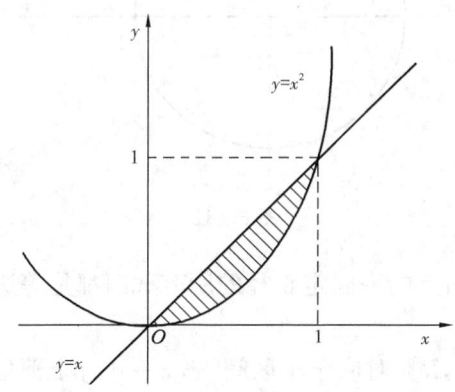

图 6-12

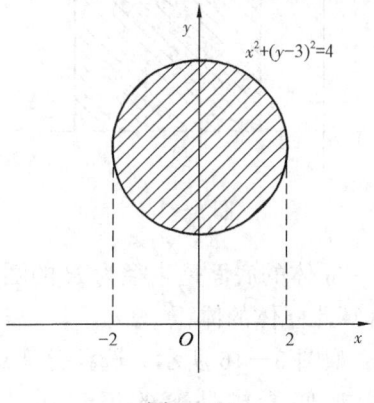

图 6-13

于是,要求的立体体积为
$$\begin{aligned}V&=\int_{-2}^2 \pi(3+\sqrt{4-x^2})^2\mathrm{d}x-\int_{-2}^2 \pi(3-\sqrt{4-x^2})^2\mathrm{d}x\\&=\pi\int_{-2}^2[(3+\sqrt{4-x^2})^2-(3-\sqrt{4-x^2})^2]\mathrm{d}x\\&=24\pi\int_0^2\sqrt{4-x^2}\mathrm{d}x=24\pi^2.\end{aligned}$$

2. 证明:由函数 $y=f(x),(f(x)>0)$,在区间 $[a,b]$ 上形成的曲边梯形绕 y 轴旋转而成的立体的体积公式为

$$V=2\pi\int_a^b xf(x)\mathrm{d}x.$$

证明 如图 6—14 所示,整个立体可以看成是很多小区间 $[x,x+\mathrm{d}x]$ 上的窄曲边梯形绕 y 轴旋转所得圆柱薄壳的叠加,而圆柱薄壳的体积近似等于以 $f(x)$ 为宽、以 $2\pi x$ 为长、以 $\mathrm{d}x$ 为高的长方体的体积,选积分变量为 $x\in[a,b]$,体积微元为 $\mathrm{d}V=2\pi x\cdot f(x)\cdot\mathrm{d}x$,于是,整个立体的体积为 $V=2\pi\int_a^b xf(x)\cdot\mathrm{d}x$. 证毕.

3. 证明:球半径为 R,高为 h 的球缺的体积公式为

$$V=\pi h^2\left(R-\frac{h}{3}\right).$$

证明 如图 6—15 所示,为过球缺的高的截面.

选积分变量为 $y\in[R-h,R]$,体积微元为 $\mathrm{d}V=\pi x^2\cdot\mathrm{d}y=\pi(R^2-y^2)\cdot\mathrm{d}y$,于是,球缺的体积为

$$V=\pi\int_{R-h}^R(R^2-y^2)\cdot\mathrm{d}y=\pi\left[R^2 y-\frac{1}{3}y^3\right]_{R-h}^R=\pi h^2\left(R-\frac{h}{3}\right),$$

对 $0\leqslant h\leqslant 2R$ 均成立. 证毕.

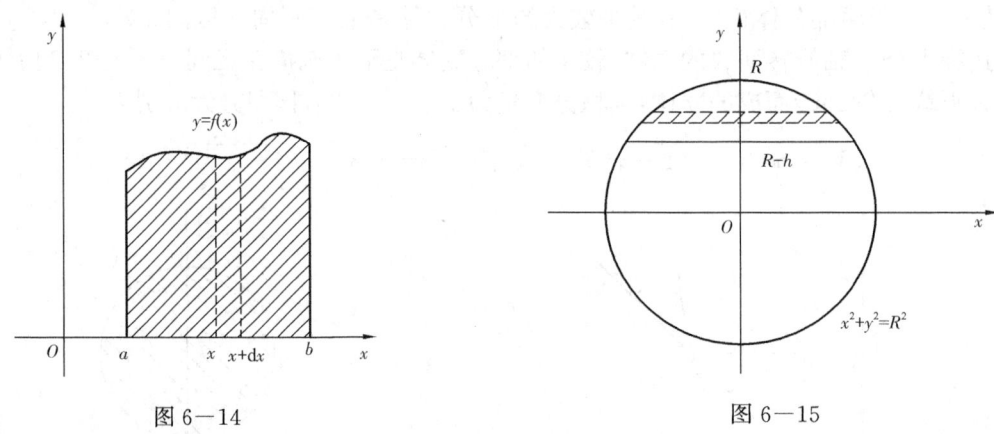

图 6—14 图 6—15

4. 一立体的底面是半径为 R 的圆,而垂直于底面上的一固定直径的所有截面都是等边三角形,计算此立体的体积.

解 如图 6—16 所示. 选积分变量为 $x\in[-R,R]$,对应于小区间 $[x,x+\mathrm{d}x]$ 上薄层立体,可以近似看成是薄的正三棱柱,其高度很小为 $\mathrm{d}x$,底面为等边三角形,边长为 $2\cdot\sqrt{R^2-x^2}$,所以,体积微元为 $\mathrm{d}V=(2\cdot\sqrt{R^2-x^2})^2\cdot\dfrac{\sqrt{3}}{4}\cdot\mathrm{d}x=\sqrt{3}\cdot(R^2-x^2)\mathrm{d}x$,(注意,这里用到了边长为 a 的等边三角形的面积公式 $S=\dfrac{\sqrt{3}}{4}a^2$.) 于是,要求的体积为

$$V=\int_{-R}^R\sqrt{3}(R^2-x^2)\mathrm{d}x=2\sqrt{3}\int_0^R(R^2-x^2)\mathrm{d}x=2\sqrt{3}\left[R^2 x-\frac{1}{3}x^3\right]_0^R=\frac{4}{\sqrt{3}}R^3.$$

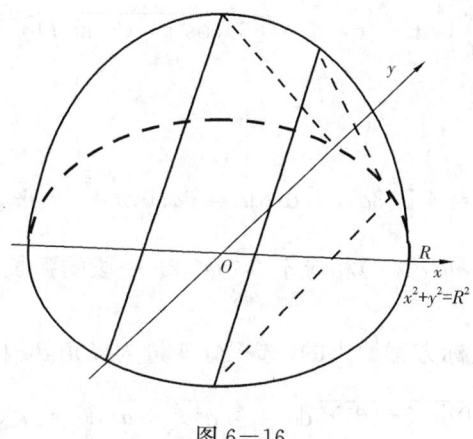

图 6—16

习题 6—4

1. 计算函数 $y=\ln x$ 在 $x\in[\sqrt{3},\sqrt{8}]$ 的一段曲线长度.

解 $y'=\dfrac{1}{x}$,取积分变量为 $x\in[\sqrt{3},\sqrt{8}]$,则弧长微元素为

$$\mathrm{d}s=\sqrt{1+(y')^2}\,\mathrm{d}x=\sqrt{1+\frac{1}{x^2}}\,\mathrm{d}x,$$

于是,要求的弧长为

$$s=\int_{\sqrt{3}}^{\sqrt{8}}\sqrt{1+\frac{1}{x^2}}\,\mathrm{d}x=\int_{\sqrt{3}}^{\sqrt{8}}\frac{\sqrt{1+x^2}}{x}\,\mathrm{d}x=\int_{\sqrt{3}}^{\sqrt{8}}\frac{\sqrt{1+x^2}}{x^2}\cdot x\,\mathrm{d}x.$$

令 $t=\sqrt{1+x^2}$,则 $x^2=t^2-1$,$x\,\mathrm{d}x=t\,\mathrm{d}t$,并且当 x 由 $\sqrt{3}\to\sqrt{8}$ 时,对应的 t 由 $2\to 3$,所以,由定积分的换元积分法得到

$$s=\int_{\sqrt{3}}^{\sqrt{8}}\frac{\sqrt{1+x^2}}{x^2}\cdot x\,\mathrm{d}x=\int_{2}^{3}\frac{t}{t^2-1}\cdot t\,\mathrm{d}t=\int_{2}^{3}\left(1+\frac{1}{t^2-1}\right)\mathrm{d}t=\left[t+\frac{1}{2}\ln\frac{t-1}{t+1}\right]_{2}^{3}=1+\frac{1}{2}\ln\frac{3}{2}.$$

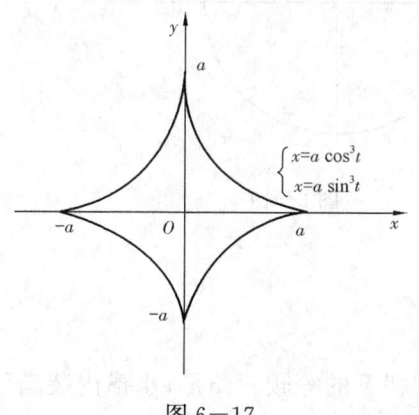

图 6—17

2. 计算星形线 $\begin{cases}x=a\cos^3 t,\\ y=a\sin^3 t\end{cases}(a>0)$ 的全长.

解 星形线如图 6—17 所示.

由对称性,星形线的全长是其在第一象限部分的 4 倍.

星形线的参数方程是 $\begin{cases}x=a\cos^3 t,\\ y=a\sin^3 t,\end{cases}$ 对应于第一象限部分,参数 t 由 $0\to\dfrac{\pi}{2}$,取积分变量为 $t\in\left[0,\dfrac{\pi}{2}\right]$,弧长微元为

$$ds = \sqrt{\left(\frac{dx}{dt}\right)^2 + \left(\frac{dy}{dt}\right)^2}\,dt = \sqrt{[3a\cos^2 t \cdot (-\sin t)]^2 + (3a\sin^2 t \cdot \cos t)^2}\,dt =$$
$3a\sin t\cos t\,dt$,

于是，星形线的全长为

$$s = 4\int_0^{\frac{\pi}{2}} 3a\sin t\cos t\,dt = 6a\sin^2 t\Big|_0^{\frac{\pi}{2}} = 6a.$$

3. 求阿基米德螺线 $\gamma = a\theta(a>0)$ 相应于 $0 \leqslant \theta \leqslant 2\pi$ 一段的弧长.

解 如图 6-18 所示.

阿基米德螺线是由极坐标方程给出的，选积分变量为极角 $\theta \in [0, 2\pi]$，弧长微元为

$$ds = \sqrt{r^2(\theta) + (r'(\theta))^2}\,d\theta = \sqrt{a^2\theta^2 + a^2}\,d\theta = a\sqrt{1+\theta^2}\,d\theta,$$

于是，所要求的弧长为

$$s = a\int_0^{2\pi}\sqrt{1+\theta^2}\,d\theta = \frac{a}{2}[2\pi\sqrt{1+4\pi^2} + \ln(2\pi + \sqrt{1+4\pi^2})].$$

4. 证明：半径为 R 的圆周长公式 $2\pi R$.

证明 如图 6-19 所示. 半径为 R 的圆方程可以参数方程的形式给出：$\begin{cases} x = R\cos t, \\ y = R\sin t, \end{cases}$ $0 \leqslant t \leqslant 2\pi$. 选积分变量为 $t \in [0, 2\pi]$，弧长微元为

$$ds = \sqrt{\left(\frac{dx}{dt}\right)^2 + \left(\frac{dy}{dt}\right)^2}\,dt = \sqrt{R^2\sin^2 t + R^2\cos^2 t}\,dt = R\,dt,$$

所以，圆周长为 $s = \int_0^{2\pi} R\,dt = 2\pi R$. 证毕.

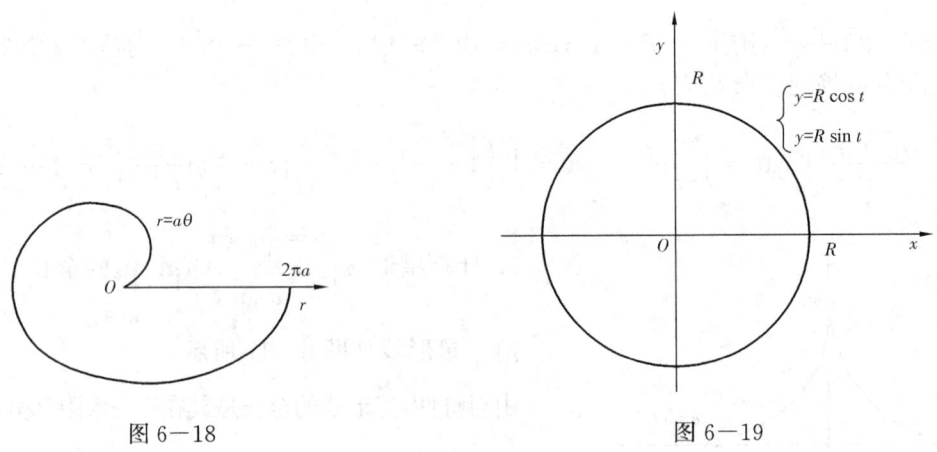

图 6-18   图 6-19

习题 6-5

1. 水槽长为 20m，横截面是底为 2m、高为 3m 且顶点朝下的等腰三角形，水槽内装满了水，若要把水槽内的水全部吸出，问需做多少功？

解 图 6-20 所示为水槽的横截面.

把水槽里的水全部吸出做的功,可以看成是逐层吸出水所做的功的叠加.

利用微元法,选取积分变量为水下降的高度 $x \in [0,3]$,将小区间 $[x, x+\mathrm{d}x]$ 上的一薄层水吸出槽外所做功的近似值是功微元素,这一薄层水的形状近似为薄的长方体,其高为 $\mathrm{d}x$,底面的长为 $20\mathrm{m}$,底面的宽可以用相似三角形计算出来,为 $\frac{2}{3}(3-x)$,这一薄层水的体积为 $\frac{40}{3}(3-x)\mathrm{d}x$,注意到 $\mathrm{d}x$ 很小,这一薄层水被吸出的位移近似地看成是一样的,即为 x,所以功微元为

$$\mathrm{d}W = \frac{40}{3}\rho g(3-x)x\mathrm{d}x,$$

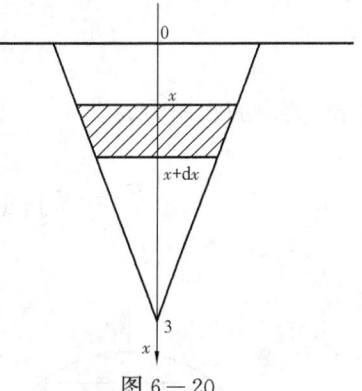

图 6-20

其中 ρ 为水的密度,单位是 $10^3\mathrm{kg/m^3}$,g 为重力加速度。于是,要求的功为

$$W = \int_0^3 \frac{40}{3}\rho g(3-x)x\mathrm{d}x = \frac{40}{3}\rho g \int_0^3 (3x - x^2)\mathrm{d}x$$

$$= \frac{40}{3}\rho g \left[\frac{3}{2}x^2 - \frac{1}{3}x^3\right]_0^3 = 60\rho g \approx 588 \times 10^3 (\mathrm{J}).$$

2. 一个半径为 $R(\mathrm{m})$ 的球形储水箱内装满了水,如果把箱内的水从顶部全都吸出,需要做多少功?

解 图 6-21 所示为过球心的铅直截面.

把球形容器里的水全部吸出做的功,可以看成是逐层吸出水所做的功的叠加.

利用微元法,选取积分变量为 $y \in [-R, R]$,将小区间 $[y, y+\mathrm{d}y]$ 上的一薄层水吸出箱外所做功的近似值是功微元素,这一薄层水的形状近似为薄的圆柱体,其高为 $\mathrm{d}y$,底面圆的半径为 $\sqrt{R^2 - y^2}$,这一薄层水的体积为 $\pi(R^2 - y^2)\mathrm{d}y$. 注意到 $\mathrm{d}y$ 很小,这一薄层水被吸出的位移近似地看成是一样的,即为 $R - y$,所以功微元为

$$\mathrm{d}W = \rho g \pi (R^2 - y^2) \cdot (R - y) \cdot \mathrm{d}y,$$

其中 ρ 为水的密度,单位是 $10^3 \mathrm{kg/m^3}$,g 为重力加速度. 于是,要求的功为

$$W = \rho g \pi \int_{-R}^{R} (R^2 - y^2)(R - y)\mathrm{d}y = \frac{4}{3}\pi R^4 \rho g.$$

3. 有一等腰梯形水闸门,它的两条底边长度分别为 $10\mathrm{m}$ 和 $6\mathrm{m}$,高为 $20\mathrm{m}$,较长的底边与水面相齐,计算该闸门的一侧所受的水压力.

解 如图 6-22 所示. 闸门所受到的水压力,可以看成是很多层不同高度的水压力的叠加. 利用微元法,选取积分变量为 $x \in [0, 20]$,小区间 $[x, x+\mathrm{d}x]$ 上水闸门的一窄条受到的水压力即是压力微元素,这一窄条近似为长方形,其高为 $\mathrm{d}x$,为了求宽度,先求出直线 AB 的方程,即

$$\frac{y-5}{3-5}=\frac{x-0}{20-0}, \quad y=-\frac{1}{10}x+5,$$

可求出窄条的宽为 $2\times\left(-\frac{1}{10}x+5\right)=10-\frac{x}{5}$,所以压力微元为

$$\mathrm{d}F=\left(10-\frac{x}{5}\right)\mathrm{d}x\cdot\rho g\cdot x.$$

于是,要求的水压力为

$$F=\rho g\int_0^{20}\left(10-\frac{x}{5}\right)x\mathrm{d}x=\frac{4400}{3}\rho g=14373.3(\mathrm{kN}).$$

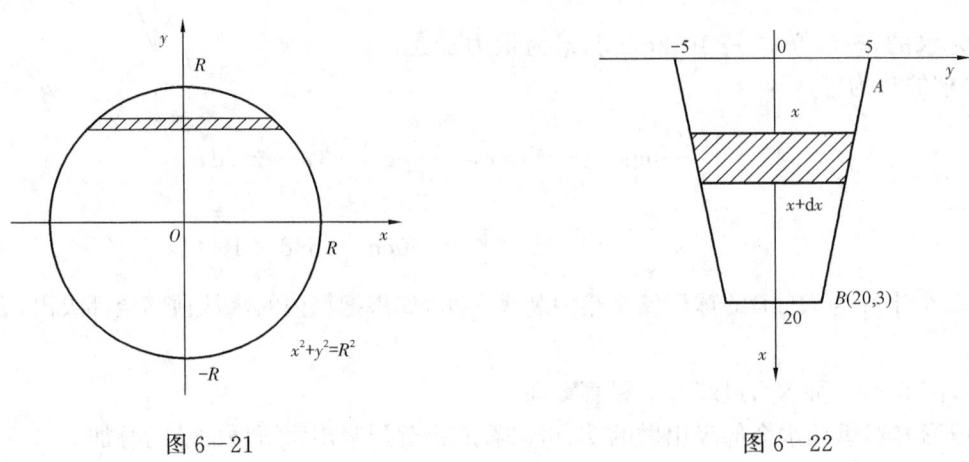

图 6—21　　　　　　　　　　　图 6—22

4. 已知弹簧自然长度为 0.6m,10N 的力便使它伸长到 1m,问使其从 0.9m 伸长到 1.1m 时需要做多少功?

解　由物理实验可知,弹簧在拉伸过程中,需要的力 F(单位:N)与伸长量 s(单位为 m)成正比,即 $F=ks(k$ 为比例常数$)$.

由题意知,$10=k\cdot(1-0.6)$,所以,求出 $k=25$.

选积分变量为弹簧的长度 $x\in[0.9,1.1]$,当弹簧从长度 x 拉伸到 $x+\mathrm{d}x$ 时,做的功就是功微元,为

$$\mathrm{d}W=25(x-0.6)\mathrm{d}x,$$

于是,要求的功为

$$W=\int_{0.9}^{1.1}25(x-0.6)\mathrm{d}x=2(\mathrm{J}).$$

5. 用铁锤将一铁钉击入木板,设木板对铁钉的阻力与铁钉击入木板的深度成正比,在击第一次时,铁钉被击入木板 1cm,如果铁锤每次打击铁钉所做的功相等,问铁锤击第二次时铁钉又被击入多少厘米?

解　记木板对铁钉的阻力为 f,铁钉被击入木板的深度为 h,则

$$f=kh\ (k\text{ 为比例常数}).$$

由题意知,第一次击铁钉所做的功,可用定积分来表示,选积分变量为铁钉的深度 $x \in [0,1]$,功微元为 $dW = kx\,dx$,所以,第一次铁锤击打铁钉所做的功为

$$W_1 = \int_0^1 kx\,dx = \frac{1}{2}k.$$

类似地,第二次击铁钉所做的功,也可用定积分来表示,选积分变量为铁钉的深度 $x \in [1,1+s]$,s 为铁锤第二次将铁钉击入的深度,功微元为 $dW = kx\,dx$,所以,第二次铁锤击打铁钉所做的功为

$$W_2 = \int_1^{1+s} kx\,dx = \frac{1}{2}k(s^2 + 2s).$$

由 $W_1 = W_2$,得到 $s^2 + 2s = 1$,解得 $s = -1 \pm \sqrt{2}$(舍负),故铁锤第二次将铁钉击入的深度为 $(\sqrt{2}-1)$cm.

6. 某建筑工地,用缆绳将装满建材的缆车提升到楼顶,已知楼高 30m,缆车自重 400N,缆绳每米重 50N,缆车装载的建材重 2000N. 现将装满建材的缆车由地面提升到楼顶,问克服重力需做多少功?(说明:1N×1m=1J,N、m、J 分别表示米、牛顿、焦耳,缆车的高度及位于楼顶上方的缆绳长度忽略不计)

解 如图 6-23 所示. 选取缆车被提升的高度为积分变量 $x \in [0,30]$,当缆车从高度 x 处提升到 $x + dx$ 处时所做的功,即是功微元

$$dW = [2000 + 400 + 50(30-x)]dx,$$

于是,要求的功为

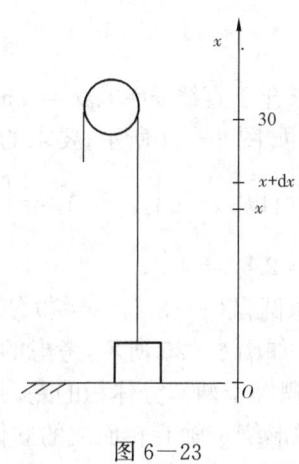

图 6-23

$$W = \int_0^{30} [2000 + 400 + 50(30-x)]dx = \int_0^{30} (3900 - 50x)dx = 94500 \text{(J)}.$$

习题 6-6

1. 每天生产某产品 Q 单位时,固定成本为 30 元,边际成本函数为 $C'(Q) = 0.4Q + 2$(元/单位).
(1) 求成本函数 $C(Q)$;
(2) 如果这种产品销售价为 22 元/单位且产品可以全部售出,求利润函数 $L(Q)$;
(3) 每天生产多少单位产品时,才能获得最大利润?并求最大利润.

解 成本函数为 $C(Q) = \int_0^Q C'(Q)dQ + C(10) = \int_0^Q (0.4Q + 2)dQ + 30 = 0.2Q^2 + 2Q + 30$.
(2) 利润函数为 $L(Q) = R(Q) - C(Q) = 22Q - 0.2Q^2 - 2Q - 30 = -0.2Q^2 + 20Q - 30$.
(3) 由 $L'(Q) = -0.4Q + 20 = 0$ 可得 $Q = 50$,又 $L''(50) = -0.4 < 0$,所以当生产 50 个单位产品时能获得最大利润,且最大利润 $L(50) = 470$(元).

2. 已知生产某产品 Q 单位时,边际收益函数为

$$R'(Q) = 250 - \frac{Q}{100}, Q \geq 0,$$

(1) 求生产该产品 100 单位时的总收益；

(2) 如果已经生产了 100 单位，求再生产 100 单位时，总收益的增加量．

解 (1) 生产该产品 100 单位时的总收益为

$$R(Q) = \int_0^{100} R'(Q)\,dQ = \int_0^{100}\left(250 - \frac{Q}{100}\right)dQ = \left(250Q - \frac{1}{100}\cdot\frac{Q^2}{2}\right)\bigg|_0^{100} = 24950(\text{元})$$

(2) 产量由 100 单位增加到 200 单位时，增加的总收益为

$$\Delta R = R(200) - R(100) = \int_{100}^{200}\left(250 - \frac{Q}{100}\right)dQ = 49800 - 24950 = 24850(\text{元}).$$

总 习 题 六

1. 求介于直线 $x=0$、$x=2\pi$ 之间由曲线 $y=\sin x$ 和 $y=\cos x$ 所围成的图形的面积．

解 如图 6-24 所示，要求的面积由三部分构成，即 $A=A_1+A_2+A_3$，由图形可知，$A_2 = A_1 + A_3$，所以 $A = 2A_2$．而 $A_2 = \int_{\frac{\pi}{4}}^{\frac{5\pi}{4}}(\sin x - \cos x)dx = \left[-\cos x - \sin x\right]_{\frac{\pi}{4}}^{\frac{5\pi}{4}} = 2\sqrt{2}$．于是，要求的面积 $A = 2A_2 = 4\sqrt{2}$．

2. 求圆盘 $(x-5)^2 + y^2 \leqslant 9$ 绕 y 轴旋转而成的立体的体积．

解 如图 6-25 所示，考虑的立体即是图中阴影部分绕 y 轴旋转而成的立体，其形状似轮胎，其体积等于两部分体积的差，其中较大的部分立体是右半圆周在区间 $y \in [-3,3]$ 上构成的曲边梯形绕 y 轴旋转而成的立体，较小的部分立体是左半圆周在区间 $y \in [-3,3]$ 上构成的曲边梯形绕 y 轴旋转而成的立体．

选积分变量为 $y \in [-3,3]$，体积微元分别为

$$dV = \pi(5 + \sqrt{9-y^2})^2 dy \text{ 和 } dV = \pi(5 - \sqrt{9-y^2})^2 dy,$$

于是，要求的立体体积为

$$V = \int_{-3}^{3}\pi(5+\sqrt{9-y^2})^2 dy - \int_{-3}^{3}\pi(5-\sqrt{9-y^2})^2 dy$$

$$= \pi\int_{-3}^{3}\left[(5+\sqrt{9-y^2})^2 - (5-\sqrt{9-y^2})^2\right]dx = 40\pi\int_0^3\sqrt{9-y^2}\,dy = 90\pi^2.$$

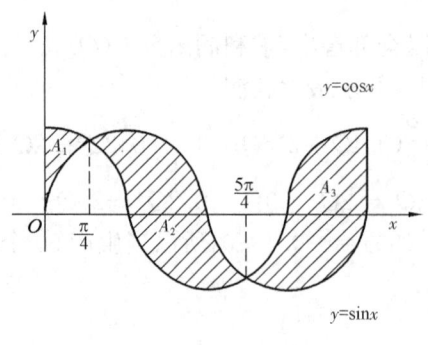

图 6-24

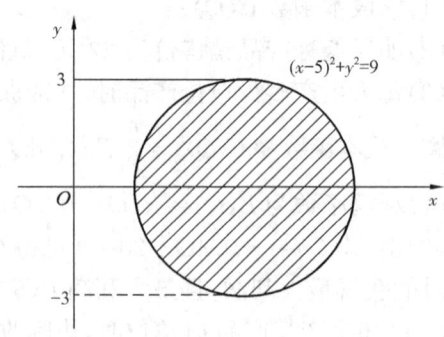

图 6-25

3. 一立体以椭圆 $\dfrac{x^2}{10^2}+\dfrac{y^2}{5^2}=1$ 为底,垂直于长轴的截面为等边三角形,求此立体的体积.

解 如图 6—26 所示,选积分变量为 $x\in[-10,10]$,对应于小区间 $[x,x+dx]$ 上薄层立体,可以近似看成是薄的正三棱柱,其高度很小为 dx,底面为等边三角形,边长为 $2\times 5\times\sqrt{1-\dfrac{x^2}{10^2}}$,所以,体积微元为

$$dV=\dfrac{\sqrt{3}}{4}\times\left(2\times 5\times\sqrt{1-\dfrac{x^2}{10^2}}\right)^2 dx=\dfrac{\sqrt{3}}{4}\times(100-x^2)dx,$$

注意,这里用到了边长为 a 的等边三角形的面积公式 $S=\dfrac{\sqrt{3}}{4}a^2$,于是,要求的体积为

$$V=\int_{-10}^{10}\dfrac{\sqrt{3}}{4}(100-x^2)dx=\dfrac{\sqrt{3}}{2}\int_0^{10}(100-x^2)dx=\dfrac{\sqrt{3}}{2}\left[100x-\dfrac{1}{3}x^3\right]_0^{10}=\dfrac{1000}{\sqrt{3}}.$$

4. 求由曲线 $y=e^x$ 及其上通过原点的切线和 y 轴所围成的图形绕 y 轴旋转而成的立体体积.

解 如图 6—27 所示,要求的立体是由图中阴影部分绕 y 旋转而成的,也可以看成是在一个圆锥中挖去了一部分而成,其体积是圆锥的体积减去 V_1.

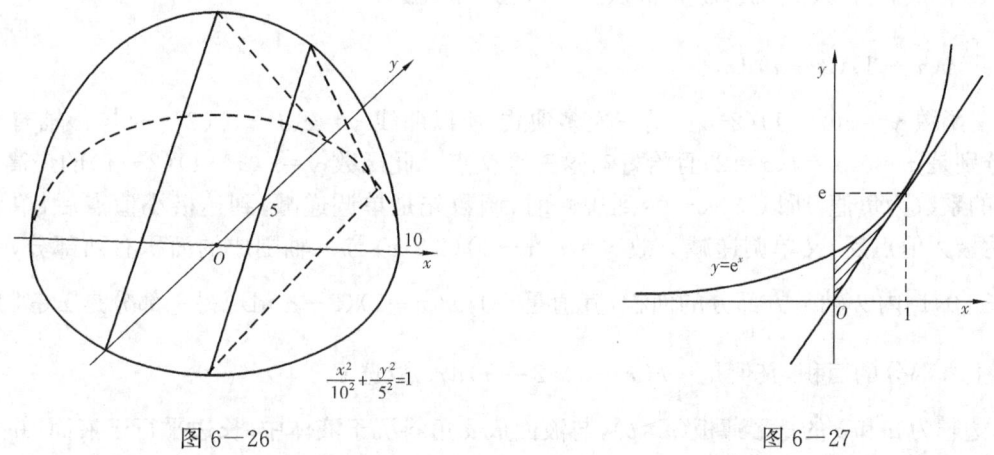

图 6—26　　　　　图 6—27

为了计算 V_1,用微元法,选积分变量为 $y\in[1,e]$,体积微元为 $dV=\pi(\ln y)^2 dy$,于是,要求的体积为

$$V=\dfrac{1}{3}\pi\times 1^2\times e-\int_1^e\pi(\ln y)^2 dy=2\pi\left(1-\dfrac{e}{3}\right).$$

5. 设 $f(x)=\int_{-x}^{x}(1-|t|)dt\,(x\geqslant -1)$,求由曲线 $y=f(x)$ 及 x 轴所围成的图形的面积.

解 由被积函数是偶函数得,

$$f(x)=\int_{-x}^{x}(1-|t|)dt=2\int_0^x(1-|t|)dt.$$

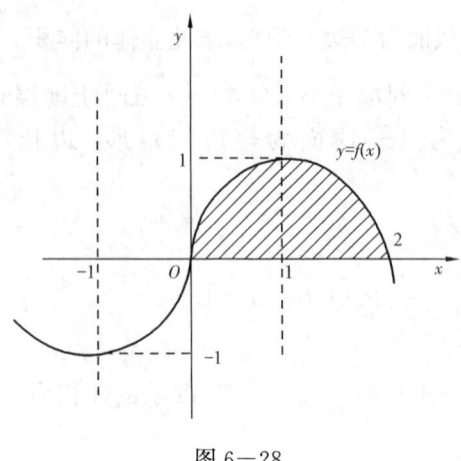

图 6-28

当 $x \geq 0$ 时，$f(x) = 2\int_0^x (1-t)\mathrm{d}t = 2x - x^2$.

当 $x < 0$ 时，$f(x) = 2\int_0^x (1+t)\mathrm{d}t = 2x + x^2$.

所以，$f(x) = \begin{cases} 2x - x^2, & x \geq 0, \\ 2x + x^2, & x < 0. \end{cases}$ 画出 $f(x)$ 的图形，如图 6-28 所示.

由题意要求 $x \geq -1$，可知要求曲线 $f(x)$ 及 x 轴所围成的图形的面积即是图中阴影部分的面积，于是，要求的面积为

$$A = \int_0^2 (2x - x^2)\mathrm{d}x = \frac{4}{3}.$$

6. 曲线 $y = x(x-1)(2-x)$ 与 x 轴所围成图形的面积可表示为（ ）.

A. $-\int_0^2 x(x-1)(2-x)\mathrm{d}x$

B. $\int_0^1 x(x-1)(2-x)\mathrm{d}x - \int_1^2 x(x-1)(2-x)\mathrm{d}x$

C. $-\int_0^1 x(x-1)(2-x)\mathrm{d}x + \int_1^2 x(x-1)(2-x)\mathrm{d}x$

D. $\int_0^2 x(x-1)(2-x)\mathrm{d}x$

解 函数 $y = x(x-1)(2-x)$ 是三次多项式，所以曲线 $y = x(x-1)(2-x)$ 与 x 轴有三个交点，分别是 $x = 0$、$x = 1$、$x = 2$，且恰好有这三个交点. 此函数 $y = x(x-1)(2-x)$ 的最高次 3 次方项的系数为负值，所以 x 从 $-\infty$ 到 $+\infty$ 时，函数先是单调递减，到达极小值点后，单调递增，到达极大值点后，又单调递减. 故 $y = x(x-1)(2-x)$ 与 x 轴围成的面积有两部分，一部分是 $x \in [0,1]$ 内 x 轴下方部分的面积，其值是 $-\int_0^1 x(x-1)(2-x)\mathrm{d}x$，另一部分是 $x \in [1,2]$ 内 x 轴上方部分的面积，其值是 $\int_1^2 x(x-1)(2-x)\mathrm{d}x$. 故选 C.

7. 边长为 a 和 b 的矩形薄板（$a > b$），与液面成 α 角斜沉于液体中，长边平行于液面，并且靠上的长边位于深 h 处，设液体的密度为 ρ，重力加速度为 g，求薄板的一侧所受的液体压力.

解 如图 6-29 所示. 薄板位于水下深度 h 到 $(h + b\sin\alpha)$ 之间.

选积分变量为 $x \in [h, h + b\sin\alpha]$，对应于小区间 $[x, x + \mathrm{d}x]$ 上薄板的一窄条，其长度为 a，宽度为 $\dfrac{\mathrm{d}x}{\sin\alpha}$，此窄条一侧受到的液体压力即是压力微元，为

$$\mathrm{d}F = \rho g \cdot x \cdot a \cdot \frac{\mathrm{d}x}{\sin\alpha} = \frac{\rho g a}{\sin\alpha} \cdot x\mathrm{d}x,$$

于是，要求的压力为

$$F = \int_h^{h+b\sin\alpha} \frac{\rho g a}{\sin\alpha} \cdot x\mathrm{d}x = \frac{\rho g a}{\sin\alpha} \cdot \left[\frac{x^2}{2}\right]_h^{h+b\sin\alpha}$$

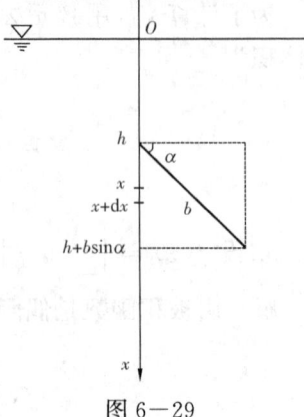

图 6-29

$$= ab\rho g\left(h + \frac{1}{2}b\sin\alpha\right).$$

8. 已知某产品产量的变化率是时间 t(单位:月)的函数
$$f(t) = 4t + 7, t \geq 0,$$
问第一个 5 月和第二个 5 月的总产量各是多少?

解 第一个 5 月的总产量为
$$Q(t) = \int_0^5 f(t)dt = \int_0^5 (4t+7)dt = 2 \times 25 + 5 \times 7 = 85;$$

第二个 5 月的总产量为
$$\Delta Q = Q(10) - Q(5) = \int_5^{10} f(t)dt = \int_5^{10} (4t+7)dt = 2t^2 + 7t\Big|_5^{10} = 185.$$

9. 某种产品的总成本 C(万元)的变化率是产量 x(百台)的函数 $C'(x) = 2 + \frac{x}{2}$,总收入 R(万元)的变化率是产量 x 的函数 $R'(x) = 8 - 2x$,试求:

(1)产量由 100 台增加到 600 台总成本与总收入各增加多少?
(2)已知不变成本 $C(0) = 1$ 万元,分别求总成本、总利润与产量 x 的函数关系式;
(3)求产量为多少时,总利润 L 最大?
(4)求利润最大时的总利润、总成本与总收入.

解 (1)产量由 100 台增加到 600 台时,总成本的增加量为
$$\Delta C = C(6) - C(1) = \int_1^6 \left(2 + \frac{x}{2}\right)dx = \left(2x + \frac{1}{4}x^2\right)\Big|_1^6 = 18.75(万元);$$

增加的总收入为
$$\Delta R = R(6) - R(1) = \int_1^6 (8 - 2x)dx = (8x - x^2)\Big|_1^6 = 12 - 7 = 5(万元).$$

(2)总成本函数为
$$C(x) = C(0) + \int_0^x C'(x)dx = C(0) + \int_0^x \left(\frac{x}{2} + 2\right)dx = \frac{x^2}{4} + 2x + 1;$$

总利润函数为
$$L(x) = R(x) - C(x) = \int_0^x R'(x)dx - \left[C(0) + \int_0^x C'(x)dx\right]$$
$$= \int_0^x (8-2x)dx - \left[1 + \int_0^x \left(\frac{x}{2}+2\right)dx\right] = -\frac{5}{4}x^2 + 6x - 1.$$

(3)由 $L'(x) = 0$ 可得 $-\frac{5}{2}x + 6 = 0, x = 2.4$,又 $L''(x) = -\frac{5}{2} < 0$,所以产量为 240 台时总利润 L 最大.

(4)当利润最大时,产量 $x = 2.4$ 百台,此时:

总成本为 $C(2.4) = \frac{x^2}{4} + 2x + 1\Big|_{x=2.4} = 7.24(万元);$

总收入为 $R(2.4) = \int_0^{2.4} R'(x)dx = \int_0^{2.4}(8-2x)dx = (8x-x^2)\Big|_0^{2.4} = 13.44(万元);$

总利润为 $L(2.4) = -\frac{5}{4}x^2 + 6x - 1\Big|_{x=2.4} = 6.2(万元).$

自 测 题 六

一、填空题.(每题 5 分,5 小题,共 25 分)

1. 由 $y=3^x$ 和 $x=1, x=2$ 所围成图形的面积为_____.

2. 曲线 $y=\int_0^x \tan t\,dt$ $\left(0\leqslant x\leqslant \dfrac{\pi}{4}\right)$ 的弧长 $s=$_____.

3. 曲线 $y=x^2$,直线 $x=1$ 及 x 轴所围成的平面图形绕 x 轴旋转所成的旋转体的体积为_____.

4. 抛物线 $y^2=2x$ 及其在点 $\left(\dfrac{1}{2},1\right)$ 处的法线所围成的图形的面积为_____.

5. 曲线 $\rho=\cos\theta$ 在 $\theta\in\left[0,\dfrac{\pi}{2}\right]$ 上一段弧的弧长是_____.

解 1. 在区间 $[1,2]$ 上,要求的图形面积为 $\int_1^2 3^x\,dx = 3^x/\ln 3\big|_1^2 = 6/\ln 3$.

2. 先求出 y 的导数,再利用直角坐标系下的弧长公式进行计算,选取 x 为参数,则弧微元 $ds=\sqrt{1+(y')^2}\,dx=\sqrt{1+\tan^2 x}\,dx=\sec x\,dx$,则有 $s=\int_0^{\pi/4}\sec x\,dx=\ln|\sec x+\tan x|\Big|_0^{\pi/4}=\ln(1+\sqrt{2})$.

3. 选取积分变量 $x\in[0,1]$,在小区间 $[x,x+dx]$ 上的体积微元为 $dV=\pi(x^2)^2\,dx$,所以旋转体的体积 $V_x=\pi\int_0^1(x^2)^2\,dx=\dfrac{1}{5}\pi$.

4. 利用隐函数求导方法,抛物线方程 $y^2=2x$ 两端分别对 x 求导,得 $2yy'=2$,即得 $y'\big|_{(\frac{1}{2},1)}=1$,故法线斜率为 $k=-1$,从而得到法线方程为 $y=-x+\dfrac{3}{2}$。由此,所求面积为
$$A=\int_{-3}^1\left(-y+\dfrac{3}{2}-\dfrac{1}{2}y^2\right)dy=\left[-\dfrac{1}{2}y^2+\dfrac{3}{2}y-\dfrac{1}{6}y^3\right]\Big|_{-3}^1=\dfrac{16}{3}.$$

5. 根据极坐标下弧长公式计算弧长 $s=\int_0^{\pi/2}\sqrt{\cos^2\theta+\sin^2\theta}\,d\theta=\dfrac{\pi}{2}$.

二、单项选择题.(每题 5 分,5 小题,共 25 分)

6. 两椭圆曲线 $\dfrac{x^2}{4}+y^2=1$ 及 $\dfrac{(x-1)^2}{9}+\dfrac{y^2}{4}=1$ 之间所围成的平面图形面积等于( ).

   A. π B. 2π C. 4π D. 6π

7. 矩形闸门宽 a 米,高 h 米,垂直放在水中,上沿与水面平齐,则该闸门所受的水压力为( ).

   A. $\int_0^h ax\,dx$ B. $\int_0^a ax\,dx$

   C. $\int_0^a \dfrac{1}{2}ax\,dx$ D. $\int_0^a 2ax\,dx$

8. 设函数 $y=f(x)$ 在区间 $[-1,3]$ 上的图形如题 8 图所示,则函数 $F(x)=\int_0^x f(t)\,dt$ 的图形为( ).

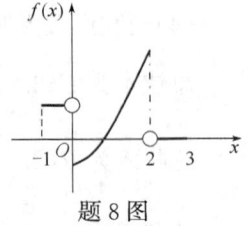

题 8 图

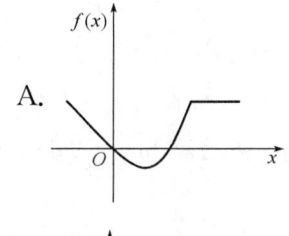
A.

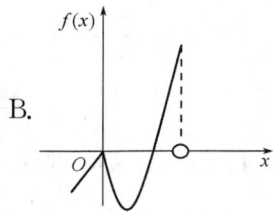
B.

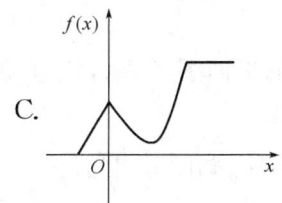
C.

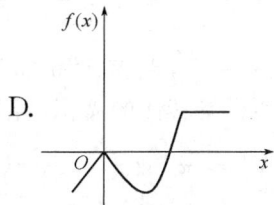
D.

9. 曲线 $y=\sin x$，$y=\cos x$ 与直线 $y=0$ 所围成的面积是（   ）.

   A. 2　　　　　B. $\sqrt{2}$　　　　　C. $2-\sqrt{2}$　　　　　D. $2+\sqrt{2}$

10. $y=\arcsin x$，$x=1$，$y=0$ 所围成的图形绕 x 轴旋转一周所成的旋转体体积为（   ）.

    A. $\int_0^1 \pi(\arcsin x)^2 dx$　　　　　B. $\int_0^1 \pi(\arcsin x)^2 dy$

    C. $\int_0^{\pi/2} \pi(\arcsin x)^2 dx$　　　　　D. $\int_0^{\pi/2} \pi(\arcsin x)^2 dy$

解 6. 通过画图易知：$\dfrac{x^2}{4}+y^2=1$ 在 $\dfrac{(x-1)^2}{9}+\dfrac{y^2}{4}=1$ 内部，故其公共面积为 2π，两椭圆之间平面图形的面积即为 $6\pi-2\pi=4\pi$，故选 C.

7. 为了计算闸门所受的水压力，用微元素法，选取积分变量为 $x\in[0,h]$，端面在小区间 $[x,x+dx]$ 上的部分所受到的水压力的近似值就是压力微元素 $dF=\rho g a x\,dx$，所以水压力为 $F=\int_0^h \rho g a x\,dx$，故选 A.

8. 由 $y=f(x)$ 的图形（题 8 图）可见，其图像与 x 轴及 y 轴、$x=x_0$ 所围的图形的代数面积为所求函数 $F(x)$，从而可得出以下几个方面的特征：(1) $x\in[0,1]$ 时，$F(x)\leqslant 0$，且单调递减；(2) $x\in[1,2]$ 时，$F(x)$ 单调递增；(3) $x\in[2,3]$ 时，$F(x)$ 为常函数；(4) $x\in[-1,0]$ 时，$F(x)\leqslant 0$ 为线性函数，单调递增；(5) $F(x)$ 为连续函数，结合以上特点，故选 D.

9. $x\in\left(0,\dfrac{\pi}{2}\right)$，当 $\sin x=\cos x$ 时，$x=\dfrac{\pi}{4}$，则有

$$A=\int_0^{\frac{\pi}{4}}\sin x\,dx+\int_{\frac{\pi}{4}}^{\frac{\pi}{2}}\cos x\,dx=2\int_0^{\frac{\pi}{4}}\sin x\,dx=-2\cos x\Big|_0^{\frac{\pi}{4}}=-2\left[\dfrac{\sqrt{2}}{2}-1\right]=2-\sqrt{2}$$，故选 C.

10. 选取积分变量 $x\in[0,1]$，在小区间 $[x,x+dx]$ 上的体积微元为 $dV=\pi(\arcsin x)^2 dx$，由旋转体体积公式即可得出 $V=\int_0^1 \pi(\arcsin x)^2 dx$，故选 A.

三、解答题.（每题 10 分，5 小题，共 50 分）

11. 如题 11 图所示，把一个带 $+q$ 电量的点电荷放在 r 轴上坐标原点处，它产生一个电场．这个电场对周围的电荷有作用力．由物理学知道，如果一个单位正电荷放在这个电场中距离原点为 r 的地方，那么电场对它的作用力的大小为 $F=k\dfrac{q}{r^2}$（k 是常数）．求当这个单位正电荷在电场中从 $r=a$ 处沿 r 轴移动到 $r=b$ 处时，计算电场力 F 对它所作的功.

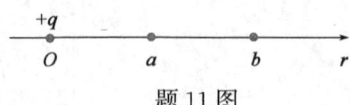

题 11 图

解 取 r 为积分变量，$r\in[a,b]$．取任一小区间 $[r,r+\mathrm{d}r]$，功元素 $\mathrm{d}w=\dfrac{kq}{r^2}\mathrm{d}r$，所求功为 $w=\displaystyle\int_a^b\dfrac{kq}{r^2}\mathrm{d}r=kq\left[-\dfrac{1}{r}\right]\Big|_a^b=kq\left(\dfrac{1}{a}-\dfrac{1}{b}\right)$．

12. 设 D 是由曲线 $y=x^{\frac{1}{3}}$，直线 $x=a(a>0)$ 及 x 轴所围成的平面图形，V_x,V_y 分别是 D 绕 x 轴，y 轴旋转一周所得旋转体的体积，若 $V_y=10V_x$，求 a 的值．

解 由题意可得，$V_x=\pi\displaystyle\int_0^a(x^{\frac{1}{3}})^2\mathrm{d}x=\dfrac{3}{5}\pi a^{\frac{5}{3}}$，$V_y=2\pi\displaystyle\int_0^a x\cdot x^{\frac{1}{3}}\mathrm{d}x=\dfrac{6\pi}{7}a^{\frac{7}{3}}$．

由于 $V_y=10V_x$，则有 $\dfrac{6\pi}{7}a^{\frac{7}{3}}=10\cdot\dfrac{3}{5}\pi a^{\frac{5}{3}}$，解得 $a=\sqrt[3]{7}$．

13. 求由曲线 $y=\dfrac{4}{x}$ 和直线 $y=x$ 及 $y=4x$ 在第一象限中围成的平面图形的面积．

解 曲线 $y=\dfrac{4}{x}$ 和直线 $y=x$ 及 $y=4x$ 在第一象限中围成的平面图形如题 13 图所示．则所围成的面积为 $S=\displaystyle\int_0^1(4x-x)\mathrm{d}x+\int_1^2\left(\dfrac{4}{x}-x\right)\mathrm{d}x=4\ln 2$．

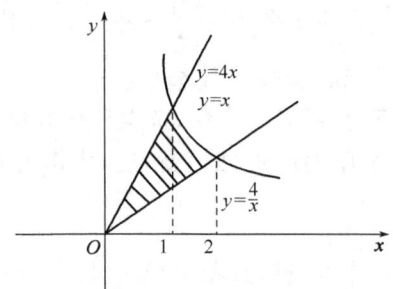

题 13 图

14. 一根金属棒长 3 米，离棒左端 x 米处的线密度 $\rho(x)=\dfrac{1}{\sqrt{1+x}}$（千克／米），求当 x 取何值时，$[0,x]$ 一段的质量为全棒质量的一半．

解 $[0,x]$ 一段金属棒的质量为 $m(x)=\displaystyle\int_0^x\rho(x)\mathrm{d}x=\int_0^x\dfrac{1}{\sqrt{1+x}}\mathrm{d}x=2(\sqrt{1+x}-1)$，总质量为 $m(3)=2$，要满足 $m(x)=\dfrac{1}{2}m(3)$，即 $2(\sqrt{1+x}-1)=1$，求得 $x=\dfrac{5}{4}$（米）．

15. 半径等于 1 米的半球形水池充满了水，求把池水抽干至少需要作多少功？

解 利用微元法，选取积分变量为水的深度 $x\in[0,1]$，将小区间 $[x,x+\mathrm{d}x]$ 上的一薄层水抽出水池所做的功其近似值是功微元素 $\mathrm{d}W=\rho gx\pi(1^2-x^2)\mathrm{d}x$，其中 g 为重力加速度，ρ 为水的密度，于是，要求的功为 $W=\displaystyle\int_0^1\rho gx\pi(1^2-x^2)\mathrm{d}x=\rho g\pi\int_0^1(x-x^3)\mathrm{d}x=\rho g\pi\left(\dfrac{x^2}{2}-\dfrac{x^4}{4}\right)\Big|_0^1=250g\pi$（焦）$\approx 7693$（焦）．

第七章 微分方程

习题 7-1

1. 指出下列微分方程的阶数：

(1) $y'=4x^2-y$.

解 为一阶方程.

(2) $y''-(y')^2+12xy=0$.

解 为二阶方程.

(3) $(y')^2+xy'-3y^2=0$.

解 为一阶方程.

(4) $y'''+2y'-x^3y^4=0$.

解 为三阶方程.

(5) $x^2y''+2x(y')^3+7y=0$.

解 为二阶方程.

(6) $\cos\left(\dfrac{d\rho}{d\theta}\right)+\theta\dfrac{d\rho}{d\theta}-\rho=\sin^2\theta$.

解 为一阶方程.

2. 验证下列各题中的函数为所给微分方程的解：

(1) $x^2y'=x^2y^2+xy+1, y=-\dfrac{1}{x}$.

解 将 $y=-\dfrac{1}{x}$ 代入方程，

左边 $=x^2\cdot\dfrac{1}{x^2}=1$，右边 $=x^2\cdot\left(-\dfrac{1}{x}\right)^2+x\cdot\left(-\dfrac{1}{x}\right)+1=1$，

所以 $y=-\dfrac{1}{x}$ 为 $x^2y'=x^2y^2+xy+1$ 的解.

(2) $y'=y^2-(x^2+1)y+2x, y=x^2+1$.

解 将 $y=x^2+1$ 代入方程，

左边 $=2x$，右边 $=x^4+2x^2+1-(x^2+1)\cdot(x^2+1)+2x=2x$，

所以 $y=x^2+1$ 为 $y'=y^2-(x^2+1)y+2x$ 的解.

(3) $y''-2y'+y=0, y=Ce^x$ (C 是任意常数).

解 由于 $(Ce^x)''-2(Ce^x)'+Ce^x=Ce^x-2Ce^x+Ce^x=0$，所以 $y=Ce^x$ 为 $y''-2y'+y=0$ 的解.

(4) $xy'+y=\cos x, y=\dfrac{\sin x}{x}$.

解 将 $y=\dfrac{\sin x}{x}$ 代入方程，

左边 $= x \cdot \left(\dfrac{\sin x}{x}\right)' + \dfrac{\sin x}{x} = x \cdot \dfrac{x\cos x - \sin x}{x^2} + \dfrac{\sin x}{x} = \cos x =$ 右边,

所以 $y = \dfrac{\sin x}{x}$ 为 $xy' + y = \cos x$ 的解.

3. 给定一阶微分方程 $\dfrac{dy}{dx} = 2x$.

(1) 求出它的通解;

(2) 求通过点 $(1, 4)$ 的特解;

(3) 求出与直线 $y = 2x + 3$ 相切的解;

(4) 绘出 (2)、(3) 中的解的图形.

解 (1) 直接积分得通解为 $y = x^2 + C$ (C 为任意常数).

(2) 将条件 $x = 1, y = 4$ 代入通解表达式, 求得任意常数 $C = 3$, 所以, 通过点 $(1, 4)$ 的特解为 $y = x^2 + 3$.

(3) 由条件 $y' = 2x = (2x + 3)' = 2$, 求得 $x = 1$. 进一步, 将 $x = 1$ 代入 $x^2 + C = 2x + 3$ 求得 $C = 4$, 故所求解为 $y = x^2 + 4$.

(4) (2)、(3) 中解的图形如图 7-1、图 7-2 所示.

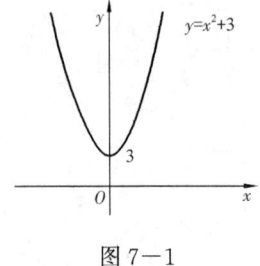

图 7-1

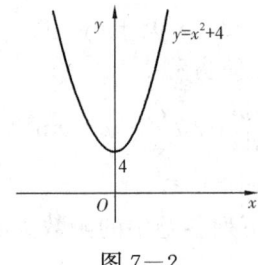

图 7-2

4. 写出由下列条件确定的曲线所满足的微分方程.

(1) 曲线上任一点的切线斜率与切点的横坐标成正比;

解 设所求曲线为 $y = y(x)$, 比例系数为 k, 曲线应满足的微分方程为 $y' = kx$.

(2) 曲线上任一点的切线与两坐标轴所围成的三角形的面积都等于常数 a^2.

解 设曲线方程为 $y = y(x)$, 则过曲线上任一点 (x, y) 的切线方程为 $Y - y = y'(X - x)$, 切线在 x 轴, y 轴上的截距分别为 $\dfrac{-y}{y'} + x$ 与 $y - xy'$, 由条件得

$$\dfrac{1}{2}|y - xy'|\left|\dfrac{-y}{y'} + x\right| = a^2,$$

化简整理得 $\dfrac{(xy' - y)^2}{2|y'|} = a^2$.

5. 如果单摆的摆长为 l, 摆锤质量为 m, 开始时拉开一个小角度 θ_0, 然后放开, 使其自由摆动, 在不计空气阻力的情况下, 试求单摆运动的微分方程及初始条件.

解 微分方程为: $\dfrac{d^2\theta}{dt^2} + \dfrac{g}{l}\sin\theta = 0$; 初始条件为: $\theta(0) = \theta_0, \theta'(0) = 0$.

习题 7-2

1. 判断下列方程是不是可分离变量的微分方程：

(1) $\dfrac{dy}{dx} = x^2 y$；　　　　(2) $x^2 y' + y\ln y = 0$；　　　　(3) $y^3 dx + (x-1)dy = 0$；

(4) $y'' - 3xy = 0$；　　　(5) $(x+y)dx - xy dy = 0$.

解 (1) 是；(2) 是；(3) 是；(4) 不是；(5) 不是.

2. 求下列微分方程的通解：

(1) $\dfrac{dy}{dx} = 2xy$.

解 当 $y \neq 0$ 时，分离变量得 $\dfrac{dy}{y} = 2x dx$，积分得 $\ln|y| = x^2 + C_1$，由于 $y = 0$ 也是解，所以通解为 $y = Ce^{x^2}$ (C 为任意常数).

(2) $x dx + (y+1)dy = 0$；

解 分离变量得 $x dx = -(y+1)dy$，积分得 $\dfrac{x^2}{2} = -\dfrac{y^2}{2} - y + C$ 所以通解为

$$x^2 + y^2 + 2y + C = 0 \ (C \text{ 为任意常数}).$$

(3) $xy' - y\ln y = 0$.

解 当 $\ln y \neq 0$，即 $y \neq 1$ 时，分离变量得 $\dfrac{dy}{y\ln y} = \dfrac{dx}{x}$，积分得 $\ln|\ln y| = \ln|x| + C_1$，由于 $y = 1$ 也是解，所以通解为 $\ln y = Cx$ 或 $y = e^{Cx}$ (C 为任意常数).

(4) $\cos x \cos y dx - \sin x \sin y dy = 0$.

解 分离变量得 $\dfrac{\cos x dx}{\sin x} = \dfrac{\sin y dy}{\cos y}$，积分得 $\ln|\sin x| = -\ln|\cos y| + C_1$，由于使 $\sin x \cos y = 0$ 的 $x = x_0, y = y_0$ 也是方程的解，所以通解为 $\sin x \cos y = C$ (C 为任意常数).

(5) $y' = \sqrt{xy}$.

解 分离变量得 $\dfrac{dy}{\sqrt{y}} = \sqrt{x} dx$，积分得 $2\sqrt{y} = \dfrac{2}{3}x^{\frac{3}{2}} + C_1$，或 $3\sqrt{y} = x^{\frac{3}{2}} + C$.

(6) $\sqrt{1-y^2} dx + y\sqrt{1-x^2} dy = 0$.

解 分离变量得 $\dfrac{dx}{\sqrt{1-x^2}} = -\dfrac{y dy}{\sqrt{1-y^2}}$，积分得 $\arcsin x = \sqrt{1-y^2} + C$.

(7) $y' = \dfrac{1+y^2}{1+x^2}$.

解 分离变量得 $\dfrac{dy}{1+y^2} = \dfrac{dx}{1+x^2}$，积分得 $\arctan y = \arctan x + C$.

(8) $\dfrac{dy}{dx} = 10^{x+y}$.

解 分离变量得 $10^{-y} dy = 10^x dx$，积分得 $\dfrac{10^{-y}}{-\ln 10} = \dfrac{10^x}{\ln 10} + C_1$ 或 $10^{-y} + 10^x = C$.

(9) $y^2 dx + (x+1)dy = 0$.

解 分离变量得 $\dfrac{-\mathrm{d}y}{y^2}=\dfrac{\mathrm{d}x}{x+1}$,积分得 $\dfrac{1}{y}=\ln|x+1|+C$,或 $y=\dfrac{1}{\ln|x+1|+C}$.

(10) $\sin x\mathrm{d}y-y\ln y\mathrm{d}x=0$.

解 分离变量得 $\dfrac{\mathrm{d}y}{y\ln y}-\dfrac{\mathrm{d}x}{\sin x}=0$,积分得

$$\ln|\ln y|=\ln|\csc x-\cot x|+C_1 \quad \text{或} \quad \ln y=C|\csc x-\cot x|.$$

(11) $RC\dfrac{\mathrm{d}u}{\mathrm{d}t}+u=E$,其中 R、C、E 都是常数.

解 分离变量得 $\dfrac{\mathrm{d}u}{E-u}=\dfrac{\mathrm{d}t}{RC}$,积分并化简得 $E-u=\widetilde{C}\mathrm{e}^{-\frac{t}{RC}}$,或 $u=E-\widetilde{C}\mathrm{e}^{-\frac{t}{RC}}$.

3. 求下列微分方程满足所给初始条件的特解：

(1) $y'=\mathrm{e}^{2x-y}$,$y|_{x=1}=0$.

解 首先求方程的通解. 分离变量得 $\mathrm{e}^{2x}\mathrm{d}x=\mathrm{e}^y\mathrm{d}y$,两边积分并整理得方程的通解为

$$\mathrm{e}^{2x}-2\mathrm{e}^y=C \quad (C \text{ 为任意常数}).$$

将初值条件 $y|_{x=1}=0$ 代入通解表达式得 $C=\mathrm{e}^2-2$,所以,所求初值解为

$$\mathrm{e}^y=\dfrac{1}{2}(\mathrm{e}^{2x}-\mathrm{e}^2+2).$$

(2) $y^2\mathrm{d}x+(1+x)\mathrm{d}y=0$,$y|_{x=0}=1$.

解 首先求方程的通解. 分离变量得 $-\dfrac{\mathrm{d}y}{y^2}=\dfrac{\mathrm{d}x}{1+x}$,两边积分并整理得方程的通解为

$$y=\dfrac{1}{\ln|x+1|+C} \quad (C \text{ 为任意常数}).$$

将初值条件 $y|_{x=0}=1$ 代入通解表达式得 $C=1$,所以,所求初值解为

$$y=\dfrac{1}{\ln|x+1|+1}.$$

(3) $\dfrac{\mathrm{d}y}{\mathrm{d}x}=y^2\cos x$,$y|_{x=0}=1$.

解 首先求方程的通解. 分离变量得 $\dfrac{\mathrm{d}y}{y^2}=\cos x\mathrm{d}x$,两边积分并整理得方程的通解为

$$y=\dfrac{1}{C-\sin x} \quad (C \text{ 为任意常数}).$$

将初值条件 $y|_{x=0}=1$ 代入通解表达式得 $C=1$,所以,所求初值解为 $y=\dfrac{1}{1-\sin x}$.

(4) $x\mathrm{d}y+2y\mathrm{d}x=0$,$y|_{x=2}=1$.

解 首先求方程的通解. 分离变量得 $\dfrac{\mathrm{d}x}{x}+\dfrac{\mathrm{d}y}{2y}=0$,两边积分并整理得方程的通解为

$$x^2y=C \quad (C \text{ 为任意常数}).$$

将初值条件 $y|_{x=2}=1$ 代入通解表达式得 $C=4$,所以,所求初值解为 $x^2y=4$.

4. 求一曲线,使它的切线介于坐标轴间的部分被切点分成相等的部分.

解 设曲线方程为 $y=y(x)$,切点为 (x,y),则切线方程为 $Y-y=y'(X-x)$,切线与两个坐标轴交点分别为 $\left(x-\dfrac{y}{y'},0\right)$,$(0,y-xy')$,由条件,这两点间的线段被切点 (x,y) 的平分,即

$$2x=x-\dfrac{x}{y'}$$

化简整理得 $y'=-\dfrac{y}{x}$,分离变量并积分,求得其通解为 $xy=C$.

5. 摩托艇以 10km/h 的速度在静水上运动,全速后停止发动机,过了 20s 后,艇的速度减至 $v_1=6$km/h,试求发动机停止 2min 后艇的速度,如果水的阻力与艇的速度成正比.

解 设停止发动机时开始计时为 $t=0$,设在 t 时刻速度为 $v(t)$,则有 $\dfrac{\mathrm{d}v}{\mathrm{d}t}=-kv$,其中 k 为比例系数.

求解方程,得通解为 $v(t)=C\mathrm{e}^{-kt}$,将条件 $t=0,v=10$km/h 及 $t=20$s,$v=6$km/h 代入通解表达式得 $C=10$,$\mathrm{e}^{-k\cdot\frac{20}{3600}}=\dfrac{6}{10}$,故求得 2min 后速度为

$$v\left(\dfrac{1}{30}\right)=10\times\left(\dfrac{6}{10}\right)^6=0.46656(\text{km/h}).$$

习题 7-3

1. 求下列齐次方程的通解:

(1) $y'=\dfrac{y}{x}+\dfrac{x}{y}$.

解 做变量代换,令 $u=\dfrac{y}{x}$,原方程化为 $x\dfrac{\mathrm{d}u}{\mathrm{d}x}=\dfrac{1}{u}$,分离变量并积分得到该方程通解为 $\dfrac{u^2}{2}=\ln Cx$,代回原变量,得原方程的通解为 $y^2=2x^2\ln Cx$.

(2) $x\dfrac{\mathrm{d}y}{\mathrm{d}x}=y\ln\dfrac{y}{x}$.

解 做变量代换,令 $u=\dfrac{y}{x}$,原方程化为 $\dfrac{\mathrm{d}u}{u(\ln u-1)}=\dfrac{\mathrm{d}x}{x}$,对该方程积分,得其通解为 $u=\mathrm{e}^{Cx+1}$,代回原变量,得原方程的通解为 $y=x\mathrm{e}^{Cx+1}$.

(3) $(x^2+y^2)\mathrm{d}x-xy\mathrm{d}y=0$;

解 原方程可化为 $\dfrac{\mathrm{d}y}{\mathrm{d}x}=\dfrac{x^2+y^2}{xy}=\dfrac{1+\dfrac{y^2}{x^2}}{\dfrac{y}{x}}$. 做变量代换,令 $u=\dfrac{y}{x}$,原方程化为 $x\dfrac{\mathrm{d}u}{\mathrm{d}x}=\dfrac{1}{u}$,分离变量并积分,得到上面方程通解为 $\dfrac{u^2}{2}=\ln x+C_1$,代回原变量,得原方程的通解为

$$y^2=x^2\ln(Cx^2).$$

(4) $\dfrac{dy}{dx} = \dfrac{y}{x} + \tan\dfrac{y}{x}$.

解 做变量代换,令 $u = \dfrac{y}{x}$,原方程化为 $x\dfrac{du}{dx} = \tan u$,分离变量并积分得到该方程的通解为 $\ln|\sin u| = \ln|Cx|$,代回原变量,得原方程的通解为 $\sin\dfrac{y}{x} = Cx$.

(5) $y' = e^{\frac{y}{x}} + \dfrac{y}{x}$.

解 做变量代换,令 $u = \dfrac{y}{x}$,原方程化为 $x\dfrac{du}{dx} = e^u$,分离变量并积分得到该方程通解为 $-e^{-u} = \ln|x| - C$,代回原变量,得原方程的通解为 $e^{-\frac{y}{x}} + \ln|x| = C$.

(6) $ydx - (x + \sqrt{x^2+y^2})dy = 0$.

解 原方程可化为 $\dfrac{dx}{dy} = \dfrac{x}{y} + \sqrt{1 + \left(\dfrac{x}{y}\right)^2}$,做变量代换,令 $v = \dfrac{x}{y}$,原方程化为 $y\dfrac{dv}{dy} = \sqrt{1+v^2}$,分离变量并积分,得到该方程的通解为 $v + \sqrt{1+v^2} = \dfrac{y}{C}$,代回原变量,得原方程的通解为 $y^2 = 2C\left(x + \dfrac{C}{2}\right)$.

2. 化下列方程为齐次方程,并求出通解:

(1) $(2x+y-4)dx + (x+y-1)dy = 0$.

解 原方程变形为 $\dfrac{dy}{dx} = \dfrac{-2x-y+4}{x+y-1}$,令 $\begin{cases} 2x+y-4=0, \\ x+y-1=0, \end{cases}$ 解得 $x=3, y=-2$,令 $x=\xi+3$, $y=\eta-2$,原方程变为 $\dfrac{d\eta}{d\xi} = \dfrac{-2\xi-\eta}{\xi+\eta}$,再做变换 $u = \dfrac{\eta}{\xi}$,则上面方程变为

$$\dfrac{1+u}{u^2+2u+2}du = -\dfrac{d\xi}{\xi},$$

两边积分并化简得 $\xi^2(u^2+2u+2) = C$,将变量变换 $u = \dfrac{\eta}{\xi}$ 及 $\xi = x-3, \eta = y+2$ 代回,得原方程通解为

$$2x^2 + 2xy + y^2 - 8x - 2y = C.$$

(2) $(x-y-1)dx + (4y+x-1)dy = 0$.

解 原方程变形为 $\dfrac{dy}{dx} = \dfrac{-x+y+1}{4y+x-1}$,令 $\begin{cases} -x+y+1=0, \\ 4y+x-1=0, \end{cases}$ 解得 $x=1, y=0$,令 $x=\xi+1, y=\eta$,原方程变为 $\dfrac{d\eta}{d\xi} = \dfrac{-\xi+\eta}{\xi+4\eta}$,再做变换 $u = \dfrac{\eta}{\xi}$,则该方程变为

$$\dfrac{1+4u}{1+4u^2}du = -\dfrac{d\xi}{\xi},$$

两边积分并化简得 $\ln[\xi^2(1+4u^2)] + \arctan u = C$,将变量变换 $u = \dfrac{\eta}{\xi}$ 及 $\xi = x-1, \eta = y$ 代回,得原方程通解为

$$\ln[4y^2+(x-1)^2]+\arctan\frac{2y}{x-1}=C.$$

(3) $(x-y+5)dx-(x-y-2)dy=0$；

解 原方程变形为 $\dfrac{dy}{dx}=\dfrac{x-y+5}{x-y-2}$. 令 $u=x-y$, 原方程变为 $\dfrac{du}{dx}=\dfrac{-7}{u-2}$, 分离变量并积分得 $u^2-4u+14x=C$, 将变量变换 $u=x-y$ 代回, 得原方程通解为

$$x^2+y^2-2xy+4y+10x=C.$$

(4) $(2x-y+1)dx-(x-2y+1)dy=0$.

解 原方程变形为 $\dfrac{dy}{dx}=\dfrac{2x-y+1}{x-2y+1}$. 令 $\begin{cases}2x-y+1=0\\x-2y+1=0\end{cases}$, 解得 $x=-\dfrac{1}{3}, y=\dfrac{1}{3}$, 令 $x=\xi-\dfrac{1}{3}$, $y=\eta+\dfrac{1}{3}$, 原方程变为 $\dfrac{d\eta}{d\xi}=\dfrac{2\xi-\eta}{\xi-2\eta}$, 再做变换 $u=\dfrac{\eta}{\xi}$, 则上面方程变为

$$\frac{2u-1}{u^2-u+1}du=\frac{(-2)d\xi}{\xi},$$

两边积分并化简得 $\xi^2(u^2-u+1)=C$, 将变量变换 $u=\dfrac{\eta}{\xi}$ 及 $\xi=x+\dfrac{1}{3}, \eta=y-\dfrac{1}{3}$ 代回, 得原方程通解为

$$x^2-xy+y^2+x-y=C.$$

习题 7-4

1. 求下列微分方程的通解：

(1) $\dfrac{dy}{dx}=x+y+1$.

解 方程为线性方程, 由求解公式直接求解得

$$y=e^{\int dx}\left[\int(x+1)e^{-\int dx}dx+C\right]=e^x\left[\int(x+1)e^{-x}dx+C\right]$$
$$=e^x(-xe^{-x}-2e^{-x}+C)=Ce^x-x-2.$$

(2) $\dfrac{dy}{dx}=\dfrac{2}{x}y+\dfrac{1}{2}x$.

解 方程为线性方程, 由求解公式直接求解得

$$y=e^{\int\frac{2}{x}dx}\left(\int\frac{1}{2}xe^{-\int\frac{2}{x}dx}dx+C\right)=x^2\left(\int\frac{1}{2}x\cdot\frac{1}{x^2}dx+C\right)=\frac{1}{2}x^2\ln x+Cx^2.$$

(3) $\dfrac{dy}{dx}-y\cot x+2x\sin x=0$.

解 方程为线性方程, 由求解公式直接求解得

$$y = \mathrm{e}^{\int \cot x \mathrm{d}x}\left(-\int 2x\sin x\mathrm{e}^{-\int \cot x \mathrm{d}x}\mathrm{d}x + C\right) = \sin x\left(-\int 2x\mathrm{d}x + C\right)$$
$$= \sin x(-x^2 + C) = C\sin x - x^2\sin x.$$

(4) $y' + y\cos x = \mathrm{e}^{-\sin x}$.

解 方程为线性方程，由求解公式直接求解得

$$y = \mathrm{e}^{-\int \cos x \mathrm{d}x}\left(\int \mathrm{e}^{-\sin x}\mathrm{e}^{\int \cos x \mathrm{d}x}\mathrm{d}x + C\right) = \mathrm{e}^{-\sin x}\left(\int \mathrm{d}x + C\right) = \mathrm{e}^{-\sin x}(x + C).$$

(5) $\dfrac{\mathrm{d}y}{\mathrm{d}x} - \dfrac{2y}{x+1} = (x+1)^{\frac{5}{2}}$.

解 方程为线性方程，由求解公式直接求解得

$$y = \mathrm{e}^{\int \frac{2}{x+1}\mathrm{d}x}\left[\int (x+1)^{\frac{5}{2}}\mathrm{e}^{-\int \frac{2}{x+1}\mathrm{d}x}\mathrm{d}x + C\right] = (x+1)^2\left[\int (x+1)^{\frac{1}{2}}\mathrm{d}x + C\right]$$
$$= C(x+1)^2 + \dfrac{2}{3}(x+1)^{\frac{7}{2}}.$$

(6) $(x^2 - 1)y' + 2xy - \cos x = 0$.

解 方程为线性方程，由求解公式直接求解得

$$y = \mathrm{e}^{-\int \frac{2x}{x^2-1}\mathrm{d}x}\left(\int \dfrac{\cos x}{x^2-1}\mathrm{e}^{\int \frac{2x}{x^2-1}\mathrm{d}x}\mathrm{d}x + C\right) = \dfrac{1}{x^2-1}\left(\int \cos x\mathrm{d}x + C\right) = \dfrac{1}{x^2-1}(\sin x + C).$$

(7) $xy' + y = x^2 + 3x + 2$.

解 方程为线性方程，由求解公式直接求解得

$$y = \mathrm{e}^{-\int \frac{1}{x}\mathrm{d}x}\left[\int \left(x + 3 + \dfrac{2}{x}\right)\mathrm{e}^{\int \frac{1}{x}\mathrm{d}x}\mathrm{d}x + C\right] = \dfrac{1}{x}\left[\int \left(x + 3 + \dfrac{2}{x}\right) \cdot x\mathrm{d}x + C\right]$$
$$= \dfrac{1}{x}\left(\dfrac{1}{3}x^3 + \dfrac{3}{2}x^2 + 2x + C\right) = \dfrac{1}{3}x^2 + \dfrac{3}{2}x + 2 + \dfrac{C}{x}.$$

(8) $y' + \dfrac{1}{x}y = \dfrac{\sin x}{x}$.

解 方程为线性方程，由求解公式直接求解得

$$y = \mathrm{e}^{-\int \frac{1}{x}\mathrm{d}x}\left(\int \dfrac{\sin x}{x}\mathrm{e}^{\int \frac{1}{x}\mathrm{d}x}\mathrm{d}x + C\right) = \dfrac{1}{x}\left(\int \sin x\mathrm{d}x + C\right) = \dfrac{C}{x} - \dfrac{\cos x}{x}.$$

(9) $y' - y\tan x = \sec x$.

解 方程为线性方程，由求解公式直接求解得

$$y = \mathrm{e}^{\int \tan x \mathrm{d}x}\left(\int \sec x\mathrm{e}^{-\int \tan x \mathrm{d}x}\mathrm{d}x + C\right) = \sec x\left(\int \mathrm{d}x + C\right) = \sec x(x + C).$$

2. 求下列微分方程满足所给初始条件的特解：

(1) $\dfrac{dy}{dx} - 3y = e^{2x}$, $y|_{x=0} = 0$.

解 首先求方程的通解为

$$y = e^{\int 3dx}\left(\int e^{2x} e^{-\int 3dx} dx + C\right) = e^{3x}\left(\int e^{-x}dx + C\right) = e^{3x}(C - e^{-x}) = Ce^{3x} - e^{2x}.$$

将初值条件 $y|_{x=0}=0$ 代入通解得 $C=1$，故所求特解为 $y = e^{3x} - e^{2x}$.

(2) $y' + y\cot x = 5e^{\cos x}$, $y|_{x=\frac{\pi}{2}} = -4$.

解 首先求方程的通解为

$$y = e^{-\int \cot x\,dx}\left(5\int e^{\cos x} e^{\int \cot x\,dx} dx + C\right) = \csc x\left(5\int e^{\cos x} \sin x\,dx + C\right) = \csc x(-5e^{\cos x} + C).$$

将初值条件 $y|_{x=\frac{\pi}{2}}=-4$ 代入通解得 $C=1$，故所求特解为 $y\sin x + 5e^{\cos x} = 1$.

3. 证明：方程 $y' + P(x)y = Q(x)$ 的任意两个解之差是对应齐线性方程的解.

证明 设 y_1、y_2 为方程 $y' + P(x)y = Q(x)$ 的任意两个解，则有 $y_1' + P(x)y_1 = Q(x)$，$y_2' + P(x)y_2 = Q(x)$，两式相减得 $(y_1 - y_2)' + P(x)(y_1 - y_2) = 0$，即 $y_1 - y_2$ 为对应齐线性方程的解.

4. 质量为 m 的物体，以初速度 v_0 从地面竖直上抛，如果阻力 $f = hv$，求该物体的运动规律（h 为常数，v 是速度）.

解 设物体在 t 时刻的位置为 $x(t)$，则有 $\dfrac{dx}{dt} = v$. 首先，由题意知 $m\dfrac{dv}{dt} = -mg - hv$，该方程为一阶线性方程，求得其通解为 $v = Ce^{-\frac{h}{m}t} - \dfrac{mg}{h}$.

将初值条件 $v(0) = v_0$ 代入得 $C = v_0 + \dfrac{mg}{h}$，故物体运动的速度为

$$v = \left(v_0 + \dfrac{mg}{h}\right)e^{-\frac{h}{m}t} - \dfrac{mg}{h},$$

进一步，根据 $\dfrac{dx}{dt} = v$，得

$$x = \int\left[\left(v_0 + \dfrac{mg}{h}\right)e^{-\frac{h}{m}t} - \dfrac{mg}{h}\right]dt = \left(v_0 + \dfrac{mg}{h}\right)\left(-\dfrac{m}{h}\right)e^{-\frac{h}{m}t} - \dfrac{mg}{h}t + C_1,$$

再将初值条件 $x(0)=0$ 代入，得 $C_1 = \dfrac{mv_0}{h} + \dfrac{m^2 g}{h^2}$，故所求运动规律为

$$x = \left(\dfrac{v_0}{k} + \dfrac{g}{k^2}\right)(1 - e^{-kt}) - \dfrac{g}{k}t \quad \left(k = \dfrac{h}{m}\right).$$

5. 求曲线，使它在每点 (x,y) 处的法线斜率都等于 $\dfrac{x}{y-2x}$，并求出过点 $(1,2)$ 的那一条线.

解 由题意知 $y' = -\dfrac{y-2x}{x}$，即 $y' + \dfrac{1}{x}y = 2$ 这是一阶线性微分方程 $P(x) = \dfrac{1}{x}$，$Q(x) = 2$，故通解为 $y = e^{-\int \frac{1}{x}dx}\left[\int 2e^{\int \frac{1}{x}dx}dx + c\right] = \dfrac{1}{x}(x^2 + c)$，又因为曲线过点 $(1,2)$，故 $c=1$，

从而所求曲线为 $y=\dfrac{1}{x}+x$.

6. 求下列伯努利方程的通解:

(1) $y'+2xy=2x^3y^3$.

解 令 $z=y^{-2}$,则原方程变为 $z'-4xz=-4x^3$,解此一阶线性方程得其通解为
$$z=Ce^{2x^2}+x^2+\frac{1}{2},$$
所以,原方程通解为
$$\frac{1}{y^2}=Ce^{2x^2}+x^2+\frac{1}{2}.$$

(2) $y'-\dfrac{y}{1+x}+y^2=0$.

解 令 $z=y^{-1}$,则原方程变为 $\dfrac{\mathrm{d}z}{\mathrm{d}x}+\dfrac{z}{1+x}=1$,解此一阶线性方程得其通解为
$$z=\frac{C}{1+x}+\frac{1}{2}\frac{x^2+2x}{1+x},$$
所以,原方程通解为
$$\frac{1}{y}=\frac{C}{1+x}+\frac{x^2+2x}{2(1+x)}.$$

(3) $\dfrac{\mathrm{d}y}{\mathrm{d}x}+\dfrac{1}{3}y=\dfrac{1}{3}(1-2x)y^4$.

解 令 $z=y^{-3}$,则原方程变为 $\dfrac{\mathrm{d}z}{\mathrm{d}x}-z=2x-1$,解此一阶线性方程得其通解为
$$z=Ce^x-2x-1,$$
所以,原方程通解为
$$\frac{1}{y^3}=Ce^x-2x-1.$$

(4) $y'-y\tan x+y^2\cos x=0$.

解 令 $z=y^{-1}$,则原方程变为 $z'+z\tan x=\cos x$,解此一阶线性方程得其通解为
$$z=\cos x(x+C),$$
所以,原方程通解为
$$\frac{1}{y}=\cos x(x+C).$$

(5) $(5x^2y^3-2x)y'+y=0$.

解 所给方程不属于一阶微分方程的四类标准形式,若交换 x、y 的地位,将 x 认作是 y 的函数,则原方程可化为 $\dfrac{\mathrm{d}x}{\mathrm{d}y}-2xy^{-1}=-5x^2y^2$,这是 $n=2$ 的伯努利方程。令 $z=x^{1-2}=\dfrac{1}{x}$,上述方程可化为
$$\frac{\mathrm{d}z}{\mathrm{d}y}+\frac{2}{y}z=5y^2.$$

此时 $P(y)=\dfrac{2}{y}$,$Q(y)=5y^2$.

相应的通解为

$$z = e^{-\int p dy}\left(\int Q(y) e^{\int p dy} dy + C\right) = e^{-\int \frac{2}{y} dy}\left(\int 5y^2 e^{\int \frac{2}{y} dy} dy + C\right) = y^3 + \frac{C}{y^2}$$

故原方程的通解为

$$\frac{1}{x} = y^3 + \frac{C}{y^2}$$

7. 求解下列方程：

(1) $\dfrac{dy}{dx} = \dfrac{y}{x + y^3}$.

解 原方程可变形为 $\dfrac{dx}{dy} = \dfrac{x}{y} + y^2$, 此方程为一阶线性方程, 求得其解为 $2x = Cy + y^3$ 及 $y = 0$.

(2) $\dfrac{dy}{dx} = \dfrac{1}{x-y} + 1$.

解 做变量变换, 令 $u = x - y$, 则原方程化为 $\dfrac{du}{dx} = -\dfrac{1}{u}$, 求解此方程得到 $u^2 + 2x = C$, 代回原变量, 得原方程通解为

$$x^2 + y^2 - 2xy + 2x = C.$$

(3) $y = e^x + \int_0^x y(t) dt$.

解 方程两边求导得 $y' - y = e^x$, 求得其通解为 $y = e^x(x + C)$, 又由于 $x = 0$ 时, $y = 1$, 将其代入得 $C = 1$, 故得原方程的解为 $y = e^x(x + 1)$.

习题 7-5

1. 求下列各微分方程的通解:

(1) $y'' = xe^x$.

解 连续积分两次, 得方程通解为 $y = xe^x - 2e^x + C_1 x + C_2$.

(2) $y'' = x^2 \sin x$.

解 连续积分两次, 得方程通解为 $y = -x^2 \sin x - 4x\cos x + 6\sin x + C_1 x + C_2$.

(3) $y'' - (y')^2 = 0$.

解 令 $y' = p$, 原方程变为 $p' - p^2 = 0$, 求得其通解为 $p = \dfrac{1}{C - x}$, 由 $y' = \dfrac{1}{C - x}$, 积分得原方程通解为 $y = -\ln|C_1 - x| + C_2$.

(4) $y'' + \sqrt{1 - (y')^2} = 0$.

解 令 $y' = p$, $y'' = p\dfrac{dp}{dy}$, 则原方程变为 $\dfrac{-p dp}{\sqrt{1 - p^2}} = dy$, 求得其通解为 $p = \pm\sqrt{1 - (y + C_1)^2}$ 及 $p = \pm 1$. 求解 $y' = \pm\sqrt{1 - (y + C_1)^2}$, 得到 $y = \cos(x + C_2) - C_1$ 或 $y =$

$\sin(x+C_2)-C_1$,而由 $y'=p=\pm 1$,求得 $y=\pm x+C$.

(5) $(1+x)y''+y'=0$.

解 令 $y'=p,y''=p'$,则原方程变为 $\dfrac{\mathrm{d}p}{p}=-\dfrac{\mathrm{d}x}{1+x}$,求得其通解为 $p=\dfrac{C_1}{1+x}$,进一步求解 $y'=\dfrac{C_1}{1+x}$,得 $y=C_1\ln|1+x|+C_2$.

(6) $xy''=y'\ln y'$.

解 令 $y'=p,y''=p'$,则原方程变为 $xp'-p\ln p=0$,求解方程,得到 $p=\mathrm{e}^{C_1 x}$,进一步求解 $y'=\mathrm{e}^{C_1 x}$,得原方程通解为 $y=\dfrac{1}{C_1}\mathrm{e}^{C_1 x}+C_2$.

(7) $yy''=y^2 y'+(y')^2$.

解 令 $y'=p,y''=p\dfrac{\mathrm{d}p}{\mathrm{d}y}$,则原方程变为 $ypp'=y^2 p+p^2$,所以有 $p=0$ 或 $\dfrac{\mathrm{d}p}{\mathrm{d}y}-\dfrac{1}{y}p=y$. 由 $p=0$,即 $y'=0$ 得到 $y=C$;求解 $\dfrac{\mathrm{d}p}{\mathrm{d}y}-\dfrac{1}{y}p=y$,得到 $p=C_1 y+y^2$,进一步求解 $y'=C_1 y+y^2$ 得到 $x=\dfrac{1}{C_1}\ln\left|\dfrac{y}{y+C_1}\right|+C_2$.

(8) $(1+x^2)y''+(y')^2+1=0$.

解 方程不显含 y,令 $y'=p$,故 $y''=p'$,于是方程降阶为 $(1+x^2)p'+p^2+1=0$,分离变量并积分得 $p=\dfrac{C_1-x}{1+C_1 x}$. 由于 $y'=p$,故 $y'=\dfrac{C_1-x}{1+C_1 x}$ 积分得原方程的通解为

$$y=\dfrac{1+C_1^2}{C_1^2}\ln|1+C_1 x|-\dfrac{x}{C_1}+C_2.$$

2. 试求 $y''=x$ 经过点 $M(0,1)$ 且在此点与直线 $y=\dfrac{x}{2}+1$ 相切的积分曲线.

解 对于方程 $y''=x$,连续积分两次可求得其通解为

$$y=\dfrac{1}{6}x^3+C_1 x+C_2,$$

初始条件为 $x=0,y=1,y'=\dfrac{1}{2}$,将其代入通解公式得到 $C_1=\dfrac{1}{2},C_2=1$. 所以,所求积分曲线为

$$y=\dfrac{1}{6}x^3+\dfrac{1}{2}x+1.$$

3. 一个物体在大气中降落,初速度为零,空气阻力与速度的平方成正比例,求该物体的运动规律.

解 设物体在 t 时刻所在的位置为 $x(t)$,由牛顿定律有 $m\dfrac{\mathrm{d}^2 x}{\mathrm{d}t^2}=mg-k\left(\dfrac{\mathrm{d}x}{\mathrm{d}t}\right)^2$,所求的运动还应满足初值条件:$t=0$ 时 $x=0,\dfrac{\mathrm{d}x}{\mathrm{d}t}=0$.

令 $v=\dfrac{\mathrm{d}x}{\mathrm{d}t}$,并记 $b=\dfrac{k}{m}$,则有 $\dfrac{\mathrm{d}v}{\mathrm{d}t}+bv^2=g$,这是一个变量分离方程,可求得其通解为

$$v = \frac{m(1+Ce^{-2bmt})}{1-Ce^{-2bmt}},$$

进一步,由 $\frac{dx}{dt}=v=\frac{m(1+Ce^{-2bmt})}{1-Ce^{-2bmt}}$,可求得

$$x = \frac{m}{k}\ln\left[\operatorname{ch}\left(\sqrt{\frac{kg}{m}}t\right)\right].$$

习题 7-6

1. 证明题.

(1) $\sin^2 x, \cos^2 x, \cos 2x$ 在任何区间上线性相关;

证明 由于对于任意的实数 x,恒成立 $\cos 2x = \cos^2 x - \sin^2 x$,所以 $\sin^2 x, \cos^2 x, \cos 2x$ 在任何区间上线性相关.

(2) $x, 2x^2, 3x^4$ 在任何区间上线性无关;

证明 要使 $C_1 x + 2C_2 x^2 + 3C_3 x^4 = 0$ 在一个区间上恒成立,则必须有 $C_1 = C_2 = C_3 = 0$,所以,$x, 2x^2, 3x^4$ 在任何区间上线性无关.

(3) $\ln\frac{1}{x^2}, \ln x^3 (x>0)$ 在任何区间上线性相关.

证明 由于对于任意的实数 $x>0$,恒成立 $\ln x^3 + \left(-\frac{3}{2}\right)\ln\frac{1}{x^2} = 0$,所以 $\ln\frac{1}{x^2}, \ln x^3 (x>0)$ 在任何区间上线性相关.

2. 证明 $e^{\alpha x}\cos\beta x, e^{\alpha x}\sin\beta x (\beta \neq 0)$ 在任何区间上线性无关.

证明 若 $\beta \neq 0$,要使

$$C_1 e^{\alpha x}\cos\beta x + C_2 e^{\alpha x}\sin\beta x = e^{\alpha x}(C_1\cos\beta x + C_2\sin\beta x) = 0,$$

在一个区间上恒成立,则必须有 $C_1 = C_2 = 0$. 所以,$e^{\alpha x}\cos\beta x, e^{\alpha x}\sin\beta x (\beta \neq 0)$ 在任何区间上线性无关.

3. 验证 $y_1 = \cos 2x, y_2 = \sin 2x$ 都是方程 $y'' + 4y = 0$ 的解,并写出该方程的通解.

证明 由于 $y_1'' = -4\cos 2x = -4y_1, y_2'' = -4\sin 2x = -4y_2$,所以 $y_1 = \cos 2x, y_2 = \sin 2x$ 都是方程 $y'' + 4y = 0$ 的解. 该方程的通解为

$$y = C_1\cos 2x + C_2\sin 2x.$$

4. 已知函数 $y_1 = e^x, y_2 = e^{-x}$ 是方程 $y'' + py' + qy = 0$ 的两个特解,试写出其通解,并求满足初始条件 $y|_{x=0} = 1, y'|_{x=0} = 2$ 的特解.

解 $y'' + py' + qy = 0$ 的通解为 $y = C_1 e^x + C_2 e^{-x}$. 将初始条件 $y|_{x=0} = 1, y'|_{x=0} = 2$ 代入通解表达式,得到 $C_1 = \frac{3}{2}, C_2 = -\frac{1}{2}$,故初值解为 $y = \frac{3}{2}e^x - \frac{1}{2}e^{-x}$.

5. 设 $y = y_1 \pm iy_2$ 是方程 $y'' + P(x)y' + Q(x)y = f_1(x) \pm if_2(x)$ 的解,证明 $y_1、y_2$ 分别是方程 $y'' + P(x)y' + Q(x)y = f_1(x)$ 与 $y'' + P(x)y' + Q(x)y = f_2(x)$ 的解($i = \sqrt{-1}$ 为虚单位).

证明 由于

$$(y_1 \pm \mathrm{i}y_2)'' + P(x)(y_1 \pm \mathrm{i}y_2)' + Q(x)(y_1 \pm \mathrm{i}y_2)$$
$$= [y''_1 + P(x)y'_1 + Q(x)y_1] \pm \mathrm{i}[y''_2 + P(x)y'_2 + Q(x)y_2] = f_1(x) \pm \mathrm{i}f_2(x),$$

所以
$$y''_1 + P(x)y'_1 + Q(x)y_1 = f_1(x),$$
$$y''_2 + P(x)y'_2 + Q(x)y_2 = f_2(x),$$

即证得 y_1、y_2 分别是方程

$$y'' + P(x)y' + Q(x)y = f_1(x)$$

与
$$y'' + P(x)y' + Q(x)y = f_2(x)$$

的解.

习题 7-7

1. 求下列常系数线性微分方程的通解：

(1) $y'' - 5y' = 0$.

解 方程为常系数线性齐次方程,特征方程为 $\lambda^2 - 5\lambda = 0$,特征根为 $\lambda_1 = 0, \lambda_2 = 5$,所以方程的通解为 $y = C_1 + C_2 \mathrm{e}^{5x}$.

(2) $y'' - 2y' + y = 0$.

解 方程为常系数线性齐次方程,特征方程为 $\lambda^2 - 2\lambda + 1 = 0$,特征根为 $\lambda_{1,2} = 1$,所以方程的通解为 $y = (C_1 + C_2 x)\mathrm{e}^x$.

(3) $y'' - 2y' + 5y = 0$.

解 方程为常系数线性齐次方程,特征方程为 $\lambda^2 - 2\lambda + 5 = 0$,特征根为 $\lambda_{1,2} = 1 \pm 2\mathrm{i}$,所以方程的通解为 $y = \mathrm{e}^x(C_1 \cos 2x + C_2 \sin 2x)$.

(4) $y'' + y' - 2y = 0$.

解 方程为常系数线性齐次方程,特征方程为 $\lambda^2 + \lambda - 2 = 0$,特征根为 $\lambda_1 = -2, \lambda_2 = 1$,所以方程的通解为 $y = C_1 \mathrm{e}^{-2x} + C_2 \mathrm{e}^x$.

(5) $y'' + 3y' - 4y = 0$.

解 方程为常系数线性齐次方程,特征方程为 $\lambda^2 + 3\lambda - 4 = 0$,特征根为 $\lambda_1 = -4, \lambda_2 = 1$,所以方程的通解为 $y = C_1 \mathrm{e}^{-4x} + C_2 \mathrm{e}^x$.

(6) $y'' - 9y = 0$.

解 方程为常系数线性齐次方程,特征方程为 $\lambda^2 - 9 = 0$,特征根为 $\lambda_1 = -3, \lambda_2 = 3$,所以方程的通解为 $y = C_1 \mathrm{e}^{-3x} + C_2 \mathrm{e}^{3x}$.

(7) $y'' + y = 0$.

解 方程为常系数线性齐次方程,特征方程为 $\lambda^2 + 1 = 0$,特征根为 $\lambda_1 = \mathrm{i}, \lambda_2 = -\mathrm{i}$,所以方程的通解为 $y = C_1 \cos x + C_2 \sin x$.

(8) $4 \dfrac{\mathrm{d}^2 x}{\mathrm{d}t^2} - 8 \dfrac{\mathrm{d}x}{\mathrm{d}t} + 5x = 0$.

解 方程为常系数线性齐次方程，特征方程为 $4\lambda^2-8\lambda+5=0$，特征根为 $\lambda_{1,2}=1\pm\dfrac{1}{2}\mathrm{i}$，所以方程的通解为 $x=\mathrm{e}^t\left(C_1\cos\dfrac{t}{2}+C_2\sin\dfrac{t}{2}\right)$.

(9) $y''+2y'+ay=0$（其中 a 为实数）.

解 方程为常系数线性齐次方程，特征方程为 $\lambda^2+2\lambda+a=0$，特征根为
$$\lambda_{1,2}=-1\pm\sqrt{1-a}.$$

当 $a<1$ 时，方程的通解为：$y=C_1\mathrm{e}^{(-1+\sqrt{1-a})x}+C_2\mathrm{e}^{(-1-\sqrt{1-a})x}$；

当 $a=1$ 时，方程的通解为：$y=\mathrm{e}^{-x}(C_1+C_2x)$；

当 $a>1$ 时，方程的通解为：$y=\mathrm{e}^{-x}[C_1\cos(\sqrt{a-1}x)+C_2\sin(\sqrt{a-1}x)]$.

(10) $y^{(4)}-2y'''+y''=0$.

解 方程为常系数线性齐次方程，特征方程为 $\lambda^4-2\lambda^3+\lambda^2=0$，特征根为 $\lambda_{1,2}=0,\lambda_{3,4}=1$，所以，方程的通解为 $y=C_1+C_2x+\mathrm{e}^x(C_3+C_4x)$.

(11) $y^{(4)}+5y''-36y=0$.

解 方程为常系数线性齐次方程，特征方程为 $\lambda^4+5\lambda^2-36=0$，特征根为 $\lambda_{1,2}=\pm 2,\lambda_{3,4}=\pm 3\mathrm{i}$，所以，方程的通解为 $y=C_1\mathrm{e}^{-2x}+C_2\mathrm{e}^{2x}+C_3\cos 3x+C_4\sin 3x$.

2. 求下列微分方程满足所给初始条件的特解.

(1) $y''-4y'+3y=0, y|_{x=0}=6, y'|_{x=0}=10$.

解 方程为常系数线性齐次方程，特征方程为 $\lambda^2-4\lambda^2+3=0$，特征根为 $\lambda_1=1,\lambda_2=3$，所以方程的通解为 $y=C_1\mathrm{e}^x+C_2\mathrm{e}^{3x}$. 将初值条件 $y|_{x=0}=6, y'|_{x=0}=10$ 代入通解表达式，得 $C_1=4, C_2=2$. 所以，初值解为 $y=4\mathrm{e}^x+2\mathrm{e}^{3x}$.

(2) $\dfrac{\mathrm{d}^2 s}{\mathrm{d}t^2}-4\dfrac{\mathrm{d}s}{\mathrm{d}t}+4s=0, s|_{t=0}=0, s'|_{t=0}=2$.

解 方程为常系数线性齐次方程，特征方程为 $\lambda^2-4\lambda+4=0$，特征根为 $\lambda_{1,2}=2$，所以，方程的通解为 $s=\mathrm{e}^{2t}(C_1+C_2t)$. 将初值条件 $s|_{t=0}=0, s'|_{t=0}=2$ 代入通解表达式得 $C_1=0, C_2=2$. 所以，初值解为 $s=2t\mathrm{e}^{2t}$.

(3) $y''+2y'+10y=0, y|_{x=0}=1, y'|_{x=0}=2$.

解 方程为常系数线性齐次方程，特征方程为 $\lambda^2+2\lambda+10=0$，特征根为 $\lambda_{1,2}=-1\pm 3\mathrm{i}$，所以，方程的通解为 $y=\mathrm{e}^{-x}(C_1\cos 3x+C_2\sin 3x)$.

将初值条件 $y|_{x=0}=1, y'|_{x=0}=2$ 代入通解表达式得 $C_1=1, C_2=1$.

所以，初值解为 $y=\mathrm{e}^{-x}(\cos 3x+\sin 3x)$.

(4) $y''-4y'+13y=0, y|_{x=0}=0, y'|_{x=0}=3$.

解 方程为常系数线性齐次方程，特征方程 $\lambda^2-4\lambda+13=0$，特征根为 $\lambda_{1,2}=2\pm 3\mathrm{i}$，所以，方程的通解为 $y=\mathrm{e}^{2x}(C_1\cos 3x+C_2\sin 3x)$. 将初值条件 $y|_{x=0}=0, y'|_{x=0}=3$ 代入通解表达式得 $C_1=0, C_2=1$. 所以，初值解为 $y=\mathrm{e}^{2x}\sin 3x$.

3. 一个重 P 的物体，挂在弹簧上，把弹簧拉长了 a cm. 若再将弹簧拉长 b cm，然后以初速为零松开，若弹簧在介质中阻力不计，试求弹簧的运动规律.

解 物体的质量为 $m=\dfrac{P}{g}$. 设弹簧的弹性系数为 k，由题设，$P=ka$，求得 $k=\dfrac{P}{a}$. 设物体在 t 时刻的位移为 $x(t)$，则有 $\dfrac{P}{g}x''=-kx$，即

$$x'' + \frac{g}{a}x = 0.$$

上面方程为常系数线性齐次方程,求得其通解为 $x = C_1 \cos\sqrt{\frac{g}{a}}t + C_2 \sin\sqrt{\frac{g}{a}}t$,将初值条件:$t=0$ 时 $x=b, x'=0$ 代入通解表达式,得到 $C_1 = b, C_2 = 0$. 故所求运动规律为

$$x = b\cos\sqrt{\frac{g}{a}}t.$$

习题 7-8

1. 填空题.

(1) 微分方程 $y'' - y = e^x + 1$ 的特解应设为 _____.

(2) 微分方程 $y'' + y = x^2 + 1 + \sin x$ 的特解应设为 _____.

(3) 微分方程 $y'' + y' = e^{-x}$ 满足初始条件 $y|_{x=0} = 1, y'|_{x=0} = -1$ 的特解是 _____.

解 (1) $axe^x + b$; (2) $x^2 - 1 - \frac{1}{2}x\cos x$; (3) $1 - xe^{-x}$.

2. 求下列各方程的通解.

(1) $y'' + 6y' + 5y = e^{2x}$.

解 方程为常系数线性方程,特征方程为 $\lambda^2 + 6\lambda + 5 = 0$,特征根为 $\lambda_1 = -1, \lambda_2 = -5$. 设原方程有特解为 $\bar{y} = Ae^{2x}$,将其代入原方程求得 $A = \frac{1}{21}$,故原方程通解为

$$y = C_1 e^{-x} + C_2 e^{-5x} + \frac{1}{21}e^{2x}.$$

(2) $y'' - a^2 y = x + 1$.

解 方程为常系数线性方程,特征方程为 $\lambda^2 - a^2 = 0$,特征根为 $\lambda_1 = a, \lambda_2 = -a$.

若 $a = 0$,设原方程有特解为 $\bar{y} = x^2(Ax + B)$,将其代入原方程求得 $A = \frac{1}{6}, B = \frac{1}{2}$,故原方程通解为 $y = C_1 + C_2 x + \frac{1}{6}x^3 + \frac{1}{2}x^2$.

若 $a \neq 0$,设原方程有特解为 $\bar{y} = Ax + B$,将其代入原方程求得 $A = B = -\frac{1}{a^2}$,故原方程通解为 $y = C_1 e^{ax} + C_2 e^{-ax} - \frac{1}{a^2}(x+1)$.

(3) $y'' - 4y' + 4y = e^x + e^{2x} + 1$.

解 方程为常系数线性方程,特征方程为 $\lambda^2 - 4\lambda + 4 = 0$,特征根为 $\lambda_{1,2} = 2$. 设原方程有特解为 $\bar{y} = Ae^x + Bx^2 e^{2x} + C$,将其代入原方程求得 $A = 1, B = \frac{1}{2}, C = \frac{1}{4}$,故原方程通解为

$$y = e^{2x}(C_1 + C_2 x) + e^x + \frac{1}{2}x^2 e^{2x} + \frac{1}{4}.$$

(4) $y'' - 2y' + 3y = e^{-x}\cos x$.

解 方程为常系数线性方程，特征方程为 $\lambda^2 - 2\lambda + 3 = 0$，特征根为 $\lambda_{1,2} = 1 \pm \sqrt{2}\,i$. 设原方程有特解为 $\bar{y} = e^{-x}(A\cos x + B\sin x)$，将其代入原方程求得 $A = \dfrac{5}{41}, B = -\dfrac{4}{41}$，故原方程通解为

$$y = e^x[C_1\cos\sqrt{2}\,x + C_2\sin\sqrt{2}\,x] + \frac{1}{41}e^{-x}(5\cos x - 4\sin x).$$

(5) $y'' + y = \sin x - \cos 2x$.

解 方程为常系数线性方程，特征方程为 $\lambda^2 + 1 = 0$，特征根为 $\lambda_{1,2} = \pm i$.

设 $y'' + y = \sin x$ 有特解为 $\bar{y}_1 = x(A\sin x + B\cos x)$，将其代入 $y'' + y = \sin x$，求得 $A = 0$, $B = -\dfrac{1}{2}$，故得 $\bar{y}_1 = -\dfrac{1}{2}x\cos x$.

设 $y'' + y = -\cos 2x$ 有特解为 $\bar{y}_2 = D\sin 2x + E\cos 2x$，将其代入 $y'' + y = -\cos 2x$，求得 $D = 0, E = \dfrac{1}{3}$，故得 $\bar{y}_2 = \dfrac{1}{3}\cos 2x$.

所以，原方程通解为 $y = C_1\cos x + C_2\sin x + \dfrac{1}{3}\cos 2x - \dfrac{1}{2}x\cos x$.

(6) $y'' - 2y' + 2y = xe^x\cos x$.

解 方程为常系数线性方程，特征方程为 $\lambda^2 - 2\lambda + 2 = 0$，特征根为 $\lambda_{1,2} = 1 \pm i$. 设原方程有特解为 $\bar{y} = xe^x[(Ax + B)\cos x + (Dx + E)\sin x]$，将其代入原方程求得 $A = E = 0, B = D = \dfrac{1}{4}$，故原方程通解为 $y = e^x(C_1\cos x + C_2\sin x) + \dfrac{1}{4}xe^x(\cos x + x\sin x)$.

(7) $y'' + y = \sin x - 2e^{-x}$.

解 方程为常系数线性方程，特征方程为 $\lambda^2 + 1 = 0$，特征根为 $\lambda_{1,2} = \pm i$.

设 $y'' + y = \sin x$ 有特解为 $\bar{y}_1 = x(A\sin x + B\cos x)$，将其代入 $y'' + y = \sin x$，求得 $A = 0$, $B = -\dfrac{1}{2}$，故得 $\bar{y}_1 = -\dfrac{1}{2}x\cos x$.

设 $y'' + y = -2e^{-x}$ 有特解为 $\bar{y}_1 = De^{-x}$，将其代入 $y'' + y = -2e^{-x}$，求得 $D = -1$，故得

$$\bar{y}_2 = -e^{-x}.$$

所以，原方程通解为 $y = C_1\cos x + C_2\sin x - \dfrac{1}{2}x\cos x - e^{-x}$.

(8) $y'' + 3y' - 4y = e^{-4x} + xe^{-x}$.

解 方程为常系数线性方程，特征方程为 $\lambda^2 + 3\lambda - 4 = 0$，特征根为 $\lambda_1 = -4, \lambda_2 = 1$. 设原方程有特解为 $\bar{y} = Axe^{-4x} + (Bx + D)e^{-x}$，将其代入原方程求得 $A = -\dfrac{1}{5}, B = -\dfrac{1}{6}, D = -\dfrac{1}{36}$，故原方程通解为 $y = C_1 e^{-4x} + C_2 e^x - \dfrac{1}{5}xe^{-4x} - \left(\dfrac{1}{6}x + \dfrac{1}{36}\right)e^{-x}$.

3. 求下列各微分方程满足初始条件的特解.

(1) $y'' + y + \sin 2x = 0, y|_{x=\pi} = 1, y'|_{x=\pi} = 1$.

解 方程为常系数线性方程，特征方程为 $\lambda^2 + 1 = 0$，特征根为 $\lambda_{1,2} = \pm i$. 设原方程有特解为 $\bar{y} = A\sin 2x$，将其代入原方程求得 $A = \dfrac{1}{3}$，故原方程通解为

$$y = C_1\cos x + C_2\sin x + \frac{1}{3}\sin 2x.$$

将初值条件 $y|_{x=\pi}=1, y'|_{x=\pi}=1$ 代入通解公式,解得 $C_1=-1, C_2=-\frac{1}{3}$. 故所求初值解为

$$y = -\frac{1}{3}\sin x - \cos x + \frac{1}{3}\sin 2x.$$

(2) $y'' - 3y' + 2y = 5, y|_{x=0} = 1, y'|_{x=0} = 2.$

解 方程为常系数线性方程,特征方程为 $\lambda^2 - 3\lambda + 2 = 0$,特征根为 $\lambda_1 = 1, \lambda_2 = 2$. 设原方程有特解为 $\bar{y} = A$,将其代入原方程求得 $A = \frac{5}{2}$,故原方程通解为

$$y = C_1 e^x + C_2 e^{2x} + \frac{5}{2}.$$

将初值条件 $y|_{x=0}=1, y'|_{x=0}=2$,代入通解公式,解得 $C_1=-5, C_2=\frac{7}{2}$. 故所求初值解为

$$y = -5e^x + \frac{7}{2}e^{2x} + \frac{5}{2}.$$

(3) $y'' - y = 4xe^x, y|_{x=0} = 0, y'|_{x=0} = 1.$

解 方程为常系数线性方程,特征方程为 $\lambda^2 - 1 = 0$,特征根为 $\lambda_{1,2} = \pm 1$. 设原方程有特解为 $\bar{y} = x(Ax+B)e^x$,将其代入原方程,求得 $A=1, B=-1$,故原方程通解为

$$y = C_1 e^x + C_2 e^{-x} + (x^2 - x)e^x.$$

将初值条件 $y|_{x=0}=0, y'|_{x=0}=1$ 代入通解公式,解得 $C_1=1, C_2=-1$. 故所求初值解为

$$y = (x^2 - x + 1)e^x - e^{-x}.$$

(4) $y'' + 4y = \cos 2x, y|_{x=0} = 0, y'|_{x=0} = 2.$

解 方程为常系数线性方程,特征方程为 $\lambda^2 + 4 = 0$,特征根为 $\lambda_{1,2} = \pm 2i$. 设原方程有特解为 $\bar{y} = x(A\cos 2x + B\sin 2x)$,将其代入原方程,求得 $A=0, B=\frac{1}{4}$,故原方程通解为

$$y = C_1 \cos 2x + C_2 \sin 2x + \frac{1}{4}x\sin 2x.$$

将初值条件 $y|_{x=0}=0, y'|_{x=0}=2$,代入通解公式,得初值解为 $y = \left(1 + \frac{x}{4}\right)\sin 2x$.

4. 火车沿水平的道路行驶. 火车的重量是 P,机车的牵引力是 F,行驶时受到的阻力为 $W = a + bv$,其中 a、b 是常数,v 是火车的速度. 记 s 为火车走过的路程,g 为重力加速度,试确定火车的运动规律. 设 $t=0$ 时,$s=0, v=0$.

解 根据牛顿第二定律有 $\frac{P}{g}s'' = F - (a + bs') = F - a - bs'$,故火车运动的微分方程为

$$s'' + \frac{bg}{P}s' = \frac{g}{P}(F-a). \tag{1}$$

特征方程为 $\lambda^2 + \frac{bg}{P}\lambda = 0$,特征根为 $\lambda_1 = 0, \lambda_2 = -\frac{bg}{P}$,设方程(1)有特解为 $\bar{s} = At$,将其代入

方程,得到 $A=\dfrac{F-a}{b}$,所以 $\bar{s}=\dfrac{F-a}{b}t$.

方程(1)的通解为
$$s=C_1+C_2\exp\left(-\dfrac{bg}{P}\right)t+\dfrac{F-a}{b}t.$$

将初值条件 $t=0$ 时,$s=0$,$v=0$ 代入通解公式,求得初值解为
$$s=\dfrac{F-a}{b}t-\dfrac{(F-a)P}{b^2g}\left[1-\exp\left(-\dfrac{bg}{P}t\right)\right].$$

5. 一质量为 m 的潜水艇从水面由静止状态开始下降,所受阻力与下降速度成正比(比例系数为 k). 求潜水艇下降深度 x 与时间 t 的函数关系.

解 根据牛顿第二定律,有 $mx''=mg-kx'$,即 $x''+\dfrac{k}{m}x'=g$. 求得其通解为
$$x=C_1+C_2\mathrm{e}^{-\frac{k}{m}t}+\dfrac{mg}{k}t.$$

将初值条件 $t=0$ 时,$x=0$,$v=0$ 代入通解公式求得初值解为
$$x=\dfrac{m^2g}{k^2}(\mathrm{e}^{-\frac{k}{m}t}-1)+\dfrac{mg}{k}t.$$

习题 7-9

1. 设某商品的需求价格弹性为 $E_\mathrm{d}=k$(k 为常数),求该商品的需求函数 $Q=f(P)$.

解 由需求价格弹性函数 $E_\mathrm{d}=k=P\cdot\dfrac{f'(P)}{f(P)}$,得
$$\dfrac{f'(P)}{f(P)}=\dfrac{R}{P},\text{分离变量,得}\dfrac{\mathrm{d}f(P)}{f(P)}=k\cdot\dfrac{\mathrm{d}P}{P},$$

两边积分得
$$\ln f(P)=k\ln P+\ln C,\text{即 }f(P)=cP^k,(c>0).$$

2. 某商品的净利润 L 随广告费用 x 的变化而变化,假设它们之间的关系可用如下方程表示:
$$\dfrac{\mathrm{d}L}{\mathrm{d}x}=k-a(L+x).$$
其中,a、k 为常数. 又当 $x=0$ 时,$L=L_0$,求 L 与 x 的函数关系式.

解 依题意有
$$\dfrac{\mathrm{d}L}{\mathrm{d}x}=k-a(L+x),\text{即}\dfrac{\mathrm{d}L}{\mathrm{d}x}+aL=k-ax.$$

这是一阶线性微分方程,其通解为
$$L(x)=\mathrm{e}^{\int(-a)\mathrm{d}x}\left[\int(k-ax)\mathrm{e}^{\int a\mathrm{d}x}\mathrm{d}x+C\right]=\mathrm{e}^{-ax}\left(\int k\mathrm{e}^{ax}\mathrm{d}x-\int ax\mathrm{e}^{ax}\mathrm{d}x+C\right)$$
$$=\dfrac{k+1}{a}-x+\mathrm{e}^{-ax}\cdot C$$

将初值条件 $L(0)=L_0$ 代入上式得 $C=L_0-\dfrac{k+1}{a}$，所求 L 与 x 的函数关系式为

$$L(x)=\dfrac{k+1}{a}-x+\mathrm{e}^{-ax}\left(L_0-\dfrac{k+1}{a}\right).$$

3. 设某商品的生产成本由可变成本与固定成本两部分构成，假设可变成本 y 是产量 x 的函数且 y 关于 x 的变化率等于产量平方与可变成本平方和 (x^2+y^2) 除以产量与可变成本之积的 2 倍 $(2xy)$。又设固定成本为 1，当 $x=1$ 时，$y=3$，求总成本函数 $C(x)$。

解 依题意有

$$\dfrac{\mathrm{d}y}{\mathrm{d}x}=\dfrac{x^2+y^2}{2xy}=\dfrac{1}{2}\left(\dfrac{y}{x}+\dfrac{x}{y}\right), \tag{1}$$

这是齐次方程，设

$$u=\dfrac{y}{x}, \tag{2}$$

则

$$y=xu,\quad \dfrac{\mathrm{d}y}{\mathrm{d}x}=u+x\dfrac{\mathrm{d}u}{\mathrm{d}x}. \tag{3}$$

将式(2)和式(3)代入式(1)，得

$$u+x\dfrac{\mathrm{d}u}{\mathrm{d}x}=\dfrac{1}{2}\left(u+\dfrac{1}{u}\right),$$

分离变量并积分，可得

$$\int\dfrac{2u}{u^2-1}\mathrm{d}u=\int-\dfrac{1}{x}\mathrm{d}x,$$

$$\ln|u^2-1|=-\ln x+\ln C_1\quad (C_1>0),$$

于是 $u^2-1=\pm\dfrac{C_1}{x}=\dfrac{C}{x}$ $(C=\pm C_1)$，所求通解为 $y=\sqrt{x^2+Cx}$。

由初值条件 $x=1$ 时，$y=3$ 可得 $C=8$，所以总成本函数为

$$C(x)=y(x)+1=\sqrt{x^2+8x}+1.$$

*习题 7—10

求下列欧拉方程的通解．

1. $x^2y''+xy'-y=0$.

解 做变换 $x=\mathrm{e}^t$，即 $t=\ln x$，欧拉方程化为常系数线性微分方程 $\dfrac{\mathrm{d}^2y}{\mathrm{d}t^2}-y=0$。此方程的通解为 $y=C_1\mathrm{e}^{-t}+C_2\mathrm{e}^t$，于是，所给欧拉方程的通解为 $y=\dfrac{C_1}{x}+C_2x$。

2. $x^2y''-4xy'+6y=x$.

解 做变换 $x=\mathrm{e}^t$，即 $t=\ln x$，欧拉方程化为常系数线性微分方程

$$\dfrac{\mathrm{d}^2y}{\mathrm{d}t^2}-5\dfrac{\mathrm{d}y}{\mathrm{d}t}+6y=\mathrm{e}^t,$$

对应的齐线性方程通解为 $Y=C_1\mathrm{e}^{2t}+C_2\mathrm{e}^{3t}$。设非齐线性方程的特解为 $\bar{y}=A\mathrm{e}^t$，代入原方程，求得 $A=\dfrac{1}{2}$，故所求特解 $\bar{y}=\dfrac{1}{2}\mathrm{e}^t$。于是，所给欧拉方程的通解为

$$y = C_1 e^{2t} + C_2 e^{3t} + \frac{1}{2} e^t \text{ 或 } y = C_1 x^2 + C_2 x^3 + \frac{1}{2} x.$$

3. $x^3 y''' + x^2 y'' - 4xy' = 3x^2$.

解 做变换 $x = e^t$, 即 $t = \ln x$, 欧拉方程化为常系数线性微分方程

$$\frac{d^3 y}{dt^3} - 2\frac{d^2 y}{dt^2} - 3\frac{dy}{dt} = 3e^{2t},$$

对应的齐线性方程通解为 $y = C_1 + C_2 e^{-t} + C_3 e^{3t}$. 设非齐线性方程的特解为 $\bar{y} = A e^{2t}$, 代入原方程, 求得 $A = -\frac{1}{2}$, 故所求特解 $\bar{y} = -\frac{1}{2} e^{2t}$. 于是, 所给欧拉方程的通解为

$$y = C_1 + C_2 e^{-t} + C_3 e^{3t} - \frac{1}{2} e^{2t} \quad \text{或} \quad y = C_1 + \frac{C_2}{x} + C_3 x^3 - \frac{1}{2} x^2.$$

*习题 7-11

1. 用化高阶方程的方法求解下列方程组:

(1) $\begin{cases} \dfrac{dy}{dx} = y + z, \\ \dfrac{dz}{dx} = y - z - 2. \end{cases}$

解 $y'' = y' + z' = y' + y - z - 2 = 2y - 2$, 所求高阶方程为 $y'' - 2y = -2$. 齐线性方程的通解为 $y = C_1 e^{\sqrt{2} x} + C_2 e^{-\sqrt{2} x}$. 而非齐线性方程的特解 $\bar{y} = 1$, 故非齐线性方程的通解为

$$y = C_1 e^{\sqrt{2} x} + C_2 e^{-\sqrt{2} x} + 1.$$

由于 $z = y' - y$, 故原方程组的通解为 $\begin{cases} y = C_1 e^{\sqrt{2} x} + C_2 e^{-\sqrt{2} x} + 1, \\ z = C_1 (\sqrt{2} - 1) e^{\sqrt{2} x} - C_2 (\sqrt{2} + 1) e^{-\sqrt{2} x} - 1. \end{cases}$

(2) $\begin{cases} \dfrac{dx}{dt} + \dfrac{dy}{dt} = -x + y + 3, \\ \dfrac{dx}{dt} - \dfrac{dy}{dt} = x + y + 3. \end{cases}$

解 两式相加得 $x' = y + 3$, 两式相减得 $y' = -x$; 因此高阶方程为 $x'' + x = 0$. 方程通解为 $x = C_1 \cos t + C_2 \sin t$. 由于 $y = x' - 3$, 故 $y = -C_1 \sin t + C_2 \cos t - 3$. 故方程组的通解为

$$\begin{cases} x = C_1 \cos t + C_2 \sin t, \\ y = -C_1 \sin t + C_2 \cos t - 3. \end{cases}$$

(3) $\begin{cases} \dfrac{dx}{dt} = y, \\ \dfrac{dy}{dt} = -x. \end{cases} \quad x(0) = 0, y(0) = 1.$

解 $x'' = y' = -x$, 故所求高阶方程为 $x'' + x = 0, x(0) = 0, x'(0) = 1$. 方程通解为

$$x = C_1 \cos t + C_2 \sin t.$$

由初值条件得 $C_1=0, C_2=1$，故高阶方程初值问题的解为 $x=\sin t$. 故原方程的解为

$$\begin{cases} x(t) = \sin t, \\ y(t) = \cos t. \end{cases}$$

2. 用首次积分法求下列方程组的解：

(1) $\dfrac{\mathrm{d}x}{xz} = \dfrac{\mathrm{d}y}{yz} = \dfrac{\mathrm{d}z}{xy}$.

解 由前两式得 $\dfrac{\mathrm{d}x}{x} = \dfrac{\mathrm{d}y}{y}$，故一个首次积分为 $y = C_1 x$.

由第一、三式得 $\dfrac{\mathrm{d}z}{\mathrm{d}x} = \dfrac{y}{z}$，积分得 $z^2 = xy + C_2$，它又是一个首次积分，可验证这两个首次积分无关，故方程组通解为 $\begin{cases} y = C_1 x, \\ z^2 - xy = C_2. \end{cases}$

(2) $\begin{cases} \dfrac{\mathrm{d}x}{\mathrm{d}t} = 3x + 5y, \\ \dfrac{\mathrm{d}y}{\mathrm{d}t} = -2x - 8y. \end{cases}$

解 方程组第一个方程乘 2 与第二个方程相加得 $\dfrac{\mathrm{d}(2x+y)}{\mathrm{d}t} = 2(2x+y)$，得一个首次积分为 $(2x+y)\mathrm{e}^{-2t} = C_1$.

方程组第二个方程乘 5 与第一个方程相加得 $\dfrac{\mathrm{d}(x+5y)}{\mathrm{d}t} = -7(x+5y)$，得另一个首次积分为 $(x+5y)\mathrm{e}^{7t} = C_2$.

易验证两个首次积分无关，故方程组的通解为 $(2x+y)\mathrm{e}^{-2t} = C_1, (x+5y)\mathrm{e}^{7t} = C_2$.

总习题七

1. 求下列各种类型的微分方程的通解或特解：

(1) $(\mathrm{e}^{x+y} - \mathrm{e}^x)\mathrm{d}x + (\mathrm{e}^{x+y} + \mathrm{e}^y)\mathrm{d}y = 0$.

解 方程可变形为 $\dfrac{\mathrm{e}^x}{\mathrm{e}^x + 1}\mathrm{d}x + \dfrac{\mathrm{e}^y}{\mathrm{e}^y - 1}\mathrm{d}y = 0$，积分得通解为 $(\mathrm{e}^y - 1)(\mathrm{e}^x + 1) = C$.

(2) $(x^2 - 1)y' + 2xy - \cos x = 0$.

解 方程为一阶线性方程，代入求解公式，得其通解为

$$y = \mathrm{e}^{-\int \frac{2x}{x^2-1}\mathrm{d}x}\left(\int \frac{\cos x}{x^2-1}\mathrm{e}^{\int \frac{2x}{x^2-1}\mathrm{d}x}\mathrm{d}x + C\right) = \frac{1}{x^2-1}\left(\int \cos x\,\mathrm{d}x + C\right) = \frac{1}{x^2-1}(\sin x + C).$$

(3) $(1+x^2)y' + y(x - \sqrt{1+x^2}) = 0$.

解 分离变量得 $\dfrac{\mathrm{d}y}{y} = \dfrac{\sqrt{1+x^2} - x}{1+x^2}\mathrm{d}x$，积分得

$$\ln|y| = \ln(\sqrt{1+x^2} + x) - \frac{1}{2}\ln(1+x^2) + C_1 \text{ 或 } y = C\left(\frac{x}{\sqrt{1+x^2}} + 1\right).$$

(4) $t^2 \mathrm{d}s + 2ts\mathrm{d}t = \mathrm{e}^t \mathrm{d}t$.

解 方程可变形为 $\dfrac{\mathrm{d}s}{\mathrm{d}t} + \dfrac{2}{t}s = \dfrac{\mathrm{e}^t}{t^2}$，为一阶线性方程，求得其通解为

$$s = \frac{1}{t^2}(\mathrm{e}^t + C).$$

(5) $xy' = 4(4 + \sqrt{y})$.

解 分离变量得 $\dfrac{\mathrm{d}y}{4+\sqrt{y}} = \dfrac{4\mathrm{d}x}{x}$，积分得 $\sqrt{y} = \ln[(4+\sqrt{y})^4 \cdot x^2] + C_1$，所求通解为

$$(4+\sqrt{y})^4 x^2 = C\mathrm{e}^{\sqrt{y}}.$$

(6) $2xyy' = 2y^2 + \sqrt{y^4 + x^4}$.

解 方程为齐次方程，令 $u = \dfrac{y}{x}$，方程变为 $x\dfrac{\mathrm{d}u}{\mathrm{d}x} = \dfrac{1}{2}\sqrt{u^2 + \dfrac{1}{u^2}} = \dfrac{\sqrt{1+u^4}}{2u}$，分离变量得 $\dfrac{2u\mathrm{d}u}{\sqrt{1+u^4}} = \dfrac{\mathrm{d}x}{x}$，再令 $w = u^2$，$\dfrac{\mathrm{d}w}{\sqrt{1+w^2}} = \dfrac{\mathrm{d}x}{x}$，两边积分可得

$$w + \sqrt{1+w^2} = Cx,$$

代回原变量，得原方程的通解为

$$\frac{y^2 + \sqrt{x^4 + y^4}}{x^3} = C.$$

(7) $xy'' + y' = \ln x$.

解 令 $y' = p$，则原方程可化为 $xp' + p = \ln x$，该方程为一阶线性方程，求得其通解为 $p = \dfrac{C_1}{x} + \ln x - 1$，进一步，由于 $y' = p = \dfrac{C_1}{x} + \ln x - 1$，求得原方程通解为

$$y = x\ln x - 2x + C_1 \ln x + C_2.$$

(8) $yy'' - 2(y')^2 = 0$.

解 令 $\dfrac{\mathrm{d}y}{\mathrm{d}x} = p$，$\dfrac{\mathrm{d}^2 y}{\mathrm{d}x^2} = p\dfrac{\mathrm{d}p}{\mathrm{d}y}$，原方程变为 $yp\dfrac{\mathrm{d}p}{\mathrm{d}y} = 2p^2$，故有 $p = 0$ 或 $y\dfrac{\mathrm{d}p}{\mathrm{d}y} = 2p$. 由 $p = 0$，得到 $y = C$.

求解 $y\dfrac{\mathrm{d}p}{\mathrm{d}y} = 2p$，得通解为 $p = C_1 y^2$. 进一步，由 $\dfrac{\mathrm{d}y}{\mathrm{d}x} = p = C_1 y^2$，得原方程通解为

$$y = \frac{1}{C_2 - C_1 x}.$$

(9) $y'' - m^2 y = \mathrm{e}^{-mx}$.

解 方程为常系数的线性方程，特征方程为 $\lambda^2 - m^2 = 0$，特征根为 $\lambda_{1,2} = \pm m$.

当 $m = 0$ 时，原方程变为 $y'' = 1$，通解为 $y = C_1 x + C_2$.

当 $m \neq 0$ 时，对应齐次方程通解为 $y = C_1 \mathrm{e}^{mx} + C_2 \mathrm{e}^{-mx}$.

设原方程有特解 $\bar{y} = Ax\mathrm{e}^{-mx}$，代入原方程求得 $A = -\dfrac{1}{2m}$，所以，原方程通解为

$$y = C_1 e^{mx} + C_2 e^{-mx} - \frac{1}{2m} e^{-mx}.$$

(10) $y'x\ln x + y = 2\ln x$.

解 原方程可化为 $\frac{dy}{dx} + \frac{y}{x\ln x} = \frac{2}{x}$,该方程为一阶线性方程,求得其通解为

$$y = \frac{1}{\ln x}(\ln^2 x + C).$$

(11) $2y' + y = y^3(x-1)$.

解 此方程为伯努利方程,令 $z = y^{-2}$,原方程变为 $\frac{dz}{dx} - z = 1 - x$,求得其通解为 $z = x + Ce^x$,故原方程通解为 $y = \pm \frac{1}{\sqrt{x + Ce^x}}$.

(12) $y''' = e^{2x} - \cos x$.

解 连续积分三次可得方程的通解为 $y = \frac{1}{8}e^{2x} + \sin x + C_1 x^2 + C_2 x + C_3$.

(13) $xy' + y - e^{2x} = 0, y|_{x=\frac{1}{2}} = 2e$.

解 方程为一阶线性方程,求得其通解为 $y = \frac{1}{2x}(e^{2x} + C)$,将初值条件代入求得 $C = e$,故原方程解为 $y = \frac{1}{2x}(e^{2x} + e)$.

(14) $y'' + 2y' + 5y = f(x)$,若 $f(x)$ 等于:① $x^3 - 2x + 4$;② $2e^{3x}$;③ $\cos x$. 求其特解.

解 方程为常系数线性方程,特征方程为 $\lambda^2 + 2\lambda + 5 = 0$,特征根为 $\lambda_{1,2} = -1 \pm 2i$.

对应齐方程的通解为 $y = e^{-x}(C_1 \sin 2x + C_2 \cos 2x)$. 若非齐方程有特解为 $\overline{y}$,则非齐方程的通解为 $y = e^{-x}(C_1 \sin 2x + C_2 \cos 2x) + \overline{y}$.

下面分别求出各种情况下非齐方程的一个特解.

① $f(x) = x^3 - 2x + 4$.

设方程有特解为 $\overline{y_1} = A_1 x^3 + A_2 x^2 + A_3 x + A_4$,代入原方程,可求得

$$\overline{y_1} = \frac{1}{5}x^3 - \frac{6}{25}x^2 - \frac{56}{125}x + \frac{672}{625}.$$

② $f(x) = 2e^{3x}$.

设方程有特解为 $\overline{y_2} = Be^{3x}$,代入原方程,可求得 $\overline{y_2} = \frac{1}{10}e^{3x}$.

③ $f(x) = \cos x$.

设方程有特解为 $\overline{y_3} = D\cos x + E\sin x$,代入原方程,可求得

$$\overline{y_3} = \frac{1}{5}\cos x + \frac{1}{10}\sin x.$$

(15) $y'' - 4y' + 4y = f(x)$,若 $f(x)$ 等于:① e^{-x};② $3e^{2x}$;③ $2\sin x \cdot \cos x$;④ $e^{-x} + 3e^{2x} + 2\sin x \cdot \cos x$. 求其特解.

解 方程为常系数线性方程,特征方程为 $\lambda^2 - 4\lambda + 4 = 0$,特征根为 $\lambda_{1,2} = 2$.

对应齐方程的通解为 $y = e^{2x}(C_1 + C_2 x)$. 若非齐方程有特解为 $\overline{y}$,则非齐方程的通解为

$$y = e^{2x}(C_1 + C_2 x) + \overline{y}.$$

下面分别求出各种情况下非齐方程的一个特解.

① $f(x) = e^{-x}$.

设方程有特解为 $\overline{y_1} = Ae^{-x}$,代入原方程,可求得 $\overline{y_1} = \dfrac{1}{9}e^{-x}$.

② $f(x) = 3e^{2x}$.

设方程有特解为 $\overline{y_2} = Bx^2 e^{2x}$,代入原方程,可求得 $\overline{y_2} = \dfrac{3}{2}x^2 e^{2x}$.

③ $f(x) = 2\sin x \cdot \cos x$.

设方程有特解为 $\overline{y_3} = D\cos 2x + E\sin 2x$,代入原方程,可求得 $\overline{y_3} = \dfrac{1}{8}\cos 2x$.

④ $f(x) = e^{-x} + 3e^{2x} + 2\sin x \cdot \cos x$.

由于 $f(x)$ 为前三种情形之和,故其特解也为它们对应的特解之和,这时,原方程的通解为

$$y = (C_1 + C_2 x)e^{2x} + \dfrac{1}{9}e^{-x} + \dfrac{3}{2}x^2 e^{2x} + \dfrac{1}{8}\cos 2x.$$

2. 设有一通过坐标原点的曲线,其上任一点的切线斜率等于 $\dfrac{\sqrt{1-y^2}}{1+x^2}$,求这曲线的方程.

解 设曲线方程为 $y = y(x)$,根据题意,有 $\dfrac{dy}{dx} = \dfrac{\sqrt{1-y^2}}{1+x^2}$,分离变量并积分,可得其通解为 $\arcsin y = \arctan x + C$,将初值条件 $y(0) = 0$ 代入,得所求曲线为

$$\arcsin y = \arctan x.$$

3. 设质量为 m 的物体在冲击力作用下得到初速 v_0 在一水平面上滑动.作用于物体的摩擦力为 $-km$.问物体能滑多远(其中 k 为比例系数).

解 设 t 时刻物体的速度为 $v(t)$,所滑动路程为 $s(t)$.则由牛顿第二定律有

$$m\dfrac{d^2 s}{dt^2} = -km,$$

$s(t)$ 还应满足初值条件:$t = 0$ 时,$s = 0$,$s' = v_0$.由此求得

$$v(t) = -kt + v_0, \quad s(t) = -\dfrac{1}{2}kt^2 + v_0 t.$$

令 $v(t) = 0$,得 $t = \dfrac{v_0}{k}$.那么,物体能滑总路程为 $s\left(\dfrac{v_0}{k}\right) = -\dfrac{1}{2}k\left(\dfrac{v_0}{k}\right)^2 + \dfrac{v_0^2}{k} = \dfrac{v_0^2}{2k}$.

4. 物体在空气中的冷却速度与物体和空气的温差成正比,如果物体在 20min 内由 100℃ 冷至 60℃,那么,在多久的时间内,这个物体的温度达到 30℃?(假设空气的温度为 20℃)

解 设物体在 t 时刻的温度为 T,依题意有 $\dfrac{dT}{dt} = -k(T - 20)$,积分上式两边得通解为

$$T = 20 + Ce^{-kt}.$$

由初始条件 $T(0) = 100$,求得 $C = 80$,因此 $T = 20 + 80e^{-kt}$,再将 $T(20) = 60$ 代入解的表达式,得 $k = \dfrac{\ln 2}{20}$,代入上式得 $T = 20 + 80e^{-\frac{\ln 2}{20}t} = 20 + 80\left(\dfrac{1}{2}\right)^{\frac{t}{20}}$.故当 $T = 30$ 时,则有

$$30 = 20 + 80\left(\frac{1}{2}\right)^{\frac{t}{20}},$$

从上式解出 t,可知在 $t=60\text{min}$ 内,该物体的温度可达 30℃.

5. 试证:对于二阶齐线性方程 $y''+p(x)y'+q(x)y=0$,其中 $p(x)$、$q(x)$ 为连续函数.

(1)若 $p(x) \equiv -xq(x)$,则 $y=x$ 是方程的解;

(2)若存在常数 m 使得 $m^2+mp(x)+q(x) \equiv 0$,则方程有解 $y=\mathrm{e}^{mx}$.

证明 (1) $p(x) \equiv -xq(x)$,则原方程变为 $y''-xq(x)y'+q(x)y=0$,直接验证易知 $y=x$ 为它的解.

(2)将 $y=\mathrm{e}^{mx}$ 代入方程 $y''+p(x)y'+q(x)y=0$,得到 $\mathrm{e}^{mx}[m^2+mp(x)+q(x)]=0$,所以方程有解 $y=\mathrm{e}^{mx}$.

6. 在教材第七节例 7-29 的基础上,讨论有阻尼的强迫振动的振动规律. 这时位移满足的微分方程为

$$\frac{\mathrm{d}^2 x}{\mathrm{d}t^2} + 2n\frac{\mathrm{d}x}{\mathrm{d}t} + \omega^2 x = P\sin\omega_0 t \qquad (*)$$

(P,ω_0 为常数,n,ω 的意义同第七节例 7-29)

解 在第七节例 7-29 中,对于齐线性方程 $\frac{\mathrm{d}^2 x}{\mathrm{d}t^2}+2n\frac{\mathrm{d}x}{\mathrm{d}t}+\omega^2 x=0$,已得到下面结论:

(1)大阻尼情况,即 $n>\omega$ 时,方程的通解为

$$x(t) = C_1 \mathrm{e}^{r_1 t} + C_2 \mathrm{e}^{r_2 t},$$

其中 $r_1 = -n + \sqrt{n^2-\omega^2},\ r_2 = -n - \sqrt{n^2-\omega^2}.$

(2)小阻尼情况,即 $n<\omega$ 时,方程的通解为

$$x(t) = \mathrm{e}^{-nt}(C_1\cos\beta t + C_2\sin\beta t) = A\mathrm{e}^{-nt}\sin(\beta t + \varphi),$$

式中,$\beta = \sqrt{\omega^2-n^2},\ A=\sqrt{C_1^2+C_2^2},\ \varphi=\arctan\frac{C_1}{C_2}$ 是任意常数.

(3)临界阻尼情况,即假定 $n=\omega$,这是前两种情况的分界点,方程的通解为

$$x(t) = (C_1 + C_2 t)\mathrm{e}^{-nt}.$$

下面仅求式(*)的一个特解即可.

设 $\bar{x} = B_0\sin\omega_0 t + B_1\cos\omega_0 t,$

代入式(*),比较同类项系数得

$$\begin{cases}(\omega^2-\omega_0^2)B_0 - 2n\omega_0 B_1 = P, \\ 2n\omega_0 B_0 + (\omega^2-\omega_0^2)B_1 = 0.\end{cases}$$

解得

$$B_0 = \frac{(\omega^2-\omega_0^2)P}{(\omega^2-\omega_0^2)+4n^2\omega_0^2},$$

$$B_1 = \frac{-2n\omega_0 P}{(\omega^2-\omega_0^2)+4n^2\omega_0^2},$$

解为
$$\bar{x} = \frac{P}{\sqrt{(\omega^2-\omega_0^2)+4n^2\omega_0^2}}[(\omega^2-\omega_0^2)\sin\omega_0 t - 2n\omega_0\cos\omega_0 t],$$

或改写为
$$\bar{x} = P\sin(\omega_0 t - \varphi). \qquad (**)$$

式(**)的通解=齐线性方程的通解+$\bar{x}$,当时间t增加时,齐线性方程的通解是衰减的,随时间增加而不起作用,一定时间后,振动由式(**)描述.

从式(**)还可以看出,当阻力很小,即n很小时,如果ω_0接近ω,则振幅会相当大,这时将产生共振现象.

7. 某池塘养鱼,最多能养1000条,鱼数y是时间t(单位:月)的函数且变化速度与鱼数y及$1000-y$之积成正比,已知在池塘内养鱼100条,三个月后池塘内有鱼250条,求放养鱼数与时间t的函数关系.

解 依题意有
$$\frac{dy}{dt} = ky(1000-y),$$

其中,k为比例系数,$k>0$. 这是一个可分离变量的微分方程,可化为
$$\frac{dy}{y(1000-y)} = k dt,$$

两边积分,得
$$\int \frac{1}{1000}\left(\frac{1}{y}+\frac{1}{1000-y}\right)dy = \int k dt,$$

$$\frac{1}{1000}\cdot\ln\frac{y}{1000-y} = kt + C_1,$$

其通解为 $y(t)=\dfrac{1000}{1+Ce^{-1000kt}}$,其中 $C=e^{-C_1}$.

由初值条件 $\begin{cases}y(0)=100,\\ y(3)=250,\end{cases}$ 可求得 $\begin{cases}C=9,\\ e^{-1000k}=\dfrac{1}{3^{\frac{1}{3}}},\end{cases}$ 故所求特解为 $y(t)=\dfrac{1000}{9+3^{\frac{t}{3}}}3^{\frac{t}{3}}$.

自测题七

一、填空题. (每题 5 分, 5 小题, 共 25 分)

1. 微分方程 $(y+1)^2\dfrac{dy}{dx}+x^3=0$ 的通解为_____.

2. 微分方程 $(x^3+y^3)dx-3xy^2dy=0$ 的通解为_____.

3. 微分方程 $\dfrac{dy}{dx}+y\tan x=\cos x$ 的通解为_____.

4. 微分方程 $yy''+2y'^2=0$ 的通解为_____.

5. 微分方程 $y^{(4)}-y=0$ 的通解为_____.

解:1. 此为可分离变量的方程,分离变量得 $(y+1)^2 dy=-x^3 dx$,两端积分得 $\dfrac{1}{3}(y+1)^3=-\dfrac{1}{4}x^4+C_1$,故原方程的通解为 $3x^4+4(y+1)^3=C$ ($C=12C_1$).

2. 此为一阶齐次微分方程,可写为 $\dfrac{dy}{dx}=\dfrac{1}{3}\left(\dfrac{x^2}{y^2}+\dfrac{y}{x}\right)$,令 $u=\dfrac{y}{x}$ 即 $y=xu$,有 $dy=udx+xdu$,则原方程变为 $\dfrac{1}{3}\left(\dfrac{1}{u^2}+u\right)dx-(udx+xdu)=0$,分离变量得 $\dfrac{3u^2}{1-2u^3}du=\dfrac{1}{x}dx$,积分得 $-\dfrac{1}{2}\ln|1-2u^3|=\ln|x|+\ln C_1$,即 $1-2u^3=\pm\dfrac{1}{C_1^2 x^2}$.将 $u=\dfrac{y}{x}$ 代入上式并整理得通解 $x^3-2y^3=Cx$.

3. 此为一阶线性微分方程,由求解公式可得
$$y=e^{-\int\tan x dx}\left[\int\cos x\cdot e^{\int\tan x dx}dx+C\right]=\cos x\left(\int dx+C\right)=\cos x(x+C).$$
$$y=e^{-\int dx}\left[\int e^{-x}\cdot e^{\int dx}dx+C\right]=e^{-x}\left(\int e^{-x}\cdot e^x dx+C\right)=e^{-x}(x+C).$$

4. 此为可降阶的微分方程,令 $y'=p$,则 $y''=p'=\dfrac{dp}{dy}\cdot\dfrac{dy}{dx}=\dfrac{dp}{dy}p$,且原方程化为 $yp\dfrac{dp}{dy}+2p^2=0$,分离变量得 $\dfrac{dp}{p}=-2\dfrac{dy}{y}$,积分得 $\ln|p|=\ln\dfrac{1}{y^2}+\ln C_0$,即 $y'=p=\dfrac{C_0}{y^2}$,分离变量得 $y^2 dy=C_0 dx$,积分得 $y^3=3C_0 x+C_2$,即通解为 $y^3=C_1 x+C_2$.

5. 此为高阶齐次线性微分方程,特征方程为 $r^4-1=0$,即 $(r^2-1)(r^2+1)=0$,解得 $r_{1,2}=\pm 1$, $r_{3,4}=\pm i$,故方程的通解为 $y=C_1 e^x+C_2 e^{-x}+C_3\cos x+C_4\sin x$.

二、单项选择题.(每题 5 分,5 小题,共 25 分)

6. 设非齐次线性微分方程 $y'+P(x)y=Q(x)$ 有两个不同的解:$y_1(x)$ 与 $y_2(x)$,C 为任意常数,则该方程的通解为( ).

    A. $C[y_1(x)-y_2(x)]$ B. $y_1(x)+C[y_1(x)-y_2(x)]$
    C. $C[y_1(x)+y_2(x)]$ D. $y_1(x)+C[y_1(x)+y_2(x)]$

7. 设 $y=C_1 e^{-x}+C_2 e^{4x}$(C_1,C_2 为任意常数)为某二阶常系数线性齐次微分方程的通解,则该方程为( ).

    A. $y''+3y'-4y=0$ B. $y''-3y'-4y=0$
    C. $y''-y'-4y=0$ D. $y''+y'-4y=0$

8. 设线性无关的函数 y_1,y_2,y_3 都是二阶非齐次方程 $y''+p(x)y'+q(x)y=f(x)$ 的解,C_1,C_2 是任意常数,则该非齐次方程的通解为( ).

    A. $C_1 y_1+C_2 y_2+y_3$ B. $C_1 y_1+C_2 y_2-(C_1+C_2)y_3$
    C. $C_1 y_1+C_2 y_2-(1-C_1-C_2)y_3$ D. $C_1 y_1+C_2 y_2+(1-C_1-C_2)y_3$

9. 微分方程 $y''-y=e^x+1$ 的一个特解应具有形式(式中 a,b 为常数)( ).
    A. ae^x+b B. axe^x+b C. ae^x+bx D. axe^x+bx

10. 在下列微分方程中,以 $y=C_1 e^x+C_2\cos 2x+C_3\sin 2x$($C_1,C_2,C_3$ 为任意常数)为通解的是( ).

    A. $y'''+y''-4y'-4y=0$ B. $y'''+y''-4y'+4y=0$
    C. $y'''-y''-4y'+4y=0$ D. $y'''-y''+4y'-4y=0$

解 6. $y_1(x)-y_2(x)$ 是对应的齐次方程 $y'+P(x)y=Q(x)$ 的非零解,从而由线性微分方程解的性质定理知 $C[y_1(x)-y_2(x)]$ 是齐次方程的通解,再由非齐次线性方程解的结构定理知 $y_1(x)+C[y_1(x)-y_2(x)]$ 是原方程的通解,故选 B.

7. 由题设知题目的特征根分别是 -1 和 4,因此满足此特征根的微分方程为 $y''+3y'-4y$

$= 0$,故选 B.

8. 因为 $y_1 - y_3$ 与 $y_2 - y_3$ 是对应的齐次方程的解,且由 y_1, y_2, y_3 线性无关可推知 $y_1 - y_3$ 与 $y_2 - y_3$ 线性无关,而 y_3 是非齐次方程的特解,故 $y = C_1(y_1 - y_3) + C_2(y_2 - y_3) + y_3 = C_1 y_1 + C_2 y_2 + (1 - C_1 - C_2) y_3$ 是非齐次方程的通解,故选 D.

9. 原方程对应的齐次方程的特征方程的根为 $r_{1,2} = \pm 1$,相对于方程 $y'' - y = e^x$,因为 $f_1(x) = e^x, \lambda = 1$ 是特征方程的(单)根,故该方程的特解应形如 $y_1^* = ax e^x$. 又相对与方程 $y'' - y = 1$,$f_2(x) = 1, \lambda = 0$ 不是特征方程的根,故该方程的特解应形如 $y_2^* = b$. 按照叠加原理,则原方程的的特解应为 $y^* = y_1^* + y_2^* = ax e^x + b$。故选 B.

10. 由 $y = C_1 e^x + C_2 \cos 2x + C_3 \sin 2x$ 可知微分方程的特征方程的根为 $\lambda_1 = 1, \lambda_{2,3} = \pm 2i$,故对应的特征方程为 $(r-1)(r+2i)(r-2i) = (r-1)(r^2+4) = r^3 - r^2 + 4r - 4 = 0$,所以微分方程为 $y''' - y'' + 4y' - 4y = 0$,故选 D.

三、解答题.(每题 10 分,5 小题,共 50 分)

11. 求微分方程 $y'' + y'^2 + 1 = 0$ 的通解.

解 此为可降阶的微分方程,令 $y' = p$,则 $y'' = p'$,将其代入方程得 $p' + p^2 + 1 = 0$,分离变量并积分 $\int \frac{dp}{1+p^2} = -\int dx$,得 $\arctan p = -x + C_1$,即 $y' = p = \tan(-x + C_1)$,于是得通解 $y = \int -\tan(x - C_1) dx = \ln|\cos(x - C_1)| + C_2$,或写成 $y = \ln|\cos(x + C_1)| + C_2$.

12. 已知某曲线经过点 $(1,1)$,它的切线在纵轴上的截距等于切点的横坐标,求它的方程.

解 设 (x, y) 为曲线上的点,则曲线在该点处的切线方程为 $Y - y = y'(X - x)$,切线在纵轴上的截距为 $y - xy'$,依题意有 $y - xy' = x, y|_{x=1} = 1$. 将上述方程写为 $y' - \frac{1}{x} y = -1$,可解得 $y = e^{\int \frac{1}{x} dx} \left(\int -e^{-\int \frac{1}{x} dx} + C \right) = x \left(\int -\frac{1}{x} dx + C \right)$,代入初值条件 $x = 1, y = 1$ 得 $C = 1$,故所求曲线的方程为 $y = x(1 - \ln|x|)$.

13. 质量为 1g 的质点受外力作用做直线运动,外力与时间成正比,和质点运动的速度成反比. 在 $t = 10s$ 时,速度等于 $50 cm/s$,外力为 $4 g \cdot cm/s^2$,问从运动开始经过一分钟后的速度是多少?

解 设在时刻 t 质点的运动速度为 $v = v(t)$,根据题设条件有 $f = mv' = k \frac{t}{v}$,且由 $m = 1, t = 10, v = 50, f = 4$ 得 $k = \frac{f \cdot v}{t} = 20$,故有微分方程 $v' = 20 \frac{t}{v}$. 分离变量得 $v dv = 20 t dt$,积分得 $v^2 = 20 t^2 + C$,代入条件 $t = 10, v = 50$,得 $C = 500$,于是有特解 $v = \sqrt{20 t^2 + 500}$. 当 $t = 60(s)$ 时,$v = \sqrt{20 \times 60^2 + 500} = 269.3 (cm/s)$.

14. 验证形如 $yf(xy)dx + xg(xy)dy = 0$ 的微分方程,可经变量代换 $v = xy$ 化为可分离变量的方程,并求其通解.

证明 由 $v = xy$,即 $y = \frac{v}{x}$,得 $dy = \frac{x dv - v dx}{x^2}$,代入上式得
$$vf(v)dx + g(v)(x dv - v dx) = 0,$$

分离变量得
$$\frac{g(v) dv}{v[f(v) - g(v)]} + \frac{dx}{x} = 0,$$

积分得
$$\int \frac{g(v)\mathrm{d}v}{v[f(v)-g(v)]} + \ln|x| = C,$$
代入 $v = xy$ 后，便是原方程的通解.

15. 设有一质量为 m 的物体，在空中静止开始下落，如果空气阻力为 $R = cv$（其中 c 为常数，v 为物体运动的速度），试求物体下落的距离 s 与时间 t 的函数关系.

解 根据牛顿第二定律，有关系式 $m\dfrac{\mathrm{d}^2 s}{\mathrm{d} t^2} = mg - c\dfrac{\mathrm{d} s}{\mathrm{d} t}$，并依据题设条件，得初值问题 $\dfrac{\mathrm{d}^2 s}{\mathrm{d} t^2} = g - \dfrac{c}{m}\dfrac{\mathrm{d} s}{\mathrm{d} t}, s\big|_{t=0} = 0, \dfrac{\mathrm{d} s}{\mathrm{d} t}\big|_{t=0} = 0$. 令 $\dfrac{\mathrm{d} s}{\mathrm{d} t} = v$，方程变为 $\dfrac{\mathrm{d} v}{\mathrm{d} t} = g - \dfrac{c}{m} v$，分离变量后积分 $\displaystyle\int \dfrac{\mathrm{d} v}{g - \dfrac{c}{m} v} = \int \mathrm{d} t$，得 $\ln\left(g - \dfrac{c}{m} v\right) = -\dfrac{c}{m} t + C_1$. 代入初值条件 $v\big|_{t=0} = 0$，得 $C_1 = \ln g$，于是有 $v = \dfrac{\mathrm{d} s}{\mathrm{d} t} = \dfrac{mg}{c}(1 - \mathrm{e}^{-\frac{c}{m} t})$；积分得 $s = \dfrac{mg}{c}\left(t + \dfrac{m}{c} \mathrm{e}^{-\frac{c}{m} t}\right) + C_2$，代入初值条件 $s\big|_{t=0} = 0$，得 $C_2 = -\dfrac{m^2 g}{c^2}$，故所求特解（即下落的距离与时间的关系）为
$$s = \dfrac{mg}{c}\left(t + \dfrac{m}{c}\mathrm{e}^{-\frac{c}{m} t} - \dfrac{m}{c}\right) = \dfrac{mg}{c} t + \dfrac{m^2 g}{c^2}(\mathrm{e}^{-\frac{c}{m} t} - 1).$$

第八章 向量代数与空间解析几何

习题 8—1

1. 画出空间直角坐标系，并描绘下列各点：$A(0,-1,1)$；$B(0,0,5)$；$C(-5,0,3)$；$D(-2,2,4)$(图 8—1).

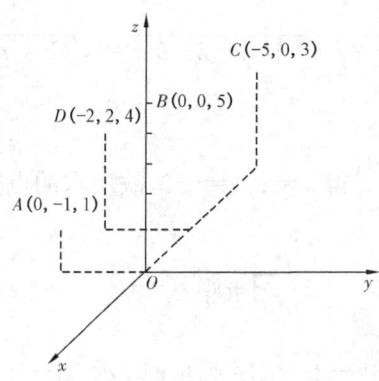

图 8—1

2. 指出下列各点位置的特殊性质：
(1)$(6,0,0)$；　　　(2)$(0,-2,0)$；　　　(3)$(0,-2,3)$；　　　(4)$(8,0,6)$.
解 (1)$(6,0,0)$在 x 轴上；　　　(2)$(0,-2,0)$在 y 轴上；
(3)$(0,-2,3)$在 yOz 坐标面上；　　　(4)$(8,0,6)$在 xOz 坐标面上.

3. 设某一点与给定点(a,b,c)分别对称于各坐标面、各坐标轴及坐标原点，求它的坐标.
解 与定点(a,b,c)分别
对称于 xOy 坐标面的点的坐标为$(a,b,-c)$；
对称于 yOz 坐标面的点的坐标为$(-a,b,c)$；
对称于 xOz 坐标面的点的坐标为$(a,-b,c)$；
对称于 x 轴的点的坐标为$(a,-b,-c)$；
对称于 y 轴的点的坐标为$(-a,b,-c)$；
对称于 z 轴的点的坐标为$(-a,-b,c)$；
对称于坐标原点的点的坐标为$(-a,-b,-c)$.

4. 求点 $M(2,-3,6)$与原点及各坐标轴间的距离.
解 点 $M(2,-3,6)$与坐标原点$(0,0,0)$的距离为 $d=\sqrt{2^2+(-3)^2+6^2}=7$；与 x 轴的距离为 $\sqrt{(-3)^2+6^2}=3\sqrt{5}$；与 y 轴的距离为 $\sqrt{2^2+6^2}=2\sqrt{10}$；与 z 轴的距离为 $\sqrt{2^2+(-3)^2}=\sqrt{13}$.

5. 求顶点为 $A(2,1,4),B(3,-1,2),C(5,0,6)$的三角形各边的长.
解 △ABC 各边的长分别为
$$|AB|=\sqrt{(3-2)^2+(-1-1)^2+(2-4)^2}=3;$$

$$|BC| = \sqrt{(5-3)^2 + (0+1)^2 + (6-2)^2} = \sqrt{21};$$
$$|CA| = \sqrt{(2-5)^2 + (1-0)^2 + (4-6)^2} = \sqrt{14}.$$

6. 在 yOz 坐标面上，求与已知点 $A(3,1,2)$, $B(4,-2,-2)$ 和 $C(0,5,1)$ 等距离的点．

解 因所求的点在 yOz 坐标面上，故设所求点 P 的坐标为 $(0,a,b)$，由于
$$|PA| = \sqrt{3^2 + (1-a)^2 + (2-b)^2}; \quad |PB| = \sqrt{4^2 + (-2-a)^2 + (-2-b)^2};$$
$$|PC| = \sqrt{0^2 + (5-a)^2 + (1-b)^2}.$$

由于 $|PA| = |PB|$，故 $\sqrt{9 + (1-a)^2 + (2-b)^2} = \sqrt{16 + (-2-a)^2 + (-2-b)^2}$，

从而 $\qquad\qquad\qquad 3a + 4b + 5 = 0,$ (1)

由于 $|PB| = |PC|$，故 $\sqrt{16 + (-2-a)^2 + (-2-b)^2} = \sqrt{(5-a)^2 + (1-b)^2}$，

从而 $\qquad\qquad\qquad 7a + 3b - 1 = 0.$ (2)

联立式(1)、式(2) $\begin{cases} 3a+4b+5=0, \\ 7a+3b-1=0, \end{cases}$ 得 $a=1, b=-2$，故所求的点为 $(0,1,-2)$．

习题 8-2

1. 设 $\boldsymbol{u} = \boldsymbol{a} - \boldsymbol{b} + 3\boldsymbol{c}, \boldsymbol{v} = \boldsymbol{a} + 3\boldsymbol{b} - 2\boldsymbol{c}$，试用 $\boldsymbol{a}$、$\boldsymbol{b}$、$\boldsymbol{c}$ 表示 $2\boldsymbol{u} - \boldsymbol{v}$．

解 $2\boldsymbol{u} - \boldsymbol{v} = 2(\boldsymbol{a} - \boldsymbol{b} + 3\boldsymbol{c}) - (\boldsymbol{a} + 3\boldsymbol{b} - 2\boldsymbol{c}) = (2\boldsymbol{a} - 2\boldsymbol{b} + 6\boldsymbol{c}) - (\boldsymbol{a} + 3\boldsymbol{b} - 2\boldsymbol{c}) = \boldsymbol{a} - 5\boldsymbol{b} + 8\boldsymbol{c}$．

2. 已知 $\boldsymbol{a} = 2\boldsymbol{e}_1 - 4\boldsymbol{e}_2 + 6\boldsymbol{e}_3, \boldsymbol{b} = -4\boldsymbol{e}_1 + 6\boldsymbol{e}_2 + 2\boldsymbol{e}_3, \boldsymbol{c} = 3\boldsymbol{e}_2 - \boldsymbol{e}_3$，求 $2\boldsymbol{a} - \boldsymbol{b} + 2\boldsymbol{c}$．

解 $2\boldsymbol{a} - \boldsymbol{b} + 2\boldsymbol{c} = 2(2\boldsymbol{e}_1 - 4\boldsymbol{e}_2 + 6\boldsymbol{e}_3) - (-4\boldsymbol{e}_1 + 6\boldsymbol{e}_2 + 2\boldsymbol{e}_3) + 2(3\boldsymbol{e}_2 - \boldsymbol{e}_3) = 8\boldsymbol{e}_1 - 8\boldsymbol{e}_2 + 8\boldsymbol{e}_3$．

3. 用向量方法证明对角线互相平分的四边形是平行四边形．

证明 如图 8-2 所示，设四边形 $ABCD$，对角线相交于 M．因对角线互相平分，所以有 $\overrightarrow{AM} = \overrightarrow{MC}, \overrightarrow{MB} = \overrightarrow{DM}$，即
$$\overrightarrow{AB} = \overrightarrow{AM} + \overrightarrow{MB} = \overrightarrow{MC} + \overrightarrow{DM} = \overrightarrow{DM} + \overrightarrow{MC} = \overrightarrow{DC},$$
所以对边 AB 与 DC 长度相等且平行，从而 $ABCD$ 是平行四边形．

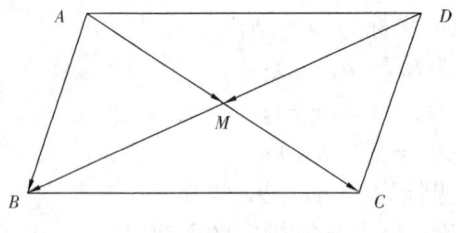

图 8-2

4. 要使 $|\boldsymbol{a}+\boldsymbol{b}| = |\boldsymbol{a}-\boldsymbol{b}|$ 成立，向量 $\boldsymbol{a}$、$\boldsymbol{b}$ 应满足什么关系？

解 (1)若 $\boldsymbol{a} \neq \boldsymbol{0}$ 且 $\boldsymbol{b} \neq \boldsymbol{0}$，由向量加、减法的平行四边形法则，及条件 $|\boldsymbol{a}+\boldsymbol{b}| = |\boldsymbol{a}-\boldsymbol{b}|$，要求平行四边形的两条对角线相等，从而只有向量 $\boldsymbol{a}$ 与 $\boldsymbol{b}$ 垂直才可．

(2)若 $\boldsymbol{a}$ 与 $\boldsymbol{b}$ 中有一个为零向量，则 $\boldsymbol{a}$ 与 $\boldsymbol{b}$ 一定垂直．

习题 8—3

1. 已知 a、b、c 是三个单位向量,它们与轴 l 的夹角分别为 $\frac{\pi}{6}$、$\frac{\pi}{3}$、$\frac{\pi}{2}$. 试求向量 $r=a+2b+3c$ 在轴 l 上的投影.

解 $P_{rj_l}(r)=P_{rj_l}(a+2b+3c)=P_{rj_l}a+2P_{rj_l}b+3P_{rj_l}c$

$$=|a|\cos\frac{\pi}{6}+2|b|\cos\frac{\pi}{3}+3|c|\cos\frac{\pi}{2}=\frac{\sqrt{3}}{2}+1+0=\frac{\sqrt{3}}{2}+1.$$

2. 设向量 a 的两个方向余弦 $\cos\alpha=\frac{2}{7}$,$\cos\beta=\frac{3}{7}$,又知 a 与 z 轴正向夹角为钝角,求 $\cos\gamma$.

解 因向量的方向余弦有关系式 $\cos^2\alpha+\cos^2\beta+\cos^2\gamma=1$,从而向量 a 与 z 轴的夹角余弦

$$\cos^2\gamma=1-\cos^2\alpha-\cos^2\beta=1-\left(\frac{2}{7}\right)^2-\left(\frac{3}{7}\right)^2=\frac{36}{49},$$

即

$$\cos\gamma=\pm\frac{6}{7}.$$

又 a 与 z 轴正向夹角为钝角,故 $\cos\gamma=-\frac{6}{7}$.

3. 一向量的终点在点 $B(4,-2,6)$,它在 x 轴、y 轴、z 轴的投影依次为 2、-2 和 6,求这向量的起点 A 的坐标.

解 设起点 A 的坐标为 (a_1,a_2,a_3),则有

$$\overrightarrow{AB}=\{(4-a_1),(-2-a_2),(6-a_3)\}=\{2,-2,6\},$$

从而 $a_1=2,a_2=0,a_3=0$,起点 A 的坐标为 $(2,0,0)$.

4. 已知两点 $A(3,2,-1)$,$B(7,-2,3)$,在线段 AB 上有一点 M,且 $\overrightarrow{AM}=2\overrightarrow{MB}$,求向量 $\overrightarrow{OM}$.

解 向量 $\overrightarrow{AB}$ 的定比分点 $M(x,y,z)$ 的坐标为

$$x=\frac{3+2\times7}{1+2}=\frac{17}{3};y=\frac{2+(-2)\times2}{1+2}=-\frac{2}{3};z=\frac{-1+3\times2}{1+2}=\frac{5}{3},$$

从而向量 $\overrightarrow{OM}=\left\{\frac{17}{3},-\frac{2}{3},\frac{5}{3}\right\}$.

5. 求与向量 $a=6i+2j-3k$ 平行的单位向量.

解 $a^0=\frac{a}{|a|}=\frac{6i+2j-3k}{\sqrt{36+4+9}}=\frac{6}{7}i+\frac{2}{7}j-\frac{3}{7}k$,与 a 平行的单位向量为

$$\left\{\frac{6}{7},\frac{2}{7},-\frac{3}{7}\right\} \text{ 或 } -\left\{\frac{6}{7},\frac{2}{7},-\frac{3}{7}\right\}.$$

6. 已知向量 $\overrightarrow{OM}$ 的模为 10,与 x 轴的正向夹角为 $45°$,与 y 轴的正向夹角为 $60°$,求向量 $\overrightarrow{OM}$.

解 $a_x=|a|\cos\alpha=10\cos45°=5\sqrt{2}$;$a_y=|a|\cos\beta=10\cos60°=5$.

又因为 $$\cos^2\gamma = 1 - \cos^2\alpha - \cos^2\beta = 1 - \left(\frac{\sqrt{2}}{2}\right)^2 - \left(\frac{1}{2}\right)^2 = \frac{1}{4},$$

即 $$\cos\gamma = \pm\frac{1}{2}, \quad a_z = |\boldsymbol{a}|\cos\gamma = 10 \times \left(\pm\frac{1}{2}\right) = \pm 5.$$

所求向量 $\overrightarrow{OM} = \{5\sqrt{2}, 5, 5\}$ 或 $\overrightarrow{OM} = \{5\sqrt{2}, 5, -5\}$.

7. 设已知两点 $M_1(8, 2\sqrt{2}, 2)$ 和 $M_2(6, 0, 4)$，计算向量 $\overrightarrow{M_1M_2}$ 的模、方向余弦和方向角.

解 向量 $\overrightarrow{M_1M_2} = \{(6-8), (0-2\sqrt{2}), (4-2)\} = \{-2, -2\sqrt{2}, 2\}$，则有

$$|\overrightarrow{M_1M_2}| = \sqrt{(-2)^2 + (-2\sqrt{2})^2 + 2^2} = 4;$$

$$\cos\alpha = \frac{a_x}{|\overrightarrow{M_1M_2}|} = \frac{-2}{4} = -\frac{1}{2}, \quad \cos\beta = \frac{-2\sqrt{2}}{4} = -\frac{\sqrt{2}}{2}, \quad \cos\gamma = \frac{2}{4} = \frac{1}{2},$$

从而方向角分别为 $\alpha = \frac{2}{3}\pi, \beta = \frac{3}{4}\pi, \gamma = \frac{\pi}{3}$.

8. 设 $\boldsymbol{a} = 6\boldsymbol{i} + 4\boldsymbol{j} + 8\boldsymbol{k}, \boldsymbol{b} = 2\boldsymbol{i} - 2\boldsymbol{j} - 6\boldsymbol{k}$ 和 $\boldsymbol{c} = 3\boldsymbol{i} + 6\boldsymbol{j} - 2\boldsymbol{k}$，求向量 $\boldsymbol{m} = 2\boldsymbol{a} + 3\boldsymbol{b} - \boldsymbol{c}$ 在 x 轴上的投影及在 y 轴上的分向量.

解 向量 $\boldsymbol{m} = 2\boldsymbol{a} + 3\boldsymbol{b} - \boldsymbol{c}$
$= 2(6\boldsymbol{i} + 4\boldsymbol{j} + 8\boldsymbol{k}) + 3(2\boldsymbol{i} - 2\boldsymbol{j} - 6\boldsymbol{k}) - (3\boldsymbol{i} + 6\boldsymbol{j} - 2\boldsymbol{k})$
$= 15\boldsymbol{i} - 4\boldsymbol{j} + 0\boldsymbol{k} = 15\boldsymbol{i} - 4\boldsymbol{j}.$

$\boldsymbol{m}$ 在 x 轴上的投影为 15，在 y 轴上的分向量为 $-4\boldsymbol{j}$.

9. 分别求出向量 $\boldsymbol{a} = \boldsymbol{i} - 2\boldsymbol{j} - 2\boldsymbol{k}, \boldsymbol{b} = \boldsymbol{i} + \boldsymbol{j} + \boldsymbol{k}$ 的模，并分别用单位向量 $\boldsymbol{a}^0$、$\boldsymbol{b}^0$ 表达向量 $\boldsymbol{a}$、$\boldsymbol{b}$.

解 $|\boldsymbol{a}| = \sqrt{1 + 4 + 4} = 3, |\boldsymbol{b}| = \sqrt{1 + 1 + 1} = \sqrt{3}; \boldsymbol{a} = 3\boldsymbol{a}^0, \boldsymbol{b} = \sqrt{3}\boldsymbol{b}^0.$

10. 已知点 $A(3, 1, -2)$ 是向量 $\boldsymbol{a} = \{4, -3, 1\}$ 的起点，求 $\boldsymbol{a}$ 的终点 B 的坐标.

解 设 $\boldsymbol{a}$ 的终点 B 的坐标为 (a_1, a_2, a_3)，则有 $\overrightarrow{AB} = \boldsymbol{a}$，即

$$(a_1 - 3) = 4, \quad (a_2 - 1) = -3, \quad (a_3 + 2) = 1,$$

从而 $a_1 = 7, a_2 = -2, a_3 = -1$，终点 B 的坐标为 $(7, -2, -1)$.

习题 8—4

1. 设向量 $\boldsymbol{a} = (\lambda, -3, 2)$ 和 $\boldsymbol{b} = (1, 2, -\lambda)$ 互相垂直，求 λ.

解 由题设知 $\boldsymbol{a}$ 与 $\boldsymbol{b}$ 垂直，从而 $\boldsymbol{a} \cdot \boldsymbol{b} = 0$，即 $\boldsymbol{a} \cdot \boldsymbol{b} = \lambda \times 1 + (-3) \times 2 + 2 \times (-\lambda) = 0$，从而 $\lambda = -6$.

2. 向量 $\boldsymbol{a}$ 和 $\boldsymbol{b}$ 的夹角 $\varphi = \frac{\pi}{3}$，且 $|\boldsymbol{a}| = 5, |\boldsymbol{b}| = 8$. 试求 $|\boldsymbol{a} + \boldsymbol{b}|$ 和 $|\boldsymbol{a} - \boldsymbol{b}|$.

解 $|\boldsymbol{a} + \boldsymbol{b}|^2 = (\boldsymbol{a} + \boldsymbol{b}) \cdot (\boldsymbol{a} + \boldsymbol{b}) = |\boldsymbol{a}|^2 + 2(\boldsymbol{a} \cdot \boldsymbol{b}) + |\boldsymbol{b}|^2 = 5^2 + 2 \times 5 \times 8\cos\frac{\pi}{3} + 8^2 = 129,$

从而 $|\boldsymbol{a} + \boldsymbol{b}| = \sqrt{129};$

同理 $|a-b|^2=(a-b)\cdot(a-b)=|a|^2-2(a\cdot b)+|b|^2=25-2\times20+64=49$，从而 $|a-b|=7$.

3. 设 $a=2i-3j+k, b=i-j+3k, c=i-2j$，求：

(1) $a\cdot b$ 及 $a\times b$ 和 $(a\times b)\cdot c$；(2) a,b 的夹角余弦.

解 (1) $a\cdot b=2\times1-3\times(-1)+1\times3=8$，

$$a\times b=\begin{vmatrix} i & j & k \\ 2 & -3 & 1 \\ 1 & -1 & 3 \end{vmatrix}=-8i-5j+k, (a\times b)\cdot c=\begin{vmatrix} 2 & -3 & 1 \\ 1 & -1 & 3 \\ 1 & -2 & 0 \end{vmatrix}=2;$$

(2) a 与 b 的夹角余弦 $\cos(\widehat{a,b})=\dfrac{a\cdot b}{|a|\times|b|}=\dfrac{8}{\sqrt{14}\cdot\sqrt{11}}=\dfrac{8}{\sqrt{154}}$.

4. 求向量 $b=\{1,1,-4\}$ 在向量 $a=\{2,-2,1\}$ 上的投影.

解 $Prj_a b=\dfrac{a\cdot b}{|a|}=\dfrac{2-2-4}{\sqrt{4+4+1}}=-\dfrac{4}{3}$.

5. 已知 $a、b、c$ 都是单位向量，且满足 $a+b+c=0$，求 $a\cdot b+b\cdot c+c\cdot a$.

解 $a\cdot b+b\cdot c=a\cdot b+c\cdot b=(a+c)\cdot b=-b\cdot b=-|b|^2=-1$.

同理 $\qquad\qquad\qquad b\cdot c+c\cdot a=-1, c\cdot a+a\cdot b=-1$.

三式相加 $\qquad\qquad 2(a\cdot b+b\cdot c+c\cdot a)=-3$,

所以 $\qquad\qquad (a\cdot b+b\cdot c+c\cdot a)=-\dfrac{3}{2}$.

6. 求同时垂直于 $a=2i+2j+k$ 和 $b=4i+5j+3k$ 的单位向量.

解 $a\times b=\begin{vmatrix} i & j & k \\ 2 & 2 & 1 \\ 4 & 5 & 3 \end{vmatrix}=i-2j+2k$，令 $c=\{1,-2,2\}$，则

$$c^0=\dfrac{c}{|c|}=\left\{\dfrac{1}{3},-\dfrac{2}{3},\dfrac{2}{3}\right\}.$$

故所求的单位向量为 $\left\{\dfrac{1}{3},-\dfrac{2}{3},\dfrac{2}{3}\right\}$ 或 $\left\{-\dfrac{1}{3},\dfrac{2}{3},-\dfrac{2}{3}\right\}$.

*7. 设 $(a\times b)\cdot c=2$，求 $[(a+b)\times(b+c)]\cdot(c+a)$.

解 $[(a+b)\times(b+c)]\cdot(c+a)=[(a+b)\times b+(a+b)\times c]\cdot(c+a)$
$=[a\times b+b\times b+a\times c+b\times c]\cdot(c+a)=(a\times b+a\times c+b\times c)\cdot(c+a)$
$=(a\times b)\cdot c+(a\times c)\cdot c+(b\times c)\cdot c+(a\times b)\cdot a+(a\times c)\cdot a+(b\times c)\cdot a$
$=(a\times b)\cdot c+(b\times c)\cdot a=2(a\times b)\cdot c=4$.

8. 已知平行四边形的三个顶点 $(0,0,0)、(1,5,4)$ 和 $(2,-1,3)$，求它的面积.

解 以点 O,A,B 为顶点的平行四边形的面积 $S=|\overrightarrow{OA}\times\overrightarrow{OB}|$，

其中
$$\vec{OA} \times \vec{OB} = \begin{vmatrix} i & j & k \\ 1 & 5 & 4 \\ 2 & -1 & 3 \end{vmatrix} = 19i + 5j - 11k,$$

$$|\vec{OA} \times \vec{OB}| = \sqrt{19^2 + 5^2 + (-11)^2} = 13\sqrt{3},$$

从而以点 O、A、B 为三个顶点的平行四边形的面积为 $13\sqrt{3}$.

9. 已知 $|a|=3, |b|=5, a \cdot b = 15$,求 $|a-b|$ 的值.

解 $|a-b|^2 = (a-b) \cdot (a-b) = |a|^2 - 2a \cdot b + |b|^2 = 3^2 - 2 \times 15 + 5^2 = 4$,
$|a-b|=2$.

10. 设 $a=\{-6,-10,4\}, b=\{4,2,8\}$,问 λ 与 μ 是怎样的关系能使 $\lambda a + \mu b$ 与 z 轴垂直?

解 $\lambda a + \mu b = \{-6\lambda, -10\lambda, 4\lambda\} + \{4\mu, 2\mu, 8\mu\} = \{-6\lambda+4\mu, -10\lambda+2\mu, 4\lambda+8\mu\}$.
在 z 轴取单位向量 $k=\{0,0,1\}$,要使 $\lambda a + \mu b$ 与 z 轴垂直,只要 $(\lambda a + \mu b) \cdot k = 0$.

即
$$(-6\lambda+4\mu) \cdot 0 + (-10\lambda+2\mu) \cdot 0 + (4\lambda+8\mu) \cdot 1 = 0,$$

从而 $4\lambda + 8\mu = 0$,故 $\lambda = -2\mu$.

11. 设质量为 100kg 的物体从点 $M_1(3,1,8)$ 沿直线移动到点 $M_2(1,4,2)$,计算重力所做的功(长度单位为 m,重力方向为 z 轴负方向).

解 由重力做功的性质 $W = G \cdot \vec{M_1 M_2}$,故
$$W = 100 \times 9.8 \times 6 = 5880(\text{J}).$$

12. 证明:向量 a、b、c 共面的充要条件是 $a \cdot (b \times c) = 0$.

证明 (1)必要性. 因 a, b, c 共面,故以 a, b, c 为相邻侧棱的平行六面体的体积 $V=0$,即
$$V = |(a \times b) \cdot c| = |(b \times c) \cdot a| = |a \cdot (b \times c)| = 0.$$

所以,$a \cdot (b \times c) = 0$.

(2)充分性.
$$a \cdot (b \times c) = 0, |a \cdot (b \times c)| = 0.$$

从而以 a, b, c 为相邻侧棱的平行六面体的体积 $V=0$,即向量 a, b, c 共面.

13. 证明:向量 $a=-i+3j+2k, b=2i-3j-4k, c=-3i+12j+6k$ 在同一平面上,并且沿 a 和 b 分解 c.

证明 因为 $(a \times b) \cdot c = \begin{vmatrix} a_x & a_y & a_z \\ b_x & b_y & b_z \\ c_x & c_y & c_z \end{vmatrix} = \begin{vmatrix} -1 & 3 & 2 \\ 2 & -3 & -4 \\ -3 & 12 & 6 \end{vmatrix} = 0$,所以 a, b, c 共面.

设 $c = \lambda a + \mu b$,其中 λ, μ 为待定常数,则有
$$c = -3i + 12j + 6k = \lambda(-i+3j+12k) + \mu(2i-3j-4k)$$

$$= (-\lambda+2\mu)i + (3\lambda-3\mu)j + (2\lambda-4\mu)k.$$

比较等式两边,得 $-\lambda+2\mu=-3, 3\lambda-3\mu=12, 2\lambda-4\mu=6$,解得 $\lambda=5, \mu=1$,故 $c=5a+b$.

14. 试用向量证明不等式:$\sqrt{a_1^2+a_2^2+a_3^2}\sqrt{b_1^2+b_2^2+b_3^2}\geqslant |a_1b_1+a_2b_2+a_3b_3|$,其中 $a_1、a_2、a_3、b_1、b_2、b_3$ 为任意实数,并指出等号成立的条件.

证明 设 $a=\{a_1,a_2,a_3\}, b=\{b_1,b_2,b_3\}$,有 $a\cdot b=|a|\cdot|b|\cos(a,b)\leqslant |a||b|$,即

$$|a_1b_1+a_2b_2+a_3b_3|\leqslant \sqrt{a_1^2+a_2^2+a_3^2}\sqrt{b_1^2+b_2^2+b_3^2},$$

从而

$$\sqrt{a_1^2+a_2^2+a_3^2}\sqrt{b_1^2+b_2^2+b_3^2}\geqslant |a_1b_1+a_2b_2+a_3b_3|,$$

且仅当 $a\parallel b$,即 $a_i=kb_i(i=1,2,3)$ 时,等号成立.

15. 给定四点 $M_1(1,1,1)、M_2(2,3,4)、M_3(3,6,10)、M_4(4,10,20)$,求四面体 $M_1M_2M_3M_4$ 的体积.

解 由立体几何知道,所求四面体的体积 V 是以 $\overrightarrow{M_1M_2}, \overrightarrow{M_1M_3}, \overrightarrow{M_1M_4}$ 为相邻棱的平行六面体的体积的六分之一,根据混合积的几何意义,得

$$V=\frac{1}{6}|(\overrightarrow{M_1M_2}\times\overrightarrow{M_1M_3})\cdot\overrightarrow{M_1M_4}|.$$

而 $\overrightarrow{M_1M_2}=\{1,2,3\}, \overrightarrow{M_1M_3}=\{2,5,9\}, \overrightarrow{M_1M_4}=\{3,9,19\}$,所以

$$(\overrightarrow{M_1M_2}\times\overrightarrow{M_1M_3})\cdot\overrightarrow{M_1M_4}=\begin{vmatrix}1&2&3\\2&5&9\\3&9&19\end{vmatrix}=1,$$

于是 $V=\frac{1}{6}\times 1=\frac{1}{6}$.

习题 8—5

1. 求两坐标面 xOy 和 yOz 所夹角的角平分面的方程.

解 两坐标面 xOy 面和 yOz 面的角平分面过 y 轴,方程为 $x=\pm z$,即 $x\mp z=0$.

2. 建立以点 $(1,3,-2)$ 为球心,且通过坐标原点的球面方程.

解 以点 $(1,3,-2)$ 为球心的球面方程为 $(x-1)^2+(y-3)^2+(z+2)^2=R^2$.因其过原点故 $(0-1)^2+(0-3)^2+(0+2)^2=R^2, R=\sqrt{14}$,所以球面方程为

$$(x-1)^2+(y-3)^2+(z+2)^2=14.$$

3. 方程 $x^2+y^2+z^2+2x+6y-2z=0$ 表示什么曲面?

解 $x^2+y^2+z^2+2x+6y-2z=0$,化简后为 $(x+1)^2+(y+3)^2+(z-1)^2=11$,表示以 $(-1,-3,1)$ 为球心,半径为 $\sqrt{11}$ 的球面.

4. 求与坐标原点 O 及点 $(2,3,4)$ 的距离之比为 $1:2$ 的全体点所组成的曲面的方程,它表示怎样的曲面?

解 设所求点为 $P(x,y,z)$,则由题设条件

$$2\sqrt{x^2+y^2+z^2}=\sqrt{(x-2)^2+(y-3)^2+(z-4)^2},$$

$$4(x^2+y^2+z^2) = x^2-4x+4+y^2-6y+9+z^2-8z+16,$$

$$3x^2+4x+3y^2+6y+3z^2+8z=29,$$

整理可得 $$\left(x+\frac{2}{3}\right)^2+(y+1)^2+\left(z+\frac{4}{3}\right)^2=\frac{116}{9}.$$

即全体点构成的曲面是以 $\left(-\frac{2}{3},-1,-\frac{4}{3}\right)$ 为球心,半径为 $\frac{2\sqrt{29}}{3}$ 的球面.

5. 求 xOy 平面上的双曲线 $4x^2-9y^2=36$ 绕 x 轴旋转一周所得到的旋转曲面的方程.

解 绕 x 轴旋转一周所得到的旋转曲面方程为 $4x^2-9(\pm\sqrt{y^2+z^2})^2=36$,即

$$4x^2-9y^2-9z^2=36.$$

6. 求 xOz 平面上的曲线 $x^2+3z^2=9$ 绕 z 轴旋转一周所得到的旋转曲面的方程.

解 绕 z 轴旋转一周所得到的旋转曲面方程为 $(\pm\sqrt{x^2+y^2})^2+3z^2=9$,即

$$x^2+y^2+3z^2=9.$$

7. 求 yOz 坐标面上的直线 $\dfrac{z}{2}=\dfrac{y-2}{3}$ 绕 y 轴旋转一周所得到的旋转曲面的方程.

解 绕 y 轴旋转一周所得到的旋转曲面方程为 $\dfrac{\pm\sqrt{x^2+z^2}}{2}=\dfrac{y-2}{3}$,即

$$\frac{x^2+z^2}{4}=\frac{(y-2)^2}{9}.$$

8. 求曲线 $\begin{cases} z=x^2, \\ y=0 \end{cases}$ 绕 z 轴旋转一周所得到的旋转曲面的方程.

解 曲线绕 z 轴旋转一周所得的旋转曲面方程为 $z=(\pm\sqrt{x^2+y^2})^2$,即

$$z=x^2+y^2.$$

9. 求 xOy 平面上的曲线 $\begin{cases} z=0, \\ y=e^x \end{cases}$ 绕 x 轴旋转一周所得到的旋转曲面的方程.

解 绕 x 轴旋转一周所得的旋转曲面方程为 $\pm\sqrt{y^2+z^2}=e^x$,即

$$y^2+z^2=e^{2x}.$$

10. 指出下列方程所表示的曲面,并说明是怎样形成的:

(1) $y^2+z^2-4x+8=0$;　　(2) $x^2-\dfrac{y^2}{4}+z^2=1$;　　(3) $x^2-y^2-z^2=1$.

解 (1) $y^2+z^2-4x+8=0$ 可看为 $(\pm\sqrt{y^2+z^2})^2=4x-8$,表示 xOy 坐标面上的抛物线 $y^2=4x-8$ 绕 x 轴旋转一周所得的旋转抛物面,或为 xOz 坐标面上的抛物线 $z^2=4x-8$ 绕 x 轴旋转一周所得的旋转抛物面.

(2) $x^2-\dfrac{y^2}{4}+z^2=1$ 可看为 $(\pm\sqrt{x^2+z^2})^2-\dfrac{y^2}{4}=1$,表示为 xOy 坐标面上的双曲线 $x^2-\dfrac{y^2}{4}=1$ 或 yOz 坐标面上的双曲线 $z^2-\dfrac{y^2}{4}=1$ 绕 y 轴旋转一周所得的旋轴双曲面.

(3) $x^2-y^2-z^2=1$ 可看为 $x^2-(\pm\sqrt{y^2-z^2})^2=1$,表示为 xOy 坐标面上的双曲线 $x^2-y^2=1$ 或 zOx 坐标面上的双曲线 $x^2-z^2=1$ 绕 x 轴旋转一周所得的旋转双曲面.

11. 指出下列方程在平面解析几何和在空间解析几何中分别表示什么图形:
(1) $x^2+y^2=1$; (2) $x^2-y^2=1$; (3) $x=1$; (4) $y=2x+1$.

解

序号	方程	在平面解析几何中	在空间解析几何中
(1)	$x^2+y^2=1$	坐标原点为圆心,1 为半径的圆	母线平行于 z 轴的圆柱面
(2)	$x^2-y^2=1$	双曲线	母线平行于 z 轴的双曲柱面
(3)	$x=1$	平行于 y 轴的直线	平行于 yOz 平面的平面
(4)	$y=2x+1$	斜率为 2,且在 y 轴上的截距为 1 的直线	平行于 z 轴的一平面

12. 画出下列各方程所表示的曲面:
(1) $x^2+y^2=ax$ $(a>0)$; (2) $x^2+y^2=ay$ $(a>0)$;
(3) $x^2+y^2+z^2=az$ $(a>0)$; (4) $z=\sqrt{x^2+y^2}$;
(5) $\left(x-\dfrac{a}{2}\right)^2+y^2=\left(\dfrac{a}{2}\right)^2$; (6) $-\dfrac{x^2}{4}+\dfrac{y^2}{9}=1$;
(7) $\dfrac{x^2}{9}+\dfrac{z^2}{4}=1$; (8) $z=2-x^2$;
(9) $y^2-z=0$.

解 (1) $x^2+y^2=ax$ $(a>0)$ 即 $\left(x-\dfrac{a}{2}\right)^2+y^2=\dfrac{a^2}{4}$,表示母线平行于 z 轴,准线为 $\left(x-\dfrac{a}{2}\right)^2+y^2=\dfrac{a^2}{4}$ 的圆柱面,如图 8-3 所示.

(2) $x^2+y^2=ay$ $(a>0)$ 即 $x^2+\left(y-\dfrac{a}{2}\right)^2=\dfrac{a^2}{4}$,表示母线平行于 z 轴,准线为 $x^2+\left(y-\dfrac{a}{2}\right)^2=\dfrac{a^2}{4}$ 的圆柱面,如图 8-4 所示.

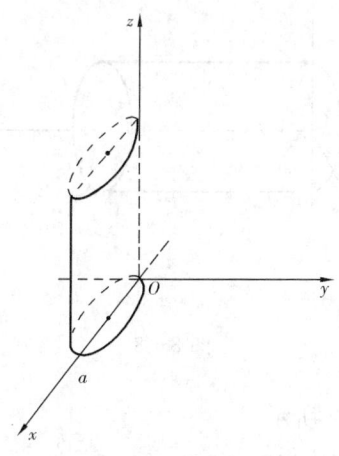

图 8-3

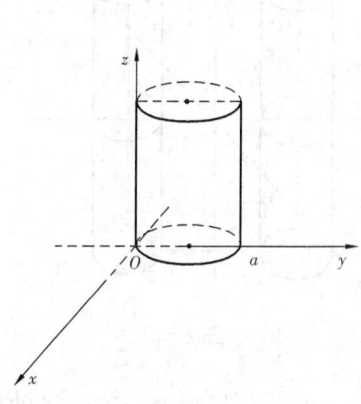

图 8-4

(3) $x^2+y^2+z^2=az$ 即 $x^2+y^2+\left(z-\dfrac{a}{2}\right)^2=\left(\dfrac{a}{2}\right)^2$，表示以 $\left(0,0,\dfrac{a}{2}\right)$ 为球心，半径为 $\dfrac{a}{2}$ 的球面，如图 8-5 所示.

(4) $z=\sqrt{x^2+y^2}$ 即 $z^2=(x^2+y^2)$，$z^2=(\pm\sqrt{x^2+y^2})^2$，表示 xOz 坐标面上的曲线 $z^2=x^2$，即直线 $z=\pm x$ 绕 z 轴旋转一周形成的圆锥面，表示 yOz 坐标面上的曲线 $z^2=y^2$，即直线 $z=\pm y$ 绕 z 轴旋转一周形成的圆锥面，如图 8-6 所示.

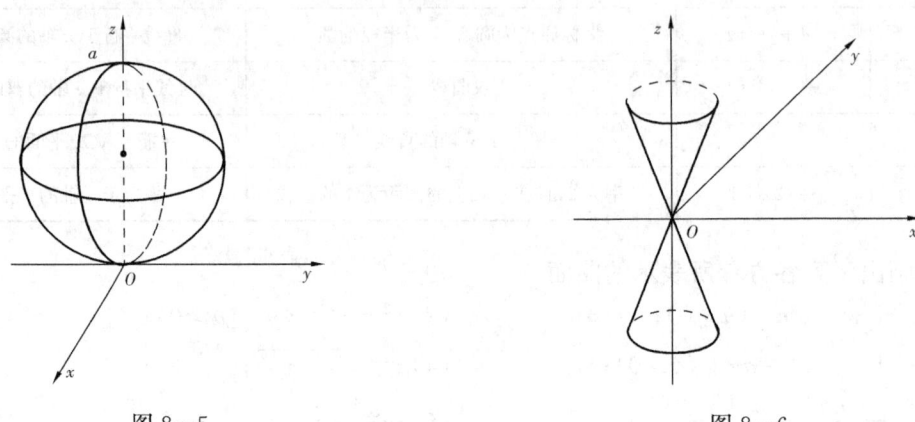

图 8-5   图 8-6

(5) $\left(x-\dfrac{a}{2}\right)^2+y^2=\left(\dfrac{a}{2}\right)^2$ 表示母线平行于 z 轴，准线为 $\left(x-\dfrac{a}{2}\right)^2+y^2=\left(\dfrac{a}{2}\right)^2$ 的圆柱面，如图 8-3 所示.

(6) $-\dfrac{x^2}{4}+\dfrac{y^2}{9}=1$，母线平行于 z 轴的双曲柱面，如图 8-7 所示.

(7) $\dfrac{y^2}{9}+\dfrac{z^2}{4}=1$，母线平行于 y 轴的椭圆柱面，如图 8-8 所示.

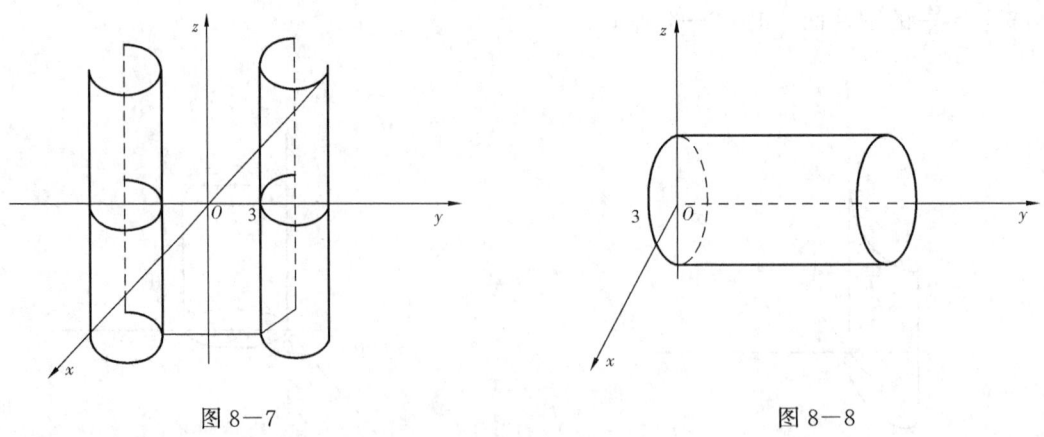

图 8-7   图 8-8

(8) $z=2-x^2$，母线平行于 y 轴的抛物柱面，如图 8-9 所示.

(9) $y^2-z=0$，母线平行于 x 轴的抛物柱面，如图 8-10 所示.

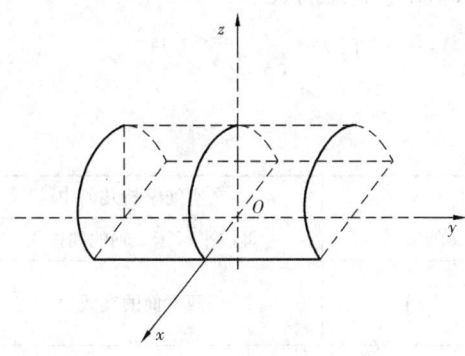

图 8-9

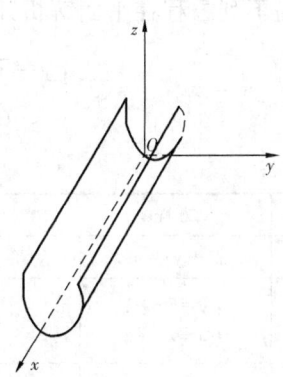

图 8-10

习题 8-6

1. 画出下列曲线在第一卦限内的图形：

(1) $\begin{cases} x^2+y^2=R^2, \\ x^2+z^2=R^2; \end{cases}$ (2) $\begin{cases} z=\sqrt{x^2+y^2}, \\ z^2=2x; \end{cases}$ (3) $\begin{cases} x=1, \\ z=2; \end{cases}$ (4) $\begin{cases} z=\sqrt{4-x^2-y^2}, \\ x-y=0. \end{cases}$

解 分别如图 8-11、图 8-12、图 8-13、图 8-14 所示.

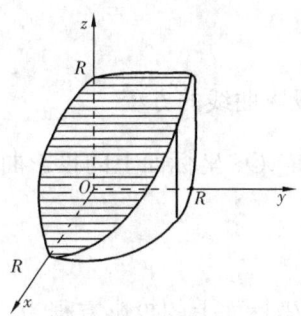

图 8-11

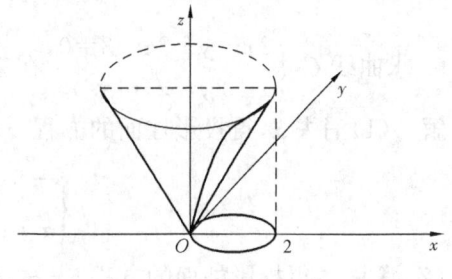

图 8-12

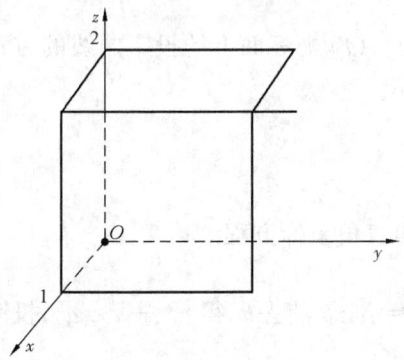

图 8-13

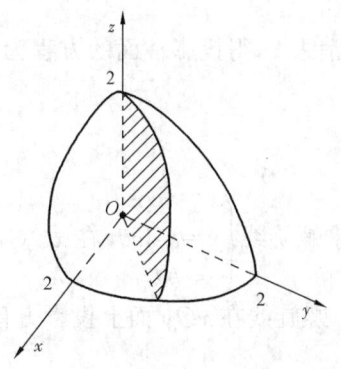

图 8-14

2. 指出下列方程在平面解析几何中与在空间解析几何中分别表示什么图形：

(1) $x^2+y^2=a^2$；　　(2) $\begin{cases} y=5x+1, \\ y=2x-3; \end{cases}$　　(3) $\begin{cases} \dfrac{x^2}{4}+\dfrac{y^2}{9}=1, \\ y=3. \end{cases}$

解

序号	方程	在平面解析几何中	在空间解析几何中
(1)	$x^2+y^2=a^2$	以原点为圆心，半径为 a 的圆	母线平行于 z 轴的圆柱面
(2)	$\begin{cases} y=5x+1 \\ y=2x-3 \end{cases}$	两直线的交点 $\left(-\dfrac{4}{3},-\dfrac{17}{3}\right)$	两平面的交线
(3)	$\begin{cases} \dfrac{x^2}{4}+\dfrac{y^2}{9}=1 \\ y=3 \end{cases}$	椭圆与直线的交点	椭圆柱面与平面 $y=3$ 的交线

3. 求母线平行于 y 轴，而且通过曲线 $\begin{cases} 3x^2+y^2+z^2=16 \\ x^2-y^2+z^2=0 \end{cases}$ 的柱面方程．

解 消去 y，即得 $4x^2+2z^2=16, 2x^2+z^2=8$，母线平行于 y 轴的椭圆柱面．

4. 求曲面 $x^2+4y^2+z^2=4$ 与平面 $x+z=a$ 的交线在 yOz 面上的投影的方程．

解 消去 x，得投影柱面的方程 $(a-z)^2+4y^2+z^2=4$，所求投影方程为

$$\begin{cases} (a-z)^2+4y^2+z^2=4, \\ x=0. \end{cases}$$

5. 求曲线 $C: \begin{cases} 2x-y+2z-3=0, \\ x+2y-z-1=0 \end{cases}$ 在三个坐标面上的投影曲线的方程．

解 (1) 消去 x，得投影柱面的方程 $-5y+4z-1=0$，在 yOz 坐标面上的投影曲线方程为

$$\begin{cases} -5y+4z-1=0, \\ x=0. \end{cases}$$

(2) 消去 y，得投影柱面的方程 $5x+3z-7=0$，在 zOx 坐标面上的投影方程为

$$\begin{cases} 5x+3z-7=0, \\ y=0. \end{cases}$$

(3) 消去 z，得投影柱面的方程为 $4x+3y-5=0$，在 xOy 坐标面上的投影曲线方程为

$$\begin{cases} 4x+3y-5=0, \\ z=0. \end{cases}$$

6. 求螺旋线 $\begin{cases} x=a\cos\theta, \\ y=a\sin\theta, \\ z=b\theta \end{cases}$ 在 xOy 面上的投影曲线的直角坐标方程．

解 螺旋线在 xOy 面上投影方程，由 $x=a\cos\theta, y=a\sin\theta$ 消去 θ，得 $x^2+y^2=a^2$，投影曲线方程为

$$\begin{cases} x^2+y^2=a^2, \\ z=0. \end{cases}$$

7. 求上半球 $0 \leqslant z \leqslant \sqrt{a^2-x^2-y^2}$ 与圆柱体 $x^2+y^2 \leqslant ax$ $(a>0)$ 的公共部分在 xOy 面和 xOz 面上的投影.

解 曲线关于 xOy 面投影柱面的方程为 $x^2+y^2=ax$,则公共部分在 xOy 面上的投影为 $\begin{cases} x^2+y^2 \leqslant ax, \\ z=0, \end{cases}$ $(0 \leqslant x \leqslant a)$,关于 xOz 面的投影柱面的方程为: $z=\sqrt{a^2-ax}$ $(0 \leqslant x \leqslant a)$,在 xOz 面上的投影为

$$\begin{cases} z^2+ax \leqslant a^2, \\ y=0, \end{cases} (0 \leqslant x \leqslant a, z \geqslant 0).$$

8. 求旋转抛物面 $z=x^2+y^2$ $(0 \leqslant z \leqslant 4)$ 在三个坐标面上的投影.

解 关于 xOy 面的投影柱面为 $x^2+y^2=4$,则立体在 xOy 面上的投影为

$$\begin{cases} x^2+y^2 \leqslant 4, \\ z=0, \end{cases} (0 \leqslant z \leqslant 4),$$

在 yOz 面上投影为 $\begin{cases} y^2 \leqslant z \leqslant 4, \\ x=0, \end{cases}$ 在 zOx 面上投影为 $\begin{cases} x^2 \leqslant z \leqslant 4, \\ y=0. \end{cases}$

9. 求曲线 $C: \begin{cases} x^2+y^2+z^2=1, \\ x^2+y^2+(z-1)^2=1 \end{cases}$ 关于 xOy 面的投影柱面和在 xOy 面上的投影曲线方程.

解 消去 z,得曲线关于 xOy 面的投影柱面方程为 $x^2+y^2+(\sqrt{1-x^2-y^2}-1)^2=1$,整理得 $x^2+y^2+(1-x^2-y^2-2\sqrt{1-x^2-y^2}+1)=1$,进而 $1-2\sqrt{1-x^2-y^2}=0$,即 $x^2+y^2=\frac{3}{4}$. 则在 xOy 面上的投影曲线方程为

$$\begin{cases} x^2+y^2=\frac{3}{4}, \\ z=0. \end{cases}$$

习题 8—7

1. 求过点 $(2,-1,0)$ 且与平面 $3x-6y+5z-8=0$ 平行的平面方程.

解 所求平面法向量 $\boldsymbol{n}=\{3,-6,5\}$,且过点 $(2,-1,0)$,则平面方程为

$$3(x-2)-6[y-(-1)]+5(z-0)=0,$$

即

$$3x-6y+5z-12=0.$$

2. 求过点 $M_0(2,6,-8)$ 且与连接坐标原点及点 M_0 的线段 OM_0 垂直的平面方程.

解 $\overrightarrow{OM_0}=\{2,6,-8\}$,即为该平面的法向量,且过点 $M_0(2,6,-8)$,则方程为

$$2(x-2)+6(y-6)-8(z+8)=0,$$

即

$$x+3y-4z-52=0.$$

3. 求过点 $A(4,3,4)$，$B(2,7,2)$ 和 $C(-4,6,6)$ 的平面方程.

解 $\vec{AB}=\{-2,4,-2\}$，$\vec{AC}=\{-8,3,2\}$，所以法向量

$$n=\begin{vmatrix} i & j & k \\ -2 & 4 & -2 \\ -8 & 3 & 2 \end{vmatrix}=2(7i+10j+13k),$$

可取 $n=\{7,10,13\}$，所求平面方程为

$$7(x-4)+10(y-3)+13(z-4)=0, 7x+10y+13z=110.$$

4. 求过点 $A(3,1,-1)$ 和 $B(1,-1,0)$ 且平行于向量 $a=\{-1,0,2\}$ 的平面方程.

解 $\vec{AB}=\{-2,-2,1\}$，设 $n=\{a,b,c\}$，则

$$n\perp\vec{AB} \quad n\cdot\vec{AB}=0 \quad -2a-2b+c=0 \tag{1}$$

$$n\perp a \quad n\cdot a=0 \quad -a+2c=0 \tag{2}$$

联立式(1)、式(2)，得 $a=2c$，$b=-\dfrac{3}{2}c$，取 $n=\left\{2,-\dfrac{3}{2},1\right\}$. 所求平面方程为

$$2(x-1)-\dfrac{3}{2}(y+1)+(z-0)=0,$$

即 $4x-3y+2z-7=0$.

5. 求过点 $(2,0,-3)$ 且平行于向量 $a=(2,0,2)$，$b=(1,-1,2)$ 的平面方程.

解 设所求平面的法向量 $n=\{A,B,C\}$，则 $n\perp a$，$n\perp b$，故 $\begin{cases}2A+2C=0,\\ A-B+2C=0.\end{cases}$ 解得 $A=-B$，$C=B$，所求平面方程为

$$-B(x-2)+B(y-0)+B(z+3)=0,$$

即 $-x+y+z+5=0$.

6. 指出下列各平面的特殊位置，并画出各平面：

(1) $6x+5y-z=0$；　　　(2) $x+y=1$；　　　(3) $y-2z=0$；

(4) $x-\sqrt{3}y=0$；　　　(5) $6x-1=0$；　　　(6) $3x-2y-6=0$.

解 (1) $6x+5y-z=0$ 表示过原点 $(0,0,0)$ 的平面，如图 8-15 所示.

(2) $x+y=1$ 表示在 x 轴和 y 轴截距都是 1，且平行于 z 轴的平面，如图 8-16 所示.

(3) $y-2z=0$ 表示通过 x 轴的平面，如图 8-17 所示.

(4) $x-\sqrt{3}y=0$ 表示通过 z 轴的平面，如图 8-18 所示.

(5) $6x-1=0$ 表示平行于 yOz 面且与其距离为 $\dfrac{1}{6}$ 的平面，如图 8-19 所示.

(6) $3x-2y-6=0$ 表示在 x 轴上截距为 2，y 轴上截距为 -3，且平行于 z 轴的平面，如图 8-20 所示.

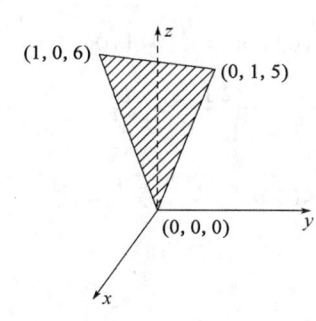
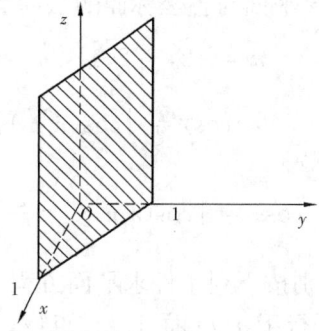

图 8-15 　　　　　　　　　　　　　图 8-16

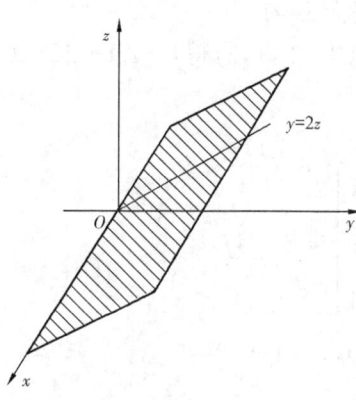
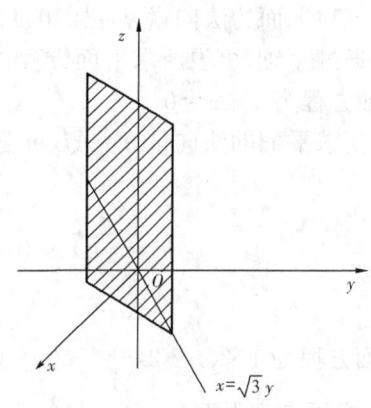

图 8-17 　　　　　　　　　　　　　图 8-18

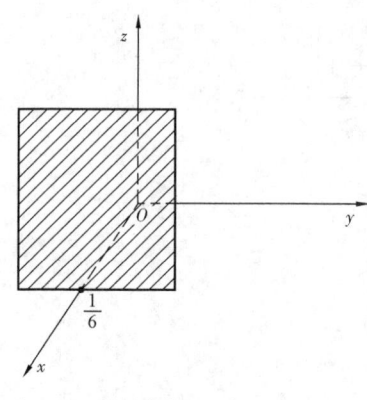
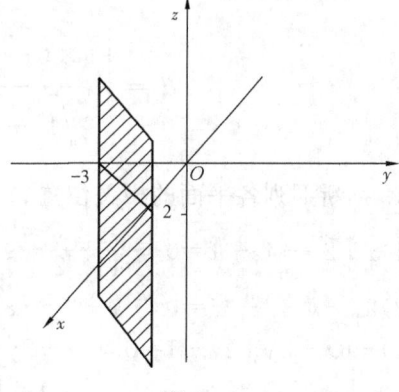

图 8-19 　　　　　　　　　　　　　图 8-20

7. 求过三平面 $2x+y-z-2=0$，$x-3y+z+1=0$ 和 $x+y+z-3=0$ 的交点，且平行于平面 $x+2y+2z=0$ 的平面方程.

解　三平面的交点为 $\begin{cases} 2x+y-z=2, \\ x-3y+z=-1, \\ x+y+z=3. \end{cases}$ 解方程组得 $x=1, y=1, z=1$，所求平面的法向量 $\boldsymbol{n}=\{1,2,2\}$，所求平面的方程为 $1\times(x-1)+2(y-1)+2(z-1)=0$，即 $x+2y+2z-5=0$.

8. 求平面 $2x-2y+z+5=0$ 与各坐标面的夹角余弦.

解 该平面与各坐标面的法向量分别是

$$\boldsymbol{n} = \{2, -2, 1\}, \boldsymbol{n}_z = \{0, 0, 1\}, \boldsymbol{n}_x = \{1, 0, 0\}, \boldsymbol{n}_y = \{0, 1, 0\}.$$

则

$$\cos\gamma = |\cos(\widehat{\boldsymbol{n}, \boldsymbol{n}_z})| = \frac{|2 \times 0 + (-2) \times 0 + 1 \times 1|}{\sqrt{2^2 + (-2)^2 + 1} \cdot \sqrt{1}} = \frac{1}{3}.$$

$$\cos\alpha = |\cos(\widehat{\boldsymbol{n}, \boldsymbol{n}_x})| = \frac{2 \times 1}{3} = \frac{2}{3}, \cos\beta = |\cos(\widehat{\boldsymbol{n}, \boldsymbol{n}_y})| = \frac{2 \times 1}{3} = \frac{2}{3}.$$

9. 分别按下列条件求平面方程.

(1) 平行于 xOy 面且经过点 $(2, -6, 1)$;

(2) 通过 y 轴和点 $(-2, 1, 2)$;

(3) 平行于 z 轴且经过点 $A(2, 0, -1)$ 和 $B(6, 1, 8)$.

解 (1) 平面的法向量 $\boldsymbol{n} = \{0, 0, 1\}$,所求平面的方程为 $z = 1$.

(2) 通过 y 轴,可设所求平面方程 $Ax + Cz = 0$,代入点 $\{-2, 1, 2\}$ 得,$-2A + 2C = 0, A = C$,所求平面方程为 $x + z = 0$.

(3) 所求平面的法向量 $\boldsymbol{n} \perp \overrightarrow{AB}, \boldsymbol{n} \perp \{0, 0, 1\}$,故

$$\boldsymbol{n} = \overrightarrow{AB} \times \{0, 0, 1\} = \begin{vmatrix} \boldsymbol{i} & \boldsymbol{j} & \boldsymbol{k} \\ 4 & 1 & 9 \\ 0 & 0 & 1 \end{vmatrix} = \boldsymbol{i} - 4\boldsymbol{j},$$

所求平面方程为 $1 \times (x - 2) - 4 \times (y - 0) + 0 \times (z + 1) = 0, x - 4y - 2 = 0$.

10. 求原点到平面 $x - \frac{1}{4}y + \frac{1}{3}z = 1$ 的距离.

解 由距离公式得

$$d = \frac{|1 \times 0 - \frac{1}{4} \times 0 + \frac{1}{3} \times 0 - 1|}{\sqrt{1^2 + \left(-\frac{1}{4}\right)^2 + \left(\frac{1}{3}\right)^2}} = \frac{12}{13}.$$

11. 判断下列各平面的相关位置.

(1) $x + 2y - 4z + 1 = 0$ 与 $\frac{x}{4} + \frac{y}{2} - z - 3 = 0$;

(2) $2x - y - 2z - 5 = 0$ 与 $x + 3y - z - 1 = 0$;

(3) $-6x - 3y + 2z - 1 = 0$ 与 $x + 2y + 6z + 2 = 0$.

解 (1) $\boldsymbol{n}_1 = \{1, 2, -4\}, \boldsymbol{n}_2 = \left\{\frac{1}{4}, \frac{1}{2}, -1\right\}$,由 $\frac{1}{\frac{1}{4}} = \frac{2}{\frac{1}{2}} = \frac{-4}{-1} \neq \frac{1}{-3}$ 可知两平面平行;

(2) 两平面相交,交线为 $y = \frac{3}{7}$;

(3) $\boldsymbol{n}_1 = \{-6, -3, 2\}, \boldsymbol{n}_2 = \{1, 2, 6\}, \boldsymbol{n}_1 \cdot \boldsymbol{n}_2 = -6 \times 1 + -3 \times 2 + 2 \times 6 = 0$,两平面垂直.

习题 8-8

1. 求过点 $A(-3, 0, 1)$ 和 $B(2, -5, 1)$ 的直线对称式方程和参数方程.

解 取方向向量 $s=\overrightarrow{AB}=\{5,-5,0\}$，故所求直线的对称式方程为 $\dfrac{x+3}{5}=\dfrac{y-0}{-5}=\dfrac{z-1}{0}$.
参数式方程为
$$\begin{cases} x+3=5t, \\ y=-5t, \\ z=1. \end{cases}$$

2. 求过点 $M(2,-3,-5)$ 且与平面 $6x-3y-5z+2=0$ 垂直的直线方程.

解 所求直线的方向向量 s 取为 $n=\{6,-3,-5\}$，则直线方程为
$$\dfrac{x-2}{6}=\dfrac{y+3}{-3}=\dfrac{z+5}{-5}.$$

3. 求过点 $(2,-1,3)$ 且平行于直线 $\dfrac{x-1}{3}=\dfrac{y+2}{1}=\dfrac{z+1}{2}$ 的直线方程.

解 所求直线的方向向量 $s=\{3,1,2\}$，直线的方程为
$$\dfrac{x-2}{3}=\dfrac{y+1}{1}=\dfrac{z-3}{2}.$$

4. 求直线 $\begin{cases} 2x+3y-z-4=0, \\ 3x-5y+2z+1=0 \end{cases}$ 的对称式和参数式方程.

解 可令 $y=0$，解方程组 $\begin{cases} 2x-z-4=0, \\ 3x+2z+1=0, \end{cases}$ 得 $x=1, z=-2$，即直线上一点 $(1,0,-2)$. 该直线与两平面的法向量都垂直，取方向向量
$$s=n_1\times n_2=\begin{vmatrix} i & j & k \\ 2 & 3 & -1 \\ 3 & -5 & 2 \end{vmatrix}=i-7j-19k,$$

故所求直线的对称式方程为 $\dfrac{x-1}{1}=\dfrac{y-0}{-7}=\dfrac{z+2}{-19}$，可令 $\dfrac{x-1}{1}=\dfrac{y}{-7}=\dfrac{z+2}{-19}=t$，得参数方程
$$\begin{cases} x=t+1, \\ y=-7t, \\ z=-19t-2. \end{cases}$$

5. 求直线 $\dfrac{x-1}{1}=\dfrac{y-5}{-2}=\dfrac{z+8}{1}$ 与直线 $\begin{cases} x-y=6, \\ 2y+z=3 \end{cases}$ 的夹角余弦.

解 直线 $\dfrac{x-1}{1}=\dfrac{y-5}{-2}=\dfrac{z+8}{1}$ 的方向向量 $s_1=\{1,-2,1\}$，直线 $\begin{cases} x-y=6, \\ 2y+z=3 \end{cases}$ 的方向向量
$$s_2=n_1\times n_2=\begin{vmatrix} i & j & k \\ 1 & -1 & 0 \\ 0 & 2 & 1 \end{vmatrix}=-i-j+2k,两直线夹角余弦$$

$$\cos\varphi = \frac{|1\times(-1)+(-2)\times(-1)+1\times 2|}{\sqrt{1^2+(-2)^2+1^2}\times\sqrt{(-1)^2+(-1)^2+2^2}} = \frac{1}{2}.$$

6. 求直线 $\dfrac{x-7}{5} = \dfrac{y-4}{1} = \dfrac{z-5}{4}$ 与平面 $3x-y+2z-5=0$ 的交点.

解 所给直线的参数式方程为 $\begin{cases} x=5t+7, \\ y=t+4, \\ z=4t+5, \end{cases}$ 代入平面方程中得

$$3(5t+7)-(t+4)+2(4t+5)-5=0,$$

解得 $t=-1$,代入直线的参数方程中,得所求交点的坐标为 $x=2, y=3, z=1$.

7. 求点 $M(1,-3,2)$ 在平面 $6x+3y-z-41=0$ 上的投影.

解 平面的法向量 $\boldsymbol{n}=\{6,3,-1\}$,过点 $M(1,-3,2)$ 的垂线方程为 $\dfrac{x-1}{6}=\dfrac{y+3}{3}=\dfrac{z-2}{-1}$,

联立 $\begin{cases} 6x+3y-z-41=0, \\ \dfrac{x-1}{6}=\dfrac{y+3}{3}=\dfrac{z-2}{-1}=t, \end{cases}$ 可得 $t=1$. 解得交点坐标即投影为 $x=7, y=0, z=1$.

8. 求直线 $L: \dfrac{x-1}{9}=\dfrac{y+1}{4}=\dfrac{z}{-7}$ 在平面 $\pi: 2x-y-3z+6=0$ 上的投影直线的方程.

解 首先需要求出过直线 L 且与已知平面 π 垂直的平面 π_1. 平面 π_1 过点 $(1,-1,0)$,法向量 $\boldsymbol{n}_1 \perp \boldsymbol{n}, \boldsymbol{n}_1 \perp \boldsymbol{s}$,从而取 $\boldsymbol{n}_1 = \boldsymbol{n}\times\boldsymbol{s} = \begin{vmatrix} \boldsymbol{i} & \boldsymbol{j} & \boldsymbol{k} \\ 2 & -1 & -3 \\ 9 & 4 & -7 \end{vmatrix} = 19\boldsymbol{i}-13\boldsymbol{j}+17\boldsymbol{k}$,故平面 π_1 的方程为

$19(x-1)-13(y+1)+17(z-0)=0$,即 $19x-13y+17z-32=0$,则 L 在平面 π 上的投影直线的方程为

$$\begin{cases} 19x-13y+17z-32=0, \\ 2x-y-3z+6=0. \end{cases}$$

9. 求过原点且经过两平面 $2x-y+3z-8=0$ 和 $x+5y-z-2=0$ 的交线的平面方程.

解 设所求平面 π 的法向量 $\boldsymbol{n}=\{A,B,C\}$,又平面过原点,可设其方程为 $Ax+By+Cz=0$,因所求平面过交线 $\begin{cases} 2x-y+3z-8=0, \\ x+5y-z-2=0, \end{cases}$ 可求得交线上任两点的坐标.

令 $x=0$,由 $\begin{cases} -y+3z-8=0, \\ 5y-z-2=0, \end{cases}$ 可得 $y=1, z=3$.

令 $y=0$,由 $\begin{cases} 2x+3z-8=0, \\ x-z-2=0, \end{cases}$ 可得 $x=\dfrac{14}{5}, z=\dfrac{4}{5}$.

所求平面也过这两点 $(0,1,3), \left(\dfrac{14}{5},0,\dfrac{4}{5}\right)$. 代入平面方程有 $\begin{cases} B+3C=0, \\ \dfrac{14}{5}A+\dfrac{4}{5}C=0. \end{cases}$ 由此可知 $B=-3C, A=-\dfrac{2}{7}C$,所求平面方程为 $-\dfrac{2}{7}Cx+(-3C)y+Cz=0$,即 $2x+21y-7z=0$.

10. 求过直线 $\begin{cases} 3x+2y-z-1=0, \\ 2x-3y+2z+2=0 \end{cases}$ 且垂直于已知平面 $x+2y+3z-5=0$ 的平面.

解 平面过直线 $\begin{cases} 3x+2y-z-1=0, \\ 2x+21y-7z=0, \end{cases}$ 可求得直线上任意两点的坐标.

令 $x=0$, 由 $\begin{cases} 2y-z-1=0, \\ -3y+2z+2=0 \end{cases}$ 解得 $y=0, z=-1$.

令 $y=1$, 由 $\begin{cases} 3x-z+1=0, \\ 2x+2z-1=0 \end{cases}$ 解得 $x=-\dfrac{1}{8}, z=\dfrac{5}{8}$.

从而平面过两点 $M_1(0,0,-1), M_2\left(-\dfrac{1}{8}, 1, \dfrac{5}{8}\right)$.

设平面的法向量 $\boldsymbol{n}=\{A,B,C\}$, 由 $\boldsymbol{n}\perp\overrightarrow{M_1M_2}$, 可得

$$-\dfrac{1}{8}A+B+\dfrac{13}{8}C=0. \qquad(1)$$

又所求平面垂直于平面 $x+2y+3z-5=0$, $\boldsymbol{n}\perp\{1,2,3\}$, 所以

$$A+2B+3C=0. \qquad(2)$$

联立式(1)、式(2), 组成方程组 $\begin{cases} -\dfrac{1}{8}A+B+\dfrac{13}{8}C=0, \\ A+2B+3C=0, \end{cases}$ 解得 $B=-\dfrac{8}{5}C, A=\dfrac{1}{5}C$, 可取 $\boldsymbol{n}=\{1,-8,5\}$, 所求平面方程为 $1\times(x-0)-8(y-0)+5[z-(-1)]=0$, 即 $x-8y+5z+5=0$.

11. 求过点 $(0,1,-2)$ 且与直线 $\begin{cases} 2x+y+z-2=0, \\ x-y+6=0 \end{cases}$ 垂直的平面方程.

解 所求平面的法向量 $\boldsymbol{n}$ 与已知直线的方向向量平行, 可取

$$\boldsymbol{n}=\boldsymbol{s}=\begin{vmatrix} \boldsymbol{i} & \boldsymbol{j} & \boldsymbol{k} \\ 2 & 1 & 1 \\ 1 & -1 & 0 \end{vmatrix}=\boldsymbol{i}+\boldsymbol{j}-3\boldsymbol{k},$$

所求平面方程为 $1\times(x-0)+1\times(y-1)-3\times(z+2)=0$, 即 $x+y-3z-7=0$.

12. 求过点 $(2,0,-3)$ 且与两平面 $5x-3y+3z-9=0$ 和 $3x-2y+z-1=0$ 的交线平行的直线方程.

解 设所求直线的方向向量 $\boldsymbol{s}=\{m,n,p\}$, 因它与两平面的交线平行, 即直线与两平面的法向量同时垂直, 从而可取

$$\boldsymbol{s}=\begin{vmatrix} \boldsymbol{i} & \boldsymbol{j} & \boldsymbol{k} \\ 5 & -3 & 3 \\ 3 & -2 & 1 \end{vmatrix}=3\boldsymbol{i}+4\boldsymbol{j}-\boldsymbol{k},$$

故所求直线方程为 $\dfrac{x-2}{3}=\dfrac{y-0}{4}=\dfrac{z+3}{-1}$.

13. 求过点 $A(2,-1,3)$ 且通过直线 $\dfrac{x-2}{1}=\dfrac{y}{2}=\dfrac{z+1}{1}$ 的平面方程.

解 方法一 设所求平面为 π,已知直线为 L. 由已知 $A(2,-1,3)\in\pi$,显然 $B(2,0,-1)$ $\in L\subset\pi$. 直线 L 的一般方程为 $\begin{cases}\dfrac{x-2}{1}=\dfrac{y}{2},\\ \dfrac{z+1}{1}=\dfrac{y}{2},\end{cases}$ 令 $y=2$,解得 $\begin{cases}x=3\\ z=0\end{cases}$,即 $C(3,2,0)\in L\subset\pi$. 因而有平面 π 上的三个点 A,B,C,由平面的三点式方程得 $\begin{vmatrix}x-2 & y+1 & z-3\\ 2-2 & 0-(-1) & -1-3\\ 3-2 & 2-(-1) & 0-3\end{vmatrix}=0$. 所求平面 π 的方程为 $9x-4y-19=0$.

方法二 记 $A(2,-1,3),B(2,0,-1)$,设 $C(x,y,z)$ 为平面上任一点,则 $\overrightarrow{AC},\overrightarrow{AB},s=\{1,2,1\}$ 三向量共面,从而 $\begin{vmatrix}x-2 & y+1 & z-3\\ 0 & 1 & -4\\ 1 & 2 & 1\end{vmatrix}=0$,所求平面方程为 $9x-4y-z-19=0$.

14. 试确定下列各组中的直线和平面的关系.

(1) $\dfrac{x}{-2}=\dfrac{y+3}{-7}=\dfrac{z+3}{3}$ 和 $4x-2y-2z=6$;(2) $\dfrac{x}{3}=\dfrac{y}{-2}=\dfrac{z-1}{7}$ 和 $3x-2y+7z-8=0$.

解 (1) $s=\{-2,-7,3\},n=\{4,-2,-2\},s\cdot n=-8+14-6=0,s\perp n$,故直线与平面平行.
(2) $s=\{3,-2,7\},n=\{3,-2,7\},s//n$,故直线与平面垂直.

15. 求点 $(1,2,3)$ 到直线 $\dfrac{x}{1}=\dfrac{y-4}{-3}=\dfrac{z-3}{-2}$ 的距离.

解 直线过 $M_0(0,4,3)$,且方向向量 $s=\{1,-3,-2\}$,

$$\overrightarrow{M_0M}\times s=\begin{vmatrix}i & j & k\\ 1-0 & 2-4 & 3-3\\ 1 & -3 & -2\end{vmatrix}=\begin{vmatrix}i & j & k\\ 1 & -2 & 0\\ 1 & -3 & -2\end{vmatrix}=4i+2j-k,$$

根据公式,得点到已知直线的距离为 $d=\dfrac{|\overrightarrow{M_0M}\times s|}{|s|}=\dfrac{\sqrt{4^2+2^2+(-1)^2}}{\sqrt{1^2+(-3)^2+(-2)^2}}=\dfrac{\sqrt{6}}{2}$.

16. 求过点 $(2,1,-2)$ 而与两直线 $\begin{cases}x+2y-z+1=0,\\ x-y+z-1=0\end{cases}$ 和 $\begin{cases}2x-y+z-6=0,\\ x-y+z+1=0\end{cases}$ 平行的平面方程.

解 设两直线的方向向量分别为 s_1,s_2,所求平面的法向量为 n,且知

$$s_1=\begin{vmatrix}i & j & k\\ 1 & 2 & -1\\ 1 & -1 & 1\end{vmatrix}=i-2j-3k,\quad s_2=\begin{vmatrix}i & j & k\\ 2 & -1 & 1\\ 1 & -1 & 1\end{vmatrix}=-j-k,$$

则

$$n=s_1\times s_2=\begin{vmatrix}i & j & k\\ 1 & -2 & -3\\ 0 & -1 & -1\end{vmatrix}=-i+j-k,$$

所求平面方程为 $-(x-2)+(y-1)-(z+2)=0$,即 $x-y+z+1=0$.

17. 求过点 $(2,-1,3)$ 且与直线 $\dfrac{x-1}{2}=\dfrac{y}{-1}=\dfrac{z+2}{1}$ 相交，又平行于平面 $3x-2y+z+5=0$ 的直线.

解 设所求直线的方向向量 $\boldsymbol{s}=\{m,n,p\}$，则其方程为 $\dfrac{x-2}{m}=\dfrac{y+1}{n}=\dfrac{z-3}{p}$，参数式为

$$\begin{cases} x=mt+2, \\ y=nt-1, \\ z=pt+3. \end{cases}$$

已知平面的法向量 $\boldsymbol{n}=\{3,-2,1\}$，因直线与平面平行，从而 $\boldsymbol{s}\cdot\boldsymbol{n}=0$，即

$$3m-2n+p=0. \tag{1}$$

又两直线相交，

$$\dfrac{(mt+2)-1}{2}=\dfrac{nt-1}{-1}=\dfrac{(pt+3)+2}{1},\quad \begin{cases}(2n+m)t=1,\\(n+p)t=-4.\end{cases}$$

由此可得 $(n+p)=-4(2n+m)$，即

$$4m+9n+p=0. \tag{2}$$

联立式(1)、式(2)，组成方程组 $\begin{cases}3m-2n+p=0,\\4m+9n+p=0\end{cases}$，解得 $m=-11n,p=35n$，故所求直线方程为 $\dfrac{x-2}{-11n}=\dfrac{y+1}{n}=\dfrac{z-3}{35n}$，即 $\dfrac{x-2}{-11}=\dfrac{y+1}{1}=\dfrac{z-3}{35}$.

总习题八

1. 填空题.

(1) 向量 $\boldsymbol{a}=3\boldsymbol{i}+5\boldsymbol{j}+8\boldsymbol{k}$ 在 x 轴上的投影为_____，在 y 轴上的分向量为_____.

(2) 设向量 $\boldsymbol{a}=\{3,2,4\},\boldsymbol{b}=\{0,1,k\}$，若 $\boldsymbol{a}\perp\boldsymbol{b}$，则 $k=$_____.

(3) 同时垂直于 $\boldsymbol{a}=2\boldsymbol{i}+2\boldsymbol{j}+\boldsymbol{k}$ 和 $\boldsymbol{b}=4\boldsymbol{i}+5\boldsymbol{j}+3\boldsymbol{k}$ 的单位向量是_____.

(4) 设 $\boldsymbol{a}=\{3,-2,1\},\boldsymbol{b}=\{p,-4,-5\}$，已知 $\boldsymbol{a}\perp\boldsymbol{b}$，则 $\boldsymbol{a}\times\boldsymbol{b}=$_____.

(5) 已知 $|\boldsymbol{m}|=5,|\boldsymbol{n}|=2,(\widehat{\boldsymbol{m},\boldsymbol{n}})=60°$，则向量 $\boldsymbol{a}=2\boldsymbol{m}-3\boldsymbol{n}$ 的模等于_____.

(6) 曲线 $\begin{cases}\dfrac{x^2}{16}+\dfrac{y^2}{4}-\dfrac{z^2}{5}=1,\\ x-2z+3=0\end{cases}$，关于 xOy 面的投影柱面的方程是_____.

(7) xOy 平面上曲线 $x^2-9y^2=36$ 绕 x 轴旋转一周所得旋转曲面方程是_____.

解 (1) $3,5\boldsymbol{j}$； (2) $k=-\dfrac{1}{2}$； (3) $\left\{\pm\dfrac{1}{3},\mp\dfrac{2}{3},\pm\dfrac{2}{3}\right\}$；

(4) $14\boldsymbol{i}+14\boldsymbol{j}-14\boldsymbol{k}$； (5) $\sqrt{76}$； (6) $x^2+20y^2-24x-116=0$；

(7) $x^2-9(y^2+z^2)=36$.

2. 单项选择题.

(1) 下列等式中正确的是( ).

A. $i+j=k$ B. $i \cdot j=k$ C. $i \cdot i=j \cdot j$ D. $i \times i=i \cdot i$

(2) 设向量 $a \neq 0, b \neq 0$,以下结论正确的是( ).

A. $a \times b = 0$ 是 a 与 b 垂直的充要条件

B. $a \cdot b = 0$ 是 a 与 b 平行的充要条件

C. a 与 b 的坐标对应成比例是 a 与 b 平行的充要条件

D. 若 $a=\lambda b$,(λ 是数),则 $a \cdot b = 0$

(3) 设空间直线的标准方程为 $\dfrac{x}{0}=\dfrac{y}{1}=\dfrac{z}{3}$,则该直线过原点且( ).

A. 垂直于 x 轴   B. 垂直于 y 轴,但不平行于 x 轴

C. 垂直于 z 轴   D. 平行于 x 轴

(4) 直线 $\dfrac{x+3}{-2}=\dfrac{y+4}{-7}=\dfrac{z}{3}$ 与平面 $4x-2y-2z-3=0$ 的位置关系是( ).

A. 平行,但直线不在平面上   B. 直线在平面上

C. 垂直相交   D. 相交但不垂直

(5) 点 $M(1,2,1)$ 到平面 $x+2y+2z-10=0$ 的距离是( ).

A. 1   B. ± 1 C. -1 D. $\dfrac{1}{3}$

(6) 旋转曲面 $x^2-y^2-z^2=1$ 是( ).

A. xOy 面上的双曲线绕 x 轴旋转所得   B. xOz 面上的双曲线绕 z 轴旋转所得

C. xOy 面上的椭圆绕 x 轴旋转所得   D. xOz 面上的椭圆绕 x 轴旋转所得

(7) 方程 $\begin{cases} x^2+4y^2+9z^2=36, \\ y=1 \end{cases}$ 表示( ).

A. 椭球面   B. $y=1$ 平面上椭圆

C. 椭圆柱面   D. 椭圆柱面在平面 $y=0$ 上的投影曲线

(8) 平面 $x-y-2=0$ 的位置是( ).

A. 平行 xOy 面   B. 平行于 z 轴,但不过 z 轴

C. 垂直于 z 轴   D. 通过 z 轴

解 (1)C;(2)C;(3)A;(4)A;(5)A;(6)A;(7)B;(8)B.

3. 设 $2a+5b$ 与 $a-b$ 垂直,$2a+3b$ 与 $a-5b$ 垂直,求 $(\widehat{a,b})$.

解 因 $\begin{cases}(2a+5b) \cdot (a-b)=0, \\ (2a+3b) \cdot (a-5b)=0,\end{cases}$ 即 $\begin{cases}2|a|^2+3a \cdot b-5|b|^2=0, \\ 2|a|^2-7a \cdot b-15|b|^2=0,\end{cases}$ (1) (2)

式(1)—式(2)得 $10a \cdot b+10|b|^2=0$,即

$$|b|^2=-a \cdot b, \tag{3}$$

将式(3)代入式(1)得 $2|a|^2+3a \cdot b+5a \cdot b=0$,即

$$|a|^2=-4a \cdot b, \tag{4}$$

从而 $\cos(\widehat{a,b})=\dfrac{a \cdot b}{|a||b|}=\dfrac{-|b|^2}{|a||b|}=-\dfrac{|b|}{|a|},$

又从式(3)、式(4)可知$|a|^2=4|b|^2$,$|a|=2|b|$,故$\cos(\widehat{a,b})=-\frac{1}{2}$,$(\widehat{a,b})=\frac{2}{3}\pi$.

4. 设$A=2a+b$,$B=\lambda a+b$,其中$|a|=1$,$|b|=2$,且$a\perp b$,则:(1)λ为何值时,$A\perp B$? (2)λ为何值时,以A和B为邻边的平行四边形的面积为6?

解 (1)$A\perp B$故$A\cdot B=0$,可得
$$A\cdot B=(2a+b)\cdot(\lambda a+b)=2\lambda|a|^2+(\lambda+2)a\cdot b+|b|^2$$
$$=2\lambda\cdot 1+0+2^2=4+2\lambda=0,$$

解得$\lambda=-2$;

(2)$S=|A\times B|=|(2a+b)\times(\lambda a+b)|=|2\lambda a\times a+2a\times b+\lambda b\times a+b\times b|$
$$=|(2-\lambda)a\times b|=|2-\lambda|\times|a||b|\sin(\widehat{a,b})=|2-\lambda|\times 1\times 2\times\sin 90°$$
$$=2|2-\lambda|=6,$$

故$\lambda=-1$或$\lambda=5$.

5. 求通过直线$L:\begin{cases}2x+y=0,\\4x+2y+3z=6\end{cases}$且切于球面$x^2+y^2+z^2=4$的平面方程.

解 因所求平面过两个已知平面的交线,可设所求平面方程为
$$(4x+2y+3z-6)+\lambda(2x+y)=0.$$

因球心$(0,0,0)$到此平面的距离等于半径2,故
$$\frac{|0+0+0-6|}{\sqrt{(4+2\lambda)^2+(2+\lambda)^2+3^2}}=2,$$

得$\lambda^2+4\lambda+4=0$,解得$\lambda=-2$. 于是所求平面为$(4x+2y+3z-6)-2(2x+y)=0$,即$z=2$.

6. 已知直线$L:\begin{cases}x-2y+z-1=0,\\x+2y-z+3=0,\end{cases}$求直线$L$在平面$2x+z+4=0$上的投影直线方程.

解 过已知直线的平面束的方程为$(x-2y+z-1)+\lambda(x+2y-z+3)=0$,即
$$(1+\lambda)x+(-2+2\lambda)y+(1-\lambda)z+(3\lambda-1)=0,$$

其中λ为待定系数. 这平面与平面$2x+z+4=0$垂直的条件是$2(1+\lambda)+(1-\lambda)=0$,即$\lambda=-3$. 代入原式中,得投影平面的方程是$x+4y-2z+5=0$,所以投影直线的方程为
$$\begin{cases}x+4y-2z+5=0,\\2x+z+4=0.\end{cases}$$

7. 求过点$(-1,0,4)$与直线$\begin{cases}x+2y-z=0,\\x+2y+2z+4=0\end{cases}$垂直,又与平面$3x-4y+z-10=0$平行的直线方程.

解 设所求直线的方向向量$s=\{m,n,p\}$,已知直线$\begin{cases}x+2y-z=0,\\x+2y+2z+4=0\end{cases}$的方向向量

$$s_1 = \begin{vmatrix} i & j & k \\ 1 & 2 & -1 \\ 1 & 2 & 2 \end{vmatrix} = 6i - 3j.$$

由 $s \perp s_1$,有 $s \cdot s_1 = 6m - 3n + 0 = 0$,可得 $n = 2m$;

由 $s \perp n$,有 $s \cdot n = 3m - 4n + p = 0$,可得 $p = 4n - 3m = 5m$;

取 $s = \{1, 2, 5\}$,所求直线方程为 $\dfrac{x+1}{1} = \dfrac{y}{2} = \dfrac{z-4}{5}$.

8. 求锥面 $z = \sqrt{x^2 + y^2}$ 与柱面 $z^2 = 2x$ 所围立体在三个坐标面上的投影.

解 由方程组 $\begin{cases} z = \sqrt{x^2 + y^2}, \\ z^2 = 2x \end{cases}$,消去 z 得 $x^2 + y^2 = 2x$,整理可得 $(x-1)^2 + y^2 = 1$,则立体在 xOy 面上的投影为 $\begin{cases} (x-1)^2 + y^2 \leqslant 1, \\ z = 0. \end{cases}$

同理消去 x,得在 yOz 面上的投影为 $\begin{cases} \left(\dfrac{z^2}{2} - 1\right)^2 + y^2 \leqslant 1, \\ x = 0, \end{cases}$ $(z \geqslant 0)$.

消去 y,得在 zOx 面上的投影为 $\begin{cases} x \leqslant z \leqslant \sqrt{2x}, \\ y = 0. \end{cases}$

9. 指出下列曲线都表示什么曲面并画出草图:

(1) $\dfrac{x^2}{4} + \dfrac{y^2}{9} + \dfrac{z^2}{16} = 1$; (2) $z = \dfrac{x^2}{4} + \dfrac{y^2}{9}$;

(3) $16x^2 - 4y^2 + z^2 = 36$; (4) $x^2 + 4y^2 - z^2 = 0$.

解 (1) 椭球面,如图 8-21 所示;

(2) 椭圆抛物面,如图 8-22 所示;

(3) 单叶双曲面,对称轴为 y 轴,如图 8-23 所示;

(4) 锥面,对称轴为 z 轴,如图 8-24 所示.

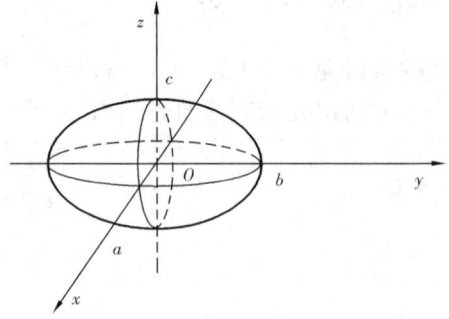

图 8-21

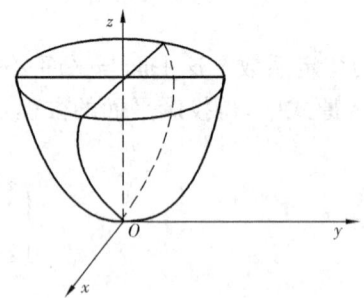

图 8-22

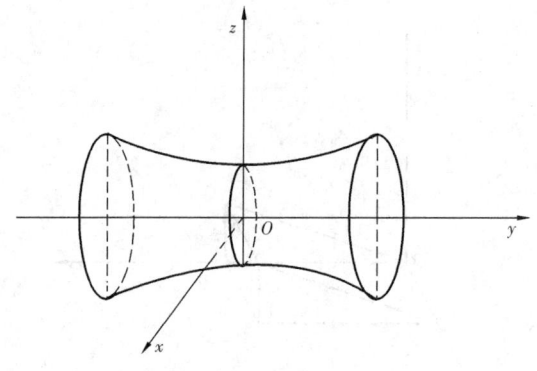

图 8-23

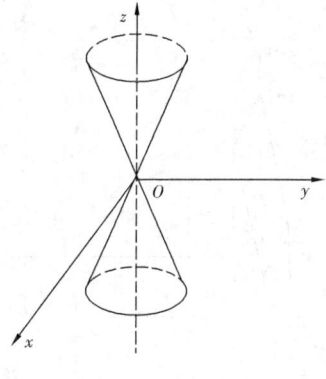

图 8-24

10. 求曲线 $\begin{cases} y^2+z^2-2x=0, \\ z=3 \end{cases}$ 在 xOy 面上的投影曲线方程，并指出原曲线是什么曲线.

解 将 $z=3$ 代入 $x^2+y^2-2x=0$，得 $y^2=2x-9$，所求曲线在 xOy 面上的投影曲线为 $\begin{cases} y^2=2x-9, \\ z=0, \end{cases}$ 原曲线是 $z=3$ 平面上的一条抛物线.

11. 指出下列方程表示什么曲线：

(1) $\begin{cases} x^2+y^2+z^2=16, \\ z=2; \end{cases}$
(2) $\begin{cases} x^2+4y^2+9z^2=25, \\ y=1; \end{cases}$
(3) $\begin{cases} x^2-4y^2+z^2=25, \\ x=-3; \end{cases}$
(4) $\begin{cases} y^2+z^2-4x+8=0, \\ y=4; \end{cases}$
(5) $\begin{cases} \dfrac{y^2}{16}-\dfrac{z^2}{9}=1, \\ x-4=0; \end{cases}$
(6) $\begin{cases} 4x^2-y^2+9z^2=0, \\ y=3. \end{cases}$

解 (1) 代入 $z=2$，得 $x^2+y^2=12$，表示 $z=2$ 这个平面上的半径为 $\sqrt{12}$ 的圆；

(2) 代入 $y=1$，得 $x^2+9z^2=21$，表示平面 $y=1$ 上的椭圆 $x^2+9z^2=21$；

(3) 代入 $x=-3$，得 $-4y^2+z^2=16$，表示平面 $x=-3$ 上的双曲线；

(4) 代入 $y=4$，得 $z^2=4x-24$，表示平面 $y=4$ 上的抛物线；

(5) $x=4$ 平面上的双曲线；

(6) 代入 $y=3$，得 $4x^2+9z^2=9$，表示 $y=3$ 平面上的椭圆.

12. 画出下列各曲面所围成的立体的图形：

(1) $x=0, y=0, z=0, x=2, y=1, 3x+4y+2z-12=0$；

(2) $x=0, z=0, x=1, y=2, z=\dfrac{y}{4}$；

(3) $z=0, z=3, x-y=0, x-\sqrt{3}y=0, x^2+y^2=1$（在第一象限内）；

(4) $x=0, y=3, z=0, x^2+y^2=R^2, y^2+z^2=R^2$（在第一象限内）.

解 分别如图 8-25，图 8-26，图 8-27，图 8-28 所示.

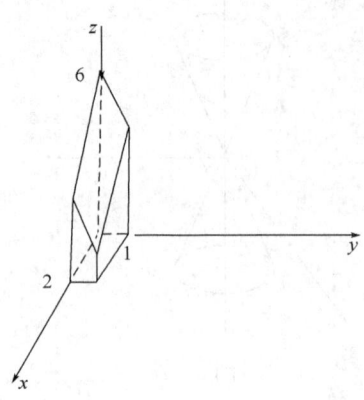

图 8-25

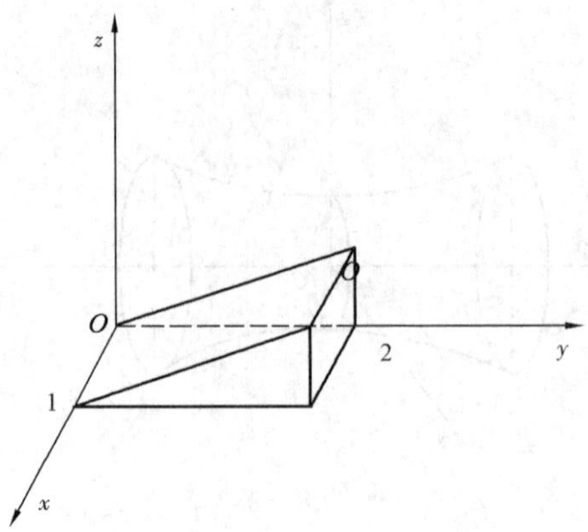

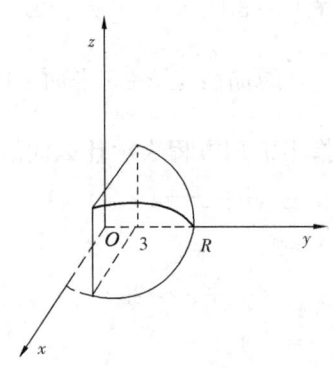

图 8-26

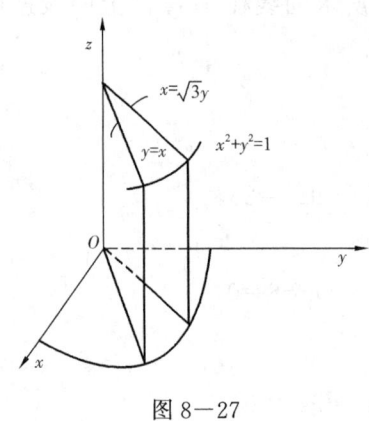

图 8-27

图 8-28

自测题八

一、填空题.（每题 5 分，5 小题，共 25 分）

1. 设 $u = a - b + 2c, v = -a + 3b - c$，则 $2u - 3v = $ _____.

2. 设 $a = 3i - j - 2k, b = i + 2j - k$，则 $a \times b = $ _____.

3. 过点 $(3, 0, -1)$ 且与平面 $3x - 7y + 5z - 12 = 0$ 平行的平面方程为 _____.

4. 设两平面方程分别为 $x - 2y + 2z + 1 = 0$ 和 $-x + y + 5 = 0$，则两平面的夹角为 _____.

5. 设 $a = \{2, 1, 2\}, b = \{4, -1, 10\}, c = b - \lambda a$ 且 $a \perp c$，则 $\lambda = $ _____.

解 1. $2u - 3v = 2(a - b + 2c) - 3(-a + 3b - c) = 5a - 11b + 7c$.

2. $a \times b = \begin{vmatrix} i & j & k \\ 3 & -1 & -2 \\ 1 & 2 & -1 \end{vmatrix} = \{5, 1, 7\}$.

3. 所求平面与已知平面 $3x - 7y + 5z - 12 = 0$ 平行，因此所求平面的法向量可取为 $n = \{3, -7, 5\}$，设所求平面为 $3x - 7y + 5z + D = 0$. 将 $(3, 0, -1)$ 代入上式得 $D = -4$，故所

求平面为 $3x-7y+5z-4=0$.

4. 两平面的法向量分别为 $\boldsymbol{n}_1=\{1,-2,2\}, \boldsymbol{n}_2=\{-1,1,0\}$, 则两平面夹角的余弦 $\cos\alpha = \dfrac{|\boldsymbol{n}_1 \cdot \boldsymbol{n}_2|}{|\boldsymbol{n}_1||\boldsymbol{n}_2|} = \dfrac{|-1-2|}{3\cdot\sqrt{2}} = \dfrac{\sqrt{2}}{2}$, 从而 $\alpha=\dfrac{\pi}{4}$.

5. $\boldsymbol{c}=\boldsymbol{b}-\lambda\boldsymbol{a}=\{4,-1,10\}-\lambda\{2,1,2\}=\{4-2\lambda,-1-\lambda,10-2\lambda\}$, 由 $\boldsymbol{a}\perp\boldsymbol{c}, \boldsymbol{a}\cdot\boldsymbol{c}=27-9\lambda=0$, 故 $\lambda=3$.

二、单项选择题.(每题5分,5小题,共25分)

6. 设直线 L 的方程为 $\begin{cases} x-y+z=1, \\ 2x+y+z=4, \end{cases}$ 则 L 的参数方程为(　　).

　　A. $\begin{cases} x=1-2t, \\ y=1+t, \\ z=1+3t \end{cases}$　　　B. $\begin{cases} x=1-2t, \\ y=-1+t, \\ z=1+3t \end{cases}$

　　C. $\begin{cases} x=1-2t, \\ y=1-t, \\ z=1+3t \end{cases}$　　　D. $\begin{cases} x=1-2t, \\ y=-1-t, \\ z=1+3t \end{cases}$

7. 已知三点 $M(1,2,1), A(2,1,1), B(2,1,2)$, 则 $\overrightarrow{MA}\cdot\overrightarrow{MB}=$(　　).

　　A. -1　　　B. 1　　　C. 0　　　D. 2

8. 设有直线 $L:\begin{cases} x+3y+2z+1=0, \\ 2x-y-10z+3=0 \end{cases}$ 及平面 $\pi:4x-2y+z-2=0$, 则直线 L(　　).

　　A. 平行于 π　　B. 在 π 上　　C. 垂直于 π　　D. 与 π 斜交

9. 空间直角坐标系中 $x^2+y^2=1$ 表示(　　).

　　A. 圆　　　B. 圆面　　　C. 圆柱面　　　D. 球面

10. 以下平面既过 z 轴又过点 $(-3,1,-2)$ 的是(　　).

　　A. $x+3y=0$　　B. $2x+5y=0$　　C. $3x+8y=0$　　D. $4x-3y=0$

解 6. 两平面的法向量分别为 $\boldsymbol{n}_1=\{1,-1,1\}, \boldsymbol{n}_2=\{2,1,1\}$, 则直线 L 的方向向量为 $\boldsymbol{s}=\boldsymbol{n}_1\times\boldsymbol{n}_2=\{-2,1,3\}$, 又由直线 L 过点 $(1,1,1)$, 故选 A.

7. $\overrightarrow{MA}=\{1,-1,0\}, \overrightarrow{MB}=\{1,-1,1\}, \overrightarrow{MA}\cdot\overrightarrow{MB}=1+1=2$, 故选 D.

8. 直线 L 的方向向量是

$\boldsymbol{s}=\{1,3,2\}\times\{2,-1,-10\}=\{-28,14,-7\}=-7\{4,-2,1\}$,

而平面 π 的法向量为 $\boldsymbol{n}=\{4,-2,1\}$, 因此直线 L 垂直于平面 π, 故选 C.

9. $x^2+y^2=1$ 表示母线平行于 z 轴, 以 xOy 面内单位圆周为准线的柱面, 即圆柱面, 故选 C.

10. 所求平面过 z 轴, 故设所求平面方程为 $Ax+By=0$, 将点 $(-3,1,-2)$ 代入方程得 $-3A+B=0$, 即 $B=3A$, 因此所求方程满足 $Ax+3Ay=0$, 即 $x+3y=0$, 故选 A.

三、解答题.(每题10分,5小题,共50分)

11. 设 $\boldsymbol{a}=\{2,-3,1\}, \boldsymbol{b}=\{1,-2,3\}, \boldsymbol{c}=\{2,1,2\}$, 向量 $\boldsymbol{r}$ 满足 $\boldsymbol{r}\perp\boldsymbol{a}, \boldsymbol{r}\perp\boldsymbol{b}, \mathrm{Prj}_{\boldsymbol{c}}\boldsymbol{r}=14$, 求 $\boldsymbol{r}$.

解 设向量 $\boldsymbol{r}=\{x,y,z\}$, 由 $\boldsymbol{r}\perp\boldsymbol{a}$ 知 $\boldsymbol{r}\cdot\boldsymbol{a}=0$, 即 $2x-3y+z=0$; 由 $\boldsymbol{r}\perp\boldsymbol{b}$ 知 $\boldsymbol{r}\cdot\boldsymbol{b}=0$, 即 $x-2y+3z=0$; 由 $\mathrm{Prj}_{\boldsymbol{c}}\boldsymbol{r}=\dfrac{\boldsymbol{r}\cdot\boldsymbol{c}}{|\boldsymbol{c}|}=14$, 知 $2x+y+2z=14|\boldsymbol{c}|=14\times 3=42$. 联立上述三个方程得 $x=14, y=10, z=2$, 故 $\boldsymbol{r}=\{14,10,2\}$.

12. 已知动点 $M(x,y,z)$ 到 xOy 平面的距离与到点 $(1,-1,2)$ 的距离相等,求点 M 的轨迹方程.

解 根据题意知 $|z|=\sqrt{(x-1)^2+(y+1)^2+(z-2)^2}$,即 $(x-1)^2+(y+1)^2-4(z-1)=0$ 为点 M 的轨迹方程.

13. 求点 $A(-1,2,0)$ 在平面 $\pi:x+2y-z+1=0$ 上的投影.

解 设过点 A 且与平面 π 垂直的直线为 L,直线 L 与平面 π 的交点即为所求点.由题意,直线 L 的方向向量就是平面 π 的法向量 $\{1,2,-1\}$,且过点 $A(-1,2,0)$,从而直线 L 的方程为 $\dfrac{x+1}{1}=\dfrac{y-2}{2}=\dfrac{z}{-1}$,令 $\dfrac{x+1}{1}=\dfrac{y-2}{2}=\dfrac{z}{-1}=t$,得直线 L 参数方程 $x=-1+t,y=2+2t,z=-t$,代入平面 π 的方程,有 $(-1+t)+2(2+2t)+t+1=0$,解得 $t=-\dfrac{2}{3}$.综上,得点 A 在平面 π 上的投影为 $\left(-\dfrac{5}{3},\dfrac{2}{3},\dfrac{2}{3}\right)$.

14. 设已知两点 $A(4,\sqrt{2},1)$,$B(3,0,2)$,计算向量 $\overrightarrow{AB}$ 的模、方向余弦和方向角.

解 $\overrightarrow{AB}=\{-1,-\sqrt{2},1\}$,从而 $|\overrightarrow{AB}|=\sqrt{(-1)^2+(-\sqrt{2})^2+1^2}=2$.其方向余弦 $\cos\alpha=-\dfrac{1}{2},\cos\beta=-\dfrac{\sqrt{2}}{2},\cos\gamma=\dfrac{1}{2}$,对应的方向角为 $\alpha=\dfrac{2\pi}{3},\beta=\dfrac{3\pi}{4},\cos\gamma=\dfrac{\pi}{3}$.

15. 试用向量证明不等式 $\sqrt{a_1^2+a_2^2+a_3^2}\cdot\sqrt{b_1^2+b_2^2+b_3^2}\geqslant|a_1b_1+a_2b_2+a_3b_3|$,式中 a_1,a_2,a_3,b_1,b_2,b_3 为任意实数,且指出等号成立的条件.

解 设 $\boldsymbol{a}=\{a_1,a_2,a_3\},\boldsymbol{b}=\{b_1,b_2,b_3\}$,向量 $\boldsymbol{a}$ 与 $\boldsymbol{b}$ 的夹角为 θ,则有 $|\boldsymbol{a}\cdot\boldsymbol{b}|=|\boldsymbol{a}||\boldsymbol{b}||\cos\theta|\leqslant|\boldsymbol{a}||\boldsymbol{b}|$,于是 $\sqrt{a_1^2+a_2^2+a_3^2}\cdot\sqrt{b_1^2+b_2^2+b_3^2}\geqslant|a_1b_1+a_2b_2+a_3b_3|$,当 $|\cos\theta|=1$,即向量 $\boldsymbol{a}$ 与 $\boldsymbol{b}$ 平行时等号成立.

第九章 多元函数微分法及其应用

习题 9—1

1. 判别下列平面点集中哪些是有界集,无界集,开区域,闭区域:
   (1) $\{(x,y) \mid 9x^2+4y^2>36\}$;
   (2) $\{(x,y) \mid 1<x^2+y^2\leqslant 4\}$;
   (3) $\{(x,y) \mid -1\leqslant x\leqslant 1, -1\leqslant y\leqslant 1\}$;
   (4) $\{(x,y) \mid |x+y|<1\}$.

   解 (1) 集合是无界集,开区域; (2) 集合是有界集,半开区域;
   (3) 集合是有界集,闭区域; (4) 集合是无界集,开区域.

2. 设 $f(x,y)=x^2+y^2-xy\arctan\dfrac{x}{y}$,求 $f(0,1)$、$f(tx,ty)$.

   解 $f(0,1)=0^2+1^2-0\arctan 0=1$;
   $$f(tx,ty)=(tx)^2+(ty)^2-(tx)(ty)\arctan\frac{tx}{ty}$$
   $$=t^2\left(x^2+y^2-xy\arctan\frac{x}{y}\right)=t^2 f(x,y).$$

3. 已知 $f\left(x+y,\dfrac{y}{x}\right)=x^2-y^2$,求 $f(x,y)$.

   解 设 $x+y=u, \dfrac{y}{x}=v$,则 $x=\dfrac{u}{1+v}, y=\dfrac{uv}{1+v}$,于是
   $$f(u,v)=\left(\frac{u}{1+v}\right)^2-\left(\frac{uv}{1+v}\right)^2=\frac{u^2(1-v^2)}{(1+v)^2}=\frac{u^2(1-v)}{1+v},$$
   所以
   $$f(x,y)=\frac{x^2(1-y)}{1+y}.$$

4. 已知 $f(u,v,w)=u^w+w^{u+v}$,求 $f(x+y,x-y,xy)$.

   解 $f(x+y,x-y,xy)=(x+y)^{xy}+(xy)^{(x+y)+(x-y)}=(x+y)^{xy}+(xy)^{2x}$.

5. 求下列各函数的定义域.
   (1) $z=\ln(xy)$;
   (2) $z=\dfrac{1}{\sqrt{x+y}}+\dfrac{1}{\sqrt{x-y}}$;
   (3) $z=\sqrt{x-\sqrt{y}}$;
   (4) $u=\dfrac{1}{\sqrt{x}}+\dfrac{1}{\sqrt{y}}+\dfrac{1}{\sqrt{z}}$;
   (5) $u=\sqrt{R^2-x^2-y^2-z^2}+\dfrac{1}{\sqrt{x^2+y^2+z^2-r^2}}$ $(R>r>0)$;
   (6) $z=\arcsin(x^2+y^2)$.

   解 (1) $\{(x,y) \mid xy>0\}$; (2) $\{(x,y) \mid x+y>0, x-y>0\}$;
   (3) $\{(x,y) \mid x\geqslant 0, y\geqslant 0, x^2\geqslant y\}$; (4) $\{(x,y,z) \mid x>0, y>0, z>0\}$;
   (5) $\{(x,y,z) \mid r^2<x^2+y^2+z^2\leqslant R^2\}$; (6) $\{(x,y) \mid x^2+y^2\leqslant 1\}$.

6. 求下列各极限.
   (1) $\lim\limits_{\substack{x\to 0 \\ y\to 1}}\dfrac{1-xy}{x^2+y^2}$;
   (2) $\lim\limits_{\substack{x\to 0 \\ y\to 0}}\dfrac{\sqrt{x+y+1}-1}{x+y}$;
   (3) $\lim\limits_{\substack{x\to 0 \\ y\to 0}} y\sin\dfrac{1}{xy}$;

(4) $\lim\limits_{\substack{x\to 0\\y\to 0}}(x^2+y^2)\sin\dfrac{1}{x^2+y^2}$;   (5) $\lim\limits_{\substack{x\to 0\\y\to 0}}\dfrac{1-\cos(x^2+y^2)}{(x^2+y^2)e^{x^2y^2}}$;   (6) $\lim\limits_{\substack{x\to\frac{1}{2}\\y\to 0}}\dfrac{\sqrt{4x-y^2}}{\ln(1-x^2-y^2)}$.

解 (1) $\lim\limits_{\substack{x\to 0\\y\to 1}}\dfrac{1-xy}{x^2+y^2}=\dfrac{1-0}{0+1}=1$.

本题利用多元函数的连续性求极限,即极限值等于函数值. 对于多元初等函数在点 P_0 处的极限,若 P_0 在该函数的定义区域内均可利用此方法求极限.

(2) $\lim\limits_{\substack{x\to 0\\y\to 0}}\dfrac{\sqrt{x+y+1}-1}{x+y}=\lim\limits_{\substack{x\to 0\\y\to 0}}\dfrac{(x+y+1)-1}{(x+y)(\sqrt{x+y+1}+1)}=\lim\limits_{\substack{x\to 0\\y\to 0}}\dfrac{1}{\sqrt{x+y+1}+1}=\dfrac{1}{2}$.

注:本题分母的极限为零,不能运用商的极限运算法则,而采用通过分母或分子有理化等方法,消去分母中趋于零的因子,再运用极限运算法则,这是求极限的基本方法.

(3) 因为 $\lim\limits_{\substack{x\to 0\\y\to 0}}y=0$,且 $\left|\sin\dfrac{1}{xy}\right|\leqslant 1$,所以 $\lim\limits_{\substack{x\to 0\\y\to 0}}y\sin\dfrac{1}{xy}=0$.

(4) 因为 $\lim\limits_{\substack{x\to 0\\y\to 0}}(x^2+y^2)=0$,且 $\left|\sin\dfrac{1}{x^2+y^2}\right|\leqslant 1$,所以 $\lim\limits_{\substack{x\to 0\\y\to 0}}(x^2+y^2)\sin\dfrac{1}{x^2+y^2}=0$.

(5) $\lim\limits_{\substack{x\to 0\\y\to 0}}\dfrac{1-\cos(x^2+y^2)}{(x^2+y^2)e^{x^2y^2}}=\lim\limits_{\substack{x\to 0\\y\to 0}}\dfrac{1-\cos(x^2+y^2)}{(x^2+y^2)^2}\cdot\dfrac{x^2+y^2}{e^{x^2y^2}}=\dfrac{1}{2}\cdot 0=0$.

本题利用 $1-\cos(x^2+y^2)\sim\dfrac{1}{2}(x^2+y^2)^2$,$(x,y)\to(0,0)$.

(6) $\lim\limits_{\substack{x\to\frac{1}{2}\\y\to 0}}\dfrac{\sqrt{4x-y^2}}{\ln(1-x^2-y^2)}=\dfrac{\sqrt{2}}{\ln\dfrac{3}{4}}$.

7. 讨论函数 $z=\dfrac{y^2+2x}{y^2-2x}$ 在何处是间断的.

解 这函数的定义域为 $D=\{(x,y)\mid y^2-2x\neq 0\}$,曲线 $y^2-2x=0$ 上各点均为 D 的聚点,且函数在这些点处没有定义,因此曲线 $y^2-2x=0$ 上各点均为函数的间断点.

8. 求函数 $z=\ln(x^2+y^2)$ 的间断点.

解 这函数定义域为 $D=\{(x,y)\mid x^2+y^2\neq 0\}$,原点 $(0,0)$ 为 D 的聚点,且函数在原点处没有定义,因此函数的间断点为 $\{(x,y)\mid x^2+y^2=0\}$.

*9. 证明 $\lim\limits_{\substack{x\to 0\\y\to 0}}\dfrac{xy}{\sqrt{x^2+y^2}}=0$.

证明 因为 $\left|\dfrac{xy}{\sqrt{x^2+y^2}}-0\right|\leqslant\dfrac{\frac{1}{2}(x^2+y^2)}{\sqrt{x^2+y^2}}=\dfrac{1}{2}\sqrt{x^2+y^2}$,要使 $\left|\dfrac{xy}{\sqrt{x^2+y^2}}-0\right|<\varepsilon$,只要 $\sqrt{x^2+y^2}<2\varepsilon$. 所以 $\forall\varepsilon>0$,取 $\delta=2\varepsilon$,则当 $0<\sqrt{x^2+y^2}<\delta$ 时,就有 $\left|\dfrac{xy}{\sqrt{x^2+y^2}}-0\right|<\varepsilon$ 成立,即 $\lim\limits_{\substack{x\to 0\\y\to 0}}\dfrac{xy}{\sqrt{x^2+y^2}}=0$.

*10. 证明下列极限不存在.

(1) $\lim\limits_{\substack{x\to 0\\y\to 0}}\dfrac{x+y}{x-y}$;   (2) $\lim\limits_{\substack{x\to 0\\y\to 0}}\dfrac{x^2y^2}{x^2y^2+(x-y)^2}$.

证明 (1) 当 (x,y) 沿直线 $y=kx$ 趋于 $(0,0)$ 时,有

$$\lim_{\substack{x\to 0\\ y\to 0\\ y=kx}}\frac{x+y}{x-y}=\lim_{x\to 0}\frac{(1+k)x}{(1-k)x}=\frac{1+k}{1-k}(k\neq 1),$$

显然它是随着 k 的值不同而改变的,故所求极限不存在.

(2)依次取 $(x,y)\to(0,0)$ 的两种方式:$y=x,y=-x$,分别求极限.

$$\lim_{\substack{x\to 0\\ y\to 0\\ y=x}}\frac{x^2y^2}{x^2y^2+(x-y)^2}=\lim_{x\to 0}\frac{x^4}{x^4}=1,\ \lim_{\substack{x\to 0\\ y\to 0\\ y=-x}}\frac{x^2y^2}{x^2y^2+(x-y)^2}=\lim_{x\to 0}\frac{x^4}{x^4+4x^2}=\lim_{x\to 0}\frac{x^2}{x^4+4}=0.$$

两种方式求得的极限值不同,故所求极限不存在.

本题证明极限不存在所采用的方法是:找出两条不同的路径,使得点 P 沿这两条路径趋于 P_0 时,$f(P)$ 的极限存在但不相等,或者找出一条特殊的路径,使得点 P 沿这路径趋于 P_0 时,$f(P)$ 的极限不存在. 这是证明多元函数极限不存在常用的方法.

习题 9-2

1. 求下列函数的偏导数:

(1)$z=x^3y-xy^2$;   (2)$z=\sin\frac{x}{y}\cos\frac{y}{x}$ (3)$z=(1+xy)^y$;

(4)$z=\frac{xe^y}{y^2}$;   (5)$z=\arctan\frac{x}{y}+\arcsin y$;   (6)$u=xe^{yz}+e^{-z}+y$.

解 (1)$\frac{\partial z}{\partial x}=3x^2y-y^3,\frac{\partial z}{\partial y}=x^3-2xy$;

(2)$\frac{\partial z}{\partial x}=\cos\frac{x}{y}\cdot\left(\frac{1}{y}\right)\cdot\cos\frac{y}{x}+\sin\frac{x}{y}\cdot\left(-\sin\frac{y}{x}\cdot -\frac{y}{x^2}\right)$

$=\frac{1}{y}\cos\frac{x}{y}\cos\frac{y}{x}+\frac{y}{x^2}\sin\frac{x}{y}\sin\frac{y}{x}$,

$\frac{\partial z}{\partial y}=\cos\frac{x}{y}\cdot\left(-\frac{x}{y^2}\right)\cdot\cos\frac{y}{x}+\sin\frac{x}{y}\cdot\left(-\sin\frac{y}{x}\cdot\frac{1}{x}\right)$

$=-\frac{x}{y^2}\cos\frac{x}{y}\cos\frac{y}{x}-\frac{1}{x}\sin\frac{x}{y}\sin\frac{y}{x}$;

(3)$\frac{\partial z}{\partial x}=y^2(1+xy)^{y-1},\ \frac{\partial z}{\partial y}=\frac{\partial}{\partial y}[e^{y\ln(1+xy)}]=(1+xy)^y\left[\ln(1+xy)+\frac{xy}{1+xy}\right]$;

(4)$\frac{\partial z}{\partial x}=\frac{e^y}{y^2},\ \frac{\partial z}{\partial y}=\frac{xe^y(y-2)}{y^3}$;

(5)$\frac{\partial z}{\partial x}=\frac{1}{1+\left(\frac{x}{y}\right)^2}\cdot\frac{1}{y}=\frac{y}{x^2+y^2}$,

$\frac{\partial z}{\partial y}=\frac{1}{1+\left(\frac{x}{y}\right)^2}\cdot\left(-\frac{x}{y^2}\right)+\frac{1}{\sqrt{1-y^2}}=\frac{-x}{x^2+y^2}+\frac{1}{\sqrt{1-y^2}}$;

(6)$\frac{\partial u}{\partial x}=e^{yz},\ \frac{\partial u}{\partial y}=xze^{yz}+1,\ \frac{\partial u}{\partial z}=xye^{yz}-e^{-z}$.

2. 求 $z=x^2y+\sin y$ 在点 $(1,0)$ 处的两个偏导数.

解 因为 $\frac{\partial z}{\partial x}=2xy,\frac{\partial z}{\partial y}=x^2+\cos y$,所以 $\frac{\partial z}{\partial x}\Big|_{(1,0)}=0,\ \frac{\partial z}{\partial y}\Big|_{(1,0)}=2$.

3. 求 $f(x,y) = e^{-x}\sin(x+2y)$ 在点 $\left(0, \dfrac{\pi}{4}\right)$ 处的两个偏导数.

解 因为 $\dfrac{\partial f}{\partial x} = -e^{-x}[\sin(x+2y) - \cos(x+2y)]$, $\dfrac{\partial f}{\partial y} = 2e^{-x}\cos(x+2y)$, 所以

$$\left.\dfrac{\partial f}{\partial x}\right|_{\left(0,\frac{\pi}{4}\right)} = -1, \left.\dfrac{\partial f}{\partial y}\right|_{\left(0,\frac{\pi}{4}\right)} = 0.$$

4. 求 $f(x,y) = x + (y-1)\arcsin\sqrt{x}$ 在点 $(x, 1)$ 处的两个偏导数.

解 因为 $\dfrac{\partial f}{\partial x} = 1 + (y-1)\dfrac{1}{\sqrt{1-x}} \cdot \dfrac{1}{2} \cdot \dfrac{1}{\sqrt{x}} = 1 + \dfrac{y-1}{2\sqrt{x}\sqrt{1-x}}$, $\dfrac{\partial f}{\partial y} = \arcsin\sqrt{x}$, 所以

$$\left.\dfrac{\partial f}{\partial x}\right|_{(x,1)} = 1, \left.\dfrac{\partial f}{\partial y}\right|_{(x,1)} = \arcsin\sqrt{x}.$$

5. 求 $f(x,y) = x + y - \sqrt{x^2 + y^2}$ 在点 $(3, 4)$ 处的两个偏导数.

解 因为 $\dfrac{\partial f}{\partial x} = 1 - \dfrac{x}{\sqrt{x^2+y^2}}$, $\dfrac{\partial f}{\partial y} = 1 - \dfrac{y}{\sqrt{x^2+y^2}}$, 所以 $\left.\dfrac{\partial f}{\partial x}\right|_{(3,4)} = \dfrac{2}{5}$, $\left.\dfrac{\partial f}{\partial y}\right|_{(3,4)} = \dfrac{1}{5}$.

6. 求下列函数的二阶偏导数:

(1) $z = \arctan\dfrac{y}{x}$; (2) $z = x^3 y^2 - 3xy^3 - xy + 1$; (3) $z = \ln(x^2 + y^2)$;

(4) $z = \dfrac{x+y}{x-y}$; (5) $z = e^{xy}$; *(6) $z = \displaystyle\int_y^x e^{-t^2} dt$.

解 (1) $\dfrac{\partial z}{\partial x} = \dfrac{1}{1+\left(\dfrac{y}{x}\right)^2} \cdot \left(-\dfrac{y}{x^2}\right) = -\dfrac{y}{x^2+y^2}$, $\dfrac{\partial^2 z}{\partial x^2} = \dfrac{2xy}{(x^2+y^2)^2}$,

$\dfrac{\partial z}{\partial y} = \dfrac{1}{1+\left(\dfrac{y}{x}\right)^2} \cdot \dfrac{1}{x} = \dfrac{x}{x^2+y^2}$, $\dfrac{\partial^2 z}{\partial y^2} = -\dfrac{2xy}{(x^2+y^2)^2}$,

$\dfrac{\partial^2 z}{\partial x \partial y} = \dfrac{\partial}{\partial y}\left(-\dfrac{y}{x^2+y^2}\right) = -\dfrac{(x^2+y^2) - y \cdot 2y}{(x^2+y^2)^2} = \dfrac{y^2 - x^2}{(x^2+y^2)^2}$;

(2) $\dfrac{\partial z}{\partial x} = 3x^2 y^2 - 3y^3 - y$, $\dfrac{\partial^2 z}{\partial x^2} = 6xy^2$, $\dfrac{\partial z}{\partial y} = 2x^3 y - 9xy^2 - x$, $\dfrac{\partial^2 z}{\partial y^2} = 2x^3 - 18xy$,

$\dfrac{\partial^2 z}{\partial x \partial y} = \dfrac{\partial}{\partial y}(3x^2 y^2 - 3y^3 - y) = 6x^2 y - 9y^2 - 1$;

(3) $\dfrac{\partial z}{\partial x} = \dfrac{2x}{x^2+y^2}$, $\dfrac{\partial^2 z}{\partial x^2} = \dfrac{2(y^2-x^2)}{(x^2+y^2)^2}$, $\dfrac{\partial z}{\partial y} = \dfrac{2y}{x^2+y^2}$, $\dfrac{\partial^2 z}{\partial y^2} = \dfrac{2(x^2-y^2)}{(x^2+y^2)^2}$,

$\dfrac{\partial^2 z}{\partial x \partial y} = \dfrac{\partial}{\partial y}\left(\dfrac{2x}{x^2+y^2}\right) = \dfrac{-4xy}{(x^2+y^2)^2}$;

(4) $\dfrac{\partial z}{\partial x} = \dfrac{(x-y)-(x+y)}{(x-y)^2} = \dfrac{-2y}{(x-y)^2}$, $\dfrac{\partial^2 z}{\partial x^2} = \dfrac{4y}{(x-y)^3}$,

$\dfrac{\partial z}{\partial y} = \dfrac{(x-y)+(x+y)}{(x-y)^2} = \dfrac{2x}{(x-y)^2}$, $\dfrac{\partial^2 z}{\partial y^2} = \dfrac{4x}{(x-y)^3}$,

$\dfrac{\partial^2 z}{\partial x \partial y} = \dfrac{\partial}{\partial y}\left[\dfrac{-2y}{(x-y)^2}\right] = \dfrac{-2(x+y)}{(x-y)^3}$;

(5) $\dfrac{\partial z}{\partial x} = ye^{xy}$, $\dfrac{\partial^2 z}{\partial x^2} = y^2 e^{xy}$, $\dfrac{\partial z}{\partial y} = xe^{xy}$, $\dfrac{\partial^2 z}{\partial y^2} = x^2 e^{xy}$,

$\dfrac{\partial^2 z}{\partial x \partial y} = \dfrac{\partial}{\partial y}(ye^{xy}) = e^{xy}(1+xy)$;

*(6) $\frac{\partial z}{\partial x}=e^{-x^2}$, $\frac{\partial^2 z}{\partial x^2}=-2xe^{-x^2}$, $\frac{\partial z}{\partial y}=-e^{-y^2}$, $\frac{\partial^2 z}{\partial y^2}=2ye^{-y^2}$, $\frac{\partial^2 z}{\partial x\partial y}=\frac{\partial}{\partial y}(e^{-x^2})=0$.

7. 设 $z=x\ln(xy)$，求 $\frac{\partial^3 z}{\partial x^2 \partial y}$ 及 $\frac{\partial^3 z}{\partial x\partial y^2}$.

解 $\frac{\partial z}{\partial x}=\ln(xy)+x\cdot\frac{y}{xy}=\ln(xy)+1$, $\frac{\partial^2 z}{\partial x^2}=\frac{y}{xy}=\frac{1}{x}$, $\frac{\partial^3 z}{\partial x^2 \partial y}=0$,

$$\frac{\partial^2 z}{\partial x\partial y}=\frac{x}{xy}=\frac{1}{y}, \quad \frac{\partial^3 z}{\partial x\partial y^2}=-\frac{1}{y^2}.$$

8. 设 $u=\ln(xy^2z)$ ($x,y,z>0$)，求 $\frac{\partial^3 u}{\partial x\partial y\partial z}$ 及 $\frac{\partial^3 u}{\partial x^2 \partial y}$.

解 $\frac{\partial u}{\partial x}=\frac{y^2z}{xy^2z}=\frac{1}{x}$, $\frac{\partial^2 u}{\partial x^2}=-\frac{1}{x^2}$, $\frac{\partial^2 u}{\partial x\partial y}=0$, $\frac{\partial^3 z}{\partial x\partial y\partial z}=0$, $\frac{\partial^3 z}{\partial x^2 \partial y}=0$.

9. 设 $f(x,y)=x^2y$，求 $\left(\frac{\partial f}{\partial x}\right)^2$ 及 $\frac{\partial^2 f}{\partial x^2}$.

解 $\frac{\partial f}{\partial x}=2xy$, $\left(\frac{\partial f}{\partial x}\right)^2=4x^2y^2$, $\frac{\partial^2 f}{\partial x^2}=2y$.

10. 曲线 $\begin{cases}z=\dfrac{x^2+y^2}{4}\\y=4\end{cases}$，在点 $(2,4,5)$ 处的切线对 x 轴的倾角是多少？

解 按偏导数的几何意义，$f_x(2,4)$ 就是曲线在点 $(2,4,5)$ 处的切线对于 x 轴的斜率，而 $f_x(2,4)=\dfrac{1}{2}x\Big|_{x=2}=1$，即 $k=\tan\alpha=1$，于是倾角 $\alpha=\dfrac{\pi}{4}$.

11. 验证：

(1) $z=\ln\sqrt{x^2+y^2}$ 满足 $\dfrac{\partial^2 z}{\partial x^2}+\dfrac{\partial^2 z}{\partial y^2}=0$；

(2) 设 $z=2\cos^2\left(x-\dfrac{y}{8}\right)$，则 $\dfrac{\partial^2 z}{\partial x^2}+8\dfrac{\partial^2 z}{\partial x\partial y}=0$.

证明 (1) 因为 $\dfrac{\partial z}{\partial x}=\dfrac{x}{x^2+y^2}$, $\dfrac{\partial^2 z}{\partial x^2}=\dfrac{y^2-x^2}{(x^2+y^2)^2}$, $\dfrac{\partial z}{\partial y}=\dfrac{y}{x^2+y^2}$, $\dfrac{\partial^2 z}{\partial y^2}=\dfrac{x^2-y^2}{(x^2+y^2)^2}$，所以

$$\frac{\partial^2 z}{\partial x^2}+\frac{\partial^2 z}{\partial y^2}=0.$$

(2) 因为 $\dfrac{\partial z}{\partial x}=-2\sin\left(2x-\dfrac{y}{4}\right)$, $\dfrac{\partial^2 z}{\partial x^2}=-4\cos\left(2x-\dfrac{y}{4}\right)$,

$$\frac{\partial^2 z}{\partial x\partial y}=\frac{\partial}{\partial y}\left[-2\sin\left(2x-\frac{y}{4}\right)\right]=\frac{1}{2}\cos\left(2x-\frac{y}{4}\right),$$

所以 $\dfrac{\partial^2 z}{\partial x^2}+8\dfrac{\partial^2 z}{\partial x\partial y}=0$.

习题 9—3

1. 在"充分"、"必要"和"充分必要"三者中选择一个正确的填入下列空内．

(1) 函数 $f(x,y)$ 在 (x_0,y_0) 点可导是 $f(x,y)$ 在 (x_0,y_0) 点可微分的_____条件．

(2) 函数 $f(x,y)$ 在 (x_0,y_0) 点可微分是 $f(x,y)$ 在 (x_0,y_0) 点连续且可导的_____条件．

(3) 函数 $f(x,y)$ 的一阶偏导数 $f_x(x,y), f_y(x,y)$ 在 (x_0,y_0) 点连续是 $f(x,y)$ 在 (x_0,y_0)

点可微分的_____条件.

解 (1)必要;(2)充分;(3)充分.

2. 求下列函数的全微分:

(1) $z=xy^2+\dfrac{x^2}{y}$; (2) $z=\mathrm{e}^{\frac{y^2}{x}}$; (3) $z=\dfrac{2y}{\sqrt{x^2+y^2}}$;

(4) $u=x^{yz^2}$; (5) $z=x^{y^2}$; (6) $u=\sin(yz)-\mathrm{e}^{xz}$.

解 (1)因为 $\dfrac{\partial z}{\partial x}=y^2+\dfrac{2x}{y}$, $\dfrac{\partial z}{\partial y}=2xy-\dfrac{x^2}{y^2}$, 所以

$$\mathrm{d}z=\dfrac{\partial z}{\partial x}\mathrm{d}x+\dfrac{\partial z}{\partial y}\mathrm{d}y=\left(y^2+\dfrac{2x}{y}\right)\mathrm{d}x+\left(2xy-\dfrac{x^2}{y^2}\right)\mathrm{d}y;$$

(2)因为 $\dfrac{\partial z}{\partial x}=-\dfrac{y^2}{x^2}\mathrm{e}^{\frac{y^2}{x}}$, $\dfrac{\partial z}{\partial y}=\dfrac{2y}{x}\mathrm{e}^{\frac{y^2}{x}}$, 所以

$$\mathrm{d}z=\dfrac{\partial z}{\partial x}\mathrm{d}x+\dfrac{\partial z}{\partial y}\mathrm{d}y=\mathrm{e}^{\frac{y^2}{x}}\left(-\dfrac{y^2}{x^2}\mathrm{d}x+\dfrac{2y}{x}\mathrm{d}y\right);$$

(3)因为 $\dfrac{\partial z}{\partial x}=\dfrac{-2y}{x^2+y^2}\cdot\dfrac{x}{\sqrt{x^2+y^2}}=\dfrac{-2xy}{(x^2+y^2)^{\frac{3}{2}}}$,

$$\dfrac{\partial z}{\partial y}=\dfrac{2\sqrt{x^2+y^2}-2y\cdot\dfrac{y}{\sqrt{x^2+y^2}}}{x^2+y^2}=\dfrac{2x^2}{(x^2+y^2)^{\frac{3}{2}}},$$

所以 $\mathrm{d}z=\dfrac{\partial z}{\partial x}\mathrm{d}x+\dfrac{\partial z}{\partial y}\mathrm{d}y=\dfrac{-2x}{(x^2+y^2)^{\frac{3}{2}}}(y\mathrm{d}y-x\mathrm{d}y)$;

(4)因为 $\dfrac{\partial u}{\partial x}=yz^2 x^{yz^2-1}$, $\dfrac{\partial u}{\partial y}=z^2 x^{yz^2}\ln x$, $\dfrac{\partial u}{\partial z}=2yzx^{yz^2}\ln x$,

所以 $\mathrm{d}u=\dfrac{\partial u}{\partial x}\mathrm{d}x+\dfrac{\partial u}{\partial y}\mathrm{d}y+\dfrac{\partial u}{\partial z}\mathrm{d}z=yz^2 x^{yz^2-1}\mathrm{d}x+z^2 x^{yz^2}\ln x\mathrm{d}y+2yzx^{yz^2}\ln x\mathrm{d}z$;

(5)因为 $\dfrac{\partial z}{\partial x}=y^2 x^{y^2-1}$, $\dfrac{\partial z}{\partial y}=2yx^{y^2}\ln x$,

所以 $\mathrm{d}z=\dfrac{\partial z}{\partial x}\mathrm{d}x+\dfrac{\partial z}{\partial y}\mathrm{d}y=y^2 x^{y^2-1}\mathrm{d}x+2yx^{y^2}\ln x\mathrm{d}y$;

(6)因为 $\dfrac{\partial u}{\partial x}=-z\mathrm{e}^{xz}$, $\dfrac{\partial u}{\partial y}=z\cos(yz)$, $\dfrac{\partial u}{\partial z}=y\cos(yz)-x\mathrm{e}^{xz}$,

所以 $\mathrm{d}u=\dfrac{\partial u}{\partial x}\mathrm{d}x+\dfrac{\partial u}{\partial y}\mathrm{d}y+\dfrac{\partial u}{\partial z}\mathrm{d}z=-z\mathrm{e}^{xz}\mathrm{d}x+z\cos(yz)\mathrm{d}y+[y\cos(yz)-x\mathrm{e}^{xz}]\mathrm{d}z$.

3. 求函数 $z=\dfrac{y}{x}$ 当 $x=2, y=1, \Delta x=0.1, \Delta y=-0.2$ 时的全增量和全微分.

解 $\Delta z=\dfrac{y+\Delta y}{x+\Delta x}-\dfrac{y}{x}$, $\mathrm{d}z=-\dfrac{y}{x^2}\Delta x+\dfrac{1}{x}\Delta y$, 当 $x=2, y=1, \Delta x=0.1, \Delta y=-0.2$,

全增量 $\Delta z=\dfrac{1+(-0.2)}{2+0.1}-\dfrac{1}{2}=-0.119$,

全微分 $\mathrm{d}z=-\dfrac{1}{4}\cdot 0.1+\dfrac{1}{2}\cdot(-0.2)=-0.125$.

4. 设 $f(x,y)=\ln\left(1+\dfrac{x}{y}\right)$, 求 $\mathrm{d}f(1,1)$.

解 因为 $\dfrac{\partial f}{\partial x}=\dfrac{1}{x+y}$, $\dfrac{\partial f}{\partial y}=\dfrac{-x}{y^2+xy}$, $\left.\dfrac{\partial f}{\partial x}\right|_{(1,1)}=\dfrac{1}{2}$, $\left.\dfrac{\partial f}{\partial y}\right|_{(1,1)}=-\dfrac{1}{2}$, 所以

$$df(1,1) = \frac{1}{2}(dx - dy).$$

5. 求函数 $z = x^3 + 2x^2y - y^3$ 在点 $(1,2)$ 处的全微分.

解 因为 $\frac{\partial z}{\partial x} = 3x^2 + 4xy$, $\frac{\partial z}{\partial y} = 2x^2 - 3y^2$, $\left.\frac{\partial z}{\partial x}\right|_{(1,2)} = 11$, $\left.\frac{\partial z}{\partial y}\right|_{(1,2)} = -10$, 所以

$$dz|_{(1,2)} = 11dx - 10dy.$$

习题 9-4

1. 设 $z = u^2 \ln v$, 而 $u = \frac{x}{y}$, $v = x - 2y$, 求 $\frac{\partial z}{\partial x}$, $\frac{\partial z}{\partial y}$.

解 $\frac{\partial z}{\partial x} = \frac{\partial z}{\partial u} \cdot \frac{\partial u}{\partial x} + \frac{\partial z}{\partial v} \cdot \frac{\partial v}{\partial x} = 2u \ln v \cdot \frac{1}{y} + \frac{u^2}{v} \cdot 1 = \frac{2x}{y^2} \ln(x - 2y) + \frac{x^2}{(x - 2y)y^2}$,

$\frac{\partial z}{\partial y} = \frac{\partial z}{\partial u} \cdot \frac{\partial u}{\partial y} + \frac{\partial z}{\partial v} \cdot \frac{\partial v}{\partial y} = 2u \ln v \cdot \left(-\frac{x}{y^2}\right) + \frac{u^2}{v} \cdot (-2) = -\frac{2x^2}{y^3} \ln(x - 2y) - \frac{2x^2}{(x - 2y)y^2}$.

2. 设 $z = \sin(u - v)$, 而 $u = 3x^2 + e^y$, $v = xe^y$, 求 $\frac{\partial z}{\partial x}$, $\frac{\partial z}{\partial y}$.

解 $\frac{\partial z}{\partial x} = \frac{\partial z}{\partial u} \cdot \frac{\partial u}{\partial x} + \frac{\partial z}{\partial v} \cdot \frac{\partial v}{\partial x} = \cos(u - v) \cdot 6x - \cos(u - v) \cdot e^y = (6x - e^y)\cos(3x^2 + e^y - xe^y)$,

$\frac{\partial z}{\partial y} = \frac{\partial z}{\partial u} \cdot \frac{\partial u}{\partial y} + \frac{\partial z}{\partial v} \cdot \frac{\partial v}{\partial y} = \cos(u - v)e^y - \cos(u - v) \cdot xe^y = e^y(1 - x)\cos(3x^2 + e^y - xe^y)$.

3. 设 $z = \arctan(xy)$, 而 $y = e^x$, 求 $\frac{dz}{dx}$.

解 $\frac{dz}{dx} = \frac{\partial z}{\partial x} + \frac{\partial z}{\partial y} \cdot \frac{dy}{dx} = \frac{y}{1 + x^2 y^2} + \frac{x}{1 + x^2 y^2} \cdot e^x = \frac{(1 + x)e^x}{1 + x^2 e^{2x}}$.

4. 设 $u = \frac{e^{ax}(y - z)}{a^2 + 1}$, 而 $y = a\sin x$, $z = \cos x$, 求 $\frac{du}{dx}$.

解 $\frac{du}{dx} = \frac{\partial u}{\partial x} + \frac{\partial u}{\partial y} \cdot \frac{dy}{dx} + \frac{\partial u}{\partial z} \cdot \frac{dz}{dx}$

$= \frac{ae^{ax}(y - z)}{a^2 + 1} + \frac{e^{ax}}{a^2 + 1} \cdot a\cos x + \frac{e^{ax}}{a^2 + 1} \cdot (-1) \cdot (-\sin x)$

$= \frac{e^{ax}}{a^2 + 1}(a^2 \sin x - a\cos x + a\cos x + \sin x) = e^{ax} \sin x$.

5. 求下列函数的一阶偏导数(其中 f 具有一阶连续导数或偏导数).

(1) $u = f\left(\frac{x}{y}, \frac{y}{z}\right)$;
(2) $z = \frac{y}{f(x^2 - y^2)}$;
(3) $u = f(x, xy, xyz)$;
(4) $z = f(xy, e^{x+y})$.

解 (1) 令 $s = \frac{x}{y}$, $t = \frac{y}{z}$, 则 $u = f(s, t)$,

$\frac{\partial u}{\partial x} = \frac{\partial f}{\partial s} \cdot \frac{\partial s}{\partial x} = \frac{1}{y}f_s$, $\frac{\partial u}{\partial y} = \frac{\partial f}{\partial s} \cdot \frac{\partial s}{\partial y} + \frac{\partial f}{\partial t} \cdot \frac{\partial t}{\partial y} = -\frac{x}{y^2}f_s + \frac{1}{z}f_t$,

$\frac{\partial u}{\partial z} = \frac{\partial f}{\partial t} \cdot \frac{\partial t}{\partial z} = -\frac{y}{z^2}f_t$.

(2) $\dfrac{\partial z}{\partial x}=-\dfrac{2xyf'}{f^2}$, $\dfrac{\partial z}{\partial y}=\dfrac{f+2y^2f'}{f^2}$.

(3) 将中间变量 x,xy,xyz 依次编为 1 号, 2 号, 3 号, 则

$$\dfrac{\partial u}{\partial x}=f'_1\cdot 1+f'_2\cdot y+f'_3\cdot yz=f'_1+yf'_2+yzf'_3,$$

$$\dfrac{\partial u}{\partial y}=f'_2\cdot x+f'_3\cdot xz=xf'_2+xzf'_3,\quad \dfrac{\partial u}{\partial z}=f'_3\cdot xy=xyf'_3.$$

(4) 将中间变量 xy,e^{x+y} 依次编为 1 号, 2 号, 则

$$\dfrac{\partial z}{\partial x}=f'_1\cdot y+f'_2\cdot \mathrm{e}^{x+y}=yf'_1+\mathrm{e}^{x+y}f'_2,$$

$$\dfrac{\partial z}{\partial y}=f'_1\cdot x+f'_2\cdot \mathrm{e}^{x+y}=xf'_1+\mathrm{e}^{x+y}f'_2.$$

6. 设 $z=xy+xF(u)$, 而 $u=\dfrac{y}{x}$, $F(u)$ 为可导函数, 证明 $x\dfrac{\partial z}{\partial x}+y\dfrac{\partial z}{\partial y}=z+xy$.

证明 $x\dfrac{\partial z}{\partial x}+y\dfrac{\partial z}{\partial y}=x\left[y+F(u)+xF'(u)\dfrac{\partial u}{\partial x}\right]+y\left[x+xF'(u)\dfrac{\partial u}{\partial y}\right]$

$=x\left[y+F(u)-\dfrac{y}{x}F'(u)\right]+y[x+F'(u)]=xy+xF(u)+xy=z+xy,$

故等式成立.

7. 求下列函数指定的偏导数(其中 f 具有二阶连续导数或偏导数).

(1) $z=f(x^2+y^2)$, 求 $\dfrac{\partial^2 z}{\partial x^2}$、$\dfrac{\partial^2 z}{\partial x\partial y}$;

(2) $z=f\left(x,\dfrac{x}{y}\right)$, 求 $\dfrac{\partial^2 z}{\partial x^2}$、$\dfrac{\partial^2 z}{\partial x\partial y}$、$\dfrac{\partial^2 z}{\partial y^2}$;

(3) $u=f(x,y,z),z=x\mathrm{e}^y$, 求 $\dfrac{\partial^2 z}{\partial x\partial y}$.

解 (1) 令 $u=x^2+y^2$, 则 $z=f(u)$. 记 $f'=f'(u), f''=f''(u)$, 则

$$\dfrac{\partial z}{\partial x}=f'(u)\cdot\dfrac{\partial u}{\partial x}=2xf',\quad \dfrac{\partial^2 z}{\partial x^2}=2f'+2xf''\cdot\dfrac{\partial u}{\partial x}=2f'+4x^2f'',\quad \dfrac{\partial^2 z}{\partial x\partial y}=2xf''\cdot\dfrac{\partial u}{\partial y}=4xyf'';$$

(2) 令 $s=x, t=\dfrac{x}{y}$, 并将 s,t 依次编为 1 号, 2 号, 则

$$\dfrac{\partial z}{\partial x}=f'_1\cdot\dfrac{\mathrm{d}s}{\mathrm{d}x}+f'_2\cdot\dfrac{\partial t}{\partial x}=f'_1+\dfrac{1}{y}f'_2,\quad \dfrac{\partial z}{\partial y}=f'_2\dfrac{\partial t}{\partial y}=-\dfrac{x}{y^2}f'_2.$$

因为 $f(s,t)$ 是 s 和 t 的函数, 所以 f'_1 和 f'_2 也是 s 和 t 的函数, 从而 f'_1 和 f'_2 是以 s 和 t 为中间变量的 x 和 y 的函数, 故

$$\dfrac{\partial^2 z}{\partial x^2}=\dfrac{\partial}{\partial x}\left(\dfrac{\partial z}{\partial x}\right)=\dfrac{\partial}{\partial x}\left(f'_1+\dfrac{1}{y}f'_2\right)=f''_{11}+f''_{12}\dfrac{\partial t}{\partial x}+\dfrac{1}{y}\left(f''_{21}+f''_{22}\dfrac{\partial t}{\partial x}\right)=f''_{11}+\dfrac{2}{y}f''_{12}+\dfrac{1}{y^2}f''_{22},$$

$$\dfrac{\partial^2 z}{\partial x\partial y}=\dfrac{\partial}{\partial y}\left(\dfrac{\partial z}{\partial x}\right)=\dfrac{\partial}{\partial y}\left(f'_1+\dfrac{1}{y}f'_2\right)=f''_{12}\cdot\dfrac{\partial t}{\partial y}-\dfrac{1}{y^2}f'_2+\dfrac{1}{y}f''_{22}\dfrac{\partial t}{\partial y}=-\dfrac{x}{y^2}f''_{12}-\dfrac{1}{y^2}f'_2-\dfrac{x}{y^3}f''_{22},$$

$$\dfrac{\partial^2 z}{\partial y^2}=\dfrac{\partial}{\partial y}\left(\dfrac{\partial z}{\partial y}\right)=\dfrac{\partial}{\partial y}\left(-\dfrac{x}{y^2}f'_2\right)=\dfrac{2x}{y^3}f'_2-\dfrac{x}{y^2}f''_{22}\cdot\dfrac{\partial t}{\partial x}=\dfrac{2x}{y^3}f'_2+\dfrac{x^2}{y^4}f''_{22}.$$

(3)令 $u=x$, $v=y$, $w=z$,并将 u,v,w 依次编为1号,2号,3号,则

$$\frac{\partial z}{\partial x}=f'_1+f'_3 \cdot \frac{\partial w}{\partial x}=f'_1+e^y f'_3,$$

$$\frac{\partial^2 z}{\partial x \partial y}=\frac{\partial}{\partial y}(f'_1+e^y f'_3)=f''_{12}+f''_{13}\cdot\frac{\partial w}{\partial y}+e^y f'_3+e^y f''_{32}+e^y f''_{33}\cdot\frac{\partial w}{\partial y}$$
$$=f''_{12}+f''_{13}\cdot xe^y+e^y f'_3+e^y f''_{32}+e^y f''_{33}\cdot xe^y$$
$$=f''_{12}+e^y(xf''_{13}+f'_3+f''_{32}+xe^y f''_{33}).$$

8. 设 $z=f(x-y^2,xy)$,求 dz、$\frac{\partial z}{\partial x}$、$\frac{\partial z}{\partial y}$.

解 将中间变量 $x-y^2$, xy 依次编为1号,2号,则

$$\frac{\partial z}{\partial x}=f'_1\frac{\partial}{\partial x}(x-y^2)+f'_2\cdot\frac{\partial}{\partial x}(xy)=f'_1+yf'_2,$$

$$\frac{\partial z}{\partial y}=f'_1\frac{\partial}{\partial y}(x-y^2)+f'_2\cdot\frac{\partial}{\partial y}(xy)=-2yf'_1+xf'_2,$$

所以 $$dz=(f'_1+yf'_2)dx+(-2yf'_1+xf'_2)dy.$$

9. 设 $u=\varphi(x+at)+\psi(x-at)$,其中 φ,ψ 具有二阶连续导数,证明 $a^2\frac{\partial^2 u}{\partial x^2}=\frac{\partial^2 u}{\partial t^2}$.

证明 设 $s=x+at$, $w=x-at$ 则

$$\frac{\partial u}{\partial x}=\varphi'(s)\cdot\frac{\partial s}{\partial x}+\psi'(w)\frac{\partial w}{\partial x}=\varphi'(s)+\psi'(w),$$

$$\frac{\partial^2 u}{\partial x^2}=\frac{\partial}{\partial x}[\varphi'(s)+\psi'(w)]=\varphi''(s)\cdot\frac{\partial s}{\partial x}+\psi''(w)\cdot\frac{\partial w}{\partial x}=\varphi''(s)+\psi''(w),$$

$$\frac{\partial u}{\partial t}=\varphi'(s)\cdot\frac{\partial s}{\partial t}+\psi'(w)\frac{\partial w}{\partial t}=a\varphi'(s)+\psi'(w)\cdot(-a)=a[\varphi'(s)-\psi'(w)],$$

$$\frac{\partial^2 u}{\partial t^2}=a\left[\varphi''(s)\frac{\partial s}{\partial t}-\psi''(w)\frac{\partial w}{\partial t}\right]=a^2[\varphi''(s)+\psi''(w)],$$

所以 $$a^2\frac{\partial^2 u}{\partial x^2}=\frac{\partial^2 u}{\partial t^2}.$$

10. 有一圆锥的沙堆,其高以 2m/s 的速度下降,当高为 50m,底半径为 20m 时,求底半径的变化率.

解 圆锥形沙滩的体积 $V=\frac{1}{3}\pi r^2 h$,当 $r=20$, $h=50$ 时,代入式中得 $V=\frac{2\pi}{3}\times 10^4$,所以 t 时刻的 r、h 满足方程

$$r^2=\frac{2\times 10^4}{h}.$$

两边同时对 t 求导,得 $2r\cdot\frac{dr}{dt}=2\times 10^4\cdot\left(-\frac{1}{h^2}\right)\cdot\frac{dh}{dt}$,故当 $\frac{dh}{dt}=-2$ 时,$\frac{dr}{dt}=0.4$,所以底半径的变化率为 0.4m/s.

11. 设 $\sin y+e^x-xy^2=0$,求 $\frac{dy}{dx}$.

解 设 $F(x,y)=\sin y+e^x-xy^2$,则 $F_x=e^x-y^2$, $F_y=\cos y-2xy$,故

$$\frac{dy}{dx}=-\frac{F_x}{F_y}=-\frac{e^x-y^2}{\cos y-2xy}=\frac{y^2-e^x}{\cos y-2xy}.$$

12. 设 $\dfrac{x}{z} = \ln \dfrac{z}{y}$, $(z>0, y>0)$, 求 $\dfrac{\partial z}{\partial x}$ 及 $\dfrac{\partial z}{\partial y}$.

解 设 $F(x,y,z) = \dfrac{x}{z} - \ln \dfrac{z}{y}$, 则 $F_x = \dfrac{1}{z}$, $F_y = \dfrac{1}{y}$, $F_z = -\dfrac{x+z}{z^2}$, 于是

$$\dfrac{\partial z}{\partial x} = -\dfrac{F_x}{F_z} = \dfrac{z}{x+z}, \quad \dfrac{\partial z}{\partial y} = -\dfrac{F_y}{F_z} = \dfrac{z^2}{y(x+z)}.$$

13. 设 $F\left(\dfrac{x}{z}, \dfrac{y}{z}\right) = 0$, 其中 F 具有连续偏导数, 证明 $x\dfrac{\partial z}{\partial x} + y\dfrac{\partial z}{\partial y} = z$.

证明 令 $u = \dfrac{x}{z}$, $v = \dfrac{y}{z}$, 则

$$F_x = F_u \cdot \dfrac{\partial u}{\partial x} = \dfrac{1}{z} F_u, \quad F_y = F_v \cdot \dfrac{\partial v}{\partial y} = \dfrac{1}{z} F_v,$$

$$F_z = F_u \cdot \dfrac{\partial u}{\partial z} + F_v \cdot \dfrac{\partial v}{\partial z} = -\dfrac{1}{z^2}(xF_u + yF_v).$$

于是
$$\dfrac{\partial z}{\partial x} = -\dfrac{F_x}{F_z} = \dfrac{zF_u}{xF_u + yF_v}, \quad \dfrac{\partial z}{\partial y} = -\dfrac{F_y}{F_z} = \dfrac{zF_v}{xF_u + yF_v},$$

所以
$$x\dfrac{\partial z}{\partial x} + y\dfrac{\partial z}{\partial y} = z\left(\dfrac{xF_u}{xF_u + yF_v} + \dfrac{yF_v}{xF_u + yF_v}\right) = z.$$

14. 设 $x = x(y,z)$、$y = y(x,z)$、$z = z(x,y)$ 都是由方程 $F(x,y,z) = 0$ 确定的具有连续偏导数的函数, 证明 $\dfrac{\partial x}{\partial y} \cdot \dfrac{\partial y}{\partial z} \cdot \dfrac{\partial z}{\partial x} = -1$.

证明 因为 $\dfrac{\partial x}{\partial y} = -\dfrac{F_y}{F_x}$, $\dfrac{\partial y}{\partial z} = -\dfrac{F_z}{F_y}$, $\dfrac{\partial z}{\partial x} = -\dfrac{F_x}{F_z}$, 所以

$$\dfrac{\partial x}{\partial y} \cdot \dfrac{\partial y}{\partial z} \cdot \dfrac{\partial z}{\partial x} = \left(-\dfrac{F_y}{F_x}\right) \cdot \left(-\dfrac{F_z}{F_y}\right) \cdot \left(-\dfrac{F_x}{F_z}\right) = -1.$$

15. 设 $e^z - xyz = 0$, 求 $\dfrac{\partial^2 z}{\partial x^2}$.

解 设 $F(x,y,z) = e^z - xyz$, 则 $F_x = -yz$, $F_z = e^z - xy$, 于是 $\dfrac{\partial z}{\partial x} = -\dfrac{F_x}{F_z} = \dfrac{yz}{e^z - xy}$,

$$\dfrac{\partial^2 z}{\partial x^2} = \dfrac{\partial}{\partial x}\left(\dfrac{\partial z}{\partial x}\right) = \dfrac{y\dfrac{\partial z}{\partial x}(e^z - xy) - yz\left(e^z \dfrac{\partial z}{\partial x} - y\right)}{(e^z - xy)^2}$$

$$= \dfrac{y^2 z - yz\left(e^z \cdot \dfrac{yz}{e^z - xy} - y\right)}{(e^z - xy)^2} = \dfrac{2y^2 z e^z - 2xy^3 z - y^2 z^2 e^z}{(e^z - xy)^3}.$$

16. 设 $z^3 - 3xyz = a^3$, 求 $\dfrac{\partial^2 z}{\partial x \partial y}$.

解 设 $F(x,y,z) = z^3 - 3xyz - a^3$, 则 $F_x = -3yz$, $F_y = -3xz$, $F_z = 3z^2 - 3xy$. 于是

$$\dfrac{\partial z}{\partial x} = -\dfrac{F_x}{F_z} = \dfrac{yz}{z^2 - xy}, \quad \dfrac{\partial z}{\partial y} = \dfrac{xz}{z^2 - xy}.$$

$$\frac{\partial^2 z}{\partial x \partial y} = \frac{\partial}{\partial y}\left(\frac{\partial z}{\partial x}\right) = \frac{\partial}{\partial y}\left(\frac{yz}{z^2-xy}\right) = \frac{\left(z+y\frac{\partial z}{\partial y}\right)(z^2-xy)-yz\left(2z\frac{\partial z}{\partial y}-x\right)}{(z^2-xy)^2}$$

$$= \frac{\left(z+\frac{xyz}{z^2-xy}\right)\cdot(z^2-xy)-yz\left(\frac{2xz^2}{z^2-xy}-x\right)}{(z^2-xy)^2} = \frac{z(z^4-2xyz^2-x^2y^2)}{(z^2-xy)^3}.$$

17. 求由下列方程组所确定的函数的导数或偏导数.

(1) 设 $\begin{cases} x+y+z=0, \\ x^2+y^2+z^2=1, \end{cases}$ 在 $x \neq y$ 处求 $\dfrac{dx}{dz}$、$\dfrac{dy}{dz}$；

(2) 设 $\begin{cases} x^2+y^2+z^2=50, \\ x+2y+3z=4, \end{cases}$ 确定 y 和 z 为 x 的函数, 求 $\dfrac{dy}{dx}$、$\dfrac{dz}{dx}$；

(3) 设 $\begin{cases} x=e^u+u\sin v, \\ y=e^u-u\cos v, \end{cases}$ 求 $\dfrac{\partial u}{\partial x}$ 及 $\dfrac{\partial v}{\partial x}$；

(4) 设 $\begin{cases} u=f(ux, v+y), \\ v=g(u-x, v^2y), \end{cases}$ 其中 f, g 具有一阶连续偏导数, 求 $\dfrac{\partial u}{\partial x}$、$\dfrac{\partial v}{\partial x}$.

解 (1) 所给方程组确定两个一元隐函数: $x=x(z)$ 和 $y=y(z)$, 将所给方程的两端分别对 z 求导并移项, 得 $\begin{cases} \dfrac{dx}{dz}+\dfrac{dy}{dz}=-1, \\ 2x\dfrac{dx}{dz}+2y\dfrac{dy}{dz}=-2z. \end{cases}$ 由于 $D=\begin{vmatrix} 1 & 1 \\ 2x & 2y \end{vmatrix}=2(y-x)\neq 0$, 解方程组得

$$\frac{dx}{dz}=\frac{\begin{vmatrix} -1 & 1 \\ -2z & 2y \end{vmatrix}}{D}=\frac{-2y+2z}{2(y-x)}=\frac{y-z}{x-y}, \quad \frac{dy}{dz}=\frac{\begin{vmatrix} 1 & -1 \\ 2x & -2z \end{vmatrix}}{D}=\frac{-2z+2x}{2(y-x)}=\frac{z-x}{x-y}.$$

(2) 分别在两个方程两端对 x 求导, 得

$$\begin{cases} 2x+2y\dfrac{dy}{dx}+2z\dfrac{dz}{dx}=0, \\ 1+2\dfrac{dy}{dx}+3\dfrac{dz}{dx}=0. \end{cases} \text{移项, 得} \begin{cases} y\dfrac{dy}{dx}+z\dfrac{dz}{dx}=-x, \\ 2\dfrac{dy}{dx}+3\dfrac{dz}{dx}=-1. \end{cases}$$

由于 $D=\begin{vmatrix} y & z \\ 2 & 3 \end{vmatrix}=3y-2z\neq 0$, 解方程组得

$$\frac{dy}{dx}=\frac{\begin{vmatrix} -x & z \\ -1 & 3 \end{vmatrix}}{D}=\frac{z-3x}{3y-2z}, \quad \frac{dz}{dx}=\frac{\begin{vmatrix} y & -x \\ 2 & -1 \end{vmatrix}}{D}=\frac{2x-y}{3y-2z}.$$

(3) 此方程组确定的两个二元隐函数 $u=u(x,y)$、$v=v(x,y)$ 是已知函数的反函数, 令

$$F(x,y,u,v) = x - e^u - u\sin v, \quad G(x,y,u,v) = y - e^u + u\cos v.$$

则
$$F_x = 1, \ F_y = 0, \ F_u = -e^u - \sin v, \ F_v = -u\cos v,$$
$$G_x = 0, \ G_y = 1, \ G_u = -e^u + \cos v, \ G_v = -u\sin v.$$

当 $J = \dfrac{\partial(F,G)}{\partial(u,v)} = \begin{vmatrix} -e^u - \sin v & -u\cos v \\ -e^u + \cos v & -u\sin v \end{vmatrix} = ue^u(\sin v - \cos v) + u \neq 0$ 时，解方程组得

$$\frac{\partial u}{\partial x} = -\frac{1}{J}\frac{\partial(F,G)}{\partial(x,v)} = -\frac{1}{J}\begin{vmatrix} 1 & -u\cos v \\ 0 & -u\sin v \end{vmatrix} = \frac{\sin v}{e^u(\sin v - \cos v) + 1},$$

$$\frac{\partial u}{\partial y} = -\frac{1}{J}\frac{\partial(F,G)}{\partial(y,v)} = -\frac{1}{J}\begin{vmatrix} 0 & -u\cos v \\ 1 & -u\sin v \end{vmatrix} = \frac{-\cos v}{e^u(\sin v - \cos v) + 1},$$

$$\frac{\partial v}{\partial x} = -\frac{1}{J}\frac{\partial(F,G)}{\partial(u,x)} = -\frac{1}{J}\begin{vmatrix} -e^u - \sin v & 1 \\ -e^u + \cos v & 0 \end{vmatrix} = \frac{\cos v - e^u}{u[e^u(\sin v - \cos v) + 1]},$$

$$\frac{\partial v}{\partial y} = -\frac{1}{J}\frac{\partial(F,G)}{\partial(u,y)} = -\frac{1}{J}\begin{vmatrix} -e^u - \sin v & 0 \\ -e^u + \cos v & 1 \end{vmatrix} = \frac{\sin v + e^u}{u[e^u(\sin v - \cos v) + 1]}.$$

(4) 此方程组可以确定两个二元隐函数：$u = u(x,y), v = v(x,y)$，分别在方程两端对 x 求偏导数，得

$$\begin{cases} \dfrac{\partial u}{\partial x} = f_1'\left(u + x\dfrac{\partial u}{\partial x}\right) + f_2'\dfrac{\partial v}{\partial x}, \\ \dfrac{\partial v}{\partial x} = g_1'\left(\dfrac{\partial u}{\partial x} - 1\right) + 2g_2'yv \cdot \dfrac{\partial v}{\partial x}. \end{cases} \text{移项整理后得} \begin{cases} (xf_1' - 1)\dfrac{\partial u}{\partial x} + f_2'\dfrac{\partial v}{\partial x} = -uf_1', \\ g_1'\dfrac{\partial u}{\partial x} + (2yvg_2' - 1)\dfrac{\partial v}{\partial x} = g_1'. \end{cases}$$

在 $D = \begin{vmatrix} xf_1' - 1 & f_2' \\ g_1'\dfrac{\partial u}{\partial x} & 2yvg_2' - 1 \end{vmatrix} = (xf_1' - 1)(2yvg_2' - 1) - f_2'g_1' \neq 0$ 的条件下，解方程组得

$$\frac{\partial u}{\partial x} = \frac{1}{D}\begin{vmatrix} -uf_1' & f_2' \\ g_1' & 2yvg_2' - 1 \end{vmatrix} = \frac{-uf_1'(2yvg_2' - 1) - f_2'g_1'}{(xf_1' - 1)(2yvg_2' - 1) - f_2'g_1'},$$

$$\frac{\partial v}{\partial x} = \frac{1}{D}\begin{vmatrix} xf_1' - 1 & -uf_1' \\ g_1' & g_1' \end{vmatrix} = \frac{g_1'(xf_1' + uf_1' - 1)}{(xf_1' - 1)(2yvg_2' - 1) - f_2'g_1'}.$$

*18. 设 $y = f(x,t)$，而 $t = t(x,y)$ 是由方程 $F(x,y,t) = 0$ 所确定的函数，其中 f, F 都具有一阶连续偏导数，试证：

$$\frac{\mathrm{d}y}{\mathrm{d}x} = \frac{\dfrac{\partial f}{\partial x}\dfrac{\partial F}{\partial t} - \dfrac{\partial f}{\partial t}\dfrac{\partial F}{\partial x}}{\dfrac{\partial f}{\partial t}\dfrac{\partial F}{\partial y} + \dfrac{\partial F}{\partial t}}.$$

证法一 由方程组 $\begin{cases} y = f(x,t), \\ F(x,y,t) = 0 \end{cases}$ 可确定两个一元隐函数 $y = y(x), t = t(x)$，分别在两

个方程两端对 x 求导可得

$$\begin{cases} \dfrac{dy}{dx} = \dfrac{\partial f}{\partial x} + \dfrac{\partial f}{\partial t} \cdot \dfrac{dt}{dx}, \\ \dfrac{\partial F}{\partial x} + \dfrac{\partial F}{\partial y} \cdot \dfrac{dy}{dx} + \dfrac{\partial F}{\partial t} \cdot \dfrac{dt}{dx} = 0. \end{cases}$$ 移项，得 $$\begin{cases} \dfrac{dy}{dx} - \dfrac{\partial f}{\partial t} \cdot \dfrac{dt}{dx} = \dfrac{\partial f}{\partial x}, \\ \dfrac{\partial F}{\partial y} \cdot \dfrac{dy}{dx} + \dfrac{\partial F}{\partial t} \cdot \dfrac{dt}{dx} = -\dfrac{\partial F}{\partial x}. \end{cases}$$

由于 $D = \begin{vmatrix} 1 & -\dfrac{\partial f}{\partial t} \\ \dfrac{\partial F}{\partial y} & \dfrac{\partial F}{\partial t} \end{vmatrix} = \dfrac{\partial F}{\partial t} + \dfrac{\partial f}{\partial t} \cdot \dfrac{\partial F}{\partial y} \neq 0$，解方程组，得

$$\frac{dy}{dx} = \frac{1}{D} \cdot \begin{vmatrix} \dfrac{\partial f}{\partial x} & -\dfrac{\partial f}{\partial t} \\ -\dfrac{\partial F}{\partial x} & \dfrac{\partial F}{\partial t} \end{vmatrix} = \frac{\dfrac{\partial f}{\partial x} \cdot \dfrac{\partial F}{\partial t} - \dfrac{\partial f}{\partial t} \cdot \dfrac{\partial F}{\partial x}}{\dfrac{\partial F}{\partial t} + \dfrac{\partial f}{\partial t} \cdot \dfrac{\partial F}{\partial y}}.$$

证法二 分别在 $y = f(x,t)$ 及 $F(x,y,t) = 0$ 两端求全微分，得

$$\begin{cases} dy = f_x dx + f_t dt, & (1) \\ F_x dx + F_y dy + F_t dt = 0, & (2) \end{cases}$$

由式(2)得 $\qquad\qquad\qquad F_t dt = -(F_x dx + F_y dy).$ \qquad\qquad (3)

将 F_t 乘以式(1)两端，并以式(3)代入，得

$F_t dy = f_x F_t dx - f_t (F_x dx + F_y dy)$，即 $(F_t + f_x F_y) dy = (f_x F_t - f_t F_x) dx$. 故

$$\frac{dy}{dx} = \frac{f_x F_t - f_t F_x}{F_t + f_t F_y}.$$

习题 9—5

1. 求函数 $u = xy^3 z$ 在点 $A(5,1,2)$ 处沿从点 A 到点 $B(9,4,14)$ 方向的方向导数．

解 按题意，方向 $\boldsymbol{l} = \{4,3,12\}$，与 $\boldsymbol{l}$ 同方向的单位向量 $\boldsymbol{e}_l = \left\{\dfrac{4}{13}, \dfrac{3}{13}, \dfrac{12}{13}\right\}$．

又 $\quad \dfrac{\partial u}{\partial x} = y^3 z, \dfrac{\partial u}{\partial y} = 3xy^2 z, \dfrac{\partial u}{\partial z} = xy^3, \left.\dfrac{\partial u}{\partial x}\right|_{(5,1,2)} = 2, \left.\dfrac{\partial u}{\partial y}\right|_{(5,1,2)} = 30, \left.\dfrac{\partial u}{\partial z}\right|_{(5,1,2)} = 5,$

故 $\qquad\qquad \left.\dfrac{\partial u}{\partial l}\right|_{(5,1,2)} = 2 \cdot \dfrac{4}{13} + 30 \cdot \dfrac{3}{13} + 5 \cdot \dfrac{12}{13} = \dfrac{158}{13}.$

2. 求函数 $u = xyz - 2yz - 3$ 在点 $(1,1,1)$ 沿 $\boldsymbol{l} = 2\boldsymbol{i} + 2\boldsymbol{j} + \boldsymbol{k}$ 的方向导数．

解 按题意，方向 $\boldsymbol{l} = \{2,2,1\}$，与 $\boldsymbol{l}$ 同方向的单位向量 $\boldsymbol{e}_l = \left\{\dfrac{2}{3}, \dfrac{2}{3}, \dfrac{1}{3}\right\}$．

又 $\dfrac{\partial u}{\partial x} = yz, \dfrac{\partial u}{\partial y} = xz - 2z, \dfrac{\partial u}{\partial z} = xy - 2y, \left.\dfrac{\partial u}{\partial x}\right|_{(1,1,1)} = 1, \left.\dfrac{\partial u}{\partial y}\right|_{(1,1,1)} = -1, \left.\dfrac{\partial u}{\partial z}\right|_{(1,1,1)} = -1.$

故 $\dfrac{\partial u}{\partial l}\Big|_{(1,1,1)} = 1\cdot\dfrac{2}{3} - 1\cdot\dfrac{2}{3} - 1\cdot\dfrac{1}{3} = -\dfrac{1}{3}.$

3. 设向量 l 的起点为 $A(1,2)$，终点为 $B(4,-1)$，函数 $z=2x^2-3xy+4y^2-5x$，求方向导数 $\dfrac{\partial z}{\partial l}\Big|_A.$

解 按题意，方向 $l=\{3,-3\}$，与 l 同方向的单位向量 $e_l = \left\{\dfrac{1}{\sqrt{2}}, -\dfrac{1}{\sqrt{2}}\right\}.$

又 $\dfrac{\partial z}{\partial x}=4x-3y-5, \dfrac{\partial z}{\partial y}=-3x+8y, \dfrac{\partial z}{\partial x}\Big|_{(1,2)}=-7, \dfrac{\partial z}{\partial y}\Big|_{(1,2)}=13,$

故 $\dfrac{\partial z}{\partial l}\Big|_{(1,2)} = -7\cdot\dfrac{1}{\sqrt{2}} - 13\cdot\dfrac{1}{\sqrt{2}} = -10\sqrt{2}.$

4. 求函数 $u=xy+yz+zx$ 在点 $P(1,2,3)$ 处沿其向径的方向导数.

解 向径 $\boldsymbol{r}=\overrightarrow{OP}=\{1,2,3\}, |\overrightarrow{OP}|=\sqrt{1^2+2^2+3^2}=\sqrt{14}$，且向径 $\boldsymbol{r}$ 的方向余弦为

$$\cos\alpha = \dfrac{1}{\sqrt{14}}, \cos\beta = \dfrac{2}{\sqrt{14}}, \cos r = \dfrac{3}{\sqrt{14}}.$$

因此 $\dfrac{\partial u}{\partial r} = \dfrac{\partial u}{\partial x}\cos\alpha + \dfrac{\partial u}{\partial y}\cos\beta + \dfrac{\partial u}{\partial z}\cos r = (y+z)\cos\alpha + (x+z)\cos\beta + (x+y)\cos r,$

$$\dfrac{\partial u}{\partial r}\Big|_P = (2+3)\cdot\dfrac{1}{\sqrt{14}} + (1+3)\cdot\dfrac{2}{\sqrt{14}} + (1+2)\cdot\dfrac{3}{\sqrt{14}} = \dfrac{22}{\sqrt{14}}.$$

5. 求函数 $z=\ln(x+y)$ 在抛物线 $y=2\sqrt{x}$ 上点 $(1,2)$ 处，沿着这抛物线在该点处偏向 x 轴正向的切线方向的方向导数.

解 先求切线斜率. 在 $y=2\sqrt{x}$ 两端分别对 x 求导，得 $\dfrac{dy}{dx}=\dfrac{1}{\sqrt{x}}, k=\dfrac{dy}{dx}\Big|_{x=1}=1.$ 切线方向 $l=\{1,1\}$，与 l 同方向的单位向量 $e_l=\left\{\dfrac{\sqrt{2}}{2}, \dfrac{\sqrt{2}}{2}\right\},$

又 $\dfrac{\partial z}{\partial x}\Big|_{(1,2)} = \dfrac{1}{x+y}\Big|_{(1,2)} = \dfrac{1}{3}, \dfrac{\partial z}{\partial y}\Big|_{(1,2)} = \dfrac{1}{x+y}\Big|_{(1,2)} = \dfrac{1}{3},$

故 $\dfrac{\partial z}{\partial l}\Big|_{(1,2)} = \dfrac{1}{3}\cdot\dfrac{\sqrt{2}}{2} + \dfrac{1}{3}\cdot\dfrac{\sqrt{2}}{2} = \dfrac{\sqrt{2}}{3}.$

6. 设向量 l 与 x 轴正向成 $60°$ 角，求函数 $z=x^2-y^2$ 在点 $M(1,1)$ 处沿方向 l 的方向导数.

解 因为 $\dfrac{\partial z}{\partial x}=2x, \dfrac{\partial z}{\partial y}=-2y, \dfrac{\partial z}{\partial x}\Big|_{(1,1)}=2, \dfrac{\partial z}{\partial y}\Big|_{(1,1)}=-2, e_l=\{\cos60°, \cos30°\}=\left\{\dfrac{1}{2}, \dfrac{\sqrt{3}}{2}\right\},$

所以 $\dfrac{\partial u}{\partial l}\Big|_{(1,1)} = 2\cdot\dfrac{1}{2} - 2\cdot\dfrac{\sqrt{3}}{2} = 1-\sqrt{3}.$

7. 求函数 $f(x,y,z)=\cos(xyz)$ 在点 $\left(\dfrac{1}{3}, \dfrac{1}{3}, \pi\right)$ 处函数值增加最快的方向.

解 函数 $f(x,y,z)=\cos(xyz)$ 在点 $\left(\dfrac{1}{3}, \dfrac{1}{3}, \pi\right)$ 处沿 $\mathrm{grad}f\left(\dfrac{1}{3}, \dfrac{1}{3}, \pi\right)$ 的方向函数值增加

最快,而
$$\mathrm{grad} f(x,y,z) = \left\{\frac{\partial f}{\partial x}, \frac{\partial f}{\partial y}, \frac{\partial f}{\partial z}\right\} = -\{yz\sin(xyz), xz\sin(xyz), xy\sin(xyz)\}.$$

故
$$\mathrm{grad} f\left(\frac{1}{3}, \frac{1}{3}, \pi\right) = \sin\frac{\pi}{9}\left\{-\frac{\pi}{3}, -\frac{\pi}{3}, -\frac{1}{9}\right\}.$$

8. 求函数 $u=xyz$ 在点 $M(2,1,1)$ 处的梯度、梯度的模和方向.

解 $\left.\frac{\partial u}{\partial x}\right|_M = yz\big|_{(2,1,1)} = 1, \left.\frac{\partial u}{\partial y}\right|_M = xz\big|_{(2,1,1)} = 2, \left.\frac{\partial u}{\partial z}\right|_M = xy\big|_{(2,1,1)} = 2,$

所以
$$\mathrm{grad}\, u\big|_M = \left.\frac{\partial u}{\partial x}\right|_M \boldsymbol{i} + \left.\frac{\partial u}{\partial y}\right|_M \boldsymbol{j} + \left.\frac{\partial u}{\partial z}\right|_M \boldsymbol{k} = \boldsymbol{i} + 2\boldsymbol{j} + 2\boldsymbol{k},$$

梯度的模 $=\sqrt{1^2+2^2+2^2}=3$,梯度的方向为 $\{1,2,2\}$.

9. 求函数 $z=\ln(x^2+y^2)$ 在点 $M(3,4)$ 处沿梯度方向的方向导数.

解 $\mathrm{grad}\, z(x,y) = \frac{\partial z}{\partial x}\boldsymbol{i} + \frac{\partial z}{\partial y}\boldsymbol{j} = \frac{2x}{x^2+y^2}\boldsymbol{i} + \frac{2y}{x^2+y^2}\boldsymbol{j}, z\big|_M = \frac{6}{25}\boldsymbol{i} + \frac{8}{25}\boldsymbol{j}.$

又梯度的方向 $\boldsymbol{l} = \left\{\frac{6}{25}, \frac{8}{25}\right\}, \boldsymbol{e}_l = \left\{\frac{3}{5}, \frac{4}{5}\right\}$,故函数 $z=\ln(x^2+y^2)$ 在点 $M(3,4)$ 处沿梯度方向的方向导数为

$$\left.\frac{\partial z}{\partial l}\right|_{(3,4)} = \left.\frac{\partial z}{\partial x}\cdot\frac{3}{5} + \frac{\partial z}{\partial y}\cdot\frac{4}{5}\right|_{(3,4)} = \frac{6}{25}\cdot\frac{3}{5} + \frac{8}{25}\cdot\frac{4}{5} = \frac{2}{5}.$$

10. 在空间哪些点处,函数 $u=x^3+y^3+z^3-3xyz$ 的梯度:

(1)垂直于 Oz 轴;(2)平行于 Oz 轴.

解 $\mathrm{grad} f(x,y,z) = \left\{\frac{\partial u}{\partial x}, \frac{\partial u}{\partial y}, \frac{\partial u}{\partial z}\right\} = \{3x^2-3yz, 3y^2-3xz, 3z^2-3xy\}.$

(1)由梯度与 Oz 轴垂直,得 $\mathrm{grad} f(x,y,z) \cdot \{0,0,1\} = 0$,即 $z^2-xy=0$.

故函数 $u=x^3+y^3+z^3-3xyz$ 在点 $\{(x,y,z)\,|\,z^2-xy=0\}$ 处的梯度垂直于 Oz 轴.

(2)由梯度与 Oz 轴平行,得 $\begin{cases} x^2-yz=0, \\ y^2-xz=0. \end{cases}$

即函数 $u=x^3+y^3+z^3-3xy$ 在点 $\{(x,y,z)\,|\,x^2-yz=0\text{ 且 }y^2-xz=0\}$ 处的梯度平行于 Oz 轴.

习题 9-6

1. 求曲线 $x=3t-t^3, y=3t^2, z=3t+t^3$ 在对应于 $t_0=1$ 点处的切线方程.

解 曲线对应于 $t_0=1$ 的点为 $(2,3,4)$,该点处的切向量
$$\boldsymbol{T} = \{x'(1), y'(1), z'(1)\} = \{3-3t^2, 6t, 3+3t^2\}\big|_{t=1} = \{0,6,6\}.$$

于是曲线在该点处的切线方程为 $\frac{x-2}{0} = \frac{y-3}{6} = \frac{z-4}{6}$,即 $\frac{x-2}{0} = y-3 = z-4$.

2. 求曲线 $x=t^2, y=-t, z=t^3$ 在点 $(1,-1,1)$ 处的切线方程与法平面方程.

解 点 $(1,-1,1)$ 所对应的参数 $t_0=1$. 曲线在该点处的切向量
$$\boldsymbol{T} = \{x'(t_0), y'(t_0), z'(t_0)\} = \{2,-1,3\}.$$

于是曲线在给定点处的切线方程为

$$\frac{x-1}{2}=\frac{y+1}{-1}=\frac{z-1}{3},$$

法平面方程为
$$2\cdot(x-1)-1\cdot(y+1)+3\cdot(z-1)=0, \text{即} 2x-y+3z-6=0.$$

3. 求曲线 $\begin{cases} x=t-\sin t, \\ y=1-\cos t, \\ z=4\sin\frac{t}{2} \end{cases}$ 在点 $\left(\frac{\pi}{2}-1,1,2\sqrt{2}\right)$ 处的切线及法平面方程.

解 点 $\left(\frac{\pi}{2}-1,1,2\sqrt{2}\right)$ 所对应的参数 $t_0=\frac{\pi}{2}$. 曲线在该点处的切向量为
$$\boldsymbol{T}=\{x'(t_0),y'(t_0),z'(t_0)\}=\{1,1,\sqrt{2}\}.$$

于是曲线在给定点处的切线方程为
$$\frac{x-\left(\frac{\pi}{2}-1\right)}{1}=\frac{y-1}{1}=\frac{z-2\sqrt{2}}{\sqrt{2}},$$

法平面方程为
$$1\cdot\left(x-\frac{\pi}{2}+1\right)+1\cdot(y-1)+\sqrt{2}(z-2\sqrt{2})=0, \text{即} x+y+\sqrt{2}z=\frac{\pi}{2}+4.$$

4. 求曲线 $\begin{cases} y^2=2mx, \\ z^2=m-x \end{cases}$ 在 (x_0,y_0,z_0) 点处的切线及法平面方程.

解 设曲线的参数方程中的参数为 x,将方程 $y^2=2mx$ 和 $z^2=m-x$ 两端分别对 x 求导,得
$$2y\frac{\mathrm{d}y}{\mathrm{d}x}=2m, 2z\frac{\mathrm{d}z}{\mathrm{d}x}=-1 \text{ 即 } \frac{\mathrm{d}y}{\mathrm{d}x}=\frac{m}{y},\frac{\mathrm{d}z}{\mathrm{d}x}=-\frac{1}{2z}.$$

所以曲线在点 (x_0,y_0,z_0) 处的切向量为 $\boldsymbol{T}=\left\{1,\frac{m}{y_0},-\frac{1}{2z_0}\right\}$.

于是在点 (x_0,y_0,z_0) 处的切线方程为
$$\frac{x-x_0}{1}=\frac{y-y_0}{\frac{m}{y_0}}=\frac{z-z_0}{-\frac{1}{2z_0}},$$

法平面方程为
$$(x-x_0)+\frac{m}{y_0}(y-y_0)-\frac{1}{2z_0}(z-z_0)=0.$$

5. 求曲线 $\begin{cases} x^2+y^2+z^2-3x=0 \\ 2x-3y+5z-4=0 \end{cases}$ 在点 $(1,1,1)$ 处的切线及法平面方程.

解 为了求 $\frac{\mathrm{d}y}{\mathrm{d}x}$、$\frac{\mathrm{d}z}{\mathrm{d}x}$,在所给方程两端分别对 x 求导,得
$$\begin{cases} 2x+2y\dfrac{\mathrm{d}y}{\mathrm{d}x}+2z\dfrac{\mathrm{d}z}{\mathrm{d}x}-3=0, \\ 2-3\dfrac{\mathrm{d}y}{\mathrm{d}x}+5\dfrac{\mathrm{d}z}{\mathrm{d}x}=0, \end{cases} \text{即} \begin{cases} 2y\dfrac{\mathrm{d}y}{\mathrm{d}x}+2z\dfrac{\mathrm{d}z}{\mathrm{d}x}=-2x+3, \\ 3\dfrac{\mathrm{d}y}{\mathrm{d}x}-5\dfrac{\mathrm{d}z}{\mathrm{d}x}=2. \end{cases}$$

由于 $D=\begin{vmatrix} 2y & 2z \\ 3 & -5 \end{vmatrix}=-10y-6z$,解方程组得

$$\frac{dy}{dx} = \frac{1}{D}\begin{vmatrix} -2x+3 & 2z \\ 2 & -5 \end{vmatrix} = \frac{10x-4z-15}{-10y-6z},$$

$$\frac{dz}{dx} = \frac{1}{D}\begin{vmatrix} -2y & -2x+3 \\ 3 & 2 \end{vmatrix} = \frac{6x+4y-9}{-10y-6z}.$$

于是在点(1,1,1)处的切线方程为

$$\frac{x-1}{1} = \frac{y-1}{\frac{9}{16}} = \frac{z-1}{-\frac{1}{16}}, 即 \frac{x-1}{16} = \frac{y-1}{9} = \frac{z-1}{-1},$$

法平面方程为

$$16(x-1)+9(y-1)-(z-1)=0, 即 16x+9y-z-24=0.$$

6. 求曲面 $x^2-xy-8x+z+5=0$ 在点 $(2,-3,1)$ 处的切平面方程和法线方程.

解 令 $F(x,y,z)=x^2-xy-8x+z+5$,则

$$\boldsymbol{n} = \{F_x, F_y, F_z\} = \{2x-y-8, -x, 1\}, \boldsymbol{n}|_{(2,-3,1)} = \{-1, -2, 1\}.$$

点 $(2,-3,1)$ 处的切平面方程为

$$-1 \cdot (x-2)-2(y+3)+1 \cdot (z-1)=0, 即 x+2y-z+5=0,$$

法线方程为

$$\frac{x-2}{-1} = \frac{y+3}{-2} = \frac{z-1}{1}.$$

7. 求球面 $x^2+y^2+z^2=14$ 在点 $(1,2,3)$ 处的切平面方程和法线方程.

解 令 $F(x,y,z)=x^2+y^2+z^2-14$,则

$$\boldsymbol{n} = \{F_x, F_y, F_z\} = \{2x, 2y, 2z\}, \boldsymbol{n}|_{(1,2,3)} = \{2, 4, 6\}.$$

点 $(1,2,3)$ 处的切平面方程为

$$2(x-1)+4(y-2)+6(z-3)=0, 即 x+2y+3z-14=0;$$

法线方程为

$$\frac{x-1}{1} = \frac{y-2}{2} = \frac{z-3}{3}.$$

8. 求双曲抛物面 $z=xy$ 在点 $(1,1,1)$ 处的切平面方程和法线方程.

解 令 $F(x,y,z)=z-xy$,则 $\boldsymbol{n}=\{F_x,F_y,F_z\}=\{-y,-x,1\}, \boldsymbol{n}|_{(1,1,1)}=\{-1,-1,1\}$.

点 $(1,1,1)$ 处的切平面方程为

$$-1 \cdot (x-1)-(y-1)+(z-1)=0, 即 x+y-z-1=0,$$

法线方程为

$$\frac{x-1}{-1} = \frac{y-1}{-1} = \frac{z-1}{1}.$$

9. 在曲面 $z=xy$ 上求一点,使这点的法线垂直于平面 $x+3y+z+9=0$,并写出法线方程.

解 设 $F(x,y,z)=z-xy$,则曲面在点 (x,y,z) 处的一个法向量为 $\boldsymbol{n}=\{F_x,F_y,F_z\}=\{-y,-x,1\}$,已知平面的法向量为 $\{1,3,1\}$,由已知平面与所求法线垂直,得 $\frac{-y}{1}=\frac{-x}{3}=1$,即 $y=-1, x=-3$. 代入曲面方程得 $z=xy$,解得 $z=3$,所以切点为 $\{-3,-1,3\}$,所求法线方程为

$$\frac{x+3}{1}=\frac{y+1}{3}=\frac{z-3}{1}.$$

10. 求曲面 $z-e^z+2xy=3$ 在点 $(1,2,0)$ 处的切平面方程.

解 令 $F(x,y,z)=z-e^z+2xy-3$，则 $\boldsymbol{n}=\{F_x,F_y,F_z\}=\{2y,2x,1-e^z\}$，$\boldsymbol{n}|_{(1,2,0)}=\{4,2,0\}$. 点 $(1,2,0)$ 处切平面方程为

$$4(x-1)+2(y-2)=0, \text{即 } 2x+y-4=0.$$

11. 求曲面 $z=\arctan\dfrac{y}{x}$ 在点 $M_0\left(1,1,\dfrac{\pi}{4}\right)$ 处的切平面方程和法线方程.

解 令 $F(x,y,z)=z-\arctan\dfrac{y}{x}$，则

$$\boldsymbol{n}=\{F_x,F_y,F_z\}=\left\{\frac{y}{x^2+y^2},-\frac{y}{x^2+y^2},1\right\},\boldsymbol{n}|_{(1,1,\frac{\pi}{4})}=\left\{\frac{1}{2},-\frac{1}{2},1\right\}.$$

点 $M_0\left(1,1,\dfrac{\pi}{4}\right)$ 处的切面方程为

$$\frac{1}{2}\cdot(x-1)-\frac{1}{2}\cdot(y-1)+1\cdot\left(z-\frac{\pi}{4}\right)=0,\text{即 } z-\frac{\pi}{4}=-\frac{1}{2}\cdot(x-1)+\frac{1}{2}\cdot(y-1),$$

法线方程为

$$\frac{x-1}{\frac{1}{2}}=\frac{y-1}{-\frac{1}{2}}=\frac{z-\frac{\pi}{4}}{1}=0,\text{即 }\frac{x-1}{1}=\frac{y-1}{-1}=\frac{z-\frac{\pi}{4}}{2}.$$

12. 求曲线 $y=x^2,z=x^3$ 上一点，使该点处的切线平行于平面 $x+2y+z=4$.

解 设曲线的参数方程中的参数为 x，将方程 $y=x^2,z=x^3$ 两端分别对 x 求导，得

$$\frac{\mathrm{d}y}{\mathrm{d}x}=2x,\frac{\mathrm{d}z}{\mathrm{d}x}=3x^2.$$

所以曲线在点 (x_0,y_0,z_0) 的切向量为 $\boldsymbol{T}=\{1,2x_0,3x_0^2\}$. 已知平面的法向量 $\boldsymbol{n}=\{1,2,1\}$，由已知平面与所求点处的切线平行，得 $\boldsymbol{T}\cdot\boldsymbol{n}=0$，即 $1+4x_0+3x_0^2=0$.

解得 $x_0=-\dfrac{1}{3},x_0=-1$，代入曲线方程得 $y_0=\dfrac{1}{9},z_0=-\dfrac{1}{27}$，与 $y_0=1,z_0=-1$. 所求的点为

$$\left(-\frac{1}{3},\frac{1}{9},-\frac{1}{27}\right)\text{与}(-1,1,-1).$$

13. 求由曲线 $\begin{cases}3x^2+2y^2=12,\\z=0\end{cases}$ 绕 y 轴旋转一周得到的旋转曲面在点 $M_0(0,\sqrt{3},\sqrt{2})$ 处的指向外侧的单位法向量.

解 曲线绕 y 轴旋转一周得到的旋转曲面方程为 $3x^2+3z^3+2y^2=12$.

设 $F(x,y,z)=3x^2+3z^3+2y^2-12$，则

$$\boldsymbol{n}=\{F_x,F_y,F_z\}=\{6x,4y,6z\},\boldsymbol{n}|_{(0,\sqrt{3},\sqrt{2})}=\{0,4\sqrt{3},6\sqrt{2}\}.$$

点 $M_0(0,\sqrt{3},\sqrt{2})$ 指向外侧的单位法向量为

$$\boldsymbol{n}^0=\frac{\boldsymbol{n}}{|\boldsymbol{n}|}=\frac{\{0,4\sqrt{3},6\sqrt{2}\}}{\sqrt{(4\sqrt{3})^2+(6\sqrt{2})^2}}=\left\{0,\sqrt{\frac{2}{5}},\sqrt{\frac{3}{5}}\right\}.$$

14. 求椭球面 $x^2+2y^2+z^2=1$ 上平行于平面 $x-y+2z=0$ 的切平面方程.

解 设 $F(x,y,z)=x^2+2y^2+z^2-1$,则曲面在点 (x,y,z) 处的一个法向量为

$$\boldsymbol{n}=\{F_x,F_y,F_z\}=\{2x,4y,2z\}.$$

已知平面的法向量为 $\{1,-1,2\}$,由已知平面与所求切平面平行,得 $\dfrac{2x}{1}=\dfrac{4y}{-1}=\dfrac{2z}{2}$,即 $x=\dfrac{1}{2}z$, $y=-\dfrac{1}{4}z$. 代入椭球面方程得 $\left(\dfrac{z}{2}\right)^2+2\left(-\dfrac{z}{4}\right)^2+z^2=1$,解 $z=\pm 2\sqrt{\dfrac{2}{11}}$,则 $x=\pm\sqrt{\dfrac{2}{11}}$, $y=\mp\dfrac{1}{2}\sqrt{\dfrac{2}{11}}$. 所以切点为 $\left(\pm\sqrt{\dfrac{2}{11}},\mp\dfrac{1}{2}\sqrt{\dfrac{2}{11}},\pm 2\sqrt{\dfrac{2}{11}}\right)$. 所求切平面方程为

$$\left(x\pm\sqrt{\dfrac{2}{11}}\right)-\left(y\mp\dfrac{1}{2}\sqrt{\dfrac{2}{11}}\right)+2\left(z\pm 2\sqrt{\dfrac{2}{11}}\right)=0, \text{即 } x-y+2z=\pm\sqrt{\dfrac{2}{11}}.$$

15. 求旋转椭球面 $3x^2+y^2+z^2=16$ 上点 $(-1,-2,3)$ 处的切平面与 xOy 面的夹角的余弦.

解 令 $F(x,y,z)=3x^2+y^2+z^2-16$,曲面的法向量为

$$\boldsymbol{n}=\{F_x,F_y,F_z\}=\{6x,2y,2z\}.$$

曲面在点 $\{-1,-2,3\}$ 处的法向量为 $\boldsymbol{n}_1=\boldsymbol{n}|_{(-1,-2,3)}=\{-6,-4,6\}$,$xOy$ 面的法向量为 $\boldsymbol{n}_2=\{0,0,1\}$,记 $\boldsymbol{n}_1$ 与 $\boldsymbol{n}_2$ 的夹角为 v,则所求的余弦值为

$$\cos v=\dfrac{\boldsymbol{n}_1\cdot\boldsymbol{n}_2}{|\boldsymbol{n}_1||\boldsymbol{n}_2|}=\dfrac{6}{\sqrt{6^2+4^2+6^2}\cdot 1}=\dfrac{3}{\sqrt{22}}.$$

16. 求函数 $f(x,y)=x^4+y^4-x^2-2xy-y^2$ 的极值.

解 解方程组 $\begin{cases}f_x=4x^3-2x-2y=0,\\ f_y=4y^3-2x-2y=0.\end{cases}$ 求得驻点 $(1,1),(-1,-1),(0,0)$. 又 $f_{xx}(x,y)=12x^2-2$, $f_{xy}(x,y)=-2$, $f_{yy}(x,y)=12y^2-2$,由判定极值的充分条件知:在点 $(0,0)$ 处,$A=f_{xx}(0,0)=-2$, $B=f_{xy}(0,0)=-2$, $C=f_{yy}(0,0)=-2$, $AC-B^2=0$, $f(0,0)$ 可能是极值,也可能不是极值. 在任意 $\mathring{U}(0,0)$ 内,取点 $(x_1,0)\in\mathring{U}(0,0)$ 且 $x_1<1$,则 $f(x_1,0)=x_1^4-x_1^2<0$,取点 $(x_2,-x_2)\in\mathring{U}(0,0)$,得 $f(x_2,-x_2)=2x_2^2>0$,故原点 $(0,0)$ 不是极值点,$f(0,0)$ 不是极值.

在点 $(1,1)$ 处,$A=f_{xx}(1,1)=10>0$, $B=f_{xy}(1,1)=-2$, $C=f_{yy}(1,1)=10$, $AC-B^2=96>0$,故函数在点 $(1,1)$ 处得极小值,极小值为 $f_{xy}(1,1)=-2$;

在点 $(-1,-1)$ 处,$A=f_{xx}(-1,-1)=10>0$, $B=f_{xy}(-1,-1)=-2$, $C=f_{yy}(-1,-1)=10$, $AC-B^2=96>0$,故函数在点 $(-1,-1)$ 处取得极小值,极小值为 $f(-1,-1)=-2$.

17. 求函数 $z=xy$ 在条件 $x+y=1$ 下的极值点.

解 本题属条件极值问题,易将它化为无条件极值问题,条件 $x+y=1$ 可表示成 $y=1-x$,代入 $z=xy$,则问题化为求 $z=x(1-x)$ 的极大值.

由 $\dfrac{dz}{dx}=1-2x=0$,得 $x=\dfrac{1}{2}$. 又 $\dfrac{d^2z}{dx^2}=-2<0$. 由一元函数取得极值的充分条件知:$x=\dfrac{1}{2}$ 为极大值点,极大值为 $z=\dfrac{1}{2}\left(1-\dfrac{1}{2}\right)=\dfrac{1}{4}$.

18. 在椭圆 $x^2+4y^2=4$ 上求一点,使其到直线 $2x+3y-6=0$ 的距离最短.

解 设椭圆上的点(x,y),则椭圆上的点到直线的距离的平方为$l^2=\dfrac{(2x+3y-6)^2}{2^2+3^2}$,$x$、$y$满足条件$x^2+4y^2=4$.

作拉格朗日函数$L(x,y)=\dfrac{(2x+3y-6)^2}{13}+\lambda(x^2+4y^2-4)$,令

$$\begin{cases} L_x=\dfrac{4(2x+3y-6)}{13}+2\lambda x=0,\\ L_y=\dfrac{6(2x+3y-6)}{13}+8\lambda y=0, \end{cases}$$

得$y=\dfrac{3}{8}x$. 代入$x^2+4y^2=4$,解得$x=\dfrac{8}{5}$,$y=\dfrac{3}{5}$与$x=-\dfrac{8}{5}$,$y=-\dfrac{3}{5}$. 因为所求点到直线距离最短,所以所求点为$\left(\dfrac{8}{5},\dfrac{3}{5}\right)$.

19. 求内接于椭球面$\dfrac{x^2}{a^2}+\dfrac{y^2}{b^2}+\dfrac{z^2}{c^2}=1$内的体积为最大的长方体.

解 设(x,y,z)是椭球面的内接长方体在第一象限内的一个顶点,则此长方体的长、宽、高分别为$2x$、$2y$、$2z$,体积为$V=2x \cdot 2y \cdot 2z=8xyz$.

令$L(x,y,z)=8xyz+\lambda\left(\dfrac{x^2}{a^2}+\dfrac{y^2}{b^2}+\dfrac{z^2}{c^2}-1\right)$,由

$$\begin{cases} L_x=8yz+\dfrac{2\lambda x}{a^2}=0,\\ L_y=8xz+\dfrac{2\lambda y}{b^2}=0,\\ L_z=8xy+\dfrac{2\lambda z}{c^2}=0, \end{cases} \quad 即 \begin{cases} 4yz+\dfrac{\lambda x}{a^2}=0,\\ 4xz+\dfrac{\lambda y}{b^2}=0,\\ 4xy+\dfrac{\lambda z}{c^2}=0, \end{cases}$$

解得$\dfrac{x^2}{a^2}=\dfrac{y^2}{b^2}=\dfrac{z^2}{c^2}$,代入$\dfrac{x^2}{a^2}+\dfrac{y^2}{b^2}+\dfrac{z^2}{c^2}=1$,得$x=\dfrac{a}{\sqrt{3}}$,$y=\dfrac{b}{\sqrt{3}}$,$z=\dfrac{c}{\sqrt{3}}$.

故$\left(\dfrac{a}{\sqrt{3}},\dfrac{b}{\sqrt{3}},\dfrac{c}{\sqrt{3}}\right)$为唯一驻点,由题意可知满足题意的长方体必有最大体积,所以当长方体的长、宽、高分别为$\dfrac{2a}{\sqrt{3}}$、$\dfrac{2b}{\sqrt{3}}$、$\dfrac{2c}{\sqrt{3}}$时其体积最大,$V_{\max}=\dfrac{8\sqrt{3}}{9}abc$.

20. 造一有盖的长方体容器,已知底部造价为3元$/m^2$,侧面造价为1元$/m^2$,现用36元造一个容积最大的容器,求它的尺寸.

解 设容器的长为a,宽为b,高为c,则容器的体积$V=abc$. 约束条件为
$$6ab+2bc+2ac=36.$$

作拉格朗日函数$L(a,b,c)=abc+\lambda(6ab+2bc+2ac-36)$,由

$$\begin{cases} L_a=bc+6\lambda b+2\lambda c=0,\\ L_b=ac+6\lambda a+2\lambda c=0,\\ L_c=ab+2\lambda b+2\lambda a=0, \end{cases}$$

解得$b=a$,$c=3a$,代入$6ab+2bc+2ac=36$,解得$a=\sqrt{2}$,$b=\sqrt{2}$,$c=3\sqrt{2}$,于是$(\sqrt{2},\sqrt{2},3\sqrt{2})$是唯

一的驻点,由问题本身知 V 一定有最大值,所以体积最大的容器的长和宽都应为 $\sqrt{2}$,高为 $\sqrt[3]{2}$.

21. 求函数 $z=x^2y(4-x-y)$ 在区域 $D: 0 \leqslant x \leqslant 4, 0 \leqslant y \leqslant 4, 0 \leqslant x+y \leqslant 4$ 上的最大值与最小值.

解 令 $\dfrac{\partial z}{\partial x}=0, \dfrac{\partial z}{\partial y}=0$,得

$$\begin{cases} 8xy-3x^2y-2xy^2=0, \\ 4x^2-x^3-2x^2y=0, \end{cases}$$

解此方程组得 $\begin{cases} x=2, \\ y=1, \end{cases}$ 与 $\begin{cases} 0 \leqslant y \leqslant 4, \\ x=0. \end{cases}$

所以函数 z 在 D 内有唯一的驻点 $(2,1)$,且 $z(2,1)=4$.

在边界:$x=0, 0 \leqslant y \leqslant 4$ 上,$z|_{x=0}=0$;

在边界:$y=0, 0 \leqslant x \leqslant 4$ 上,$z|_{y=0}=0$;

在边界:$x+y=4$ 上,$z|_{x+y=4}=0$.

综上所述,函数 z 在 D 的边界上的任意点取得最小值 $z=0$;在点 $(2,1)$ 处取得最大值 $z=4$.

22. 在球面 $x^2+y^2+z^2=1$ 上求一点,使它到点 $(1,2,3)$ 的距离最远.

解 设所求点为 (x,y,z),则此点到点 $(1,2,3)$ 的距离的平方为

$$l^2=(x-1)^2+(y-2)^2+(z-3)^2, x、y、z 满足条件 x^2+y^2+z^2=1.$$

作拉格朗日函数 $L=(x-1)^2+(y-2)^2+(z-3)^2+\lambda(x^2+y^2+z^2-1)$,由

$$\begin{cases} L_x=2(x-1)+2\lambda x=0, \\ L_y=2(y-2)+2\lambda y=0, \\ L_z=2(z-3)+2\lambda z=0, \end{cases}$$

解得 $x=\dfrac{1}{\lambda+1}, y=\dfrac{2}{\lambda+1}, z=\dfrac{3}{\lambda+1}$,代入 $x^2+y^2+z^2=1$,解得 $\lambda=\pm\sqrt{14}-1$. 因为所求点到点 $(1,2,3)$ 的距离最远,所以取 $\lambda=-\sqrt{14}-1$,所求的点为 $\left(-\dfrac{1}{\sqrt{14}}, -\dfrac{2}{\sqrt{14}}, -\dfrac{3}{\sqrt{14}}\right)$.

23. 斜边之长为 l 的一切直角三角形中,求有最大周长的直角三角形.

解 设直角三角形的两直角边之长分别为 $x、y$,则周长 $s=x+y+l(0<x<l, 0<y<l)$. 本题是在 $x^2+y^2=l^2$ 条件下的条件极值问题,作拉格朗日函数

$$L(x,y)=x+y+l+\lambda(x^2+y^2-l^2).$$

令 $\begin{cases} L_x=1+2\lambda x=0, \\ L_y=1+2\lambda y=0, \end{cases}$ 得 $x=y=-\dfrac{1}{2\lambda}$,代入 $x^2+y^2=l^2$,解得 $\lambda=-\dfrac{\sqrt{2}}{2l}$,于是 $x=y=\dfrac{l}{\sqrt{2}}$,$\left(\dfrac{l}{\sqrt{2}}, \dfrac{l}{\sqrt{2}}\right)$ 是唯一的驻点,根据问题性质可知这种最大周长的直角三角形一定存在,所以在斜边之长为 l 的一切直角三角形中,周长最大的是等腰直角三角形.

24. 抛物面 $z=x^2+y^2$ 被平面 $x+y+z=1$ 截成一椭圆,求原点到这椭圆的最长与最短距离.

解 设椭圆上的点为 (x,y,z),则原点到椭圆上的点的距离平方为

$$l^2=x^2+y^2+z^2,$$

x、y、z 满足条件:$z=x^2+y^2$,$x+y+z=1$.

作拉格朗日函数 $L(x,y,z)=x^2+y^2+z^2+\lambda(z-x^2-y^2)+u(x+y+z-1)$,令

$$\begin{cases} L_x = 2x - 2\lambda x + u = 0, & (1)\\ L_y = 2y - 2\lambda y + u = 0, & (2)\\ L_z = 2z + \lambda + u = 0. & (3) \end{cases}$$

式(1)—式(2),得 $(1-\lambda)(x-y)=0$,故有 $\lambda=1$ 或 $x=y$. 由 $\lambda=1 \Rightarrow u=0$,$z=-\frac{1}{2}$,不合题意,故舍去.

将 $x=y$,代入 $z=x^2+y^2$,$x+y+z=1$,得 $z=2x^2$,$2x+z=1 \Rightarrow 2x^2+2x-1=0$,解得 $x=y=\frac{-1\pm\sqrt{3}}{2}$,$z=2\mp\sqrt{3}$,于是得到两个驻点,即

$$M_1\left(\frac{-1+\sqrt{3}}{2}, \frac{-1+\sqrt{3}}{2}, 2-\sqrt{3}\right), M_2\left(\frac{-1-\sqrt{3}}{2}, \frac{-1-\sqrt{3}}{2}, 2+\sqrt{3}\right).$$

它们是两个可能的极值点,由题意可知这种距离的最大值和最小值一定存在,所以距离的最大值和最小值分别在这两点取得,而

$$d^2 = x^2+y^2+z^2 = 2\left(\frac{-1\pm\sqrt{3}}{2}\right)^2 + (2\mp\sqrt{3})^2 = 9\mp 5\sqrt{3}.$$

故最长与最短距离分别为 $d_{\max}=d_{M_2}=\sqrt{9+5\sqrt{3}}$,$d_{\min}=d_{M_1}=\sqrt{9-5\sqrt{3}}$.

*25. 求函数 $f(x,y,z)=\ln x+\ln y+3\ln z$ 在球面 $x^2+y^2+z^2=5r^2$ ($x>0$、$y>0$、$z>0$) 上的最大值,并由此导出

$$xyz^3 \leqslant 3\sqrt{3}\left(\frac{x^2+y^2+z^2}{5}\right)^{\frac{5}{2}}.$$

解 作拉格朗日函数 $F(x,y,z)=\ln x+\ln y+3\ln z+\lambda(x^2+y^2+z^2-5r^2)$,由

$$\begin{cases} F_x = \dfrac{1}{x} + 2\lambda x = 0,\\ F_y = \dfrac{1}{y} + 2\lambda y = 0,\\ F_z = \dfrac{3}{z} + 2\lambda z = 0, \end{cases}$$

得 $x=y=\frac{1}{\sqrt{-2\lambda}}$,$z=\sqrt{\frac{-3}{2\lambda}}$. 代入 $x^2+y^2+z^2-5r^2=0$,得 $\lambda=-\frac{1}{2r^2}$,故点 $(r,r,\sqrt{3}r)$ 为唯一驻点,由题意可知函数在球面上必有最大值,所以当 $x=r=y$,$z=\sqrt{3}r$ 时函数值最大,最大值为

$$f_{\max} = \ln r + \ln r + 3\ln(\sqrt{3}r) = \ln(3\sqrt{3}r^5),$$

即 $\ln x+\ln y+3\ln z \leqslant \ln(3\sqrt{3}r^5)$,$xyz^3 \leqslant 3\sqrt{3}\left(\dfrac{x^2+y^2+z^2}{5}\right)^{\frac{5}{2}}$.

习题 9—7

1. 某企业生产一种产品,两种要素的投入量分别为 x、y,价格分别为 25 元和 15 元,生产函数为 $Q(x,y)=30xy$。假若此企业生产该产品的资金预算为 5000 元,如何安排生产才能使产量达到最高?最高产量为多少?

解 依题知投入成本为 $25x+15y=5000$,即 $5x+3y=1000$,故本问题是求在 $5x+3y=1000$ 的条件下,$Q(x,y)=30xy$ 何时达到最大的条件极值问题。

设 $F(x,y,\lambda)=30xy+\lambda(1000-5x-3y)$,建立联立方程组

$$\begin{cases} \dfrac{\partial F}{\partial x}=30y-5\lambda=0, \\ \dfrac{\partial F}{\partial y}=30x-3\lambda=0, \\ \dfrac{\partial F}{\partial \lambda}=1000-5x-3y=0. \end{cases}$$

求解得唯一驻点 $x=100, y=\dfrac{500}{3}$。因此根据实际意义知当两种因素的投入量分别为 100、$\dfrac{500}{3}$ 时,产品的产量最高,最高产量为

$$Q\left(100,\dfrac{500}{3}\right)=500000 \text{(件)}.$$

2. 某工厂生产两种产品,总成本函数为 $C=Q_1^2+2Q_1Q_2+Q_2^2+5$,两种产品的需求函数分别为 $Q_1=26-P_1$,$Q_2=10-\dfrac{1}{4}P_2$,为使利润最大,试确定两种产品的产量,并求最大利润。

解 这是无条件极值问题。依题知,总收益函数为 $R=P_1Q_1+P_2Q_2$,总利润函数为
$$L=R-C=P_1Q_1+P_2Q_2-(Q_1^2+2Q_1Q_2+Q_2^2+5)$$
$$=-2P_1^2-\dfrac{5}{16}P_2^2+98P_1+28P_2-\dfrac{1}{2}P_1P_2-1301.$$

求一阶偏导数得
$$L_{P_1}=-4P_1+98-\dfrac{1}{2}P_2,\quad L_{P_2}=-\dfrac{5}{8}P_2+28-\dfrac{1}{2}P_1.$$

令 $L_{P_1}=0, L_{P_2}=0$,得 $P_1=21, P_2=28$,又因为 $L_{P_1P_1}=-4, L_{P_1P_2}=-\dfrac{1}{2}, L_{P_2P_2}=-\dfrac{5}{8}$,$(L_{P_1P_2})^2-L_{P_1P_1}L_{P_2P_2}=-\dfrac{9}{4}<0, L_{P_1P_1}=-4<0$,所以 $(21,28)$ 为 L 的最大值点,从而两种产品的产量为 5、3 时,利润最大,且最大利润为 120。

3. 某工厂生产一种产品,两种要素的投入量分别为 x、y,价格分别为 2 元和 8 元,生产函数为 $Q=4x^{\frac{1}{2}}y^{\frac{1}{2}}$,当产出固定在一定水平 Q_0 时,如何安排生产可使总成本最低?

解 本问题实际上是求在满足 $4x^{\frac{1}{2}}y^{\frac{1}{2}}=Q_0$ 的条件下,总成本 $C(x,y)=2x+8y$ 何时达到最小,这是一个条件极值问题。根据拉格朗日乘数法构造辅助函数

$$F(x,y,\lambda)=2x+8y+\lambda(Q_0-4x^{\frac{1}{2}}y^{\frac{1}{2}}),$$

建立联立方程组

$$\begin{cases}\dfrac{\partial F}{\partial x}=2-2x^{-\frac{1}{2}}y^{\frac{1}{2}}\lambda=0,\\[4pt] \dfrac{\partial F}{\partial y}=8-2x^{\frac{1}{2}}y^{-\frac{1}{2}}\lambda=0,\\[4pt] \dfrac{\partial F}{\partial \lambda}=Q_0-4x^{\frac{1}{2}}y^{\frac{1}{2}}=0.\end{cases}$$

求解得唯一驻点 $x=\dfrac{1}{2}Q_0, y=\dfrac{1}{8}Q_0$.

根据该问题的实际意义可知,保持产出一定时总成本一定能取得最小值,故当两种要素的投入量分别是 $x=\dfrac{1}{2}Q_0, y=\dfrac{1}{8}Q_0$ 时,可使总成本最小,最小总成本是

$$C\left(\dfrac{1}{2}Q_0,\dfrac{1}{8}Q_0\right)=2Q_0(元).$$

4. 某纺织厂生产三种型号的被套,每件价格分别为 10 元、16 元、25 元,总成本 C(万元)关于三种产品产量 x、y、z 的函数为

$$C(x,y,z)=xy+yz+xz+50,$$

这三种被套的年产量限定为 36 万件,问这三种产品年产量各为多少时,该厂的年利润最大?最大年利润为多少?

解 这问题实际上是求在满足 $x+y+z=36$ 的条件下,总利润 $10x+16y+25z-C(x,y,z)$ 何时达到最大,这是一个条件极值问题. 根据拉格朗日乘数法构造辅助函数

$$F(x,y,z)=10x+16y+25z-xy-yz-xz-50+\lambda(x+y+z-36),$$

建立联立方程组

$$\begin{cases}\dfrac{\partial F}{\partial x}=10-y-z+\lambda=0,\\[4pt] \dfrac{\partial F}{\partial y}=16-x-z+\lambda=0,\\[4pt] \dfrac{\partial F}{\partial z}=25-y-x+\lambda=0,\\[4pt] \dfrac{\partial F}{\partial \lambda}=x+y+z-36=0.\end{cases}$$

求得唯一驻点 $x=19, y=13, z=4$.

根据该问题的实际意义可知,当这三种产品年产量分别为 19(万件)、13(万件)、4(万件)时,年利润最大,最大年利润为 73 万元.

习题 9—8

1. 求函数 $f(x,y)=2x^2-xy-y^2-6x-3y+5$ 在点 $(1,-2)$ 的泰勒公式.

解 $f(1,-2)=5, f_x(1,-2)=(4x-y-6)|_{(1,-2)}=0,$
$f_y(1,-2)=(-x-2y-3)|_{(1,-2)}=0,$

$$f_{xx}(1,-2)=4, f_{xy}(1,-2)=-1, f_{yy}(1,-2)=-2.$$

函数为 2 次多项式,2 阶及 3 阶以上的各偏导数均为零. 又 $h=x-1, k=y+2$,将以上各项代入泰勒公式,便得

$$f(x,y) = f(1,-2)+(x-1)f_x(1,-2)+(y+2)f_y(1,-2)+\frac{1}{2!}[(x-1)^2 f_{xx}(1,-2)+$$
$$2(x-1)(y+2)f_{xy}(1,-2)+(y+2)^2 f_{yy}(1,-2)]$$
$$= 5+\frac{1}{2}[4(x-1)^2-2(x-1)(y+2)-2(y+2)^2]$$
$$= 5+2(x-1)^2-(x-1)(y+2)-(y+2)^2.$$

2. 求函数 $f(x,y)=e^x \ln(1+y)$ 的三阶麦克劳林公式.

解 $f_x(x,y)=e^x \ln(1+y), f_y(x,y)=\dfrac{e^x}{1+y},$

$f_{xx}(x,y)=e^x \ln(1+y), f_{xy}(x,y)=\dfrac{e^x}{1+y}, f_{yy}(x,y)=\dfrac{e^x}{(1+y)^2},$

$f_{xxx}(x,y)=e^x \ln(1+y), f_{yyy}(x,y)=\dfrac{2e^x}{(1+y)^3}.$

于是 $\left(h\dfrac{\partial}{\partial x}+k\dfrac{\partial}{\partial y}\right)f(0,0)=hf_x(0,0)+kf_y(0,0)=k,$

$\left(h\dfrac{\partial}{\partial x}+k\dfrac{\partial}{\partial y}\right)^2 f(0,0)=h^2 f_{xx}(0,0)+2hk f_{xy}(0,0)+k^2 f_{yy}(0,0)=2hk-k^2,$

$\left(h\dfrac{\partial}{\partial x}+k\dfrac{\partial}{\partial y}\right)^3 f(0,0)=h^3 f_{xxx}(0,0)+3h^2 k f_{xxy}(0,0)+3hk^2 f_{xyy}(0,0)+k^3 f_{yyy}(0,0)$
$$=3h^2 k-3hk^2+2k^3.$$

又 $f(0,0)=0, h=x, k=y$,将以上各项代入三阶麦克劳林公式,便得

$$e^x \ln(1+y)=y+\frac{1}{2!}(2xy-y^2)+\frac{1}{3!}(3x^2 y-3xy^2+2y^3)+R_3,$$

其中 $R_3=\dfrac{1}{4!}\left[\left(h\dfrac{\partial}{\partial x}+k\dfrac{\partial}{\partial x}\right)^4 f(\theta h,\theta k)\right]_{h=x,k=y}$

$=\dfrac{e^{\theta x}}{24}\left[x^4 \ln(1+\theta y)+\dfrac{4x^3 y}{1+\theta y}-\dfrac{6x^2 y^2}{(1+\theta y)^2}+\dfrac{8xy^3}{(1+\theta y)^3}-\dfrac{6y^4}{(1+\theta y)^4}\right]$ $(0<\theta<1).$

3. 利用函数 $f(x,y)=x^y$ 的三阶泰勒公式,计算 $1.1^{1.02}$ 的近似值.

解 先求函数 $f(x,y)=x^y$ 在点 $(1,1)$ 的三阶泰勒公式.

$f_x(1,1)=yx^{y-1}|_{(1,1)}=1, f_y(1,1)=x^y \ln x|_{(1,1)}=0,$

$f_{xx}(1,1)=y(y-1)x^{y-2}|_{(1,1)}=0,$

$f_{xy}(1,1)=(x^{y-1}+yx^{y-1}\ln x)|_{(1,1)}=1,$

$f_{yy}(1,1)=x^y \ln^2 x|_{(1,1)}=0, f_{xxx}(1,1)=y(y-1)(y-2)x^{y-3}|_{(1,1)}=0,$

$f_{xxy}(1,1)=[(2y-1)x^{y-2}+y(y-1)x^{y-2}\ln x]|_{(1,1)}=1,$

$f_{xyy}(1,1)=[2x^{y-1}\ln x+yx^{y-1}\ln^2 x]|_{(1,1)}=0,$

$$f_{yyy}(1,1) = x^y \ln^3 x \big|_{(1,1)} = 0.$$

又 $f(1,1)=1, h=x-1, k=y-1$,将以上各项代入三阶泰勒公式,便得

$$x^y = 1 + (x-1) + \frac{1}{2!}[2(x-1)(y-1)] + \frac{1}{3!}[3(x-1)^2(y-1)] + R_3$$

$$= 1 + (x-1) + (x-1)(y-1) + \frac{1}{2}(x-1)^3(y-1) + R_3.$$

因此 $1.1^{1.02} \approx 1 + 0.1 + 0.1 \times 0.02 + \frac{1}{2} \times 0.1^2 \times 0.02 = 1 + 0.1 + 0.002 + 0.0001 = 1.1021.$

4. 求函数 $f(x,y) = e^{x+y}$ 的 n 阶麦克劳林公式.

解 $f(0,0) = 1, f_x(0,0) = e^{x+y}\big|_{(0,0)} = 1, f_y(0,0) = e^{x+y}\big|_{(0,0)} = 1,$

$$f_{x^m y^{n-m}}^{(n)}(0,0) = e^{x+y}\big|_{(0,0)} = 1 \quad (m = 0, 1, \cdots, n),$$

又 $h=x, k=y$,将以上各项代入 n 阶泰勒公式,便得

$$e^{x+y} = 1 + (x+y) + \frac{1}{2!}(x^2 + 2xy + y^2) + \frac{1}{3!}(x^3 + 3x^2y + 3xy^2 + y^3) + \cdots + \frac{1}{n!}(x+y)^n + R_n$$

$$= \sum_{k=0}^{n} \frac{(x+y)^k}{k!} + R_n,$$

其中 $R_n = \frac{(x+y)^{n+1}}{(n+1)!} e^{\theta(x+y)} \ (0 < \theta < 1).$

习题 9-9

1. 某种含金的含铅量百分比(%)为 ρ,其熔解温度为 θ℃,由实验测得 ρ 与 θ 的数据见下表:

ρ(%)	36.9	46.7	63.7	77.8	84.0	87.5
θ(℃)	181	197	235	270	283	292

试用最小二乘法建立 θ 与 ρ 之间的经验公式 $\theta = a\rho + b$.

解 设 M 是各个数据的偏差平方和,即 $M = \sum_{i=1}^{6}[\theta_i - (a\rho_i + b)]^2$,令

$$\begin{cases} \dfrac{\partial M}{\partial a} = -\sum_{i=1}^{6} 2\rho_i[\theta_i - (a\rho_i + b)] = 0, \\ \dfrac{\partial M}{\partial b} = -\sum_{i=1}^{6} 2[\theta_i - (a\rho_i + b)] = 0, \end{cases}$$

计算得 $\sum_{i=1}^{6}\rho_i^2 = 28365.28, \ \sum_{i=1}^{6}\rho_i = 396.6, \ \sum_{i=1}^{6}\theta_i\rho_i = 101176.3, \ \sum_{i=1}^{6}\theta_i = 1458,$

整理,得

$$\begin{cases} a\sum_{i=1}^{6}\rho_i^2 + b\sum_{i=1}^{6}\rho_i = \sum_{i=1}^{6}\theta_i\rho_i, \\ a\sum_{i=1}^{6}\rho_i + 6b = \sum_{i=1}^{6}\theta_i. \end{cases}$$

代入方程组,得

$$\begin{cases} 28365.28a+396.6b=101176.3, \\ 396.6a+6b=1458. \end{cases}$$

解得
$$a=\frac{4802.5}{2150.02}=2.234, b=\frac{572.0}{6}=95.33,$$

故经验公式为
$$\theta=2.234\rho+95.33.$$

2. 已知一组实验数据为$(x_1,y_1),(x_2,y_2),\cdots,(x_n,y_n)$. 现若假定经验公式是$y=ax^2+bx+c$，试按最小二乘法建立$a$、$b$、$c$应满足的三元一次方程组.

解 设M是各个数据的偏差平方和，即$M=\sum_{i=1}^{n}[y_i-(ax_i^2+bx_i+c)]^2$，令

$$\begin{cases} \dfrac{\partial M}{\partial a}=-2\sum_{i=1}^{n}[y_i-(ax_i^2+bx_i+c)]\cdot x_i^2=0, \\ \dfrac{\partial M}{\partial b}=-2\sum_{i=1}^{n}[y_i-(ax_i^2+bx_i+c)]\cdot x_i=0, \\ \dfrac{\partial M}{\partial c}=-2\sum_{i=1}^{n}[y_i-(ax_i^2+bx_i+c)]=0. \end{cases}$$

整理，得a、b、c应满足的三元一次方程组如下：

$$\begin{cases} a\sum_{i=1}^{n}x_i^4+b\sum_{i=1}^{n}x_i^3+c\sum_{i=1}^{n}x_i^2=\sum_{i=1}^{n}x_i^2 y_i, \\ a\sum_{i=1}^{n}x_i^3+b\sum_{i=1}^{n}x_i^2+c\sum_{i=1}^{n}x_i=\sum_{i=1}^{n}x_i y_i, \\ a\sum_{i=1}^{n}x_i^2+b\sum_{i=1}^{n}x_i+nc=\sum_{i=1}^{n}y_i. \end{cases}$$

总习题九

1. 填空题.

(1) 设函数$f(x,y)$在点(a,b)处的偏导数存在，则$\lim\limits_{x\to 0}\dfrac{f(a+x,b)-f(a-x,b)}{x}=$_____.

解 $2f_x(a,b)$.

(2) 函数$z=\ln(1-x^2)+\sqrt{y-x^2}+\sqrt[3]{x+y+1}$的定义域为_____.

解 $\{(x,y)\,|\,-1<x<1,y\geqslant x^2\}$.

(3) 函数$f(x,y)$在点(x,y)可微分是$f(x,y)$在该点连续的_____条件.

解 充分.

(4) 函数$f(x,y)$在点(x,y)连续是$f(x,y)$在该点可微的_____条件.

解 必要.

(5) 由曲面$z=x^2+y^2$在点$M(1,2,5)$处的切平面方程是_____.

解 令$F(x,y,z)=z-x^2-y^2$，则
$$\boldsymbol{n}=\{F_x,F_y,F_z\}=\{-2x,-2y,1\},\boldsymbol{n}|_{(1,2,5)}=\{-2,-4,1\},$$

所以点$M(1,2,5)$处的切平面方程为$-2\cdot(x-1)-4\cdot(y-2)+1\cdot(z-5)=0$，即

$$2x+4y-z-5=0.$$

(6) 曲线 $x=\frac{\sqrt{2}}{2}a\cos\theta, y=\frac{\sqrt{2}}{2}a\cos\theta, z=a\sin\theta(a>0)$，对应于 $\theta=\frac{\pi}{2}$ 处的切线的一个方向向量是_____．

解 曲线对应于 $\theta=\frac{\pi}{2}$ 的切线的一个方向向量为

$$\boldsymbol{T}=\left\{x'\left(\frac{\pi}{2}\right), y'\left(\frac{\pi}{2}\right), z'\left(\frac{\pi}{2}\right)\right\}=\left\{-\frac{\sqrt{2}}{2}a\sin\theta, -\frac{\sqrt{2}}{2}a\sin a, \cos\theta\right\}\bigg|_{\theta=\frac{\pi}{2}}$$

$$=\left\{-\frac{\sqrt{2}}{2}a, -\frac{\sqrt{2}}{2}a, 0\right\}.$$

2. 单项选择题．

(1) 若 $z=f(x,y)$ 在点 $P(x_0,y_0)$ 处可微，则 $f(x,y)$ 在点 $P(x_0,y_0)$ 处沿任何方向的方向导数（　）．

A. 必定存在　　　　　　　　　B. 一定不存在

C. 可能存在，也可能不存在　　D. 仅在 x 轴、y 轴方向存在，其他方向不存在

解 当函数 $z=f(x,y)$ 在点 $P(x_0,y_0)$ 处可微时，过点 P 引射线 l，射线 l 的方向余弦为 $\cos\alpha, \cos\beta$ 时，由方向导数的定义可知，$\frac{\partial z}{\partial l}=\frac{\partial z}{\partial x}\cos\alpha+\frac{\partial z}{\partial y}\cos\beta$，故 A 正确．

(2) 对于二元函数 $z=f(x,y)$，下列有关偏导数与全微分关系中正确的命题是（　）．

A. 偏导数不连续，则全微分必不存在　　B. 偏导数连续，则全微分必存在

C. 全微分存在，则偏导数必连续　　　　D. 全微分存在，而偏导数不一定连续

解 二元函数连续、可偏导（两个偏导数均存在）、可微及具有连续偏导数之间的联系用图表可表示为

$$\text{函数连续} \quad \text{函数可偏导}$$
$$\uparrow \qquad\qquad \uparrow$$
$$\text{可微分} \leftarrow \text{具连续偏导数}$$

故 B 正确．

(3) 曲面 $x^2-4y^2+2z^2=6$ 上点 $(2,2,3)$ 处的法线方程是（　）．

A. $x-1=\frac{y-6}{-4}=\frac{z}{3}$　　　　B. $\frac{x-1}{-1}=\frac{y-2}{-4}=\frac{z-3}{3}$

C. $\frac{x-1}{1}=\frac{y-6}{4}=\frac{z-3}{3}$　　D. $\frac{x-2}{1}=\frac{y-2}{-4}=\frac{z-3}{3}$

解 设 $F(x,y,z)=x^2-4y^2+2z^2-6$，则
$\boldsymbol{n}=\{F_x, F_y, F_z\}=\{2x,-8y,4z\}, \boldsymbol{n}|_{(2,2,3)}=\{4,-16,12\}$.

点 $(2,2,3)$ 处的法线方程是 $\frac{x-2}{4}=\frac{y-2}{-16}=\frac{z-3}{12}$，即 $\frac{x-2}{1}=\frac{y-2}{-4}=\frac{z-3}{3}$，故 D 正确．

3. 设函数 $f(x,y)=\begin{cases}\frac{xy}{\sqrt{x^2+y^2}}, & (x,y)\neq(0,0), \\ 0, & (x,y)=(0,0),\end{cases}$ 当 $y\neq 0$ 时，求 $f\left(1,\frac{x}{y}\right)$.

解 $f\left(1,\dfrac{x}{y}\right)=\dfrac{1\cdot\dfrac{x}{y}}{\sqrt{1^2+\left(\dfrac{x}{y}\right)^2}}=\dfrac{x}{\dfrac{y}{|y|}\sqrt{x^2+y^2}}=\begin{cases}\dfrac{x}{\sqrt{x^2+y^2}}, & y>0,\\ \dfrac{-x}{\sqrt{x^2+y^2}}, & y<0.\end{cases}$

4. 已知 $f(x,y)=\begin{cases} x\sin\dfrac{1}{y}+y\sin\dfrac{1}{x}, & xy\ne 0,\\ 0, & xy=0,\end{cases}$ 求：(1) $\lim\limits_{\substack{x\to 0\\ y\to 0}}f(x,y)$；(2) $\lim\limits_{y\to 0}\lim\limits_{x\to 0}f(x,y)$.

解 (1) 当 $x\to 0, y\to 0$ 时，$\sin\dfrac{1}{y}$ 与 $\sin\dfrac{1}{x}$ 为有界变量，由无穷小性质可知 $\lim\limits_{\substack{x\to 0\\ y\to 0}}x\sin\dfrac{1}{y}=0$，$\lim\limits_{\substack{x\to 0\\ y\to 0}}y\sin\dfrac{1}{x}=0$，因此 $\lim\limits_{\substack{x\to 0\\ y\to 0}}\left(x\sin\dfrac{1}{y}+y\sin\dfrac{1}{x}\right)=0$；

(2) 因为 $\lim\limits_{x\to 0}\left(x\sin\dfrac{1}{y}+y\sin\dfrac{1}{x}\right)$ 中第一个因子极限为 0，第二个因子没有极限，从而可知 $\lim\limits_{y\to 0}\lim\limits_{x\to 0}\left(x\sin\dfrac{1}{y}+y\sin\dfrac{1}{x}\right)$ 不存在．

5. 设 $f(x,y)=\begin{cases}\dfrac{x^2-y^2}{x^2+y^2}, & (x,y)\ne(0,0),\\ 0, & (x,y)=(0,0),\end{cases}$ 试研究 $f(x,y)$ 在点 $(0,0)$ 处的连续性．

解 考察 $\lim\limits_{\substack{x\to 0\\ y\to 0}}f(x,y)$，由于 $\lim\limits_{\substack{x\to 0\\ y=kx}}f(x,y)=\lim\limits_{x\to 0}\dfrac{x^2-k^2x^2}{x^2+k^2x^2}=\dfrac{1-k^2}{1+k^2}$．显然它是随着 k 的值不同而改变的，故 $\lim\limits_{\substack{x\to 0\\ y\to 0}}f(x,y)$ 不存在，因此 $f(x,y)$ 在点 $(0,0)$ 处不连续．

6. 已知 $u=\sin(xy^2)$，求 u_x 和 u_y.

解 $u_x=y^2\cos(xy^2)$，$u_y=2xy\cos(xy^2)$．

7. 求下列函数的一阶和二阶偏导数．

(1) $z=x\ln(xy)$；(2) $z=y^x$．

解 (1) $\dfrac{\partial z}{\partial x}=\ln(xy)+x\cdot\dfrac{y}{xy}=\ln(xy)+1$，$\dfrac{\partial z}{\partial y}=\dfrac{x^2}{xy}=\dfrac{x}{y}$，

$\dfrac{\partial^2 z}{\partial x^2}=\dfrac{y}{xy}=\dfrac{1}{x}$，$\dfrac{\partial^2 z}{\partial y^2}=-\dfrac{x}{y^2}$，$\dfrac{\partial^2 z}{\partial x\partial y}=\dfrac{1}{y}=\dfrac{\partial^2 z}{\partial y\partial x}$；

(2) $\dfrac{\partial z}{\partial x}=y^x\ln(y)$，$\dfrac{\partial z}{\partial y}=xy^{x-1}$，$\dfrac{\partial^2 z}{\partial x^2}=y^x\ln^2 y$，

$\dfrac{\partial^2 z}{\partial y^2}=x(x-1)y^{x-2}$，$\dfrac{\partial^2 z}{\partial x\partial y}=y^{x-1}+xy^{x-1}\ln y=\dfrac{\partial^2 z}{\partial y\partial x}$．

8. 设 $z=e^{3x+2y}$，其中 $x=\cos t, y=t^2$，求 $\dfrac{dz}{dt}$.

解 $\dfrac{dz}{dt}=\dfrac{\partial z}{\partial x}\cdot\dfrac{dx}{dt}+\dfrac{\partial z}{\partial y}\cdot\dfrac{dy}{dt}=2e^{3x+2y}(-\sin t)+2e^{3x+2y}\cdot 2t=e^{3\cos t+2t^2}(4t-3\sin t)$．

9. 设 $z=f(u,v)$，其中 $u=x^2-y^2, v=e^{xy}$，求 $\dfrac{\partial z}{\partial x}$、$\dfrac{\partial z}{\partial y}$.

解 $\dfrac{\partial z}{\partial x}=\dfrac{\partial z}{\partial u}\cdot\dfrac{\partial u}{\partial x}+\dfrac{\partial z}{\partial v}\cdot\dfrac{\partial v}{\partial x}=f_u\cdot 2x+f_v\cdot e^{xy}\cdot y=2xf_u+ye^{xy}f_v$，

$\dfrac{\partial z}{\partial y}=\dfrac{\partial z}{\partial u}\cdot\dfrac{\partial u}{\partial y}+\dfrac{\partial z}{\partial v}\cdot\dfrac{\partial v}{\partial y}=f_u\cdot(-2y)+f_v\cdot e^{xy}\cdot y=-2yf_u+ye^{xy}f_v$．

10. 设 $u=f(x,y,z)$,其中 $z=\varphi(x,y)$,并且 f 具有连续的二阶偏导数,φ 有二阶偏导数,求 u''_{xx}.

解 $\dfrac{\partial u}{\partial x}=\dfrac{\partial f}{\partial x}+\dfrac{\partial f}{\partial z}\cdot\dfrac{\partial z}{\partial x}=f_x+f_z\varphi_x$,

$\dfrac{\partial^2 u}{\partial x^2}=\dfrac{\partial}{\partial x}(f_x)+\dfrac{\partial}{\partial x}(f_z\varphi_x)=f_{xx}+f_{xz}\cdot\varphi_x+(f_{zx}+f_{zz}\varphi_x)\varphi_x+f_z\varphi_{xx}$

$=f_{xx}+2f_{xz}\cdot\varphi_x+f_{zz}(\varphi_x)^2+f_z\varphi_{xx}$.

11. 已知 $x^2\sin y+e^x\arctan z-\sqrt{y}\ln z=3$,求 dz.

解 设 $F(x,y,z)=x^2\sin y+e^x\arctan z-\sqrt{y}\ln z-3$,则

$F_x=2x\sin y+e^x\arctan z, F_y=x^2\cos y-\dfrac{\ln z}{2\sqrt{y}}, F_z=\dfrac{e^x}{1+z^2}-\dfrac{\sqrt{y}}{z}$.

$dz=\dfrac{\partial z}{\partial x}dx+\dfrac{\partial z}{\partial y}dy=\left(-\dfrac{F_x}{F_z}\right)dx+\left(-\dfrac{F_y}{F_z}\right)dy$

$=\dfrac{z(2x\sin y+e^x\arctan z)(1+z^2)}{\sqrt{y}(1+z^2)-ze^x}dx+\dfrac{z(1+z^2)(2\sqrt{y}x^2\cos y-\ln z)}{2\sqrt{y}[\sqrt{y}(1+z^2)-ze^x]}dy$.

12. 求曲面 $x^2+2y^2+3z^2=21$ 的平行于 $x+4y+6z=0$ 的切平面的方程.

解 设 $F(x,y,z)=x^2+2y^2+3z^2-21$,则曲面在点 (x,y,z) 处的一个法向量 $\boldsymbol{n}=\{F_x,F_y,F_z\}=\{2x,4y,2z\}$,已知平面的法向量为 $\{1,4,6\}$,由已知平面与所求切平面平行,得 $\dfrac{2x}{1}=\dfrac{4y}{4}=\dfrac{6z}{6}$,即 $y=2x,z=2x$. 代入曲面方程得 $x^2+2(2x)^2+3(2x)^2-21=0$,解得 $x=\pm 1$,则 $y=z=\pm 2$. 所以切点为 $(\pm 1,\pm 2,\pm 2)$,切平面方程为 $(x\pm 1)+4(y\pm 2)+6(y\pm 2)=0$,即 $x+4y+6z=\pm 21$.

13. 求曲线 $\begin{cases} xyz=1, \\ x=y^2 \end{cases}$ 在点 $(1,1,1)$ 处的切线和法平面方程.

解 为了求 $\dfrac{dy}{dx},\dfrac{dz}{dx}$,在所给方程两端分别对 x 求导,得

$\begin{cases} yz+xz\dfrac{dy}{dx}+xy\dfrac{dz}{dx}=0, \\ 1-2y\dfrac{dy}{dx}=0, \end{cases}$ 解得 $\begin{cases} \dfrac{dy}{dx}=\dfrac{1}{2y}, \\ \dfrac{dz}{dx}=-\dfrac{xz+2y^2z}{2xy^2}. \end{cases}$

故 $\dfrac{dy}{dx}\Big|_{(1,1,1)}=\dfrac{1}{2},\dfrac{dz}{dx}\Big|_{(1,1,1)}=-\dfrac{3}{2}$. 于是曲线在点 $(1,1,1)$ 处的切线方程为 $\dfrac{x-1}{1}=\dfrac{y-1}{\frac{1}{2}}=\dfrac{z-1}{-\frac{3}{2}}$,即 $\dfrac{x-1}{2}=\dfrac{y-1}{1}=\dfrac{z-1}{-3}$;法平面方程为 $2(x-1)+(y-1)-3(z-1)=0$,即 $2x+y-3z=0$.

14. 求函数 $u=x+y+z$ 在点 $M(0,0,1)$ 处沿球面 $x^2+y^2+z^2=1$ 的外法线方向的方向导数.

解 球面在点 $M(0,0,1)$ 处的沿外法线方向的一个向量为 $\boldsymbol{n}=\{0,0,2\}$,

$\boldsymbol{e}_n=\dfrac{1}{2}\{0,0,2\}=\{0,0,1\}$. $\dfrac{\partial u}{\partial n}\Big|_M=\dfrac{\partial u}{\partial x}\Big|_M\cdot 0+\dfrac{\partial u}{\partial y}\Big|_M\cdot 0+\dfrac{\partial u}{\partial z}\Big|_M\cdot 1=1$.

15. 求 $u=\ln(x^2+y^2+z^2)$ 在点 $M(1,2,-2)$ 处的梯度.

解
$$\mathrm{grad}\, u(x,y,z) = \frac{\partial u}{\partial x}\boldsymbol{i} + \frac{\partial u}{\partial y}\boldsymbol{j} + \frac{\partial u}{\partial z}\boldsymbol{k} = \frac{2}{x^2+y^2+z^2}(x\boldsymbol{i}+y\boldsymbol{j}+z\boldsymbol{k}),$$

$$\mathrm{grad}\, u(1,2,-2) = \frac{2}{9}(\boldsymbol{i}+2\boldsymbol{j}-2\boldsymbol{k}) = \frac{2}{9}\{1,2,-2\}.$$

16. 求函数 $f(x,y)=4(x-y)-x^2-y^2$ 的极值点,并指出它是极大值点还是极小值点.

解 解方程组 $\begin{cases} f_x = 4-2x = 0, \\ f_y = -4-2y = 0, \end{cases}$ 求得驻点 $(2,-2)$,又

$$A = f_{xx}(2,-2) = -2 < 0,\ B = f_{xy}(2,-2) = 0,$$
$$C = f_{yy}(2,-2) = -2,\ AC - B^2 = 4 > 0.$$

由判定极值的充分条件知:在点 $(2,-2)$ 处,函数取得极大值 $f(2,-2)=8$.

17. 求点 $(2,8)$ 到抛物线 $y^2=4x$ 的距离.

解 设抛物线上的点为 (x,y),则点 $(2,8)$ 到抛物线上的点的距离平方为
$$d^2 = (2-x)^2 + (8-y)^2,\ x,y\ 满足条件:y^2=4x.$$

作拉格朗日函数 $L=(2-x)^2+(8-y)^2+\lambda(y^2-4x)$,由

$$\begin{cases} L_x = 2(x-2) - 4\lambda = 0, \\ L_y = 2(y-8) + 2\lambda y = 0, \\ y^2 = 4x, \end{cases}$$

得唯一解 $x=y=4$,由题意可知最小值一定存在,而 $d^2=(2-x)^2+(8-y)^2$,故最短距离为 $d_{\min} = d(4,4) = \sqrt{(4-2)^2+(8-4)^2} = \sqrt{20}$,即点 $(2,8)$ 到抛物线的距离为 $\sqrt{20}$.

18. 做一个容积为 $1\mathrm{m}^3$ 的有盖圆柱形桶,问尺寸应如何,才能使用料最省?

解 设圆柱体的底面半径及高分别是 r,h,则表面积 $S=2\pi(r^2+rh)$,且 $\pi r^2 h=1$.
作拉格朗日函数 $L=r^2+rh+\lambda(\pi r^2 h-1)$,由

$$\begin{cases} L_r = 2r + h + 2\lambda\pi rh = 0, \\ L_y = r + \lambda\pi r^2 = 0, \\ \pi r^2 h = 1, \end{cases}$$

得 $r=\frac{1}{\sqrt[3]{2\pi}}, h=\frac{2}{\sqrt[3]{2\pi}}$.由于实际问题存在最小值,故 $r=\frac{1}{\sqrt[3]{2\pi}}$(m),$h=\frac{2}{\sqrt[3]{2\pi}}$(m)即为所求的尺寸.

19. 要建造一个容积为定数 k 的长方体无盖水池,应如何选择水池的尺寸,才能使它的表面积最小.

解 设水池的长、宽、高分别为 x,y,z,则水池的表面积为
$$S = xy + 2yz + 2zx\ (x>0,y>0,z>0),\ 约束条件为\ xyz=k.$$

作拉格朗日函数 $L(x,y,z) = xy+2yz+2zx+\lambda(xyz-k)$,由

$$\begin{cases} L_x = y + 2z + \lambda yz = 0, \\ L_y = x + 2z + \lambda xz = 0, \\ L_z = 2y + 2x + \lambda xy = 0, \\ xyz = k, \end{cases}$$

得 $x=y=\sqrt[3]{2k}, z=\dfrac{\sqrt[3]{2k}}{2}$. 由实际问题知 S 一定有最小值,$(x,y,z)=\left(\sqrt[3]{2k},\sqrt[3]{2k},\dfrac{\sqrt[3]{2k}}{2}\right)$ 为 S 的最小值点.

20. 设 $F(u,v)$ 是可微函数,证明:由方程 $F\left(x+\dfrac{z}{y},y+\dfrac{z}{x}\right)=0$ 所确定的隐函数 $z=z(x,y)$,满足 $x\dfrac{\partial z}{\partial x}+y\dfrac{\partial z}{\partial y}=z-xy$.

证明 设 $G(x,g,z)=F\left(x+\dfrac{z}{y},y+\dfrac{z}{x}\right)$,则

$$\dfrac{\partial z}{\partial x}=-\dfrac{G_x}{G_z}=-\dfrac{F_u-F_v\dfrac{z}{x^2}}{\dfrac{1}{y}F_u+\dfrac{1}{x}F_v}, \dfrac{\partial z}{\partial y}=-\dfrac{G_y}{G_z}=-\dfrac{F_v-F_u\dfrac{z}{y^2}}{\dfrac{1}{y}F_u+\dfrac{1}{x}F_v}.$$

因而 $x\dfrac{\partial z}{\partial x}+y\dfrac{\partial z}{\partial y}=z-xy$.

21. 某制衣厂生产三种款式的衬衣,每件价格分别为 25 元、15 元、10 元,当三种款式的衬衣产量分别为 x、y、z(万件)时,总成本为

$$C(x,y,z)=x^2+y^2-z+300(万元).$$

这三种款式衬衣的年产量为 30 万件,问当 x、y、z 各为多少时,制衣厂年利润最大?并求最大利润.

解 本题是求在满足 $x+y+z=30$ 的条件下,总利润 $25x+15y+10z-C(x,y,z)$ 何时达到最大,这是一个条件极值问题.根据拉格朗日乘数法构造辅助函数

$$F(x,y,z)=25x+15y+10z-x^2-y^2+z-300+\lambda(x+y+z-30),$$

建立联立方程组

$$\begin{cases}\dfrac{\partial F}{\partial x}=25-2x+\lambda=0,\\ \dfrac{\partial F}{\partial y}=15-2y+\lambda=0,\\ \dfrac{\partial F}{\partial z}=10+1+\lambda=0,\\ \dfrac{\partial F}{\partial \lambda}=x+y+z-30=0.\end{cases}$$

求解得唯一驻点 $x=7, y=2, z=21$.

根据该问题的实际意义可知,当这三种产品年产量分别是 7(万件)、2(万件)、21(万件)时,年利润最大,最大年利润为 83 万元.

22. 假设生产函数和成本函数分别为 $Q=f(x,y)=8x^{\frac{1}{4}}y^{\frac{1}{2}}, C=2x+4y$. 当产量 $Q_0=64$ 时,求成本最低的投入组合及最低成本.

解 本问题是求在满足 $8x^{\frac{1}{4}}y^{\frac{1}{2}}=64$ 的条件下,求总成本 $C=2x+4y$ 何时达到最小,这是一个条件极值问题.

根据拉格朗日乘数法构造辅助函数

$$F(x,y,\lambda)=2x+4y+\lambda(64-8x^{\frac{1}{4}}y^{\frac{1}{2}}),$$

建立联立方程组

$$\begin{cases} \dfrac{\partial F}{\partial x}=2-2\lambda x^{-\frac{3}{4}}y^{\frac{1}{2}}=0, \\ \dfrac{\partial F}{\partial y}=4-4\lambda x^{\frac{1}{4}}y^{-\frac{1}{2}}=0, \\ \dfrac{\partial F}{\partial \lambda}=64-8x^{\frac{1}{4}}y^{\frac{1}{2}}=0. \end{cases}$$

求解得唯一驻点 $x=16, y=16$.

根据该问题的实际意义可知,保持产出一定时总成本一定能取得最小值,故当 $x=y=16$ 时,可使总成本最小,最小总成本是
$$C(16,16)=96.$$

自测题九

一、填空题.（每题 5 分, 5 小题, 共 25 分）

1. 函数 $f(x,y)=\dfrac{\sqrt{4x-y^2}}{\ln(1-x^2-y^2)}$ 的定义域为_____.

2. 极限 $\lim\limits_{(x,y)\to(0,0)}\dfrac{2-\sqrt{xy+4}}{xy}=$_____.

3. 设 $z=x^3y^2-3xy^3-xy+1$, 则二阶偏导数 $\dfrac{\partial^2 z}{\partial y \partial x}=$_____.

4. 若函数 $z=z(x,y)$ 由方程 $\mathrm{e}^{x+2y+3z}+xyz=1$ 确定, 则全微分 $\mathrm{d}z|_{(0,0)}=$_____.

5. 设函数 $z=z(x,y)$ 是由方程 $(z+y)^x=xy$ 确定, 则 $\dfrac{\partial z}{\partial x}\Big|_{(1,2)}=$_____.

解 1. 函数的定义域为 $D=\{(x,y)\,|\,4x-y^2\geqslant 0, 0<1-x^2-y^2 \text{ 且 } 1-x^2-y^2\neq 1\}$, 即 $D=\{(x,y)\,|\,0<x^2+y^2<1, y^2\leqslant 4x\}$.

2. 因为 $\lim\limits_{(x,y)\to(0,0)}xy=0$, 此时分子分母极限均为 0, 分子有理化得
$$\lim_{(x,y)\to(0,0)}\frac{2-\sqrt{xy+4}}{xy}=\lim_{(x,y)\to(0,0)}\frac{(2-\sqrt{xy+4})(2+\sqrt{xy+4})}{xy(2+\sqrt{xy+4})}$$
$$=\lim_{(x,y)\to(0,0)}\frac{-xy}{xy(2+\sqrt{xy+4})}=\lim_{(x,y)\to(0,0)}\frac{-1}{2+\sqrt{xy+4}}=-\frac{1}{4}.$$

3. 首先有 $\dfrac{\partial z}{\partial y}=2x^3y-9xy^2-x$, 由二阶偏导数的定义得
$$\frac{\partial^2 z}{\partial y \partial x}=\frac{\partial}{\partial x}\left(\frac{\partial z}{\partial y}\right)=\frac{\partial}{\partial x}(2x^3y-9xy^2-x)=6x^2y-9y^2-1.$$

4. **方法一** $\mathrm{e}^{x+2y+3z}+xyz=1$ 两边分别对 x,y 求偏导数(将 z 看成关于 x,y 的二元函数)得
$$\begin{cases} \mathrm{e}^{x+2y+3z}\left(1+3\dfrac{\partial z}{\partial x}\right)+yz+xy\dfrac{\partial z}{\partial x}=0, \\ \mathrm{e}^{x+2y+3z}\left(2+3\dfrac{\partial z}{\partial x}\right)+xz+y\dfrac{\partial z}{\partial x}=0, \end{cases}$$

将 $x=0, y=0, z=0$ 代入上式得 $\dfrac{\partial z}{\partial x}\Big|_{(0,0)}=-\dfrac{1}{3}, \dfrac{\partial z}{\partial y}\Big|_{(0,0)}=-\dfrac{2}{3}$, 故

$$dz\big|_{(0,0)} = -\frac{1}{3}dx - \frac{2}{3}dy.$$

方法二 利用全微分求解. $e^{x+2y+3z} + xyz = 1$ 两边同时求微分,得

$$e^{x+2y+3z}dx + 2e^{x+2y+3z}dy + 3e^{x+2y+3z}dz + yzdx + xzdy + xydz = 0,$$

将 $x=0, y=0, z=0$ 代入上式有,$dx + 2dy + 3dz = 0$,即 $dz\big|_{(0,0)} = -\frac{1}{3}dx - \frac{2}{3}dy$.

方法三 利用隐函数的求导公式求解. 令 $F(x,y,z) = e^{x+2y+3z} + xyz - 1$,则

$$\frac{\partial F}{\partial x} = e^{x+2y+3z} + yz, \quad \frac{\partial F}{\partial y} = 2e^{x+2y+3z} + xz, \quad \frac{\partial F}{\partial z} = 3e^{x+2y+3z} + xy.$$

因为 $z = z(x,y)$,则 $\frac{\partial z}{\partial x} = -\frac{\frac{\partial F}{\partial x}}{\frac{\partial F}{\partial z}} = -\frac{e^{x+2y+3z} + yz}{3e^{x+2y+3z} + xy}$,$\frac{\partial z}{\partial y} = -\frac{\frac{\partial F}{\partial y}}{\frac{\partial F}{\partial z}} = -\frac{2e^{x+2y+3z} + xz}{3e^{x+2y+3z} + xy}$,从而

$\frac{\partial z}{\partial x}\big|_{(0,0)} = -\frac{1}{3}$,$\frac{\partial z}{\partial y}\big|_{(0,0)} = -\frac{2}{3}$,故 $dz\big|_{(0,0)} = -\frac{1}{3}dx - \frac{2}{3}dy$.

5. 设 $F(x,y,z) = (z+y)^x - xy$,则
$F_x(x,y,z) = (z+y)^x \ln(z+y) - y$, $F_z(x,y,z) = x(z+y)^{x-1}$,

当 $x=1, y=2$ 时,$z=0$,所以 $\frac{\partial z}{\partial x}\big|_{(1,2)} = -\frac{F_x}{F_z}\big|_{(1,2)} = 2 - \ln 2$.

二、单项选择题.(每题 5 分,5 小题,共 25 分)

6. 关于极限 $\lim\limits_{\substack{x \to 0 \\ y \to 0}} \frac{x^2 y^2}{x^2 y^2 + (x-y)^2}$,下列选项中正确的是( ).

  A. 1   B. -1 C. 不存在   D. 0

7. 设 $f'_x(x_0, y_0) = f'_y(x_0, y_0) = 0$,则点 (x_0, y_0) 是函数 $f(x,y)$ 的( ).

  A. 驻点   B. 极值点   C. 可微点   D. 连续点

8. 函数 $z = \frac{xy}{x^2 - y^2}$,当 $x=2, y=1, \Delta x = 0.01, \Delta y = 0.03$ 时的全微分为( ).

  A. 0.01   B. 0.02   C. 0.03   D. 0.04

9. 二元函数 $z = f(x,y)$ 在点 (x_0, y_0) 处存在关于 x, y 的偏导数,则 $f_x(x_0, y_0) = $ ( ).

  A. $\lim\limits_{\Delta x \to 0} \frac{f(x_0, y_0) - f(x_0 - \Delta x, y_0)}{\Delta x}$

  B. $\lim\limits_{\Delta x \to 0} \frac{f(x_0 - 2\Delta x, y_0) - f(x_0, y_0)}{\Delta x}$

  C. $\lim\limits_{\Delta x \to 0} \frac{f(x_0 + \Delta x, y_0 + \Delta y) - f(x_0, y_0)}{\Delta x}$

  D. $\lim\limits_{x \to x_0} \frac{f(x,y) - f(x_0, y_0)}{x - x_0}$

10. $z = f(x,y)$ 在点 (x,y) 的偏导数 $\frac{\partial z}{\partial x}$ 及 $\frac{\partial z}{\partial y}$ 存在是 $f(x,y)$ 在该点连续的( ).

  A. 充分条件而非必要条件   B. 既非充分条件,也非必要条件
  C. 必要条件而非充分条件   D. 充分必要条件

解 6. 依次取 $(x,y) \to (0,0)$ 的两种方式：$y = x$，$y = -x$，分别求极限：

$$\lim_{\substack{(x,y) \to (0,0) \\ y=x}} \frac{x^2 y^2}{x^2 y^2 + (x-y)^2} = \lim_{x \to 0} \frac{x^4}{x^4} = 1,$$

$$\lim_{\substack{(x,y) \to (0,0) \\ y=-x}} \frac{x^2 y^2}{x^2 y^2 + (x-y)^2} = \lim_{x \to 0} \frac{x^4}{x^4 + 4x^2} = \lim_{x \to 0} \frac{x^2}{x^2 + 4} = 0.$$

所求极限不存在，故选 C．

7. 二元函数在一点一阶偏导数为零，只能得到它是驻点，驻点不一定是极值点，也不一定可微或者连续．故选 A．

8. 由全微分的定义，先计算

$$\frac{\partial z}{\partial x} = \frac{-(y^3 + x^2 y)}{(x^2 - y^2)^2}, \quad \frac{\partial z}{\partial y} = \frac{x^3 + xy^2}{(x^2 - y^2)^2},$$

$$\left.\frac{\partial z}{\partial x}\right|_{(2,1)} = -\frac{5}{9}, \quad \left.\frac{\partial z}{\partial y}\right|_{(2,1)} = \frac{10}{9}.$$

从而得到 $\left. \mathrm{d}z \right|_{\substack{x=2, \Delta x=0.01 \\ y=1, \Delta y=0.03}} = \left.\frac{\partial z}{\partial x}\right|_{(2,1)} \cdot \Delta x + \left.\frac{\partial z}{\partial y}\right|_{(2,1)} \cdot \Delta y = 0.03$．故选 C．

9. 由函数 $z = f(x,y)$ 在点 (x_0, y_0) 处对 x 的一阶偏导数 $f_x(x_0, y_0)$ 的定义知

$$f_x(x_0, y_0) = \lim_{x \to x_0} \frac{f(x, y_0) - f(x_0, y_0)}{x - x_0} = \lim_{\Delta x \to 0} \frac{f(x_0 + \Delta x, y_0) - f(x_0, y_0)}{\Delta x}.$$

因此，答案 A 中

$$\lim_{\Delta x \to 0} \frac{f(x_0, y_0) - f(x_0 - \Delta x, y_0)}{\Delta x} = \lim_{\Delta x \to 0} \frac{f(x_0, y_0) - f(x_0 - \Delta x, y_0)}{x_0 - (x_0 - \Delta x)}$$

$$= \lim_{\Delta x \to 0} \frac{f(x_0 - \Delta x, y_0) - f(x_0, y_0)}{(x_0 - \Delta x) - x_0} = f_x(x_0, y_0).$$

类似的可以发现其他三个答案均错误．故选 A．

10. 本题结合给出了二元函数连续，可偏导（两个偏导数均存在）、可微分及具有连续偏导数之间的联系，如题 10 图所示，故选 B．

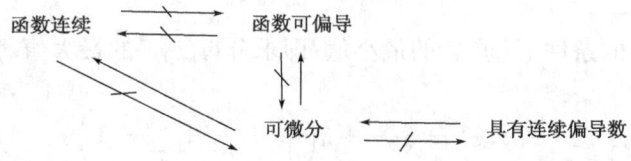

题 10 图

三、解答题．(每题 10 分，5 小题，共 50 分)

11. 求曲线 $x = t, y = t^2, z = t^3$ 在点 $(1,1,1)$ 处的切线及法平面方程．

解 因为 $x = t, y = t^2, z = t^3$，所以 $x_t = 1, y_t = 2t, z_t = 3t^2$，因此 $x_t|_{t=1} = 1, y_t|_{t=1} = 2$，$z_t|_{t=1} = 3$，故切线方程为 $\frac{x-1}{1} = \frac{y-1}{2} = \frac{z-1}{3}$，法平面方程为 $(x-1) + 2(y-1) + 3(z-1) = 0$，即 $x + 2y + 3z = 6$．

12. 求二元函数 $f(x,y) = x^4 + y^4 - 4xy + 1$ 的极值．

解 由 $\begin{cases} f_x = 4x^3 - 4y = 0 \\ f_y = 4y^3 - 4x = 0 \end{cases}$，解得有 3 个驻点 $(-1,-1), (0,0), (1,1)$．又有 $A = f_{xx} = $

$12x^2$, $B = f_{xy} = -4$, $C = f_{yy} = 12y^2$, $B^2 - AC = 16 - 144x^2y^2$. 在点 $(-1,-1)$ 和 $(1,1)$ 处，$B^2 - AC < 0, A > 0$, 因此达到极小值 $f(-1,-1) = f(1,1) = -1$; 在点 $(0,0)$ 处，$B^2 - AC > 0$, 因此不是极值点.

13. 设 $e_l = (\cos\theta, \sin\theta)$, 求函数 $f(x,y) = x^2 - xy + y^2$ 在点 $(1,1)$ 沿方向 l 的方向导数，并分别确定角 θ, 使该方向导数有：(1) 最大值；(2) 最小值；(3) 等于 0.

解 首先有 $\dfrac{\partial f}{\partial l}\Big|_{(1,1)} = \dfrac{\partial f}{\partial x}\Big|_{(0,0)}\cos\theta + \dfrac{\partial f}{\partial y}\Big|_{(1,1)}\sin\theta = \cos\theta + \sin\theta$. 因为 $\cos\theta + \sin\theta = \sqrt{2}\sin(\theta + \dfrac{\pi}{4})$, 所以: (1) 当 $\theta = \dfrac{\pi}{4}$ 时，方向导数最大，最大值为 $\sqrt{2}$. (2) 当 $\theta = \dfrac{5}{4}\pi$ 时，方向导数最小，最大值为 $-\sqrt{2}$. (3) 当 $\theta = \dfrac{3}{4}\pi$ 或 $\dfrac{7}{4}\pi$ 时方向导数为 0.

14. 在第一卦限内作椭球面 $\dfrac{x^2}{a^2} + \dfrac{y^2}{b^2} + \dfrac{z^2}{c^2} = 1$ 的切平面，使该切平面与三坐标面所围成的四面体的体积最小，求切平面的切点，并求此最小体积.

解 设切点为 $M(x_0, y_0, z_0)$, $F(x,y,z) = \dfrac{x^2}{a^2} + \dfrac{y^2}{b^2} + \dfrac{z^2}{c^2} - 1$, $n = (F_x, F_y, F_z) = \left(\dfrac{2x}{a^2}, \dfrac{2y}{b^2}, \dfrac{2z}{c^2}\right)$. 曲面在点 M 处的切平面为

$$\dfrac{x_0}{a^2}(x - x_0) + \dfrac{y_0}{b^2}(y - y_0) + \dfrac{z_0}{c^2}(z - z_0) = 0,$$

即

$$\dfrac{x_0 x}{a^2} + \dfrac{y_0 y}{b^2} + \dfrac{z_0 z}{c^2} = 1.$$

于是，切平面在三个坐标轴上的截距依次为 $\dfrac{a^2}{x_0}, \dfrac{b^2}{y_0}, \dfrac{c^2}{z_0}$, 切平面与三个坐标轴面所围成的四面体的体积为

$$V = \dfrac{1}{6} \cdot \dfrac{a^2}{x_0} \dfrac{b^2}{y_0} \dfrac{c^2}{z_0}.$$

在 $\dfrac{x^2}{a^2} + \dfrac{y^2}{b^2} + \dfrac{z^2}{c^2} = 1$ 的条件下，求 V 的最小值，即求分母 xyz 的最大值. 作拉格朗日函数

$$L(x,y,z) = xyz + \lambda\left(\dfrac{x^2}{a^2} + \dfrac{y^2}{b^2} + \dfrac{z^2}{c^2} - 1\right).$$

令

$$\begin{cases} L_x = yz + \dfrac{2\lambda x}{a^2} = 0, \\ L_y = xz + \dfrac{2\lambda y}{b^2} = 0, \\ L_z = xy + \dfrac{2\lambda z}{c^2} = 0. \end{cases}$$

得

$$\dfrac{x^2}{a^2} = \dfrac{y^2}{b^2} = \dfrac{z^2}{c^2} = \dfrac{1}{3},$$

从而

$$x = \dfrac{a}{\sqrt{3}}, \quad y = \dfrac{b}{\sqrt{3}}, \quad z = \dfrac{c}{\sqrt{3}}.$$

于是,得可能极值点 $M\left(\dfrac{a}{\sqrt{3}},\dfrac{b}{\sqrt{3}},\dfrac{c}{\sqrt{3}}\right)$. 由此问题的性质知,所求的切点为 $M\left(\dfrac{a}{\sqrt{3}},\dfrac{b}{\sqrt{3}},\dfrac{c}{\sqrt{3}}\right)$,四面体的最小体积为 $V_{\min}=\dfrac{\sqrt{3}}{2}abc$.

15. 设 $\dfrac{x}{z}=\ln\dfrac{z}{y},(z>0,y>0)$,试证明 $\dfrac{z}{y}\dfrac{\partial z}{\partial x}=\dfrac{\partial z}{\partial y}$.

证明 令 $F(x,y,z)=\dfrac{x}{z}-\ln\dfrac{z}{y}$,则有

$$\frac{z}{y}\frac{\partial z}{\partial x}=\frac{z}{y}\left(-\frac{F_x}{F_z}\right)=\frac{z}{y}\left(-\frac{\dfrac{1}{z}}{-\dfrac{x}{z^2}-\dfrac{y}{z}\cdot\dfrac{1}{y}}\right)=\frac{z^2}{xy+zy},$$

而

$$\frac{\partial z}{\partial y}=-\frac{F_y}{F_z}=-\frac{-\dfrac{y}{z}\left(-\dfrac{z}{y^2}\right)}{-\dfrac{x}{z^2}-\dfrac{y}{z}\cdot\dfrac{1}{y}}=\frac{z^2}{xy+zy},$$

因此,得到 $\dfrac{z}{y}\dfrac{\partial z}{\partial x}=\dfrac{\partial z}{\partial y}$.

第十章 重积分

习题 10—1

1. 设一薄板在平面 xOy 内占有界闭区域 D，其面密度为连续函数 $\rho=\rho(x,y)$，用二重积分表示此薄板的质量.

解 用一组曲线网将 D 分成 n 个小区域 $\Delta\sigma_i$，其面积也记为 $\Delta\sigma_i(i=1,2,\cdots,n)$，任取一点 $(\xi_i,\eta_i)\in\Delta\sigma_i$，则 $\Delta\sigma_i$ 上薄板的质量 $\Delta m_i\approx\rho(\xi_i,\eta_i)\Delta\sigma_i$. 通过求和、取极限，便得到该薄板的全部质量为

$$m=\lim_{\lambda\to 0}\sum_{i=1}^{n}\rho(\xi_i,\eta_i)\Delta\sigma_i=\iint\limits_{D}\rho(x,y)\mathrm{d}\sigma,\text{其中 }\lambda=\max_{1\leqslant i\leqslant n}\{\Delta\sigma_i\text{ 的直径}\}.$$

注：以上解题过程可用所谓的元素法简化叙述如下：

设想用曲线网把 D 分成 n 个小闭区域，取出其中任意一个记作 $\mathrm{d}\sigma$（其面积也记作 $\mathrm{d}\sigma$），(x,y) 为 $\mathrm{d}\sigma$ 上一点，则 $\mathrm{d}\sigma$ 上薄板的质量近似等于 $\rho(x,y)\mathrm{d}\sigma$，记作 $\mathrm{d}m=\rho(x,y)\mathrm{d}\sigma$（称为质量元素），以 $\mathrm{d}m$ 作为被积表达式，在 D 上作重积分，即得所求的总质量为 $m=\iint\limits_{D}\rho(x,y)\mathrm{d}\sigma$.

2. 设 D 是 $(x-2)^2+(y-2)^2\leqslant 2$，$I_1=\iint\limits_{D}(x+y)^4\mathrm{d}\sigma$，$I_2=\iint\limits_{D}(x+y)^2\mathrm{d}\sigma$，$I_3=\iint\limits_{D}(x+y)\mathrm{d}\sigma$，试用不等式表示 I_1、I_2 和 I_3 之间的大小顺序.

解 由于积分区域 D 位于半平面 $\{(x,y)|x+y\geqslant 1\}$ 内，故在 D 上有

$$(x+y)\leqslant(x+y)^2\leqslant(x+y)^4,$$

从而 $\iint\limits_{D}(x+y)\mathrm{d}\sigma\leqslant\iint\limits_{D}(x+y)^2\mathrm{d}\sigma\leqslant\iint\limits_{D}(x+y)^4\mathrm{d}\sigma$，即 $I_3\leqslant I_2\leqslant I_1$.

3. 设 $I_1=\iint\limits_{D_1}(x^2+y^2)^3\mathrm{d}\sigma$ 其中 D_1 是矩形闭区域：$-1\leqslant x\leqslant 1,-2\leqslant y\leqslant 2$；$I_2=\iint\limits_{D_2}(x^2+y^2)^3\mathrm{d}\sigma$，其中 D_2 是矩形闭区域：$0\leqslant x\leqslant 1,0\leqslant y\leqslant 2$. 试用二重积分的几何意义说明 I_1 与 I_2 的关系.

解 由二重积分的几何意义知，I_1 表示底为 D_1，顶为曲面 $z=(x^2+y^2)^3$ 的曲顶柱体 Ω_1 的体积；I_2 表示底为 D_2，顶为曲面 $z=(x^2+y^2)^3$ 的曲顶柱体 Ω_2 的体积，由于位于 D_1 上方的曲面 $z=(x^2+y^2)^3$ 关于 yOz 面和 zOx 面均对称，故 yOz 面和 zOx 面将 Ω_1 分成四个等积的部分，其中位于第一卦限的部分即为 Ω_2. 由此可知 $I_1=4I_2$.

注：本题还可利用被积函数和积分区域的对称性来解答.

设 $D_3=\{(x,y)|0\leqslant x\leqslant 1,-2\leqslant y\leqslant 2\}$，由于 D_1 关于 y 轴对称，被积函数 $(x^2+y^2)^3$ 关于 x 是偶函数，故 $I_1=\iint\limits_{D_1}(x^2+y^2)^3\mathrm{d}\sigma=2\iint\limits_{D_3}(x^2+y^2)^3\mathrm{d}\sigma$. 又由于 D_3 关于 x 轴对称，被积函数 $(x^2+y^2)^3$ 关于 y 是偶函数，故 $\iint\limits_{D_3}(x^2+y^2)^3\mathrm{d}\sigma=2\iint\limits_{D_2}(x^2+y^2)^3\mathrm{d}\sigma=2I_2$. 从而得 $I_1=4I_2$.

4. 根据二重积分的性质,比较下列积分的大小:

(1) $\iint\limits_{D}(x+y)^2 d\sigma$ 与 $\iint\limits_{D}(x+y)^3 d\sigma$,积分区域 D 是由 x 轴、y 轴与直线 $x+y=1$ 所围成;

(2) $\iint\limits_{D}\ln(x+y)d\sigma$ 与 $\iint\limits_{D}[\ln(x+y)]^2 d\sigma$,$D$ 是三角形闭区域,三顶点分别为 $(1,0)$、$(1,1)$、$(2,0)$.

解 (1) 在积分区域 D 上,$0 \leqslant x+y \leqslant 1$,故有 $(x+y)^3 \leqslant (x+y)^2$,根据二重积分的性质 3,可得 $\iint\limits_{D}(x+y)^3 d\sigma \leqslant \iint\limits_{D}(x+y)^2 d\sigma$;

(2) 由于积分区域 D 位于条形区域 $\{(x+y) | 1 \leqslant x+y \leqslant 2\}$ 内,故知区域 D 上的点满足 $0 \leqslant \ln(x+y) \leqslant 1$,从而有 $[\ln(x+y)]^2 \leqslant \ln(x+y)$ 因此 $\iint\limits_{D}[\ln(x+y)]^2 d\sigma \leqslant \iint\limits_{D}\ln(x+y)d\sigma$.

5. 利用二重积分的性质估计积分的值.

(1) $I = \iint\limits_{D} \sin^2 x \sin^2 y \, d\sigma$,其中 D 是矩形闭区域:$0 \leqslant x \leqslant \pi, 0 \leqslant y \leqslant \pi$;

(2) $I = \iint\limits_{D}(x+y+1)d\sigma$,其中 D 是矩形闭区域:$0 \leqslant x \leqslant 1, 0 \leqslant y \leqslant 2$;

(3) $I = \iint\limits_{D}(x^2+4y^2+9)d\sigma$,其中 D 是圆形闭区域:$x^2+y^2 \leqslant 4$.

解 (1) 在积分区域 D 上,$0 \leqslant \sin x \leqslant 1, 0 \leqslant \sin y \leqslant 1$,从而 $0 \leqslant \sin^2 x \sin^2 y \leqslant 1$,又 D 的面积等于 π^2,因此
$$0 \leqslant \iint\limits_{D}\sin^2 x \sin^2 y \, d\sigma \leqslant \pi^2.$$

(2) 在积分区域 D 上有 $1 \leqslant x+y+1 \leqslant 4$,$D$ 的面积等于 2,因此
$$2 \leqslant \iint\limits_{D}(x+y+1)d\sigma \leqslant 8.$$

(3) 因为在积分区域 D 上有 $0 \leqslant x^2+y^2 \leqslant 4$,所以有
$$9 \leqslant x^2+4y^2+9 \leqslant 4(x^2+y^2)+9 \leqslant 25,$$
又 D 的面积等于 4π,因此
$$36\pi \leqslant \iint\limits_{D}(x^2+4y^2+9)d\sigma \leqslant 100\pi.$$

习题 10-2

1. 利用二重积分的几何意义,直接给出下列二重积分的值:

(1) $\iint\limits_{D} d\sigma, D: x^2+y^2 \leqslant 1$; (2) $\iint\limits_{D}\sqrt{R^2-x^2-y^2}\, d\sigma, D: x^2+y^2 \leqslant R^2$.

解 (1) 二重积分 $\iint\limits_{D} d\sigma$ 即为积分区域 D 的面积.又 D 的面积等于 π,因此 $\iint\limits_{D} d\sigma = \pi$.

(2) 二重积分 $\iint\limits_{D}\sqrt{R^2-x^2-y^2}\, d\sigma$ 即为以 D 为底,上半球面 $z=\sqrt{R^2-x^2-y^2}$ 为顶的

上半球的体积,因此 $\iint\limits_{D} \sqrt{R^2-x^2-y^2}\,\mathrm{d}\sigma = \dfrac{2\pi R^3}{3}$。

2. 画出积分区域,并计算下列二重积分:

(1) $\iint\limits_{D} y\mathrm{e}^x\,\mathrm{d}\sigma$,其中 D 是由直线 $x=-1$、$x=2$、$y=0$、$y=1$ 所围成的区域;

(2) $\iint\limits_{D} \dfrac{x^2}{y^2}\,\mathrm{d}\sigma$,其中 D 是由直线 $x=3$、$y=x$ 及双曲线 $xy=1$ 所围成的区域;

(3) $\iint\limits_{D} \mathrm{e}^{-y^2}\,\mathrm{d}\sigma$,其中 D 是以 $(0,0)$、$(1,1)$、$(0,1)$ 为顶点的三角形闭区域;

(4) $\iint\limits_{D} xy^2\,\mathrm{d}\sigma$,其中 D 是由 $y^2=x$ 与 $x=1$ 所围成的区域;

(5) $\iint\limits_{D} (x^2+y^2)\,\mathrm{d}x\mathrm{d}y$,其中 D 是由曲线 $y=x^2$ 与直线 $y=x$ 所围成的平面区域;

(6) $\iint\limits_{D} y\,\mathrm{d}\sigma$,其中 D 是由 $x=y^2$ 和 $x=y+2$ 围成;

(7) $\iint\limits_{D} (x^2+y^2)\,\mathrm{d}\sigma$,其中 $D=\{(x,y)\mid |x|\leqslant 1, |y|\leqslant 1\}$;

(8) $\iint\limits_{D} \mathrm{e}^{x+y}\,\mathrm{d}\sigma$,其中 $D=\{(x,y)\mid |x|+|y|\leqslant 1\}$。

解 (1) D 可用不等式表示为 $-1\leqslant x\leqslant 2, 0\leqslant y\leqslant 1$,于是

$$\iint\limits_{D} y\mathrm{e}^x\,\mathrm{d}\sigma = \int_{-1}^{2} \mathrm{e}^x\,\mathrm{d}x \int_{0}^{1} y\,\mathrm{d}y = \left[\mathrm{e}^x\right]_{-1}^{2} \cdot \left[\dfrac{y^2}{2}\right]_{0}^{1} = \dfrac{1}{2}(\mathrm{e}^2-\mathrm{e}^{-1})。$$

(2) D 可用不等式表示为 $\dfrac{1}{x}\leqslant y\leqslant x, 1\leqslant x\leqslant 3$,于是

$$\iint\limits_{D}\dfrac{x^2}{y^2}\,\mathrm{d}\sigma = \int_{1}^{3} x^2\,\mathrm{d}x \int_{\frac{1}{x}}^{x} \dfrac{1}{y^2}\,\mathrm{d}y = \int_{1}^{3} x^2 \left[-\dfrac{1}{y}\right]_{\frac{1}{x}}^{x}\mathrm{d}x = \int_{1}^{3} x^2\left(x-\dfrac{1}{x}\right)\mathrm{d}x = \int_{1}^{3}(x^3-x)\,\mathrm{d}x = 16。$$

(3) D 可用不等式表示为 $0\leqslant x\leqslant y, 0\leqslant y\leqslant 1$,于是

$$\iint\limits_{D}\mathrm{e}^{-y^2}\,\mathrm{d}\sigma = \int_{0}^{1}\mathrm{d}y\int_{0}^{y}\mathrm{e}^{-y^2}\,\mathrm{d}x = \int_{0}^{1}\mathrm{e}^{-y^2}\cdot y\,\mathrm{d}y = \dfrac{1}{2}\int_{0}^{1}\mathrm{e}^{-y^2}\mathrm{d}(-y^2) = -\dfrac{1}{2}\left[\mathrm{e}^{-y^2}\right]_{0}^{1} = \dfrac{1}{2}\left(1-\dfrac{1}{\mathrm{e}}\right)。$$

(4) D 可用不等式表示为 $-\sqrt{x}\leqslant y\leqslant \sqrt{x}, 0\leqslant x\leqslant 1$,于是

$$\iint\limits_{D} xy^2\,\mathrm{d}\sigma = \int_{0}^{1} x\,\mathrm{d}x \int_{-\sqrt{x}}^{\sqrt{x}} y^2\,\mathrm{d}y = \int_{0}^{1} x\cdot\left[\dfrac{y^3}{3}\right]_{-\sqrt{x}}^{\sqrt{x}}\mathrm{d}x = \int_{0}^{1}\dfrac{2}{3}x^{\frac{5}{2}}\,\mathrm{d}x = \dfrac{4}{21}。$$

(5) D 可用不等式表示为 $x^2\leqslant y\leqslant x, 0\leqslant x\leqslant 1$,于是

$$\iint\limits_{D}(x^2+y^2)\,\mathrm{d}x\mathrm{d}y = \int_{0}^{1}\mathrm{d}x\int_{x^2}^{x}(x^2+y^2)\,\mathrm{d}y = \int_{0}^{1}\left[x^2 y+\dfrac{y^3}{3}\right]_{x^2}^{x}\mathrm{d}x = \int_{0}^{1}\left(\dfrac{4}{3}x^3-x^4-\dfrac{x^6}{3}\right)\mathrm{d}x = \dfrac{3}{35}。$$

(6) 曲线 $x=y^2$ 与直线 $x=y+2$ 的交点为 $(1,-1)$ 和 $(4,2)$,D 可用不等式表示为 $y^2\leqslant x\leqslant y+2, -1\leqslant y\leqslant 2$,于是

$$\iint\limits_{D} y\,\mathrm{d}\sigma = \int_{-1}^{2}\mathrm{d}y\int_{y^2}^{y+2} y\,\mathrm{d}x = \int_{-1}^{2} y(y+2-y^2)\,\mathrm{d}y = \dfrac{9}{4}。$$

(7) 积分区域 D 可用不等式表示为 $-1\leqslant x\leqslant 1, -1\leqslant y\leqslant 1$, 于是

$$\iint_D (x^2+y^2)\mathrm{d}\sigma = \int_{-1}^1 \mathrm{d}x \int_{-1}^1 (x^2+y^2)\mathrm{d}y = \int_{-1}^1 \left[x^2 y + \frac{y^3}{3}\right]_{-1}^1 \mathrm{d}x = \int_{-1}^1 \left(2x^2 + \frac{2}{3}\right)\mathrm{d}x = \frac{8}{3}.$$

(8) 积分区域 $D=D_1 \cup D_2$, 其中

$$D_1 = \{(x,y) \mid -x-1\leqslant y\leqslant x+1, -1\leqslant x\leqslant 0\},$$
$$D_2 = \{(x,y) \mid x-1\leqslant y\leqslant -x+1, 0\leqslant x\leqslant 1\},$$

因此
$$\iint_D \mathrm{e}^{x+y}\mathrm{d}\sigma = \iint_{D_1}\mathrm{e}^{x+y}\mathrm{d}\sigma + \iint_{D_2}\mathrm{e}^{x+y}\mathrm{d}\sigma = \int_{-1}^0 \mathrm{e}^x \mathrm{d}x \int_{-x-1}^{x+1}\mathrm{e}^y \mathrm{d}y + \int_0^1 \mathrm{e}^x \mathrm{d}x \int_{x-1}^{-x+1}\mathrm{e}^y \mathrm{d}y$$

$$= \int_{-1}^0 (\mathrm{e}^{2x+1} - \mathrm{e}^{-1})\mathrm{d}x + \int_0^1 (\mathrm{e} - \mathrm{e}^{2x-1})\mathrm{d}x = \mathrm{e} - \mathrm{e}^{-1}.$$

3. 改变下列二次积分的积分次序:

(1) $\int_0^1 \mathrm{d}y \int_0^{\sqrt{y}} f(x,y)\mathrm{d}x + \int_1^2 \mathrm{d}y \int_0^{2-y} f(x,y)\mathrm{d}x$;

(2) $\int_0^1 \mathrm{d}y \int_0^y f(x,y)\mathrm{d}x$;

(3) $\int_1^{\mathrm{e}} \mathrm{d}x \int_0^{\ln x} f(x,y)\mathrm{d}y$;

(4) $\int_{-1}^1 \mathrm{d}x \int_{-\sqrt{1-x^2}}^{1-x^2} f(x,y)\mathrm{d}y$;

(5) $\int_a^b \mathrm{d}x \int_a^x f(x,y)\mathrm{d}y$;

(6) $\int_0^1 \mathrm{d}y \int_y^{\sqrt{y}} f(x,y)\mathrm{d}x$;

(7) $\int_{-1}^2 \mathrm{d}x \int_{x^2}^{x+2} f(x,y)\mathrm{d}y$;

(8) $\int_0^1 \mathrm{d}x \int_0^{\sqrt{2x-x^2}} f(x,y)\mathrm{d}y$.

解 (1) 所给二次积分等于二重积分 $\iint_D f(x,y)\mathrm{d}\sigma$, 其中 $D=\{(x,y)\mid 0\leqslant x\leqslant \sqrt{y}, 0\leqslant y\leqslant 1\}$ $\cup \{(x,y)\mid 0\leqslant x\leqslant 2-y, 1\leqslant y\leqslant 2\}$, 又 D 可表示为 $\{(x,y)\mid x^2\leqslant y\leqslant 2-x, 0\leqslant x\leqslant 1\}$, 于是

$$原式 = \int_0^1 \mathrm{d}x \int_{x^2}^{2-x} f(x,y)\mathrm{d}y.$$

(2) 所给二次积分等于二重积分 $\iint_D f(x,y)\mathrm{d}\sigma$, 其中 $D=\{(x,y)\mid 0\leqslant x\leqslant y, 0\leqslant y\leqslant 1\}$, 又 D 可表示为 $\{(x,y)\mid x\leqslant y\leqslant 1, 0\leqslant x\leqslant 1\}$, 于是

$$原式 = \int_0^1 \mathrm{d}x \int_x^1 f(x,y)\mathrm{d}y.$$

(3) 所给二次积分等于二重积分 $\iint_D f(x,y)\mathrm{d}\sigma$, 其中 $D=\{(x,y)\mid 0\leqslant y\leqslant \ln x, 1\leqslant x\leqslant \mathrm{e}\}$, 又 D 可表示为 $\{(x,y)\mid \mathrm{e}^y\leqslant x\leqslant \mathrm{e}, 0\leqslant y\leqslant 1\}$, 故

$$原式 = \int_0^1 \mathrm{d}y \int_{\mathrm{e}^y}^{\mathrm{e}} f(x,y)\mathrm{d}x.$$

(4) 所给二次积分等于二重积分 $\iint_D f(x,y)\mathrm{d}\sigma$, 其中 $D=\{(x,y)\mid -\sqrt{1-x^2}\leqslant y\leqslant 1-x^2, -1\leqslant x\leqslant 1\}$. 又 D 可表示为 $\{(x,y)\mid -\sqrt{1-y}\leqslant x\leqslant \sqrt{1-y}, 0\leqslant y\leqslant 1\} \cup \{(x,y)\mid -\sqrt{1-y^2}\leqslant x\leqslant \sqrt{1-y^2}, -1\leqslant y\leqslant 0\}$, 故

$$原式 = \int_{-1}^0 \mathrm{d}y \int_{-\sqrt{1-y^2}}^{\sqrt{1-y^2}} f(x,y)\mathrm{d}x + \int_0^1 \mathrm{d}y \int_{-\sqrt{1-y}}^{\sqrt{1-y}} f(x,y)\mathrm{d}x.$$

(5)所给二次积分等于二重积分 $\iint_D f(x,y)d\sigma$,其中 $D=\{(x,y)|a\leq y\leq x,a\leq x\leq b\}$,又 D 可表示为 $\{(x,y)|y\leq x\leq b,a\leq y\leq b\}$,故

$$原式 = \int_a^b dy \int_y^b f(x,y)dx.$$

(6)所求二次积分等于二重积分 $\iint_D f(x,y)d\sigma$,其中 $D=\{(x,y)|y\leq x\leq \sqrt{y},0\leq y\leq 1\}$,又 D 可表示为 $\{(x,y)|x^2\leq y\leq x,0\leq x\leq 1\}$,故

$$原式 = \int_0^1 dx \int_{x^2}^x f(x,y)dy.$$

(7)所求二次积分等于二重积分 $\iint_D f(x,y)d\sigma$,其中 $D=\{(x,y)|x^2\leq y\leq x+2,-1\leq x\leq 2\}$,又 D 可表示为 $\{(x,y)|0\leq y\leq 1,-\sqrt{y}\leq x\leq \sqrt{y}\}\cup\{(x,y)|y-2\leq x\leq \sqrt{y},1\leq y\leq 4\}$,故

$$原式 = \int_0^1 dy \int_{-\sqrt{y}}^{\sqrt{y}} f(x,y)dx + \int_1^4 dy \int_{y-2}^{\sqrt{y}} f(x,y)dx.$$

(8)所求二次积分等于二重积分 $\iint_D f(x,y)d\sigma$,其中 $D=\{(x,y)|0\leq y\leq \sqrt{2x-x^2},0\leq x\leq 1\}$,又 D 可表示为 $\{(x,y)|1-\sqrt{1-y^2}\leq x\leq 1,0\leq y\leq 1\}$,故

$$原式 = \int_0^1 dy \int_{1-\sqrt{1-y^2}}^1 f(x,y)dx.$$

4. 化二重积分 $I = \iint_D f(x,y)d\sigma$ 为二次积分,其中积分区域 D 是:

(1)由直线 $y=x$、$x=3$ 及双曲线 $y=\dfrac{1}{x}$($x>0$)所围成的区域;

(2)由曲线 $y^2=4x$、$y=x$ 所围成的区域;

(3)由曲线 $y=x^2$、$y=1$ 围成的区域;

(4)由曲线 $x=\sqrt{2-y^2}$、$x=y^2$ 围成的区域;

(5)由 $x\leq y\leq \sqrt{x}$、$0\leq x\leq 1$ 围成的区域.

解 (1)积分区域 $D=\left\{(x,y)\Big|\dfrac{1}{x}\leq y\leq x,1\leq x\leq 3\right\}$,故 $I = \int_1^3 dx \int_{\frac{1}{x}}^x f(x,y)dy$;

(2)曲线 $y^2=4x$ 与直线 $y=x$ 的交点坐标为 $(0,0)$ 与 $(4,4)$. 积分区域

$$D=\{(x,y)|x\leq y\leq 2\sqrt{x},0\leq x\leq 4\},$$

故

$$I = \int_0^4 dx \int_x^{2\sqrt{x}} f(x,y)dy.$$

(3)积分区域 $D=\{(x,y)|x^2\leq y\leq 1,-1\leq x\leq 1\}$,故 $I = \int_{-1}^1 dx \int_{x^2}^1 f(x,y)dy$.

(4)曲线 $x=\sqrt{2-y^2}$ 与 $x=y^2$ 的交点坐标为 $(1,-1)$ 与 $(1,1)$. 积分区域

$$D=\{(x,y)|y^2\leq x\leq \sqrt{2-y^2},-1\leq y\leq 1\},$$

故

$$I = \int_{-1}^1 dy \int_{y^2}^{\sqrt{2-y^2}} f(x,y)dx.$$

(5)积分区域 $D=\{(x,y)|x\leq y\leq \sqrt{x},0\leq x\leq 1\}$,

故
$$I = \int_0^1 dx \int_x^{\sqrt{x}} f(x,y) dy.$$

5. 设平面薄片所占的闭区域 D 由直线 $x+y=2$、$y=x$ 和 x 轴所围成，它的面密度 $\rho(x,y)=x^2+y^2$，求该薄片的质量.

解 闭区域 $D=\{(x,y)\,|\,y\leqslant x\leqslant 2-y, 0\leqslant y\leqslant 1\}$，故
$$M = \iint_D \rho(x,y) d\sigma = \int_0^1 dy \int_y^{2-y}(x^2+y^2)dx = \int_0^1 \left[\frac{1}{3}x^3+xy^2\right]_y^{2-y} dy$$
$$= \int_0^1 \left[\frac{1}{3}(2-y)^3+2y^2-\frac{7}{3}y^3\right]dy = \left[-\frac{1}{12}(2-y)^4+\frac{2}{3}y^3-\frac{7}{12}y^4\right]_0^1 = \frac{4}{3}.$$

6. 设 $f(x)$ 连续，试证 $\int_0^a dy \int_0^y e^{m(a-x)}f(x)dx = \int_0^a (a-x)e^{m(a-x)}f(x)dx$（$a$、$m$ 为常数，且 $a>0$）.

证明 上式左端的二次积分等于二重积分 $\iint_D e^{m(a-x)}f(x)dxdy$，其中
$$D = \{(x,y)\,|\,0\leqslant x\leqslant y, 0\leqslant y\leqslant a\} = \{(x,y)\,|\,x\leqslant y\leqslant a, 0\leqslant x\leqslant a\}.$$

于是交换积分次序，即得
$$\int_0^a dy \int_0^y e^{m(a-x)}f(x)dx = \int_0^a dx \int_x^a e^{m(a-x)}f(x)dy = \int_0^a (a-x)e^{m(a-x)}f(x)dx.$$

习题 10-3

1. 画出积分区域，将积分 $\iint_D f(x,y)d\sigma$ 表示为极坐标形式的二次积分，其中积分区域 D 是：

(1) $x^2+y^2\leqslant 2y$；　　　(2) $x^2+y^2\leqslant R^2$；　　　(3) $2^2\leqslant x^2+y^2\leqslant 4^2$.

解 (1) 在极坐标系中，$D=\{(r,\theta)\,|\,0\leqslant r\leqslant 2\sin\theta, 0\leqslant\theta\leqslant\pi\}$，故
$$\iint_D f(x,y)d\sigma = \iint_D f(r\cos\theta, r\sin\theta)r dr d\theta = \int_0^\pi d\theta \int_0^{2\sin\theta} f(r\cos\theta, r\sin\theta)r dr.$$

(2) 在极坐标系中，$D=\{(r,\theta)\,|\,0\leqslant r\leqslant R, 0\leqslant\theta\leqslant 2\pi\}$，故
$$\iint_D f(x,y)d\sigma = \iint_D f(r\cos\theta, r\sin\theta)r dr d\theta = \int_0^{2\pi} d\theta \int_0^R f(r\cos\theta, r\sin\theta)r dr.$$

(3) 在极坐标系中，$D=\{(r,\theta)\,|\,2\leqslant r\leqslant 4, 0\leqslant\theta\leqslant 2\pi\}$，故
$$\iint_D f(x,y)d\sigma = \iint_D f(r\cos\theta, r\sin\theta)r dr d\theta = \int_0^{2\pi} d\theta \int_2^4 f(r\cos\theta, r\sin\theta)r dr.$$

2. 化下列二次积分为极坐标系下的二次积分：

(1) $\int_0^{2a} dx \int_x^{\sqrt{4ax-x^2}} f(x^2, \sqrt{y^2+x^2}) dy$；　　　(2) $\int_0^a dx \int_0^{\sqrt{ax-x^2}} f(x^2+y^2) dy$.

解 (1) 在极坐标系中，直线 $y=x$ 和 $y=\sqrt{4ax-x^2}$ 的方程分别是 $\theta=\dfrac{\pi}{4}$ 和 $r=4a\cos\theta$

$\left(0 \leqslant \theta \leqslant \dfrac{\pi}{2}\right)$,因此积分区域 $D = \left\{(r,\theta) \mid 0 \leqslant r \leqslant 4a\cos\theta, \dfrac{\pi}{4} \leqslant \theta \leqslant \dfrac{\pi}{2}\right\}$,于是

$$\text{原式} = \int_{\frac{\pi}{4}}^{\frac{\pi}{2}} d\theta \int_0^{4a\cos\theta} f(r^2\cos^2\theta, r)r\, dr.$$

(2) 在极坐标系中 $y = \sqrt{ax-x^2}$ 的方程是 $r = a\cos\theta\left(0 \leqslant \theta \leqslant \dfrac{\pi}{2}\right)$,因此积分区域

$$D = \left\{(r,\theta) \mid 0 \leqslant r \leqslant a\cos\theta, 0 \leqslant \theta \leqslant \dfrac{\pi}{2}\right\},$$

于是 $\qquad \text{原式} = \displaystyle\int_0^{\frac{\pi}{2}} d\theta \int_0^{a\cos\theta} f(r^2) r\, dr.$

3. 利用极坐标计算下列各题:

(1) $\displaystyle\iint_D \sqrt{x^2+y^2}\, d\sigma$,其中 D 是圆环形闭区域 $x^2+y^2 \leqslant 2y$;

(2) $\displaystyle\iint_D xy^2\, d\sigma$,其中 D 是圆环形闭区域 $1 \leqslant x^2+y^2 \leqslant 4$ 在第一象限部分;

(3) $\displaystyle\iint_D \arctan\dfrac{y}{x}\, d\sigma$,其中 D 是由 $x^2+y^2=4, x^2+y^2=1, y=x, y=0$ 所围成第一象限区域;

(4) $\displaystyle\iint_D (x^2+y^2)\, d\sigma$,其中 D 是圆环形闭区域 $1 \leqslant x^2+y^2 \leqslant 4$;

(5) $\displaystyle\iint_D (\sqrt{x^2+y^2} - y)\, d\sigma$,其中 D 为 $x^2+y^2 \leqslant 1$;

(6) $\displaystyle\iint_D |xy|\, d\sigma$,其中 D 为 $x^2+y^2 \leqslant a^2$.

解 (1) 在极坐标系中,积分区域 $D = \{(r,\theta) \mid 0 \leqslant r \leqslant 2\sin\theta, 0 \leqslant \theta \leqslant \pi\}$,于是

$$\iint_D \sqrt{x^2+y^2}\, d\sigma = \iint_D r \cdot r\, dr\, d\theta = \int_0^\pi d\theta \int_0^{2\sin\theta} r^2\, dr = \int_0^\pi \left[\dfrac{r^3}{3}\right]_0^{2\sin\theta} d\theta = \int_0^\pi \dfrac{8}{3}\sin^3\theta\, d\theta = \dfrac{32}{9}.$$

(2) 在极坐标系中,积分区域 $D = \left\{(r,\theta) \mid 1 \leqslant r \leqslant 2, 0 \leqslant \theta \leqslant \dfrac{\pi}{2}\right\}$,于是

$$\iint_D xy^2\, d\sigma = \iint_D r^3\cos\theta\sin^2\theta \cdot r\, dr\, d\theta = \int_0^{\frac{\pi}{2}} \sin^2\theta\cos\theta\, d\theta \int_1^2 r^4\, dr$$

$$= \left[\dfrac{\sin^3\theta}{3}\right]_0^{\frac{\pi}{2}} \cdot \left[\dfrac{r^5}{5}\right]_1^2 = \dfrac{1}{3} \cdot \dfrac{31}{5} = \dfrac{31}{15}.$$

(3) 在极坐标系中,积分区域 $D = \left\{(r,\theta) \mid 1 \leqslant r \leqslant 2, 0 \leqslant \theta \leqslant \dfrac{\pi}{4}\right\}$,$\arctan\dfrac{y}{x} = \theta$,于是

$$\iint_D \arctan\dfrac{y}{x}\, d\sigma = \iint_D \theta \cdot r\, dr\, d\theta = \int_0^{\frac{\pi}{4}} \theta\, d\theta \int_1^2 r\, dr = \dfrac{1}{2}\left(\dfrac{\pi}{4}\right)^2 \cdot \dfrac{1}{2}(2^2-1) = \dfrac{3}{64}\pi^2.$$

(4) 在极坐标系中,积分区域 $D = \{(r,\theta) \mid 1 \leqslant r \leqslant 2, 0 \leqslant \theta \leqslant 2\pi\}$,于是

$$\iint_D (x^2+y^2)\, d\sigma = \iint_D r^2 \cdot r\, dr\, d\theta = \int_0^{2\pi} d\theta \int_1^2 r^3\, dr = 2\pi \cdot \dfrac{1}{4}(2^4-1) = \dfrac{15}{2}\pi.$$

(5)在极坐标系中,积分区域 $D=\{(r,\theta)|0\leqslant r\leqslant 1,0\leqslant\theta\leqslant 2\pi\}$,于是

$$\iint\limits_{D}(\sqrt{x^2+y^2}-y)\mathrm{d}\sigma=\iint\limits_{D}(r-r\sin\theta)\cdot r\mathrm{d}r\mathrm{d}\theta=\int_0^{2\pi}(1-\sin\theta)\mathrm{d}\theta\int_0^1 r^2\mathrm{d}r$$

$$=\int_0^{2\pi}\frac{1}{3}(1-\sin\theta)\mathrm{d}\theta=\frac{2}{3}\pi.$$

(6)在极坐标系中,积分区域

$$D=\{(r,\theta)|0\leqslant r\leqslant a,0\leqslant\theta\leqslant 2\pi\},$$

令 $D_1=\left\{(r,\theta)|0\leqslant r\leqslant a,0\leqslant\theta\leqslant\frac{\pi}{2}\right\}$,积分区域 D 既关于 x 轴对称又关于 y 轴对称,被积函数 $f(x,y)=|xy|$ 关于 x 与 y 均为偶函数,所以

$$\iint\limits_{D}|xy|\mathrm{d}\sigma=4\iint\limits_{D_1}xy\mathrm{d}\sigma=4\int_0^{\frac{\pi}{2}}\cos\theta\sin\theta\mathrm{d}\theta\int_0^a r^3\mathrm{d}r=4\cdot\left[\frac{\sin^2\theta}{2}\right]_0^{\frac{\pi}{2}}\cdot\frac{a^4}{4}=\frac{1}{2}a^4.$$

4. 选用适当的坐标计算下列各题:

(1) $\iint\limits_{D}\sqrt{x}\mathrm{d}\sigma$,其中 D 为 $x^2+y^2\leqslant x$;

(2) $\iint\limits_{D}\frac{x^2}{y^2}\mathrm{d}\sigma$,其中 D 由 $x=2,y=x$ 及 $xy=1$ 所围成的区域.

解 (1)根据 D 的形状,选用极坐标系. $D=\left\{(r,\theta)|0\leqslant r\leqslant\cos\theta,-\frac{\pi}{2}\leqslant\theta\leqslant\frac{\pi}{2}\right\}$,故

$$\iint\limits_{D}\sqrt{x}\mathrm{d}\sigma=\int_{-\frac{\pi}{2}}^{\frac{\pi}{2}}\sqrt{\cos\theta}\mathrm{d}\theta\int_0^{\cos\theta}\sqrt{r}\cdot r\mathrm{d}r=\int_{-\frac{\pi}{2}}^{\frac{\pi}{2}}\sqrt{\cos\theta}\cdot\frac{2}{5}\cdot[r^{\frac{5}{2}}]_0^{\cos\theta}\mathrm{d}\theta$$

$$=\frac{2}{5}\int_{-\frac{\pi}{2}}^{\frac{\pi}{2}}\cos^3\theta\mathrm{d}\theta=\frac{4}{5}\int_0^{\frac{\pi}{2}}\cos^3\theta\mathrm{d}\theta=\frac{8}{15};$$

注:在积分计算中经常会用到如下公式

$$\int_0^{\frac{\pi}{2}}\sin^n\theta\mathrm{d}\theta=\int_0^{\frac{\pi}{2}}\cos^n\theta\mathrm{d}\theta=\begin{cases}\dfrac{n-1}{n}\cdot\dfrac{n-3}{n-2}\cdot\cdots\cdot\dfrac{3}{4}\cdot\dfrac{1}{2}\cdot\dfrac{\pi}{2},n\text{ 为正偶数,}\\[2mm]\dfrac{n-1}{n}\cdot\dfrac{n-3}{n-2}\cdot\cdots\cdot\dfrac{4}{5}\cdot\dfrac{2}{3},\quad n\text{ 为大于 1 的正奇数.}\end{cases}$$

(2)根据 D 的形状,选用直角坐标较宜. $D=\left\{(x,y)|\frac{1}{x}\leqslant y\leqslant x,1\leqslant x\leqslant 2\right\}$,故

$$\iint\limits_{D}\frac{x^2}{y^2}\mathrm{d}\sigma=\int_1^2\mathrm{d}x\int_{\frac{1}{x}}^x\frac{x^2}{y^2}\mathrm{d}y=\int_1^2(-x+x^3)\mathrm{d}x=\frac{9}{4}.$$

5. 计算由平面 $x+y+z=2$ 及三个坐标平面所围成立体的体积.

解 此立体为一曲顶柱体,它的底是 xOy 面上的闭区域 $D=\{(x,y)|0\leqslant y\leqslant 2-x,0\leqslant x\leqslant 2\}$,顶是曲面 $z=2-x-y$,因此所求立体的体积

$$V=\iint\limits_{D}(2-x-y)\mathrm{d}x\mathrm{d}y=\int_0^2\mathrm{d}x\int_0^{2-x}(2-x-y)\mathrm{d}y$$

$$=\int_0^2\frac{1}{2}(2-x)^2\mathrm{d}x=-\frac{1}{6}[(2-x)^3]_0^2=\frac{4}{3}.$$

6. 求由曲面 $z=1-x^2-y^2$ 与 $z=0$ 所围成立体的体积.

解 此立体为一曲顶柱体,它的底是 xOy 面上的闭区域

$$D=\{(x,y) \mid x^2+y^2\leqslant 1\}=\{(r,\theta) \mid 0\leqslant r\leqslant 1, 0\leqslant\theta\leqslant 2\pi\},$$

顶是曲面 $z=1-x^2-y^2$,因此所求立体的体积

$$V=\iint_D(1-x^2-y^2)\mathrm{d}x\mathrm{d}y=\int_0^{2\pi}\mathrm{d}\theta\int_0^1(1-r^2)\cdot r\mathrm{d}r=2\pi\cdot\left(\frac{1}{2}-\frac{1}{4}\right)=\frac{1}{2}\pi.$$

7. 求由平面 $x=0$、$y=0$、$x+y=1$ 所围成的柱体被平面 $z=0$,及抛物面 $x^2+y^2=6-z$ 截得的立体的体积.

解 此立体为一曲顶柱体,它的底是 xOy 面上的闭区域 $D=\{(x,y)|0\leqslant y\leqslant 1-x, 0\leqslant x\leqslant 1\}$,顶是曲面 $z=6-(x^2+y^2)$,故所求立体的体积

$$V=\iint_D[6-(x^2+y^2)]\mathrm{d}x\mathrm{d}y=\int_0^1\mathrm{d}x\int_0^{1-x}(6-x^2-y^2)\mathrm{d}y$$

$$=\int_0^1\left[6(1-x)-x^2+x^3-\frac{1}{3}(1-x)^3\right]\mathrm{d}x=\frac{17}{6}.$$

8. 设一薄板在平面 xOy 内占有有界闭区域 D,为 $x^2+y^2=1$ 所围第一象限部分,其面密度为连续函数 $\rho=x^2$,求此薄板的质量.

解 闭区域 $D=\left\{(r,\theta)|0\leqslant r\leqslant 1, 0\leqslant\theta\leqslant\frac{\pi}{2}\right\}$,薄板的质量

$$m=\iint_D\rho\mathrm{d}\sigma=\int_0^{\frac{\pi}{2}}\mathrm{d}\theta\int_0^1 r^2\cos^2\theta\cdot r\mathrm{d}r=\int_0^{\frac{\pi}{2}}\cos^2\theta\mathrm{d}\theta\int_0^1 r^3\mathrm{d}r=\frac{\pi}{4}\cdot\frac{1}{4}=\frac{\pi}{16}.$$

9. 设均匀平面薄板所占的闭区域 D 是由 $y^2=4x+4$,$y^2=-2x+4$ 所围成,求该薄片的质量.

解 设均匀平面薄板的面密度为常数 ρ,曲线 $y^2=4x+4$ 与 $y^2=-2x+4$ 的交点坐标为 $(0,2)$ 和 $(0,-2)$,闭区域 $D=\left\{(x,y) \Big| \frac{1}{4}(y^2-4)\leqslant x\leqslant\frac{1}{2}(4-y^2), -2\leqslant y\leqslant 2\right\}$,该薄片的质量为

$$m=\iint_D\rho\mathrm{d}\sigma=\rho\int_{-2}^2\mathrm{d}y\int_{\frac{1}{4}(y^2-4)}^{\frac{1}{2}(4-y^2)}\mathrm{d}x=\rho\int_{-2}^2\left(3-\frac{3}{4}y^2\right)\mathrm{d}y=8\rho.$$

习题 10—4

1. 化三重积分 $I=\iiint_\Omega f(x,y,z)\mathrm{d}v$ 为三次积分,其中积分区域 Ω 分别是:

(1) 由圆锥面 $z=x^2+y^2$ 及旋转抛物面 $z=x^2+y^2$ 所围成的区域;

(2) 由旋转抛物面 $z=\sqrt{x^2+y^2}$ 及抛物柱面 $y=x^2$、$y=1$、$z=0$ 所围成的区域;

(3) 由 $z=x^2+y^2$、$x^2+y^2=1$、$z=0$ 所围成;

(4) 由圆锥面 $z=\sqrt{x^2+y^2}$ 及平面 $z=1$ 所围成的区域.

解 (1) 由 $z^2=x^2+y^2$ 和 $z=x^2+y^2$ 消去 z 得 $x^2+y^2=1$,所以 Ω 在 xOy 面上的投影区域为 $x^2+y^2\leqslant 1$,Ω 可用不等式表示为

$$x^2+y^2\leqslant z\leqslant \sqrt{x^2+y^2}, \quad -\sqrt{1-x^2}\leqslant y\leqslant \sqrt{1-x^2}, \quad -1\leqslant x\leqslant 1,$$

因此 $$I=\int_{-1}^{1}dx\int_{-\sqrt{1-x^2}}^{\sqrt{1-x^2}}dy\int_{x^2+y^2}^{\sqrt{x^2+y^2}}f(x,y,z)dz;$$

(2) Ω 在 xOy 面上的投影区域为 $x^2\leqslant y\leqslant 1$,$-1\leqslant x\leqslant 1$,$\Omega$ 可用不等式表示为

$$0\leqslant z\leqslant x^2+y^2, \quad x^2\leqslant y\leqslant 1, \quad -1\leqslant x\leqslant 1,$$

因此 $$I=\int_{-1}^{1}dx\int_{x^2}^{1}dy\int_{0}^{x^2+y^2}f(x,y,z)dz;$$

(3) 由 $\begin{cases}z=x^2+y^2,\\ x^2+y^2=1\end{cases}$ 消去 z,得 $x^2+y^2=1$,故 Ω 在 xOy 面上的投影区域为 $x^2+y^2\leqslant 1$,于是 Ω 可用不等式表示为

$$0\leqslant z\leqslant x^2+y^2, \quad -\sqrt{1-x^2}\leqslant y\leqslant \sqrt{1-x^2}, \quad -1\leqslant x\leqslant 1,$$

因此 $$I=\int_{-1}^{1}dx\int_{-\sqrt{1-x^2}}^{\sqrt{1-x^2}}dy\int_{0}^{x^2+y^2}f(x,y,z)dz;$$

(4) 由 $\begin{cases}z=\sqrt{x^2+y^2},\\ z=1\end{cases}$ 消去 z,得 $x^2+y^2=1$,故 Ω 在 xOy 面上的投影区域为 $x^2+y^2\leqslant 1$,于是 Ω 可用不等式表示为

$$\sqrt{x^2+y^2}\leqslant z\leqslant 1, \quad -\sqrt{1-x^2}\leqslant y\leqslant \sqrt{1-x^2}, \quad -1\leqslant x\leqslant 1,$$

因此 $$I=\int_{-1}^{1}dx\int_{-\sqrt{1-x^2}}^{\sqrt{1-x^2}}dy\int_{\sqrt{x^2+y^2}}^{1}f(x,y,z)dz.$$

2. 设有一物体,占有空间闭区域 $\Omega:0\leqslant x\leqslant 2, 0\leqslant y\leqslant 2, 0\leqslant z\leqslant 2$,在点 (x,y,z) 处的密度为 $\mu(x,y,z)=x+y+z$,计算该物体的质量.

解 该物体的质量为

$$m=\iiint_{\Omega}\mu dxdydz=\int_{0}^{2}dx\int_{0}^{2}dy\int_{0}^{2}(x+y+z)dz$$

$$=\int_{0}^{2}dx\int_{0}^{2}[2(x+2)+2]dy=4\int_{0}^{2}(x+2)dx=24.$$

3. 计算 $\iiint_{\Omega}zdv$,其中 Ω 为由圆锥面 $z=\sqrt{x^2+y^2}$ 及平面 $z=1$ 所围成的区域.

解 由 $z=\sqrt{x^2+y^2}$ 与 $z=1$ 消去 z,得 $x^2+y^2=1$,故 Ω 在 xOy 面上的投影区域 $D_{xy}=\{(x,y)|x^2+y^2\leqslant 1\}$. 在柱面坐标系下 Ω 可用不等式 $0\leqslant\theta\leqslant 2\pi, 0\leqslant r\leqslant 1, r\leqslant z\leqslant 1$ 表示,于是

$$\iiint_{\Omega}zdv=\iiint_{\Omega}zrd\theta drdz=\int_{0}^{2\pi}d\theta\int_{0}^{1}rdr\int_{r}^{1}zdz=\frac{1}{2}\int_{0}^{2\pi}d\theta\int_{0}^{1}r(1-r^2)dr$$

$$=\frac{1}{2}\cdot 2\pi\cdot\left(\frac{1}{2}-\frac{1}{4}\right)=\frac{\pi}{4}.$$

4. 应用三重积分计算由平面 $x=0$、$y=0$、$z=2$ 及 $z=x+y$ 所围成的四面体的体积.

解 所围成的四面体在 xOy 面上的投影区域为 $D_{xy}=\{(x,y)\,|\,0\leqslant x\leqslant 2,0\leqslant y\leqslant 2-x\}$. 在直角坐标系下用 $\Omega=\{(x,y,z)\,|\,x+y\leqslant z\leqslant 2,0\leqslant y\leqslant 2-x,0\leqslant x\leqslant 2\}$,故

$$V=\iiint\limits_{\Omega}\mathrm{d}v=\int_0^2\mathrm{d}x\int_0^{2-x}\mathrm{d}y\int_{x+y}^2\mathrm{d}z=\int_0^2\mathrm{d}x\int_0^{2-x}(2-x-y)\mathrm{d}y=\frac{1}{2}\int_0^2(2-x)^2\mathrm{d}x=\frac{4}{3}.$$

5. 计算 $\iiint\limits_{\Omega}z\mathrm{d}v$,其中 Ω 由曲面 $z=x^2+y^2$、$z=1$ 及 $z=2$ 所围成的区域.

解 用过点 $(0,0,z)$,平行于 xOy 面的平面截 Ω 得平面区域 D_z,其半径为 $\sqrt{x^2+y^2}=\sqrt{z}$,面积为 πz. $\Omega=\{(x,y,z)\,|\,(x,y)\in D_z,1\leqslant z\leqslant 2\}$,于是

$$\iiint\limits_{\Omega}z\mathrm{d}x\mathrm{d}y\mathrm{d}z=\int_1^2 z\mathrm{d}z\iint\limits_{D_z}\mathrm{d}x\mathrm{d}y=\int_1^2 z\cdot\pi\cdot z\mathrm{d}z=\frac{7}{3}\pi.$$

6. 在柱面坐标系下将三重积分 $\iiint\limits_{\Omega}f(x,y,z)\mathrm{d}v$ 化为三次积分,其中:

(1) Ω 是由曲面 $x^2+y^2=2z$ 及 $z=4$ 所围成;

(2) Ω 是由曲面 $z=\sqrt{2-x^2-y^2}$ 及 $z=x^2+y^2$ 所围成;

(3) Ω 是由 $z=x^2+y^2$、$x^2+y^2=1$、$z=0$ 所围成;

(4) Ω 是由圆柱面 $x^2+y^2=1$ 及平面 $x=0$、$y=0$、$z=0$、$z=1$ 所围成的区域在第一象限内的部分.

解 (1)由 $x^2+y^2=2z$ 和 $z=4$ 消去 z,得 $x^2+y^2=8$,从而知 Ω 在 xOy 面上的投影区域为 $D_{xy}=\{(x,y)\,|\,x^2+y^2\leqslant 8\}$,利用柱面坐标,$\Omega$ 可表示为 $\frac{r^2}{2}\leqslant z\leqslant 4,0\leqslant r\leqslant 2\sqrt{2},0\leqslant\theta\leqslant 2\pi$,于是

$$\iiint\limits_{\Omega}f(x,y,z)\mathrm{d}v=\int_0^{2\pi}\mathrm{d}\theta\int_0^{2\sqrt{2}}r\mathrm{d}r\int_{\frac{r^2}{2}}^4 f(r\cos\theta,r\sin\theta,z)\mathrm{d}z;$$

(2)由 $z=\sqrt{2-x^2-y^2}$ 和 $z=x^2+y^2$ 消去 z,得 $x^2+y^2=1$,从而知 Ω 在 xOy 面上的投影区域为 $D_{xy}=\{(x,y)\,|\,x^2+y^2\leqslant 1\}$. 利用柱面坐标,$\Omega$ 可表示为 $r^2\leqslant z\leqslant\sqrt{2-r^2},0\leqslant r\leqslant 1,0\leqslant\theta\leqslant 2\pi$,于是

$$\iiint\limits_{\Omega}f(x,y,z)\mathrm{d}v=\int_0^{2\pi}\mathrm{d}\theta\int_0^1 r\mathrm{d}r\int_{r^2}^{\sqrt{2-r^2}}f(r\cos\theta,r\sin\theta,z)\mathrm{d}z;$$

(3)Ω 在 xOy 面上的投影区域为 $D_{xy}=\{(x,y)\,|\,x^2+y^2\leqslant 1\}$,利用柱面坐标,$\Omega$ 可表示为 $0\leqslant z\leqslant r^2,0\leqslant r\leqslant 1,0\leqslant\theta\leqslant 2\pi$,于是

$$\iiint\limits_{\Omega}f(x,y,z)\mathrm{d}v=\int_0^{2\pi}\mathrm{d}\theta\int_0^1 r\mathrm{d}r\int_0^{r^2}f(r\cos\theta,r\sin\theta,z)\mathrm{d}z;$$

(4)Ω 在 xOy 面上的投影区域为 $D_{xy}=\{(x,y)\,|\,0\leqslant y\leqslant\sqrt{1-x^2},0\leqslant x\leqslant 1\}$,利用柱面坐标,$\Omega$ 可表示为 $0\leqslant z\leqslant 1,0\leqslant r\leqslant 1,0\leqslant\theta\leqslant\frac{\pi}{2}$,于是

$$\iiint\limits_{\Omega}f(x,y,z)\mathrm{d}v=\int_0^{\frac{\pi}{2}}\mathrm{d}\theta\int_0^1 r\mathrm{d}r\int_0^1 f(r\cos\theta,r\sin\theta,z)\mathrm{d}z.$$

7. 利用柱面坐标计算下列三重积分：

(1) $\iiint\limits_{\Omega}(x^2+y^2+z^2)dv$，其中 Ω 是由曲线 $\begin{cases} y^2=2z \\ x=0 \end{cases}$ 绕 z 轴旋转一周而成的曲面与 $z=4$ 所围成的立体；

(2) $\iiint\limits_{\Omega}(x^2+y^2)dv$，其中 Ω 是曲面 $4z^2=25(x^2+y^2)$ 及平面 $z=5$ 所围成的区域．

解 (1) 由曲线 $\begin{cases} y^2=2z, \\ x=0 \end{cases}$ 绕 z 轴旋转一周而成的曲面为 $x^2+y^2=2z$，由 $x^2+y^2=2z$ 及 $z=4$ 消去 z 得 $x^2+y^2=8$，从而知 Ω 在 xOy 面上的投影区域为 $D_{xy}=\{(x,y) \mid x^2+y^2 \leqslant 8\}$，利用柱面坐标，$\Omega$ 可表示为 $\frac{r^2}{2} \leqslant z \leqslant 4, 0 \leqslant r \leqslant 2\sqrt{2}, 0 \leqslant \theta \leqslant 2\pi$，于是

$$\iiint\limits_{\Omega}(x^2+y^2+z^2)dv = \iiint\limits_{\Omega}(r^2+z^2) \cdot r dr d\theta dz = \int_0^{2\pi}d\theta \int_0^{2\sqrt{2}} rdr \int_{\frac{r^2}{2}}^{4}(r^2+z^2)dz$$

$$= \int_0^{2\pi}d\theta \int_0^{2\sqrt{2}}\left(4r^3-\frac{1}{2}r^5+\frac{64}{3}r-\frac{1}{24}r^7\right)dr = \frac{512}{3}\pi;$$

(2) 由 $4z^2=25(x^2+y^2)$ 及 $z=5$ 消去 z 得 $x^2+y^2=4$，从而知 Ω 在 xOy 面上的投影区域为 $D_{xy}=\{(x,y) \mid x^2+y^2 \leqslant 4\}$，利用柱面坐标，$\Omega$ 可表示为 $\frac{5}{2}r \leqslant z \leqslant 5, 0 \leqslant r \leqslant 2, 0 \leqslant \theta \leqslant 2\pi$，于是

$$\iiint\limits_{\Omega}(x^2+y^2)dv = \int_0^{2\pi}d\theta \int_0^{2} r^3 \int_{\frac{5}{2}r}^{5} dz = \int_0^{2\pi}d\theta \int_0^{2}\left(\frac{5}{4}r^4-\frac{1}{2}r^5\right)dr = 8\pi.$$

*8. 在球面坐标系下将三重积分 $\iiint\limits_{\Omega}f(x,y,z)dv$ 化为三次积分，其中：

(1) Ω 为球体 $x^2+y^2+z^2 \leqslant 2Rz, R>0$；

(2) Ω 是由曲面 $z=\sqrt{x^2+y^2}$ 及平面 $z=1$ 所围成；

(3) Ω 是由 $z=x^2+y^2$、$x^2+y^2=1$、$z=0$ 所围成．

解 (1) 球面 $x^2+y^2+z^2=2Rz$ 的球面坐标方程为 $r=2R\cos\varphi$，故

$$\Omega = \left\{(r,\varphi,\theta) \mid 0 \leqslant r \leqslant 2R\cos\varphi, 0 \leqslant \varphi \leqslant \frac{\pi}{2}, 0 \leqslant \theta \leqslant 2\pi\right\},$$

于是 $\iiint\limits_{\Omega}f(x,y,z)dv = \int_0^{2\pi}d\theta \int_0^{\frac{\pi}{2}}\sin\varphi d\varphi \int_0^{2R\cos\varphi} f(r\sin\varphi\cos\theta, r\sin\varphi\sin\theta, r\cos\varphi)r^2 dr;$

(2) 曲面 $z=\sqrt{x^2+y^2}$ 及平面 $z=1$ 的球面坐标方程分别为 $\varphi=\frac{\pi}{4}$ 和 $r=\frac{1}{\cos\varphi}$，故

$$\Omega = \left\{(r,\varphi,\theta) \mid 0 \leqslant r \leqslant \frac{1}{\cos\varphi}, 0 \leqslant \varphi \leqslant \frac{\pi}{4}, 0 \leqslant \theta \leqslant 2\pi\right\},$$

于是 $\iiint\limits_{\Omega}f(x,y,z)dv = \int_0^{2\pi}d\theta \int_0^{\frac{\pi}{4}}d\varphi \int_0^{\frac{1}{\cos\varphi}} f(r\sin\varphi\cos\theta, r\sin\varphi\cos\theta, r\cos\varphi)r^2\sin\varphi dr;$

(3) 曲面 $z=x^2+y^2$ 和圆柱面 $x^2+y^2=1$ 的球面坐标方程分别为 $r=\frac{\cos\varphi}{\sin^2\varphi}$ 和 $r=\frac{1}{\sin\varphi}$，故

$$\Omega = \left\{(r,\varphi,\theta) \mid \frac{\cos\varphi}{\sin^2\varphi} \leqslant r \leqslant \frac{1}{\sin\varphi}, \frac{\pi}{4} \leqslant \varphi \leqslant \frac{\pi}{2}, 0 \leqslant \theta \leqslant 2\pi\right\},$$

于是 $\iiint\limits_{\Omega}f(x,y,z)dv = \int_0^{2\pi}d\theta \int_{\frac{\pi}{4}}^{\frac{\pi}{2}}\sin\varphi d\varphi \int_{\frac{\cos\varphi}{\sin^2\varphi}}^{\frac{1}{\sin\varphi}} f(r\sin\varphi\sin\theta, r\sin\varphi\cos\theta, r\cos\varphi)r^2 dr.$

9. 利用球面坐标计算下列三重积分:

(1) $\iiint\limits_{\Omega}(x+z)\mathrm{d}x\mathrm{d}y\mathrm{d}z$,其中 Ω 是由曲面 $z=\sqrt{x^2+y^2}$ 及 $z=\sqrt{1-x^2-y^2}$ 所围成的区域;

(2) $\iiint\limits_{\Omega}(x^2+y^2+z^2)\mathrm{d}v$,其中 Ω 由球面 $x^2+y^2+z^2=1$ 所围成的区域.

解 (1) 在球面坐标系中,曲面 $z=\sqrt{x^2+y^2}$ 及 $z=\sqrt{1-x^2-y^2}$ 的方程分别为 $\varphi=\dfrac{\pi}{4}$ 和 $r=1$,故 $\Omega=\left\{(r,\varphi,\theta)\,|\,0\leqslant r\leqslant 1, 0\leqslant\varphi\leqslant\dfrac{\pi}{4}, 0\leqslant\theta\leqslant 2\pi\right\}$,于是

$$\iiint\limits_{\Omega}(x+z)\mathrm{d}x\mathrm{d}y\mathrm{d}z=\int_0^{2\pi}\mathrm{d}\theta\int_0^{\frac{\pi}{4}}\sin\varphi\mathrm{d}\varphi\int_0^1(r\sin\varphi\cos\theta+r\cos\varphi)r^2\mathrm{d}r$$

$$=\frac{1}{4}\int_0^{2\pi}\mathrm{d}\theta\int_0^{\frac{\pi}{4}}(\sin^2\varphi\cos\theta+\cos\varphi\sin\varphi)\mathrm{d}\varphi=\frac{1}{4}\times\frac{\pi}{2}=\frac{\pi}{8}.$$

(2) $\iiint\limits_{\Omega}(x^2+y^2+z^2)\mathrm{d}v=\iiint\limits_{\Omega}r^2\cdot r^2\sin\varphi\mathrm{d}r\mathrm{d}\varphi\mathrm{d}\theta=\int_0^{2\pi}\mathrm{d}\theta\int_0^{\pi}\sin\varphi\mathrm{d}\varphi\int_0^1 r^4\mathrm{d}r$

$$=2\pi[-\cos\varphi]_0^{\pi}\left[\frac{r^5}{5}\right]_0^1=\frac{4}{5}\pi.$$

10. 适当选取坐标系,计算下列积分:

(1) $\iiint\limits_{\Omega}(x^2+y^2)\mathrm{d}v$,其中 Ω 由锥面 $x^2+y^2=z^2$ 与 $z=a(a>0)$ 围成;

*(2) $\iiint\limits_{\Omega}x^2 z\mathrm{d}v$,其中 Ω 是球面 $x^2+y^2+z^2=2$ 及圆锥面 $z=\sqrt{x^2+y^2}$ 所围成(含 z 轴部分);

*(3) $\iiint\limits_{\Omega}\sqrt{x^2+y^2+z^2}\,\mathrm{d}v$,$\Omega$ 是由 $x^2+y^2+z^2\leqslant 2z$ 及 $z^2\geqslant x^2+y^2$ 所确定的立体区域;

*(4) $\iiint\limits_{\Omega}(x^2+y^2+z^2)\mathrm{d}v$,$\Omega$ 是由 $a^2\leqslant x^2+y^2+z^2\leqslant b^2, z\geqslant 0(0<a<b)$ 所确定.

解 (1) 利用柱面坐标计算,Ω 可表示为 $r\leqslant z\leqslant a, 0\leqslant r\leqslant a, 0\leqslant\theta\leqslant 2\pi$,于是

$$\iiint\limits_{\Omega}(x^2+y^2)\mathrm{d}v=\iiint\limits_{\Omega}r^2\cdot r\mathrm{d}r\mathrm{d}\theta\mathrm{d}z=\int_0^{2\pi}\mathrm{d}\theta\int_0^a r^3\mathrm{d}r\int_r^a\mathrm{d}z$$

$$=\int_0^{2\pi}\mathrm{d}\theta\int_0^a r^3(a-r)\mathrm{d}r=2\pi\cdot\left(\frac{a^5}{4}-\frac{a^5}{5}\right)=\frac{\pi}{10}a^5.$$

*(2) 在球面坐标系中,球面 $x^2+y^2+z^2=2$ 的方程为 $r=\sqrt{2}$,圆锥面 $z=\sqrt{x^2+y^2}$ 的方程为 $\varphi=\dfrac{\pi}{4}$,Ω 可表示为 $0\leqslant r\leqslant\sqrt{2}, 0\leqslant\varphi\leqslant\dfrac{\pi}{4}, 0\leqslant\theta\leqslant 2\pi$,于是

$$\iiint\limits_{\Omega}x^2 z\mathrm{d}v=\iiint\limits_{\Omega}r^5\sin^3\varphi\cos\varphi\cos^2\theta\mathrm{d}r\mathrm{d}\varphi\mathrm{d}\theta=\int_0^{2\pi}\cos^2\theta\mathrm{d}\theta\int_0^{\frac{\pi}{4}}\sin^3\varphi\cos\varphi\mathrm{d}\varphi\int_0^{\sqrt{2}}r^5\mathrm{d}r$$

$$=\left[\frac{1+\cos 2\theta}{2}\right]_0^{2\pi}\cdot\left[\frac{\sin^4\varphi}{4}\right]_0^{\frac{\pi}{4}}\cdot\left[\frac{r^6}{6}\right]_0^{\sqrt{2}}=\pi\cdot\frac{1}{16}\cdot\frac{4}{3}=\frac{1}{12}\pi.$$

*(3) 在球面坐标系中,球面 $x^2+y^2+z^2=2z$ 的方程为 $r=2\cos\varphi$, $z^2=x^2+y^2$ 的方程为 $\varphi=\dfrac{\pi}{4}$,

Ω 可表示为 $0 \leqslant r \leqslant 2\cos\varphi, 0 \leqslant \varphi \leqslant \dfrac{\pi}{4}, 0 \leqslant \theta \leqslant 2\pi$，于是

$$\iiint\limits_{\Omega} \sqrt{x^2+y^2+z^2}\, dv = \iiint\limits_{\Omega} r^3 \sin\varphi\, dr d\varphi d\theta = \int_0^{2\pi} d\theta \int_0^{\frac{\pi}{4}} \sin\varphi\, d\varphi \int_0^{2\cos\varphi} r^3\, dr$$

$$= 4\int_0^{2\pi} d\theta \int_0^{\frac{\pi}{4}} \cos^4\varphi \sin\varphi\, d\varphi = \frac{8}{5}\pi\left[1-\left(\frac{\sqrt{2}}{2}\right)^5\right].$$

*(4) 在球面坐标系下，Ω 可表示为 $a \leqslant r \leqslant b, 0 \leqslant \varphi \leqslant \dfrac{\pi}{2}, 0 \leqslant \theta \leqslant 2\pi$，于是

$$\iiint\limits_{\Omega} (x^2+y^2+z^2)\, dv = \iiint\limits_{\Omega} r^4 \sin\varphi\, dr d\varphi d\theta = \int_0^{2\pi} d\theta \int_0^{\frac{\pi}{2}} \sin\varphi\, d\varphi \int_a^b r^4\, dr$$

$$= 2\pi \cdot 1 \cdot \frac{b^5-a^5}{5} = \frac{2\pi}{5}(b^5-a^5).$$

习题 10-5

1. 有一半径为 1 的半圆形平面薄板占有闭区域 $D=\{(x,y)\mid 0 \leqslant y \leqslant \sqrt{1-x^2}\}$，其上各点处的面密度等于该点到圆心的距离，试求此半圆形薄板的重心坐标.

解 按题设，面密度 $\mu(x,y) = \sqrt{x^2+y^2}$，由对称性知其质心位于 y 轴上，即有 $\bar{x}=0$.

$$M = \iint\limits_{D} \sqrt{x^2+y^2}\, dx dy = \int_0^{\pi} d\theta \int_0^1 r^2\, dr = \frac{\pi}{3};$$

$$M_x = \iint\limits_{D} y\sqrt{x^2+y^2}\, dx dy = \int_0^{\pi} \sin\theta\, d\theta \int_0^1 r^3\, dr = 2 \times \frac{1}{4} = \frac{1}{2};$$

因此 $\bar{y} = \dfrac{M}{M_x} = \dfrac{3}{2\pi}$，所求质心为 $\left(0, \dfrac{3}{2\pi}\right)$.

2. 求由旋转抛物面 $z=6-x^2-y^2$，平面 $x=0$、$y=0$、$z=0$、$x=1$ 及 $y=x$ 所围成的立体的重心坐标 $\bar{x}$ 及其对 z 轴的转动惯量（设体密度 $\rho=1$）.

解 (1) 立体的质量为

$$m = \iiint\limits_{\Omega} dv = \int_0^1 dx \int_0^x dy \int_0^{6-x^2-y^2} dz = \int_0^1 dx \int_0^x (6-x^2-y^2)\, dy = \int_0^1 \left(6x-\frac{4}{3}x^3\right) dx = \frac{8}{3},$$

$$\iiint\limits_{\Omega} x\, dv = \int_0^1 x\, dx \int_0^x dy \int_0^{6-x^2-y^2} dz = \int_0^1 x\, dx \int_0^x (6-x^2-y^2)\varphi dy$$

$$= \int_0^1 \left(6x^2 - \frac{4}{3}x^4\right) dx = 2 - \frac{4}{15} = \frac{26}{15}.$$

因此

$$\bar{x} = \frac{\iiint\limits_{\Omega} x\, dv}{m} = \frac{13}{20}.$$

(2)物体对 z 轴的转动惯量为

$$I_z = \iiint\limits_{\Omega}(x^2+y^2)\mathrm{d}v = \int_0^1 \mathrm{d}x \int_0^x \mathrm{d}y \int_0^{6-x^2-y^2}(x^2+y^2)\mathrm{d}z$$

$$= \int_0^1 \mathrm{d}x \int_0^x (x^2+y^2)(6-x^2-y^2)\mathrm{d}y = \int_0^1 \mathrm{d}x \int_0^x (6x^2+6y^2-x^4-y^4-2x^2y^2)\mathrm{d}y$$

$$= \int_0^1 \left(8x^3 - \frac{28}{15}x^5\right)\mathrm{d}x = 8 \cdot \frac{1}{4} - \frac{28}{15} \cdot \frac{1}{6} = \frac{76}{45}.$$

3. 求由 $x^2+y^2 \leqslant a^2 (a>0), y \geqslant 0$ 所确定的均匀平面薄片密度为以常数对于 x 轴的转动惯量.

解 薄片所占闭区域 $D=\{(x,y)|x^2+y^2 \leqslant a^2, y \geqslant 0\}$,此薄片对 x 轴的转动惯量

$$I_x = \iint\limits_{D} \rho y^2 \mathrm{d}\sigma = \rho \iint\limits_{D} r^3 \sin^3\theta \mathrm{d}r\mathrm{d}\theta = \rho \int_0^\pi \sin^3\theta \mathrm{d}\theta \int_0^a r^3 \mathrm{d}r = \frac{\pi}{8}\rho a^4.$$

4. 设一薄板以心形线 $r=a(1+\cos\theta)$ 为边界,其面密度为 1,求此薄板对于原点的转动惯量.

解 $D=\{(r,\theta)|0 \leqslant r \leqslant a(1+\cos\theta), 0 \leqslant \theta \leqslant 2\pi\}$,

$$I_0 = \iint\limits_{D}(x^2+y^2)\mathrm{d}\sigma = \int_0^{2\pi}\mathrm{d}\theta \int_0^{a(1+\cos\theta)} r^3 \mathrm{d}r = \frac{1}{4}\int_0^{2\pi} a^4(1+\cos\theta)^4 \mathrm{d}\theta = \frac{35}{16}\pi a^4.$$

5. 设一薄板 D 由曲线 $y=x^2$、$x=1$、$y=0$ 围成,其面密度为 $\rho=xy$,求薄板对 x 轴、y 轴及原点的转动惯量 I_x、I_y、I_O.

解 $D=\{(x,y)|0 \leqslant x \leqslant 1, 0 \leqslant y \leqslant x^2\}$,

$$I_x = \iint\limits_{D}\rho y^2 \mathrm{d}\sigma = \int_0^1 x\mathrm{d}x \int_0^{x^2} y^3 \mathrm{d}y = \frac{1}{4}\int_0^1 x^9 \mathrm{d}x = \frac{1}{40},$$

$$I_y = \iint\limits_{D}\rho x^2 \mathrm{d}\sigma = \int_0^1 x^3 \mathrm{d}x \int_0^{x^2} y\mathrm{d}y = \frac{1}{2}\int_0^1 x^7 \mathrm{d}x = \frac{1}{16},$$

$$I_O = \iint\limits_{D}\rho(x^2+y^2)\mathrm{d}\sigma = I_x + I_y = \frac{7}{80}.$$

6. 一均匀物体(密度 ρ 为常量)占有闭区域 Ω,由曲面 $z=x^2+y^2$ 和平面 $z=0, |x|=a, |y|=a$ 所围成.

(1)求物体的体积;

(2)求物体的重心;

(3)求物体关于 z 轴的转动惯量.

解 (1)由 Ω 的对称性可知

$$V = 4\int_0^a \mathrm{d}x \int_0^a \mathrm{d}y \int_0^{x^2+y^2} \mathrm{d}z = 4\int_0^a \mathrm{d}x \int_0^a (x^2+y^2)\mathrm{d}y = 4\int_0^a \left(ax^2 + \frac{a^3}{3}\right)\mathrm{d}x = \frac{8}{3}a^4;$$

(2)由对称性可知,质心位于 z 轴上,故 $\bar{x}=\bar{y}=0$,

$$\bar{z} = \frac{1}{M}\iiint\limits_{\Omega}\rho z\mathrm{d}v \xrightarrow{\text{对称性}} \frac{4}{V}\int_0^a \mathrm{d}x \int_0^a \mathrm{d}y \int_0^{x^2+y^2} z\mathrm{d}z$$

$$= \frac{4}{V}\int_0^a dx \int_0^a \frac{1}{2}(x^4+2x^2y^2+y^4)dy = \frac{2}{V}\int_0^a \left(ax^4+\frac{2}{3}a^2x^2+\frac{1}{5}a^5\right)dx = \frac{7}{15}a^2;$$

(3) $I_z = \iiint\limits_\Omega \rho(x^2+y^2)dv \xrightarrow{\text{对称性}} 4\rho\int_0^a dx \int_0^a dy \int_0^{x^2+y^2}(x^2+y^2)dz$

$$= 4\rho\int_0^a dx\int_0^a(x^4+2x^2y^2+y^4)dy = \frac{112}{45}\rho a^6.$$

7. 用二重积分计算下列曲线所围成图形面积:

(1) $y=\sqrt{x}, y=2\sqrt{x}, x=4$；　　　　(2) $x=1, x=2,$ 及 $xy=1, xy=2.$

解　(1) 曲线所围成的闭区域 $D=\{(x,y)|\sqrt{x}\leqslant y\leqslant 2\sqrt{x}, 0\leqslant x\leqslant 4\}$，所求图形面积

$$A = \iint\limits_D d\sigma = \int_0^4 dx\int_{\sqrt{x}}^{2\sqrt{x}}dy = \int_0^4 \sqrt{x}\,dx = \frac{2}{3}\times 4^{\frac{3}{2}} = \frac{16}{3};$$

(2) 曲线所围成的闭区域 $D=\left\{(x,y)\,\Big|\,\dfrac{1}{x}\leqslant y\leqslant \dfrac{2}{x}, 1\leqslant x\leqslant 2\right\}$，所求图形面积

$$A = \iint\limits_D d\sigma = \int_1^2 dx \int_{\frac{1}{x}}^{\frac{2}{x}}dy = \int_1^2 \frac{1}{x}dx = \ln 2.$$

8. 求平面 $3x+2y+z=1$ 被柱面 $2x^2+y^2=1$ 截下部分的面积.

解　平面被柱面截下部分在 xOy 面上的投影区域 $D=\{(x,y\,|\,2x^2+y^2\leqslant 1)\}$.

被截曲面的方程为 $z=1-3x-2y$，$\sqrt{1+\left(\dfrac{\partial z}{\partial x}\right)^2+\left(\dfrac{\partial z}{\partial y}\right)^2} = \sqrt{1+9+4} = \sqrt{14}$，于是所求

曲面的面积为 $A = \iint\limits_D \sqrt{14}\,dxdy = \sqrt{14}\iint\limits_D dxdy = \sqrt{14}\cdot \pi\cdot\dfrac{1}{\sqrt{2}}\cdot 1 = \sqrt{7}\pi.$

9. 用二重积分求曲面 $z=6-x^2-y^2$ 和 $z=\sqrt{x^2+y^2}$，所围成的空间立体的体积.

解　用极坐标计算，由 $z=6-x^2-y^2$ 和 $z=\sqrt{x^2+y^2}$ 消去 z，解得 $\sqrt{x^2+y^2}=2$，即所求立体在 xOy 面上的投影区域 $D=\{(r,\theta)\,|\,0\leqslant r\leqslant 2, 0\leqslant \theta\leqslant 2\pi\}$，于是

$$V = \iint\limits_D (6-x^2-y^2-\sqrt{x^2+y^2})d\sigma = \int_0^{2\pi}d\theta\int_0^2(6-r^2-r)r\,dr$$

$$= 2\pi\left[3r^2-\frac{r^4}{4}-\frac{r^3}{3}\right]_0^2 = \frac{32}{3}\pi.$$

10. 用二重积分求曲面 $az=x^2+y^2(a>0), z=\sqrt{x^2+y^2}$ 所围立体的体积.

解　用极坐标计算. 由 $az=x^2+y^2(a>0)$ 和 $z=\sqrt{x^2+y^2}$ 消去 z，解得 $x^2+y^2=a^2$，即所求立体在 xOy 面上的投影区域 $D=\{(r,\theta)\,|\,0\leqslant r\leqslant a, 0\leqslant\theta\leqslant 2\pi\}$，于是

$$V = \iint\limits_D \left(\sqrt{x^2+y^2}-\frac{x^2+y^2}{a}\right)d\sigma = \int_0^{2\pi}d\theta\int_0^a r\left(r-\frac{1}{a}r^2\right)dr$$

$$= \int_0^{2\pi}d\theta\left[\frac{r^3}{3}-\frac{r^4}{4a}\right]_0^a = 2\pi\cdot\frac{a^3}{12} = \frac{1}{6}\pi a^3.$$

总习题十

1. 填空题.

(1) 二重积分的积分中值定理说的是:若 $f(x,y)$ 在有界闭区域 D 上连续,则存在点 $P(\xi,\eta) \in D$,使 $\iint\limits_{D} f(x,y)\mathrm{d}\sigma = $ _____ ,σ 为 D 的面积.

(2) 设 $D = \{(x,y) \mid 0 \leqslant x \leqslant y, 0 \leqslant y \leqslant 1\}$,则 $\iint\limits_{D} \mathrm{d}x\mathrm{d}y = $ _____ .

(3) 设 D 是平面 xOy 内一薄板所在的有界闭区域,其面密度为连续函数 $\rho = \rho(x,y)$,则此薄板重心 $G(\overline{x},\overline{y})$ 可以用二重积分表示为_____ .

(4) 设 $f(t)$ 为连续函数,则由平面 $z=0$,柱面 $x^2+y^2=1$ 和曲面 $z=[f(xy)]^2$ 所围立体的体积,可用二重积分表示为_____ .

(5) 光滑曲面 $z=f(x,y)$ 在坐标平面 xOy 上的投影域为 D,那么该曲面的面积可以用二重积分表示为_____ .

解 (1) $f(\xi,\eta)\sigma$;   (2) $\dfrac{1}{2}$;

(3) $\overline{x} = \dfrac{1}{m}\iint\limits_{D} \rho x \mathrm{d}x\mathrm{d}y, \overline{y} = \dfrac{1}{m}\iint\limits_{D} \rho y \mathrm{d}x\mathrm{d}y$,其中 $m = \iint\limits_{D} \rho \mathrm{d}x\mathrm{d}y$;

(4) $V = \iint\limits_{x^2+y^2 \leqslant 1} [f(xy)]^2 \mathrm{d}\sigma$;   (5) $A = \iint\limits_{D} \sqrt{1+z_x^2+z_y^2}\,\mathrm{d}x\mathrm{d}y$.

2. 单项选择题.

*(1) $I = \iiint\limits_{\Omega}(x^2+y^2+z^2)\mathrm{d}v$,$\Omega: x^2+y^2+z^2 \leqslant 1$,则 $I=(\ )$.

A. $\iiint\limits_{\Omega} \mathrm{d}v = \Omega$ 体积

B. $\int_0^{2\pi}\mathrm{d}\theta\int_0^{2\pi}\mathrm{d}\varphi\int_0^1 r^4\sin\theta \mathrm{d}r$

C. $\int_0^{2\pi}\mathrm{d}\theta\int_0^{\pi}\mathrm{d}\varphi\int_0^1 r^4\sin\varphi \mathrm{d}r$

D. $\int_0^{2\pi}\mathrm{d}\theta\int_0^{\pi}\mathrm{d}\varphi\int_0^1 r\sin\theta \mathrm{d}r$

(2) 已知 Ω 由 $3x^2+y^2=z, z=1-x^2$ 所围成,则 $\iiint\limits_{\Omega} f(x,y,z)\mathrm{d}v = (\ )$.

A. $2\int_0^{\frac{1}{2}}\mathrm{d}x\int_0^{\sqrt{1-4x^2}}\mathrm{d}y\int_{3x^2+y^2}^{1-x^2} f(x,y,z)\mathrm{d}z$

B. $\int_0^{\frac{1}{2}}\mathrm{d}x\int_0^{\sqrt{1-4x^2}}\mathrm{d}y\int_{3x^2+y^2}^{1-x^2} f(x,y,z)\mathrm{d}z$

C. $\int_{-\frac{1}{2}}^{\frac{1}{2}}\mathrm{d}x\int_{-\sqrt{1-4x^2}}^{\sqrt{1-4x^2}}\mathrm{d}y\int_{3x^2+y^2}^{1-x^2} f(x,y,z)\mathrm{d}z$

D. $\int_{-\frac{1}{2}}^{\frac{1}{2}}\mathrm{d}x\int_{-\sqrt{1-4x^2}}^{\sqrt{1-4x^2}}\mathrm{d}y\int_{1-x^2+y^2}^{3x^2+y^2} f(x,y,z)\mathrm{d}z$

(3) 设空间区域 $\Omega_1: x^2+y^2+z^2 \leqslant R^2, z \geqslant 0$;$\Omega_2: x^2+y^2+z^2 \leqslant R^2, x \geqslant 0, y \geqslant 0, z \geqslant 0$,则 $(\ )$.

A. $\iiint\limits_{\Omega_1} x\mathrm{d}v = 4\iiint\limits_{\Omega_2} x\mathrm{d}v$

B. $\iiint\limits_{\Omega_1} y\mathrm{d}v = 4\iiint\limits_{\Omega_2} y\mathrm{d}v$

C. $\iiint\limits_{\Omega_1} z\mathrm{d}v = 4\iiint\limits_{\Omega_2} z\mathrm{d}v$

D. $\iiint\limits_{\Omega_1} xyz\mathrm{d}v = 4\iiint\limits_{\Omega_2} xyz\mathrm{d}v$

(4) 若 $I_1 = \iint\limits_{D_1} (1+x)\mathrm{d}\sigma$,其中 $D_1 = \{(x,y) \mid |x| \leqslant 1, |y| \leqslant 1\}$,$I_2 = \iint\limits_{D_2} xy\mathrm{d}\sigma$,其中

$D_2 = \{(x,y) \mid x^2 + y^2 \leqslant 1\}$,则 I_1 与 I_2 的值为（ ）.

A. $I_1 < 0, I_2 = 0$ B. $I_1 > 0, I_2 = 0$

C. $I_1 = 0, I_2 > 0$ D. $I_1 > 0, I_2 < 0$

(5) $I = \iiint\limits_{\Omega} (x^2 + y^2) \mathrm{d}v$,其中 Ω 是由 $x^2 + y^2 = z^2$ 与 $z = a, (a > 0)$ 所围区域,则在柱面坐标系下的累次积分的形式是( ).

A. $\int_0^{\pi} \mathrm{d}\theta \int_0^a r \mathrm{d}r \int_r^a r^2 \mathrm{d}z$ B. $\int_0^{2\pi} \mathrm{d}\theta \int_0^a r \mathrm{d}r \int_0^a r^2 \mathrm{d}z$

C. $\int_0^{\pi} \mathrm{d}\theta \int_0^a r \mathrm{d}r \int_0^a r^2 \mathrm{d}z$ D. $\int_0^{2\pi} \mathrm{d}\theta \int_0^a r \mathrm{d}r \int_r^a r^2 \mathrm{d}z$

答案：(1)C；(2)C；(3)C；(4)B；(5)D.

3. 计算下列二重积分：

(1) $I = \iint\limits_{D} \cos\sqrt{x^2+y^2}\,\mathrm{d}\sigma$,其中 $D: \pi^2 \leqslant x^2+y^2 \leqslant 4\pi^2$；

(2) $I = \int_1^2 \mathrm{d}x \int_2^{\frac{1}{x}} y \mathrm{e}^{xy} \mathrm{d}y$.

解 (1)在极坐标系中,积分区域 D 可用不等式表示为 $\pi \leqslant r \leqslant 2\pi, 0 \leqslant \theta \leqslant 2\pi$. 于是

$$I = \iint\limits_{D} \cos\sqrt{x^2+y^2}\,\mathrm{d}\sigma = \int_0^{2\pi}\mathrm{d}\theta \int_\pi^{2\pi} r\cos r\,\mathrm{d}r = 2\pi \cdot \int_\pi^{2\pi} r\,\mathrm{d}(\sin r) = 2\pi \cdot 2 = 4\pi;$$

(2)注意到内层积分上限小于下限 $\left(\dfrac{1}{x} < 2\right)$,必须先交换积分限,另外按原积分次序不易求解,故需改变积分次序,于是

$$I = -\int_1^2 \mathrm{d}x \int_{\frac{1}{x}}^2 y \mathrm{e}^{xy}\mathrm{d}y = -\left(\int_{\frac{1}{2}}^1 \mathrm{d}y \int_{\frac{1}{y}}^2 y \mathrm{e}^{xy} \mathrm{d}x + \int_1^2 \mathrm{d}y \int_1^2 y \mathrm{e}^{xy} \mathrm{d}x\right)$$

$$= -\left(\int_{\frac{1}{2}}^1 [\mathrm{e}^{xy}]_{\frac{1}{y}}^2 \mathrm{d}y + \int_1^2 [\mathrm{e}^{xy}]_1^2 \mathrm{d}y\right) = -\left[\int_{\frac{1}{2}}^1 (\mathrm{e}^{2y} - \mathrm{e}) \mathrm{d}y + \int_1^2 (\mathrm{e}^{2y} - \mathrm{e}^y) \mathrm{d}y\right]$$

$$= -\frac{1}{2}\mathrm{e}^4 + \mathrm{e}^2.$$

4. 交换下列二次积分的次序.

(1) $\int_0^2 \mathrm{d}x \int_0^x f(x,y)\mathrm{d}y + \int_2^4 \mathrm{d}x \int_0^{4-x} f(x,y)\mathrm{d}y$； (2) $\int_0^1 \mathrm{d}y \int_{\sqrt{y}}^1 \sin x^3 \mathrm{d}x$.

解 (1)所给二次积分等于二重积分 $\iint\limits_{D} f(x,y)\mathrm{d}\sigma$,其中积分区域 $D = \{(x,y) \mid 0 \leqslant y \leqslant x, 0 \leqslant x \leqslant 2\} \cup \{(x,y) \mid 0 \leqslant y \leqslant 4-x, 2 \leqslant x \leqslant 4\}$. 又 D 可表示为 $\{(x,y) \mid y \leqslant x \leqslant 4-y, 0 \leqslant y \leqslant 2\}$,故

$$原式 = \int_0^2 \mathrm{d}y \int_y^{4-y} f(x,y)\mathrm{d}x;$$

(2)所给二次积分等于二重积分 $\iint\limits_{D} f(x,y)\mathrm{d}\sigma$,其中 $D = \{(x,y) \mid \sqrt{y} \leqslant x \leqslant 1, 0 \leqslant y \leqslant 1\}$. 又 D 可表示为 $\{(x,y) \mid 0 \leqslant y \leqslant x^2, 0 \leqslant x \leqslant 1\}$,故

$$原式 = \int_0^1 \mathrm{d}y \int_0^{x^2} \sin x^3 \mathrm{d}y.$$

5. 试证 $\int_a^b dy \int_a^y (y-x)^n f(x)dx = \int_a^b f(x)dx \int_x^b (y-x)^n dy = \dfrac{1}{n+1}\int_a^b (b-x)^{n+1} f(x)dx.$

解 上式左端的二次积分等于二重积分 $\iint\limits_D (y-x)^n f(x)dxdy$，其中

$$D = \{(x,y) \mid a \leqslant x \leqslant y, a \leqslant y \leqslant b\} = \{(x,y) \mid x \leqslant y \leqslant b, a \leqslant x \leqslant b\},$$

于是交换积分次序，即得

$$\int_a^b dy \int_a^y (y-x)^n f(x)dx = \int_a^b f(x)dx \int_x^b (y-x)^n dy = \int_a^b f(x)\left[\dfrac{(y-x)^{n+1}}{n+1}\right]_x^b dy$$

$$= \dfrac{1}{n+1}\int_a^b (b-x)^{n+1} f(x)dx.$$

6. 将 $I = \int_0^{\frac{R}{2}} dx \int_0^{\sqrt{3}x} f(x,y)dy + \int_{\frac{R}{2}}^R dx \int_0^{\sqrt{R^2-x^2}} f(x,y)dy$ 化为极坐标系中先对 r 后对 θ 的二次积分.

解 所给二次积分等于二重积分 $\iint\limits_D f(x,y)dxdy$，其中

$$D = \left\{(x,y) \,\middle|\, 0 \leqslant y \leqslant \sqrt{3}x, 0 \leqslant x \leqslant \dfrac{R}{2}\right\} \cup \left\{(x,y) \,\middle|\, 0 \leqslant y \leqslant \sqrt{R^2-x^2}, \dfrac{R}{2} \leqslant x \leqslant R\right\}.$$

又在极坐标系下 D 可表示为

$$\left\{(r,\theta) \,\middle|\, 0 \leqslant r \leqslant R, 0 \leqslant \theta \leqslant \dfrac{\pi}{3}\right\},$$

于是 $I = \int_0^{\frac{R}{2}} dx \int_0^{\sqrt{3}x} f(x,y)dy + \int_{\frac{R}{2}}^R dx \int_0^{\sqrt{R^2-x^2}} f(x,y)dy = \int_0^{\frac{\pi}{3}} d\theta \int_0^R f(r\cos\theta, r\sin\theta)rdr.$

7. 设在极坐标系中的积分区域 D 为：$r \leqslant a, r \geqslant a\cos\theta, 0 \leqslant \theta \leqslant \dfrac{\pi}{2}, (a>0)$，试计算

$$I = \iint\limits_D r^2 dr d\theta.$$

解 $I = \iint\limits_D r^2 dr d\theta = \int_0^{\frac{\pi}{2}} d\theta \int_{a\cos\theta}^a r^2 dr = \dfrac{a^3}{3} \int_0^{\frac{\pi}{2}} (1-\cos^3\theta)d\theta = \dfrac{a^3}{18}(3\pi-4).$

8. 将三重积分 $\iiint\limits_\Omega f(x,y,z)dv$ 分别在(1)直角坐标系，(2)柱面坐标系，*(3)球面坐标系中化为累次积分. 其中积分区域 Ω 由 $\begin{cases} x^2+y^2+z^2 \leqslant a^2, \\ \sqrt{x^2+y^2} \leqslant z \end{cases}$ 确定.

解 由 $\begin{cases} x^2+y^2+z^2 = a^2, \\ \sqrt{x^2+y^2} = z \end{cases}$ 消去 z，得 $x^2+y^2 = \dfrac{a^2}{2}$，故 Ω 在 xOy 面上的投影区域

$$D = \left\{(x,y) \,\middle|\, x^2+y^2 \leqslant \dfrac{a^2}{2}\right\}.$$

(1)在直角坐标系下,Ω 可用不等式表示为

$$\sqrt{x^2+y^2} \leqslant z \leqslant \sqrt{a^2-x^2-y^2},\ -\sqrt{\frac{a^2}{2}-x^2} \leqslant y \leqslant \sqrt{\frac{a^2}{2}-x^2},\ -\frac{a}{\sqrt{2}} \leqslant x \leqslant \frac{a}{\sqrt{2}},$$

因此 $\quad\iiint\limits_{\Omega} f(x,y,z)\mathrm{d}v = \int_{-\frac{a}{\sqrt{2}}}^{\frac{a}{\sqrt{2}}}\mathrm{d}x\int_{-\sqrt{\frac{a^2}{2}-x^2}}^{\sqrt{\frac{a^2}{2}-x^2}}\mathrm{d}y\int_{\sqrt{x^2+y^2}}^{\sqrt{a^2-x^2-y^2}} f(x,y,z)\mathrm{d}z;$

(2)在柱面坐标系下,Ω 可用不等式表示为 $r \leqslant z \leqslant \sqrt{a^2-r^2},\ 0 \leqslant r \leqslant \frac{a}{\sqrt{2}},\ 0 \leqslant \theta \leqslant 2\pi,$

因此 $\quad\iiint\limits_{\Omega} f(x,y,z)\mathrm{d}v = \int_0^{2\pi}\mathrm{d}\theta\int_0^{\frac{a}{\sqrt{2}}} r\mathrm{d}r\int_r^{\sqrt{a^2-r^2}} f(r\cos\theta, r\sin\theta, z)\mathrm{d}z;$

*(3)在球面坐标系下,$x^2+y^2+z^2=a^2$ 与 $\sqrt{x^2+y^2}=z$ 的方程分别为 $r=a$ 和 $\varphi=\frac{\pi}{4}$. 故 Ω 可用不等式表示为 $0 \leqslant r \leqslant a, 0 \leqslant \varphi \leqslant \frac{\pi}{4}, 0 \leqslant \theta \leqslant 2\pi,$ 因此

$$\iiint\limits_{\Omega} f(x,y,z)\mathrm{d}v = \int_0^{2\pi}\mathrm{d}\theta\int_0^{\frac{\pi}{4}}\sin\varphi\mathrm{d}\varphi\int_0^a r^2 f(r\sin\varphi\cos\theta, r\sin\varphi\sin\theta, r\cos\varphi)\mathrm{d}r.$$

9. 求 $\iiint\limits_{\Omega}\mathrm{e}^{|z|}\mathrm{d}v$,其中 Ω 为 $x^2+y^2+z^2 \leqslant 1$ 所围成的区域.

解 分析:被积函数 $f(x,y,z)=\mathrm{e}^{|z|}$ 只依赖于一个变元 z. 用过点 $(0,0,z)$,平行于 xOy 面的平面截 Ω 得平面区域 $D_z=\{(x,y)\,|\,x^2+y^2 \leqslant 1-z^2\}$,其半径为 $\sqrt{1-z^2}$,面积为 $\pi(1-z^2)$,$\Omega=\{(x,y,z)\,|\,(x,y)\in D_z, -1 \leqslant z \leqslant 1\}$. 这类问题可转化为先计算二重积分,再计算定积分比较简单. 即

$$\iiint\limits_{\Omega}\mathrm{e}^{|z|}\mathrm{d}v = \int_{-1}^{1}\mathrm{e}^{|z|}\mathrm{d}z\iint\limits_{D_z}\mathrm{d}\sigma = \int_{-1}^{1}\mathrm{e}^{|z|}\pi(1-z^2)\mathrm{d}z = 2\pi\int_0^1 \mathrm{e}^z(1-z^2)\mathrm{d}z = 2\pi.$$

10. 求锥面 $x^2=y^2+z^2$ 被曲面 $z=y^2$ 和平面 $z=y+2$ 所截下部分的面积.

解 由 $\begin{cases} z=y^2, \\ z=y+2 \end{cases}$ 解得 $y^2=y+2$,故截下部分的曲面在 yOz 面上的投影区域 $D_{yOz}=\{(y,z)\,|\,y^2 \leqslant z \leqslant y+2, -1 \leqslant y \leqslant 2\}$,被割锥面的方程为 $x=\pm\sqrt{y^2+z^2}$,

$$\sqrt{1+\left(\frac{\partial x}{\partial y}\right)^2+\left(\frac{\partial x}{\partial z}\right)^2} = \sqrt{1+\frac{y^2+z^2}{y^2+z^2}} = \sqrt{2},$$

于是所求曲面的面积为

$$A = 2\iint\limits_{D_{yOz}}\sqrt{2}\,\mathrm{d}x\mathrm{d}y = 2\sqrt{2}\int_{-1}^{2}\mathrm{d}y\int_{y^2}^{y+2}\mathrm{d}z = 2\sqrt{2}\int_{-1}^{2}(y+2-y^2)\mathrm{d}y = 9\sqrt{2}.$$

11. 设 $f(x)$ 在 $[0,1]$ 上连续, 试证:
$$\iint_{|x|+|y|\leqslant 1} f(x+y)\mathrm{d}x\mathrm{d}y = \int_{-1}^1 f(u)\mathrm{d}u.$$

证明
$$\iint_{|x|+|y|\leqslant 1} f(x+y)\mathrm{d}x\mathrm{d}y = \int_{-1}^0 \mathrm{d}x \int_{-1-x}^{1+x} f(x+y)\mathrm{d}y + \int_0^1 \mathrm{d}x \int_{x-1}^{1-x} f(x+y)\mathrm{d}y,$$

令 $x+y=u$, 则
$$\iint_{|x|+|y|\leqslant 1} f(x+y)\mathrm{d}x\mathrm{d}y = \int_{-1}^0 \mathrm{d}x \int_{-1}^{1+2x} f(u)\mathrm{d}u + \int_0^1 \mathrm{d}x \int_{2x-1}^1 f(u)\mathrm{d}u$$

$$= \int_{-1}^1 f(u)\mathrm{d}u \int_{\frac{u-1}{2}}^{\frac{u+1}{2}} \mathrm{d}x = \int_{-1}^1 f(u)\mathrm{d}u.$$

自测题十

一、填空题. (每题 5 分, 5 小题, 共 25 分)

1. 已知 D 是长方形区域: $a\leqslant x\leqslant b, 0\leqslant y\leqslant 1$, 且 $\iint_D yf(x)\mathrm{d}\sigma = 1$, 则 $\int_a^b f(x)\mathrm{d}x = $ _____.

2. 若 $\int_0^1 \mathrm{d}x \int_{x^2}^x f(x,y)\mathrm{d}y = \int_0^1 \mathrm{d}y \int_{x_1(y)}^{x_2(y)} f(x,y)\mathrm{d}x$, 则 $(x_1(y), x_2(y)) = $ _____.

3. 三重积分 $\iiint_\Omega \dfrac{z\ln(x^2+y^2+z^2+1)}{x^2+y^2+z^2+1}\mathrm{d}v = $ _____, 其中 Ω 是由球面 $x^2+y^2+z^2 = 1$ 所围成的闭区域.

4. 设 $D = \{(x,y) \mid x^2+y^2\leqslant 1\}$, 则 $\iint_D (x^2-y)\mathrm{d}x\mathrm{d}y = $ _____.

5. 三重积分 $\iiint_\Omega \mathrm{d}v, D: x^2+y^2+z^2\leqslant 1$ 的值为 _____.

解 1. $1 = \iint_D yf(x)\mathrm{d}\sigma = \int_a^b f(x)\mathrm{d}x \cdot \int_0^1 y\mathrm{d}y = \dfrac{1}{2}\int_a^b f(x)\mathrm{d}x$, 故 $\int_a^b f(x)\mathrm{d}x = 2$.

2. 交换积分顺序得原积分 $= \int_0^1 \mathrm{d}y \int_y^{\sqrt{y}} f(x,y)\mathrm{d}x$, 故 $(x_1(y), x_2(y)) = (y, \sqrt{y})$.

3. 由于积分区域 Ω 关于 xOy 面对称, 被积函数关于 z 是奇函数, 故所求积分等于 0.

4. 利用二重积分的对称性可得 $\iint_D y\mathrm{d}x\mathrm{d}y = 0$, 所以
$$\iint_D (x^2-y)\mathrm{d}x\mathrm{d}y = \iint_D x^2\mathrm{d}x\mathrm{d}y = \dfrac{1}{2}\iint_D (x^2+y^2)\mathrm{d}x\mathrm{d}y = \dfrac{1}{2}\int_0^{2\pi}\mathrm{d}\theta \int_0^1 r^2\cdot r\mathrm{d}r = \dfrac{\pi}{4}.$$

5. 因为被积函数为 1, $\iiint_\Omega \mathrm{d}v$ 的值即为积分区域 $\Omega: x^2+y^2+z^2\leqslant 1$ 的体积, 所以此三重积分的值为 $\dfrac{4\pi}{3}$.

二、单项选择题.(每题 5 分,5 小题,共 25 分)

6. 二重积分的积分区域 D 是 $|x|+|y|\leqslant 1$,则 $\iint_D dxdy =$ (   ).

   A. 2　　　　　B. 1　　　　　C. 0　　　　　D. 4

7. 区域 $D: x^2+y^2 \leqslant 2y$ 在极坐标 (r,θ) 下表示为(   ).

   A. $\{(r,\theta) \mid 0\leqslant r\leqslant 1, 0\leqslant\theta\leqslant\pi\}$

   B. $\{(r,\theta) \mid 0\leqslant r\leqslant 2\sin\theta, 0\leqslant\theta\leqslant\pi\}$

   C. $\{(r,\theta) \mid 0\leqslant r\leqslant 2\cos\theta, 0\leqslant\theta\leqslant 2\pi\}$

   D. $\{(r,\theta) \mid 0\leqslant r\leqslant 2\sin\theta, 0\leqslant\theta\leqslant 2\pi\}$

8. 设区域 $\Omega: x^2+y^2+z^2\leqslant 1$,则在球坐标 (r,φ,θ) 下 $\iiint_\Omega (x^2+y^2+z^2)dv =$ (   ).

   A. $\int_0^{2\pi}d\theta\int_0^\pi d\varphi\int_0^1 r^4\sin\varphi dr$　　　　B. $\int_0^{2\pi}d\theta\int_0^{2\pi}d\varphi\int_0^1 r^4\sin\theta dr$

   C. $\iiint_\Omega dv$　　　　D. $\int_0^{2\pi}d\theta\int_0^\pi d\varphi\int_0^1 r\sin\theta dr$

9. 设有空间闭区域 $\Omega_1 = \{(x,y,z) \mid x^2+y^2+z^2\leqslant R^2, z\geqslant 0\}$,$\Omega_2 = \{(x,y,z) \mid x^2+y^2+z^2\leqslant R^2, x\geqslant 0, y\geqslant 0, z\geqslant 0\}$,则下列结果错误的是(   ).

   A. $\iiint_{\Omega_1} xdv = 0$　　　　B. $\iiint_{\Omega_1} ydv = 0$

   C. $\iiint_{\Omega_1} zdv = 0$　　　　D. $\iiint_{\Omega_1} zdv = 4\iiint_{\Omega_2} zdv$

10. 设有一薄板 D,其面密度为 $\rho(x,y)$,则薄板对 x 轴的转动惯量为(   ).

    A. $\iint_D \rho(x,y)x^2 d\sigma$　　　　B. $\iint_D \rho(x,y)y^2 d\sigma$

    C. $\iint_D \rho(x,y)(x^2+y^2) d\sigma$　　　　D. $\iint_D \rho(x,y)xy d\sigma$

解 6. 因为被积函数为 1,所以重积分的值为积分区域的面积,积分区域 D 为 $|x|+|y|\leqslant 1$,易知其面积为 2. 故选 A.

7. 利用二维空间直角坐标与极坐标的关系 $x=r\cos\theta, y=r\sin\theta$ 可知,积分区域 $x^2+(y-1)^2\leqslant 1$ 在极坐标下可表示为 $\{(r,\theta) \mid 0\leqslant r\leqslant 2\sin\theta, 0\leqslant\theta\leqslant\pi\}$. 故选 B.

8. 利用三维空间直角坐标与球坐标的关系 $x=r\cos\theta\sin\varphi, y=r\sin\theta\sin\varphi, z=r\cos\varphi$ 可知,在 $\Omega: x^2+y^2+z^2\leqslant 1, z\geqslant 0$ 下,$\iiint_\Omega \sqrt{x^2+y^2+z^2}dv = \int_0^{2\pi}d\theta\int_0^{\frac{\pi}{2}}d\varphi\int_0^1 r^3\sin^2\theta dr$. 故选 A.

9. 由于 Ω_1 关于 yOz 面对称,而被积函数关于 x 是奇函数,故 $\iiint_{\Omega_1} xdv = 0$,故 A 正确;B 同理. 设 $\Omega_3 = \{(x,y,z) \mid x^2+y^2+z^2\leqslant R^2, x\geqslant 0, z\geqslant 0\}$. 由于被积函数 z 关于 x 是偶函数,而 Ω_3 和 Ω_1 与 Ω_3 的差集关于 yOz 面对称,故 $\iiint_{\Omega_1} zdv = 2\iiint_{\Omega_3} zdv$,又由于被积函数 z 关于 y 也是偶函数,且 Ω_2 和 Ω_2 与 Ω_3 的差集关于 yOz 面对称,故 $\iiint_{\Omega_3} zdv = 2\iiint_{\Omega_2} zdv$,D 正确,故选 C.

10. 薄板对 x 轴的转动惯量为 $\iint\limits_{D}\rho(x,y)y^2\mathrm{d}\sigma$，故选 B.

三、解答题.(每题 10 分,5 小题,共 50 分)

11. 计算二重积分 $\iint\limits_{D}(x+y)\mathrm{d}\sigma$,其中 D 是由 $y=1,y=x^2$ 所围成的闭区域.

解 $\iint\limits_{D}(x+y)\mathrm{d}\sigma=\iint\limits_{D}x\mathrm{d}\sigma+\iint\limits_{D}y\mathrm{d}\sigma=2\iint\limits_{D\cap\{x>0\}}y\mathrm{d}\sigma=\int_0^1\mathrm{d}y\int_0^{\sqrt{y}}y\mathrm{d}x=\dfrac{4}{5}$.

12. 计算二重积分 $\iint\limits_{D}\mathrm{e}^x xy\mathrm{d}x\mathrm{d}y$,其中 D 为由曲线 $y=\sqrt{x}$ 与 $y=\dfrac{1}{\sqrt{x}}$ 及 y 轴为边界的无界区域.

解 由题意知

$$\iint\limits_{D}\mathrm{e}^x xy\mathrm{d}x\mathrm{d}y=\lim_{a\to 0^+}\int_a^1\mathrm{d}x\int_{\sqrt{x}}^{\frac{1}{\sqrt{x}}}xy\mathrm{e}^x\mathrm{d}y=\lim_{a\to 0^+}\int_a^1\mathrm{e}^x x\dfrac{y^2}{2}\Big|_{\sqrt{x}}^{\frac{1}{\sqrt{x}}}\mathrm{d}x$$

$$=\dfrac{1}{2}\lim_{a\to 0^+}\int_a^1(1-x^2)\mathrm{e}^x\mathrm{d}x=\dfrac{1}{2}\lim_{a\to 0^+}\left[(1-x^2)\mathrm{e}^x\Big|_a^1+2\int_a^1 x\mathrm{e}^x\mathrm{d}x\right]=\dfrac{1}{2}.$$

13. 设均匀物体由曲面 $z=x^2+y^2,z=1$ 和 $z=4$ 围成,求其重心的坐标.

解 由对称性知重心坐标为 $(0,0,\bar{z}),\bar{z}=\dfrac{\iiint\limits_{\Omega}z\mathrm{d}v}{V}$.

$\iiint\limits_{\Omega}z\mathrm{d}v=\int_1^2\mathrm{d}z\iint\limits_{x^2+y^2\leqslant z}z\mathrm{d}x\mathrm{d}y=\pi\int_1^2 z^2\mathrm{d}z=\dfrac{7}{3}\pi,V=\iiint\limits_{\Omega}\mathrm{d}v=\int_1^2\mathrm{d}z\iint\limits_{x^2+y^2\leqslant z}\mathrm{d}x\mathrm{d}y=\pi\int_1^2 z\mathrm{d}z=\dfrac{3}{2}\pi$,所以 $\bar{z}=\dfrac{14}{9}$,均匀物体的重心的坐标为 $\left(0,0,\dfrac{14}{9}\right)$.

14. 设 $f(x)$ 连续,证明: $\int_0^x\left[\int_0^u f(t)\mathrm{d}t\right]\mathrm{d}u=\int_0^x(x-u)f(u)\mathrm{d}u$.

证明:令 $F(x)=\int_0^x\mathrm{d}u\int_0^u f(t)\mathrm{d}t,G(x)=\int_0^x(x-u)f(u)\mathrm{d}u$,若 $F'(x)=G'(x)$,则 $F(x)=G(x)+C$,又因为 $F(0)=G(0)$,所以 $C=0$.因此,只需证明 $F'(x)=G'(x)$,

$$F'(x)=\int_0^x f(t)\mathrm{d}t,$$
$$G(x)=x\int_0^x f(u)\mathrm{d}u-\int_0^x uf(u)\mathrm{d}u,$$
$$G'(x)=\int_0^x f(u)\mathrm{d}u+xf(x)-xf(x)=\int_0^x f(u)\mathrm{d}u,$$

所以 $F'(x)=G'(x)$.

15. 求由抛物线 $y=x^2$ 及直线 $y=1$ 所围成的均匀薄片(面密度为常数 μ)对于直线 $y=-1$ 的转动惯量.

解 闭区域 $D=\{(x,y)\mid-\sqrt{y}\leqslant x\leqslant\sqrt{y},0\leqslant y\leqslant 1\}$,所求的转动惯量为

$$I=\iint\limits_{D}\mu(y+1)^2\mathrm{d}\sigma=\mu\int_0^1(y+1)^2\mathrm{d}y\int_{-\sqrt{y}}^{\sqrt{y}}\mathrm{d}x=2\mu\int_0^1\sqrt{y}(y+1)^2\mathrm{d}y$$

$$=2\mu\int_0^1(y^{\frac{5}{2}}+2y^{\frac{3}{2}}+y^{\frac{1}{2}})\mathrm{d}y=\dfrac{368}{105}\mu.$$

第十一章 曲线积分与曲面积分

习题 11-1

1. 计算 $\int_L (x+y)\mathrm{d}s$，其中 L 为连接 $A(1,0)$ 及 $B(0,1)$ 两点的直线段．

解 如图 11-1 所示，直线 $L: y=1-x (0 \leqslant x \leqslant 1)$，则
$$\int_L (x+y)\mathrm{d}s = \int_0^1 (x+1-x)\sqrt{1+[(1-x)']^2}\mathrm{d}x = \int_0^1 (x+1-x)\sqrt{2}\mathrm{d}x = \sqrt{2}.$$

2. 计算 $\oint_L x\mathrm{d}s$，其中 L 为由直线 $y=x$ 及抛物线 $y=x^2$ 所围成的区域的整个边界．

解 如图 11-2 所示，$L_1: y_1=x^2 (0 \leqslant x \leqslant 1)$，$L_2: y_2=x (0 \leqslant x \leqslant 1)$，则
$$\oint_L x\mathrm{d}s = \int_{L_1} x\mathrm{d}s + \int_{L_2} x\mathrm{d}s = \int_0^1 x\sqrt{1+(y_1')^2}\mathrm{d}x + \int_0^1 x\sqrt{1+(y_2')^2}\mathrm{d}x$$
$$= \int_0^1 x\sqrt{1+4x^2}\mathrm{d}x + \int_0^1 x\sqrt{2}\mathrm{d}x = \frac{1}{8}\int_0^1 \sqrt{1+4x^2}\mathrm{d}(1+4x^2) + \frac{\sqrt{2}}{2}x^2\Big|_0^1$$
$$= \frac{1}{12}(1+4x^2)^{\frac{3}{2}}\Big|_0^1 + \frac{\sqrt{2}}{2} = \frac{5\sqrt{5}-1}{12} + \frac{\sqrt{2}}{2}.$$

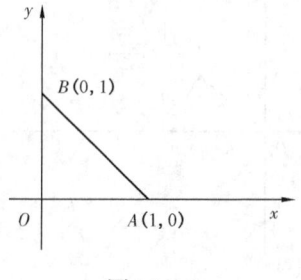

图 11-1

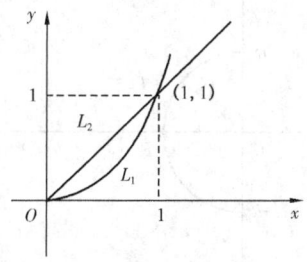

图 11-2

3. 计算 $\int_L y\mathrm{e}^x \mathrm{d}s$，其中 L 是曲线 $x=a\cos^2 t, y=a\sin t\cos t$ 上的一段弧，其中 $0 \leqslant t \leqslant \frac{\pi}{4}, a>0$．

解 $\mathrm{d}s = \sqrt{(x'(t))^2+(y'(t))^2}\mathrm{d}t = \sqrt{a^2\sin^2 2t + a^2\cos^2 2t}\mathrm{d}t = a\mathrm{d}t$，则
$$\int_L y\mathrm{e}^x \mathrm{d}s = \int_0^{\frac{\pi}{4}} a\cdot \sin t\cos t\cdot \mathrm{e}^{a\cdot\cos^2 t}\cdot a\mathrm{d}t = -\frac{a}{2}\int_0^{\frac{\pi}{4}} \mathrm{e}^{a\cdot\cos^2 t}\mathrm{d}(a\cos^2 t)$$
$$= -\frac{a}{2}(\mathrm{e}^{a\cdot\cos^2 t})\Big|_0^{\frac{\pi}{4}} = \frac{a}{2}(\mathrm{e}^a - \mathrm{e}^{\frac{a}{2}}).$$

4. 计算 $\int_L x\mathrm{d}s$，其中 L 是 $x^2+y^2=R^2$ 上的右半圆弧．

解 见图 11-3，L 的方程为 $\begin{cases} x=R\cos t, \\ y=R\sin t, \end{cases}$ $\left(-\dfrac{\pi}{2} \leqslant t \leqslant \dfrac{\pi}{2}\right)$，$ds = \sqrt{(-R\sin t)^2 + (R\cos t)^2}\,dt$
$= R\,dt$，则
$$\int_L x\,ds = \int_{-\frac{\pi}{2}}^{\frac{\pi}{2}} R\cos t \cdot R\,dt = 2R^2 \int_0^{\frac{\pi}{2}} \cos t\,dt = 2R^2(\sin t)\Big|_0^{\frac{\pi}{2}} = 2R^2.$$

5. 计算 $\oint_L e^{\sqrt{x^2+y^2}}\,ds$，其中 L 为圆周 $x^2+y^2=a^2$、直线 $y=x$ 及 x 轴在第一象限内所围成的扇形的整个边界.

解 如图 11-4 所示，$L=L_1+L_2+L_3$，其中

$L_1: y=0\,(0\leqslant x\leqslant a)$，$L_2: y=\sqrt{a^2-x^2}\left(\dfrac{\sqrt{2}}{2}a \leqslant x \leqslant a\right)$，$L_3: y=x\left(0\leqslant x\leqslant \dfrac{\sqrt{2}}{2}a\right)$，

则 $\oint_L e^{\sqrt{x^2+y^2}}\,ds = \int_{L_1} e^{\sqrt{x^2+y^2}}\,ds + \int_{L_2} e^{\sqrt{x^2+y^2}}\,ds + \int_{L_3} e^{\sqrt{x^2+y^2}}\,ds$

$= \int_0^a e^x \sqrt{1+0^2}\,dx + \int_{\frac{\sqrt{2}}{2}a}^a e^{\sqrt{2}x} \sqrt{1+(x')^2}\,dx + \int_{\frac{\sqrt{2}}{2}a}^a e^a \sqrt{1+\left(\dfrac{-2x}{2\sqrt{a^2-x^2}}\right)^2}\,dx$

$= e^x\Big|_0^a + e^{\sqrt{2}x}\Big|_{\frac{\sqrt{2}}{2}a}^{\frac{\sqrt{2}}{2}a} + \int_{\frac{\sqrt{2}}{2}a}^a e^a \sqrt{\dfrac{a^2}{a^2-x^2}}\,dx = e^a-1 + e^a - 1 + a \cdot e^a \cdot \int_{\frac{\sqrt{2}}{2}a}^a \dfrac{dx}{\sqrt{a^2-x^2}}$

$= 2(e^a - 1) + e^a \cdot a \cdot \arcsin\dfrac{x}{a}\Big|_{\frac{\sqrt{2}}{2}a}^a = 2(e^a - 1) + a \cdot e^a \left(\dfrac{\pi}{2} - \dfrac{\pi}{4}\right)$

$= e^a\left(2 + \dfrac{\pi}{4}a\right) - 2.$

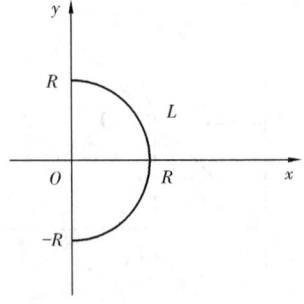

图 11-3

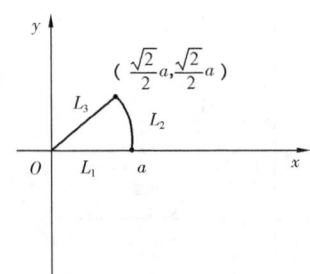

图 11-4

6. 计算 $\displaystyle\int_\Gamma \dfrac{z^2}{x^2+y^2}\,ds$，其中 Γ 为螺旋线：$x=a\cos t, y=a\sin t, z=at\,(a>0)$ 上相应于从 0 到 2π 的一段弧.

解 $ds = \sqrt{(x'(t))^2 + (y'(t))^2 + (z'(t))^2}\,dt = \sqrt{(-a\sin t)^2 + (a\cos t)^2 + a^2}\,dt = \sqrt{2}a\,dt$，

则 $\displaystyle\int_\Gamma \dfrac{z^2}{x^2+y^2}\,ds = \int_0^{2\pi} \dfrac{a^2 t^2}{(a\cos t)^2 + (a\sin t)^2} \cdot \sqrt{2}a\,dt = \int_0^{2\pi} \sqrt{2}a \cdot t^2\,dt$

$$= \sqrt{2}a \cdot \dfrac{1}{3}t^3 \Big|_0^{2\pi} = \dfrac{8\sqrt{2}}{3}\pi^3 \cdot a.$$

7. $\int_{\Gamma} \dfrac{1}{x^2+y^2+z^2}\mathrm{d}s$,其中 Γ 为曲线 $x=\mathrm{e}^t\cos t, y=\mathrm{e}^t\sin t, z=\mathrm{e}^t$ 上相应于 t 从 0 到 2 的这段弧.

解
$$\mathrm{d}s = \sqrt{(x'(t))^2+(y'(t))^2+(z'(t))^2}\,\mathrm{d}t$$
$$= \sqrt{(\mathrm{e}^t\cos t-\mathrm{e}^t\sin t)^2+(\mathrm{e}^t\sin t+\mathrm{e}^t\cos t)^2+\mathrm{e}^{2t}}\,\mathrm{d}t = \sqrt{3}\,\mathrm{e}^t\mathrm{d}t,$$

则
$$\int_{\Gamma} \dfrac{1}{x^2+y^2+z^2}\mathrm{d}s = \int_0^2 \dfrac{1}{\mathrm{e}^{2t}\cos^2 t+\mathrm{e}^{2t}\sin^2 t+\mathrm{e}^{2t}} \cdot \sqrt{3}\,\mathrm{e}^t\mathrm{d}t$$
$$= \int_0^2 \dfrac{\sqrt{3}\,\mathrm{e}^t}{2\mathrm{e}^{2t}}\mathrm{d}t = -\dfrac{\sqrt{3}}{2}\mathrm{e}^{-t}\bigg|_0^2 = \dfrac{\sqrt{3}}{2}(1-\mathrm{e}^{-2}).$$

8. 已知物质曲线 $\dfrac{x^2}{4}+y^2=1$ 上任一点 (x,y) 处的线密度为 $\rho(x,y)=|xy|$,求该曲线的质量.

解 物质曲线 L 的参数方程为 $\begin{cases} x=2\cos t \\ y=\sin t \end{cases}$ $(0\leqslant t\leqslant 2\pi)$,曲线的质量为

$$m = \oint_L \rho\mathrm{d}s = \oint_L |xy|\mathrm{d}s = \int_0^{2\pi} |2\sin t\cdot\cos t|\cdot\sqrt{\cos^2 t+(-2\sin t)^2}\,\mathrm{d}t$$
$$= \int_0^{2\pi} |2\sin t\cdot\cos t|\cdot\sqrt{1+3\sin^2 t}\,\mathrm{d}t = 4\cdot\int_0^{\frac{\pi}{2}} 2\sin t\cdot\cos t\sqrt{1+3\sin^2 t}\,\mathrm{d}t$$
$$= \dfrac{4}{3}\cdot\dfrac{2}{3}(1+3\sin^2 t)^{\frac{3}{2}}\bigg|_0^{\frac{\pi}{2}} = \dfrac{56}{9}.$$

习题 11－2

1. 计算 $\int_L xy\mathrm{d}x+(y-x)\mathrm{d}y$,其中 L 为从点 $A(1,1)$ 到点 $B(2,3)$ 的直线段.

解 如图 11－5 所示,L 的方程为 $y=2x-1$ (x 从 1 变到 2),则
$$\int_L xy\mathrm{d}x+(y-x)\mathrm{d}y = \int_1^2 x\cdot(2x-1)\mathrm{d}x + \int_1^2 (2x-1-x)\cdot 2\mathrm{d}x$$
$$= \int_1^2 (2x^2-x)\mathrm{d}x + 2\int_1^2 (x-1)\mathrm{d}x = \left(\dfrac{2}{3}x^3-\dfrac{1}{2}x^2\right)\bigg|_1^2 + 2\cdot\dfrac{1}{2}(x-1)^2\bigg|_1^2 = \dfrac{19}{6}+1 = \dfrac{25}{6}.$$

2. 计算 $\int_L (x^2-y^2)\mathrm{d}x$ 及 $\int_L (x^2-y^2)\mathrm{d}y$,其中 L 是抛物线 $y=x^2$ 上从 $A(2,4)$ 到 $O(0,0)$ 的弧段.

解 如图 11－6 所示,曲线 L 的方程为沿抛物线 $y=x^2$,参数 x 单调地从 2 变到 0,则
$$\int_L (x^2-y^2)\mathrm{d}x = \int_2^0 (x^2-x^4)\mathrm{d}x = \left(\dfrac{1}{5}x^5-\dfrac{1}{3}x^3\right)\bigg|_0^2 = \dfrac{32}{5}-\dfrac{8}{3} = \dfrac{56}{15},$$

$$\int_L (x^2-y^2)\mathrm{d}y = \int_2^0 (x^2-y^4) \cdot 2x\mathrm{d}x = 2\int_0^2 (x^5-x^3)\mathrm{d}x = 2\left(\frac{1}{6}x^6 - \frac{1}{4}x^4\right)\Big|_0^2$$

$$= 2\times\left(\frac{64}{3} - \frac{16}{2}\right) = \frac{40}{3}.$$

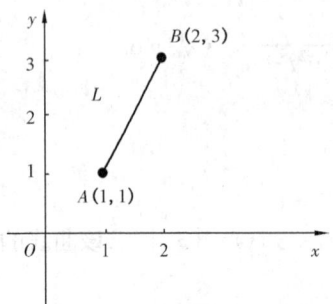

图 11—5　　　　　　　图 11—6

3. 计算 $\int_L \dfrac{(x+y)\mathrm{d}x - (x-y)\mathrm{d}y}{x^2+y^2}$，其中：

(1) L 为圆周 $x^2+y^2=a^2$ 的一周，L 的方向为逆时针方向；

(2) L 为圆周 $x^2+y^2=a^2$ 的下半部分从 $A(a,0)$ 到 $B(-a,0)$ 一段圆弧.

解　(1) 曲线 L 的参数方程为 $\begin{cases} x=a\cos t, \\ y=a\sin t, \end{cases}$ 参数 t 单调地由 0 变到 2π，则

$$\int_L \frac{(x+y)\mathrm{d}x - (x-y)\mathrm{d}y}{x^2+y^2} = \int_0^{2\pi} \frac{(a\cos t + a\sin t)\cdot(-a\sin t) - (a\cos t - a\sin t)\cdot a\cos t}{(a\cos t)^2 + (a\sin t)^2}\mathrm{d}t$$

$$= \int_0^{2\pi} \frac{-a^2}{a^2}\mathrm{d}t = -2\pi.$$

(2) 曲线 L 的参数方程为 $\begin{cases} x=a\cos t, \\ y=a\sin t, \end{cases}$ 参数 t 单调地从 2π 到 π，则由(1)得

$$\int_L \frac{(x+y)\mathrm{d}x - (x-y)\mathrm{d}y}{x^2+y^2} = -\int_{2\pi}^{\pi}\mathrm{d}t = \pi.$$

4. 质点在力场 $F=2x\mathbf{i}-y\mathbf{j}$ 作用下．沿曲线 $L: y=x^3$ 由点 $O(0,0)$ 运动到点 $A(-1,-1)$，求力场所做的功．

解　曲线 $L: y=x^3$，参数 x 单调地由 0 变到 -1，则力场所做的功为

$$W = \int_L P\mathrm{d}x + Q\mathrm{d}y = \int_L 2x\mathrm{d}x - y\mathrm{d}y = \int_0^{-1}(2x - x^3\cdot 3x^2)\mathrm{d}x = \left(x^2 - \frac{1}{2}x^6\right)\Big|_0^{-1} = \frac{1}{2}.$$

习题 11—3

1. 计算曲线积分,并验证格林公式的正确性. $\oint_L (x^2-xy^3)dx+(y^2-2xy)dy$,其中 L 是四个顶点,分别为$(0,0)$、$(2,0)$、$(2,2)$及$(0,2)$的正方形区域的正向边界.

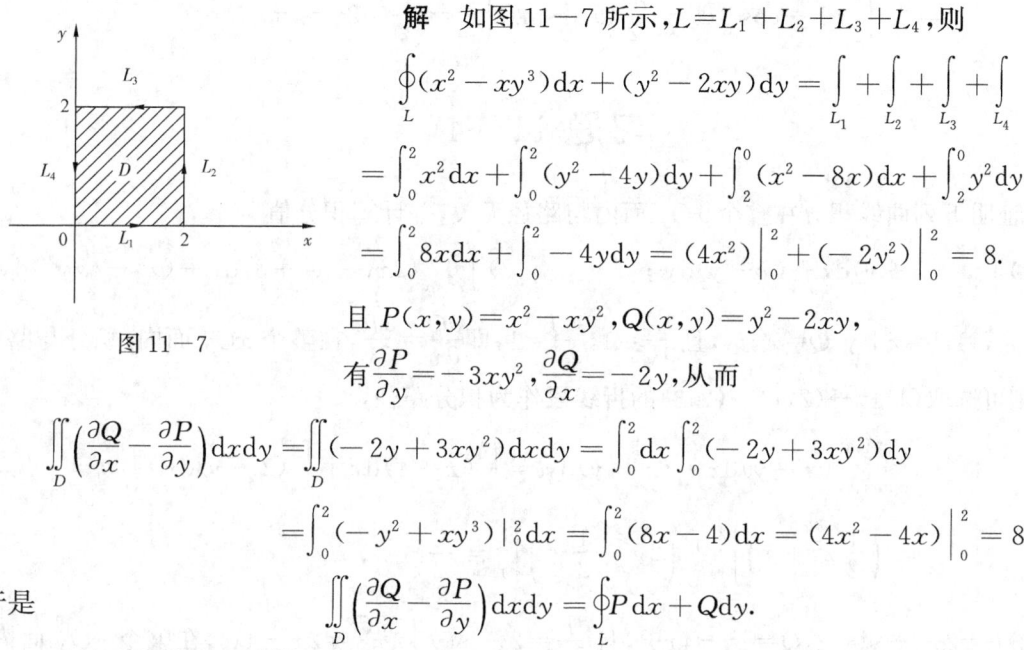

图 11—7

解 如图 11—7 所示,$L=L_1+L_2+L_3+L_4$,则

$$\oint_L(x^2-xy^3)dx+(y^2-2xy)dy = \int_{L_1}+\int_{L_2}+\int_{L_3}+\int_{L_4}$$

$$=\int_0^2 x^2 dx+\int_0^2 (y^2-4y)dy+\int_2^0 (x^2-8x)dx+\int_2^0 y^2 dy$$

$$=\int_0^2 8xdx+\int_0^2 -4ydy=(4x^2)\Big|_0^2+(-2y^2)\Big|_0^2=8.$$

且 $P(x,y)=x^2-xy^3, Q(x,y)=y^2-2xy$,

有 $\dfrac{\partial P}{\partial y}=-3xy^2, \dfrac{\partial Q}{\partial x}=-2y$,从而

$$\iint_D \left(\dfrac{\partial Q}{\partial x}-\dfrac{\partial P}{\partial y}\right)dxdy=\iint_D (-2y+3xy^2)dxdy=\int_0^2 dx\int_0^2 (-2y+3xy^2)dy$$

$$=\int_0^2 (-y^2+xy^3)\Big|_0^2 dx=\int_0^2 (8x-4)dx=(4x^2-4x)\Big|_0^2=8.$$

于是 $$\iint_D \left(\dfrac{\partial Q}{\partial x}-\dfrac{\partial P}{\partial y}\right)dxdy=\oint_L Pdx+Qdy.$$

2. 利用格林公式计算下列曲线积分:

(1) $\oint_L (x+y)dx-(x-y)dy$,其中 L 为椭圆 $\dfrac{x^2}{a^2}+\dfrac{y^2}{b^2}=1$ 的正向边界.

(2) $\oint_L -x^2 ydx+xy^2 dy$,其中 L 为圆 $x^2+y^2=a^2$ 的正向边界.

解 (1) $P=x+y, Q=-(x-y)$,且 $\dfrac{\partial P}{\partial y}=1, \dfrac{\partial Q}{\partial x}=-1$,有 $\dfrac{\partial Q}{\partial x}-\dfrac{\partial P}{\partial y}=-1-1=-2$,于是,由格林公式有

$$\oint_L (x+y)dx-(x-y)dy=\iint_D \left(\dfrac{\partial Q}{\partial x}-\dfrac{\partial P}{\partial y}\right)dxdy=\iint_D -2dxdy$$

$$=-2\iint_D dxdy=-2\pi ab.$$

(2) 曲线 L 的极坐标方程为 $\begin{cases} x=r\cos\theta, \\ y=r\sin\theta \end{cases}$ $(0\leqslant\theta\leqslant 2\pi)$, $P=-x^2 y, Q=xy^2$,且 $\dfrac{\partial P}{\partial y}=-x^2$,

$\dfrac{\partial Q}{\partial x}=y^2$,于是由格林公式有

$$\oint_L -x^2 ydx+xy^2 dy=\iint_D \left(\dfrac{\partial Q}{\partial x}-\dfrac{\partial P}{\partial y}\right)dxdy=\iint_D (y^2+x^2)dxdy=\iint_D r^2\cdot rdrd\theta$$

$$=\int_0^{2\pi}d\theta\int_0^a r^3 dr=\int_0^{2\pi}\left(\dfrac{1}{4}r^4\right)\Big|_0^a d\theta=\dfrac{1}{2}\pi a^4.$$

3. 利用曲线积分，计算圆 $x^2+y^2=2ax$ 的面积．

解 圆 $x^2+y^2=2ax$ 的参数方程为 $\begin{cases} x=a+a\cos\theta, \\ y=a\sin\theta \end{cases}$（$\theta$ 从 0 变到 2π），则面积为

$$A=\frac{1}{2}\oint_L x\mathrm{d}y-y\mathrm{d}x=\frac{1}{2}\int_0^{2\pi}[a(1+\cos\theta)\cdot a\cos\theta-a\sin\theta(-a\sin\theta)]\mathrm{d}\theta$$

$$=\frac{a^2}{2}\int_0^{2\pi}(1+\cos\theta)\mathrm{d}\theta=\frac{a^2}{2}(\theta+\sin\theta)\Big|_0^{2\pi}=\frac{a^2}{2}\cdot 2\pi=\pi a^2.$$

习题 11-4

1. 证明下列曲线积分在整个 xOy 面内与路径无关，并计算积分值．

(1) $\int_{(1,1)}^{(2,3)}(x+y)\mathrm{d}x+(x-y)\mathrm{d}y$； (2) $\int_{(1,0)}^{(2,1)}(2xy-y^4+3)\mathrm{d}x+(x^2-4xy^3)\mathrm{d}y$．

解 (1) $P=x+y, Q=x-y$，且 $\frac{\partial P}{\partial y}=1, \frac{\partial Q}{\partial x}=1$，即 $\frac{\partial Q}{\partial x}=\frac{\partial P}{\partial y}$，在整个 xOy 面内，积分与路径无关，则可选取 $(1,1)\to(2,1)\to(2,3)$ 的折线段作为积分路径，

$$\int_{(1,1)}^{(2,3)}(x+y)\mathrm{d}x+(x-y)\mathrm{d}y=\int_1^2(x+1)\mathrm{d}x+\int_1^3(2-y)\mathrm{d}y$$

$$=\left(\frac{1}{2}x^2+x\right)\Big|_1^2+\left(2y-\frac{1}{2}y^2\right)\Big|_1^3=\frac{5}{2}.$$

(2) $P=2xy-y^4+3, Q=x^2-4xy^3$，且 $\frac{\partial P}{\partial y}=2x-4y^3=\frac{\partial Q}{\partial x}=2x-4y^3$，在整个 xOy 面内，积分与路径无关，则可选取 $(1,0)\to(2,0)\to(2,1)$ 的折线段作为积分路径

$$\int_{(1,0)}^{(2,1)}(2xy-y^4+3)\mathrm{d}x+(x^2-4xy^3)\mathrm{d}y=\int_1^2(0-0+3)\mathrm{d}x+\int_0^1(4-8y^3)\mathrm{d}y$$

$$=(3x)\Big|_1^2+(4y-2y^4)\Big|_0^1=5.$$

2. 计算 $\oint_L(2x-y+4)\mathrm{d}x+(5y+3x-6)\mathrm{d}y$，其中 L 为三个顶点分别为 $(0,0)$、$(3,0)$ 和 $(3,2)$ 的三角形正向边界．

解 如图 11-8 所示，$P=2x-y+4, Q=5y+3x-6$，且 $\frac{\partial Q}{\partial x}-\frac{\partial P}{\partial y}=3-(-1)=4$，由格林公式有

$$\oint_L(2x-y+4)\mathrm{d}x+(5y+3x-6)\mathrm{d}y=\iint_D\left(\frac{\partial Q}{\partial x}-\frac{\partial P}{\partial y}\right)\mathrm{d}x\mathrm{d}y=\iint_D 4\mathrm{d}x\mathrm{d}y=4\cdot S_D=4\cdot 3=12.$$

3. 计算 $\int_L(x^2-y)\mathrm{d}x-(x+\sin^2 y)\mathrm{d}y$，其中 L 是在圆周 $y=\sqrt{2x-x^2}$ 上由点 $O(0,0)$ 到点 $(1,1)$ 的一段弧．

解 如图 11-9 所示，$P=x^2-y, Q=-(x+\sin^2 y)$，有 $\frac{\partial Q}{\partial x}=-1, \frac{\partial P}{\partial y}=-1$，即 $\frac{\partial Q}{\partial x}-\frac{\partial P}{\partial y}=0$，

由格林公式有

$$\oint_{L+AB+BO}(x^2-y)\mathrm{d}x-(x+\sin^2 y)\mathrm{d}y=-\iint_D\left(\frac{\partial Q}{\partial x}-\frac{\partial P}{\partial y}\right)\mathrm{d}x\mathrm{d}y=0,$$

即

$$\int_L(x^2-y)\mathrm{d}x-(x+\sin^2 y)\mathrm{d}y=-\int_{AB+BO}(x^2-y)\mathrm{d}x-(x+\sin^2 y)\mathrm{d}y$$

$$=\int_{BA+OB}(x^2-y)\mathrm{d}x-(x+\sin^2 y)\mathrm{d}y=\int_0^1-(1+\sin^2 y)\mathrm{d}y+\int_0^1 x^2\mathrm{d}x$$

$$=-1-\int_0^1\left(\frac{1}{2}-\frac{\cos 2y}{2}\right)\mathrm{d}y+\frac{1}{3}=-\frac{7}{6}+\frac{1}{4}\sin 2y\Big|_0^1=-\frac{7}{6}+\frac{1}{4}\sin 2.$$

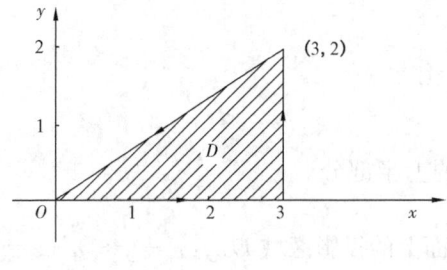

图 11-8　　　　　　　　　　　图 11-9

习题 11-5

1. 验证表达式 $(x+2y)\mathrm{d}x+(2x+y)\mathrm{d}y$ 是某函数 $u(x,y)$ 的全微分,并求这样的一个函数 $u(x,y)$.

证明 因 $P=x+2y, Q=2x+y, \frac{\partial P}{\partial y}=2=\frac{\partial Q}{\partial x}$,所以 $(x+2y)\mathrm{d}x+(2x+y)\mathrm{d}y$ 是某个定义在整个 xOy 面内的函数 $u(x,y)$ 的全微分,且

$$u(x,y)=\int_{(0,0)}^{(x,y)}(x+2y)\mathrm{d}x+(2x+y)\mathrm{d}y=\int_0^x x\mathrm{d}x+\int_0^y(2x+y)\mathrm{d}y$$

$$=\frac{x^2}{2}+\left(2xy+\frac{1}{2}y^2\right)\Big|_0^y=\frac{x^2}{2}+2xy+\frac{y^2}{2}.$$

2. 验证表达式 $(2x\cos y+y^2\cos x)\mathrm{d}x+(2y\sin x-x^2\sin y)\mathrm{d}y$ 是某函数 $u(x,y)$ 的全微分,并求这样的一个函数 $u(x,y)$.

证明 $P=2x\cos y+y^2\cos x, Q=2y\sin x-x^2\sin y$,因为 $\frac{\partial P}{\partial y}=-2x\sin y+2y\cos x=\frac{\partial Q}{\partial x}$,所以 $(2x\cos y+y^2\cos x)\mathrm{d}x+(2y\sin x-x^2\sin y)\mathrm{d}y$ 是某个定义在整个 xoy 面内的函数 $u(x,y)$ 的全微分,且

$$u(x,y)=\int_{(0,0)}^{(x,y)}(2x\cos y+y^2\cos x)\mathrm{d}x+(2y\sin x-x^2\sin y)\mathrm{d}y$$

$$=\int_0^x 2x\mathrm{d}x+\int_0^y(2y\sin x-x^2\sin y)\mathrm{d}y=y^2\sin x+x^2\cos y.$$

3. a 为何值时,表达式 $\dfrac{(x+ay)\mathrm{d}x+y\mathrm{d}y}{(x+y)^2}$ 为某函数的全微分.

解 $P=\dfrac{x+ay}{(x+y)^2}, Q=\dfrac{y}{(x+y)^2}$,

$$\dfrac{\partial P}{\partial y}=\dfrac{a(x+y)^2-(x+ay)\cdot 2(x+y)}{(x+y)^4}=\dfrac{(a-2)x^2-2xy-ay^2}{(x+y)^4},$$

$$\dfrac{\partial Q}{\partial x}=\dfrac{-y\cdot 2(x+y)}{(x+y)^4}=\dfrac{-2xy-2y^2}{(x+y)^4},$$

欲使 $\dfrac{\partial P}{\partial y}=\dfrac{\partial Q}{\partial x}$,只需 $\begin{cases}a-2=0,\\ a=2\end{cases}$ 即可.

故当 $a=2$ 时,$\dfrac{(x+ay)\mathrm{d}x+y\mathrm{d}y}{(x+y)^4}$ 是某个函数的全微分.

习题 11-6

1. 计算 $\displaystyle\iint_{\Sigma}z\mathrm{d}S$,其中 Σ 是球面 $x^2+y^2+z^2=a^2$ 的上半部分.

解 由题设知 $\Sigma:z=\sqrt{a^2-x^2-y^2}$,其在 xOy 面上的投影区域 $D_{xy}:x^2+y^2\leqslant a^2(z=0)$,

$$\mathrm{d}S=\sqrt{1+z_x^{\,2}+z_y^{\,2}}\,\mathrm{d}x\mathrm{d}y=\sqrt{1+\left(\dfrac{x}{\sqrt{a^2-x^2-y^2}}\right)^2+\left(\dfrac{y}{\sqrt{a^2-x^2-y^2}}\right)^2}\,\mathrm{d}x\mathrm{d}y$$

$$=a\dfrac{1}{\sqrt{a^2-x^2-y^2}}\mathrm{d}x\mathrm{d}y,$$

则 $\displaystyle\iint_{\Sigma}z\mathrm{d}S=\iint_{D_{xy}}\sqrt{a^2-x^2-y^2}\cdot\dfrac{a}{\sqrt{a^2-x^2-y^2}}\mathrm{d}x\mathrm{d}y=a\iint_{D_{xy}}\mathrm{d}x\mathrm{d}y=\pi a^3$.

2. 计算 $\displaystyle\iint_{\Sigma}\dfrac{1}{(1+x+y)^2}\mathrm{d}S$,其中 Σ 为平面 $x+y+z=1$ 在第一卦限内的部分.

解 由题设知 $\Sigma:z=1-x-y$,$\mathrm{d}S=\sqrt{1+(-1)^2+(-1)^2}\,\mathrm{d}x\mathrm{d}y=\sqrt{3}\,\mathrm{d}x\mathrm{d}y$,则

$$\iint_{\Sigma}\dfrac{1}{(1+x+y)^2}\mathrm{d}S=\iint_{D_{xy}}\dfrac{1}{(1+x+y)^2}\cdot\sqrt{3}\,\mathrm{d}x\mathrm{d}y=\int_{0}^{1}\sqrt{3}\,\mathrm{d}x\int_{0}^{1-x}\dfrac{1}{(1+x+y)^2}\mathrm{d}y$$

$$=\sqrt{3}\int_{0}^{1}\mathrm{d}x\int_{0}^{1-x}(1+x+y)^{-2}\mathrm{d}(1+x+y)=\sqrt{3}\int_{0}^{1}-\dfrac{1}{(1+x+y)}\bigg|_{0}^{1-x}\mathrm{d}x$$

$$=-\sqrt{3}\int_{0}^{1}\left(\dfrac{1}{2}-\dfrac{1}{1+x}\right)\mathrm{d}x=-\sqrt{3}\left[\dfrac{1}{2}x-\ln(1+x)\right]\bigg|_{0}^{1}$$

$$=-\sqrt{3}\left(\dfrac{1}{2}-\ln 2\right)=\sqrt{3}\left(\ln 2-\dfrac{1}{2}\right).$$

3. 计算 $\displaystyle\iint_{\Sigma}(x^2+y^2+z^2)\mathrm{d}S$,其中 Σ 是整个球面 $x^2+y^2+z^2=R^2$.

解 由题设知 $\Sigma: z = \pm\sqrt{R^2 - x^2 - y^2}$,$\Sigma$ 在 xOy 面上的投影区域 $D_{xy}: x^2 + y^2 \leqslant R^2$ ($z=0$),则

$$\iint_{\Sigma}(x^2 + y^2 + z^2)\mathrm{d}S = \iint_{\Sigma}R^2\mathrm{d}S = R^2\iint_{\Sigma}\mathrm{d}S = R^2 \cdot 4\pi R^2 = 4\pi R^4.$$

4. 计算 $\iint_{\Sigma}(2x+2y+z)\mathrm{d}S$,其中 Σ 是平面 $2x+2y+z-2=0$ 被三个坐标平面所截下的在第一卦限的部分.

解 由题设知 $\Sigma: z = 2 - 2x - 2y$,Σ 在 xOy 面上的投影区域 D_{xy} 是由 $x + y = 1$ 及 x 轴,y 轴围成的区域. $\mathrm{d}S = \sqrt{1 + (-2)^2 + (-2)^2}\mathrm{d}x\mathrm{d}y = 3\mathrm{d}x\mathrm{d}y$,则

$$\iint_{\Sigma}(2x+2y+z)\mathrm{d}S = \iint_{D_{xy}}2 \cdot 3\mathrm{d}x\mathrm{d}y = 6\iint_{D_{xy}}\mathrm{d}x\mathrm{d}y = 6 \times S_{D_{xy}} = 6 \times \frac{1}{2} = 3.$$

5. 求密度为常数 ρ_0 的均匀抛物面壳 $z = 3 - x^2 - y^2$ 在平面 $z=1$ 以上部分质量.

解 由题设知 $\Sigma: z = 3 - x^2 - y^2$,其在 xOy 面上的投影区域 $D_{xy}: x^2 + y^2 \leqslant 2$ ($z=0$),$\mathrm{d}S = \sqrt{1 + z_x^2 + z_y^2}\mathrm{d}x\mathrm{d}y = \sqrt{1 + 4x^2 + 4y^2}\mathrm{d}x\mathrm{d}y$,则质量为

$$m = \iint_{\Sigma}\rho\mathrm{d}S = \rho_0\iint_{D_{xy}}\sqrt{1+4x^2+4y^2}\mathrm{d}x\mathrm{d}y = \rho_0\int_0^{2\pi}\mathrm{d}\theta\int_0^{\sqrt{2}}\sqrt{1+4r^2} \cdot r\mathrm{d}r$$

$$= 2\pi\rho_0 \cdot \frac{1}{8}\int_0^{\sqrt{2}}(1+4r^2)^{\frac{1}{2}}\mathrm{d}(1+4r^2) = \frac{1}{4}\pi\rho_0 \cdot \frac{2}{3}(1+4r^2)^{\frac{3}{2}}\Big|_0^{\sqrt{2}}$$

$$= \frac{1}{4}\pi\rho_0 \cdot \frac{2}{3} \cdot 26 = \frac{13}{3}\pi\rho_0.$$

6. 设半球面 Σ 上任一点的密度等于该点到其对称轴的距离平方,试求曲面的质量.

解 半球面上任一点 (x,y,z) 到 z 轴的距离 $d = \sqrt{x^2+y^2}$,且 $\Sigma: z = \sqrt{a^2 - x^2 - y^2}$,其在 xOy 面上的投影区域 $D_{xy}: x^2+y^2 \leqslant a^2$ ($z=0$),

$$\mathrm{d}S = \sqrt{1 + \left(\frac{-2x}{2\sqrt{a^2-x^2-y^2}}\right)^2 + \left(\frac{-2y}{2\sqrt{a^2-x^2-y^2}}\right)^2}\mathrm{d}x\mathrm{d}y = \frac{a}{\sqrt{a^2-x^2-y^2}}\mathrm{d}x\mathrm{d}y,$$

则质量为 $m = \iint_{\Sigma}\rho\mathrm{d}S = \iint_{\Sigma}(\sqrt{x^2+y^2})^2\mathrm{d}S = \iint_{D_{xy}}(x^2+y^2) \cdot \frac{a}{\sqrt{a^2-x^2-y^2}}\mathrm{d}x\mathrm{d}y$

$$= \int_0^{2\pi}\mathrm{d}\theta\int_0^a r^2 \cdot \frac{a}{\sqrt{a^2-r^2}} \cdot r\mathrm{d}r = 2\pi a \cdot \int_0^a \frac{r^2}{\sqrt{a^2-r^2}} \cdot \left(-\frac{1}{2}\right)\mathrm{d}(a^2-r^2)$$

$$= -\pi a\int_0^a \frac{a^2 - (a^2-r^2)}{\sqrt{a^2-r^2}}\mathrm{d}(a^2-r^2)$$

$$= -\pi a\int_0^a\left[a^2(a^2-r^2)^{-\frac{1}{2}} - (a^2-r^2)^{\frac{1}{2}}\right]\mathrm{d}(a^2-r^2)$$

$$= \pi a\left[\frac{2}{3}(a^2-r^2)^{\frac{3}{2}} - 2a^2(a^2-r^2)^{\frac{1}{2}}\right]_0^a$$

$$= \pi a\left(2a^3 - \frac{2}{3}a^3\right) = \frac{4}{3}\pi a^4.$$

习题 11-7

1. 计算 $\iint\limits_{\Sigma} z^2 \mathrm{d}x\mathrm{d}y$,其中 Σ 为平面 $x+y+z=1$ 位于第一卦限部分的上侧.

   解 由题设知 $\Sigma: z=1-x-y$ 且是上侧,D_{xy} 是由 $x+y=1$ 及 x 轴、y 轴围成的区域,则
   $$\iint\limits_{\Sigma} z^2 \mathrm{d}x\mathrm{d}y = \iint\limits_{D_{xy}} (1-x-y)^2 \mathrm{d}x\mathrm{d}y = \int_0^1 \mathrm{d}x \int_0^{1-x} (1-x-y)^2 \mathrm{d}y$$
   $$= -\int_0^1 \mathrm{d}x \int_0^{1-x} (1-x-y)^2 \mathrm{d}(1-x-y) = -\int_0^1 \frac{1}{3}(1-x-y)^3 \Big|_0^{1-x} \mathrm{d}x$$
   $$= \frac{1}{3}\int_0^1 (1-x)^3 \mathrm{d}x = -\frac{1}{12}(1-x)^4 \Big|_0^1 = \frac{1}{12}.$$

2. 计算 $\iint\limits_{\Sigma} z \mathrm{d}x\mathrm{d}y$,其中 Σ 是锥面 $z=\sqrt{x^2+y^2}$ 在 $0 \leqslant z \leqslant 1$ 之间部分的下侧.

   解 由题设知 Σ 是 $z=\sqrt{x^2+y^2}$ 的下侧,$D_{xy}: x^2+y^2 \leqslant 1(z=0)$,则
   $$\iint\limits_{\Sigma} z \mathrm{d}x\mathrm{d}y = -\iint\limits_{D_{xy}} \sqrt{x^2+y^2} \mathrm{d}x\mathrm{d}y = -\int_0^{2\pi} \mathrm{d}\theta \int_0^1 r \cdot r \mathrm{d}r = -2\pi \cdot \frac{1}{3} r^3 \Big|_0^1 = -\frac{2}{3}\pi.$$

3. 计算 $\iint\limits_{\Sigma} (y-z) \mathrm{d}y\mathrm{d}z$,其中 Σ 是 $z^2=x^2+y^2 (0 \leqslant z \leqslant h)$ 的下侧.

   解 $\Sigma: z^2=x^2+y^2$ 在 yOz 面上的投影区域 D_{yz} 为三角形区域,则
   $$\iint\limits_{\Sigma}(y-z)\mathrm{d}y\mathrm{d}z = \iint\limits_{\Sigma_{前}}(y-z)\mathrm{d}y\mathrm{d}z + \iint\limits_{\Sigma_{后}}(y-z)\mathrm{d}y\mathrm{d}z = \iint\limits_{D_{yz}}(y-z)\mathrm{d}y\mathrm{d}x - \iint\limits_{D_{yz}}(y-z)\mathrm{d}y\mathrm{d}z = 0.$$

4. 计算 $\oiint\limits_{\Sigma} (x^2+y^2+z)\mathrm{d}x\mathrm{d}y$,其中 Σ 是球面 $x^2+y^2+z^2=R^2$ 取外侧.

   解 由题设知 $\Sigma: x^2+y^2+z^2=R^2$ 取外侧,将 Σ 分为上、下两部分 Σ_1 及 Σ_2,
   $$\Sigma_1: z=\sqrt{R^2-x^2-y^2}, \quad \Sigma_2: z=-\sqrt{R^2-x^2-y^2},$$
   于是
   $$\iint\limits_{\Sigma}(x^2+y^2+z^2)\mathrm{d}x\mathrm{d}y = \iint\limits_{\Sigma_1}(x^2+y^2+z)\mathrm{d}x\mathrm{d}y + \iint\limits_{\Sigma_2}(x^2+y^2+z)\mathrm{d}x\mathrm{d}y.$$

   上式右端的积分中,第一个积分曲面 Σ_1 取上侧,第二个积分曲面 Σ_2 取下侧,因此有
   $$\iint\limits_{\Sigma}(x^2+y^2+z)\mathrm{d}x\mathrm{d}y$$
   $$= \iint\limits_{D_{xy}}(x^2+y^2+\sqrt{R^2-x^2-y^2})\mathrm{d}x\mathrm{d}y - \iint\limits_{D_{xy}}(x^2+y^2-\sqrt{R^2-x^2-y^2})\mathrm{d}x\mathrm{d}y$$
   $$= \iint\limits_{D_{xy}} 2\sqrt{R^2-x^2-y^2}\mathrm{d}x\mathrm{d}y = 2\int_0^{2\pi}\mathrm{d}\theta \int_0^R \sqrt{R^2-r^2} \cdot r\mathrm{d}r$$
   $$= -2\pi \cdot \int_0^R (R^2-r^2)^{\frac{1}{2}} \mathrm{d}(R^2-r^2) = -2\pi \cdot \frac{2}{3}(R^2-r^2)^{\frac{3}{2}} \Big|_0^R = \frac{4}{3}\pi R^3.$$

5. 计算 $\iint\limits_{\Sigma}(x+1)\mathrm{d}y\mathrm{d}z+y\mathrm{d}z\mathrm{d}x+\mathrm{d}x\mathrm{d}y$,其中 Σ 是平面 $x+y+z=1$ 位于第一卦限部分的上侧.

解 由题设知 $\Sigma:z=1-x-y$ 取上侧,其在三个坐标面上的投影区域分别为 $D_{xy}:0\leqslant x\leqslant 1,0\leqslant y\leqslant 1-x$;$D_{yz}:0\leqslant y\leqslant 1,0\leqslant z\leqslant 1-y$;$D_{zx}:0\leqslant z\leqslant 1,0\leqslant x\leqslant 1-z$. 于是

$$\iint\limits_{\Sigma}(x+1)\mathrm{d}y\mathrm{d}z+y\mathrm{d}z\mathrm{d}x+\mathrm{d}x\mathrm{d}y=\iint\limits_{D_{yz}}(x+1)\mathrm{d}y\mathrm{d}z+\iint\limits_{D_{zx}}y\mathrm{d}z\mathrm{d}x+\iint\limits_{D_{xy}}\mathrm{d}x\mathrm{d}y$$

$$=\int_0^1\mathrm{d}y\int_0^{1-y}(2-y-z)\mathrm{d}z+\int_0^1\mathrm{d}z\int_0^{1-z}(1-z-x)\mathrm{d}x+S_{D_{xy}}$$

$$=\int_0^1\mathrm{d}y\int_0^{1-y}-(2-y-z)\mathrm{d}(2-y-z)+\int_0^1\mathrm{d}z\int_0^{1-z}-(1-z-x)\mathrm{d}(1-z-x)+\frac{1}{2}$$

$$=-\int_0^1\frac{1}{2}(2-y-z)^2\Big|_0^{1-y}\mathrm{d}y+\int_0^1-\frac{1}{2}(1-z-x)^2\Big|_0^{1-z}\mathrm{d}z+\frac{1}{2}$$

$$=-\frac{1}{2}\int_0^1 1-(2-y)^2\mathrm{d}y+\frac{1}{2}\int_0^1(1-z)^2\mathrm{d}z+\frac{1}{2}$$

$$=-\frac{1}{2}\int_0^1(-3+4y-y^2)\mathrm{d}y+\frac{1}{2}\int_0^1-(1-z)^2\mathrm{d}(1-z)+\frac{1}{2}$$

$$=-\frac{1}{2}\left(-3y+2y^2-\frac{1}{3}y^3\right)\Big|_0^1-\frac{1}{2}\cdot\frac{1}{3}(1-z)^3\Big|_0^1+\frac{1}{2}$$

$$=-\frac{1}{2}\left(-3+2-\frac{1}{3}\right)+\frac{1}{6}+\frac{1}{2}=\frac{8}{6}=\frac{4}{3}.$$

6. 计算 $\oiint\limits_{\Sigma}\dfrac{\mathrm{e}^z}{\sqrt{x^2+y^2}}\mathrm{d}x\mathrm{d}y$,其中 Σ 为锥面 $z=\sqrt{x^2+y^2}$ 及平面 $z=1$、$z=2$ 所围成的空间区域的整个边界曲面的外侧.

解 由题设知 $\Sigma=\Sigma_1+\Sigma_2+\Sigma_3$,其中 Σ_1 在 xOy 面上的投影区域 $D_{xy}:1\leqslant x^2+y^2\leqslant 4$,则

$$\iint\limits_{\Sigma_1}\frac{\mathrm{e}^z}{\sqrt{x^2+y^2}}\mathrm{d}x\mathrm{d}y=-\iint\limits_{D_{xy}}\frac{\mathrm{e}^{\sqrt{x^2+y^2}}}{\sqrt{x^2+y^2}}\mathrm{d}x\mathrm{d}y=-\int_0^{2\pi}\mathrm{d}\theta\int_1^2\frac{\mathrm{e}^r}{r}\cdot r\mathrm{d}r=-2\pi\cdot\int_1^2\mathrm{e}^r\mathrm{d}r$$

$$=-2\pi(\mathrm{e}^2-\mathrm{e})=2\pi(\mathrm{e}-\mathrm{e}^2)$$

$\Sigma_2:z=1$ 取下侧,从而 $\iint\limits_{\Sigma_2}\dfrac{\mathrm{e}^z}{\sqrt{x^2+y^2}}\mathrm{d}x\mathrm{d}y=-\int_0^{2\pi}\mathrm{d}\theta\int_0^1\dfrac{\mathrm{e}^1}{r}\cdot r\mathrm{d}r=-2\pi\mathrm{e}.$

$\Sigma_3:z=2$ 取上侧,从而 $\iint\limits_{\Sigma_3}\dfrac{\mathrm{e}^z}{\sqrt{x^2+y^2}}\mathrm{d}x\mathrm{d}y=\int_0^{2\pi}\mathrm{d}\theta\int_0^2\dfrac{\mathrm{e}^2}{r}\cdot r\mathrm{d}r=4\pi\mathrm{e}^2.$

所以 $\oiint\limits_{\Sigma} \dfrac{e^z}{\sqrt{x^2+y^2}} dxdy = \iint\limits_{\Sigma_1} + \iint\limits_{\Sigma_2} + \iint\limits_{\Sigma_3} = 2\pi(e-e^2) + (-2\pi e) + 4\pi e^2 = 2\pi e^2.$

习题 11-8

1. 利用高斯公式计算对坐标的曲面积分.

(1) $\oiint\limits_{\Sigma} x^3 dydz + y^3 dzdx + z^3 dxdy$,其中 Σ 为球面 $x^2+y^2+z^2=a^2$ 的外侧;

(2) $\oiint\limits_{\Sigma} x^2 dydz + y^2 dzdx + z^2 dxdy$,其中 Σ 为平面 $x=0$、$y=0$、$z=0$、$x=a$、$y=a$、$z=a$ 所围成立体的表面的外侧;

(3) $\oiint\limits_{\Sigma} xdydz + ydzdx + zdxdy = 0$,其中 Σ 为平面 $z=3$、$z=0$ 和圆柱面 $x^2+y^2=9$ 所围成立体的整个表面的外侧.

解 (1) 由高斯公式

$$\oiint\limits_{\Sigma} x^3 dydz + y^3 dzdx + z^3 dxdy = \iiint\limits_{\Omega} \left(\dfrac{\partial P}{\partial x} + \dfrac{\partial Q}{\partial y} + \dfrac{\partial R}{\partial z}\right) dV = \iiint\limits_{\Omega} 3(x^2+y^2+z^2) dV$$

$$= 3\int_0^{2\pi} d\theta \int_0^{\pi} \sin\varphi d\varphi \int_0^a r^2 \cdot r^2 dr = 3 \times 2\pi \times (-\cos\varphi)\Big|_0^{\pi} \cdot \dfrac{1}{5} r^5 \Big|_0^a = \dfrac{12}{5}\pi a^5;$$

(2) 由高斯公式

$$\oiint\limits_{\Sigma} x^2 dydz + y^2 dzdx + z^2 dxdy = \iiint\limits_{\Omega} (2x+2y+2z) dV = 2\iiint\limits_{\Omega} (x+y+z) dV$$

$$= 2\int_0^a dx \int_0^a dy \int_0^a (x+y+z) dz = 2\int_0^a dx \int_0^a \left(ax + ay + \dfrac{a^2}{2}\right) dy = 2\int_0^a \left(a^2 x + \dfrac{a^3}{2} + \dfrac{a^3}{2}\right) dx$$

$$= 2\left(\dfrac{a^2}{2} x^2 + a^3 x\right)\Big|_0^a = 2\left(\dfrac{a^4}{2} + a^4\right) = 3a^4;$$

(3) 由高斯公式

$$\oiint\limits_{\Sigma} xdydz + ydzdx + zdxdy = \iiint\limits_{\Omega} (1+1+1) dV = 3\iiint\limits_{\Omega} dV = 3 \cdot \pi \cdot 3^2 \cdot 3 = 81\pi.$$

2. 计算 $\iint\limits_{\Sigma} xdydz + ydzdx + zdxdy$,其中 Σ 为半球面 $z = \sqrt{R^2-x^2-y^2}$ 的上侧.

解 补充 $\Sigma_1: xOy$ 面上的圆域 $x^2+y^2 \leqslant R^2$ 的下侧,则 $\Sigma_1 + \Sigma$ 构成封闭曲面(外侧),由高斯公式知

$$\oiint\limits_{\Sigma+\Sigma_1} xdydz + ydzdx + zdxdy = \iiint\limits_{\Omega} \left(\dfrac{\partial P}{\partial x} + \dfrac{\partial Q}{\partial y} + \dfrac{\partial R}{\partial z}\right) dV = \iiint\limits_{\Omega} (1+1+1) dV$$

$$= 3\iiint\limits_{\Omega} dV = 3 \cdot \dfrac{1}{2} \cdot \dfrac{4}{3}\pi R^3 = 2\pi R^3.$$

且 $\iint\limits_{\Sigma_1} xdydz + ydzdx + zdxdy = \iint\limits_{\Sigma_1} 0 + 0 + zdxdy = \iint\limits_{\Sigma_1} zdxdy = -\iint\limits_{D_{xy}} 0 dxdy = 0.$

故 $\iint\limits_{\Sigma} x\mathrm{d}y\mathrm{d}z + y\mathrm{d}z\mathrm{d}x + z\mathrm{d}x\mathrm{d}y = \oiint\limits_{\Sigma+\Sigma_1} - \iint\limits_{\Sigma_1} = 2\pi R^3 - 0 = 2\pi R^3.$

3. 证明：曲面 Σ 所包围的体积等于 $V = \frac{1}{3}\oiint\limits_{\Sigma}(x\cos\alpha + y\cos\beta + z\cos\gamma)\mathrm{d}S$，式中 $\cos\alpha$、$\cos\beta$、$\cos\gamma$ 为曲面 Σ 的外法线的方向余弦.

证明 $\oiint\limits_{\Sigma}(x\cos\alpha + y\cos\beta + z\cos\gamma)\mathrm{d}S = \oiint\limits_{\Sigma} x\mathrm{d}y\mathrm{d}z + y\mathrm{d}z\mathrm{d}x + z\mathrm{d}x\mathrm{d}y$，再由高斯公式知

$$\text{原式} = \iiint\limits_{\Omega}(1+1+1)\mathrm{d}V = 3\iiint\limits_{\Omega}\mathrm{d}V = 3V,$$

故曲面 Σ 所包围的体积为

$$V = \frac{1}{3}\oiint\limits_{\Sigma}(x\cos\alpha + y\cos\beta + z\cos\gamma)\mathrm{d}S.$$

4. 设 $r = \sqrt{x^2 + y^2 + z^2}$，求 $\mathrm{div}(\mathbf{grad}r)|_{1,-2,2}$.

解 先求 $\mathbf{grad}r$，$\mathbf{grad}r = \left\{\frac{\partial r}{\partial x}, \frac{\partial r}{\partial y}, \frac{\partial r}{\partial z}\right\} = \left\{\frac{x}{r}, \frac{y}{r}, \frac{z}{r}\right\}$. 再求 $\mathrm{div}(\mathbf{grad}r)$.

$\mathrm{div}(\mathbf{grad}r) = \frac{\partial}{\partial x}\left(\frac{x}{r}\right) + \frac{\partial}{\partial y}\left(\frac{y}{r}\right) + \frac{\partial}{\partial z}\left(\frac{z}{r}\right) = \left(\frac{1}{r} - \frac{x^2}{r^3}\right) + \left(\frac{1}{r} - \frac{y^2}{r^3}\right) + \left(\frac{1}{r} - \frac{z^2}{r^3}\right) = \frac{2}{r}.$

5. 已知向量场 $\mathbf{A}(x,y,z) = (x+y+z)\mathbf{i} + xy\mathbf{j} + z\mathbf{k}$，求该向量场的旋度 $\mathbf{rot}\mathbf{A}$.

解 按照旋度计算公式得 $\mathbf{rot}\mathbf{A} = \begin{vmatrix} \mathbf{i} & \mathbf{j} & \mathbf{k} \\ \frac{\partial}{\partial x} & \frac{\partial}{\partial y} & \frac{\partial}{\partial z} \\ x+y+z & xy & z \end{vmatrix} = \{0, 1, y-1\}.$

总习题十一

1. 填空题.

(1) L 是 xOy 平面上具有质量的光滑曲线，其线密度为 $\rho(x,y)$. 则 L 关于 Ox 轴的转动惯量可用曲线积分表示为 _____ [其中 $\rho(x,y)$ 为连续函数].

(2) 设 L 是任意简单闭曲线，a、b 为常数，则 $\oint\limits_{L^+}(a\mathrm{d}x + b\mathrm{d}y) = $ _____ .

(3) 设 $\mathbf{F}(x,y,z) = xy\mathbf{i} - yz\mathbf{j} + zx\mathbf{k}$，则 $\mathbf{rot}\mathbf{F}(1,1,0) = $ _____

解 (1) $\int\limits_{L} y^2 \rho(x,y)\mathrm{d}s$；

(2) 0；因为 $P = a, Q = b; \frac{\partial P}{\partial y} = 0, \frac{\partial Q}{\partial x} = 0, \frac{\partial Q}{\partial x} - \frac{\partial P}{\partial y} = 0$，由格林公式有

$$\oint\limits_{L^+}(a\mathrm{d}x + b\mathrm{d}y) = \iint\limits_{D}\left(\frac{\partial Q}{\partial x} - \frac{\partial P}{\partial y}\right)\mathrm{d}x\mathrm{d}y = 0.$$

(3) 按照旋度计算公式得 $\mathbf{rot}\mathbf{F}(1,1,0) = \begin{vmatrix} \mathbf{i} & \mathbf{j} & \mathbf{k} \\ \frac{\partial}{\partial x} & \frac{\partial}{\partial y} & \frac{\partial}{\partial z} \\ xy & -yz & zx \end{vmatrix}_{(1,1,0)} = \{y, -z, -x\}_{(1,1,0)} = $

$\{1,0,-1\}$.

2. 计算 $\int_L \sqrt{x}\,\mathrm{d}s$,其中 L 是抛物线 $y^2=x$ 上由点 $O(0,0)$ 与点 $B(1,1)$ 之间的一段弧.

解 如图 11-10 所示,曲线 $L:x=y^2(0\leqslant y\leqslant 1)$,则

$$\int_L \sqrt{x}\,\mathrm{d}s = \int_0^1 \sqrt{y^2} \cdot \sqrt{1+[(y^2)']^2}\,\mathrm{d}y = \int_0^1 y\sqrt{1+4y^2}\,\mathrm{d}y$$

$$= \frac{1}{8}\int_0^1 (1+4y^2)^{\frac{1}{2}}\,\mathrm{d}(1+4y^2) = \frac{1}{8}\times\frac{2}{3}(1+4y^2)^{\frac{3}{2}}\Big|_0^1 = \frac{1}{12}(5\sqrt{5}-1).$$

3. 计算 $\int_L x\,\mathrm{d}s$,其中 L 是圆周 $x^2+y^2=1$ 上由点 $A(1,0)$ 与点 $B(0,1)$ 在第一象限中的圆弧.

解 如图 11-11 所示,曲线 L 的参数方程为:$\begin{cases} x=\cos t, \\ y=\sin t \end{cases}\left(0\leqslant t\leqslant\frac{\pi}{2}\right)$,则

$$\int_L x\,\mathrm{d}s = \int_0^{\frac{\pi}{2}} \cos t \cdot \sqrt{(-\sin t)^2+(\cos t)^2}\,\mathrm{d}t = \int_0^{\frac{\pi}{2}} \cos t\,\mathrm{d}t = (\sin t)\Big|_0^{\frac{\pi}{2}} = 1.$$

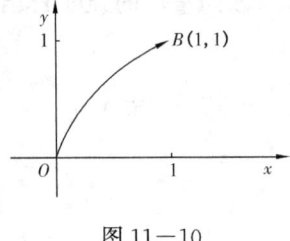

图 11-10

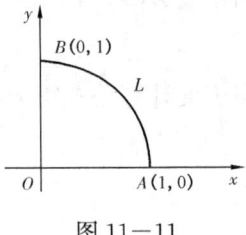

图 11-11

4. 计算 $\oint_L (x+y)\,\mathrm{d}s$,其中 L 是以 $O(0,0)$、$A(1,0)$ 和 $B(0,1)$ 为顶点的三角形的边界.

解 如图 11-12 所示,$L=L_1+L_2+L_3$,L_1 的方程为:$\begin{cases} y=0, \\ x=x \end{cases}(0\leqslant x\leqslant 1)$,$L_2$ 的方程为:$\begin{cases} x=0, \\ y=y \end{cases}(0\leqslant y\leqslant 1)$,$L_3$ 的方程为:$y=1-x\ (0\leqslant x\leqslant 1)$,于是

$$\int_L (x+y)\,\mathrm{d}s = \int_{L_1}(x+y)\,\mathrm{d}s + \int_{L_2}(x+y)\,\mathrm{d}s + \int_{L_3}(x+y)\,\mathrm{d}s$$

$$= \int_0^1 (x+0)\cdot\sqrt{1}\,\mathrm{d}x + \int_0^1 (0+y)\cdot\sqrt{1}\,\mathrm{d}y + \int_0^1 (x+1-x)\cdot\sqrt{1+(-1)^2}\,\mathrm{d}x$$

$$= \int_0^1 x\,\mathrm{d}x + \int_0^1 y\,\mathrm{d}y + \int_0^1 \sqrt{2}\,\mathrm{d}x = \frac{1}{2}+\frac{1}{2}+\sqrt{2} = 1+\sqrt{2}.$$

5. 计算 $\int_L (x+\sqrt{y})\mathrm{d}s$，其中 L 是 $y=x^2$ 上 $O(0,0)$ 到 $A(1,1)$ 的曲线弧.

解 如图 11—13 所示，曲线 $L: y=x^2 (0 \leqslant x \leqslant 1)$，则

$$\int_L (x+\sqrt{y})\mathrm{d}s = \int_0^1 (x+\sqrt{x^2}) \cdot \sqrt{1+[(x^2)']^2}\mathrm{d}x = \int_0^1 2x\sqrt{1+4x^2}\mathrm{d}x$$

$$= \frac{1}{4}\int_0^1 (1+4x^2)^{\frac{1}{2}}\mathrm{d}(1+4x^2) = \frac{1}{4} \cdot \frac{2}{3}(1+4x^2)^{\frac{3}{2}}\Big|_0^1 = \frac{1}{6}(5\sqrt{5}-1).$$

6. 计算 $\int_L |y|\mathrm{d}s$，其中 L 是以原点为圆心、R 为半径的圆周 $x^2+y^2=R^2, x \geqslant 0$.

解 如图 11—14 所示，曲线 L 的方程为：$x^2+y^2=R^2 (x \geqslant 0)$，可得 $y'_x = -\dfrac{x}{y}$，于是

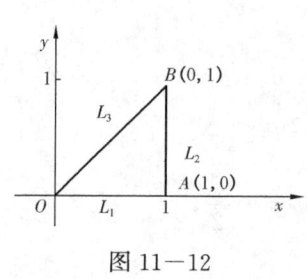

图 11—12

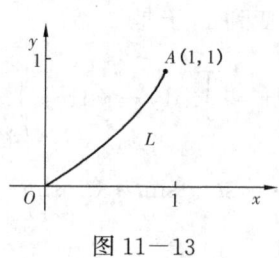

图 11—13

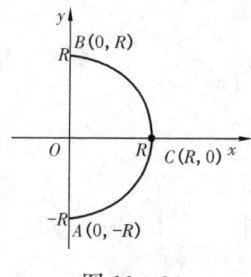

图 11—14

$$\mathrm{d}s = \sqrt{1+[y'(x)]^2} = \sqrt{\frac{y^2+x^2}{y^2}}\mathrm{d}x = \frac{R}{|y|}\mathrm{d}x,$$

从而 $\int_L |y|\mathrm{d}s = \int_{\widehat{AC}} |y|\mathrm{d}s + \int_{\widehat{BC}} |y|\mathrm{d}s = \int_0^R |y| \cdot \dfrac{R}{|y|}\mathrm{d}x + \int_0^R |y| \cdot \dfrac{R}{|y|}\mathrm{d}x = 2R^2.$

7. 计算 $\int_L y^2 \mathrm{d}s$，其中 L 是圆周 $\begin{cases} x^2+y^2+z^2=a^2, \\ x+y+z=0. \end{cases}$

解 因曲线 $L: \begin{cases} x^2+y^2+z^2=a^2, \\ x+y+z=0. \end{cases}$ 即平面 $x+y+z=0$ 与球面 $x^2+y^2+z^2=a^2$ 的交线方程关于 x、y、z 对称. 利用对称性可知：$\int_L x^2\mathrm{d}s = \int_L y^2\mathrm{d}s = \int_L z^2\mathrm{d}s$，因此

$$\int_L y^2 \mathrm{d}s = \frac{1}{3}\int_L (x^2+y^2+z^2)\mathrm{d}s = \frac{1}{3}\int_L a^2 \mathrm{d}s = \frac{1}{3}a^2\int_L \mathrm{d}s = \frac{1}{3}a^2 \cdot 2\pi a = \frac{2}{3}\pi a^3.$$

8. 计算 $\int_L (xy+x)\mathrm{d}x + \dfrac{x^2}{2}\mathrm{d}y$，其中 L 是 $x^2+y^2=R^2$ 的第一象限部分由 $(0,R)$ 到 $(R,0)$ 的曲线弧.

解 如图 11—15 所示，曲线 $L: \begin{cases} x=R\cos t, \\ y=R\sin t, \end{cases}$ 参数 t 单调地从 R 变到 0，于是

$$\int_L (xy+x)\mathrm{d}x + \frac{x^2}{2}\mathrm{d}y = \int_{\frac{\pi}{2}}^0 (R\cos t \cdot R\sin t + R\cos t) \cdot (-R\sin t)\mathrm{d}t + \frac{R^2\cos^2 t}{2} \cdot R\cos t \cdot \mathrm{d}t$$

$$= \int_{\frac{\pi}{2}}^0 \left[-R^3 \cos t \cdot \sin^2 t - R^2 \cos t \sin t + \frac{R^3}{2}\cos^3 t\right]\mathrm{d}t$$

$$= R^2 \int_{\frac{\pi}{2}}^{0} \left[-R \cdot \sin^2 t - \sin t + \frac{R}{2}(1-\sin^2 t) \right] d(\sin t)$$

$$= R^2 \left[\frac{R}{3} \sin^3 t \Big|_{0}^{\frac{\pi}{2}} + \frac{1}{2} \sin^2 t \Big|_{0}^{\frac{\pi}{2}} + \frac{R}{2}\left(\sin t - \frac{1}{3}\sin^3 t\right)\Big|_{\frac{\pi}{2}}^{0} \right]$$

$$= R^2 \left[\frac{R}{3} + \frac{1}{2} + \frac{R}{2}\left(-1 + \frac{1}{3}\right) \right] = \frac{R^2}{2}.$$

9. 计算 $\int_{\widehat{ABC}} x\,dy - y\,dx$，其中 $A(-1,0), B(0,1), C(1,0)$，$\widehat{AB}$ 为 $x^2+y^2=1$ 的上半圆的弧段，$\widehat{BC}$ 为 $y=1-x^2$ 上的弧段.

解 如图 11-16 所示，$L=L_1+L_2$，曲线 $L_1:\begin{cases} x=\cos t, \\ y=\sin t, \end{cases}$ 参数 t 单调地从 π 变到 $\frac{\pi}{2}$，曲线 $L_2:\begin{cases} y=1-x^2, \\ x=x, \end{cases}$ 参数 x 单调地从 0 变到 1，于是

$$\int_L x\,dy - y\,dx = \int_{L_1} x\,dy - y\,dx + \int_{L_2} x\,dy - y\,dx,$$

其中 $\int_{L_1} x\,dy - y\,dx = \int_{\pi}^{\frac{\pi}{2}} [\cos t \cdot \cos t - \sin t \cdot (-\sin t)]\,dt = \int_{\pi}^{\frac{\pi}{2}} dt = -\frac{\pi}{2}$,

$\int_{L_2} x\,dy - y\,dx = \int_{0}^{1} [x \cdot (-2x) - (1-x^2)]\,dx = \int_{0}^{1} (-x^2-1)\,dx = \left(-\frac{1}{3}x^3 - x\right)\Big|_{0}^{1} = -\frac{4}{3}$,

故 $\int_{\widehat{ABC}} x\,dy - y\,dx = -\frac{\pi}{2} - \frac{4}{3}$.

10. 计算 $\int_L (1+ye^x)\,dx + (x+e^x)\,dy$，其中 L 是沿 $y=1-x^2$ 由 $A(1,0)$ 到 $B(-1,0)$ 的曲线弧.

解 如图 11-17 所示，补充从 $B(-1,0)$ 到 $A(1,0)$ 的直线段，而 $\overrightarrow{BA}$ 的方程为 $\begin{cases} x=x, \\ y=0, \end{cases}$ x 单调地从 -1 变到 1，又 $P=1+ye^x$, $Q=x+e^x$, $\frac{\partial P}{\partial y}=e^x$, $\frac{\partial Q}{\partial x}=1+e^x$. 于是，由格林公式有

$$\int_L (1+ye^x)\,dx + (x+e^x)\,dy + \int_{\overrightarrow{BA}} (1+ye^x)\,dx + (x+e^x)\,dy$$

$$= \iint_D (1+e^x-e^x)\,dx\,dy = \iint_D dx\,dy = \int_{-1}^{1} dx \int_{0}^{1-x^2} dy = \int_{-1}^{1} (1-x^2)\,dx$$

$$= \left(x - \frac{1}{3}x^3\right)\Big|_{-1}^{1} = \frac{4}{3},$$

且 $\int_{\overrightarrow{BA}} (1+ye^x)\,dx + (x+e^x)\,dy = \int_{-1}^{1} [(1+0)+0]\,dx = 2$,

故 $\int_L (1+ye^x)\,dx + (x+e^x)\,dy = \frac{4}{3} - 2 = -\frac{2}{3}$.

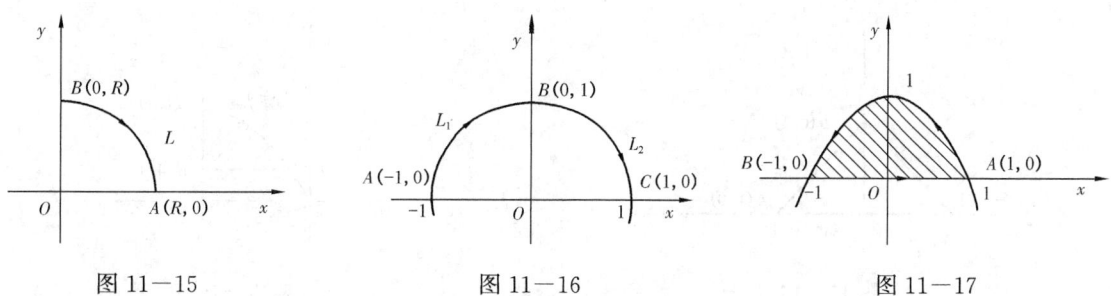

图 11—15　　　　　图 11—16　　　　　图 11—17

11. 计算 $\oint_L |y|\mathrm{d}x + |x|\mathrm{d}y$，其中 L 是以 $A(1,0)$、$B(0,1)$、$C(-1,0)$ 为顶点的三角形的正向边界曲线.

解 如图 11—18 所示，$L = L_1 + L_2 + L_3$，其中曲线 $L_1 : \begin{cases} x = x, \\ y = 0, \end{cases}$ x 单调地从 -1 变到 1，曲线 $L_2 : y = 1 - x$，x 单调地从 1 变到 0，曲线 $L_3 : y = 1 + x$，x 单调地从 0 变到 -1，则

$$\oint_L |y|\mathrm{d}x + |x|\mathrm{d}y = \int_{L_1} + \int_{L_2} + \int_{L_3},$$

而 $\int_{L_1} |y|\mathrm{d}x + |x|\mathrm{d}y = \int_{-1}^{1} 0\mathrm{d}x + |x| \cdot 0\mathrm{d}x = 0$,

$\int_{L_2} |y|\mathrm{d}x + |x|\mathrm{d}y = \int_1^0 (1-x)\mathrm{d}x + x \cdot \mathrm{d}(1-x) = \int_1^0 (1-2x)\mathrm{d}x = \int_0^1 (2x-1)\mathrm{d}x = 0,$

$\int_{L_3} |y|\mathrm{d}x + |x|\mathrm{d}y = \int_0^{-1} (1+x)\mathrm{d}x - x \cdot \mathrm{d}(1+x) = \int_0^{-1} 1\mathrm{d}x = -\int_{-1}^0 \mathrm{d}x = -1,$

故 $\oint_L |y|\mathrm{d}x + |x|\mathrm{d}y = -1.$

12. 计算 $\oint_L \dfrac{1}{y}\mathrm{d}x + \dfrac{1}{x}\mathrm{d}y$，其中 L 是由 $y=1$、$x=4$ 及 $y=\sqrt{x}$ 所围的曲边三角形的正向边界.

解 如图 11—19 所示，因 $P = \dfrac{1}{y}, Q = \dfrac{1}{x}, \dfrac{\partial P}{\partial y} = -\dfrac{1}{y^2}, \dfrac{\partial Q}{\partial x} = -\dfrac{1}{x^2}$，于是，由格林公式有

$$\oint_L \frac{1}{y}\mathrm{d}x + \frac{1}{x}\mathrm{d}y = \iint_D \left(-\frac{1}{x^2} + \frac{1}{y^2}\right)\mathrm{d}x\mathrm{d}y = \int_1^4 \mathrm{d}x \int_1^{\sqrt{x}} \left(-\frac{1}{x^2} + \frac{1}{y^2}\right)\mathrm{d}y$$

$$= \int_1^4 \left(-\frac{1}{x^2} \cdot y - \frac{1}{y}\right)\bigg|_1^{\sqrt{x}} \mathrm{d}x = -\int_1^4 \left(\frac{1}{x^2}\sqrt{x} + \frac{1}{\sqrt{x}}\right) - \left(\frac{1}{x^2} + 1\right)\mathrm{d}x$$

$$= -\int_1^4 (x^{-\frac{3}{2}} + x^{-\frac{1}{2}} - x^{-2} - 1)\mathrm{d}x = -\left[-2x^{-\frac{1}{2}} + 2x^{\frac{1}{2}} + \frac{1}{x} - x\right]\bigg|_1^4$$

$$= -\left[\left(-\frac{3}{4}\right) - 0\right] = \frac{3}{4}.$$

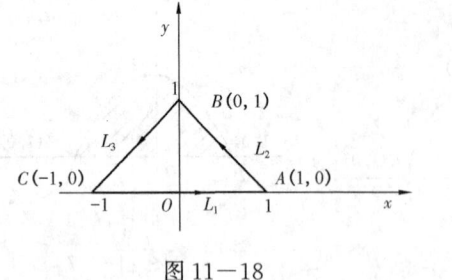

图 11—18

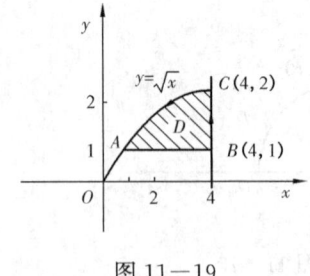

图 11—19

13. 用曲线积分计算曲线 $L: x=a\cos t, y=b\sin t$ 所围区域的面积.

解 曲线 L 所围区域的面积为

$$S = \iint_D dxdy = \frac{1}{2}\oint_L xdy - ydx = \frac{1}{2}\int_0^{2\pi} a\cos t \, d(b\sin t) - b\sin t \, d(a\cos t)$$

$$= \frac{1}{2}\int_0^{2\pi}(ab\cos^2 t + ab\sin^2 t)dt = \pi ab.$$

14. 计算 $\iint_\Sigma \sqrt{x^2+y^2}\,dS$,其中 Σ 为锥面 $\frac{x^2}{a^2}+\frac{y^2}{a^2}-\frac{z^2}{b^2}=0 (0\leqslant z\leqslant b)$.

解 由题设知曲面 $\Sigma: z=\frac{b}{a}\sqrt{x^2+y^2}$,$z_x=\frac{b}{a}\cdot\frac{x}{\sqrt{x^2+y^2}}$,$z_y=\frac{b}{a}\cdot\frac{y}{\sqrt{x^2+y^2}}$,

$dS = \sqrt{1+z_x^2+z_y^2}\,dxdy = \sqrt{1+\frac{b^2}{a^2}\cdot\frac{x^2}{x^2+y^2}+\frac{b^2}{a^2}\cdot\frac{y^2}{x^2+y^2}}\,dxdy = \frac{\sqrt{a^2+b^2}}{a}dxdy,$

则 $\iint_\Sigma \sqrt{x^2+y^2}\,dS = \iint_{D_{xy}} \sqrt{x^2+y^2}\cdot\frac{\sqrt{a^2+b^2}}{a}dxdy = \int_0^{2\pi}d\theta\int_0^a r\cdot\frac{\sqrt{a^2+b^2}}{a}\cdot rdr$

$$= \frac{\sqrt{a^2+b^2}}{a}\cdot 2\pi\cdot\frac{1}{3}r^3\Big|_0^a = \frac{\sqrt{a^2+b^2}}{a}\cdot\frac{2}{3}\pi a^3 = \frac{2}{3}\pi a^2\sqrt{a^2+b^2}.$$

15. 计算 $\iint_\Sigma zdxdy+xdydz+ydzdx$,其中 Σ 是柱面 $x^2+y^2=1$ 介于 $z=-1$ 和 $z=3$ 之间那部分的外侧.

解 由题设知 Σ 是柱面 $x^2+y^2=1$ 介于 $z=-1$ 及 $z=3$ 部分的外侧,现补上所截柱体的上下底面,$z=3$ 取上侧,$z=-1$ 取下侧,则由高斯公式有

$$\oiint_{\Sigma+\Sigma_{\pm}+\Sigma_{\mp}} zdxdy+xdydz+ydzdx = \iiint_\Omega (1+1+1)dV = 3\cdot\pi\cdot 1^2\cdot 4 = 12\pi.$$

并且注意到柱体的上、下底面在 zOx 面与 yOz 面上的投影为 0,故

$$\iint_{\Sigma_\pm} zdxdy+xdydz+ydzdx = \iint_{\Sigma_\pm} zdxdy = 3\iint_{D_{xy}} dxdy = 3\cdot\pi\cdot 1^2 = 3\pi,$$

$$\iint\limits_{\Sigma_{\text{下}}} z\mathrm{d}x\mathrm{d}y + x\mathrm{d}y\mathrm{d}z + y\mathrm{d}z\mathrm{d}x = \iint\limits_{\Sigma_{\text{下}}} z\mathrm{d}x\mathrm{d}y = -\left(-\iint\limits_{D_{xy}}\mathrm{d}x\mathrm{d}y\right) = \pi \cdot 1^2 = \pi,$$

所以 $\iint\limits_{\Sigma} z\mathrm{d}x\mathrm{d}y + x\mathrm{d}y\mathrm{d}z + y\mathrm{d}z\mathrm{d}x = 12\pi - 3\pi - \pi = 8\pi.$

16. 计算 $\iint\limits_{\Sigma} x^2\mathrm{d}y\mathrm{d}z + y^2\mathrm{d}z\mathrm{d}x + z^2\mathrm{d}x\mathrm{d}y$，其中 Σ 是半球面 $x^2+y^2+z^2=a^2$ $(z\geqslant 0)$ 的上侧．

解 由于曲面 $\Sigma: x^2+y^2+z^2=a^2$ $(z\geqslant 0)$，当 $x>0$ 时，$\mathrm{d}y\mathrm{d}z>0$，当 $x<0$ 时，$\mathrm{d}y\mathrm{d}z<0$，于是 $\iint\limits_{\Sigma} x^2\mathrm{d}y\mathrm{d}z = 0$，同理 $\iint\limits_{\Sigma} y^2\mathrm{d}z\mathrm{d}x = 0$，所以

$$\iint\limits_{\Sigma} x^2\mathrm{d}y\mathrm{d}z + y^2\mathrm{d}z\mathrm{d}x + z^2\mathrm{d}x\mathrm{d}y = \iint\limits_{\Sigma} z^2\mathrm{d}x\mathrm{d}y = \iint\limits_{D_{xy}}(a^2-x^2-y^2)\mathrm{d}x\mathrm{d}y$$

$$= \int_0^{2\pi}\mathrm{d}\theta\int_0^a (a^2-r^2)\cdot r\mathrm{d}r = 2\pi\cdot\left(-\frac{1}{2}\right)\cdot\int_0^a (a^2-r^2)\mathrm{d}(a^2-r^2)$$

$$= -\pi\cdot\frac{1}{2}(a^2-r^2)^2\bigg|_0^a = \frac{\pi}{2}a^4.$$

17. 计算 $\iint\limits_{\Sigma} x^3\mathrm{d}y\mathrm{d}z + y^3\mathrm{d}z\mathrm{d}x + z^3\mathrm{d}x\mathrm{d}y$，其中 Σ 为 $x^2+y^2+z^2=a^2$ $(z\geqslant 0)$ 的内侧．

解 $\Sigma: x^2+y^2+z^2=a^2$ $(z\geqslant 0)$ 的内侧，Σ 不是封闭曲面，补充曲面 Σ_1，其方程为 $\Sigma_1: z=0$ 的上侧，则 $\Sigma+\Sigma_1$ 为封闭曲面的内侧，由于 $P=x^3$, $Q=y^3$, $R=z^3$, $\frac{\partial P}{\partial x}+\frac{\partial Q}{\partial y}+\frac{\partial R}{\partial z}=3(x^2+y^2+z^2)$，由高斯公式有

$$\oiint\limits_{\Sigma+\Sigma_1} x^3\mathrm{d}y\mathrm{d}z + y^3\mathrm{d}z\mathrm{d}x + z^3\mathrm{d}x\mathrm{d}y = -3\iiint\limits_{\Omega}(x^2+y^2+z^2)\mathrm{d}V = -3\int_0^{2\pi}\mathrm{d}\theta\int_0^{\frac{\pi}{2}}\mathrm{d}\varphi\int_0^a r^2\cdot r^2\sin\varphi\mathrm{d}r$$

$$= -3\cdot 2\pi\cdot(-\cos\varphi)\bigg|_0^{\frac{\pi}{2}}\cdot\frac{1}{5}r^5\bigg|_0^a = -\frac{6}{5}\pi a^5.$$

又 $\iint\limits_{\Sigma_1} x^3\mathrm{d}y\mathrm{d}z + y^3\mathrm{d}z\mathrm{d}x + z^3\mathrm{d}x\mathrm{d}y = \iint\limits_{\Sigma_1} z^3\mathrm{d}x\mathrm{d}y = 0.$

所以 $\iint\limits_{\Sigma} x^3\mathrm{d}y\mathrm{d}z + y^3\mathrm{d}z\mathrm{d}x + z^3\mathrm{d}x\mathrm{d}y = -\frac{6}{5}\pi a^5 - 0 = -\frac{6}{5}\pi a^5.$

18. 在方向依纵轴负方向，且大小等于作用点的横坐标平方的力场上，求质量为 m 的质点沿抛物线 $1-x=y^2$ 从 $A(1,0)$ 移到 $B(0,1)$（第一象限）所做的功．

解 如图 11—20 所示，力场 $\mathbf{F}(x,y)=P(x,y)\mathbf{i}+Q(x,y)\mathbf{j}=-x^2\mathbf{j}$，故

$$W = \int_{\widehat{AB}} 0\mathrm{d}x - x^2\mathrm{d}y = -\int_{\widehat{AB}} x^2\mathrm{d}y$$

$$= -\int_0^1 (1-y^2)^2 \cdot dy$$

$$= -\int_0^1 (1-2y^2+y^4)dy$$

$$= -\left(y - \frac{2}{3}y^3 + \frac{1}{5}y^4\right)\Big|_0^1 = -\frac{8}{15}.$$

19. 曲线积分 $\int_L xy^2 dx + y\varphi(x)dy$ 与路径无关，其中 $\varphi(x)$ 具有连续导数，且 $\varphi(0)=0$，求 $\varphi(x)$，并计算 $\int_{(0,0)}^{(1,1)} xy^2 dx + y\varphi(x)dy$ 的值.

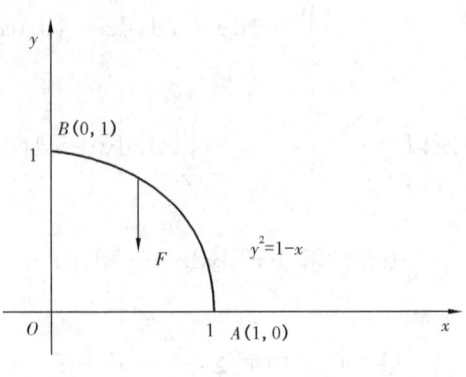

图 11—20

解 $P = xy^2, Q = y\varphi(x)$，由积分与路径无关的条件，$\frac{\partial P}{\partial y} = \frac{\partial Q}{\partial x}$，即 $2xy = y\varphi'(x), \varphi'(x) = 2x$，从而 $\varphi(x) = \int 2x dx = x^2 + c$，代入 $\varphi(0) = 0$ 得 $c = 0$，故 $\varphi(x) = x^2$. 于是，所求积分为

$$\int_{(0,0)}^{(1,1)} xy^2 dx + y\varphi(x)dy = \int_{(0,0)}^{(1,1)} xy^2 dx + x^2 y dy.$$

选取积分路径 L 为 $y = x(0 \leqslant x \leqslant 1)$，故

$$\int_{(0,0)}^{(1,1)} xy^2 dx + x^2 y dy = \int_0^1 (x \cdot x^2 + x^2 \cdot x) dx = \int_0^1 2x^3 dx = \frac{1}{2}.$$

20. 设有一变力在 x 轴及 y 轴上投影分别为 $P(x,y) = x + y^2$ 和 $Q(x,y) = 2xy - 8$，变力确定了一个力场，求单位质点在该力场中从点 $O(0,0)$ 移动到点 $B(1,1)$ 时，力场所做的功.

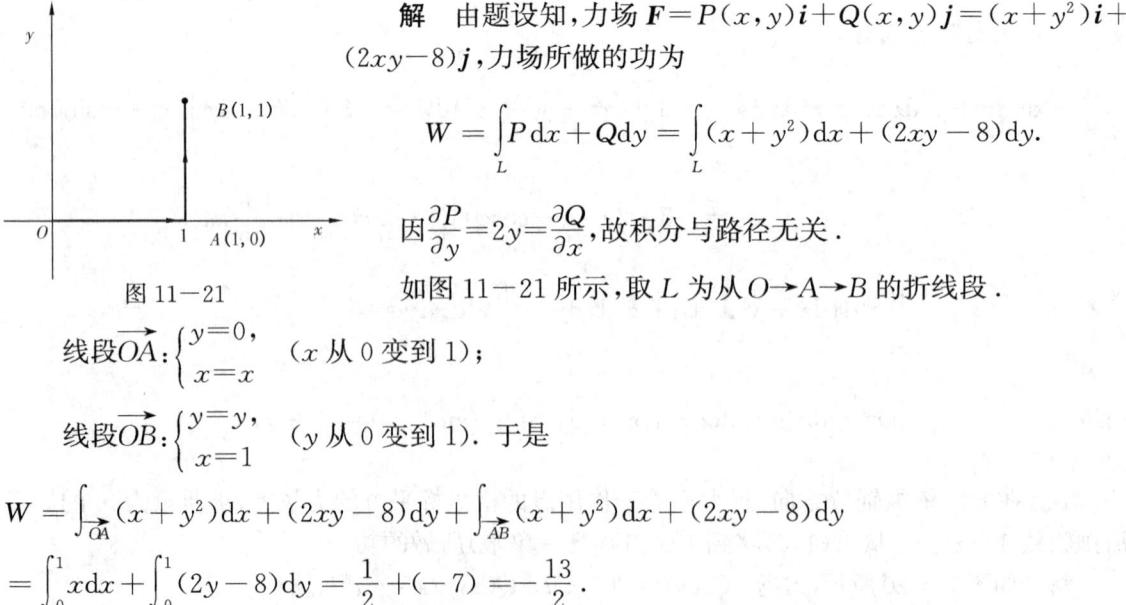

图 11—21

解 由题设知，力场 $\mathbf{F} = P(x,y)\mathbf{i} + Q(x,y)\mathbf{j} = (x+y^2)\mathbf{i} + (2xy-8)\mathbf{j}$，力场所做的功为

$$W = \int_L P dx + Q dy = \int_L (x+y^2) dx + (2xy-8) dy.$$

因 $\frac{\partial P}{\partial y} = 2y = \frac{\partial Q}{\partial x}$，故积分与路径无关.

如图 11—21 所示，取 L 为从 $O \to A \to B$ 的折线段.

线段 $\overrightarrow{OA}: \begin{cases} y=0, \\ x=x \end{cases}$ （x 从 0 变到 1）；

线段 $\overrightarrow{OB}: \begin{cases} y=y, \\ x=1 \end{cases}$ （y 从 0 变到 1）. 于是

$$W = \int_{\overrightarrow{OA}} (x+y^2)dx + (2xy-8)dy + \int_{\overrightarrow{AB}} (x+y^2)dx + (2xy-8)dy$$

$$= \int_0^1 x dx + \int_0^1 (2y-8) dy = \frac{1}{2} + (-7) = -\frac{13}{2}.$$

自测题十一

一、填空题.（每题 5 分,5 小题,共 25 分）

1. 曲线积分 $\int_L (x+y)\,ds = \underline{\qquad}$,其中 L 为连接点 $(2,0)$ 和 $(0,2)$ 的线段.

2. 设 L 为任意简单闭曲线,则关于坐标的曲线积分 $\oint_L (dx+dy) = \underline{\qquad}$.

3. $\iint_\Sigma (x^2 z + y^2 z)\,dS = \underline{\qquad}$,其中 Σ 是半球面 $x^2+y^2+z^2=4, z\geqslant 0$.

4. $\oint_L (x-y)\,ds = \underline{\qquad}$,其中 L 为连接点 $O(0,0), A(1,0), B(1,1)$ 的折线.

5. 设椭圆 $L: \dfrac{x^2}{4} + \dfrac{y^2}{3} = 1$ 的周长为 a,则 $\int_L (3x^2+4y^2)\,ds = \underline{\qquad}$.

解 1. L 的方程为 $y=-x+2 (0\leqslant x\leqslant 2), y'=-1$,故所求积分为
$$\int_L (x+y)\,ds = \int_0^2 2\cdot\sqrt{1+1}\,dx = 4\sqrt{2}.$$

2. 因为 $\dfrac{\partial P}{\partial y} = \dfrac{\partial Q}{\partial x}$,故 $\oint_L (dx+dy)$ 在任意闭曲线上均为 0.

3. 曲面方程为 $z=\sqrt{4-x^2-y^2}$,故 $dS = \sqrt{1+\left(\dfrac{-x}{\sqrt{4-x^2-y^2}}\right)^2 + \left(\dfrac{-y}{\sqrt{4-x^2-y^2}}\right)^2}\,dxdy$

$= \dfrac{2}{\sqrt{4-x^2-y^2}}\,dxdy = \dfrac{2}{z}\,dxdy$,设 $D=\{(x,y)\mid x^2+y^2\leqslant 4\}$,则

$$\iint_\Sigma (x^2 z+y^2 z)\,dS = \iint_D 2(x^2+y^2)\,dxdy = 2\int_0^{2\pi}d\theta\int_0^2 r^2\cdot r\,dr = 2\cdot[\theta]_0^{2\pi}\cdot\left[\dfrac{r^4}{4}\right]_0^2 = 16\pi.$$

4. $\oint_L (x-y)\,ds = \int_{\overline{OA}} (x-y)\,ds + \int_{\overline{AB}} (x-y)\,ds$

$= \int_0^1 x\,dx + \int_0^1 (1-y)\,dy$

$= \dfrac{1}{2} + 1 - \dfrac{1}{2} = 1$

5. 由椭圆方程可知 $3x^2+4y^2=12$,故所求积分为
$$\int_L (3x^2+4y^2)\,ds = \int_L 12\,ds = 12a.$$

二、单项选择题.（每题 5 分,5 小题,共 25 分）

6. 以下曲线积分在开的单连通区域 G 内与积分路径无关的是（　　）.

　　A. $\int_L x\,dy + y\,dx$　　B. $\int_L x\,dx + x\,dy$　　C. $\int_L x\,dy - y\,dx$　　D. $\int_L y\,dx + y\,dy$

7. 设 L 为直线 $y=y_0$ 上从 $A(0,y_0)$ 到点 $B(3,y_0)$ 的有向直线段,则 $\int_L 2\,dy = ($　　$)$.

　　A. 6　　　　　　　B. $6y_0$　　　　　　　C. 0　　　　　　　D. $3y_0$

8. 若 L 是上半椭圆 $\begin{cases} x = a\cos t, \\ y = b\sin t, \end{cases}$ 取顺时针方向，则 $\int_L y\,dx - x\,dy$ 的值为（ ）．

A. 0   B. $\dfrac{\pi}{2}ab$ C. πab D. $2\pi ab$

9. 若 Σ 为球面 $x^2 + y^2 + z^2 = R^2$ 的外侧，D_{xy} 是 xOy 面上的圆域 $x^2 + y^2 \leqslant R^2$，则 $\iint\limits_\Sigma x^2 y^2 z\,dx\,dy$ 等于（ ）．

A. $\iint\limits_{D_{xy}} x^2 y^2 \sqrt{R^2 - x^2 - y^2}\,dx\,dy$ B. $2\iint\limits_{D_{xy}} x^2 y^2 \sqrt{R^2 - x^2 - y^2}\,dx\,dy$

C. 0   D. $-\iint\limits_{D_{xy}} x^2 y^2 \sqrt{R^2 - x^2 - y^2}\,dx\,dy$

10. 若 Σ 为 $z = 2 - (x^2 + y^2)$ 在 xOy 面上方部分的曲面，则 $\iint\limits_\Sigma dS$ 等于（ ）．

A. $\int_0^{2\pi} d\theta \int_0^r \sqrt{1 + 4r^2} \cdot r\,dr$ B. $\int_0^{2\pi} d\theta \int_0^{\sqrt{2}} \sqrt{1 + 4r^2} \cdot r\,dr$

C. $\int_0^{2\pi} d\theta \int_0^2 \sqrt{1 + 4r^2} \cdot r\,dr$ D. $\int_0^{2\pi} d\theta \int_0^{2r} \sqrt{1 + 4r^2} \cdot r\,dr$

解 6. 根据积分与路径无关的条件 $\dfrac{\partial P}{\partial y} = \dfrac{\partial Q}{\partial x}$，可知 A 正确．

7. 因为 x 从 0 到 3，$y = y_0$ 为常数，$dy = 0$ 所以 $\int_L 2\,dy = 0$，故选 C．

8. $x = a\cos t$，$dx = -a\sin t\,dt$，$y = b\sin t$，$dy = b\cos t\,dt$，

$$\int_L y\,dx - x\,dy = -\int_0^\pi [(b\sin t)(-a\sin t) - (a\cos t)(b\cos t)]\,dt = ab\int_0^\pi dt = \pi ab，故选 C．$$

9. 设球面 Σ 在 xOy 面上方部分为 $\Sigma_1 : z = \sqrt{R^2 - x^2 - y^2}$，取上侧，在 xOy 面下方部分为 $\Sigma_2 : z = -\sqrt{R^2 - x^2 - y^2}$，取下侧．则

$$\iint\limits_\Sigma x^2 y^2 z\,dx\,dy = \iint\limits_{\Sigma_1} x^2 y^2 z\,dx\,dy + \iint\limits_{\Sigma_2} x^2 y^2 z\,dx\,dy$$

$$= \iint\limits_{D_{xy}} x^2 y^2 \sqrt{R^2 - x^2 - y^2}\,dx\,dy - \left(-\iint\limits_{D_{xy}} x^2 y^2 \sqrt{R^2 - x^2 - y^2}\,dx\,dy\right)$$

$$= 2\iint\limits_{D_{xy}} x^2 y^2 \sqrt{R^2 - x^2 - y^2}\,dx\,dy，$$

故选 B．

10. Σ 在 xOy 面上的投影区域 D 为 $x^2 + y^2 = 2$ 所围，又 $\dfrac{\partial z}{\partial x} = -2x$，$\dfrac{\partial z}{\partial y} = -2y$，即

$$\sqrt{1 + \left(\dfrac{\partial z}{\partial x}\right)^2 + \left(\dfrac{\partial z}{\partial y}\right)^2} = \sqrt{1 + 4x^2 + 4y^2}，则$$

$$\iint\limits_\Sigma dS = \iint\limits_D \sqrt{1 + 4x^2 + 4y^2}\,dx\,dy = \int_0^{2\pi} d\theta \int_0^{\sqrt{2}} \sqrt{1 + 4r^2} \cdot r\,dr，$$

故选 B．

三、解答题．（每题 10 分，5 小题，共 50 分）

11. 利用格林公式计算关于坐标的曲线积分 $\int_L -x^2 y\,dx + xy^2\,dy$，其中 L 为圆周 $x^2 + y^2 = 4$

的正向边界.

解 由题意知,$P(x,y)=-x^2y,Q(x,y)=xy^2$,故 $P_y=-x^2,Q_x=y^2$. 所以由格林公式,我们有

$$\oint_L -x^2y\,dx+xy^2\,dy=\iint_D(x^2+y^2)\,dxdy=\int_0^{2\pi}d\theta\int_0^2 r^3\,dr=8\pi.$$

12. 利用高斯公式计算曲面积分 $\iint_\Sigma x^2\,dydz-2xy\,dzdx+\dfrac{3}{4}z\,dxdy$,其中 Σ 是球面 $x^2+y^2+z^2=1$ 外侧.

解 设球面 Σ 所围区域为 Ω,则 Ω 的体积为 $\dfrac{4\pi}{3}$,由高斯公式,有

$$\iint_\Sigma x^2\,dydz-2xy\,dzdx+\frac{3}{4}z\,dxdy=\iiint_\Omega \frac{3}{4}\,dxdydz=\frac{3}{4}\cdot\frac{4\pi}{3}=\pi.$$

13. 计算关于弧长的曲线积分 $I=\int_L 2x\,ds$,其中 L 是抛物线 $y=x^2$ 上从点 $(0,0)$ 到点 $(2,4)$ 的曲线段.

解 $I=\int_0^2 2x\sqrt{1+4x^2}\,dx=\dfrac{1}{4}\int_0^2\sqrt{1+4x^2}\,d(1+4x^2)$

$=\dfrac{1}{4}\times\dfrac{2}{3}(1+4x^2)^{\frac{3}{2}}\Big|_0^2=\dfrac{17\sqrt{17}-1}{6}.$

14. 设曲线型构件方程为 $L:y=\ln x,(0<a\leqslant x\leqslant b)$,其上任一点处的线密度为该点横坐标的平方,试求该构件的质量.

解 依题意可知,构件的线密度 $\rho=x^2,(0<a\leqslant x\leqslant b)$,则其质量为

$M=\int_L x^2\,ds=\int_a^b x^2\sqrt{1+\left(\dfrac{1}{x}\right)^2}\,dx=\int_a^b x\sqrt{1+x^2}\,dx=\dfrac{1}{2}\int_a^b\sqrt{1+x^2}\,d(1+x^2)$

$=\dfrac{1}{3}(1+x^2)^{\frac{3}{2}}\Big|_a^b=\dfrac{1}{3}[(1+b^2)^{\frac{3}{2}}-(1+a^2)^{\frac{3}{2}}].$

15. 计算曲线积分 $I=\int_L(e^y+x)\,dx+(xe^y-2y)\,dy$,其中 L 为过 $O(0,0),A(0,1),B(1,2)$ 三点的圆上从 O 到 B 的有向弧段.

解 设 $P=e^y+x,Q=xe^y-2y$,则 $\dfrac{\partial P}{\partial y}=e^y=\dfrac{\partial Q}{\partial x}$,从而原曲线积分与路径无关.

再取 $E(1,0)$,则 $\overline{OE}:y=0,x:0\to 1;\overline{EB}:x=1,y:0\to 2$,所以

$I=\int_{(0,0)}^{(1,2)}(e^y+x)\,dx+(xe^y-2y)\,dy$

$=\int_{\overline{OE}}(e^y+x)\,dx+(xe^y-2y)\,dy+\int_{\overline{EB}}(e^y+x)\,dx+(xe^y-2y)\,dy$

$=\int_0^1(e^0+x)\,dx+\int_0^2(e^y-2y)\,dy$

$=\left(x+\dfrac{x^2}{2}\right)\Big|_0^1+(e^y-y^2)\Big|_0^2$

$=e^2-\dfrac{7}{2}.$

第十二章 无穷级数

习题 12—1

1. 已知级数的一般项 u_n，写出该级数．

(1) $u_n = \dfrac{2n}{1+n^2}$；　　(2) $u_n = \dfrac{n+1}{2^n}$；　　(3) $u_n = \dfrac{(-1)^n}{3^n}$；　　(4) $u_n = \dfrac{n!}{n^n}$．

解 (1) 由于 $u_n = \dfrac{2n}{1+n^2}$，则以 u_n 为一般项的级数为 $1 + \dfrac{4}{5} + \dfrac{3}{5} + \cdots + \dfrac{2n}{1+n^2} + \cdots$；

(2) 由于 $u_n = \dfrac{n+1}{2^n}$，则以 u_n 为一般项的级数为 $1 + \dfrac{3}{4} + \dfrac{1}{2} + \cdots + \dfrac{n+1}{2^n} + \cdots$；

(3) 由于 $u_n = \dfrac{(-1)^n}{3^n}$，则以 u_n 为一般项的级数为 $-\dfrac{1}{3} + \dfrac{1}{9} - \dfrac{1}{27} + \cdots + \dfrac{(-1)^n}{3^n} + \cdots$；

(4) 由于 $u_n = \dfrac{n!}{n^n}$，则以 u_n 为一般项的级数为 $1 + \dfrac{1}{2} + \dfrac{2}{9} + \cdots + \dfrac{n!}{n^n} + \cdots$．

2. 写出下列级数的一般项：

(1) $\dfrac{1}{2} + \dfrac{1}{4} + \dfrac{1}{6} + \dfrac{1}{8} + \cdots$；　　(2) $\dfrac{1}{2} - \dfrac{2}{3} + \dfrac{3}{4} - \dfrac{4}{5} + \cdots$；

(3) $\dfrac{1!}{3} + \dfrac{2!}{5} + \dfrac{3!}{7} + \dfrac{4!}{9} + \cdots$；　　(4) $-\dfrac{a^2}{3} + \dfrac{a^3}{5} - \dfrac{a^4}{7} + \dfrac{a^5}{9} - \cdots$．

解 (1) 级数 $\dfrac{1}{2} + \dfrac{1}{4} + \dfrac{1}{6} + \dfrac{1}{8} + \cdots$ 的一般项为 $u_n = \dfrac{1}{2n}$；

(2) 级数 $\dfrac{1}{2} - \dfrac{2}{3} + \dfrac{3}{4} - \dfrac{4}{5} + \cdots$ 的一般项为 $u_n = (-1)^{n+1} \dfrac{n}{n+1}$；

(3) 级数 $\dfrac{1!}{3} + \dfrac{2!}{5} + \dfrac{3!}{7} + \dfrac{4!}{9} + \cdots$ 的一般项为 $u_n = \dfrac{n!}{2n+1}$；

(4) 级数 $-\dfrac{a^2}{3} + \dfrac{a^3}{5} - \dfrac{a^4}{7} + \dfrac{a^5}{9} - \cdots$ 的一般项为 $u_n = (-1)^n \dfrac{a^{n+1}}{2n+1}$．

3. 根据定义判断下列级数的敛散性：

(1) $\sum\limits_{n=1}^{\infty} \dfrac{1}{n(n+2)}$；　　(2) $\sum\limits_{n=1}^{\infty} \left(\cos \dfrac{2n+1}{2} - \cos \dfrac{2n-1}{2} \right)$；

(3) $\ln \dfrac{1}{2} + \ln \dfrac{2}{3} + \ln \dfrac{3}{4} + \cdots + \ln \dfrac{n}{n+1} + \cdots$；　　(4) $\sum\limits_{n=1}^{\infty} \left(\dfrac{1}{\sqrt{n+1}} - \dfrac{1}{\sqrt{n}} \right)$；

(5) $\sin \dfrac{\pi}{3} + \sin \dfrac{2\pi}{3} + \sin \pi + \cdots + \sin \dfrac{n\pi}{3} + \cdots$．

解 (1) 将 $u_n = \dfrac{1}{n(n+2)}$ 分解成部分分式，令 $\dfrac{1}{n(n+2)} = \dfrac{A}{n} + \dfrac{B}{n+2}$，则 $A = \dfrac{1}{2}, B = -\dfrac{1}{2}$，即

$$u_n = \dfrac{1}{n(n+2)} = \dfrac{1}{2n} - \dfrac{1}{2n+4},$$

因此 $s_n = \dfrac{1}{1 \cdot 3} + \dfrac{1}{2 \cdot 4} + \dfrac{1}{3 \cdot 5} + \cdots + \dfrac{1}{n \cdot (n+2)}$

$= \left(\dfrac{1}{2} - \dfrac{1}{6}\right) + \left(\dfrac{1}{4} - \dfrac{1}{8}\right) + \left(\dfrac{1}{6} - \dfrac{1}{10}\right) \cdots + \left[\dfrac{1}{2n} - \dfrac{1}{2(n+2)}\right]$

$= \left(\dfrac{1}{2} + \dfrac{1}{4} + \dfrac{1}{6} + \cdots + \dfrac{1}{2n}\right) - \left[\dfrac{1}{6} + \dfrac{1}{8} + \dfrac{1}{10} + \cdots + \dfrac{1}{2(n+2)}\right]$

$= \dfrac{1}{2}\left(1 + \dfrac{1}{2} + \dfrac{1}{3} + \cdots + \dfrac{1}{n}\right) - \dfrac{1}{2}\left(\dfrac{1}{3} + \dfrac{1}{4} + \dfrac{1}{5} + \cdots + \dfrac{1}{n+2}\right)$

$= \dfrac{1}{2}\left(1 + \dfrac{1}{2} - \dfrac{1}{n+1} - \dfrac{1}{n+2}\right) = \dfrac{3}{4} - \dfrac{1}{2(n+1)} - \dfrac{1}{2(n+2)}$,

从而 $\lim\limits_{n\to\infty} s_n = \lim\limits_{n\to\infty}\left(\dfrac{3}{4} - \dfrac{1}{2(n+1)} - \dfrac{1}{2(n+2)}\right) = \dfrac{3}{4}$,所以该级数收敛.

(2)级数的一般项为 $u_n = \cos\dfrac{2n+1}{2} - \cos\dfrac{2n-1}{2} = -2\sin\dfrac{1}{2}\sin n$,由于 $\lim\limits_{n\to\infty} u_n = \lim\limits_{n\to\infty}\left(-2\sin\dfrac{1}{2}\sin n\right)$ 不存在,所以该级数发散.

(3)级数的一般项为 $u_n = \ln\dfrac{n}{n+1} = \ln n - \ln(n+1)$,因此 $s_n = (\ln 1 - \ln 2) + (\ln 3 - \ln 4) + \cdots + [\ln n - \ln(n+1)] = -\ln(n+1)$,由于 $\lim\limits_{n\to\infty} s_n$ 不存在,所以该级数发散.

(4)级数的前 n 项部分和为 $s_n = \left(\dfrac{1}{\sqrt{2}} - 1\right) + \left(\dfrac{1}{\sqrt{3}} - \dfrac{1}{\sqrt{2}}\right) + \cdots + \left(\dfrac{1}{\sqrt{n+1}} - \dfrac{1}{\sqrt{n}}\right) = \dfrac{1}{\sqrt{n+1}} - 1$,从而 $\lim\limits_{n\to\infty} s_n = \lim\limits_{n\to\infty}\dfrac{1}{\sqrt{n+1}} - 1 = -1$,所以该级数收敛.

(5)级数的一般项为 $u_n = \sin\dfrac{n\pi}{3}$,而 $\lim\limits_{n\to\infty}\sin\dfrac{n\pi}{3}$ 不存在,所以该级数发散.

4. 判断下列级数的敛散性.

(1) $\dfrac{1}{2} - \dfrac{3}{10} + \dfrac{1}{2^2} - \dfrac{3}{10^2} + \dfrac{1}{2^3} - \dfrac{3}{10^3} + \cdots$;　　(2) $\sum\limits_{n=1}^{\infty}\left(\dfrac{1}{n^2} + \dfrac{2}{n^2} + \cdots + \dfrac{n}{n^2}\right)$;

(3) $1 + \sqrt{2} + \sqrt{3} + \cdots + \sqrt{n} + \cdots$;　　(4) $-\dfrac{3}{2} + \dfrac{3^2}{2^2} - \dfrac{3^3}{2^3} + \cdots + (-1)^n\dfrac{3^n}{2^n} + \cdots$.

解 (1) $\dfrac{1}{2} - \dfrac{3}{10} + \dfrac{1}{2^2} - \dfrac{3}{10^2} + \dfrac{1}{2^3} - \dfrac{3}{10^3} + \cdots = \sum\limits_{n=1}^{\infty}\dfrac{1}{2^n} - 3\sum\limits_{n=1}^{\infty}\dfrac{1}{10^n}$,其中 $\sum\limits_{n=1}^{\infty}\dfrac{1}{2^n}$ 是等比级数,公比 $q = \dfrac{1}{2} < 1$,收敛;$\sum\limits_{n=1}^{\infty}\dfrac{1}{10^n}$ 是等比级数,公比 $q = \dfrac{1}{10} < 1$,收敛;故原级数收敛.

(2)由级数的一般项 $u_n = \dfrac{1}{n^2} + \dfrac{2}{n^2} + \cdots + \dfrac{n}{n^2} = \dfrac{n(1+n)}{2n^2}$,而 $\lim\limits_{n\to\infty} u_n = \lim\limits_{n\to\infty}\dfrac{n(1+n)}{2n^2} = \dfrac{1}{2}$,所以该级数发散.

(3)级数的一般项为 $u_n=\sqrt{n}$,显然不满足 $\lim\limits_{n\to\infty}u_n=0$,所以该级数发散.

(4)级数的一般项为 $u_n=(-1)^n\dfrac{3^n}{2^n}$,显然不满足 $\lim\limits_{n\to\infty}u_n=0$,所以该级数发散.

5. 若 $\sum\limits_{n=1}^{\infty}u_n$ 收敛,证明:$\sum\limits_{n=1}^{\infty}(u_n-u_{n+1})$ 也收敛.

证明 由于 $\sum\limits_{n=1}^{\infty}u_n$ 收敛,根据级数收敛的必要条件,则 $\lim\limits_{n\to\infty}u_n=0$,级数 $\sum\limits_{n=1}^{\infty}(u_n-u_{n+1})$ 的部分和为 $s_n=(u_1-u_2)+(u_2-u_3)+\cdots+(u_n-u_{n+1})=u_1-u_{n+1}$,进而 $\lim\limits_{n\to\infty}s_n=\lim\limits_{n\to\infty}(u_1-u_{n+1})=u_1$,即 $\sum\limits_{n=1}^{\infty}(u_n-u_{n+1})$ 也收敛.

6. 利用柯西审敛原理判断下列级数的收敛性.

(1) $\sum\limits_{n=1}^{\infty}\dfrac{1}{2n}$;　　　　　(2) $\sum\limits_{n=1}^{\infty}\dfrac{\sin nx}{2^n}$

解 (1)对任意的 $n\in\mathbf{Z}^+$,有 $|u_{n+1}+u_{n+2}+\cdots+u_{n+p}|=\dfrac{1}{2(n+1)}+\dfrac{1}{2(n+2)}+\cdots+\dfrac{1}{2(n+p)}\geqslant\dfrac{1}{2(n+p)}+\dfrac{1}{2(n+p)}+\cdots+\dfrac{1}{2(n+p)}=\dfrac{p}{2(n+p)}$. 对任意的 $\dfrac{1}{2}>\varepsilon>0$,取 $p=\left[\dfrac{2n\varepsilon}{1-2\varepsilon}\right]+1\in\mathbf{Z}^+$,对任意 $n\in\mathbf{Z}^+$,都有 $|u_{n+1}+u_{n+2}+\cdots+u_{n+p}|\geqslant\dfrac{p}{2(n+p)}>\varepsilon$,由柯西审敛原理可知,级数 $\sum\limits_{n=1}^{\infty}\dfrac{1}{2n}$ 发散.

(2)对任意的 $p\in\mathbf{Z}^+$,有

$|u_{n+1}+u_{n+2}+\cdots+u_{n+p}|=\left|\dfrac{\sin(n+1)x}{2^{n+1}}+\dfrac{\sin(n+2)x}{2^{n+2}}+\cdots+\dfrac{\sin(n+p)x}{2^{n+p}}\right|$

$\leqslant\left|\dfrac{\sin(n+1)x}{2^{n+1}}\right|+\left|\dfrac{\sin(n+2)x}{2^{n+2}}\right|+\cdots+\left|\dfrac{\sin(n+p)x}{2^{n+p}}\right|\leqslant\dfrac{1}{2^{n+1}}+\dfrac{1}{2^{n+2}}+\cdots+\dfrac{1}{2^{n+p}}<\dfrac{1}{2^n}.$

对任意的 $1>\varepsilon>0$,取 $N=\left[\dfrac{-\ln\varepsilon}{\ln 2}\right]$,当 $n>N$ 时,对任意 $p\in\mathbf{Z}^+$,都有 $|u_{n+1}+u_{n+2}+\cdots+u_{n+p}|<\dfrac{1}{2^n}<\varepsilon$,由柯西审敛原理可知,级数 $\sum\limits_{n=1}^{\infty}\dfrac{\sin nx}{2^n}$ 收敛.

习题 12-2

1. 用比较审敛法或极限形式的比较审敛法判定下列级数的收敛性:

(1) $\sum\limits_{n=1}^{\infty}\dfrac{1}{\sqrt{n}}$;　　　　(2) $\sum\limits_{n=1}^{\infty}\dfrac{1}{\sqrt{n^3+n}}$;　　　(3) $\sum\limits_{n=1}^{\infty}\dfrac{2n-1}{3n^2}$;

(4) $\sum\limits_{n=1}^{\infty}\sin\dfrac{2\pi}{3^n}$;　　(5) $\sum\limits_{n=1}^{\infty}\dfrac{n^{n+1}}{(n+1)^{n+2}}$;　　(6) $\sum\limits_{n=1}^{\infty}\dfrac{4n-3}{n(2n+1)(2n-1)}$.

解 (1)由于 $\sum\limits_{n=1}^{\infty}\dfrac{1}{\sqrt{n}}$ 是 p-级数,其中 $p=\dfrac{1}{2}$,所以级数发散;

(2)因为 $\lim\limits_{n\to\infty}\dfrac{\dfrac{1}{\sqrt{n^3+n}}}{\dfrac{1}{n^{\frac{3}{2}}}}=1$，而级数 $\sum\limits_{n=1}^{\infty}\dfrac{1}{n^{\frac{3}{2}}}$ 收敛，故原级数收敛；

(3)因为 $\lim\limits_{n\to\infty}\dfrac{\dfrac{2n-1}{3n^2}}{\dfrac{1}{n}}=\lim\limits_{n\to\infty}\dfrac{2n-1}{3n}=\dfrac{2}{3}$，而 $\sum\limits_{n=1}^{\infty}\dfrac{1}{n}$ 调和级数发散，故原级数 $\sum\limits_{n=1}^{\infty}\dfrac{2n-1}{3n^2}$ 发散.

(4)由于 $\sin\dfrac{2\pi}{3^n}\leqslant\dfrac{2\pi}{3^n}$，从而 $\sum\limits_{n=1}^{\infty}\dfrac{2\pi}{3^n}=2\pi\sum\limits_{n=1}^{\infty}\dfrac{1}{3^n}$，其中 $\sum\limits_{n=1}^{\infty}\dfrac{1}{3^n}$ 是等比级数，公比 $q<1$，收敛，故原级数收敛；

(5)由 $\dfrac{n^{n+1}}{(n+1)^{n+2}}=\dfrac{n^{n+1}}{(n+1)^{n+1}}\dfrac{1}{n+1}=\dfrac{1}{\left(\dfrac{n+1}{n}\right)^{n+1}}\dfrac{1}{n+1}=\dfrac{1}{\left(1+\dfrac{1}{n}\right)^{n+1}}\dfrac{1}{n+1}$，则

$$\lim_{n\to\infty}\dfrac{\dfrac{n^{n+1}}{(n+1)^{n+2}}}{\dfrac{1}{n+1}}=\lim_{n\to\infty}\dfrac{1}{\left(1+\dfrac{1}{n}\right)^{n+1}}=\dfrac{1}{e},$$

而级数 $\sum\limits_{n=1}^{\infty}\dfrac{1}{n+1}$ 发散，故原级数发散；

(6)因为 $\lim\limits_{n\to\infty}\dfrac{\dfrac{4n-3}{n(2n+1)(2n-1)}}{\dfrac{1}{n^2}}=1$，而级数 $\sum\limits_{n=1}^{\infty}\dfrac{1}{n^2}$ 收敛，故原级数收敛.

2. 用比值审敛法判定下列级数的收敛性：

(1) $\sum\limits_{n=1}^{\infty}\dfrac{n!}{10^n}$；　　　　　(2) $\sum\limits_{n=1}^{\infty}2^n\sin\dfrac{\pi}{3^n}$；　　　　　(3) $\sum\limits_{n=1}^{\infty}\dfrac{(n!)^2}{(2n)!}$；

(4) $\sum\limits_{n=1}^{\infty}\dfrac{a^n n!}{n^n}(a>0$ 为常数$)$；　(5) $\sum\limits_{n=1}^{\infty}n\left(\dfrac{1}{2}\right)^{n-1}$；　　　(6) $\sum\limits_{n=1}^{\infty}\dfrac{n^n}{n!}$.

解 (1)因为 $\dfrac{u_{n+1}}{u_n}=\dfrac{\dfrac{(n+1)!}{10^{n+1}}}{\dfrac{n!}{10^n}}=\dfrac{n+1}{10}$，$\lim\limits_{n\to\infty}\dfrac{u_{n+1}}{u_n}=\lim\limits_{n\to\infty}\dfrac{n+1}{10}=\infty$，根据比值审敛法可知级数发散；

(2) $\dfrac{u_{n+1}}{u_n}=\dfrac{2^{n+1}\sin\dfrac{\pi}{3^{n+1}}}{2^n\sin\dfrac{\pi}{3^n}}=2\dfrac{\sin\dfrac{\pi}{3^{n+1}}}{\sin\dfrac{\pi}{3^n}}$，$\lim\limits_{n\to\infty}\dfrac{u_{n+1}}{u_n}=\lim\limits_{n\to\infty}2\dfrac{\sin\dfrac{\pi}{3^{n+1}}}{\sin\dfrac{\pi}{3^n}}=\lim\limits_{n\to\infty}2\dfrac{\dfrac{\pi}{3^{n+1}}}{\dfrac{\pi}{3^n}}=\dfrac{2}{3}<1$，根据比值审敛法可知级数收敛；

(3)由 $\lim\limits_{n\to\infty}\dfrac{u_{n+1}}{u_n}=\lim\limits_{n\to\infty}\dfrac{\dfrac{[(n+1)!]^2}{[2(n+1)]!}}{\dfrac{(n!)^2}{(2n)!}}=\lim\limits_{n\to\infty}\dfrac{(n+1)^2}{(2n+1)(2n+2)}=\dfrac{1}{4}<1$，根据比值审敛法可

知级数收敛;

(4) 由 $\lim\limits_{n\to\infty}\dfrac{u_{n+1}}{u_n}=\lim\limits_{n\to\infty}\dfrac{\dfrac{a^{n+1}(n+1)!}{(n+1)^{n+1}}}{\dfrac{a^n n!}{n^n}}=\lim\limits_{n\to\infty}a\left(\dfrac{n}{n+1}\right)^n=\lim\limits_{n\to\infty}a\left(\dfrac{1}{1+\dfrac{1}{n}}\right)^n=\dfrac{a}{e}$,根据比值审

敛法可知,当 $0<a<e$ 时,收敛;当 $a>e$ 时,发散;当 $a=e$ 时,比值审敛法无法判断(注:此时级数发散,证明过程如下:当 $a=e$ 时,因为 $\left(1+\dfrac{1}{n}\right)^n<e$,$\dfrac{u_{n+1}}{u_n}=\dfrac{e}{\left(1+\dfrac{1}{n}\right)^n}>1$,数列 $\{u_n\}$ 的一般项

均大于零且严格递增,所以 $\lim\limits_{n\to\infty}u_n\neq 0$,故级数 $\sum\limits_{n=1}^{\infty}\dfrac{e^n n!}{n^n}$ 发散);

(5) $\lim\limits_{n\to\infty}\dfrac{u_{n+1}}{u_n}=\lim\limits_{n\to\infty}\dfrac{(n+1)\left(\dfrac{1}{2}\right)^n}{n\left(\dfrac{1}{2}\right)^{n-1}}=\lim\limits_{n\to\infty}\dfrac{n+1}{n}\cdot\dfrac{1}{2}=\dfrac{1}{2}<1$,根据比值审敛法可知级数收敛;

(6) $\lim\limits_{n\to\infty}\dfrac{u_{n+1}}{u_n}=\lim\limits_{n\to\infty}\dfrac{\dfrac{(n+1)^{n+1}}{(n+1)!}}{\dfrac{n^n}{n!}}=\lim\limits_{n\to\infty}\left(\dfrac{n+1}{n}\right)^n=e>1$,根据比值审敛法可知级数发散.

3. 用根值审敛法判定下列级数的收敛性:

(1) $\sum\limits_{n=1}^{\infty}\left(\dfrac{n}{3n+1}\right)^n$; (2) $\sum\limits_{n=2}^{\infty}\dfrac{2^n}{(\ln n)^n}$; (3) $\sum\limits_{n=1}^{\infty}\left(\dfrac{3n}{2n-1}\right)^{2n+1}$;

(4) $\sum\limits_{n=1}^{\infty}\dfrac{n^2}{\left(n+\dfrac{1}{n}\right)^n}$; (5) $\sum\limits_{n=1}^{\infty}\left(\dfrac{an}{n+1}\right)^n$ ($a>0$ 为常数).

解 (1) 由 $\lim\limits_{n\to\infty}\sqrt[n]{u_n}=\lim\limits_{n\to\infty}\dfrac{n}{3n+1}=\dfrac{1}{3}<1$,根据根值审敛法可知级数收敛;

(2) 由 $\lim\limits_{n\to\infty}\sqrt[n]{u_n}=\lim\limits_{n\to\infty}\dfrac{2}{\ln n}=0<1$,根据根值审敛法可知级数收敛;

(3) 由 $\lim\limits_{n\to\infty}\sqrt[n]{u_n}=\lim\limits_{n\to\infty}\left(\dfrac{3n}{2n-1}\right)^{2+\frac{1}{n}}=\dfrac{9}{4}>1$,根据根值审敛法可知级数发散;

(4) 由 $\lim\limits_{n\to\infty}\sqrt[n]{u_n}=\lim\limits_{n\to\infty}\dfrac{n^{\frac{2}{n}}}{n+\dfrac{1}{n}}$,$\lim n^{\frac{2}{n}}=e^{\lim\limits_{n\to\infty}\frac{2\ln n}{n}}=e^{\lim\limits_{x\to\infty}\frac{2\ln x}{x}}=e^{\lim\limits_{x\to\infty}\frac{2}{x}}=1$,故

$$\lim\limits_{n\to\infty}\sqrt[n]{u_n}=\lim\limits_{n\to\infty}\dfrac{n^{\frac{2}{n}}}{n+\dfrac{1}{n}}=\lim\limits_{n\to\infty}n^{\frac{2}{n}}\cdot\lim\limits_{n\to\infty}\dfrac{1}{n+\dfrac{1}{n}}=0<1,$$

根据根值审敛法可知级数收敛;

(5) 由 $\lim\limits_{n\to\infty}\sqrt[n]{u_n}=\lim\limits_{n\to\infty}\dfrac{an}{n+1}=a$,根据根值审敛法可知当 $0<a<1$ 时,级数收敛;当 $a>1$ 时,级数发散;

当 $a=1$ 时,级数为 $\sum_{n=1}^{\infty}\left(\frac{n}{n+1}\right)^n$,显然 $\lim_{n\to\infty}u_n=\lim_{n\to\infty}\left(\frac{n}{n+1}\right)^n=\frac{1}{e}\neq 0$,级数发散.

综合上述可知:当 $0<a<1$ 时,级数收敛;当 $a\geq 1$ 时,级数发散.

4. 判定下列级数的收敛性:

(1) $\frac{4}{5}+2\left(\frac{4}{5}\right)^2+3\left(\frac{4}{5}\right)^3+\cdots+n\left(\frac{4}{5}\right)^n+\cdots$; (2) $\sum_{n=1}^{\infty}\left(1-\cos\frac{1}{n}\right)$;

(3) $\sum_{n=1}^{\infty}\frac{\sqrt{n}}{\sqrt{n^4+1}}$; (4) $\sum_{n=1}^{\infty}\frac{1}{n2^n}$; (5) $\sqrt{\frac{1}{2}}+\sqrt{\frac{2}{3}}+\cdots+\sqrt{\frac{n}{n+1}}+\cdots$.

解 (1) 由 $\lim_{n\to\infty}\frac{u_{n+1}}{u_n}=\lim_{n\to\infty}\frac{(n+1)\left(\frac{4}{5}\right)^{n+1}}{n\left(\frac{4}{5}\right)^n}=\lim_{n\to\infty}\frac{n+1}{n}\cdot\frac{4}{5}=\frac{4}{5}<1$,根据比值审敛法可知级数收敛;

(2) 由 $u_n=1-\cos\frac{1}{n}=2\sin^2\frac{1}{2n}$,$\lim_{n\to\infty}\frac{2\sin^2\frac{1}{2n}}{\frac{1}{n^2}}=\lim_{n\to\infty}\frac{\frac{2}{4n^2}}{\frac{1}{n^2}}=\frac{1}{2}$,而级数 $\sum_{n=1}^{\infty}\frac{1}{n^2}$ 收敛,由极限形式的比较判别法知原级数收敛;

(3) 由 $\lim_{n\to\infty}\frac{\frac{\sqrt{n}}{\sqrt{n^4+1}}}{\frac{1}{n^{\frac{3}{2}}}}=1$,而级数 $\sum_{n=1}^{\infty}\frac{1}{n^{\frac{3}{2}}}$ 收敛,由极限形式的比较判别法知原级数收敛;

(4) $\lim_{n\to\infty}\frac{u_{n+1}}{u_n}=\lim_{n\to\infty}\frac{\frac{1}{(n+1)2^{n+1}}}{\frac{1}{n2^n}}=\lim_{n\to\infty}\frac{n}{2(n+1)}=\frac{1}{2}<1$,根据比值审敛法可知级数收敛;

(5) 由 $\lim_{n\to\infty}u_n=\lim_{n\to\infty}\sqrt{\frac{n}{n+1}}=1\neq 0$,根据级数收敛的必要条件知级数发散.

5. 判定下列级数是否收敛? 如果是收敛的,是绝对收敛还是条件收敛?

(1) $\frac{1}{\ln 2}-\frac{1}{\ln 3}+\frac{1}{\ln 4}-\frac{1}{\ln 5}+\cdots$; (2) $\sum_{n=1}^{\infty}\frac{(-1)^n}{n(n+1)}$; (3) $\sum_{n=1}^{\infty}\frac{(-1)^n(2n+1)^2}{2^n}$;

(4) $\frac{1}{\sqrt{2}-1}-\frac{1}{\sqrt{2}+1}-\frac{1}{\sqrt{3}-1}+\frac{1}{\sqrt{3}+1}+\cdots+(-1)^n\left(\frac{1}{\sqrt{n}-1}-\frac{1}{\sqrt{n}+1}\right)+\cdots$;

(5) $\sum_{n=1}^{\infty}(-1)^{n+1}\frac{\sin\sqrt{n}}{n^{\frac{3}{2}}}$; (6) $\sum_{n=1}^{\infty}\frac{(-1)^n n}{3n^2+1}$; (7) $\sum_{n=1}^{\infty}\frac{(-1)^n}{n^2+2n+2}$.

解 (1) 因为 $\frac{1}{\ln 2}-\frac{1}{\ln 3}+\frac{1}{\ln 4}-\frac{1}{\ln 5}+\cdots=\sum_{n=1}^{\infty}(-1)^{n-1}\frac{1}{\ln(n+1)}$,

且 $\left|(-1)^{n-1}\frac{1}{\ln(n+1)}\right|=\frac{1}{\ln(n+1)}>\frac{1}{n}$,

而 $\sum_{n=1}^{\infty}\frac{1}{n}$ 发散,所以级数 $\sum_{n=1}^{\infty}\frac{1}{\ln(n+1)}$ 发散,对于此交错级数,显然满足 $u_n\geq u_{n+1}$,而 $\lim_{n\to\infty}u_n=\lim_{n\to\infty}\frac{1}{\ln(n+1)}=0$,故原级数条件收敛;

(2)因为 $\sum_{n=1}^{\infty}\left|\dfrac{(-1)^n}{n(n+1)}\right|=\sum_{n=1}^{\infty}\dfrac{1}{n(n+1)}$,$\lim\limits_{n\to\infty}\dfrac{\dfrac{1}{n(n+1)}}{\dfrac{1}{n^2}}=1$,而 $\sum_{n=1}^{\infty}\dfrac{1}{n^2}$ 收敛,所以级数 $\sum_{n=1}^{\infty}\left|\dfrac{(-1)^n}{n(n+1)}\right|$ 收敛,即级数 $\sum_{n=1}^{\infty}\dfrac{(-1)^n}{n(n+1)}$ 绝对收敛;

(3)由 $\sum_{n=1}^{\infty}\left|\dfrac{(-1)^n(2n+1)^2}{2^n}\right|=\sum_{n=1}^{\infty}\dfrac{(2n+1)^2}{2^n}$,

$$\lim_{n\to\infty}\dfrac{u_{n+1}}{u_n}=\lim_{n\to\infty}\dfrac{\dfrac{(2n+3)^2}{2^{n+1}}}{\dfrac{(2n+1)^2}{2^n}}=\lim_{n\to\infty}\dfrac{1}{2}\left(\dfrac{2n+3}{2n+1}\right)^2=\dfrac{1}{2}<1,$$

根据比值审敛法可知级数 $\sum_{n=1}^{\infty}\dfrac{(2n+1)^2}{2^n}$ 收敛,即原级数绝对收敛;

(4)由 $\sum_{n=2}^{\infty}\left|(-1)^n\left(\dfrac{1}{\sqrt{n-1}}-\dfrac{1}{\sqrt{n+1}}\right)\right|=\sum_{n=2}^{\infty}\left(\dfrac{1}{\sqrt{n-1}}-\dfrac{1}{\sqrt{n+1}}\right)=\sum_{n=2}^{\infty}\dfrac{2}{n-1}=2\sum_{n=1}^{\infty}\dfrac{1}{n}$,从而级数 $\sum_{n=2}^{\infty}\left|(-1)^n\left(\dfrac{1}{\sqrt{n-1}}-\dfrac{1}{\sqrt{n+1}}\right)\right|$ 发散,对于此交错级数,$u_n=\dfrac{1}{\sqrt{n-1}}-\dfrac{1}{\sqrt{n+1}}=\dfrac{2}{n-1}$,显然满足 $u_n\geqslant u_{n-1}$,而且 $\lim\limits_{n\to\infty}u_n=\lim\limits_{n\to\infty}\dfrac{2}{n-1}=0$,故原级数条件收敛;

(5)因为 $\left|(-1)^{n+1}\dfrac{\sin\sqrt{n}}{n^{\frac{3}{2}}}\right|\leqslant\dfrac{1}{n^{\frac{3}{2}}}$,而 $\sum_{n=1}^{\infty}\dfrac{1}{n^{\frac{3}{2}}}$ 收敛,所以级数 $\sum_{n=1}^{\infty}\left|(-1)^{n+1}\dfrac{\sin\sqrt{n}}{n^{\frac{3}{2}}}\right|$ 收敛,即级数绝对收敛;

(6)由 $\sum_{n=1}^{\infty}\left|\dfrac{(-1)^n n}{3n^2+1}\right|=\sum_{n=1}^{\infty}\dfrac{n}{3n^2+1}$,$\lim\limits_{n\to\infty}\dfrac{\dfrac{n}{3n^2+1}}{\dfrac{1}{n}}=\dfrac{1}{3}$,而 $\sum_{n=1}^{\infty}\dfrac{1}{n}$ 发散,所以级数 $\sum_{n=1}^{\infty}\left|\dfrac{(-1)^n n}{3n^2+1}\right|$ 发散. 当 $x\geqslant 1$ 时,又 $\left(\dfrac{x}{3x^2+1}\right)'=\dfrac{1-3x^2}{(3x^2+1)^2}<0$,故函数 $\dfrac{x}{3x^2+1}$ 单调递减,所以 $u_n\geqslant u_{n+1}$,又 $\lim\limits_{n\to\infty}u_n=\lim\limits_{n\to\infty}\dfrac{n}{3n^2+1}=0$,故原级数条件收敛;

(7)由 $\sum_{n=1}^{\infty}\left|\dfrac{(-1)^n}{n^2+2n+2}\right|=\sum_{n=1}^{\infty}\dfrac{1}{n^2+2n+2}$,$\lim\limits_{n\to\infty}\dfrac{\dfrac{1}{n^2+2n+2}}{\dfrac{1}{n^2}}=1$,而 $\sum_{n=1}^{\infty}\dfrac{1}{n^2}$ 收敛,所以级数 $\sum_{n=1}^{\infty}\left|\dfrac{(-1)^n}{n^2+2n+2}\right|$ 收敛,即级数 $\sum_{n=1}^{\infty}\dfrac{(-1)^n}{n^2+2n+2}$ 绝对收敛.

6. 若 $\sum_{n=1}^{\infty}u_n^2$ 收敛,证明:$\sum_{n=1}^{\infty}\dfrac{u_n}{n}$ 绝对收敛.

证明 因为级数 $\sum_{n=1}^{\infty}\dfrac{1}{n^2}$ 收敛,$\sum_{n=1}^{\infty}u_n^2$ 也收敛,而 $\dfrac{1}{n^2}+u_n^2\geqslant 2\left|\dfrac{u_n}{n}\right|$,由正项级数的比较判别法知,$\sum_{n=1}^{\infty}\left|\dfrac{u_n}{n}\right|$ 收敛,即 $\sum_{n=1}^{\infty}\dfrac{u_n}{n}$ 绝对收敛.

习题 12-3

1. 求下列幂级数的收敛域：

(1) $x + \dfrac{x^2}{\sqrt{2}} + \dfrac{x^3}{\sqrt{3}} + \cdots + \dfrac{x^n}{\sqrt{n}} + \cdots$；

(2) $x - 2x^2 + 3x^3 + \cdots + (-1)^{n-1} n x^n + \cdots$；

(3) $x + \dfrac{x^2}{2!} + \dfrac{x^3}{3!} + \cdots + \dfrac{x^n}{n!} + \cdots$；

(4) $2x + x^2 + \dfrac{2^3 x^3}{3^2} + \cdots + \dfrac{2^n x^n}{n^2} + \cdots$；

(5) $\sum\limits_{n=1}^{\infty} (-1)^{n-1} \dfrac{4^n}{n} x^{2n}$；

(6) $\sum\limits_{n=1}^{\infty} (-1)^{n-1} \dfrac{x^{2n+1}}{2n+1}$；

(7) $\sum\limits_{n=1}^{\infty} \dfrac{2^n}{n} (x+1)^n$；

(8) $\sum\limits_{n=1}^{\infty} (-1)^{n-1} \dfrac{1}{n \cdot 3^n} (x-3)^n$.

解 (1) 因为 $\rho = \lim\limits_{n \to \infty} \left| \dfrac{a_{n+1}}{a_n} \right| = \lim\limits_{n \to \infty} \dfrac{\frac{1}{\sqrt{n+1}}}{\frac{1}{\sqrt{n}}} = 1$，所以，收敛半径 $R = \dfrac{1}{\rho} = 1$，幂级数在区间 $(-1,1)$ 内绝对收敛．

当 $x=1$ 时，幂级数成为 $1 + \dfrac{1}{\sqrt{2}} + \dfrac{1}{\sqrt{3}} + \cdots + \dfrac{1}{\sqrt{n}} + \cdots = \sum\limits_{n=1}^{\infty} \dfrac{1}{\sqrt{n}}$，级数发散．

当 $x=-1$ 时，幂级数成为 $-1 + \dfrac{1}{\sqrt{2}} - \dfrac{1}{\sqrt{3}} + \cdots + \dfrac{(-1)^n}{\sqrt{n}} + \cdots = \sum\limits_{n=1}^{\infty} \dfrac{(-1)^n}{\sqrt{n}}$，此级数收敛．

所以，此级数的收敛域为 $[-1,1)$．

(2) 因为 $\rho = \lim\limits_{n \to \infty} \left| \dfrac{a_{n+1}}{a_n} \right| = \lim\limits_{n \to \infty} \dfrac{n+1}{n} = 1$，所以，收敛半径 $R = \dfrac{1}{\rho} = 1$，幂级数在区间 $(-1,1)$ 内绝对收敛．

当 $x=1$ 时，幂级数成为 $1 - 2 + 3 + \cdots + (-1)^{n-1} n + \cdots = \sum\limits_{n=1}^{\infty} (-1)^{n-1} n$，发散．

当 $x=-1$ 时，幂级数成为 $-1 + 2 - 3 + \cdots + (-1)^n n + \cdots = \sum\limits_{n=1}^{\infty} (-1)^n n$，发散．

所以，此级数的收敛域为 $(-1,1)$．

(3) 因为 $\rho = \lim\limits_{n \to \infty} \left| \dfrac{a_{n+1}}{a_n} \right| = \lim\limits_{n \to \infty} \dfrac{\frac{1}{(n+1)!}}{\frac{1}{n!}} = 0$，故收敛半径 $R = \dfrac{1}{\rho} = +\infty$，此级数的收敛域为 $(-\infty, +\infty)$．

(4) 因为 $\rho = \lim\limits_{n \to \infty} \left| \dfrac{a_{n+1}}{a_n} \right| = \lim\limits_{n \to \infty} \dfrac{\frac{2^{n+1}}{(n+1)^2}}{\frac{2^n}{n^2}} = 2$，所以，收敛半径 $R = \dfrac{1}{\rho} = \dfrac{1}{2}$，幂级数在区间 $\left(-\dfrac{1}{2}, \dfrac{1}{2} \right)$ 内绝对收敛．

当 $x = \dfrac{1}{2}$ 时，幂级数成为 $1 + \dfrac{1}{2^2} + \dfrac{1}{3^2} + \cdots + \dfrac{1}{n^2} + \cdots = \sum\limits_{n=1}^{\infty} \dfrac{1}{n^2}$，收敛．

当 $x=-\frac{1}{2}$ 时,幂级数成为 $-1+\frac{1}{2^2}-\frac{1}{3^2}+\cdots+\frac{(-1)^n}{n^2}+\cdots=\sum_{n=1}^{\infty}\frac{(-1)^n}{n^2}$,收敛.

所以,此级数的收敛域为 $\left[-\frac{1}{2},\frac{1}{2}\right]$.

(5) **方法一** 因为 $\lim_{n\to\infty}\left|\frac{u_{n+1}(x)}{u_n(x)}\right|=\lim_{n\to\infty}\frac{\frac{4^{n+1}}{n+1}x^{2(n+1)}}{\frac{4^n}{n}x^{2n}}=4x^2$,当 $4x^2<1$,即 $|x|<\frac{1}{2}$ 时,幂级数收敛;当 $4x^2>1$,即 $|x|>\frac{1}{2}$ 时,幂级数发散. 因此,其收敛半径 $R=\frac{1}{2}$.

当 $x=\frac{1}{2}$ 时,幂级数成为 $\sum_{n=1}^{\infty}(-1)^{n-1}\frac{4^n}{n}\left(\frac{1}{2}\right)^{2n}=\sum_{n=1}^{\infty}(-1)^{n-1}\frac{1}{n}$,收敛.

当 $x=-\frac{1}{2}$ 时,幂级数成为 $\sum_{n=1}^{\infty}(-1)^{n-1}\frac{4^n}{n}\left(-\frac{1}{2}\right)^{2n}=\sum_{n=1}^{\infty}(-1)^{n-1}\frac{1}{n}$,收敛.

所以,此级数的收敛域为 $\left[-\frac{1}{2},\frac{1}{2}\right]$.

方法二 令 $t=x^2$,原级数转化为 $\sum_{n=1}^{\infty}(-1)^{n-1}\frac{4^n}{n}t^n$,由于 $\rho=\lim_{n\to\infty}\left|\frac{a_{n+1}}{a_n}\right|=\lim_{n\to\infty}\frac{\frac{4^{n+1}}{n+1}}{\frac{4^n}{n}}=4$,

所以 $R=\frac{1}{4}$.

当 $t=\frac{1}{4}$ 时,即 $x=\frac{1}{2}$ 或 $x=-\frac{1}{2}$,级数为 $\sum_{n=1}^{\infty}(-1)^{n-1}\frac{1}{n}$,收敛.

因此,原级数的收敛半径为 $R=\frac{1}{2}$,收敛域为 $\left[-\frac{1}{2},\frac{1}{2}\right]$.

(6) 因为 $\lim_{n\to\infty}\left|\frac{u_{n+1}(x)}{u_n(x)}\right|=\lim_{n\to\infty}\left|\frac{\frac{x^{2n+3}}{2n+3}}{\frac{x^{2n+1}}{2n+1}}\right|=x^2$,当 $x^2<1$,即 $|x|<1$ 时,幂级数收敛;当 $x^2>1$,即 $|x|>1$ 时,幂级数发散. 因此,其收敛半径 $R=1$.

当 $x=1$ 时,幂级数成为 $\sum_{n=1}^{\infty}(-1)^{n-1}\frac{1}{2n+1}$,收敛;

当 $x=-1$ 时,幂级数成为 $\sum_{n=1}^{\infty}(-1)^n\frac{1}{2n+1}$,收敛.

所以,此级数的收敛域为 $[-1,1]$.

(7) 因为 $\lim_{n\to\infty}\left|\frac{u_{n+1}(x)}{u_n(x)}\right|=\lim_{n\to\infty}\left|\frac{\frac{2^{n+1}}{n+1}(x+1)^{n+1}}{\frac{2^n}{n}(x+1)^n}\right|=2|x+1|$,当 $2|x+1|<1$,即 $-\frac{3}{2}<x<-\frac{1}{2}$ 时,幂级数收敛.

当 $x=-\frac{1}{2}$ 时,幂级数成为 $\sum_{n=1}^{\infty}\frac{1}{n}$,发散.

当 $x=-\frac{3}{2}$ 时,幂级数成为 $\sum_{n=1}^{\infty}(-1)^n\frac{1}{n}$,收敛.

所以,此级数的收敛域为 $\left[-\dfrac{3}{2},-\dfrac{1}{2}\right)$.

(8)令 $t=x-3$,原级数成为 $\sum\limits_{n=1}^{\infty}(-1)^{n-1}\dfrac{1}{n\cdot 3^n}t^n$,$\rho=\lim\limits_{n\to\infty}\left|\dfrac{a_{n+1}}{a_n}\right|=\lim\limits_{n\to\infty}\dfrac{n\cdot 3^n}{(n+1)\cdot 3^{n+1}}=\dfrac{1}{3}$,所以 $R=3$.

当 $t=3$,即 $x=6$ 时,级数为 $\sum\limits_{n=1}^{\infty}(-1)^{n-1}\dfrac{1}{n}$,收敛;当 $t=-3$,即 $x=0$ 时,级数为 $\sum\limits_{n=1}^{\infty}\dfrac{(-1)}{n}$,发散. 所以原级数的收敛半径 $R=3$,收敛域为 $(0,6]$.

2. 利用逐项求导或逐项积分,求下列级数的和函数:

(1) $\sum\limits_{n=0}^{\infty}\dfrac{x^{2n+1}}{2n+1}$; (2) $\sum\limits_{n=0}^{\infty}(n+1)x^n$; (3) $\sum\limits_{n=1}^{\infty}\dfrac{x^{n+1}}{n(n+1)}$; (4) $\sum\limits_{n=1}^{\infty}n(n+1)x^n$.

解 (1)由 $\lim\limits_{n\to\infty}\left|\dfrac{u_{n+1}(x)}{u_n(x)}\right|=\lim\limits_{n\to\infty}\left|\dfrac{\dfrac{x^{2n+3}}{2n+3}}{\dfrac{x^{2n+1}}{2n+1}}\right|=x^2$,当 $x^2<1$,即 $|x|<1$ 时,幂级数收敛;当 $x^2>1$,即 $|x|>1$ 时,幂级数发散. 因此,其收敛半径 $R=1$.

当 $x=-1$ 时,幂级数成为 $\sum\limits_{n=0}^{\infty}\dfrac{-1}{2n+1}$,发散.

当 $x=1$ 时,幂级数成为 $\sum\limits_{n=0}^{\infty}\dfrac{1}{2n+1}$,发散.

所以,此级数的收敛域为 $(-1,1)$.

设 $s(x)=\sum\limits_{n=0}^{\infty}\dfrac{x^{2n+1}}{2n+1}$,$x\in(-1,1)$,于是 $s'(x)=\sum\limits_{n=0}^{\infty}x^{2n}=\dfrac{1}{1-x^2}$,将此式从 0 到 x 积分,得

$$s(x)=\int_0^x\dfrac{1}{1-x^2}\mathrm{d}x=\dfrac{1}{2}\ln\dfrac{1+x}{1-x},\ x\in(-1,1).$$

(2)由 $\rho=\lim\limits_{n\to\infty}\left|\dfrac{a_{n+1}}{a_n}\right|=\lim\limits_{n\to\infty}\dfrac{n+2}{n+1}=1$,所以,收敛半径 $R=1$,幂级数在区间 $(-1,1)$ 内绝对收敛.

当 $x=-1$ 时,幂级数成为 $\sum\limits_{n=0}^{\infty}(-1)^n(n+1)$,发散.

当 $x=1$ 时,幂级数成为 $\sum\limits_{n=0}^{\infty}(n+1)$,发散.

所以,此级数的收敛域为 $(-1,1)$.

设 $s(x)=\sum\limits_{n=0}^{\infty}(n+1)x^n$,$x\in(-1,1)$,将此式从 0 到 x 积分,则 $\int_0^x s(x)\mathrm{d}x=\sum\limits_{n=0}^{\infty}x^{n+1}=\dfrac{x}{1-x}$,故有

$$s(x)=\left(\dfrac{x}{1-x}\right)'=\dfrac{1-x+x}{(1-x)^2}=\dfrac{1}{(1-x)^2},\ x\in(-1,1);$$

(3)由 $\rho=\lim\limits_{n\to\infty}\left|\dfrac{a_{n+1}}{a_n}\right|=\lim\limits_{n\to\infty}\dfrac{n(n+1)}{(n+1)(n+2)}=1$,所以收敛半径 $R=1$,幂级数在区间

$(-1,1)$ 内绝对收敛.

当 $x=-1$ 时,幂级数成为 $\sum_{n=1}^{\infty} \frac{(-1)^{n+1}}{n(n+1)}$,收敛.

当 $x=1$ 时,幂级数成为 $\sum_{n=1}^{\infty} \frac{1}{n(n+1)}$,收敛.

所以,此级数的收敛域为 $[-1,1]$.

设 $s(x)=\sum_{n=1}^{\infty} \frac{x^{n+1}}{n(n+1)}$,于是 $s'(x)=\sum_{n=1}^{\infty} \frac{x^n}{n}$, $s''(x)=\sum_{n=1}^{\infty} x^{n-1}=\frac{1}{1-x}$,将此式从 0 到 x 积分两次,得 $s'(x)=\int_0^x \frac{1}{1-x}dx=-\ln(1-x)$,进而

$$s(x)=\int_0^x -\ln(1-x)dx=(1-x)\ln(1-x)+x, x\in[-1,1)$$

当 $x=1$ 时,$\sum_{n=1}^{\infty} \frac{1}{n(n+1)}=\sum_{n=1}^{\infty}\left[\frac{1}{n}-\frac{1}{(n+1)}\right]=\lim_{n\to\infty}\left(1-\frac{1}{(n+1)}\right)=1$,于是

$$s(x)=\begin{cases}(1-x)\ln(1-x)+x, & x\in[-1,1),\\ 1, & x=1.\end{cases}$$

(4) 由 $\rho=\lim_{n\to\infty}\left|\frac{a_{n+1}}{a_n}\right|=\lim_{n\to\infty}\frac{(n+1)(n+2)}{n(n+1)}=1$,所以收敛半径 $R=1$,幂级数在区间 $(-1,1)$ 内绝对收敛.

当 $x=-1$ 时,幂级数成为 $\sum_{n=1}^{\infty} n(n+1)(-1)^n$,发散.

当 $x=1$ 时,幂级数成为 $\sum_{n=1}^{\infty} n(n+1)$,发散.

所以,此级数的收敛域为 $(-1,1)$.

设 $s(x)=\sum_{n=1}^{\infty} n(n+1)x^n, x\in(-1,1)$, $\frac{s(x)}{x}=\sum_{n=1}^{\infty} n(n+1)x^{n-1}$,对上式从 0 到 x 积分,

令 $s_1(x)=\int_0^x \frac{s(x)}{x}dx=\sum_{n=0}^{\infty}(n+1)x^n$,再次对上式从 0 到 x 积分,则

$$\int_0^x s_1(x)dx=\sum_{n=0}^{\infty}x^{n+1}=\frac{x}{1-x}.$$

故 $$s_1(x)=\left(\frac{x}{1-x}\right)'=\frac{1-x+x}{(1-x)^2}=\frac{1}{(1-x)^2},$$

进而 $$\frac{s(x)}{x}=\left(\frac{1}{(1-x)^2}\right)'=\frac{2}{(1-x)^3},$$

故 $$s(x)=\frac{2x}{(1-x)^3}, x\in(-1,1).$$

3. 求幂级数 $\sum_{n=1}^{\infty} \frac{2n-1}{2^n}x^{2n-2}$ 的收敛域及和函数.

解 由 $\lim\limits_{n\to\infty}\left|\dfrac{u_{n+1}(x)}{u_n(x)}\right| = \lim\limits_{n\to\infty}\left|\dfrac{\frac{2n+1}{2^{n+1}}x^{2n}}{\frac{2n-1}{2^n}x^{2n-2}}\right| = \dfrac{x^2}{2}$，当 $\dfrac{x^2}{2} < 1$，即 $|x| < \sqrt{2}$ 时，幂级数收敛；

当 $\dfrac{x^2}{2} > 1$，即 $|x| > \sqrt{2}$ 时，幂级数发散. 因此，其收敛半径 $R = \sqrt{2}$.

当 $x = -\sqrt{2}$ 时，幂级数成为 $\sum\limits_{n=1}^{\infty} \dfrac{2n-1}{2}$，发散.

当 $x = \sqrt{2}$ 时，幂级数成为 $\sum\limits_{n=1}^{\infty} \dfrac{2n-1}{2}$，发散.

所以，此级数的收敛域为 $(-\sqrt{2}, \sqrt{2})$.

设 $s(x) = \sum\limits_{n=1}^{\infty} \dfrac{2n-1}{2^n} x^{2n-2}$, $x \in (-\sqrt{2}, \sqrt{2})$, $2s(x) = \sum\limits_{n=1}^{\infty} (2n-1)\left(\dfrac{x}{\sqrt{2}}\right)^{2n-2}$，对上式从 0 到 x 积分，

$$\int_0^x 2s(x)\,\mathrm{d}x = \dfrac{2}{x}\sum_{n=1}^{\infty}\left(\dfrac{x}{\sqrt{2}}\right)^{2n} = \dfrac{2}{x}\dfrac{\frac{x^2}{2}}{1-\frac{x^2}{2}} = \dfrac{2x}{2-x^2},$$

则 $2s(x) = \left(\dfrac{2x}{2-x^2}\right)' = \dfrac{2(2-x^2)+4x^2}{(2-x^2)^2} = \dfrac{2(2+x^2)}{(2-x^2)^2}$,

即 $s(x) = \dfrac{2+x^2}{(2-x^2)^2}$, $x \in (-\sqrt{2}, \sqrt{2})$.

习题 12—4

1. 将下列函数展开成 x 的幂级数，并求展开式成立的区间：

(1) $\cos^2 x$；　　　　(2) $\ln(3+x)$；　　　　(3) 2^x；

(4) $\dfrac{1}{(1-x)^2}$；　　(5) $\dfrac{x}{1+x}$；　　　　(6) $\ln(1+x-2x^2)$.

解 (1) 由于 $\cos^2 x = \dfrac{1}{2}(\cos 2x + 1)$，在展开式

$$\cos x = 1 - \dfrac{1}{2!}x^2 + \dfrac{1}{4!}x^4 - \cdots + (-1)^n \dfrac{1}{(2n)!}x^{2n} + \cdots, \quad x \in (-\infty, +\infty)$$

中，将 x 换成 $2x$，可得 $\cos 2x = \sum\limits_{n=0}^{\infty} (-1)^n \dfrac{1}{(2n)!} (2x)^{2n}$，所以得展开式

$$\cos^2 x = 1 + \sum_{n=1}^{\infty} (-1)^n \dfrac{2^{2n-1}}{(2n)!} x^{2n}, \quad x \in (-\infty, +\infty).$$

(2) 由于 $\ln(3+x) = \ln 3 + \ln\left(1 + \dfrac{x}{3}\right)$，在展开式

$$\ln(1+x) = x - \dfrac{x^2}{2} + \dfrac{x^3}{3} - \dfrac{x^4}{4} + \cdots + (-1)^{n-1}\dfrac{x^n}{n} + \cdots, \quad x \in (-1, 1]$$

中,将 x 换成 $\frac{x}{3}$,可得 $\ln\left(1+\frac{x}{3}\right)=\sum_{n=1}^{\infty}(-1)^{n-1}\frac{1}{n\cdot 3^n}x^n$, $x\in(-3,3]$,所以得展开式

$$\ln(3+x)=\ln 3+\sum_{n=1}^{\infty}(-1)^{n-1}\frac{1}{n\cdot 3^n}x^n, x\in(-3,3].$$

(3) 因 $2^x=\mathrm{e}^{x\ln 2}$,在展开式 $\mathrm{e}^x=1+x+\frac{1}{2!}x^2+\cdots+\frac{1}{n!}x^n+\cdots=\sum_{n=0}^{\infty}\frac{1}{n!}x^n, x\in(-\infty,+\infty)$ 中将 x 换成 $x\ln 2$,所以得展开式

$$2^x=\mathrm{e}^{x\ln 2}=\sum_{n=0}^{\infty}\frac{(\ln 2)^n}{n!}x^n, x\in(-\infty,+\infty).$$

(4) 由 $\frac{1}{(1-x)^2}=\left(\frac{1}{1-x}\right)'$,又 $\frac{1}{1-x}=1+x+x^2+\cdots+x^n+\cdots=\sum_{n=0}^{\infty}x^n, x\in(-1,1)$,所以得展开式

$$\frac{1}{(1-x)^2}=(1+x+x^2+\cdots+x^n+\cdots)'=\sum_{n=1}^{\infty}nx^{n-1}, x\in(-1,1).$$

(5) 由 $\frac{x}{1+x}=1-\frac{1}{1+x}$,在展开式 $\frac{1}{1-x}=1+x+x^2+\cdots+x^n+\cdots=\sum_{n=0}^{\infty}x^n, x\in(-1,1)$ 中,将 x 换成 $-x$,可得 $\frac{1}{1+x}=1-x+x^2+\cdots+(-1)^n x^n+\cdots=\sum_{n=0}^{\infty}(-1)^n x^n$,所以得展开式

$$\frac{x}{1+x}=1-\sum_{n=0}^{\infty}(-1)^n x^n=\sum_{n=1}^{\infty}(-1)^{n-1}x^n, x\in(-1,1).$$

(6) 由 $[\ln(1+x-2x^2)]'=\frac{-4x+1}{1+x-2x^2}=\frac{2}{1+2x}-\frac{1}{1-x}$,在展开式

$$\frac{1}{1-x}=1+x+x^2+\cdots+x^n+\cdots=\sum_{n=0}^{\infty}x^n, x\in(-1,1)$$

中,将 x 换成 $-2x$,可得 $\frac{1}{1+2x}=\sum_{n=0}^{\infty}(-2x)^n, x\in\left(-\frac{1}{2},\frac{1}{2}\right)$,从而

$$\frac{2}{1+2x}-\frac{1}{1-x}=2\sum_{n=0}^{\infty}(-2x)^n-\sum_{n=0}^{\infty}x^n=\sum_{n=0}^{\infty}((-1)^n 2^{n+1}-1)x^n, x\in\left(-\frac{1}{2},\frac{1}{2}\right).$$

对上式从 0 到 x 积分,即

$$\ln(1+x-2x^2)=\sum_{n=0}^{\infty}\int_0^x((-1)^n 2^{n+1}-1)x^n\mathrm{d}x=\sum_{n=0}^{\infty}\frac{(-1)^n 2^{n+1}-1}{n+1}x^{n+1}$$

$$=\sum_{n=1}^{\infty}\frac{(-1)^{n-1}2^n-1}{n}x^n, x\in\left(-\frac{1}{2},\frac{1}{2}\right].$$

2. 将函数 $f(x)=\frac{1}{x}$ 展成 $(x-2)$ 的幂级数.

解 由 $f(x)=\frac{1}{x}=\frac{1}{2+x-2}=\frac{1}{2}\frac{1}{1-\left(-\frac{x-2}{2}\right)}$,在展开式

$$\frac{1}{1-x} = 1 + x + x^2 + \cdots + x^n + \cdots = \sum_{n=0}^{\infty} x^n, \ x \in (-1,1)$$

中,将 x 换成 $-\frac{x-2}{2}$,可得

$$\frac{1}{1-\left(-\frac{x-2}{2}\right)} = \sum_{n=0}^{\infty} \left(-\frac{x-2}{2}\right)^n = \sum_{n=0}^{\infty} \frac{(-1)^n}{2^n}(x-2)^n, \ -1 < -\frac{x-2}{2} < 1,$$

所以得展开式

$$f(x) = \sum_{n=0}^{\infty} \frac{(-1)^n}{2^{n+1}}(x-2)^n, \ x \in (0,4).$$

3. 将函数 $f(x) = \frac{1}{x^2+3x+2}$ 展成 $(x+3)$ 的幂级数.

解 由 $f(x) = \frac{1}{x^2+3x+2} = \frac{1}{x+1} - \frac{1}{x+2} = \frac{1}{-2+x+3} - \frac{1}{-1+x+3}$

$$= -\frac{1}{2} \cdot \frac{1}{1-\left(\frac{x+3}{2}\right)} + \frac{1}{1-(x+3)},$$

在展开式 $\frac{1}{1-x} = 1 + x + x^2 + \cdots + x^n + \cdots = \sum_{n=0}^{\infty} x^n, \ x \in (-1,1)$ 中,将 x 换成 $\frac{x+3}{2}$,可得

$$\frac{1}{1-\left(\frac{x+3}{2}\right)} = \sum_{n=0}^{\infty} \left(\frac{x+3}{2}\right)^n = \sum_{n=0}^{\infty} \frac{1}{2^n}(x+3)^n, \ x \in (-5,-1);$$

将 x 换成 $x+3$,可得 $\frac{1}{1-(x+3)} = \sum_{n=0}^{\infty} (x+3)^n, \ x \in (-4,-2)$,所以得展开式

$$f(x) = \frac{1}{x^2+3x+2} = -\frac{1}{2}\sum_{n=0}^{\infty} \frac{1}{2^n}(x+3)^n + \sum_{n=0}^{\infty} (x+3)^n = \sum_{n=0}^{\infty} \left(1 - \frac{1}{2^{n+1}}\right)(x+3)^n$$

$$= \sum_{n=0}^{\infty} \left(1 - \frac{1}{2^{n+1}}\right)(x+3)^n, \ x \in (-4,-2).$$

4. 将函数 $f(x) = \cos x$ 展成 $\left(x - \frac{\pi}{2}\right)$ 的幂级数.

解 由 $f(x) = \cos\left(x - \frac{\pi}{2} + \frac{\pi}{2}\right) = -\sin\left(x - \frac{\pi}{2}\right)$

在展开式 $\sin x = x - \frac{1}{3!}x^3 + \frac{1}{5!}x^5 - \cdots + (-1)^n \frac{1}{(2n+1)!}x^{2n+1} + \cdots, \ x \in (-\infty, +\infty)$

中,将 x 换成 $x - \frac{\pi}{2}$,可得

$$\sin\left(x - \frac{\pi}{2}\right) = \sum_{n=0}^{\infty} (-1)^n \frac{1}{(2n+1)!} \left(x - \frac{\pi}{2}\right)^{2n+1}, \ x \in (-\infty, +\infty),$$

所以得展开式

$$f(x) = \cos x = \sum_{n=0}^{\infty} (-1)^{n+1} \frac{1}{(2n+1)!} \left(x - \frac{\pi}{2}\right)^{2n+1}, \ x \in (-\infty, +\infty).$$

5. 利用函数 $f(x)=\dfrac{1}{1-x}$ 的展开式逐项微分来求数项级数 $\sum\limits_{n=1}^{\infty}\dfrac{n}{2^{n-1}}$ 的和.

解 由 $f(x)=\dfrac{1}{1-x}=1+x+x^2+\cdots+x^n+\cdots=\sum\limits_{n=0}^{\infty}x^n$, $x\in(-1,1)$, 有

$$f'(x)=\dfrac{1}{(1-x)^2}=\sum\limits_{n=1}^{\infty}nx^{n-1},\ x\in(-1,1).$$

令 $x=\dfrac{1}{2}$, 代入上式得

$$\sum\limits_{n=1}^{\infty}\dfrac{n}{2^{n-1}}=\dfrac{1}{\left(1-\dfrac{1}{2}\right)^2}=4.$$

习题 12-5

1. 利用函数的幂级数展开式求下列各数的近似值:
(1) $\ln 2$(误差不超过 0.0001); (2) $e^{0.2}$(误差不超过 0.001);
(3) $\sin 2°$(误差不超过 0.001); (4) $\cos 1°$(误差不超过 0.0001).

解 (1) 由 $\ln\dfrac{1+x}{1-x}=2\left(x+\dfrac{x^3}{3}+\dfrac{x^5}{5}+\cdots+\dfrac{x^{2n-1}}{2n-1}+\cdots\right)$, $x\in(-1,1)$, 令 $\dfrac{1+x}{1-x}=2$, 可得 $x=\dfrac{1}{3}$. 从而 $\ln 2=\ln\dfrac{1+\dfrac{1}{3}}{1-\dfrac{1}{3}}=2\left[\dfrac{1}{3}+\dfrac{1}{3\cdot 3^3}+\dfrac{1}{5\cdot 3^5}+\cdots+\dfrac{1}{(2n-1)\cdot 3^{2n-1}}+\cdots\right]$, 且

$$|r_n|=2\left[\dfrac{1}{(2n+1)\cdot 3^{2n+1}}+\dfrac{1}{(2n+3)\cdot 3^{2n+3}}+\cdots\right]$$

$$=\dfrac{2}{(2n+1)\cdot 3^{2n+1}}\left[1+\dfrac{(2n+1)\cdot 3^{2n+1}}{(2n+3)\cdot 3^{2n+3}}+\dfrac{(2n+1)\cdot 3^{2n+1}}{(2n+5)\cdot 3^{2n+5}}+\cdots\right]$$

$$<\dfrac{2}{(2n+1)\cdot 3^{2n+1}}\left(1+\dfrac{1}{3^2}+\dfrac{1}{3^4}+\cdots\right)$$

$$<\dfrac{2}{(2n+1)\cdot 3^{2n+1}}\cdot\dfrac{1}{1-\dfrac{1}{9}}=\dfrac{1}{4(2n+1)\cdot 3^{2n-1}},$$

进而 $|r_3|<\dfrac{1}{4(2\cdot 3+1)\cdot 3^5}\approx 0.00015$, $|r_4|<\dfrac{1}{4(2\cdot 4+1)\cdot 3^7}\approx 0.000013.$
故取 $n=4$, 则

$$\ln 2=2\left(\dfrac{1}{3}+\dfrac{1}{3\cdot 3^3}+\dfrac{1}{5\cdot 3^5}+\dfrac{1}{7\cdot 3^7}\right)\approx 0.6931;$$

(2) 由 $e^x=1+x+\dfrac{1}{2!}x^2+\cdots+\dfrac{1}{n!}x^n+\cdots$, $x\in(-\infty,+\infty)$, 令 $x=\dfrac{1}{5}$, 从而

$$e^{0.2}=1+\dfrac{1}{5}+\dfrac{1}{2!\cdot 5^2}+\cdots+\dfrac{1}{n!\cdot 5^n}+\cdots,$$

且 $|r_n| = \dfrac{1}{(n+1)! \cdot 5^{n+1}} + \dfrac{1}{(n+2)! \cdot 5^{n+2}} + \cdots$

$= \dfrac{1}{(n+1)! \cdot 5^{n+1}}\left[1 + \dfrac{1}{(n+2) \cdot 5} + \dfrac{1}{(n+2)(n+3) \cdot 5^2} + \cdots\right]$

$< \dfrac{1}{(n+1)! \cdot 5^{n+1}}\left(1 + \dfrac{1}{5} + \dfrac{1}{5^2} + \cdots\right)$

$= \dfrac{1}{(n+1)! \cdot 5^{n+1}} \cdot \dfrac{1}{1-\dfrac{1}{5}} = \dfrac{1}{4 \cdot (n+1)! \cdot 5^n}$,

进而 $|r_2| < \dfrac{1}{4 \cdot (2+1)! \cdot 5^2} \approx 0.0017$,$|r_3| < \dfrac{1}{4 \cdot (3+1)! \cdot 5^3} \approx 0.000083$.

故取 $n=3$,则

$$e^{0.2} = 1 + \dfrac{1}{5} + \dfrac{1}{2! \cdot 5^2} + \dfrac{1}{3! \cdot 5^3} \approx 1.221.$$

(3) 由 $\sin x = x - \dfrac{1}{3!}x^3 + \dfrac{1}{5!}x^5 - \cdots + (-1)^n \dfrac{1}{(2n+1)!}x^{2n+1} + \cdots$,$x \in (-\infty, +\infty)$,

从而 $\sin 2° = \sin\dfrac{\pi}{90} = \dfrac{\pi}{90} - \dfrac{1}{3!}\left(\dfrac{\pi}{90}\right)^3 + \dfrac{1}{5!}\left(\dfrac{\pi}{90}\right)^5 - \cdots + (-1)^n\dfrac{1}{(2n+1)!}\left(\dfrac{\pi}{90}\right)^{2n+1} + \cdots$,

这是一个交错级数,故有 $|r_1| \leqslant u_2 = \dfrac{1}{3!}\left(\dfrac{\pi}{90}\right)^3 < 10^{-5}$,则

$$\sin 2° = \dfrac{\pi}{90} \approx 0.035;$$

(4) 由 $\cos x = 1 - \dfrac{1}{2!}x^2 + \dfrac{1}{4!}x^4 - \cdots + (-1)^k\dfrac{1}{(2n)!}x^{2n} + \cdots$,$x \in (-\infty, +\infty)$,

从而 $\cos 1° = \sin\dfrac{\pi}{180} = 1 - \dfrac{1}{2!}\left(\dfrac{\pi}{180}\right)^2 + \dfrac{1}{4!}\left(\dfrac{\pi}{180}\right)^4 - \cdots + (-1)^k\dfrac{1}{(2n)!}\left(\dfrac{\pi}{180}\right)^{2n} + \cdots$,

这是一个交错级数,故有 $|r_2| \leqslant u_3 = \dfrac{1}{4!}\left(\dfrac{\pi}{180}\right)^4 < 10^{-8}$,则

$$\cos 1° = 1 - \dfrac{1}{2!}\left(\dfrac{\pi}{180}\right)^2 \approx 0.9998.$$

2. 利用被积函数的幂级数展开式求下列定积分的近似值.

(1) $\displaystyle\int_0^{0.5} \dfrac{1}{1+x^3}dx$(误差不超过 0.0001);(2) $\displaystyle\int_0^{0.5} \cos x^2 dx$(误差不超过 0.001).

解 (1) $\displaystyle\int_0^{0.5} \dfrac{1}{1+x^3}dx = \int_0^{0.5}(1 - x^3 + x^6 - x^9 + \cdots + (-1)^n x^{3n} + \cdots)dx$

$= \dfrac{1}{2} - \dfrac{1}{4} \times \dfrac{1}{2^4} + \dfrac{1}{7} \times \dfrac{1}{2^7} - \dfrac{1}{10} \times \dfrac{1}{2^{10}} + \cdots$.

这是一个交错级数,故有 $|r_3| \leqslant u_4 = \dfrac{1}{10} \times \dfrac{1}{2^{10}} < 10^{-4}$,则

$$\int_0^{0.5} \dfrac{1}{1+x^3}dx = \dfrac{1}{2} - \dfrac{1}{4} \times \dfrac{1}{2^4} + \dfrac{1}{7} \times \dfrac{1}{2^7} \approx 0.4855;$$

(2) 由 $\int_0^{0.5} \cos x^2 \, dx = \int_0^{0.5} \left(1 - \frac{1}{2!}x^4 + \frac{1}{4!}x^8 - \cdots + (-1)^k \frac{1}{(2n)!}x^{4n} + \cdots\right) dx$

$= \frac{1}{2} - \frac{1}{2!} \times \frac{1}{5} \times \frac{1}{2^5} + \frac{1}{4!} \times \frac{1}{9} \times \frac{1}{2^9} - \frac{1}{6!} \times \frac{1}{13} \times \frac{1}{2^{13}} + \cdots.$

这是一个交错级数,故有 $|r_2| \leqslant u_3 = \frac{1}{4!} \times \frac{1}{9} \times \frac{1}{2^9} < 10^{-5}$,则

$$\int_0^{0.5} \cos x^2 \, dx = \frac{1}{2} - \frac{1}{2!} \times \frac{1}{5} \times \frac{1}{2^5} \approx 0.4969.$$

习题 12-6

1. 已知级数 $x + \frac{x}{1+x^2} + \frac{x}{(1+x^2)^2} + \cdots$ 在 $(-\infty, +\infty)$ 上收敛,

(1) 求出该级数的和;

(2) 问 $N(\varepsilon, x)$ 取多大,能使当 $n > N$ 时,级数的余项 r_n 的绝对值小于正数 ε;

(3) 分别讨论级数在区间 $[0,1]$, $\left[\frac{1}{2}, 1\right]$ 上的一致收敛性.

解 (1) 设此级数的和函数为 $s(x)$. 显然,当 $x = 0$ 时,$s(x) = 0$;当 $x \neq 0$ 时,前 n 项的部分和

$$s_n(x) = \frac{x\left[1 - \left(\frac{1}{1+x^2}\right)^n\right]}{\left(1 - \frac{1}{1+x^2}\right)} = \frac{1+x^2}{x}\left[1 - \left(\frac{1}{1+x^2}\right)^n\right],$$

所以,$s(x) = \lim_{n \to \infty} s_n(x) = \frac{1+x^2}{x}$,从而 $s(x) = \begin{cases} \frac{1+x^2}{x}, & x \neq 0, \\ 0, & x = 0. \end{cases}$

(2) 余项 $r_n(x) = s(x) - s_n(x) = \frac{x}{(1+x^2)^n} + \frac{x}{(1+x^2)^{n+1}} + \cdots$

$= \frac{x}{(1+x^2)^n}\left[1 + \frac{x}{1+x^2} + \frac{x}{(1+x^2)^2} + \cdots\right].$

对 $\forall \varepsilon > 0$,当 $x = 0$ 时,$r_n(x) = 0$. 取 $N = 1$,当 $n > N$ 时,有 $|r_n(x)| < \varepsilon$;当 $x \neq 0$ 时,$|r_n(x)| \leqslant \frac{|x|}{(1+x^2)^n} \cdot \frac{1}{1 - \frac{1}{1+x^2}} = \frac{1}{|x|(1+x^2)^{n-1}}$. 欲使 $|r_n(x)| < \varepsilon$,只需 $\frac{1}{|x|(1+x^2)^{n-1}} < \varepsilon$,

即 $n > \frac{\ln \frac{1}{\varepsilon} - \ln |x|}{\ln(1+x^2)} + 1$. 取 $N = \left[\frac{\ln \frac{1}{\varepsilon} - \ln |x|}{\ln(1+x^2)}\right] + 1$,则当 $n > N$ 时,$|r_n(x)| < \varepsilon$.

(3) 该级数在 $[0,1]$ 上不一致收敛. 因为各项 $u_n(x)$ 在区间 $[0,1]$ 上连续,如果级数一致收敛,则其和函数 $s(x)$ 在 $[0,1]$ 上连续,而 $s(x)$ 在 $x = 0$ 是间断的,所以,该级数在 $[0,1]$ 上不一致

收敛.在区间 $\left[\frac{1}{2},1\right]$ 上, $|r_n(x)|=\frac{1}{|x|(1+x^2)^{n-1}} \leqslant \frac{2}{\left[1+\left(\frac{1}{2}\right)^2\right]^{n-1}}=2 \cdot \left(\frac{4}{5}\right)^{n-1}$.

对 $\forall \varepsilon>0$,取 $N=\left[\log_{\frac{4}{5}}\left(\frac{\varepsilon}{2}\right)\right]+1$,当 $n>N$ 时,对一切 $x\in\left[\frac{1}{2},1\right]$,有 $|r_n(x)|<\varepsilon$,所以,此级数在 $\left[\frac{1}{2},1\right]$ 上一致收敛.

2.按定义讨论下列级数在所给区间上的一致收敛性:

(1) $\sum_{n=1}^{\infty}(-1)^{n-1}\frac{x}{(1+x^2)^n}$, $-\infty<x<+\infty$; (2) $\sum_{n=0}^{\infty}(1-x^2)x^n$, $0<x<1$.

解 (1)对 $\forall x\in(-\infty,+\infty)$,此级数是交错级数. $|r_n(x)|\leqslant\frac{|x|}{(1+x^2)^{n+1}}\leqslant\frac{1}{2^{n+1}}$. 故,对 $\forall \varepsilon>0$,取 $N=[-\log_2\varepsilon]+1$,当 $n>N$ 时,对一切 $x\in(-\infty,+\infty)$,有 $|r_n(x)|<\varepsilon$,所以,此级数在 $(-\infty,+\infty)$ 上一致收敛.

(2)此级数的部分和 $s_n(x)=(1-x)+(x-x^2)$,和函数

$$s(x)=\lim_{x\to\infty}s_n(x)=\lim_{x\to\infty}(1+x)(1-x)=1+x, \quad x\in(0,1).$$

余项的绝对值 $|r_n(x)|=|s(x)-s_n(x)|\geqslant x^{n+1}$, $x\in(0,1)$.

对于 $\varepsilon_0=\frac{1}{4}$,取数列 $\{x_n\}$, $x_n=\frac{1}{3^{\frac{1}{n+1}}}(n=1,2,\cdots)$,不论 n 多么大,总有 $x_n\in(0,1)$,使得 $|r_n(x)|=\left(\frac{1}{3^{\frac{1}{n+1}}}\right)^{n+1}=\frac{1}{3}>\frac{1}{4}=\varepsilon_0$,因此,该级数在 $(0,1)$ 内不一致收敛.

3.利用维尔斯特拉斯判别法证明下列级数在所给区间上的一致收敛性.

(1) $\sum_{n=1}^{\infty}\frac{\sin nx}{2^n}$, $-\infty<x<+\infty$; (2) $\sum_{n=1}^{\infty}\frac{e^{-2nx}}{n!}$, $|x|<10$.

解 (1)对 $\forall x\in(-\infty,+\infty)$, $\left|\frac{\sin nx}{2^n}\right|\leqslant\frac{1}{2^n}$,而级数 $\sum_{n=1}^{\infty}\frac{1}{2^n}$ 收敛,从而原级数在 $(-\infty,+\infty)$ 内一致收敛;

(2)对 $\forall x\in(-10,10)$, $\left|\frac{e^{-2nx}}{n!}\right|\leqslant\frac{(e^{20})^n}{n!}$,而级数 $\sum_{n=1}^{\infty}\frac{(e^{20})^n}{n!}$ 收敛,从而原级数在 $(-10,10)$ 内一致收敛.

习题 12-7

1.填空题.

(1)设 $\frac{a_0}{2}+\sum_{n=1}^{\infty}(a_n\cos nx+b_n\sin nx)$ 为函数 $f(x)=\pi x+x^2(-\pi<x<\pi)$ 的傅里叶级数,则系数 $b_3=$_____;

(2)设 $f(x)=\begin{cases}2, & -\pi<x\leqslant 0\\ x^3, & 0<x\leqslant\pi\end{cases}$ 是以 2π 为周期的周期函数,则 $f(x)$ 的傅里叶级数在 $x=\pi$ 处收敛于_____.

解 (1)由 $b_n=\frac{1}{\pi}\int_{-\pi}^{\pi}f(x)\sin nx\,dx$,当 $n=3$ 时,

$$b_3 = \frac{1}{\pi}\int_{-\pi}^{\pi}(\pi x + x^2)\sin 3x\,dx = \frac{2}{\pi}\int_0^{\pi}\pi x\sin 3x\,dx = \frac{2}{3}\pi.$$

答案为:$\frac{2\pi}{3}$.

(2)根据狄利克雷充分条件,$f(x)$的傅里叶级数在$x=\pi$处收敛于

$$\frac{f(-\pi+0)+f(\pi-0)}{2} = \frac{2+\pi^3}{2} = 1+\frac{\pi^3}{2}.$$

答案为:$1+\frac{\pi^3}{2}$.

2. 设下列函数$f(x)$是以2π为周期的周期函数,将$f(x)$展开为傅里叶级数.
(1) $f(x)=3x+2\ (-\pi\leqslant x<\pi)$; (2) $f(x)=x^2+1\ (-\pi\leqslant x<\pi)$;
(3) $f(x)=\begin{cases}e^x, & (-\pi\leqslant x<0),\\ 1, & (0\leqslant x<\pi);\end{cases}$ (4) $f(x)=\begin{cases}1, & (-\pi\leqslant x<0),\\ 0, & (0\leqslant x<\pi).\end{cases}$

解 (1) $f(x)$满足收敛性定理条件,从而其傅里叶级数收敛. $f(x)$的所有间断点为 $x=2n\pi+\pi\,(n=0,\pm1,\pm2,\cdots)$,其他点处都连续.

当$x=2n\pi+\pi$时,其傅里叶级数收敛于

$$\frac{f(-\pi+0)+f(\pi-0)}{2} = \frac{-3\pi+2+3\pi+2}{2} = 2.$$

当$x\neq 2n\pi+\pi$时,其傅里叶级数收敛于$f(x)$.

$$a_0 = \frac{1}{\pi}\int_{-\pi}^{\pi}f(x)\,dx = \frac{1}{\pi}\int_{-\pi}^{\pi}(3x+2)\,dx = 4,$$

$$a_n = \frac{1}{\pi}\int_{-\pi}^{\pi}f(x)\cos nx\,dx = \frac{1}{\pi}\int_{-\pi}^{\pi}(3x+2)\cos nx\,dx = 0,\ (n=1,2,3,\cdots),$$

$$b_n = \frac{1}{\pi}\int_{-\pi}^{\pi}f(x)\sin nx\,dx = \frac{1}{\pi}\int_{-\pi}^{\pi}(3x+2)\sin nx\,dx = \frac{6}{\pi}\int_0^{\pi}x\sin nx\,dx = -\frac{6}{n\pi}\int_0^{\pi}x\,d\cos nx$$

$$= -\frac{6}{n\pi}[x\cos nx]_0^{\pi} + \frac{6}{n\pi}\left[\frac{\sin nx}{n}\right]_0^{\pi} = (-1)^{n+1}\frac{6}{n},\ (n=1,2,3,\cdots).$$

得$f(x)$的傅里叶级数展开式

$$f(x) = 2 + 6\sum_{n=1}^{\infty}\frac{(-1)^{n+1}}{n}\sin nx,\ (x\neq(2n+1)\pi, n=0,\pm1,\pm2,\cdots).$$

(2) $f(x)$在$(-\infty,+\infty)$上都连续,$f(x)$满足收敛性定理条件,从而其傅里叶级数收敛,且收敛于$f(x)$.

$$a_0 = \frac{1}{\pi}\int_{-\pi}^{\pi}f(x)\,dx = \frac{1}{\pi}\int_{-\pi}^{\pi}(x^2+1)\,dx = \frac{2\pi^2}{3}+2,$$

$$a_n = \frac{1}{\pi}\int_{-\pi}^{\pi}f(x)\cos nx\,dx = \frac{1}{\pi}\int_{-\pi}^{\pi}(x^2+1)\cos nx\,dx$$

$$= \frac{2}{n\pi}\int_0^{\pi}(x^2+1)\,d(\sin nx) = \frac{2}{n\pi}\left([(x^2+1)\sin nx]_0^{\pi} - \int_0^{\pi}2x\sin nx\,dx\right) = \frac{4}{n^2\pi}\int_0^{\pi}x\,d(\cos nx)$$

$$= \frac{4}{n^2\pi}[x\cos nx]_0^\pi - \frac{4}{n^2\pi}\left[\frac{\sin nx}{n}\right]_0^\pi = (-1)^n \frac{4}{n^2}, (n=1,2,3,\cdots),$$

$$b_n = \frac{1}{\pi}\int_{-\pi}^{\pi} f(x)\sin nx \, dx = \frac{1}{\pi}\int_{-\pi}^{\pi}(x^2+1)\sin nx \, dx = 0, (n=1,2,3,\cdots).$$

得 $f(x)$ 的傅里叶级数展开式 $f(x) = 1 + \frac{\pi^2}{3} + 4\sum_{n=1}^{\infty}(-1)^n \frac{1}{n^2}\cos nx, (-\infty, +\infty)$.

(3) $f(x)$ 满足收敛性定理条件,从而其傅里叶级数收敛. $f(x)$ 的所有间断点为 $x = 2n\pi + \pi (n = 0, \pm 1, \pm 2, \cdots)$,其他点处都连续.

当 $x = 2n\pi + \pi$ 时,其傅里叶级数收敛于 $\frac{f(-\pi+0) + f(\pi-0)}{2} = \frac{e^{-\pi}+1}{2}$.

当 $x \neq 2n\pi + \pi$ 时,其傅里叶级数收敛于 $f(x)$.

$$a_0 = \frac{1}{\pi}\int_{-\pi}^{\pi} f(x) \, dx = \frac{1}{\pi}\int_{-\pi}^{0} e^x \, dx + \frac{1}{\pi}\int_{0}^{\pi} 1 \, dx = \frac{1}{\pi}(1-e^{-\pi})+1,$$

$$a_n = \frac{1}{\pi}\int_{-\pi}^{\pi} f(x)\cos nx \, dx = \frac{1}{\pi}\int_{-\pi}^{0} e^x \cos nx \, dx + \frac{1}{\pi}\int_{0}^{\pi} 1 \cdot \cos nx \, dx, \text{其中}$$

$$\int_{-\pi}^{0} e^x \cos nx \, dx = [e^x \cos nx]_{-\pi}^{0} + n\int_{-\pi}^{0} e^x \sin nx \, dx = 1 + (-1)^{n+1}e^{-\pi} + n\int_{-\pi}^{0} \sin nx \, de^x$$

$$= 1 + (-1)^{n+1}e^{-\pi} + n\left([e^x \sin nx]_{-\pi}^{0} - n\int_{-\pi}^{0} e^x \cos nx \, dx\right)$$

$$= 1 + (-1)^{n+1}e^{-\pi} - n^2\int_{-\pi}^{0} e^x \cos nx \, dx,$$

进而 $\int_{-\pi}^{0} e^x \cos nx \, dx = \frac{1-(-1)^n e^{-\pi}}{n^2+1}$,即

$$a_n = \frac{1-(-1)^n e^{-\pi}}{(n^2+1)\pi}, (n=1,2,3,\cdots),$$

$$b_n = \frac{1}{\pi}\int_{-\pi}^{\pi} f(x)\sin nx \, dx = \frac{1}{\pi}\int_{-\pi}^{0} e^x \sin nx \, dx + \frac{1}{\pi}\int_{0}^{\pi} 1 \cdot \sin nx \, dx,$$

同理 $\int_{-\pi}^{0} e^x \sin nx \, dx = \frac{-n+(-1)^n e^{-\pi}}{n^2+1}$,即

$$b_n = \frac{-n+(-1)^n e^{-\pi}}{(n^2+1)\pi} + \frac{1-(-1)^n}{n\pi}, (n=1,2,3,\cdots)$$

得 $f(x)$ 的傅里叶级数展开式

$$f(x) = \frac{1+\pi-e^{-\pi}}{2\pi} + \frac{1}{\pi}\sum_{n=1}^{\infty}\left[\frac{1-(-1)^n e^{-\pi}}{n^2+1}\cos nx + \left(\frac{-n+(-1)^n e^{-\pi}}{n^2+1} + \frac{1-(-1)^n}{n}\right)\sin nx\right],$$

$$(x \neq (2n+1)\pi, n = 0, \pm 1, \pm 2, \cdots).$$

(4) $f(x)$ 满足收敛性定理条件,从而其傅里叶级数收敛. $f(x)$ 的所有间断点为 $x = n\pi + \pi$ $(n = 0, \pm 1, \pm 2, \cdots)$,其他点处都连续.

当 $x = n\pi + \pi$ 时,其傅里叶级数收敛于 $\frac{f(-\pi+0)+f(\pi-0)}{2} = \frac{1+0}{2} = \frac{1}{2}$.

$$a_0 = \frac{1}{\pi}\int_{-\pi}^{\pi}f(x)\mathrm{d}x = \frac{1}{\pi}\int_{-\pi}^{0}1\mathrm{d}x + \frac{1}{\pi}\int_{0}^{\pi}0\mathrm{d}x = 1,$$

$$a_n = \frac{1}{\pi}\int_{-\pi}^{\pi}f(x)\cos nx\,\mathrm{d}x = \frac{1}{\pi}\int_{-\pi}^{0}\cos nx\,\mathrm{d}x = 0,(n=1,2,3,\cdots),$$

$$b_n = \frac{1}{\pi}\int_{-\pi}^{\pi}f(x)\sin nx\,\mathrm{d}x = \frac{1}{\pi}\int_{-\pi}^{0}\sin nx\,\mathrm{d}x = \frac{(-1)^n-1}{n\pi},(n=1,2,3,\cdots).$$

得 $f(x)$ 的傅里叶级数展开式

$$f(x) = \frac{1}{2} + \frac{1}{\pi}\sum_{n=1}^{\infty}\frac{(-1)^n-1}{n}\sin nx,(x\ne n\pi, n=0,\pm1,\pm2,\cdots).$$

3. 设周期函数 $f(x)$ 的周期为 2π，证明 $f(x)$ 的傅里叶系数为

$$a_n = \frac{1}{\pi}\int_{0}^{2\pi}f(x)\cos nx\,\mathrm{d}x,(n=0,1,2\cdots),$$

$$b_n = \frac{1}{\pi}\int_{0}^{2\pi}f(x)\sin nx\,\mathrm{d}x,(n=0,1,2\cdots).$$

证明 由于 $f(x)$、$\sin nx$、$\cos nx$ 都是周期为 2π 的周期函数，所以 $f(x)\sin nx$、$f(x)\cos nx$ 也是周期为 2π 的周期函数. 又若 $g(x)$ 是以 T 为周期的周期函数，则 $\int_{a}^{a+T}g(x)\mathrm{d}x$ 的值与 a 无关，可得

$$a_n = \frac{1}{\pi}\int_{-\pi}^{\pi}f(x)\cos nx\,\mathrm{d}x = \frac{1}{\pi}\int_{-\pi}^{-\pi+2\pi}f(x)\cos nx\,\mathrm{d}x = \frac{1}{\pi}\int_{0}^{2\pi}f(x)\cos nx\,\mathrm{d}x,$$

$$b_n = \frac{1}{\pi}\int_{-\pi}^{\pi}f(x)\sin nx\,\mathrm{d}x = \frac{1}{\pi}\int_{-\pi}^{-\pi+2\pi}f(x)\sin nx\,\mathrm{d}x = \frac{1}{\pi}\int_{0}^{2\pi}f(x)\sin nx\,\mathrm{d}x,$$

故结论成立.

4. 将函数 $f(x) = \sin\frac{x}{2}(0\leqslant x\leqslant\pi)$ 分别展开为正弦级数和余弦级数.

解 先展开成正弦级数. 将 $f(x)$ 进行奇延拓，令

$$f(x) = \begin{cases}\sin\dfrac{x}{2}, & 0\leqslant x\leqslant\pi,\\ \sin\dfrac{x}{2}, & -\pi\leqslant x<0.\end{cases}$$

把 $f(x)$ 延拓成以 2π 为周期的周期函数，$f(x)$ 满足收敛性定理条件，从而其傅里叶级数收敛. $f(x)$ 的所有间断点为 $x=2n\pi+\pi$ $(n=0,\pm1,\pm2,\cdots)$，其他点处都连续.

又在 $[0,\pi]$ 上，傅里叶级数收敛于 $f(x)$.

$$b_n = \frac{2}{\pi}\int_{0}^{\pi}f(x)\sin nx\,\mathrm{d}x = \frac{2}{\pi}\int_{0}^{\pi}\sin\frac{x}{2}\sin nx\,\mathrm{d}x = -\frac{1}{\pi}\int_{0}^{\pi}\left[\cos\left(n+\frac{1}{2}\right)x - \cos\left(n-\frac{1}{2}\right)x\right]\mathrm{d}x$$

$$= \frac{(-1)^{n+1}8n}{\pi(4n^2-1)},(n=1,2,3,\cdots),$$

得 $f(x)$ 的正弦级数展开式

$$f(x)=\frac{8}{\pi}\sum_{n=1}^{\infty}\frac{(-1)^{n+1}n}{(4n^2-1)}\sin nx, x\in[0,\pi).$$

再展开成余弦级数,将 $f(x)$ 进行偶延拓,令

$$f(x)=\begin{cases}\sin\dfrac{x}{2}, & 0\leqslant x\leqslant\pi,\\ -\sin\dfrac{x}{2}, & -\pi\leqslant x<0.\end{cases}$$

把 $f(x)$ 延拓成以 2π 为周期的周期函数,$f(x)$ 在 $(-\infty,+\infty)$ 上都连续,$f(x)$ 满足收敛性定理条件,从而其傅里叶级数收敛,且收敛于 $f(x)$. 在 $[0,\pi]$ 上,傅里叶级数收敛于 $f(x)$.

$$a_0=\frac{2}{\pi}\int_0^\pi f(x)\mathrm{d}x=\frac{2}{\pi}\int_0^\pi\sin\frac{x}{2}\mathrm{d}x=\frac{4}{\pi},$$

$$a_n=\frac{2}{\pi}\int_0^\pi f(x)\cos nx\,\mathrm{d}x=\frac{2}{\pi}\int_0^\pi\sin\frac{x}{2}\cos nx\,\mathrm{d}x=\frac{1}{\pi}\int_0^\pi\left[\sin\left(n+\frac{1}{2}\right)x-\sin\left(n-\frac{1}{2}\right)x\right]\mathrm{d}x$$

$$=\frac{4}{(1-4n^2)\pi},(n=1,2,3,\cdots).$$

得 $f(x)$ 的余弦级数展开式

$$f(x)=\frac{2}{\pi}+\frac{4}{\pi}\sum_{n=1}^{\infty}\frac{1}{(1-4n^2)}\cos nx,\ x\in[0,\pi].$$

5. 将函数 $f(x)=x+2$ $(0\leqslant x\leqslant\pi)$ 分别展开为正弦级数和余弦级数.

解 先展开成正弦级数. 将 $f(x)$ 进行奇延拓,令

$$\varphi(x)=\begin{cases}x+2, & 0<x\leqslant\pi,\\ 0, & x=0,\\ x-2, & -\pi\leqslant x<0.\end{cases}$$

把 $\varphi(x)$ 延拓成以 2π 为周期的周期函数 $\Phi(x)$,$\Phi(x)$ 满足收敛性定理条件,从而其傅里叶级数收敛.

$\Phi(x)$ 的所有间断点为 $x=n\pi+\pi$ $(n=0,\pm1,\pm2,\cdots)$,其他点处都连续. 又在 $[0,\pi]$ 上,$\Phi(x)\equiv f(x)$,因此 $\Phi(x)$ 的傅立叶级数在 $[0,\pi]$ 上收敛于 $f(x)$.

$$b_n=\frac{2}{\pi}\int_0^\pi f(x)\sin nx\,\mathrm{d}x=\frac{2}{\pi}\int_0^\pi(x+2)\sin nx\,\mathrm{d}x=\frac{2}{\pi}\int_0^\pi x\sin nx\,\mathrm{d}x+\frac{4}{\pi}\int_0^\pi\sin nx\,\mathrm{d}x$$

$$=\frac{2}{n}(-1)^{n+1}-\frac{4}{n\pi}((-1)^n-1),(n=1,2,3,\cdots)$$

得 $f(x)$ 的正弦级数展开式

$$f(x)=\sum_{n=1}^{\infty}\left\{\frac{2}{n}(-1)^{n+1}-\frac{4}{n\pi}[(-1)^n-1]\right\}\sin nx,\ x\in(0,\pi).$$

再展开成余弦级数,将 $f(x)$ 进行偶延拓,令

$$f(x)=\begin{cases}x+2, & 0\leqslant x\leqslant\pi,\\ -x+2, & -\pi\leqslant x<0.\end{cases}$$

把 $f(x)$ 延拓成以 2π 为周期的周期函数, $f(x)$ 在 $(-\infty,+\infty)$ 上都连续, $f(x)$ 满足收敛性定理条件, 从而其傅里叶级数收敛, 且收敛于 $f(x)$. 在 $[0,\pi]$ 上, 傅里叶级数收敛于 $f(x)$.

$$a_0 = \frac{2}{\pi}\int_0^{\pi} x+2\,\mathrm{d}x = \pi+4,$$

$$a_n = \frac{2}{\pi}\int_0^{\pi} f(x)\cos nx\,\mathrm{d}x = \frac{2}{\pi}\int_0^{\pi}(x+2)\cos nx\,\mathrm{d}x = \frac{2}{\pi}\int_0^{\pi} x\cos nx\,\mathrm{d}x + \frac{2}{\pi}\int_0^{\pi} 2\cos nx\,\mathrm{d}x$$

$$= \frac{2[(-1)^n-1]}{n^2\pi} = \begin{cases} \dfrac{-4}{(2k-1)^2\pi}, & n=2k-1, \\ 0, & n=2k, \end{cases} (k=1,2,3,\cdots).$$

得 $f(x)$ 的余弦级数展开式

$$f(x) = \frac{\pi}{2}+2-\frac{4}{\pi}\sum_{n=1}^{\infty}\frac{1}{(2n-1)^2}\cos(2n-1)x,\ x\in[0,\pi].$$

6. 将函数 $f(x)=\cos x(0\leqslant x\leqslant\pi)$ 展开为正弦级数.

解 将 $f(x)$ 进行奇延拓, 令

$$\varphi(x) = \begin{cases} \cos x, & 0<x\leqslant\pi, \\ 0, & x=0, \\ -\cos x, & -\pi\leqslant x<0. \end{cases}$$

把 $\varphi(x)$ 延拓成以 2π 为周期的周期函数 $\Phi(x)$, $\Phi(x)$ 满足收敛性定理条件, 从而其傅里叶级数收敛.

$\Phi(x)$ 的所有间断点为 $x=n\pi+\pi\ (n=0,\pm 1,\pm 2,\cdots)$, 其他点处都连续.

又在 $(0,\pi)$ 上, $\Phi(x)\equiv f(x)$, 所以 $\Phi(x)$ 的傅立叶级数在 $(0,\pi]$ 上收敛于 $f(x)$.

$$b_n = \frac{2}{\pi}\int_0^{\pi} f(x)\sin nx\,\mathrm{d}x = \frac{2}{\pi}\int_0^{\pi}\cos x\sin nx\,\mathrm{d}x$$

$$= \frac{1}{\pi}\int_0^{\pi}\sin(n+1)x\,\mathrm{d}x + \frac{1}{\pi}\int_0^{\pi}\sin(n-1)x\,\mathrm{d}x = \frac{2n}{(n^2-1)\pi}[1+(-1)^n]$$

$$= \begin{cases} 0, & n=2k-1, \\ \dfrac{8k}{(4k^2-1)\pi}, & n=2k, \end{cases} (k=1,2,3,\cdots).$$

得 $f(x)$ 的正弦级数展开式

$$f(x) = \frac{8}{\pi}\sum_{n=1}^{\infty}\frac{n}{4n^2-1}\sin 2nx,\quad x\in(0,\pi).$$

习题 12-8

1. 填空题.

(1) 设 $f(x)$ 在 $[0,l]$ 上连续, 在 $(0,l)$ 内有 $f(x)=\sum_{n=1}^{\infty}b_n\sin\dfrac{n\pi}{l}x$, 则 b_n 的计算公式为

_____，此时 $f(x)$ 的周期为_____；

(2)若将 $f(x)=\begin{cases}1, 0\leqslant x\leqslant 1,\\ 0, 1<x\leqslant 2\end{cases}$ 展开为傅里叶级数，则此级数在 $x=\dfrac{1}{2}$ 处收敛于_____，而在 $x=1$ 处收敛于_____.

解 (1)根据公式 $b_n=\dfrac{2}{l}\int_0^l f(x)\sin\dfrac{n\pi x}{l}\mathrm{d}x$，此时 $f(x)$ 是以 $2l$ 为周期的周期函数. 答案为：$\dfrac{2}{l}\int_0^l f(x)\sin\dfrac{n\pi x}{l}\mathrm{d}x$，$2l$.

(2) 由于 $x=\dfrac{1}{2}$ 是 $f(x)$ 的连续点，故其傅里叶级数收敛于 $f\left(\dfrac{1}{2}\right)=1$. 由于 $x=1$ 是 $f(x)$ 的第一类间断点，故其傅里叶级数收敛于 $\dfrac{f(1-0)+f(1+0)}{2}=\dfrac{1+0}{2}=\dfrac{1}{2}$，答案为：$1,\dfrac{1}{2}$.

2. 将下列各周期函数展开成傅里叶级数（下面给出函数在一个周期内的表达式）.

(1) $f(x)=1-x^2, (-1\leqslant x<1)$；

(2) $f(x)=\begin{cases}2x+1, & (-3\leqslant x<0),\\ 1, & (0\leqslant x<3);\end{cases}$

(3) $f(x)=\begin{cases}x, & (-1\leqslant x<0),\\ 1, & (0\leqslant x<\dfrac{1}{2}),\\ -1, & (\dfrac{1}{2}\leqslant x<1).\end{cases}$

解 (1) $f(x)$ 在 $(-\infty,+\infty)$ 上都连续，$f(x)$ 满足收敛性定理条件，从而其傅里叶级数收敛，且收敛于 $f(x)$. 函数 $f(x)$ 是半周期 $l=1$ 的偶函数，故

$$b_n=\dfrac{1}{l}\int_{-l}^l f(x)\sin\dfrac{n\pi x}{l}\mathrm{d}x=\int_{-1}^1(1-x^2)\sin n\pi x\mathrm{d}x=0, (n=1,2,3,\cdots),$$

$$a_0=\dfrac{1}{l}\int_{-l}^l f(x)\mathrm{d}x=\int_{-1}^1 1-x^2\mathrm{d}x=\dfrac{4}{3},$$

$$a_n=\dfrac{1}{l}\int_{-l}^l f(x)\cos\dfrac{n\pi x}{l}\mathrm{d}x=\int_{-1}^1(1-x^2)\cos n\pi x\mathrm{d}x$$

$$=2\int_0^1\cos n\pi x\mathrm{d}x-2\int_0^1 x^2\cos n\pi x\mathrm{d}x=\dfrac{(-1)^{n+1}4}{n^2\pi^2}, (n=1,2,3,\cdots).$$

得 $f(x)$ 的傅里叶级数展开式

$$f(x)=\dfrac{2}{3}+\dfrac{4}{\pi^2}\sum_{n=1}^\infty\dfrac{(-1)^{n+1}}{n^2}\cos n\pi x, x\in(-\infty,+\infty);$$

(2) 函数 $f(x)$ 的半周期 $l=3$，故

$$a_0=\dfrac{1}{l}\int_{-l}^l f(x)\mathrm{d}x=\dfrac{1}{3}\left[\int_{-3}^0(2x+1)\mathrm{d}x+\int_0^3\mathrm{d}x\right]=-1,$$

$$a_n=\dfrac{1}{l}\int_{-l}^l f(x)\cos\dfrac{n\pi x}{l}\mathrm{d}x=\dfrac{1}{3}\left[\int_{-3}^0(2x+1)\cos\dfrac{n\pi x}{3}\mathrm{d}x+\int_0^3\cos\dfrac{n\pi x}{3}\mathrm{d}x\right]$$

$$=\dfrac{6}{n^2\pi^2}[1-(-1)^n], (n=1,2,3,\cdots),$$

$$b_n = \frac{1}{l}\int_{-l}^{l} f(x)\sin\frac{n\pi x}{l}dx = \frac{1}{3}\left[\int_{-3}^{0}(2x+1)\sin\frac{n\pi x}{3}dx + \int_{0}^{3}\sin\frac{n\pi x}{3}dx\right]$$
$$= \frac{6}{n\pi}(-1)^{n+1}, (n=1,2,3,\cdots).$$

$f(x)$ 满足收敛性定理条件,其间断点为 $x=3(2k+1), k\in Z$,故有傅里叶级数展开式

$$f(x) = -\frac{1}{2} + \sum_{n=1}^{\infty}\left\{\frac{6}{n^2\pi^2}[1-(-1)^n]\cos\frac{n\pi x}{3} + (-1)^{n+1}\frac{6}{n\pi}\sin\frac{n\pi x}{3}\right\} \quad (x\neq 3(2k+1), k\in Z);$$

(3) 函数 $f(x)$ 的半周期 $l=1$,故

$$a_0 = \frac{1}{l}\int_{-l}^{l} f(x)dx = \int_{-1}^{0} xdx + \int_{0}^{\frac{1}{2}} dx + \int_{\frac{1}{2}}^{1}(-1)dx = -\frac{1}{2},$$

$$a_n = \frac{1}{l}\int_{-l}^{l} f(x)\cos\frac{n\pi x}{l}dx = \int_{-1}^{0} x\cos n\pi x dx + \int_{0}^{\frac{1}{2}}\cos n\pi x dx + \int_{\frac{1}{2}}^{1}(-1)\cos n\pi x dx$$

$$= \frac{1}{n^2\pi^2}[1-(-1)^n] + \frac{2}{n\pi}\sin\frac{n\pi}{2}$$

$$= \begin{cases} \dfrac{2}{(2k-1)^2\pi^2} + \dfrac{2}{(2k-1)\pi}(-1)^{k+1}, & n=2k-1, \\ 0, & n=2k \end{cases} \quad (n=1,2,3,\cdots).$$

$$b_n = \frac{1}{l}\int_{-l}^{l} f(x)\sin\frac{n\pi x}{l}dx = \int_{-1}^{0} x\sin n\pi x dx + \int_{0}^{\frac{1}{2}}\sin n\pi x dx + \int_{\frac{1}{2}}^{1}(-1)\sin n\pi x dx$$

$$= -\frac{2}{n\pi}\cos\frac{n\pi}{2} + \frac{1}{n\pi} = \begin{cases} \dfrac{1}{(2k-1)\pi}, & n=2k-1, \\ (-1)^{k+1}\dfrac{2}{2k\pi} + \dfrac{1}{2k\pi}, & n=2k \end{cases} \quad (n=1,2,3,\cdots).$$

$f(x)$ 满足收敛性定理条件,其间断点为 $x=2k, 2k+\frac{1}{2}, k\in Z$,故有傅里叶级数展开式

$$f(x) = -\frac{1}{4} + \sum_{n=1}^{\infty}\left[\frac{2}{(2n-1)^2\pi^2} + \frac{2(-1)^{n+1}}{(2n-1)\pi}\right]\cos(2n-1)\pi x + \sum_{n=1}^{\infty}\frac{1+(-1)^{n+1}\cdot 2}{2n\pi}\sin 2n\pi x$$

$$+ \sum_{n=1}^{\infty}\frac{1}{(2n-1)\pi}\sin(2n-1)\pi x, (x\neq 2k, x\neq 2k+\frac{1}{2}, k=0,\pm 1,\pm 2,\cdots).$$

3. 将下列函数分别展开为正弦级数和余弦级数.

(1) $f(x) = x+1, \quad (0\leqslant x < 2)$;

(2) $f(x) = \begin{cases} x, & \left(0\leqslant x\leqslant \dfrac{l}{2}\right), \\ l-x, & \left(\dfrac{l}{2}\leqslant x\leqslant l\right). \end{cases}$

解 (1) 展开为正弦级数. 将 $f(x)$ 做奇周期延拓为 $\phi(x)$,则 $\phi(x)$ 满足收敛性定理条件,除了间断点 $x=2k, k\in Z$ 外,处处连续,且在 $(0,2)$ 内,$\phi(x)\equiv f(x)$,函数 $\phi(x)$ 的半周期 $l=2$.

$$a_n = 0, (n=0,1,2,3,\cdots),$$

$$b_n = \frac{2}{l}\int_0^l f(x)\sin\frac{n\pi x}{l}\mathrm{d}x = \int_0^2 (x+1)\sin\frac{n\pi x}{2}\mathrm{d}x$$

$$= \int_0^2 x\sin\frac{n\pi x}{2}\mathrm{d}x + \int_0^2 \sin\frac{n\pi x}{2}\mathrm{d}x = \frac{2-6\cdot(-1)^n}{n\pi}, (n=1,2,3,\cdots)$$

故 $f(x)$ 的傅里叶级数展开式

$$f(x) = \sum_{n=1}^{\infty} \frac{2-6\cdot(-1)^n}{n\pi}\sin\frac{n\pi x}{2}, \quad x\in(0,2).$$

展开为余弦级数．将 $f(x)$ 做偶周期延拓为 $\psi(x)$，则 $\psi(x)$ 满足收敛性定理条件，在 $(-\infty,+\infty)$ 上都连续，且在 $[0,2]$ 上，$\psi(x)\equiv f(x)$，函数 $\psi(x)$ 的半周期 $l=2$.

$$b_n = 0 \quad (n=1,2,3,\cdots),$$

$$a_0 = \frac{2}{l}\int_0^l f(x)\mathrm{d}x = \int_0^2 (x+1)\mathrm{d}x = 4,$$

$$a_n = \frac{2}{l}\int_0^l f(x)\cos\frac{n\pi x}{l}\mathrm{d}x = \int_0^2 (x+1)\cos\frac{n\pi x}{2}\mathrm{d}x = \int_0^2 x\cos\frac{n\pi x}{2}\mathrm{d}x + \int_0^2 \cos\frac{n\pi x}{2}\mathrm{d}x$$

$$= \frac{4}{n^2\pi^2}[(-1)^n - 1] = \begin{cases} -\dfrac{8}{(2k-1)^2\pi^2}, & n=2k-1, \\ 0, & n=2k \end{cases} \quad (k=1,2,3,\cdots).$$

故 $f(x)$ 的傅里叶级数展开式

$$f(x) = 2 - \frac{8}{\pi^2}\sum_{n=1}^{\infty}\frac{1}{(2n-1)^2}\cos\left(n-\frac{1}{2}\right)\pi x, \quad x\in[0,2].$$

(2)展开为正弦级数．将 $f(x)$ 做奇周期延拓为 $\phi(x)$，则 $\phi(x)$ 满足收敛性定理条件，在 $(-\infty,+\infty)$ 上都连续，且在 $[0,1]$ 上，$\phi(x)\equiv f(x)$.

$$a_n = 0 \quad (n=0,1,2,3,\cdots),$$

$$b_n = \frac{2}{l}\int_0^l f(x)\sin\frac{n\pi x}{l}\mathrm{d}x = \frac{2}{l}\int_0^{\frac{l}{2}} x\sin\frac{n\pi x}{l}\mathrm{d}x + \frac{2}{l}\int_{\frac{l}{2}}^l (l-x)\sin\frac{n\pi x}{l}\mathrm{d}x$$

$$= -\frac{2}{n\pi}\int_0^{\frac{l}{2}} x\mathrm{d}\left(\cos\frac{n\pi x}{l}\right) - \frac{2}{n\pi}\int_{\frac{l}{2}}^l (l-x)\mathrm{d}\cos\frac{n\pi x}{l}$$

$$= -\frac{2}{n\pi}\left[x\cos\frac{n\pi x}{l}\right]_0^{\frac{l}{2}} + \frac{2}{n\pi}\int_0^{\frac{l}{2}}\cos\frac{n\pi x}{l}\mathrm{d}x - \frac{2}{n\pi}\left[(l-x)\cos\frac{n\pi x}{l}\right]_{\frac{l}{2}}^l - \frac{2}{n\pi}\int_{\frac{l}{2}}^l\cos\frac{n\pi x}{l}\mathrm{d}x$$

$$= \frac{4l}{n^2\pi^2}\sin\frac{n\pi}{2} = \begin{cases} \dfrac{(-1)^{k+1}4l}{(2k-1)^2\pi^2}, & n=2k-1, \\ 0, & n=2k \end{cases} \quad (n=1,2,3,\cdots).$$

故 $f(x)$ 的傅里叶级数展开式

$$f(x) = \frac{4l}{\pi^2}\sum_{n=1}^{\infty}\frac{(-1)^{n+1}}{(2n-1)^2}\sin\frac{(2n-1)\pi x}{2}, \quad x\in[0,l]$$

展开为余弦级数，将 $f(x)$ 做偶周期延拓为 $\psi(x)$，则 $\psi(x)$ 满足收敛性定理条件，在 $(-\infty,+\infty)$ 上都连续，且在 $[0,1]$ 上，$\psi(x)\equiv f(x)$.

$$b_n = 0, (n=1,2,3,\cdots)$$

$$a_0 = \frac{2}{l}\int_0^l f(x)\mathrm{d}x = \frac{2}{l}\int_0^{\frac{l}{2}} x\mathrm{d}x + \frac{2}{l}\int_{\frac{l}{2}}^l (l-x)\mathrm{d}x = \frac{l}{2},$$

$$a_n = \frac{2}{l}\int_0^l f(x)\cos\frac{n\pi x}{l}\mathrm{d}x = \frac{2}{l}\int_0^{\frac{l}{2}} x\cos\frac{n\pi x}{l}\mathrm{d}x + \frac{2}{l}\int_{\frac{l}{2}}^l (l-x)\cos\frac{n\pi x}{l}\mathrm{d}x$$

$$= \frac{2}{n\pi}\int_0^{\frac{l}{2}} x\mathrm{d}\left(\sin\frac{n\pi x}{l}\right) + \frac{2}{n\pi}\int_{\frac{l}{2}}^l (l-x)\mathrm{d}\left(\sin\frac{n\pi x}{l}\right)$$

$$= \frac{2}{n\pi}\left[x\sin\frac{n\pi x}{l}\right]_0^{\frac{l}{2}} - \frac{2}{n\pi}\int_0^{\frac{l}{2}} \sin\frac{n\pi x}{l}\mathrm{d}x + \frac{2}{n\pi}\left[(l-x)\sin\frac{n\pi x}{l}\right]_{\frac{l}{2}}^l + \frac{2}{n\pi}\int_{\frac{l}{2}}^l \sin\frac{n\pi x}{l}\mathrm{d}x$$

$$= \frac{4l}{n^2\pi^2}\cos\frac{n\pi}{2} + \frac{2l}{n^2\pi^2}[(-1)^{n+1}-1]$$

$$= \begin{cases} \dfrac{4l}{4k^2\pi^2}(-1)^k - \dfrac{4l}{4k^2\pi^2}, & n=2k, \\ 0, & n=2k-1 \end{cases} \quad (k=1,2,3,\cdots).$$

故 $f(x)$ 的傅里叶级数展开式

$$f(x) = \frac{l}{4} + \frac{l}{\pi^2}\sum_{n=1}^{\infty}\frac{1}{n^2}[(-1)^n - 1]\cos\frac{2n\pi x}{l}, \quad x\in[0,l].$$

总习题十二

1. 判断级数的敛散性.

(1) $\displaystyle\sum_{n=1}^{\infty}\frac{n^{n+\frac{1}{n}}}{(n+\frac{1}{n})^n}$;

(2) $\displaystyle\sum_{n=1}^{\infty}\frac{n\cos^2\frac{n\pi}{3}}{2^n}$;

(3) $\displaystyle\sum_{n=1}^{\infty}\frac{(n!)^2}{2^{n^2}}$;

(4) $\displaystyle\sum_{n=1}^{\infty}(-1)^n\ln\frac{n+1}{n}$;

(5) $\displaystyle\sum_{n=1}^{\infty}\frac{\ln(n+2)}{(a+\frac{1}{n})^n}(a>0)$.

解 (1) 由于 $u_n = \dfrac{n^n\cdot n^{\frac{1}{n}}}{\left(n+\frac{1}{n}\right)^n} = \dfrac{n^{\frac{1}{n}}}{\left(1+\frac{1}{n^2}\right)^n}$,而 $\displaystyle\lim_{n\to\infty}\left(1+\frac{1}{n^2}\right)^n = \lim_{n\to\infty}\left[\left(1+\frac{1}{n^2}\right)^{n^2}\right]^{\frac{1}{n}} = \mathrm{e}^0 = 1$,

$\displaystyle\lim_{n\to\infty}n^{\frac{1}{n}} = \lim_{x\to+\infty}x^{\frac{1}{x}} = \mathrm{e}^{\lim\limits_{x\to+\infty}\frac{1}{x}\ln x} = \mathrm{e}^{\lim\limits_{x\to+\infty}\frac{1}{x}} = \mathrm{e}^0 = 1$,故 $\displaystyle\lim_{n\to\infty}u_n = 1\neq 0$,根据级数收敛的必要条件,原级数发散.

(2) 由于 $u_n = \dfrac{n\cos^2\frac{n\pi}{3}}{2^n} < \dfrac{n}{2^n}$,令 $v_n = \dfrac{n}{2^n}$,对于级数 $\displaystyle\sum_{n=1}^{\infty}v_n$,有

$$\lim_{n\to\infty}\frac{v_{n+1}}{v_n} = \lim_{n\to\infty}\frac{n+1}{2^{n+1}}\cdot\frac{2^n}{n} = \lim_{n\to\infty}\frac{n+1}{2n} = \frac{1}{2} < 1,$$

故级数 $\displaystyle\sum_{n=1}^{\infty}\frac{n}{2^n}$ 收敛,从而原级数收敛.

(3)由于 $\dfrac{u_{n+1}}{u_n} = \dfrac{\dfrac{[(n+1)!]^2}{2(n+1)^2}}{\dfrac{(n!)^2}{2n^2}} = n^2$,而 $\lim\limits_{n\to\infty} \dfrac{u_{n+1}}{u_n} = \lim\limits_{n\to\infty} n^2 = +\infty$,根据比值审敛法可知级数发散.

(4)对于此交错级数,由于

$$u_{n+1} - u_n = \ln\dfrac{n+2}{n+1} - \ln\dfrac{n+1}{n} = \ln\dfrac{n^2+2n}{n^2+2n+1} < 0, \lim\limits_{n\to\infty} u_n = \lim\limits_{n\to\infty} \ln\dfrac{n+1}{n} = 0,$$

故原级数收敛.

(5)由于 $\lim\limits_{n\to\infty} \sqrt[n]{u_n} = \lim\limits_{n\to\infty} \dfrac{\sqrt[n]{\ln(n+2)}}{a+\dfrac{1}{n}} = \dfrac{1}{a}\lim\limits_{n\to\infty} \sqrt[n]{\ln(n+2)}$,而当 $n\geq 2$ 时,$n+2 < e^n$,从而有 $1 < \sqrt[n]{\ln(n+2)} < \sqrt[n]{n}$,由于 $\lim\limits_{n\to+\infty} \sqrt[n]{n} = 1$,因而 $\lim\limits_{n\to+\infty} \sqrt[n]{\ln(n+2)} = 1$,即 $\lim\limits_{n\to\infty} \sqrt[n]{u_n} = \dfrac{1}{a}$.

当 $\dfrac{1}{a} < 1$,即 $a > 1$ 时,原级数收敛;当 $\dfrac{1}{a} > 1$,即 $0 < a < 1$ 时,原级数发散;当 $a = 1$ 时,原级数为 $\sum\limits_{n=1}^{\infty} \dfrac{\ln(n+2)}{\left(1+\dfrac{1}{n}\right)^n}$,由于 $\lim\limits_{n\to\infty} \dfrac{\ln(n+2)}{\left(1+\dfrac{1}{n}\right)^n} = +\infty$,原级数也发散.

将上述综合可知:当 $0 < a \leq 1$ 时,级数发散;当 $a > 1$ 时,级数收敛.

2. 若级数 $\sum\limits_{n=1}^{\infty} a_n^2$ 及 $\sum\limits_{n=1}^{\infty} b_n^2$ 收敛,证明级数 $\sum\limits_{n=1}^{\infty} |a_n b_n|$,$\sum\limits_{n=1}^{\infty} (a_n+b_n)^2$ 也收敛.

证明 由于级数 $\sum\limits_{n=1}^{\infty} a_n^2$ 及 $\sum\limits_{n=1}^{\infty} b_n^2$ 收敛,故 $\sum\limits_{n=1}^{\infty} (a_n^2+b_n^2)$ 收敛,根据 $a_n^2+b_n^2 \geq 2|a_n b_n|$,由正项级数比较判别法知级数 $\sum\limits_{n=1}^{\infty} |a_n b_n|$ 收敛;又 $(a_n+b_n)^2 = a_n^2+b_n^2+2a_n b_n \leq 2(a_n^2+b_n^2)$,故级数 $\sum\limits_{n=1}^{\infty} (a_n+b_n)^2$ 也收敛.

3. 设 $a_n > 0$,且数列 $\{na_n\}$ 有界,试证 $\sum\limits_{n=1}^{\infty} a_n^2$ 收敛.

证明 由 $a_n > 0$,$\{na_n\}$ 有界可知,存在 $M > 0$,使得 $0 \leq na_n \leq M$,即 $0 \leq a_n \leq \dfrac{M}{n}$,故有 $0 \leq a_n^2 \leq M^2 \cdot \dfrac{1}{n^2}$. 由 $\sum\limits_{n=1}^{\infty} \dfrac{1}{n^2}$ 收敛,因此 $\sum\limits_{n=1}^{\infty} M^2 \cdot \dfrac{1}{n^2}$ 收敛,故 $\sum\limits_{n=1}^{\infty} a_n^2$ 收敛.

4. 若级数 $\sum\limits_{n=1}^{\infty} (a_n+2)^2$ 收敛,求 $\lim\limits_{n\to\infty} a_n$.

解 由于级数 $\sum\limits_{n=1}^{\infty} (a_n+2)^2$ 收敛,故 $\lim\limits_{n\to\infty} (a_n+2)^2 = 0$,所以 $\lim\limits_{n\to\infty} a_n = -2$.

5. 判别下列级数是否收敛?若收敛,是条件收敛还是绝对收敛?

(1) $\sum\limits_{n=1}^{\infty} (-1)^{n-1} \dfrac{\sin\sqrt{n}}{n^{3/2}}$;

(2) $\sum\limits_{n=1}^{\infty} (-1)^{n-1} \dfrac{1}{(2n-1)^3}$;

(3) $\sum\limits_{n=1}^{\infty} (-1)^{n-1} \dfrac{1}{\ln(1+n)}$;

(4) $\sum\limits_{n=1}^{\infty} (-1)^n (\sqrt{n+1}-\sqrt{n})$;

(5) $\sum_{n=1}^{\infty} \dfrac{(-1)^n}{n-\ln n}$.

解 (1) 由于 $\left| (-1)^{n-1} \dfrac{\sin\sqrt{n}}{n^{\frac{3}{2}}} \right| \leqslant \dfrac{1}{n^{\frac{3}{2}}}$，而级数 $\sum_{n=1}^{\infty} \dfrac{1}{n^{\frac{3}{2}}}$ 收敛，故原级数绝对收敛．

(2) 由于 $\left| (-1)^{n-1} \dfrac{1}{(2n-1)^3} \right| = \dfrac{1}{(2n-1)^3}$，而 $\lim\limits_{n \to \infty} \dfrac{\frac{1}{(2n-1)^3}}{\frac{1}{n^3}} = \dfrac{1}{8}$，因级数 $\sum_{n=1}^{\infty} \dfrac{1}{n^3}$ 收敛，

由极限形式的比较判别法知，级数 $\sum_{n=1}^{\infty} \dfrac{1}{(2n-1)^3}$ 收敛，从而原级数绝对收敛．

(3) 由于 $\sum_{n=1}^{\infty} \left| (-1)^n \dfrac{1}{\ln(n+1)} \right| = \sum_{n=1}^{\infty} \dfrac{1}{\ln(n+1)}$，又 $\lim\limits_{n \to \infty} \dfrac{\frac{1}{\ln(n+1)}}{\frac{1}{n}} = +\infty$，而级数 $\sum_{n=1}^{\infty} \dfrac{1}{n}$ 发散，

所以 $\sum_{n=1}^{\infty} \dfrac{1}{\ln(n+1)}$ 发散．对此交错级数，显然满足 $u_n \geqslant u_{n+1}$，且 $\lim\limits_{n \to \infty} u_n = \lim\limits_{n \to \infty} \dfrac{1}{\ln(n+1)} = 0$，故原级数条件收敛．

(4) 由于 $\sum_{n=2}^{\infty} \left| (-1)^n (\sqrt{n+1} - \sqrt{n}) \right| = \sum_{n=2}^{\infty} (\sqrt{n+1} - \sqrt{n}) = \lim\limits_{n \to \infty} (\sqrt{n+1} - \sqrt{2}) = \infty$，

所以级数 $\sum_{n=2}^{\infty} \left| (-1)^n (\sqrt{n+1} - \sqrt{n}) \right|$ 发散．

对于此交错级数 $u_n = \sqrt{n+1} - \sqrt{n}$，令 $f(x) = \sqrt{x+1} - \sqrt{x}$ $(x > 0)$，由于

$$f'(x) = \dfrac{1}{2\sqrt{x+1}} - \dfrac{1}{2\sqrt{x}} < 0,$$

故 $f(x)$ 单调递减，即满足 $u_n \geqslant u_{n+1}$，而 $\lim\limits_{n \to \infty} u_n = \lim\limits_{n \to \infty} (\sqrt{n+1} - \sqrt{n}) = \lim\limits_{n \to \infty} \dfrac{1}{\sqrt{n+1} + \sqrt{n}} = 0$，

故原级数条件收敛．

(5) 由于 $\left| \dfrac{(-1)^n}{n-\ln n} \right| = \dfrac{1}{n-\ln n} > \dfrac{1}{n}$，而级数 $\sum_{n=1}^{\infty} \dfrac{1}{n}$ 发散，所以 $\sum_{n=1}^{\infty} \left| \dfrac{(-1)^n}{n-\ln n} \right|$ 发散．对于此交错级数 $u_n = \dfrac{1}{n-\ln n}$，令 $f(x) = x - \ln x$ $(x > 0)$，由于

$$f'(x) = 1 - \dfrac{1}{x} > 0, \quad (x > 1),$$

故 $f(x)$ 单调递增，$\dfrac{1}{f(x)}$ 单调递减，即满足 $u_n \geqslant u_{n+1}$，而 $\lim\limits_{n \to +\infty} \dfrac{1}{n-\ln n} = \lim\limits_{n \to \infty} \dfrac{\frac{1}{n}}{1 - \frac{\ln n}{n}}$，又 $\lim\limits_{n \to +\infty} \dfrac{\ln n}{n} =$

$\lim\limits_{x \to +\infty} \dfrac{\ln x}{x} = \lim\limits_{x \to +\infty} \dfrac{1}{x} = 0$，所以 $\lim\limits_{n \to \infty} u_n = 0$，故原级数条件收敛．

6. 求下列极限：

(1) $\lim\limits_{n \to \infty} \left[2^{\frac{1}{3}} \times 4^{\frac{1}{9}} \times 8^{\frac{1}{27}} \times \cdots \times (2^n)^{\frac{1}{3^n}} \right]$； (2) $\lim\limits_{n \to \infty} \dfrac{1}{n} \sum_{k=1}^{\infty} \dfrac{1}{3^k} \left(1 + \dfrac{1}{k} \right)^{k^2}$．

解 (1)由 $2^{\frac{1}{3}} \times 4^{\frac{1}{9}} \times 8^{\frac{1}{27}} \times \cdots \times (2^n)^{\frac{1}{3^n}} = 2^{\frac{1}{3}} \times 2^{\frac{2}{9}} \times 2^{\frac{3}{27}} \times \cdots \times 2^{\frac{n}{3^n}} = 2^{\frac{1}{3}+\frac{2}{9}+\frac{3}{27}+\cdots+\frac{n}{3^n}}$,先求极限

$$\lim_{n\to\infty}\left(\frac{1}{3}+\frac{2}{9}+\frac{3}{27}+\cdots+\frac{n}{3^n}\right).$$

记 $s_n = \frac{1}{3}+\frac{2}{3^2}+\frac{3}{3^3}+\cdots+\frac{n}{3^n}$,则 $\frac{1}{3}S_n = \frac{1}{3^2}+\frac{2}{3^3}+\frac{3}{3^4}+\cdots+\frac{n}{3^{n+1}}$,将两式相减,得

$$\frac{2}{3}s_n = \frac{1}{3}+\frac{1}{3^2}+\frac{1}{3^3}+\cdots+\frac{1}{3^n}-\frac{n}{3^{n+1}} = \frac{1}{3}\cdot\frac{1-\frac{1}{3^n}}{1-\frac{1}{3}}-\frac{n}{3^{n+1}} = \frac{1}{2}\left(1-\frac{1}{3^n}\right)-\frac{n}{3^{n+1}},$$

即 $$s_n = \frac{3}{4}\left(1-\frac{1}{3^n}\right)-\frac{3}{2}\frac{n}{3^{n+1}},$$

故 $$\lim_{n\to\infty} s_n = \lim_{n\to\infty}\frac{3}{4}\left(1-\frac{1}{3^n}\right)-\lim_{n\to\infty}\frac{3}{2}\frac{n}{3^{n+1}} = \frac{3}{4}-0 = \frac{3}{4}.$$

于是 $$\lim_{n\to\infty}\left[2^{\frac{1}{3}} \times 4^{\frac{1}{9}} \times 8^{\frac{1}{27}} \times \cdots \times (2^n)^{\frac{1}{3^n}}\right] = 2^{\frac{3}{4}} = \sqrt[4]{8}.$$

(2) 由于 $s_n = \sum_{k=1}^{n}\frac{1}{3^k}\left(1+\frac{1}{k}\right)^{k^2}$ 是级数 $\sum_{n=1}^{\infty}\frac{1}{3^n}\left(1+\frac{1}{n}\right)^{n^2}$ 的部分和,而 $\left(1+\frac{1}{n}\right)^n < \mathrm{e}$,故 $\frac{1}{3^n}\left(1+\frac{1}{n}\right)^{n^2} < \frac{1}{3^n}\mathrm{e}^n = \left(\frac{\mathrm{e}}{3}\right)^n$. 因为 $\sum_{n=1}^{\infty}\left(\frac{\mathrm{e}}{3}\right)^n$ 收敛,故由比较判别法知 $\sum_{n=1}^{\infty}\frac{1}{3^n}\left(1+\frac{1}{n}\right)^{n^2}$ 收敛,于是部分和 s_n 有界,从而 $\lim_{n\to\infty}\frac{s_n}{n} = 0$.

7. 求下列幂级数的收敛域:

(1) $\sum_{n=1}^{\infty}\frac{3^n+5^n}{n}x^n$; (2) $\sum_{n=1}^{\infty}\frac{n}{2^n}x^{2n}$;

(3) $\sum_{n=1}^{\infty}\frac{\mathrm{e}^n(x-2)^n}{n!}$; (4) $\sum_{n=1}^{\infty}(\sqrt{n+1}-\sqrt{n})2^n x^{2n+3}$.

解 (1) 因为 $\sum_{n=1}^{\infty}\frac{3^n+5^n}{n}x^n = \sum_{n=1}^{\infty}\frac{3^n}{n}x^n + \sum_{n=1}^{\infty}\frac{5^n}{n}x^n$,

对于级数 $\sum_{n=1}^{\infty}\frac{3^n}{n}x^n$,有 $\rho = \lim_{n\to\infty}\left|\frac{a_{n+1}}{a_n}\right| = \lim_{n\to\infty}\frac{\frac{3^{n+1}}{n+1}}{\frac{3^n}{n}} = 3$,所以,收敛半径 $R = \frac{1}{\rho} = \frac{1}{3}$,幂级数在区间 $\left(-\frac{1}{3}, \frac{1}{3}\right)$ 内绝对收敛.

对于级数 $\sum_{n=1}^{\infty}\frac{5^n}{n}x^n$,有 $\rho = \lim_{n\to\infty}\left|\frac{a_{n+1}}{a_n}\right| = \lim_{n\to\infty}\frac{\frac{5^{n+1}}{n+1}}{\frac{5^n}{n}} = 5$,所以,收敛半径 $R = \frac{1}{\rho} = \frac{1}{5}$,幂级数在区间 $\left(-\frac{1}{5}, \frac{1}{5}\right)$ 内绝对收敛.

故原级数 $\sum_{n=1}^{\infty}\frac{3^n+5^n}{n}x^n$ 在区间 $\left(-\frac{1}{5}, \frac{1}{5}\right)$ 内绝对收敛.

当 $x = -\frac{1}{5}$ 时,幂级数成为 $\sum_{n=1}^{\infty}\frac{3^n+5^n}{n}\left(-\frac{1}{5}\right)^n = \sum_{n=1}^{\infty}\frac{1}{n}\left(-\frac{3}{5}\right)^n + \sum_{n=1}^{\infty}\frac{(-1)^n}{n}$,级数收敛.

当 $x = \frac{1}{5}$ 时,幂级数成为 $\sum_{n=1}^{\infty} \frac{3^n + 5^n}{n} \left(\frac{1}{5}\right)^n = \sum_{n=1}^{\infty} \frac{1}{n} \left(\frac{3}{5}\right)^n + \sum_{n=1}^{\infty} \frac{1}{n}$,级数发散.

所以,此级数的收敛域为 $\left[-\frac{1}{5}, \frac{1}{5}\right)$.

(2)**方法一** 因为 $\lim_{n\to\infty} \left|\frac{u_{n+1}(x)}{u_n(x)}\right| = \lim_{n\to\infty} \frac{\frac{n+1}{2^{n+1}} x^{2(n+1)}}{\frac{n}{2^n} x^{2n}} = \frac{x^2}{2}$,当 $\frac{x^2}{2} < 1$,即 $|x| < \sqrt{2}$ 时,幂级数收敛;当 $\frac{x^2}{2} > 1$,即 $|x| > \sqrt{2}$ 时,幂级数发散. 因此,其收敛半径 $R = \sqrt{2}$.

当 $x = -\sqrt{2}$ 时,幂级数成为 $\sum_{n=1}^{\infty} \frac{n}{2^n} (-\sqrt{2})^{2n} = \sum_{n=1}^{\infty} n$,级数发散. 当 $x = \sqrt{2}$ 时,幂级数成为 $\sum_{n=1}^{\infty} \frac{n}{2^n} (\sqrt{2})^{2n} = \sum_{n=1}^{\infty} n$,级数发散. 所以,此级数的收敛域为 $(-\sqrt{2}, \sqrt{2})$.

方法二 令 $t = x^2$,原级数转化为 $\sum_{n=1}^{\infty} \frac{n}{2^n} t^n$,由于 $\rho = \lim_{n\to\infty} \left|\frac{a_{n+1}}{a_n}\right| = \lim_{n\to\infty} \frac{\frac{n+1}{2^{n+1}}}{\frac{n}{2^n}} = \frac{1}{2}$,所以 $R = 2$.

当 $t = 2$ 时,即 $x = \sqrt{2}$ 或 $x = -\sqrt{2}$ 时,级数为 $\sum_{n=1}^{\infty} n$,发散. 因此原级数的收敛半径为 $R = \sqrt{2}$,原级数的收敛域为 $(-\sqrt{2}, \sqrt{2})$.

(3)令 $t = x - 2$,原级数成为 $\sum_{n=1}^{\infty} \frac{e^n}{n!} t^n$,由于 $\rho = \lim_{n\to\infty} \left|\frac{a_{n+1}}{a_n}\right| = \lim_{n\to\infty} \frac{\frac{e^{n+1}}{(n+1)!}}{\frac{e^n}{n!}} = 0$,故 $R = +\infty$.

所以原级数的收敛半径 $R = +\infty$,收敛域为 $(-\infty, +\infty)$.

(4)因为 $\lim_{n\to\infty} \left|\frac{u_{n+1}(x)}{u_n(x)}\right| = \lim_{n\to\infty} \frac{(\sqrt{n+2} - \sqrt{n+1}) 2^{n+1} x^{2n+5}}{(\sqrt{n+1} - \sqrt{n}) 2^n x^{2n+3}} = \lim_{n\to\infty} \frac{(\sqrt{n+2} - \sqrt{n+1}) 2x^2}{(\sqrt{n+1} - \sqrt{n})}$

$= \lim_{n\to\infty} \frac{(\sqrt{n+1} + \sqrt{n}) 2x^2}{(\sqrt{n+2} + \sqrt{n+1})} = 2x^2$.

当 $2x^2 < 1$,即 $|x| < \frac{1}{\sqrt{2}}$ 时,幂级数收敛;当 $2x^2 > 1$,即 $|x| > \frac{1}{\sqrt{2}}$ 时,幂级数发散. 因此,其收敛半径 $R = \frac{1}{\sqrt{2}}$.

当 $x = -\frac{1}{\sqrt{2}}$ 时,幂级数成为 $\sum_{n=1}^{\infty} (\sqrt{n+1} - \sqrt{n}) \left(-\frac{1}{\sqrt{2}}\right)^3 = \left(-\frac{1}{\sqrt{2}}\right)^3 \sum_{n=1}^{\infty} \frac{1}{\sqrt{n+1} + \sqrt{n}}$,级数发散. 当 $x = \frac{1}{\sqrt{2}}$ 时,幂级数成为 $\sum_{n=1}^{\infty} (\sqrt{n+1} - \sqrt{n}) \left(\frac{1}{\sqrt{2}}\right)^3 = \left(\frac{1}{\sqrt{2}}\right)^3 \sum_{n=1}^{\infty} \frac{1}{\sqrt{n+1} + \sqrt{n}}$,级数发散. 所以,原级数的收敛域为 $\left(-\frac{1}{\sqrt{2}}, \frac{1}{\sqrt{2}}\right)$.

8. 求下列幂级数的和函数:

(1) $\sum_{n=0}^{\infty} (n+1)(x-1)^n$;   (2) $\sum_{n=1}^{\infty} \frac{1}{n(n+1)} x^n$;   (3) $\sum_{n=0}^{\infty} \frac{1}{4n+1} x^{4n+1}$;   (4) $\sum_{n=1}^{\infty} n^2 x^{n-1}$.

解 (1)令 $t=x-1$,原级数成为 $\sum\limits_{n=0}^{\infty}(n+1)t^n$,由于 $\rho=\lim\limits_{n\to\infty}\left|\dfrac{a_{n+1}}{a_n}\right|=\lim\limits_{n\to\infty}\dfrac{n+2}{n+1}=1$,所以收敛半径 $R=1$,幂级数在区间 $(-1,1)$ 内绝对收敛.

当 $t=-1$,即 $x=0$ 时,幂级数成为 $\sum\limits_{n=0}^{\infty}(n+1)(-1)^n$,级数发散. 当 $t=1$,即 $x=2$ 时,幂级数成为 $\sum\limits_{n=0}^{\infty}(n+1)$,此级数也发散. 所以,原级数的收敛域为 $(0,2)$.

设 $s_t=\sum\limits_{n=0}^{\infty}(n+1)t^n$,对此式从 0 到 t 积分,则

$$\int_0^t s(t)\mathrm{d}t=\sum_{n=0}^{\infty}t^{n+1}=\dfrac{t}{1-t},$$

故 $\quad s(t)=\left(\dfrac{t}{1-t}\right)'=\dfrac{1-t+t}{(1-t)^2}=\dfrac{1}{(1-t)^2}, t\in(-1,1),$

因此原级数的和函数为 $\sum\limits_{n=0}^{\infty}(n+1)(x-1)^n=\dfrac{1}{[1-(x-1)]^2}=\dfrac{1}{(2-x)^2}, x\in(0,2)$.

(2)由 $\rho=\lim\limits_{n\to\infty}\left|\dfrac{a_{n+1}}{a_n}\right|=\lim\limits_{n\to\infty}\dfrac{n(n+1)}{(n+1)(n+2)}=1$,所以收敛半径 $R=1$,幂级数在区间 $(-1,1)$ 内绝对收敛.

当 $x=-1$ 时,幂级数成为 $\sum\limits_{n=1}^{\infty}\dfrac{(-1)^n}{n(n+1)}$,级数收敛. 当 $x=1$ 时,幂级数成为 $\sum\limits_{n=1}^{\infty}\dfrac{1}{n(n+1)}$,此级数也收敛. 所以,此级数的收敛域为 $[-1,1]$.

设 $s(x)=\sum\limits_{n=1}^{\infty}\dfrac{x^n}{n(n+1)}$,于是 $xs(x)=\sum\limits_{n=1}^{\infty}\dfrac{x^{n+1}}{n(n+1)}$,进而

$$(xs(x))'=\sum_{n=1}^{\infty}\dfrac{x^n}{n}, (xs(x))''=\sum_{n=1}^{\infty}x^{n-1}=\dfrac{1}{1-x}.$$

对此式从 0 到 x 积分两次,得

$(xs(x))'=\int_0^x\dfrac{1}{1-x}\mathrm{d}x=-\ln(1-x), xs(x)=\int_0^x-\ln(1-x)\mathrm{d}x=(1-x)\ln(1-x)+x,$

从而 $\quad s(x)=1+\dfrac{(1-x)\ln(1-x)}{x}, x\in[-1,0)\cup(0,1).$

当 $x=0$ 时,$s(x)=0$,

当 $x=1$ 时,$\sum\limits_{n=1}^{\infty}\dfrac{1}{n(n+1)}=\sum\limits_{n=1}^{\infty}\left[\dfrac{1}{n}-\dfrac{1}{(n+1)}\right]=\lim\limits_{n\to\infty}\left(1-\dfrac{1}{(n+1)}\right)=1$. 于是

$$s(x)=\begin{cases}1+\dfrac{(1-x)\ln(1-x)}{x}, & x\in[-1,0)\cup(0,1),\\ 0, & x=0,\\ 1, & x=1.\end{cases}$$

(3)由 $\lim\limits_{n\to\infty}\left|\dfrac{u_{n+1}(x)}{u_n(x)}\right|=\lim\limits_{n\to\infty}\left|\dfrac{\dfrac{x^{4n+5}}{4n+5}}{\dfrac{x^{4n+1}}{4n+1}}\right|=x^4$,当 $x^4<1$,即 $|x|<1$ 时,幂级数收敛;当 $x^4>1$,

即 $|x|>1$ 时,幂级数发散. 因此,其收敛半径 $R=1$.

当 $x=-1$ 时,幂级数成为 $\sum_{n=0}^{\infty}\dfrac{-1}{4n+1}$,级数发散. 当 $x=1$ 时,幂级数成为 $\sum_{n=0}^{\infty}\dfrac{1}{4n+1}$,此级数也发散. 所以,此级数的收敛域为 $(-1,1)$.

设 $s(x)=\sum_{n=0}^{\infty}\dfrac{x^{4n+1}}{4n+1}, x\in(-1,1)$. 于是, $s'(x)=\sum_{n=0}^{\infty}x^{4n}=\dfrac{1}{1-x^4}$,对此式从 0 到 x 积分,得

$$s(x)=\int_0^x \frac{1}{1-x^4}dx=\frac{1}{2}\arctan x+\frac{1}{4}\ln\frac{1+x}{1-x}, x\in(-1,1).$$

(4) 由 $\rho=\lim\limits_{n\to\infty}\left|\dfrac{a_{n+1}}{a_n}\right|=\lim\limits_{n\to\infty}\dfrac{(n+1)^2}{n^2}=1$,所以收敛半径 $R=1$,幂级数在区间 $(-1,1)$ 内绝对收敛.

当 $x=-1$ 时,幂级数成为 $\sum_{n=1}^{\infty}n^2(-1)^{n-1}$,级数发散. 当 $x=1$ 时,幂级数成为 $\sum_{n=1}^{\infty}n^2$,此级数也发散. 所以,此级数的收敛域为 $(-1,1)$.

设 $s(x)=\sum_{n=1}^{\infty}n^2 x^{n-1}, x\in(-1,1)$. 对此式从 0 到 x 积分得 $\int_0^x s(x)dx=\sum_{n=1}^{\infty}nx^n$. 令 $s_1(x)=\dfrac{1}{x}\int_0^x s(x)dx=\sum_{n=1}^{\infty}nx^{n-1}$,再次对此式从 0 到 x 积分,则

$$\int_0^x s_1(x)dx=\sum_{n=1}^{\infty}x^n=\frac{x}{1-x},$$

故 $$s_1(x)=\left(\frac{x}{1-x}\right)'=\frac{1-x+x}{(1-x)^2}=\frac{1}{(1-x)^2}, xs_1(x)=\frac{x}{(1-x)^2},$$

从而 $$s(x)=(xs_1(x))'=\left(\frac{x}{(1-x)^2}\right)'=\frac{1+x}{(1-x)^3}, x\in(-1,1).$$

9. 求下列数项级数的和:

(1) $\sum_{n=1}^{\infty}\dfrac{n^2}{n!}$; 　　　　(2) $\sum_{n=0}^{\infty}(-1)^n\dfrac{n+1}{(2n+1)!}$.

解 (1) 利用 $\sum_{n=0}^{\infty}\dfrac{x^n}{n!}=e^x, x\in(-\infty,+\infty)$,取 $x=1$,有 $\sum_{n=0}^{\infty}\dfrac{1}{n!}=e$,又

$$\sum_{n=1}^{\infty}\frac{n^2}{n!}=\sum_{n=1}^{\infty}\frac{n}{(n-1)!}=\sum_{n=0}^{\infty}\frac{n+1}{n!}=\sum_{n=1}^{\infty}\frac{n}{n!}+\sum_{n=0}^{\infty}\frac{1}{n!},$$

而 $$\sum_{n=1}^{\infty}\frac{n}{n!}=\sum_{n=1}^{\infty}\frac{1}{(n-1)!}=\sum_{n=0}^{\infty}\frac{1}{n!},$$

故 $$\sum_{n=1}^{\infty}\frac{n^2}{n!}=2\sum_{n=0}^{\infty}\frac{1}{n!}=2e.$$

(2) 因 $\sum_{n=0}^{\infty}\dfrac{(-1)^n}{(2n+1)!}x^{2n+1}=\sin x, \sum_{n=0}^{\infty}\dfrac{(-1)^n}{(2n)!}x^{2n}=\cos x, x\in(-\infty,+\infty)$,

取 $x=1$,有

$$\sum_{n=0}^{\infty}\frac{(-1)^n}{(2n+1)!}=\sin 1, \sum_{n=0}^{\infty}\frac{(-1)^n}{(2n)!}=\cos 1,$$

于是 $\sum_{n=0}^{\infty}(-1)^n\frac{n+1}{(2n+1)!}=\frac{1}{2}\sum_{n=0}^{\infty}(-1)^n\frac{2n+2}{(2n+1)!}$

$=\frac{1}{2}\Big[\sum_{n=0}^{\infty}(-1)^n\frac{2n+1}{(2n+1)!}+\sum_{n=0}^{\infty}(-1)^n\frac{1}{(2n+1)!}\Big]$

$=\frac{1}{2}\Big[\sum_{n=0}^{\infty}\frac{(-1)^n}{(2n)!}+\sum_{n=0}^{\infty}\frac{(-1)^n}{(2n+1)!}\Big]$

$=\frac{1}{2}(\cos 1+\sin 1).$

10. 将 $f(x)=x\arctan x-\ln\sqrt{1+x^2}$ 展开成麦克劳林幂级数.

解 由 $\ln(1+x)=x-\frac{x^2}{2}+\frac{x^3}{3}-\cdots,x\in(-1,1]$,故

$$\ln(1+x^2)=x^2-\frac{x^4}{2}+\frac{x^6}{3}-\cdots+(-1)^{n-1}\frac{x^{2n}}{n}+\cdots,x\in[-1,1],$$

又 $\arctan x=\int_0^x\frac{1}{1+x^2}\mathrm{d}x=\int_0^x[1-x^2+x^4-x^6+\cdots+(-1)^n x^{2n}+\cdots]\mathrm{d}x$

$$=x-\frac{x^3}{3}+\frac{x^5}{5}-\frac{x^7}{7}+\cdots+(-1)^n\frac{x^{2n+1}}{2n+1}+\cdots,x\in[-1,1],$$

故 $x\arctan x-\ln\sqrt{1+x^2}=\sum_{n=0}^{\infty}(-1)^n\frac{x^{2n+2}}{2n+1}-\frac{1}{2}\sum_{n=1}^{\infty}(-1)^{n-1}\frac{x^{2n}}{n}$

$$=\sum_{n=0}^{\infty}(-1)^n\frac{x^{2n+2}}{2n+1}-\sum_{n=0}^{\infty}(-1)^n\frac{x^{2n+2}}{2n+2}$$

$$=\sum_{n=0}^{\infty}(-1)^n\frac{x^{2n+2}}{(2n+1)(2n+2)},x\in[-1,1].$$

11. 试将函数 $\frac{1}{(2-x)^2}$ 展开成 x 的幂级数.

解 由 $\frac{1}{(2-x)^2}=\Big(\frac{1}{2-x}\Big)'$,而 $\frac{1}{2-x}=\frac{1}{2}\cdot\frac{1}{1-\frac{x}{2}}=\frac{1}{2}\sum_{n=0}^{\infty}\Big(\frac{x}{2}\Big)^n,x\in(-2,2)$,故

$$\frac{1}{(2-x)^2}=\Big(\frac{1}{2}\sum_{n=0}^{\infty}\Big(\frac{x}{2}\Big)^n\Big)'=\frac{1}{4}\sum_{n=1}^{\infty}n\Big(\frac{x}{2}\Big)^{n-1}=\sum_{n=1}^{\infty}\frac{n}{2^{n+1}}x^{n-1},x\in(-2,2).$$

12. 将级数 $\sum_{n=1}^{\infty}\frac{(-1)^{n-1}}{2^{n-1}}\cdot\frac{x^{2n-1}}{(2n-1)!}$ 的和函数展开成 $(x-1)$ 的幂级数.

解 由于 $\sum_{n=1}^{\infty}(-1)^{n-1}\frac{x^{2n-1}}{(2n-1)!}=\sin x,x\in(-\infty,+\infty)$,又

$\sum_{n=1}^{\infty}\frac{(-1)^{n-1}}{2^{n-1}}\cdot\frac{x^{2n-1}}{(2n-1)!}=\sqrt{2}\sum_{n=1}^{\infty}\frac{(-1)^{n-1}}{(2n-1)!}\Big(\frac{x}{\sqrt{2}}\Big)^{2n-1}=\sqrt{2}\sin\frac{x}{\sqrt{2}}=\sqrt{2}\sin\frac{x-1+1}{\sqrt{2}}$

$=\sqrt{2}\sin\frac{1}{\sqrt{2}}\cos\frac{x-1}{\sqrt{2}}+\sqrt{2}\cos\frac{1}{\sqrt{2}}\sin\frac{x-1}{\sqrt{2}}$

$=\sqrt{2}\sin\frac{1}{\sqrt{2}}\sum_{n=0}^{\infty}\frac{(-1)^n}{(2n)!}\Big(\frac{x-1}{\sqrt{2}}\Big)^{2n}+\sqrt{2}\cos\frac{1}{\sqrt{2}}\sum_{n=0}^{\infty}\frac{(-1)^n}{(2n+1)!}\Big(\frac{x-1}{\sqrt{2}}\Big)^{2n+1}$

$$= \sqrt{2}\sin\frac{1}{\sqrt{2}}\sum_{n=0}^{\infty}\frac{(-1)^n}{2^n\cdot(2n)!}(x-1)^{2n}+\cos\frac{1}{\sqrt{2}}\sum_{n=0}^{\infty}\frac{(-1)^n}{2^n(2n+1)!}(x-1)^{2n+1},$$
$x\in(-\infty,+\infty)$.

13. 将函数 $f(x)=2|x|,(-1\leqslant x\leqslant 1)$ 展开成以 2 为周期的傅里叶级数，并由此求级数 $\sum_{n=1}^{\infty}\frac{1}{(2n-1)^2}$ 的和.

解 将 $f(x)$ 在 $(-\infty,+\infty)$ 延拓成以 2 为周期的函数，由 $f(x)$ 在 $(-\infty,+\infty)$ 上连续，$f(x)$ 满足收敛性定理条件，从而其傅里叶级数收敛，且收敛于 $f(x)$.

由于 $f(x)$ 是偶函数，故 $b_n=0$，函数 $f(x)$ 是半周期 $l=1$ 的偶函数，故

$$a_0=\frac{1}{l}\int_{-l}^{l}f(x)\mathrm{d}x=\frac{2}{1}\int_0^1(2x)\mathrm{d}x=2,$$

$$a_n=\frac{1}{l}\int_{-l}^{l}f(x)\cos\frac{n\pi x}{l}\mathrm{d}x=\frac{2}{1}\int_0^1 2x\cos\frac{n\pi x}{1}\mathrm{d}x=2\int_0^1 x\cos n\pi x\mathrm{d}x$$

$$=\frac{2}{n\pi}\int_0^1 x\mathrm{d}(\sin n\pi x)=\frac{2}{n^2\pi^2}[(-1)^n-1]$$

$$=\begin{cases}0, & n=2k,\\ -\dfrac{4}{n^2\pi^2}, & n=2k-1\end{cases}(k=1,2,\cdots).$$

故 $f(x)$ 的傅里叶级数展开式为

$$2|x|=1+\sum_{k=1}^{\infty}-\frac{4}{\pi^2(2k-1)^2}\cos(2k-1)\pi x=1-\frac{4}{\pi^2}\sum_{k=1}^{\infty}\frac{\cos(2k-1)\pi x}{(2k-1)^2},\ x\in[-1,1].$$

取 $x=1$，代入上式得 $2=1-\dfrac{4}{\pi^2}\sum_{k=1}^{\infty}\dfrac{1}{(2k-1)^2}$，即 $\sum_{k=1}^{\infty}\dfrac{1}{(2k-1)^2}=\dfrac{\pi^2}{4}$，即

$$\sum_{n=1}^{\infty}\frac{1}{(2n-1)^2}=\frac{\pi^2}{4}.$$

14. 证明：当 $0\leqslant x\leqslant\pi$ 时，$\sum_{n=1}^{\infty}\dfrac{\cos n\pi}{n^2}=\dfrac{x^2}{4}-\dfrac{\pi x}{2}+\dfrac{\pi^2}{6}$.

证明 设 $f(x)=\dfrac{x^2}{4}-\dfrac{\pi x}{2},x\in[0,\pi]$，将 $f(x)$ 在 $[0,\pi]$ 上展开余弦级数，为此将 $f(x)$ 进行偶延拓，令

$$f(x)=\begin{cases}\dfrac{x^2}{4}-\dfrac{\pi x}{2}, & 0\leqslant x\leqslant\pi,\\ \dfrac{x^2}{4}+\dfrac{\pi x}{2}, & -\pi\leqslant x<0,\end{cases}$$

把 $f(x)$ 延拓成以 2π 为周期的周期函数，$f(x)$ 在 $(-\infty,+\infty)$ 上连续，满足收敛性定理条件，从而其傅里叶级数收敛，且收敛于 $f(x)$. 在 $[0,\pi]$ 上，傅里叶级数收敛于 $f(x)$.

显然 $b_n=0$，

$$a_0=\frac{2}{\pi}\int_0^{\pi}f(x)\mathrm{d}x=\frac{2}{\pi}\int_0^{\pi}\left(\frac{x^2}{4}-\frac{\pi x}{2}\right)\mathrm{d}x=\frac{2}{\pi}\left(\frac{\pi^3}{12}-\frac{\pi^3}{4}\right)=-\frac{\pi^3}{3},$$

$$a_n=\frac{2}{\pi}\int_0^{\pi}f(x)\cos nx\mathrm{d}x=\frac{2}{\pi}\int_0^{\pi}\left(\frac{x^2}{4}-\frac{\pi x}{2}\right)\cos nx\mathrm{d}x$$

$$= \frac{2}{n\pi}\left\{\left[\left(\frac{x^2}{4}-\frac{\pi x}{2}\right)\sin nx\right]_0^\pi - \int_0^\pi \left(\frac{x}{2}-\frac{\pi}{2}\right)\sin nx\,\mathrm{d}x\right\}$$

$$= \frac{2}{n^2\pi}\int_0^\pi \left(\frac{x}{2}-\frac{\pi}{2}\right)\mathrm{d}(\cos nx) = \frac{2}{n^2\pi}\cdot\frac{\pi}{2} = \frac{1}{n^2}.$$

故 $f(x)$ 的傅里叶级数展开式 $\dfrac{x^2}{4}-\dfrac{\pi x}{2}=-\dfrac{\pi^2}{6}+\displaystyle\sum_{n=1}^\infty \dfrac{\cos n\pi}{n^2}, x\in[0,\pi]$，即

$$\sum_{n=1}^\infty \frac{\cos n\pi}{n^2} = \frac{x^2}{4}-\frac{\pi x}{2}+\frac{\pi^2}{6}.$$

15. 设 $f(x)$ 是周期为 2π 的函数，它在 $[-\pi,\pi)$ 上的表达式为 $f(x)=\begin{cases}0,&(-\pi\leqslant x<0),\\ \mathrm{e}^x,&(0\leqslant x<\pi),\end{cases}$ 将 $f(x)$ 展开成傅里叶级数.

解 $f(x)$ 满足收敛性定理条件，从而其傅里叶级数收敛. $f(x)$ 的所有间断点为 $x=n\pi(n=0,\pm 1,\pm 2,\cdots)$，其他点处都连续.

当 $x=2n\pi$ 时，其傅里叶级数收敛于 $\dfrac{f(0+0)+f(0-0)}{2}=\dfrac{1+0}{2}=\dfrac{1}{2}$；

当 $x=2n\pi+\pi$ 时，其傅里叶级数收敛于 $\dfrac{f(-\pi+0)+f(\pi-0)}{2}=\dfrac{0+\mathrm{e}^\pi}{2}=\dfrac{1}{2}\mathrm{e}^\pi$.

当 $x\neq n\pi+\pi$ 时，其傅里叶级数收敛于 $f(x)$.

$$a_0 = \frac{1}{\pi}\int_{-\pi}^\pi f(x)\,\mathrm{d}x = \frac{1}{\pi}\int_0^\pi \mathrm{e}^x\,\mathrm{d}x = \frac{1}{\pi}(\mathrm{e}^\pi-1),$$

$$a_n = \frac{1}{\pi}\int_{-\pi}^\pi f(x)\cos nx\,\mathrm{d}x = \frac{1}{\pi}\int_0^\pi \mathrm{e}^x\cos nx\,\mathrm{d}x,$$

由 $\displaystyle\int_0^\pi \mathrm{e}^x\cos nx\,\mathrm{d}x = \int_0^\pi \cos nx\,\mathrm{d}\mathrm{e}^x = [\mathrm{e}^x\cos nx]_0^\pi + n\int_0^\pi \mathrm{e}^x\sin nx\,\mathrm{d}x$

$= \mathrm{e}^\pi(-1)^n-1+n\displaystyle\int_0^\pi \sin nx\,\mathrm{d}\mathrm{e}^x = \mathrm{e}^\pi(-1)^n-1+[n\mathrm{e}^x\sin nx]_0^\pi - n^2\int_0^\pi \mathrm{e}^x\cos nx\,\mathrm{d}x$

$= \mathrm{e}^\pi(-1)^n-1-n^2\displaystyle\int_0^\pi \mathrm{e}^x\cos nx\,\mathrm{d}x,$

故 $$\int_0^\pi \mathrm{e}^x\cos nx\,\mathrm{d}x = \frac{\mathrm{e}^\pi(-1)^n-1}{1+n^2},$$

即 $$a_n = \frac{1}{\pi}\frac{\mathrm{e}^\pi(-1)^n-1}{1+n^2},\ (n=1,2,3,\cdots).$$

同理 $b_n = \dfrac{1}{\pi}\displaystyle\int_{-\pi}^\pi f(x)\sin nx\,\mathrm{d}x = \dfrac{1}{\pi}\int_0^\pi \mathrm{e}^x\sin nx\,\mathrm{d}x = \dfrac{1}{\pi}\dfrac{n[1-\mathrm{e}^\pi(-1)^n]}{1+n^2},\ (n=1,2,3,\cdots).$

得 $f(x)$ 的傅里叶级数展开式

$$f(x) = \frac{1}{2\pi}(\mathrm{e}^\pi-1)+\sum_{n=1}^\infty \frac{1}{\pi}\frac{\mathrm{e}^\pi(-1)^n-1}{1+n^2}\cos nx + \frac{1}{\pi}\frac{n[1-\mathrm{e}^\pi(-1)^n]}{1+n^2}\sin nx$$

$$= \frac{1}{2\pi}(\mathrm{e}^\pi-1)+\frac{1}{\pi}\sum_{n=1}^\infty \frac{\mathrm{e}^\pi(-1)^n-1}{1+n^2}(\cos nx - n\sin nx),\ x\neq n\pi\ (n=0,\pm 1,\pm 2,\cdots).$$

16. 将函数 $f(x)=\begin{cases}1,&(0\leqslant x\leqslant h),\\ 0,&(h<x\leqslant \pi)\end{cases}$ 分别展开成正弦级数和余弦级数.

解 先展开成正弦级数. 将 $f(x)$ 进行奇延拓, 令
$$f(x) = \begin{cases} 0, & -\pi < x \leqslant -h, \\ -1, & -h < x < 0, \\ 1, & 0 \leqslant x \leqslant h, \\ 0, & h < x \leqslant \pi. \end{cases}$$

把 $f(x)$ 延拓成以 2π 为周期的周期函数, $f(x)$ 满足收敛性定理条件, 从而其傅里叶级数收敛. $f(x)$ 的所有间断点为 $x = 2n\pi \pm h, x = 2n\pi, (n = 0, \pm 1, \pm 2, \cdots)$, 其他点处都连续.

又在 $(0, h) \cup (h, \pi]$ 上, 傅里叶级数收敛于 $f(x)$.

$$b_n = \frac{2}{\pi}\int_0^\pi f(x)\sin nx\,dx = \frac{2}{\pi}\int_0^h \sin nx\,dx = \frac{2}{\pi}\left[-\frac{\cos nx}{n}\right]_0^h = \frac{2}{n\pi}[1 - \cos nh], (n = 1,2,3,\cdots)$$

得 $f(x)$ 的正弦级数展开式
$$f(x) = \frac{2}{\pi}\sum_{n=1}^{\infty}\frac{1-\cos nh}{n}\sin nx, \quad x \in (0, h) \cup (h, \pi]$$

再展开成余弦级数. 将 $f(x)$ 进行偶延拓, 令
$$f(x) = \begin{cases} 0, & -\pi < x \leqslant -h, \\ 1, & -h < x < 0, \\ 1, & 0 \leqslant x \leqslant h, \\ 0, & h < x \leqslant \pi. \end{cases}$$

把 $f(x)$ 延拓成以 2π 为周期的周期函数, $f(x)$ 满足收敛性定理条件, 从而其傅立叶级数收敛. $f(x)$ 的所有间断点为 $x = 2n\pi \pm h, (n = 0, \pm 1, \pm 2, \cdots)$, 其他点处都连续. 在 $[0, h) \cup (h, \pi]$ 上, 傅里叶级数收敛于 $f(x)$.

$$a_0 = \frac{2}{\pi}\int_0^\pi f(x)\,dx = \frac{2}{\pi}\int_0^h dx = \frac{2h}{\pi},$$

$$a_n = \frac{2}{\pi}\int_0^\pi f(x)\cos nx\,dx = \frac{2}{\pi}\int_0^h \cos nx\,dx = \frac{2}{\pi}\left[\frac{\sin nx}{n}\right]_0^h = \frac{2}{n\pi}\sin nh, (n = 1,2,3,\cdots)$$

得 $f(x)$ 的余弦级数展开式
$$f(x) = \frac{h}{\pi} + \frac{2}{\pi}\sum_{n=1}^{\infty}\frac{\sin nh}{n}\cos nx, \quad x \in [0, h) \cup (h, \pi].$$

17. 证明: 如果 $f(x - \pi) = -f(x), f(x)$ 以 2π 为周期, 则 $f(x)$ 的傅里叶系数为
$$a_0 = 0, a_{2k} = 0, b_{2k} = 0, (k = 1, 2, \cdots).$$

证明 系数 $a_0 = \frac{1}{\pi}\int_{-\pi}^{\pi}f(x)\,dx = \frac{1}{\pi}\int_{-\pi}^{0}f(x)\,dx + \frac{1}{\pi}\int_0^\pi f(x)\,dx,$

由 $f(x-\pi) = -f(x)$ 得 $\frac{1}{\pi}\int_0^\pi f(x)\,dx = -\frac{1}{\pi}\int_0^\pi f(x-\pi)\,dx.$ 令 $x - \pi = t$, 则有

$$\int_0^\pi f(x-\pi)\,dx = \int_{-\pi}^0 f(t)\,dt,$$

故
$$\frac{1}{\pi}\int_0^\pi f(x)\,dx = -\frac{1}{\pi}\int_{-\pi}^0 f(t)\,dt = -\frac{1}{\pi}\int_{-\pi}^0 f(x)\,dx,$$

因此得 $a_0 = 0$.

由 $a_{2k} = \frac{1}{\pi}\int_{-\pi}^{\pi} f(x)\cos 2kx\, dx = \frac{1}{\pi}\int_{-\pi}^{0} f(x)\cos 2kx\, dx + \frac{1}{\pi}\int_{0}^{\pi} f(x)\cos 2kx\, dx$,

令 $x+\pi = t$,则有

$$\frac{1}{\pi}\int_{0}^{\pi} f(x)\cos 2kx\, dx = \frac{1}{\pi}\int_{-\pi}^{0} f(t-\pi)\cos[2k(t-\pi)]\, dt,$$

由
$$f(x-\pi) = -f(x),$$
$$\cos(x-2k\pi) = \cos x,$$

则 $\quad \frac{1}{\pi}\int_{0}^{\pi} f(x)\cos 2kx\, dx = -\frac{1}{\pi}\int_{-\pi}^{0} f(t)\cos 2kt\, dt = -\frac{1}{\pi}\int_{-\pi}^{0} f(x)\cos 2kx\, dx$,

因此得 $a_{2k} = 0$.

由 $b_{2k} = \frac{1}{\pi}\int_{-\pi}^{\pi} f(x)\sin 2kx\, dx = \frac{1}{\pi}\int_{-\pi}^{0} f(x)\sin 2kx\, dx + \frac{1}{\pi}\int_{0}^{\pi} f(x)\sin 2kx\, dx$,

令 $x+\pi = t$,则有

$$\frac{1}{\pi}\int_{0}^{\pi} f(x)\sin 2kx\, dx = \frac{1}{\pi}\int_{-\pi}^{0} f(t-\pi)\sin[2k(t-\pi)]\, dt,$$

由 $\quad f(x-\pi) = -f(x), \ \sin(x-2k\pi) = \sin x.$

则 $\quad \frac{1}{\pi}\int_{0}^{\pi} f(x)\sin 2kx\, dx = -\frac{1}{\pi}\int_{-\pi}^{0} f(t)\sin 2kt\, dt = -\frac{1}{\pi}\int_{-\pi}^{0} f(x)\sin 2kx\, dx$,

因此得 $b_{2k} = 0$.

自测题十二

一、填空题.(每题5分,5小题,共25分)

1. 等比级数 $\sum_{n=0}^{\infty} \frac{1}{2^n}$ 的和为_____.

2. 幂级数 $\sum_{n=0}^{\infty} \frac{1}{n!} x^n$(按规定 $0! = 1$)的收敛域为_____.

3. 若级数 $\sum_{n=1}^{\infty} (a_n + 2)^2$ 收敛,则 $\lim_{n\to\infty} a_n =$ _____.

4. $\frac{1}{1+x^2}$ 的麦克劳林级数是_____.

5. 幂级数 $\sum_{n=1}^{\infty} \frac{(-1)^{n-1}}{n\, 4^n} x^{2n-1}$ 的收敛半径 $R =$ _____.

解 1. 根据等级级数的求和公式为 $\frac{a_1(1-q^n)}{1-q}$,其中 $a_1 = 1, q = \frac{1}{2}$,因此等比级数 $\sum_{n=0}^{\infty} \frac{1}{2^n}$ 的和为2.

2. $a_n = \frac{1}{n!}$,所以收敛半径 $R = \lim_{n\to+\infty} \left|\frac{a_n}{a_{n+1}}\right| = \lim_{n\to+\infty} \frac{\frac{1}{n!}}{\frac{1}{(n+1)!}} = +\infty$,收敛域为 $(-\infty, +\infty)$.

3. 根据级数的性质:级数 $\sum_{n=1}^{\infty} u_n$ 收敛的必要条件是 $\lim_{n\to\infty} u_n = 0$,可得 $\lim_{n\to\infty} (a_n + 2)^2 = 0$,于是 $\lim_{n\to\infty} a_n = -2$.

4. 根据麦克劳林级数的展开公式

$$f(x) = f(0) + f'(0)x + \frac{f''(0)}{2!}x^2 + \cdots + \frac{f^{(n)}(0)}{n!}x^n + \cdots$$

可得 $\dfrac{1}{1+x^2} = \sum\limits_{n=0}^{\infty}(-1)^n x^{2n}$.

5. 因为 $\lim\limits_{n\to\infty}\left|\dfrac{u_{n+1}(x)}{u_n(x)}\right| = \lim\limits_{n\to\infty}\left|\dfrac{x^{2n+1}}{(n+1)4^{n+1}} \Big/ \dfrac{x^{2n-1}}{n4^n}\right| = \lim\limits_{n\to\infty}\left|\dfrac{x^2 n}{4(n+1)}\right| = \dfrac{x^2}{4}$,当 $\dfrac{x^2}{4} < 1$,即 $|x| < 2$ 时,幂级数收敛;当 $\dfrac{x^2}{4} > 1$ 即 $|x| > 2$ 时,幂级数发散,因此其收敛半径 $R = 2$.

二、选择题.(每题 5 分,5 小题,共 25 分)

6. 下列级数条件收敛的是(　　).

　A. $\sum\limits_{n=1}^{\infty}\dfrac{(-1)^n}{n}$　　　　　　B. $\sum\limits_{n=1}^{\infty}\dfrac{(-1)^n}{n^2}$

　C. $\sum\limits_{n=1}^{\infty}\dfrac{1}{n^2}$　　　　　　D. $\sum\limits_{n=1}^{\infty}\dfrac{1}{n}$

7. 函数 $\ln(1+x)$ 展开成 x 的幂级数是(　　).

　A. $\sum\limits_{n=0}^{\infty}\dfrac{x^{n+1}}{n+1}, x\in(-1,1)$　　　　B. $\sum\limits_{n=0}^{\infty}(-1)^n\dfrac{x^{n+1}}{n+1}, x\in(-1,1]$

　C. $\sum\limits_{n=0}^{\infty}(-1)^n\dfrac{x^{n+1}}{n+1}, x\in(-1,1)$　　D. $\sum\limits_{n=0}^{\infty}\dfrac{x^{n+1}}{n+1}, x\in(-1,1]$

8. 若 p 级数 $\sum\limits_{n=1}^{\infty}\dfrac{1}{n^p}$ 收敛,则(　　)

　A. $p \geqslant 1$　　B. $p \leqslant 1$　　C. $p > 1$　　D. $p < 1$

9. 正项级数 $\sum\limits_{n=1}^{\infty}u_n$ 和 $\sum\limits_{n=1}^{\infty}v_n$ 满足关系式 $u_n \leqslant v_n$,则(　　).

　A. 若 $\sum\limits_{n=1}^{\infty}u_n$ 收敛,则 $\sum\limits_{n=1}^{\infty}v_n$ 收敛　　B. 若 $\sum\limits_{n=1}^{\infty}v_n$ 收敛,则 $\sum\limits_{n=1}^{\infty}u_n$ 收敛

　C. 若 $\sum\limits_{n=1}^{\infty}v_n$ 发散,则 $\sum\limits_{n=1}^{\infty}u_n$ 发散　　D. 若 $\sum\limits_{n=1}^{\infty}u_n$ 收敛,则 $\sum\limits_{n=1}^{\infty}v_n$ 发散

10. 级数 $\sum\limits_{n=1}^{\infty}\dfrac{\sin n\alpha}{n^2}$ (　　).

　A. 发散　　　　　　　　　　　　B. 条件收敛

　C. 绝对收敛　　　　　　　　　　D. 敛散性和 α 取值有关

解 6. 因为 $\left|\dfrac{(-1)^n}{n}\right| = \dfrac{1}{n}$,级数 $\sum\limits_{n=1}^{\infty}\dfrac{1}{n}$ 发散,而 $\sum\limits_{n=1}^{\infty}\dfrac{(-1)^n}{n}$ 收敛,因此级数 $\sum\limits_{n=1}^{\infty}\dfrac{(-1)^n}{n}$ 条件收敛,故选 A.

7. 根据麦克劳林级数的展开公式

$$f(x) = f(0) + f'(0)x + \frac{f''(0)}{2!}x^2 + \cdots + \frac{f^{(n)}(0)}{n!}x^n + \cdots,$$

可知 $\ln(1+x) = \sum\limits_{n=0}^{\infty}(-1)^n\dfrac{x^{n+1}}{n+1}, x\in(-1,1]$ 故选 B.

8. 根据 p 级数的收敛情况可知 $p>1$,故选 C.

9. 根据正项级数的收敛法则知 $\sum_{n=1}^{\infty} v_n$ 收敛则 $\sum_{n=1}^{\infty} u_n$ 收敛,故选 B.

10. $\left|\dfrac{\sin n\alpha}{n^2}\right| \leqslant \dfrac{1}{n^2}$,根据比较判别法可知,$\sum_{n=1}^{\infty} \dfrac{\sin n\alpha}{n^2}$ 绝对收敛,故选 C.

三、解答题.(每题 5 分,5 小题,共 25 分)

11. 证明级数 $\sum_{n=0}^{\infty} \dfrac{(-1)^n n}{n^2+1}$ 条件收敛.

证明 设 $u_n = \dfrac{n}{n^2+1}$,易知 $\lim\limits_{n\to\infty} u_n = 0$,又

$$\dfrac{u_{n+1}}{u_n} = \dfrac{(n+1)(n^2+1)}{n\,(n+1)^2+n} < 1, n \geqslant 1.$$

所以由交错级数的判别法知,$\sum_{n=0}^{\infty} (-1)^n u_n = -\sum_{n=1}^{\infty} (-1)^n u_n$ 是收敛的. 下证

$$\sum_{n=0}^{\infty} |u_n| = \sum_{n=1}^{\infty} \dfrac{n}{n^2+1}$$

的收敛性. 因为级数 $\sum_{n=1}^{\infty} \dfrac{1}{n}$ 发散,且 $\lim\limits_{n\to\infty} \dfrac{n/(n^2+1)}{1/n} = 1$,故 $\sum_{n=0}^{\infty} |u_n|$ 发散,所以原级数是条件收敛的.

12. 判别级数 $\sum_{n=1}^{\infty} (-1)^{n-1} \dfrac{1}{(2n-1)^3}$ 是否收敛? 如果收敛是条件收敛还是绝对收敛?

解 $\left|(-1)^{n-1}\dfrac{1}{(2n-1)^3}\right| = \dfrac{1}{(2n-1)^3} \leqslant \dfrac{1}{(2n-n)^3} = \dfrac{1}{n^3}$,而 $\sum_{n=1}^{\infty} \dfrac{1}{n^3}$ 收敛,所以 $\sum_{n=1}^{\infty}\left|(-1)^{n-1}\dfrac{1}{(2n-1)^3}\right|$ 收敛,故原级数绝对收敛.

13. 判定级数 $\sum_{n=1}^{\infty} 2^n \left(\dfrac{n-1}{n}\right)^{n^2}$ 的敛散性.

解 由正项级数中的根值审敛法可知,

$$\lim_{n\to\infty} \sqrt[n]{2^n \left(\dfrac{n-1}{n}\right)^{n^2}} = 2\lim_{n\to\infty} \sqrt[n]{\left(\dfrac{n-1}{n}\right)^{n^2}} = 2\lim_{n\to\infty}\left(1-\dfrac{1}{n}\right)^n$$

$$= 2\lim_{n\to\infty}\left[\left(1-\dfrac{1}{n}\right)^{-n}\right]^{-1} = 2 \times e^{-1} = \dfrac{2}{e} < 1,$$

所以 $\sum_{n=1}^{\infty} 2^n \left(\dfrac{n-1}{n}\right)^{n^2}$ 收敛.

14. 若两个正项级数 $\sum_{n=1}^{\infty} u_n$ 和 $\sum_{n=1}^{\infty} v_n$ 收敛,证明级数 $\sum_{n=1}^{\infty} (u_n+v_n)^2$ 收敛.

证明 由收敛级数的性质 $\sum_{n=1}^{\infty}(u_n+v_n)$ 收敛,所以 $\lim\limits_{n\to\infty}(u_n+v_n)=0$. 于是存在正整数 $N>0$,当 $n>N$,有 $(u_n+v_n)^2 < u_n+v_n$,根据比较判别法知,级数 $\sum_{n=1}^{\infty}(u_n+v_n)^2$ 收敛.

15. 求幂级数 $\sum_{n=1}^{\infty}(-1)^{n-1}\dfrac{x^n}{n}$ 的收敛区间.

解 由求幂级数半径的公式可得 $R=\lim\limits_{n\to\infty}\dfrac{n+1}{n}=1$,当 $|x|<1$ 时,级数收敛,当 $x=1$ 时,得 $\sum_{n=1}^{\infty}\dfrac{(-1)^{n-1}}{n}$ 收敛,当 $x=-1$ 时,得 $\sum_{n=1}^{\infty}\dfrac{(-1)^{2n-1}}{n}=\sum_{n=1}^{\infty}\dfrac{-1}{n}$ 发散,所以收敛区间为 $(-1,1]$.